# 机床电气识图技巧与实例

主　编　高安邦　孙佩芳　黄志欣
副主编　马　欣　罗泽艳
参　编　尚升飞　王启名　潘　成
邵俊鹏　田　敏　李贻玲　审

机　械　工　业　出　版　社

这是一部详尽介绍机床电气识图方法与技巧的快速入门书，通过大量实例启迪、引导、示范，使读者一看就会，能够在最短的时间内掌握相应的岗位技能，达到“技能速成”的目的。

本书内容翔实，图文并茂，阐述清晰透彻，可读性好，实用性强。全书分为7章，内容包括：机床控制常用各种电气图的画法；机床电气识图的方法与技巧；机床电气控制各基本组成环节的识图分析；普通机床电气控制电路的识读实例；现代机床中晶闸管直流调速系统控制电路的识读分析；现代机床中交流变频调速系统控制电路的识读分析；新型机床 PLC 控制电路的识读分析。其宗旨就是引领当代电气工程技术人员，熟练掌握电气图样的识读技术，完成卓越工程师和高技能人才的培养目标。

本书既可作为当代电气技术人员的应用指导书，也可作为理工科大学相关专业本/专科师生的实用教材和参考书。

**图书在版编目（CIP）数据**

机床电气识图技巧与实例/高安邦，孙佩芳，黄志欣主编．—北京：机械工业出版社，2015.10

ISBN 978-7-111-51957-7

Ⅰ．①机… Ⅱ．①高…②孙…③黄… Ⅲ．①机床－电气控制－识别 Ⅳ．①TG502.35

中国版本图书馆 CIP 数据核字（2015）第 256661 号

机械工业出版社（北京市百万庄大街 22 号 邮政编码 100037）

策划编辑：黄丽梅 责任编辑：黄丽梅 版式设计：霍永明

责任校对：丁丽丽 封面设计：陈 沛 责任印制：李 洋

北京振兴源印务有限公司印刷

2016 年 1 月第 1 版・第 1 次印刷

169mm×239mm・28 印张・1 插页・614 千字

0001－3000 册

标准书号：ISBN 978-7-111-51957-7

定价：72.00 元

凡购本书，如有缺页、倒页、脱页，由本社发行部调换

| 电话服务 | 网络服务 |
| --- | --- |
| 服务咨询热线：010-88361066 | 机 工 官 网：www.cmpbook.com |
| 读者购书热线：010-68326294 | 机 工 官 博：weibo.com/cmp1952 |
| 010-88379203 | 金 书 网：www.golden-book.com |
| 封面无防伪标均为盗版 | 教育服务网：www.cmpedu.com |

# 序

随着我国工业化进程的加速、产业结构的调整和升级，经济快速发展对高技能人才的需求不断扩大。然而，高技能人才短缺已是不争的事实，而且这种情况日益严重，这已引起社会各界的广泛关注。政府及各职能部门也快速做出了反应，正在采取措施加大职业教育的培养力度，鼓励各种社会力量倾力投入高技能人才培训领域。同时，社会上掀起了尊重高技能人才的热潮，营造出一个有利于高技能人才培养与成长的、轻松与和谐的社会环境。

在“十二五规划”的开局和关键之年，教育部提出了“卓越工程师教育培养计划”，要在工科的本科生、硕士研究生、博士研究生三个层次上，大力培养现场工程师、设计开发工程师和研究型工程师等多种类型的工程师后备人才。

我国的高职高专、技师学院以及高级技工学校等职业教育正是这种新型的专科教育模式，其培养的人才正是应用型、操作型人才，是高级蓝领。

新型的教育模式需要我们改变原有的教育模式和教学方法，改变没有相应的专用教材和相应的新型师资力量的现状。

为了使职业教育的办学更有特色，毕业生更有专长，需要建立“以就业为导向”的新型人才培养模式。为了达到这样的目标，教育部提出了“以就业为导向，要从教材异样化开始”的改革思路，打破职业教育院校使用教材的统一性，根据各职业教育院校专业和生源的差异性，因材施教。为此，着重编写实用、适用职业教育不同类型的教材，同时根据各职业教育院校所在地经济条件的不同和学生兴趣的差异，编写出形式活泼、学习方式灵活、满足社会各方面需求的自学手册和技术丛书等是当务之急。

这本书的编写以企业对人才需求为导向，以岗位职业技能要求为标准，以与企业无缝接轨为原则，以企业技术发展方向为依据，以知识单元体系为模块，结合职业教育和技能培训实际情况，注重学员职业能力的培养，体现内容的科学性、实用性和前瞻性。同时，在编写过程中力求体现“定位准确、注重能力、内容创新、结构合理、叙述通俗”的特色，为此在编写中从实际出发，简明扼要，没有过于追求系统及理论的深度，突出“入门”的特点，使读者能读懂学会，稍加训练就可掌握基本操作技能，从而达到实用速成、快速上岗的目的。

这本书既便于广大电气技术人员自学，掌握基础理论知识和实际操作技能；同时，也可作为各大中专院校、职业院校、培训中心、企业内部的技能培训教材。我们真诚地希望这些新书的出版对我国高素质、高技能人才的培养起到积极的推动作用，能成为广大读者的“就业指导、创业帮手、立业之本”。

邵俊鹏

全国机械电子工程专业委员会副主任委员
国家机械学科教学指导委员会委员
哈尔滨理工大学机械动力工程学院院长/教授/博士/博士生导师

田敏

江苏省电机工程学会理事
淮安信息职业技术学院院长/教授/博士/研究员级高级工程师

李贻玲

三亚技师学院和三亚学院特聘教授/黑龙江农垦职业学院教授

# 前　言

作为一名电气工程技术人员，电气识图是走向职场的第一步，是用人单位招聘人才考核与考试的重要内容之一，也是电气技术人员必备的岗位技能和基本功。一个不会识图的电气技术人员，对于电气设备的安装、调试、运行、维修将无从谈起，而对于电气工程的开发和设计工作更无从下手。

本书正是一部以机床设备为抓手，详尽介绍电气识图方法与技巧的快速入门新书，使读者一看就会，能够在最短的时间内掌握相应的岗位技能，其宗旨就是引领当代电气工程技术人员，熟练掌握电气图样的识读技术，完成当代卓越工程师和高技能人才的培养目标。

全书共有7章，内容包括机床控制常用各种电气图的画法、机床电气识图的方法与技巧、机床电气控制各基本组成环节的识图分析、普通机床电气控制电路图的识读实例、现代机床中晶闸管直流调速系统控制电路的识读分析、现代机床交流变频调速系统控制电路的识读分析以及新型机床PLC控制电路的识读分析等。

本书由荣获2012年第十一届国家技能人才培育突出贡献奖的海南省三亚高级技工学校组织编写。参加本书编写工作的有高安邦（本书策划、选题、立项、制定编写大纲、前言和第2章、参考文献等）、孙佩芳（第1章）、黄志欣（第4章）、马欣（第7章）、罗泽艳（第3章）、尚升飞（第5章）、王启名（第6章）、潘成（附录）。全书由海南省三亚高级技工学校特聘教授、哈尔滨理工大学教授、硕士生导师高安邦主持编写和负责统稿；聘请了全国机械电子工程专业委员会副主任委员/国家机械学科教学指导委员会委员/哈尔滨理工大学机械动力工程学院院长邵俊鹏教授/博士/博士生导师、江苏省电机工程学会理事/淮安信息职业技术学院院长田敏教授/博士/研究员级高级工程师、三亚技师学院和三亚学院特聘教授/黑龙江农垦职业学院李贻玲教授担任主审，他们对本书的编写提供了大力支持并提出了宝贵的编写意见；硕士/讲师杨帅、薛岚、陈银燕、关士岩、陈玉华、刘晓艳、毕洁廷、姚薇、王玲等和学生邱少华、王宇航、马鑫、陆智华、余彬、邱一启、张纺、武婷婷、司雪美、朱颖、杨俊、周伟、陈忠、陈丹丹、杨智炜、霍如旭、张旭、宋开峰、陈晨、丁杰、姜延蒙、吴国松、朱兵、杨景、赵家伟、李玉驰、张建民、施赛健等也为本书做了大量的辅助性工作；在此表示最衷心的感谢！本书的编写得到了海南省三亚高级技工学校、哈尔滨理工大学、淮安信息职业技术学院的大力支持，在此也表示最真诚的感激之意！任何一本新书的出版都是在认真总结和引用前人知识和智慧的基础上创新发展起来的，本书的编写无疑也参考和引用了许多前人优秀教材与研究成果的结晶和精华。在此向本书所参考和引用的资料、文献、教材和专著的编著者表示最诚挚的敬意和感谢！

鉴于编者的水平和经验有限，书中错误、疏漏、不足之处肯定不少，恳请读者和专家们不吝批评、指正、赐教，以便今后更好地发展、完善、充实和提高。

编　者

# 目　录

# 第 1 章　机床控制常用各种电气图的画法

## 1.1　绘制机床控制简图的通用规则

### 1.1.1　绘制机床控制简图的布局要求

机床控制简图的绘制应做到布局合理、排列均匀、图面清晰、便于看图。为此在布局时应注意以下几点：

1）表示导线、信号通路、连接线等的图线应采用直线，且交叉和折弯要最少。

2）简图可以水平布置，或者垂直布置，有时为了把相应的元件连接成对称的布局，也可采用斜交叉线，如图 1-1 所示。

3）电路或元件应按功能布置，并尽可能按其工作顺序排列。

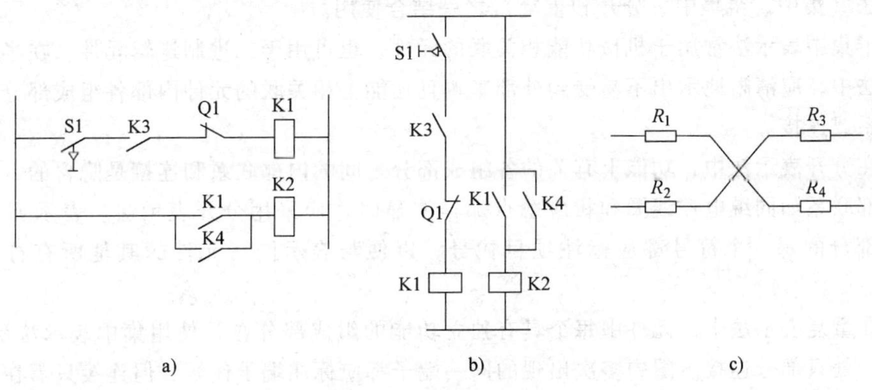


图 1-1　简图布局

a）水平布置　b）垂直布置　c）斜交叉线

4）对因果次序清楚的简图，尤其是电路图和逻辑图，其布局顺序是从左到右或从上到下。

5）在闭合电路中，正（前）向通路上的信号流方向应该从左到右或从上到下，反馈通路的方向则是从右到左或从下到上，如图 1-2 所示。应在信息线上画开口箭头以表明流向，开口箭头不得与其他任何符号（例如限定符号）相邻近。

6）图的引入线或引出线，最好画在图样边框附近。

7）在同一张电气图样中只能选用一种图形形式，图形符号的大小和线条的粗细亦应基本一致。

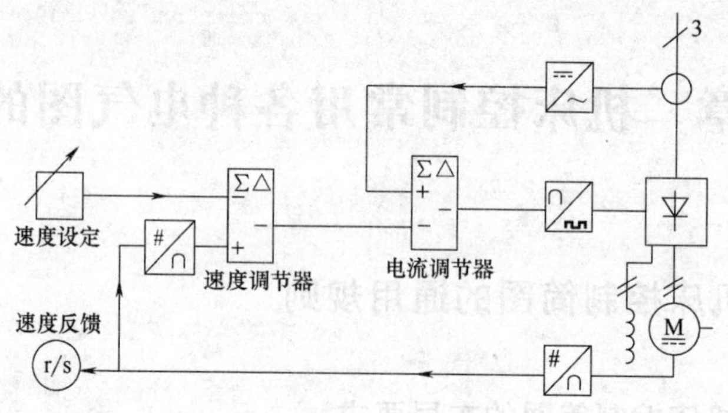


图 1-2　信号流方向的表示

## 1.1.2　元件表示方法要求

机床中常用的六种元件表示方法，其中任何一种或其全部均可在同一图中使用。当电路较简单时，使用集中表示法或组合表示法即可满足要求；当电路比较复杂时，可采用其他表示方法。重复表示法、组合表示法和分立表示法对集成电路特别适用。元件功能上独立的组成部分的两种表示法（组合或分立），可以和功能有关的组成部分的几种表示法（集中、半集中、分开和重复）之一结合使用。

半集中表示法常用于机械功能相关联的元件，也可用于二进制逻辑元件。在半集中表示法中，应清晰地示出不易受到外部影响且功能上相关联的元件内部各组成部分之间的联系或连接。

在分开表示法中，功能上有关的各组成部分之间的内部联系和连接是隐含的，只有当内部联系如同继电器线圈和相应触点那样明显时才应采用分开表示法。表示元件各组成部分的每一个符号都应标注项目代号，以便与表示同一元件的其他所有符号相关联。

在重复表示法中，元件中每个具有独立功能的组成部分在几处用集中表示法示出，而每一处只部分连接。图中多次出现的同一端子都应标注端子代号，但连接只需在一处示出。如果能表达清楚，连接线或其他连接标记也可以全部示出。如果需要标识重复的信息，可把重复的端子代号加括号，或使用特殊的识别符，在图中加以说明。

在用分立表示法时，表示元件组成部分的每个符号上应标注项目代号，以便与表示同一元件的其他符号相关联。

## 1.1.3　组成部分可动的元件表示方法

### 1. 绘制方法

组成部分（如触点）可动的元件，应按照如下规定的位置或状态绘制：

1）单一稳定状态的手动或机电元件，如继电器、接触器、制动器和离合器在非激励或断电状态。在特定情况下，为了有助于对图的理解，也可以表示在激励或通电状态，但此时应在图中说明。

2）断路器和隔离开关在断开（OFF）位置。对于有两个或多个稳定位置或状态的其他开关装置，可表示在其中的任何一个位置或状态。必要时须在图中说明。

3）标有断开（OFF）位置的多个稳定位置的手动控制开关在断开（OFF）位置。未标有断开（OFF）位置的控制开关在图中规定的位置。应急、备用、告警、测试等用途的手动控制开关，应表示在设备正常工作时所处的位置或其他规定的位置。

4）由凸轮、变量（如位置、高度、速度、压力、温度等）控制的引导开关在图中规定的位置。

**2. 功能说明**

1）对于功能复杂的手动控制开关，如需要理解功能，应在图中增加图示，如图1-3所示。

2）对于引导开关应在其符号附近增加功能说明。该说明可以包含图示、驱动装置的符号、注释、代号或表格，如图 1-4 和图 1-5 所示。

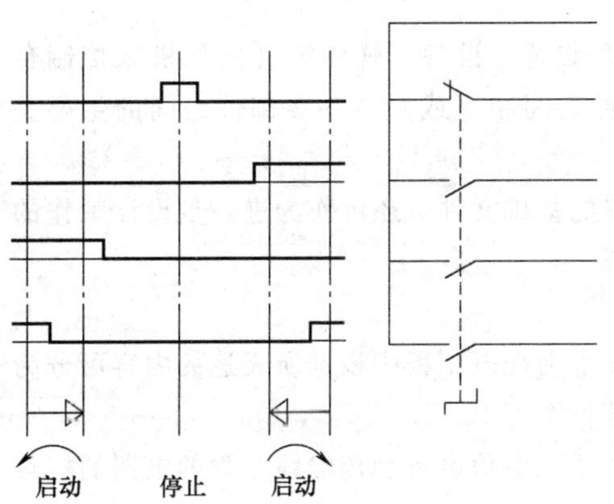


图 1-3　描述手动控制开关功能的示例

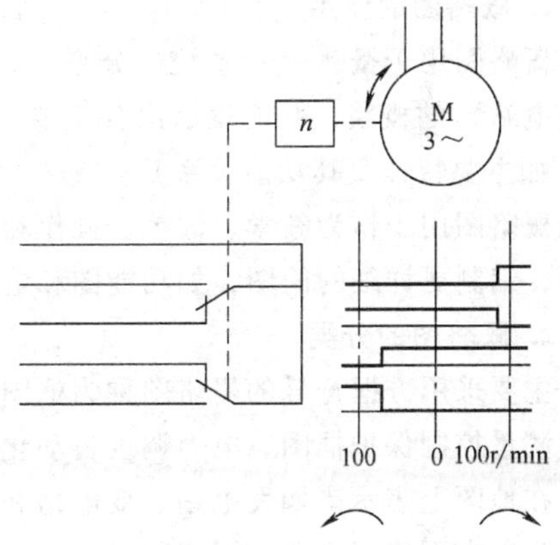


图 1-4　描述速度监测用引导开关功能的示例

## 1.1.4　触点符号表示方法

**1. 用触点符号表示半导体开关的方法**

用常开触点符号（见图 1-6a）或常闭触点符号（见图 1-6b）所表示的半导体开关

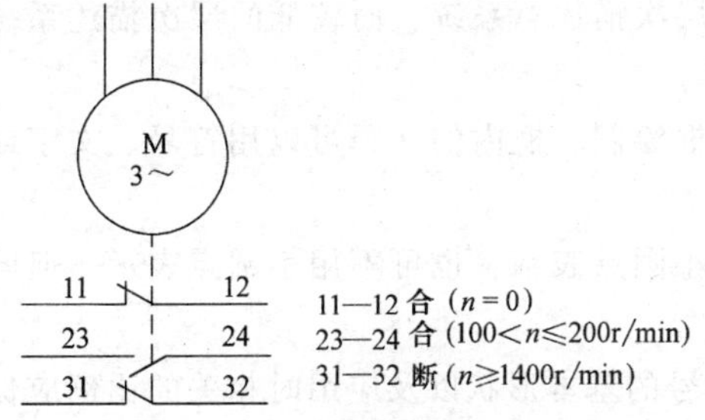


图 1-5　描述速度监测用引导开关功能的说明示例

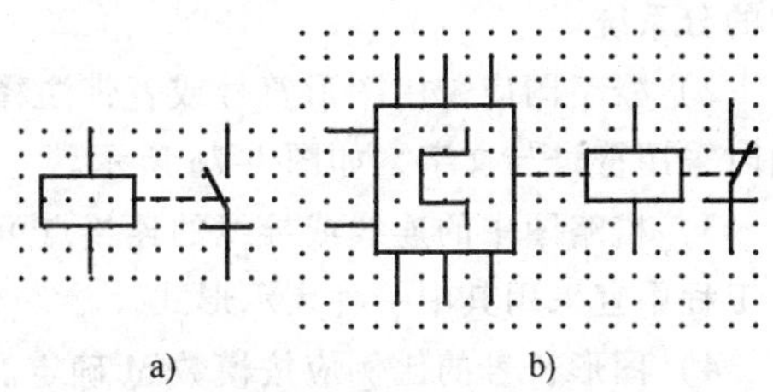


图 1-6　用触点符号表示半导体开关的方法
a）常开触点符号　b）常闭触点符号

应按其初始状态即辅助电源闭合的时刻绘制。

**2. 触点符号的取向**

为了与设定的动作方向一致，触点符号的取向应该是：当元件受激时，水平连接的触点，动作向上；垂直连接的触点，动作向右。当元件的完整符号中含有机械锁定、阻塞装置、延迟装置等符号时，这一点尤为重要。在触点排列复杂而无机械锁定装置的电路中，当采用分开表示法时，为了图面布局清晰，减少连接线交叉，可以改变触点符号的取向。

## 1.2 机床控制概略图

### 1.2.1 概略图的作用与分类

**1. 概略图的作用**

概略图用于概略表示系统、分系统、成套装置、设备、软件等（例如机床控制台或供电站）的概貌，并能表示出各主要功能件之间和（或）各主要部件之间的主要关系（如主要特征及其功能关系）。

概略图用于作为教学、训练、操作和维修的基础文件。还可作为进一步设计工作的依据，编制更详细的简图，如功能图和电路图。

**2. 概略图的分类**

主要采用方框符号的概略图称为框图。在电力配电工程中根据所表达的内容可分为电气测量控制保护框图、电力调度自动化系统框图等。

在地图上表示诸如发电站、变电站和电力线、电信设备和传输线之类的电网的概略图称为电力网络图或电信网络图。

非电过程控制系统的概略图，反应过程流程的称为过程流程图，反应控制系统的测量和控制功能的概略图称为过程检测和控制系统图等。

### 1.2.2 概略图的绘制方法

**1. 绘制概略图应遵守的规定**

1）概略图可在不同层次上绘制，较高的层次描述总系统，而较低的层次描述系统中的分系统。

2）概略图应采用图形符号或者带注释的框绘制。框内的注释可以用符号、文字或同时采用符号与文字，如图 1-7a 所示。

3）概略图中的连线或导线的连接点可用小圆点表示，也可不用小圆点表示。但同一工程中宜采用其中一种表示形式。

4）图形符号的比例应按模数 M 确定。符号的基本形状以及应用时相关的比例应保持不同看法一致。

5）概略图中的图形符号应按所有回路均不带电、设备在断开状态下绘制。

6）概略图中表示系统或分系统基本组成的符号和带注释的框均应标注项目代号，如图 1-7a 所示。项目代号应标注在符号附近，当电路水平布置时，项目代号宜注在符号的上方；当电路垂直布置时，项目代号宜注在符号的左方。在任何情况下，项目代号都应水平排列，如图 1-7b、c 所示。

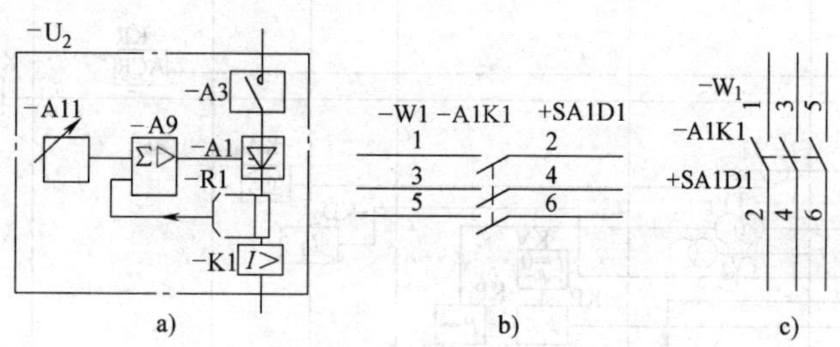


图 1-7　概略图中项目代号标注示例

a）各框标注项目代号　b）电路水平布置　c）电路垂直布置

7）概略图上可根据需要加注各种形式的注释和说明。如在连线上可标注信号名称、电平、频率、波形、去向等。也允许将上述内容集中表示在图的其他空白处。概略图中设备的技术数据宜标注在图形符号的项目代号下方。

8）概略图宜采用功能布局法布图，必要时也可按位置布局法布图。布局应清晰并利于识别过程和信息的流向，如图 1-8 所示。

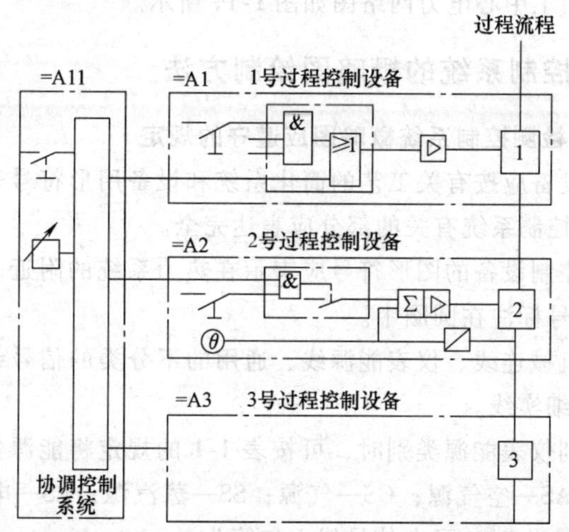


图 1-8　控制信号流向与过程流向垂直绘制的布局示意图

9）概略图中的连线的线型可采用不同粗细的线型分别表示。

10）概略图中的远景部分宜用虚线表示，对原有部分与本期工程部分应有明显的区分。

**2. 概略图示例**

1）某机床车间供配电系统继电保护框图如图 1-9 所示。

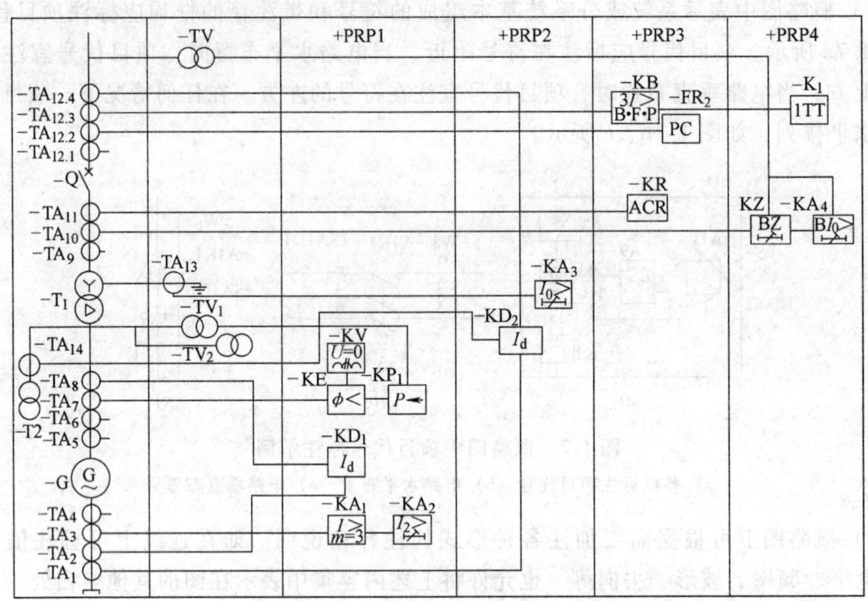


图 1-9 某机床车间供配电系统继电保护框图

2）某大型机床加工中心供电系统概略图（俗称电气主结线图）如图 1-10 所示。

3）某大型机床加工中心电力网络图如图 1-11 所示。

## 1.2.3 非电过程控制系统的概略图绘制方法

**1. 绘制热工过程检测控制系统概略图应遵守的规定**

1）被测系统和设备应按有关工艺的简化系统和设备用形符号表示，并标注设备名称或代号。与检测和控制系统有关的部分应表达完全。

2）热工检测和控制设备的图形符号应表示在热力系统的附近。仪表和设备应用细实线圆表示，设备代号标注在圆圈中。

3）概略图中的机械连线、仪表能源线、通用的不分类的信号线和仪表至热力设备或管道的连线均应用细实线。

4）当有必要区别仪表能源类别时，可按表 1-1 的规定将能源代号标在相应的能源线上。能源代号为：AS—空气源；GS—气源；SS—蒸汽源；ES—电源；WS—水源。当有必要标明信息传递方向时，可在信号线上加箭头。

**2. 热工过程检测和控制系统图示例**

图 1-12 所示为某大型机床加工中心发电厂给水部分热工过程检测和控制系统图。

**3. 热工过程自动调节框图**

绘制热工过程自动调节框图应遵守下列规定：①应用带注释的框概略表示调节系统的基本组成及其相互关系；②当自动调节框图需要识别过程和信息流向时，应在信号线上加箭头。

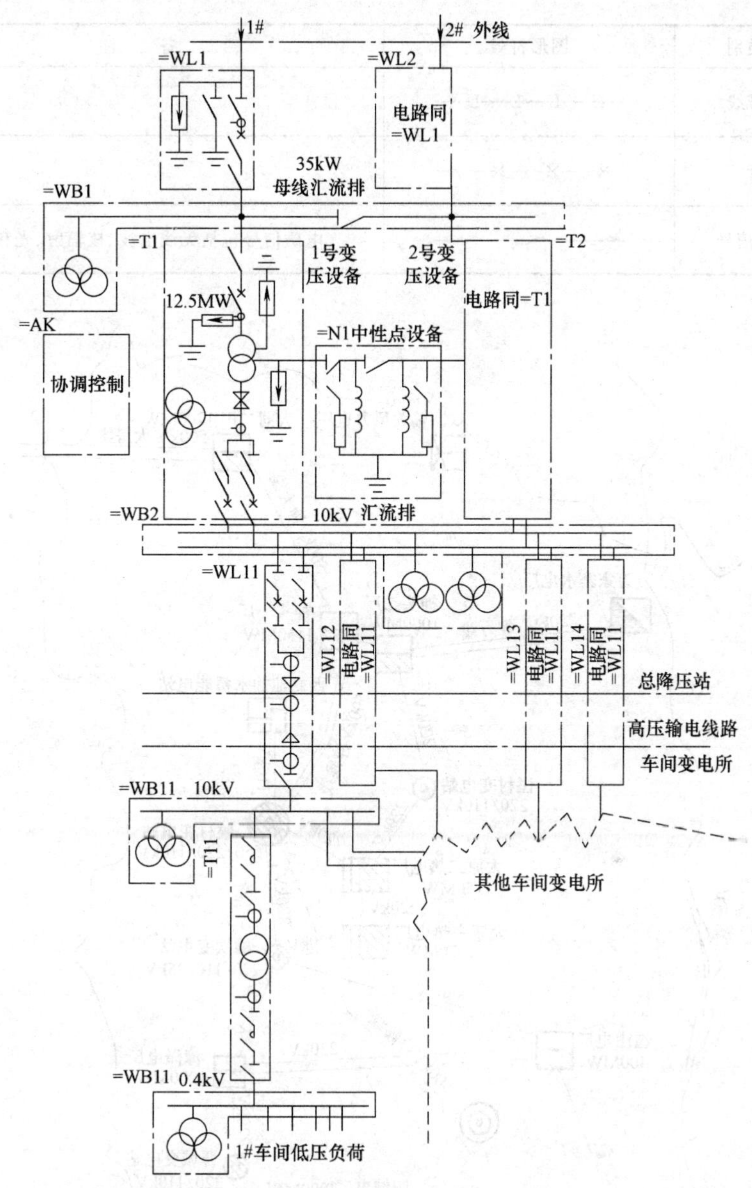

图 1-10　某大型机床加工中心供电系统概略图

**表 1-1　热工过程检测和控制信号线类别和图形符号**

| 信号线类别 | 图形符号 | 备　注 |
|---|---|---|
| 电信号线 | —E—E—E—E— | |
| 气压线 | ——//——//—— | 当介质不是空气时,应在信号线上注明介质气体代号 |

（续）

| 信号线类别 | 图形符号 | 备　注 |
| --- | --- | --- |
| 液压信号线 | —L—L—L—L— | |
| 毛细管 | —×—×—×—×— | |
| 电磁或声信号 | ～～～ | 电磁信号包括无线电波、核辐射、光和热等 |

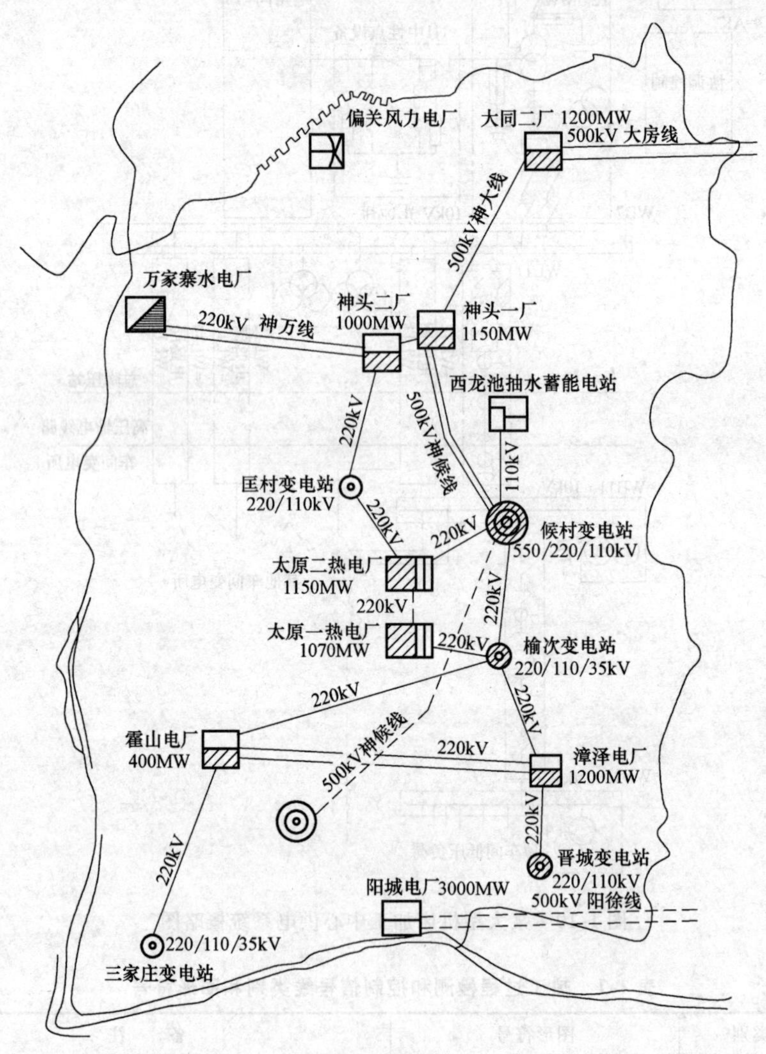


图 1-11　某大型机床加工中心电力网络图

热工过程自动调节框图示例如图 1-13 所示。

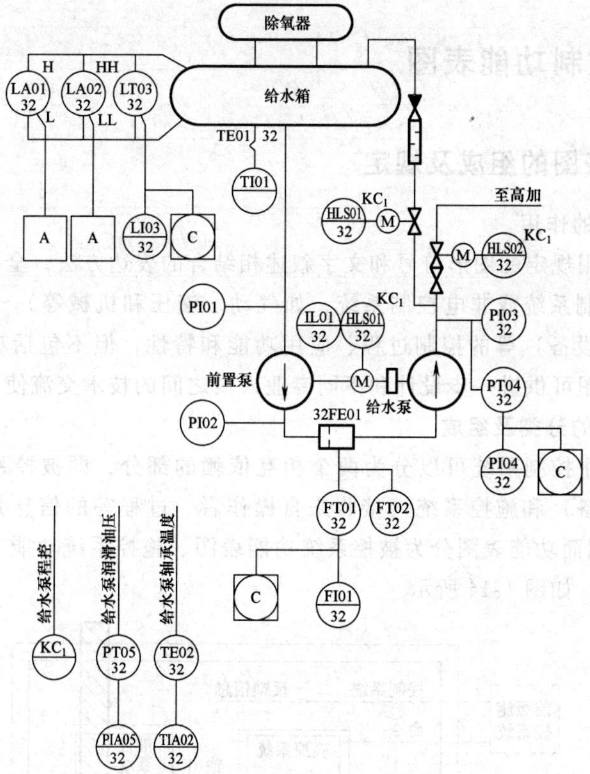


图 1-12　发电厂给水部分热工过程检测和控制系统图

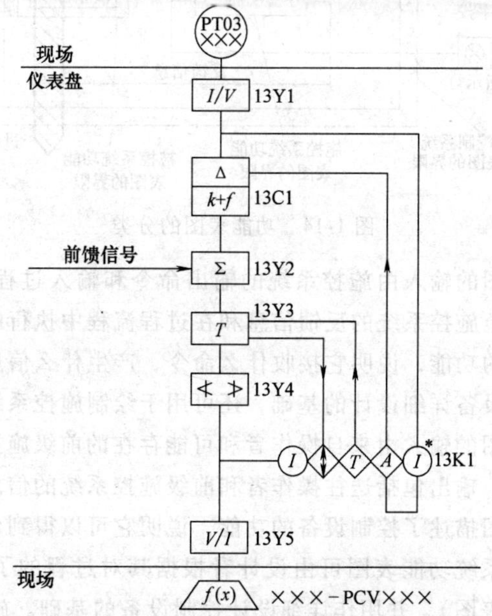


图 1-13　热工过程自动调节框图示例

# 1.3 机床控制功能表图

## 1.3.1 功能表图的组成及规定

### 1. 功能表图的作用

功能表图是用规定的图形符号和文字叙述相结合的表达方法，全面、详细地描述控制系统（电气控制系统或非电控制系统，如气动、液压和机械等）子系统或系统的某些部分（装置和设备）等的控制过程、应用功能和特性，但不包括功能的实现方式的电气图。功能表图可供进一步设计和不同专业人员之间的技术交流使用。

### 2. 功能表图的分类及组成

由于通常一个控制系统可以分为两个相互依赖的部分，即被控系统（包括执行实际过程的操作设备）和施控系统（接收来自操作者、过程等的信息并给被控系统发出命令的设备），因而功能表图分为被控系统功能表图、施控系统功能表图及整个控制系统功能表图三类，如图 1-14 所示。

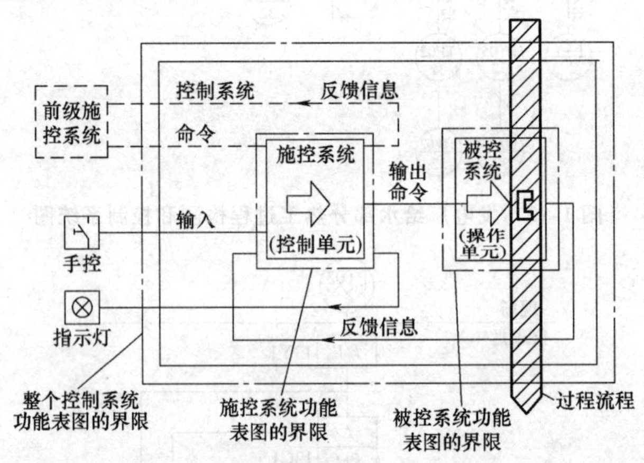


图 1-14　功能表图的分类

被控系统功能表图的输入由施控系统的输出命令和输入过程流程的（变化的）参数组成。输出包括送至施控系统的反馈信息和在过程流程中执行的动作。被控系统功能表图描述了操作设备的功能，说明它接收什么命令，产生什么信息和动作。它由过程设计者绘制，用做操作设备详细设计的基础，还可用于绘制施控系统功能表图。

施控系统功能表图的输入由来自操作者和可能存在的前级施控系统的命令加上被控系统的反馈信息组成。输出包括送往操作者和前级施控系统的信息及送至被控系统的命令。施控系统功能表图描述了控制设备的功能，说明它可以得到什么信息，发出什么命令和其他信息。施控系统功能表图可由设计者根据其对过程的了解来绘制（例如根据对上述被控系统功能表图），并用作详细设计控制设备的基础。施控系统功能表图最常用，尤其对独立系统更为有用。

整个系统功能表图的输入由来自前级施控系统和操作者的命令以及（变化的）输入过程流程的参数组成。输出则包括送至前级施控系统及操作者的检测信息以及由过程流程所执行的动作。这个功能表图不给出被控和施控系统之间相互作用的内部细节，而是把控制系统作为一个整体来描述。

**3. 功能表图的规定**

在功能表图中，把一个过程循环分解成若干个清晰的连续的阶段，称为“步”。步和步之间由“转换”分隔。当两步之间的转换条件得到满足时，转换得以实现。即上一步的活动结束，而下一班的活动开始，因此不会出现步的重叠。一个步可以是动作的开始、持续或结束。一个过程循环分的步越多，描述得就越精细。由以上规定可以看出：两个步决不能直接相连，必须用一个转换隔开。两个转换也不能直接相连，必须用一个步隔开。步之间的进展采用有向连线表示，它还可以将步连接到转换并将转换连接到步。步、转换、有向连线的符号见表 1-2。

**表 1-2　功能表图的符号**

| 符　号 | 说　明 |
|---|---|
| 01 | 初始步 01(矩形的长宽比是任意的) |
| 02 | 步 02 |
|  | 与步相连的公共命令或动作，一般符号 |
|  | 有向连线，从上往下进展<br>有向连线，从下向上进展(应加箭头) |
|  | 有向连线，从左往右进展<br>有向连线，从右往左进展(应加箭头) |
| 13 △ $a \cdot X_{21}$ 14　　29 △ $a \cdot X_{13}$ 30 | 同步转换，“△”用来表示位于不同表图中的必须同时实现的转换 |
| 连线1 a(d+c) 连线2 | 带有有向连线及有关转换条件的转换符号。转换符号是一根短划线，用布尔表达式说明相关的转换条件(转换条件还可采用文字语句或图形符号表示) |

（续）

| 符　　号 | 说　　明 |
|---|---|
| 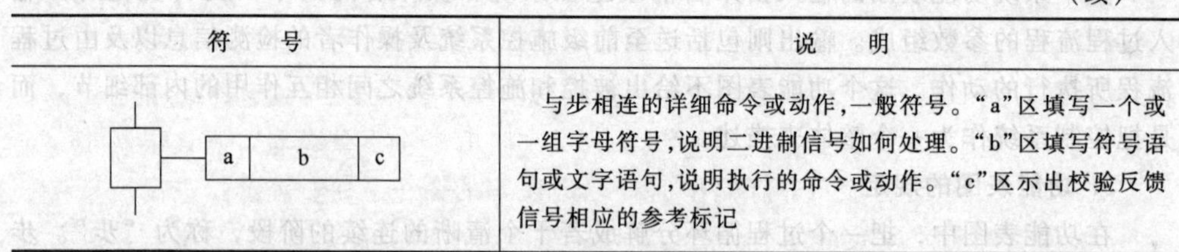 | 与步相连的详细命令或动作，一般符号。“a”区填写一个或一组字母符号，说明二进制信号如何处理。“b”区填写符号语句或文字语句，说明执行的命令或动作。“c”区示出校验反馈信号相应的参考标记 |

## 1.3.2 控制系统功能表图的绘制方法

### 1. 被控和施控系统的划分

图 1-15a、b 分别示出两个控制系统实例，如何将它们分为被控和施控系统呢？

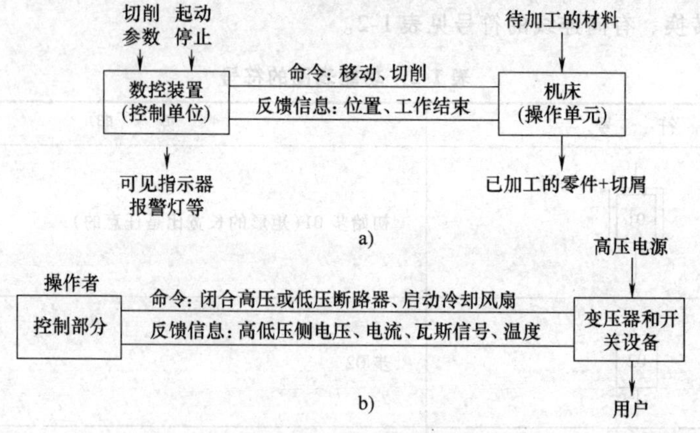


图 1-15　被控和施控系统的划分实例

a）数控机床　b）变电和配电

图 1-15a 表示的是机床加工，过程指从材料到加工出零件的切削，被控系统是机床，施控系统是数控装置。

图 1-15b 表示的过程是变电和配电，指高压电源进入被控系统，再以合格电压供给用户。被控系统包括变压器、高压侧低压侧断路器以及用于冷却的辅助设备等。施控系统包括有关的逻辑装置和保护装置。

### 2. 机床上常用大型感应异步感应电动机功能表图

图 1-16 所示是机床上大型感应异步电动机操作过程功能表图。图中在步 1 和步 3 符号右侧用加矩形框的文字表示状态以示出同命令或动作的区别。该功能表图是对大型感应异步电动机从启动到运转直到停止全过程的概述，其中每一个过程均可用更详细的功能表图描述。

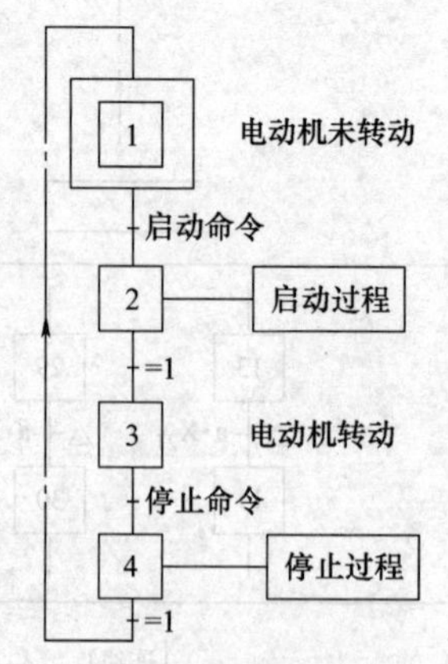


图 1-16　大型感应异步电动机操作过程功能表图

图 1-17 所示的功能表图就是一个详细描述大型感应异步

电动机启动过程的功能表图。初始状态以初始步表征，表示操作开始。每个表图至少应该有一个初始步。步 2 是启动过程，根据需要，图 1-17 将步 2 分成 7 个子步并布置成闭环形式。每一子步中与步相连的详细命令或动作符号中，如子步 2.1 的 S 表示二进制信号是“存储”型命令，子步 2.3 的 L 表示二进制信号将不被存储，但被限制在一定时限内。此外，还有 D 表示非存储型但有“延迟”的命令，DSL 表示二进制信号将被延迟、存储并限制在一定时间内。子步活动的进展，由转换的实现来完成并与控制过程的发展相对应。

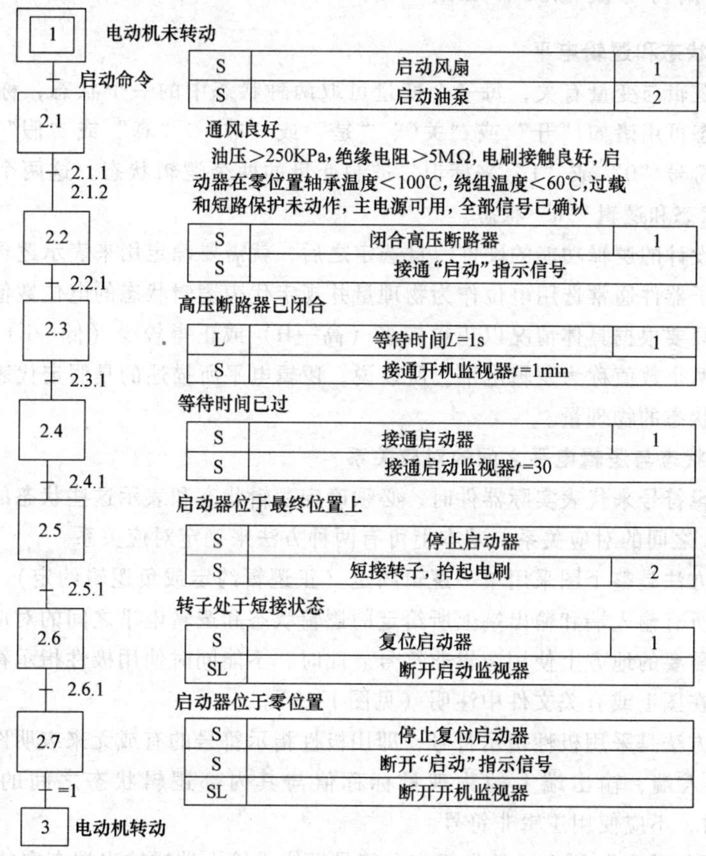


图 1-17　大型感应异步电动机启动过程功能表图

## 1.4　机床控制逻辑功能图

### 1.4.1　逻辑功能图绘制的基本要求

对实现一定目的的每种组件，或几个组件组成的组合件可绘制一份逻辑功能图(可以包括几张)。因此，每份逻辑功能图表示每种组件或几个组件组成的组合件所形成的功能件的逻辑功能，而不涉及实现方法。

图的布局应有助于对逻辑功能图的理解。应使信息的基本流向为从左到右或从上到下。在信息流向不明显的地方，可在载信息的线上加一箭头标记。功能上相关的图形符号应组合在一起，并尽量靠近。当一个信号输出给多个单元时，可绘单相直线，通过适当标记以T形连接到各个单元。每个逻辑单元一般以最能描述该单元在系统中实际执行的逻辑功能的符号来表示。

### 1.4.2 逻辑符号的意义和理解

**1. 逻辑状态和逻辑电平**

二进制逻辑与变量有关，每一个变量可取两种状态中的一个状态，称之为逻辑状态。逻辑状态可用诸如“开”或“关”、“是”或“非”、“真”或“假”描述，更常用的是采用符号“0”或“1”来标识二进制变量的两个逻辑状态。这两个状态称之为逻辑“0”状态和逻辑“1”状态。

实现所设计的逻辑功能的硬件一旦选定之后，就需要确定用来表示逻辑状态的物理量。对于电子器件通常选用电位作为物理量并规定代表逻辑状态的电位数值。一般不用绝对数字而只要根据具体情况以正得较多（高—H）或正得较少（低—L）来标识这两个数值，这两个数值称为逻辑电平。所以说，逻辑电平所描述的是假定代表二进制变量的一个逻辑状态的物理量。

**2. 逻辑状态与逻辑电平之间的对应关系**

当用逻辑符号来代表实际器件时，必须确定逻辑状态和表示这些状态的物理量的值（逻辑电平）之间的对应关系。基本上可有两种方法来确定对应关系。

第一种方法是整个图采用单一逻辑约定（正逻辑约定或负逻辑约定）。采用这种方法时，图中所有输入端和输出端上所给定的逻辑状态和逻辑电平之间的对应关系是相同的，均可在需要的地方上使用逻辑非符号。此时，不能同时使用极性指示符号。所用的逻辑约定应在图上或有关文件中注明（见图1-18）。

第二种方法是采用极性指示符号，即用极性指示符号的有或无来表明图上每个逻辑符号的各输入端、输出端上的物理量标称值与其内部逻辑状态之间的关系（见图1-19）。此时，不应使用逻辑非符号。

“内部逻辑状态”所描述的是假定在符号框线内输入端或输出端存在的逻辑状态。

“外部逻辑状态”所描述的是假定在符号框线外存在的逻辑状态；对输入端是指输入线上任何外部限定性符号之前的逻辑状态，对输出端是指输出线上任何外部限定性符号之后的逻辑状态。

**3. 正逻辑约定与负逻辑约定**

采用正逻辑约定，则“真”总是与逻辑“H，高”电平相对应，与逻辑“1”状态对应。“假”总是与逻辑“L，低”电平相对应，与逻辑“0”状态对应。

采用负逻辑约定，则“真”总是与逻辑“L，低”电平相对应，与逻辑“1”状态对应。“假”总是与逻辑“H，高”电平相对应，与逻辑“0”状态对应。

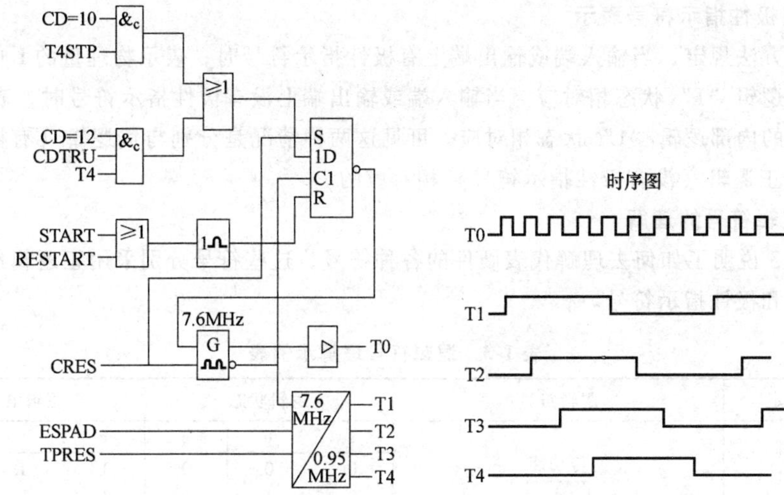


图 1-18　定时脉冲发生器逻辑功能图

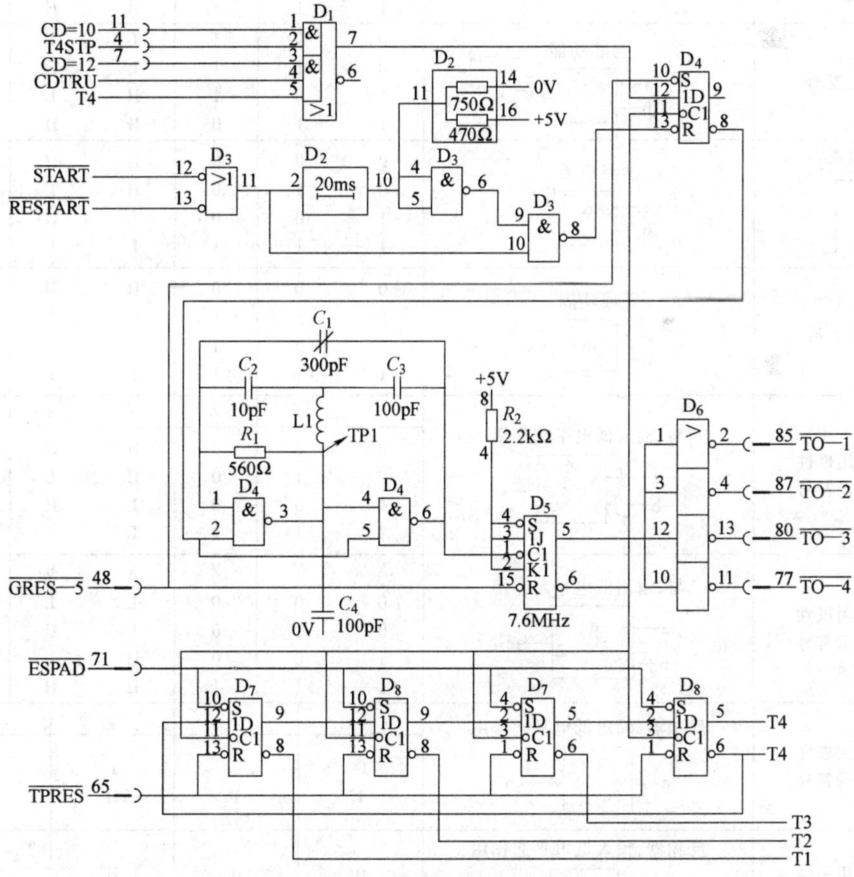


图 1-19　采用正逻辑约定和对非信号采用在信号名上加“非”横线的详细逻辑图（注：正逻辑“1”≥2.4V，“0”≤0.15V）

**4. 用极性指示符号表示**

这种方法规定，当输入端或输出端上有极性指示符号时，表示物理量的L电平与该处的内部逻辑“1”状态相对应。当输入端或输出端上没有极性指示符号时，表示H电平与该处的内部逻辑“1”状态相对应。可见这两种情况是分别与负逻辑（有极性指示符号）和正逻辑（没有极性指示符号）相对应的。

**5. 逻辑符号的理解**

表1-3说明了如何去理解代表硬件的各种符号，这些符号分别采用正逻辑约定、负逻辑约定和极性指示符号。

表1-3　逻辑符号理解示例表

| 逻辑约定 | 逻辑符号 | 逻辑状态 | | | 逻辑电平 | | |
|---|---|---|---|---|---|---|---|
| | | a | b | c | a | b | c |
| 正逻辑（0—1） | 与功能（a、b —&— c） | 0 | 0 | 0 | L | L | L |
| | | 0 | 1 | 0 | L | H | L |
| | | 1 | 0 | 0 | H | L | L |
| | | 1 | 1 | 1 | H | H | H |
| 正逻辑 | 与非功能（a、b —○ c） | 0 | 0 | 1 | L | L | H |
| | | 0 | 1 | 1 | L | H | H |
| | | 1 | 0 | 1 | H | L | H |
| | | 1 | 1 | 0 | H | H | L |
| 负逻辑（0—1） | 与功能（a、b —&— c） | 0 | 0 | 0 | H | H | H |
| | | 0 | 1 | 0 | H | L | H |
| | | 1 | 0 | 0 | L | H | H |
| | | 1 | 1 | 1 | L | L | L |
| 负逻辑 | 或功能（a、b —≥1— c） | 0 | 0 | 0 | H | H | L |
| | | 0 | 1 | 1 | H | L | L |
| | | 1 | 0 | 1 | L | H | L |
| | | 1 | 1 | 1 | L | L | L |
| 采用极性指示符号 | 与，输入低电平起作用（−a—X，−b—Y，&，Z—c） | X | Y | Z | a | b | c |
| | | 0 | 0 | 0 | H | H | L |
| | | 0 | 1 | 0 | H | L | L |
| | | 1 | 0 | 0 | L | H | L |
| | | 1 | 1 | 1 | L | L | H |
| 采用极性指示符号 | 与，输出低电平起作用（a—X，b—Y，&，Z—c） | X | Y | Z | a | b | c |
| | | 0 | 0 | 0 | L | L | H |
| | | 0 | 1 | 0 | L | H | H |
| | | 1 | 0 | 0 | H | L | H |
| | | 1 | 1 | 1 | H | H | L |
| 采用极性指示符号 | 反相器，输出低电平起作用（a—X，Y—b） | X | | Y | a | | b |
| | | 0 | | 0 | L | | H |
| | | 1 | | 1 | H | | L |
| 采用极性指示符号 | 反相器，输入低电平起作用（a—X，Y—b） | 0 | | 0 | H | | L |
| | | 1 | | 1 | L | | H |

### 1.4.3　定时脉冲发生器逻辑功能图绘制方法

图1-18～图1-20所示的是同一设备三种不同类型的逻辑图。为便于比较，在每张图上都画出了一个设备的同一部定时脉冲发生器。

在图1-18中，二进制逻辑单元的符号用来表示启动和停止振荡器的条件。在此图例中不涉及具体的物理实现问题。在具体实现时的每个信号的实际逻辑电平（逻辑状态）可以与图示不同。图1-18中分频器（变频器）采用了方框符号。

图1-19是采用正逻辑约定的逻辑图的例子。图中的“注”所规定的约定确定了逻辑电平与逻辑状态之间的关系，因此逻辑功能和物理功能都在图上表示出来了。除二进制逻辑单元的电源外，每个细节也都在图上表示出来了。

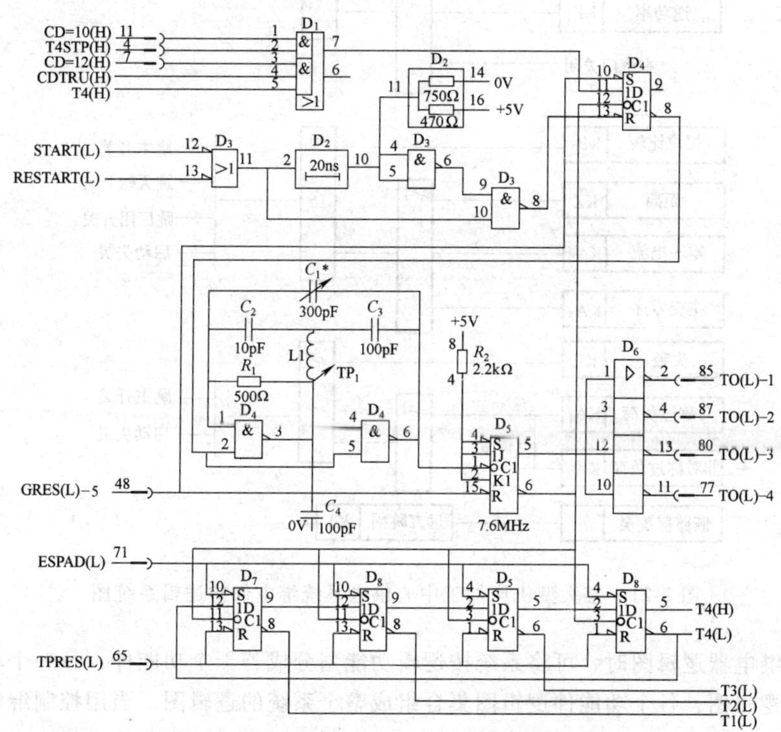


图1-20　采用极性指示符号的详细逻辑图

*调到15.20MHz，在测试点TP1测量　注“H”≥2.4V，“L”≤0.15V

图1-20是另一种采用极性指示符号的逻辑图的例子。实际逻辑电平在图上的“注”中予以说明。

### 1.4.4　继电保护逻辑功能图绘制方法

继电保护逻辑图是一种继电器逻辑系统，应由继电器和逻辑单元表示出工艺系统的基本功能、各组成部分之间的逻辑关系及其工作原理。

图 1-21 所示为某大型机床加工中心供电系统继电保护逻辑系统图。图中各逻辑单元图形符号应优选输入线在左侧、输出线在右侧的方位。为保持图面清晰简单，也可采用输入线在上部、输出线在下部的方位。

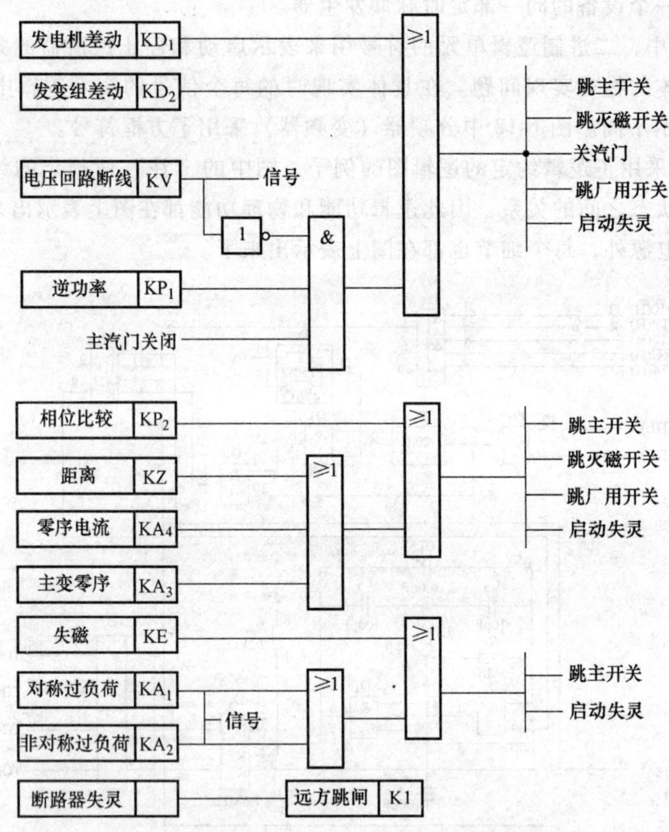

图 1-21　某大型机床加工中心供电系统继电保护逻辑系统图

绘制继电器逻辑图时，可将系统按逻辑功能划分成若干个功能件，每一个功能件可绘制一份逻辑图，各个功能件逻辑图集合组成整个系统的逻辑图。当用控制继电器或其他元件，或者由这些器件组成逻辑系统时，可在紧靠逻辑系统的连线上标注产生所需动作的逻辑变量。

## 1.5　机床控制电路图

### 1.5.1　电路图的作用和分类

**1. 电路图的作用**

电路图用于详细表示电路、设备或成套装置的基本组成部分和连接关系。

电路图的作用是：①详细理解电路、设备或成套装置及其组成部分的工作原理；②为测试和寻找故障提供信息；③作为编制接线图的依据；④供安装和维修使用。

**2. 电路图的分类**

按电路图所描述的对象和表示的工作原理可分为：

1）反映二次设备、装置和系统（如继电保护、电气测量、信号、自动控制等）工作原理的图，通常俗称为“二次接线图”。

2）对电动机及其他用电设备的供电和运行方式进行控制的电气原理图，俗称为电气控制接线图。这类图实质也是二次接线图，但又不限于一般的二次接线，往往还将被控制设备的供电一次接线画在一起，因此可以说控制接线图是一次、二次合二为一的综合性简图。

3）反映由电子器件组成的设备或装置工作原理的电子电路图。电子电路图又可分为电力电子电路图和无触点电子电路图。

4）指导照明、动力工程施工、维护和管理的建筑电气照明动力工程图，也是电路图的一种。也可归类为布置图。

5）表示出某功能单元所有的外接端子和内部功能的电路图，称为端子功能图。端子功能图可以提高清晰度、节省地方和缩小图纸幅面。

6）表示电信交换和电信布置的电路图。

## 1.5.2　电路图的内容和规定

**1. 电路图的内容**

电路图应表示出各系统、分系统、成套装置或设备的组成及实现其功能的细节，但可不考虑其外形、大小及位置。电路图宜包括下列内容：①表示电路元件或功能部件的图形符号；②符号之间的连接关系；③项目代号；④端子标记和特定导线标记；⑤用于逻辑信号的电平约定；⑥追踪路径或电路的信息（信号代号和位置检索标记等）；⑦理解功能部件的辅助信息。

控制系统电路图还应给出相应的一次回路。一次回路可采用单线表示法。在某些情况下，当表示测量互感器的连接关系时，也可采用多线表示法。

电路图中二次回路宜用细实线表示，一次回路可用粗实线表示。

**2. 绘制电路图应遵守的规定**

1）电路图中的符号和电路应按功能关系布局。

2）信号流的主要方向应由左至右或由上至下，当不能明确表示某个信号流动方向时，可在连接线上加箭头表示。

3）电路图中回路的连接点可用小圆点表示，也可不用小圆点表示。但在同一张图样中宜采用一种表示形式。

4）图中由多个元器件组成的功能单元或功能组件，必要时可用点画线框出。

5）图中不属于该图共用高层代号范围内的设备，可用点画线或双点画线框出，并加以说明。

6）图中设备的未使用部分，可绘出或注明。

## 1.5.3 电路图绘制方法

**1. 电源的表示方法**

1）用线条表示电源，同时在电源线上用符号标明电源线的性质（+、-、M、L1、L2、L3、N），如图 2-22a ~ c 所示。电源线可绘制在电路的上、下方或左、右两侧，也可绘在电路的一侧。多相电源线按相序从上至下或从左至右排列，中性线排在最下方或最右方。直流电源线应按正负极次序从上至下或从左至右排列，若有中间线，中间线宜绘在正负极之间。连接到方框符号的电源线以及功能单元或结构单元内部的电源线均应在与信号流向垂直的方向上绘制，如图 1-22d、e 所示。

2）用电源符号和电源电压值表示电源，如图 1-22f 所示。

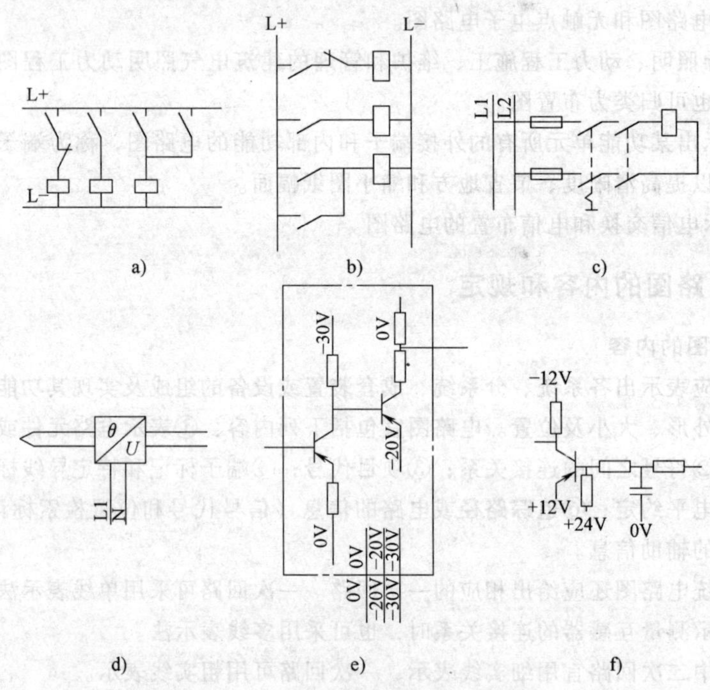


图 1-22 电源的各种表示方法示例

a）电源线绘在电路的上/下方 b）电源线绘在电路的左/右方 c）电源线绘在电路的一侧 d）连接到方框的电源线绘制 e）功能单元或结构单元内部的电源线绘制 f）用电源符号与电源电压值表示电源

**2. 相似项目的表示方法**

电路图中相似项目的排列，垂直绘制时，类似元件应水平对齐，如图 1-22a 所示；水平绘制时，类似元件应垂直对齐，如图 1-22b 所示。

电路图中的相似元件或电路可采用下列简化画法：①两个及两个以上分支电路，可表示成一个分支电路加复接符号，如图 1-23 所示；②两个及两个以上完全相同的电路，可只详细表示一个电路，其他电路用围框加说明表示，如果电路的图形符号相同，但技术参数不同，可另列表说明其不同内容。

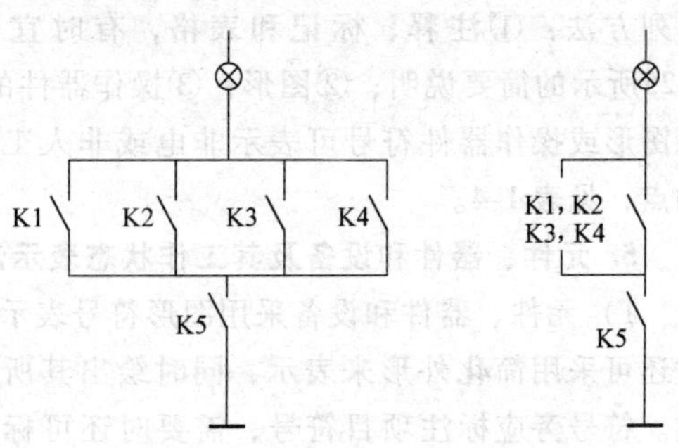


图 1-23　相似元件或电路的简化画法

**3. 基础电路模式**

某些常用基础电路的布局若按统一形式出现在电路图上就很容易识别，如图 1-24 所示。在基础电路中可增加其他元件、器件，但应不改变基础电路的布局，不影响其易读性。

**4. 触点表示法**

继电器和接触器的触点符号的动作方向取向应一致。当触点具有保持、闭锁和延迟等功能时更是这样。但是，在用分开表示法表示的触点排列虽复杂但没有保持等功能的电路中，使电路不交叉比使触点符号取向一致更为重要。

对非电或非人工操作的触点，必须在其触点符号附近表明运行方式。为此，可采用

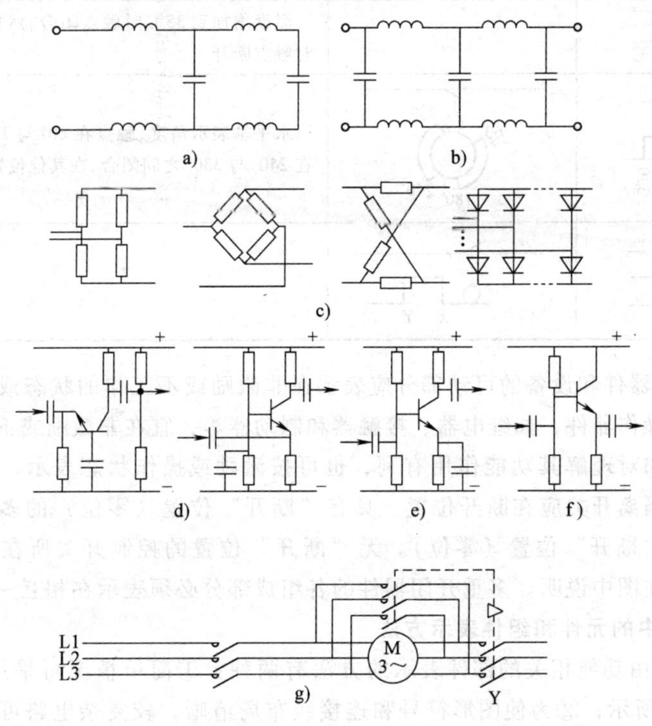


图 1-24　基础电路模式

a）无源二端网络　b）无源二端网络　c）桥式电路的四种表达形式

d）阻容耦合放大器，共基极两种布局　e）阻容耦合放大器，共发射极

f）阻容耦合放大器，共集电极（射极跟随器）　g）Y—△启动器

下列方法：①注释、标记和表格，有时宜采用图1-25所示的简要说明；②图形；③操作器件的符号。用图形或操作器件符号可表示非电或非人工操作的触点，见表1-4。

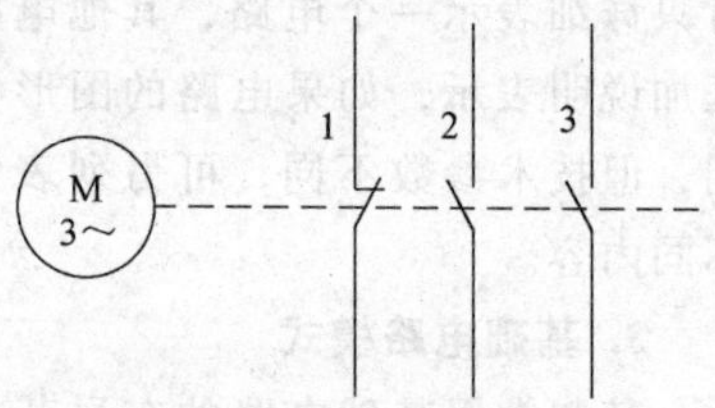


图1-25 采用简要说明的方法表示触点的运行方式示例

**5. 元件、器件和设备及其工作状态表示法**

1）元件、器件和设备采用图形符号表示，需要时还可采用简化外形来表示，同时绘出其所有的连接。符号旁应标注项目符号，需要时还可标注主要参数。参数也可列表表示，表格内一般包括项目符号、名称、型号、规格和数量等内容。

表1-4 用图形或操作器件符号表示触点的运行方式

| 用图形 | 用符号 | 说明 |
|---|---|---|
| 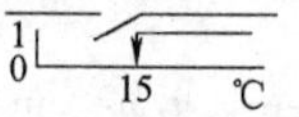 | | 垂直轴上的"0"表示触点断开，而"1"表示触点闭合（下同），水平轴表示温度，当温度等于或超过15℃时触点闭合 |
| 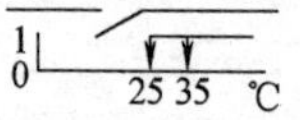 | | 温度增加到35℃时触点闭合，然后温度降到25℃时触点断开 |
| 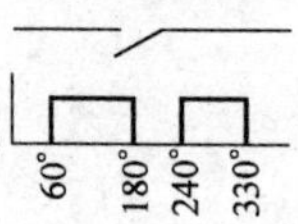 | 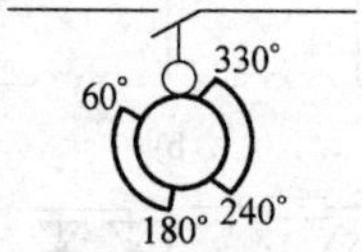 | 水平轴表示角度，触点在60°与180°之间闭合，也在240°与330°之间闭合，在其他位置断开 |
| 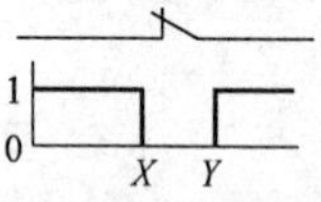 | 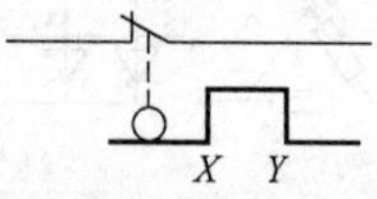 | |

2）元件、器件和设备的可动部分应表示在非激励或不工作的状态或位置。单稳态的机电或手动操作器件，如继电器、接触器和制动器等，宜在非激励或不操作状态。在特殊情况下，如对理解其功能作用有利，也可按激励或操作状态表示，但应在图中说明。断路器或隔离开关应在断开位置。具有"断开"位置（零位）的多稳态手动操作控制开关应在"断开"位置（零位）。无"断开"位置的控制开关所在位置应在图中规定的位置或在图中说明。多重开闭器件的各组成部分必须表示在相互一致的位置上。

**6. 电路图中的元件和组件表示方法**

1）对组件由功能相关的部件表示的方法有两种：①简单情况可采用连接表示法，如图1-26a、d所示；②为使图形符号和连接线布局清晰，较复杂电路可采用半连接表示法或不连接表示法，如图2-26b、c所示。

2）对组件内功能无关的部件表示方法有两种：①简单情况可采用组合表示法，如图1-26d所示；②为使图形符号和连接线布局清晰，较复杂电路可采用分散表示法，如图1-26a～c所示。

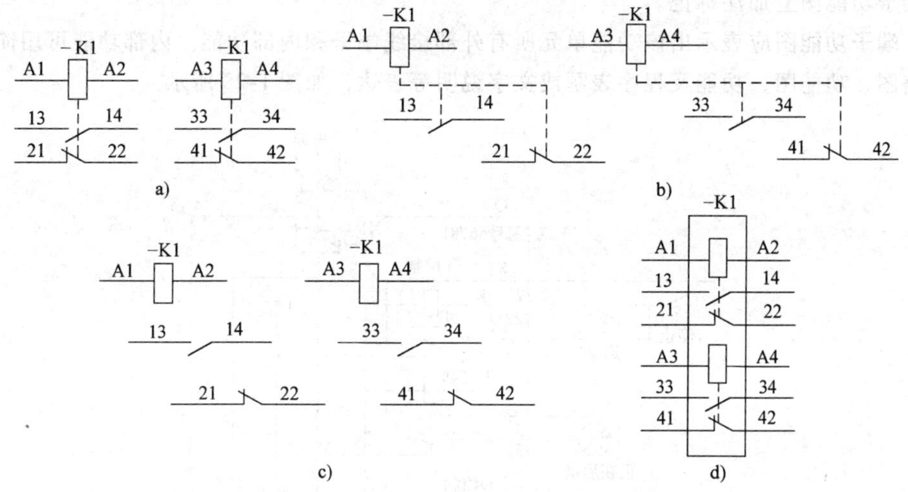


图 1-26　组件的各个部件表示法示例

a）分散连接表示法　b）分散半连接表示法　c）分散不连接表示法　d）组合连接表示法

**7. 图上位置的表示方法**

图上位置的表示方法有三种，即图幅分区法、电路编号法和表格法。

图幅分区法是一种用行或列以及行列组合标记来表示图上位置的方法。通常对水平位置的电路，只标明行的标记；对垂直布置的电路，只标明列的标记；对比较复杂的电路或根据实际需要用行列组合标记。

电路编号法就是对电路或分支电路可用数字编号来表示其位置，数字编号时应按自左至右或自上至下的顺序排列，如图 1-27 所示。

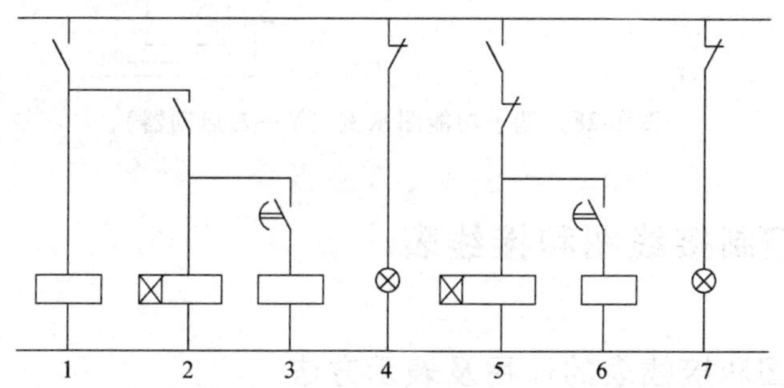


图 1-27　电路编号法示例

表格法就是在图的边缘部分绘制一个以项目代号分类的表格，表格中的项目代号和图相应的图形符号在垂直或水平方向对齐，图形符号旁仍需标注项目代号。

## 1.5.4　机床控制端子功能图

电路图中的功能单元或结构单元可用方框符号或端子功能图代替，并应在方框符号或端子功能图上加注标记。

端子功能图应表示出该功能单元所有外部接线端子和内部功能。内部功能可用简化电路图、功能图、功能及程序表图或文字说明等表达，如图1-28所示。

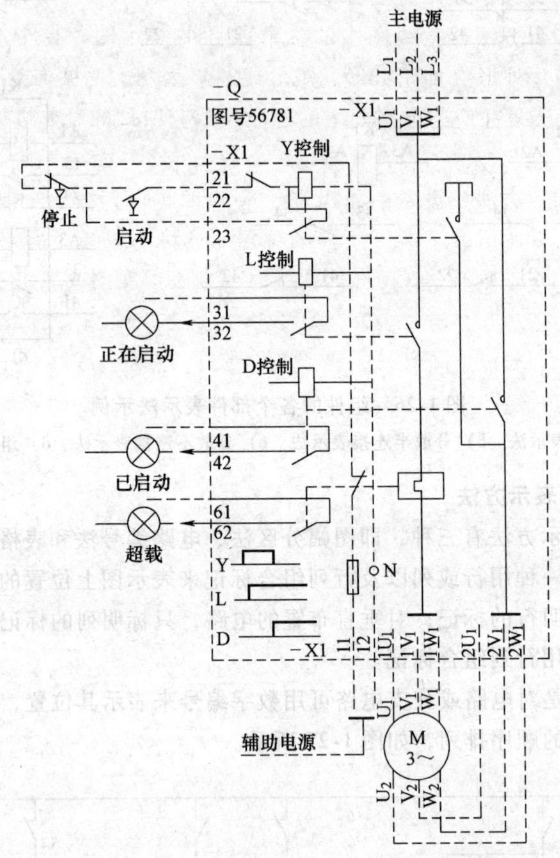


图1-28 端子功能图示例（丫—△启动器）

## 1.6 机床控制接线图和接线表

### 1.6.1 接线图和接线表的作用及表示方法

#### 1. 接线图和接线表的作用

接线图和接线表主要用于安装接线、线路检查、线路维修和故障处理。在实际应用中接线图通常需要与电路图和位置图一起使用。

接线图和接线表一般表示出如下内容：项目的相对位置、项目代号、端子号、导线号、导线类型、导线截面积、屏蔽和导线绞合等。接线图和接线表可单独使用也可组合使用。

**2. 接线图和接线表的分类**

接线图和接线表根据所表达内容的特点可分为单元接线图（表）、互连接线图（表）、端子接线图（表）、电缆连系图（表）和热工仪表导管电缆连接图等。

**3. 接线图和接线表的表示方法**

(1) 项目的表示方法　接线图中的各个项目（如元件、器件、部件、组件、成套设备等）宜采用简化外形（如正方形、矩形或圆）表示，必要时也可用图形符号表示。符号旁要标注项目代号并应与电路图中的标注一致。项目的有关机械特征仅在需要时才画出。

(2) 端子的表示方法　设备的引出端子应表示清晰。端子一般用图形符号和端子代号表示。当用简化外形表示端子所在的项目时，可不画端子符号，仅用端子代号表示。如需区分允许拆卸和不允许拆卸的连接时，则必须在图或表中予以注明。

(3) 导线的表示方法　导线在单元接线图和互连接线图中的表示方法有如下两种：①连续线——表示两端子之间导线的线条是连续的，如图1-29a所示；②中断线——表示两端子之间导线的线条是中断的，在中断处必须标明导线的去向，如图1-29b所示。接线图中的导线一般应给以标记，必要时也可用色标作为其补充或代替导线标记。导线组、电缆、缆形线束等可用加粗的线条表示，在不致引起误解的情况下也可部分加粗，如图2-29c所示。当一个单元或成套设备包括几个导线组、电缆、缆形线束时，它们之间的区分标记可采用数字或文字。

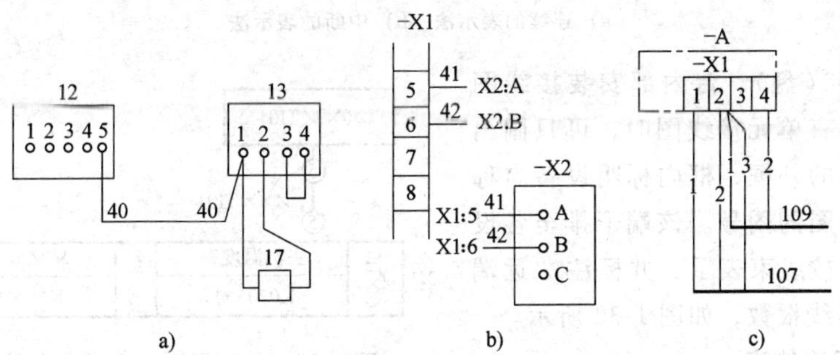


图1-29　导线在接线图中的表示法

a) 连续线　b) 中断线　c) 加粗的线条

## 1.6.2　单元接线图和单元接线表

单元接线图和单元接线表表示单元内部的连接情况，通常不包括单元之间的外部连接，但可给出与之有关的互连图的图号。

**1. 单元接线图**

单元接线图通常按各个项目的相对位置进行布置。单元接线图的视图，应选择能最清晰地表示出各个项目的端子和布线的视图，当一个视图不能清楚表示多面布线时，可用多个视图。项目间彼此叠成几层放置时，可把这些项目翻转或移动出视图，并加注说明。当项目具有多层端子时，可错动或延伸绘出被遮盖的部分的视图，并加注说明各层接线关系，如图 1-30 所示。

| ∘1 2∘ | ∘5 6∘ | ∘9 10∘ | ∘13 14∘ |
|---|---|---|---|
| ∘4 3∘ | ∘8 7∘ | ∘12 11∘ | ∘16 15∘ |

图 1-30 LW2 型转换开关各层触点视图

单元接线图中各项目之间或端子之间的连线可以是连续的，如图 1-31a 所示；也可以是中断的，如图 1-31b 所示。每根导线的两端要标注相同的导线号。用中断线表示的除标注导线号外，还要在中断处用“远端标记”表明导线的去向。各项目或端子之间的连线也可用线束表示，如图 1-31 所示。

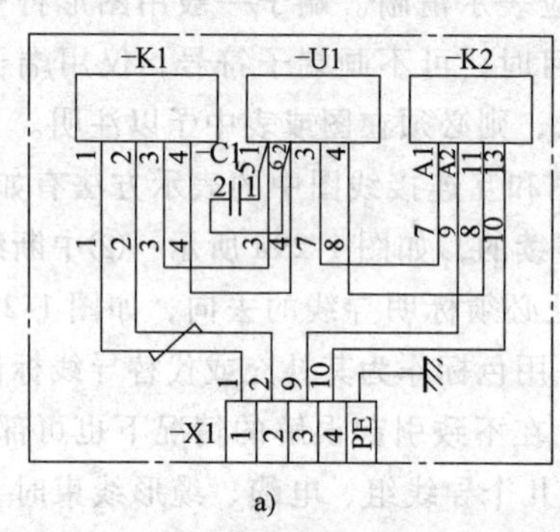


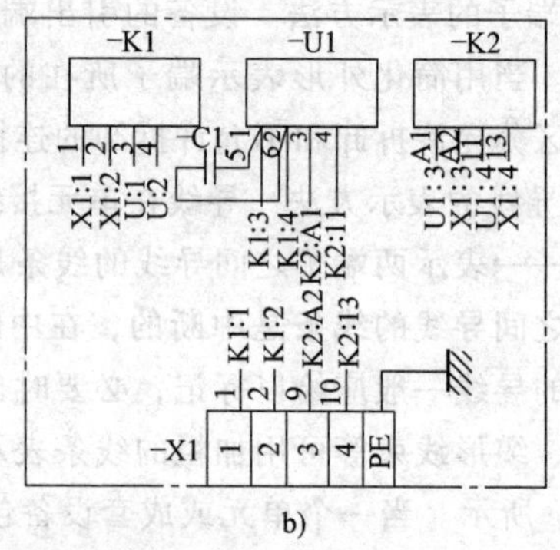


图 1-31 单元接线图示例（控制装置中的一个部件）

a）连续的表示法 b）中断的表示法

控制屏（盘）、台内部安装接线图中的设备另有单元接线图时，可只画出盘内端子排的外框，框内标明设备名称和单元接线图的图号。该端子排至各设备的连线可按线束表示，并标注“远端标记”和导线根数，如图 1-32 所示。

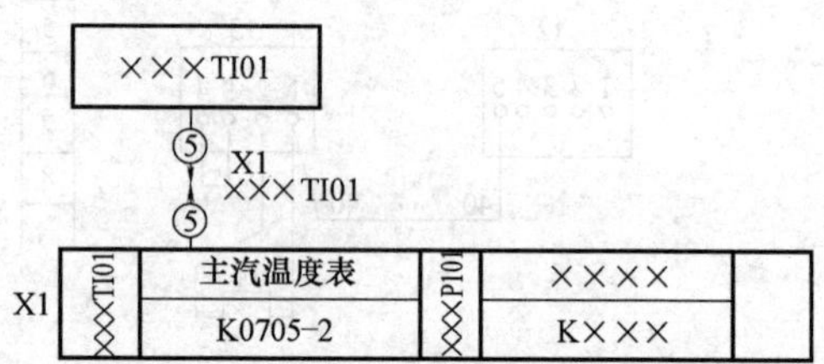


图 1-32 控制屏、台内部安装接线图中接线示例（设备另有单元接线图）

**2. 单元连线表**

单元接线表一般包括线缆号、线号、导线型号、规格、长度、连接点号、所属项目的代号和其他说明等内容。单元接线表的格式可按表 1-5 所示编制，表 1-5所示为图 1-31 的内容。

## 1.6.3 互连接线图和互连接线表

互连接线图和互连接线表表示单元之间的连接情况，通常不包括单元内部的连接，但可给出与之有关的电路图或单元接线图的图号。

**1. 互连接线图**

互连接线图的各个视图应画在一个平面上，以表示单元之间的连接关系，各单元的

表 1-5　单元接线表示例

| 线缆号 | 线号 | 线缆型号及规格 | 连接点 Ⅰ | | | 连接点 Ⅱ | | | 附注 |
|---|---|---|---|---|---|---|---|---|---|
| | | | 项目代号 | 端子号 | 备考 | 项目代号 | 端子号 | 备考 | |
| | 1 | | – K1 | 1 | | – X1 | 1 | | |
| | 2 | | – K1 | 2 | | – X1 | 2 | | |
| | 3 | | – K1 | 3 | | – U1 | 1 | | |
| | 4 | | – K1 | 4 | | – U1 | 2 | | |
| | 5 | | – U1 | 1 | | – C1 | 1 | | |
| | 6 | | – U1 | 2 | | – C1 | 2 | | |
| | 7 | | – K2 | A1 | | – U1 | 3 | | |
| | 8 | | – K2 | 11 | | – U1 | 4 | | |
| | 9 | | – K2 | A2 | | – X1 | 3 | | |
| | 10 | | – K2 | 13 | | – X1 | 4 | | |

围框用点画线表示。各单元间的连接关系既可用连续线表示，也可用中断线表示，如图 1-33 所示。

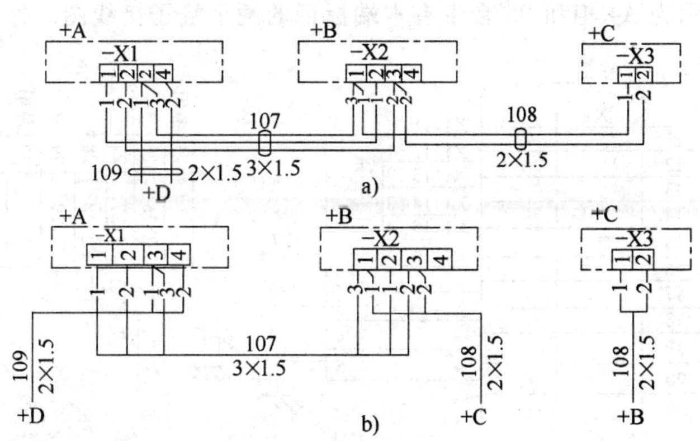


图 1-33　互连接线图示例

a）用连续线表示　b）用中断线表示

**2. 互连接线表**

互连接线表应包括线缆号、线号、线缆的型号和规格、连接点号、项目代号、端子号及其他说明等，该表的格式可按表 1-6 所示编制。表 1-6 表示的是图 1-33 的内容。

## 1.6.4　端子接线图和端子接线表

端子接线图和端子接线表表示单元和设备的端子及其与外部导线的连接关系，通常不包括单元或设备的内部连接，但可提供与之有关的图样图号。

表 1-6 互连接线表示例

| 线缆号 | 线号 | 线缆型号规格 | 连接点Ⅰ | | | 连接点Ⅱ | | | 附注 |
|---|---|---|---|---|---|---|---|---|---|
| | | | 项目代号 | 端子号 | 备考 | 项目代号 | 端子号 | 备考 | |
| 107 | 1 | | +A－X1 | 1 | | +B－X2 | 2 | | |
| | 2 | | +A－X1 | 2 | | +B－X2 | 3 | 108.2 | |
| | 3 | | +A－X1 | 3 | 109.1 | +B－X2 | 1 | 108.1 | |
| 108 | 1 | | +B－X2 | 1 | 107.3 | +C－X3 | 1 | | |
| | 2 | | +B－X2 | 3 | 107.2 | +C－X3 | 2 | | |
| 109 | 1 | | +A－X1 | 3 | 107.3 | +D | | | |
| | 2 | | +A－X1 | 4 | | +D | | | |

**1. 端子接线图**

绘制端子接线图应遵守下列规定：①端子接线图的视图应与端子排接线面板的视图一致，各端子宜按其相对位置表示；②端子排的一侧标明至外部设备的远端标记或回路编号，另一侧标明至单元内部连线的远端标记；③端子的引出线宜标出线缆号、线号和线缆的去向。

图 1-34a 所示为 A4 柜和 B5 台带有本端标记的两个端子接线图。每根电缆末端标志

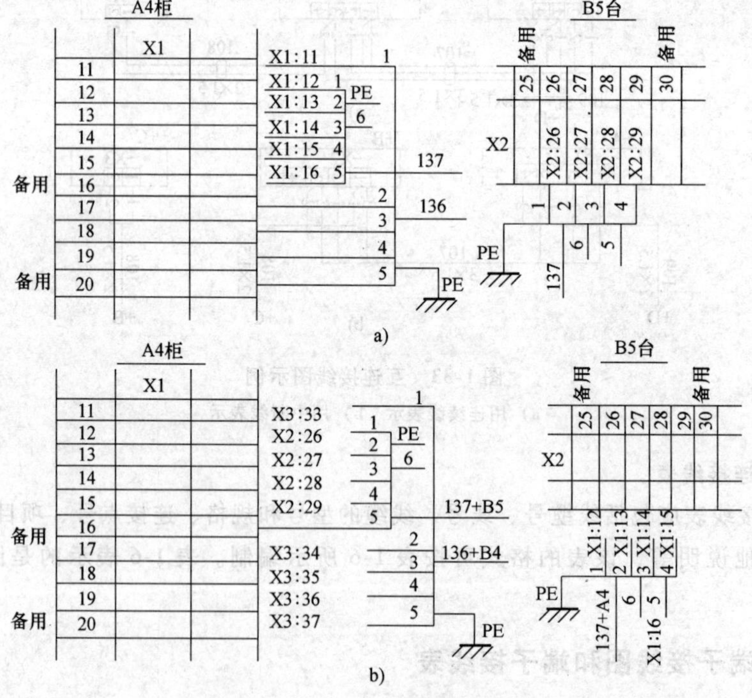


图 1-34 端子接线图示例

a) 带有本端标记 b) 带有远端标记

着电线号及每根缆芯号。无论已连接或未连接的备用端子都注有“备用”字样，不与端子连接的缆芯则用缆芯号。图 1-34b 与图 1-34a 相同，但在 A4 柜和 B5 台上标出远端标记。

**2. 端子接线表**

端子接线表一般包括线缆号、线号、端子代号等内容，在端子接线表内电缆应按单元（例如柜和屏）集中填写。端子接线表的格式见表 1-7a、b 所示。表 1-7a 是根据图

**表 1-7a　带有本端标记的端子接线表**

| A4 柜 | | | | B5 台 | | | |
|---|---|---|---|---|---|---|---|
| 线缆号 | 线号 | 端子号 | 本端标记 | 线缆号 | 线号 | 端子号 | 本端标记 |
| 136 | | | A4 | | | | |
| | PE | | 接地线 | | | | |
| | 1 | 11 | X1:11 | | | | |
| | 2 | 17 | X1:17 | | | | |
| | 3 | 18 | X1:18 | | | | B5 |
| | 4 | 19 | X1:19 | 137 | PE | | 接地线 |
| 备用 | 5 | 20 | X1:20 | | 1 | 26 | X2:26 |
| | | | A4 | | 2 | 27 | X2:27 |
| 137 | PE | | (—) | | 3 | 28 | X2:28 |
| | 1 | 12 | X1:12 | 备用 | 4 | 29 | X2:29 |
| | 2 | 13 | X1:13 | 备用 | 5 | — | |
| | 3 | 14 | X1:14 | | 6 | — | |
| 备用 | 4 | 15 | X1:15 | | | | |
| 备用 | 5 | 16 | X1:16 | | | | |
| | 6 | | — | | | | |

**表 1-7b　带有远端标记的端子接线表**

| A4 柜 | | | | B5 台 | | | |
|---|---|---|---|---|---|---|---|
| 线缆号 | 线号 | 端子号 | 远端标记 | 线缆号 | 线号 | 端子号 | 远端标记 |
| 136 | | | B4 | | | | |
| | PE | | 接地线 | | | | |
| | 1 | 11 | X3:33 | | | | |
| | 2 | 17 | X3:34 | | | | A4 |
| | 3 | 18 | X3:35 | 137 | PE | | (—) |
| | 4 | 19 | X3:36 | | 1 | 26 | X1:12 |
| 备用 | 5 | 20 | X3:37 | | 2 | 27 | X1:13 |
| | | | B5 | | 3 | 28 | X1:14 |
| 137 | PE | | 接地线 | | 4 | 29 | X1:15 |
| | 1 | 12 | X2:26 | 备用 | 5 | | X1:16 |
| | 2 | 13 | X2:27 | 备用 | 6 | | — |
| | 3 | 14 | X2:28 | | | | |
| | 4 | 15 | X2:29 | | | | |
| 备用 | 5 | 16 | — | | | | |
| 备用 | 6 | | — | | | | |

1-34a 编制的带有本端标记的两个端子接线表。电缆号及缆芯号注于每条线上。电缆按数字顺序组合在一起。“-”表示相应缆芯未连接，“（-）”表示接地屏蔽或保护导线是绝缘的。不管已接到或未接到端子上的备用缆芯都用“备用”表示。表 1-7b 是根据图 1-34b 编制的把远端标记加在端子上的两个端子接线表。

**3. 端子接线网格表**

端子接线网格表一般包括项目代号、线缆号、线号、缆芯数、端子号及其说明等内容。端子接线网格表的一般格式见表 1-8a、b。

## 1.6.5 电缆图和电缆表

电缆图和电缆表应表示单元之间外部电缆的敷设，也可表示线缆的路径情况。它用于电缆安装时给出安装用的其他有关资料。导线的详细资料由端子接线图提供。

**1. 电缆图**

电缆图应清晰地表示各单元之间的连系电缆。各单元图框可用粗实线绘制，如图 1-35所示。电线图中宜标注电线编号、电缆型号规格和各单元的项目代号等。

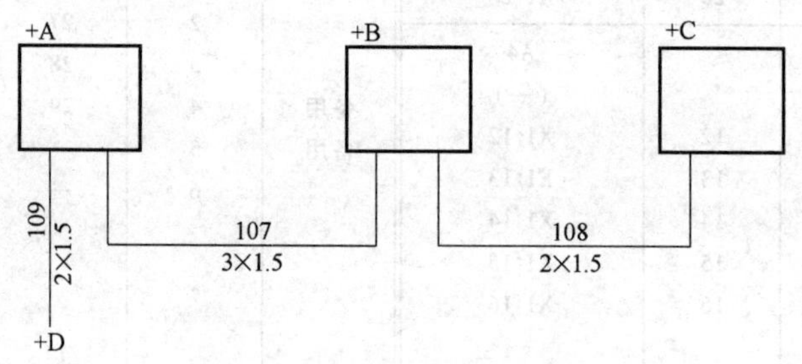


图 1-35 电缆图示例

**2. 电缆表**

电缆表宜包括电缆编号、电缆型号规格、连接点的项目代号和其他说明等。表 1-9 是根据图 1-35 编制的电缆表。

## 1.6.6 热工仪表导管电缆连接图

绘制热工仪表导管电缆连接图应遵守的规定如下：

1）应表明热工仪表测量点或检测元件与仪表盘之间的连接关系。

2）应清晰地表示出各仪表的连接导管、连接电缆、阀门、接线盒等附件的型号、规范和编号。

3）多点测量仪表的导线、导管的编号应与该导线、导管所连接的检测元件设备代号相同。

4）单点测量仪表的导线、导管的编号应与导线、导管所连接的终端设备的设备代号相同。

5）电缆编号可按图 1-36 所示。

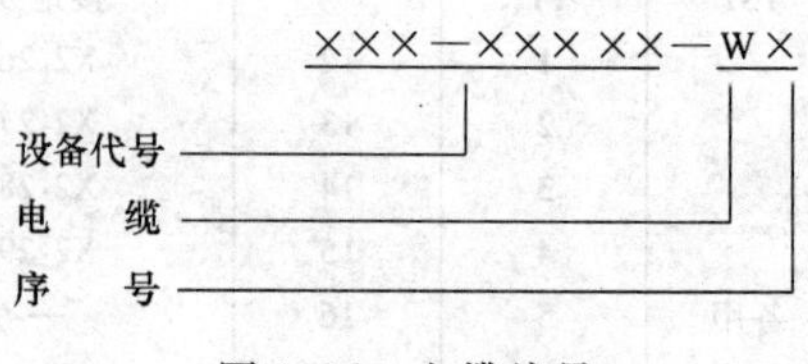


图 1-36 电缆编号

表 1-8a　带有本端标记端子接线网格表

| | | | | | | | | | | | | | | | | | | | | | | | | | | | | | |
|---|---|---|---|---|---|---|---|---|---|---|---|---|---|---|---|---|---|---|---|---|---|---|---|---|---|---|---|---|---|
| | | | | | | | | | | | | | | | | | | | | | | | | | | | | | |
| | | | | | | | | | | | | | | | | | | | | | | | | | | | | | |
| 项目代号 | 缆号 | 芯数 | | | | | | | | | | | | | | | 备用 | | | | 备用 | | | | | | | | |
| | | | | | | | | | | | | | | | | | | | | | | | | | | | | | |
| 端子板 X1 | | | 1 | 2 | 3 | 4 | 5 | 6 | 7 | 8 | 9 | 10 | 11 | 12 | 13 | 14 | 15 | 16 | 17 | 18 | 19 | 20 | 21 | 22 | 23 | 24 | 中性线 N | 保护接地线 PE | 附注 |
| | | | | | | | | | | | | | | | | | | | | | | | | | | | | | |
| | | | | | | | | | | | | | | | | | | | | | | | | | | | | | |
| 本端标记 | | | | | | | | | | | | | | | | | | | | | | | | | | | | | |
| 项目代号 | 缆号 | 芯数 | | | | | | | | | | | X1: 11 | X1: 12 | X1: 13 | X1: 14 | X1: 15 | X1: 16 | X1: 17 | X1: 18 | X1: 19 | X1: 20 | | | | | | | |
| | 137 | 7 | | | | | | | | | | | | 1 | 2 | 3 | 4 | 5 | | | | | | | | | | | |
| | 136 | 6 | | | | | | | | | | | 1 | | | | | | 2 | 3 | 4 | 5 | | | | | | | |
| | | | | | | | | | | | | | | | | | | | | | | | | | | | | | |
| | | | | | | | | | | | | | | | | | | | | | | | | | | | | | |
| | | | | | | | | | | | | | | | | | | | | | | | | | | | | | |

## 表 1-8b 带有远端标记端子接线网络表

| | | | | | | | | | | | | | | | | | | | | | | | | | | | | | |
|---|---|---|---|---|---|---|---|---|---|---|---|---|---|---|---|---|---|---|---|---|---|---|---|---|---|---|---|---|---|
| | | | | | | | | | | | | | | | | | | | | | | | | | | | | | |
| | | | | | | | | | | | | | | | | | | | | | | | | | | | | | |
| | | | | | | | | | | | | | | | | | | | | | | | | | | | | | |
| 项目代号 | 缆号 | 芯数 | | | | | | | | | | | | | | | 备用 | | | | 备用 | | | | | | | | |
| 端子板 X1 | | | 1 | 2 | 3 | 4 | 5 | 6 | 7 | 8 | 9 | 10 | 11 | 12 | 13 | 14 | 15 | 16 | 17 | 18 | 19 | 20 | 21 | 22 | 23 | 24 | 中性线 N | 保护接地线 PE | 附注 |
| | | | | | | | | | | | | | | | | | | | | | | | | | | | | | |
| 远端标记 | | | | | | | | | | | | | | | | | | | | | | | | | | | | | |
| 项目代号 | 缆号 | 芯数 | | | | | | | | | | | X3:33 | X2:26 | X2:27 | X2:28 | X2:29 | | X3:34 | X3:35 | X3:36 | X3:37 | | | | | | | |
| +B5 | 137 | 7 | | | | | | | | | | | | 1 | 2 | 3 | 4 | 5 | | | | | | | | | | | PEINS-6SP |
| +B4 | 136 | 6 | | | | | | | | | | | 1 | | | | | | 2 | 3 | 4 | 5 | | | | | | | |
| | | | | | | | | | | | | | | | | | | | | | | | | | | | | | |
| | | | | | | | | | | | | | | | | | | | | | | | | | | | | | |
| | | | | | | | | | | | | | | | | | | | | | | | | | | | | | |

端子网格表 A4 柜

表 1-9　电缆表示例

| 电缆号 | 电缆型号规格 | 连接点 | | 附注 |
|---|---|---|---|---|
| 107 | KVV20—3×1.5 | +A | +B | |
| 108 | KVV20—2×1.5 | +B | +C | |
| 109 | KVV20—2×1.5 | -A | +D | |

6）设备代号可用仪表、接线盒、恒温箱等设备代号表示；电缆序号应用与该仪表、接线盒或恒温箱连接的电缆序号表示。

导管电缆的连接图如图 1-37 所示。

导管电缆的连接也可用导管清册和电缆清册的方式表示，其格式见表 1-10 和表 1-11a、b。

表 1-10　导管阀门清册

| 序号 | 起始测点 | 一次门 | | 导管 | | | 二次门 | | 终止设备 |
|---|---|---|---|---|---|---|---|---|---|
| | | 型式规范 | 数量(个) | 编号 | 型式规范 | 长度(m) | 型式规范 | 数量(个) | |
| | | | | | | | | | |
| | | | | | | | | | |
| | | | | | | | | | |
| | | | | | | | | | |
| | | | | | | | | | |

表 1-11a　电缆清册示例

| 序号 | 电缆编号 | 起始设备 | 终止设备 | 型式规范 | 备用芯数 | 长度(m) |
|---|---|---|---|---|---|---|
| | | | | | | |
| | | | | | | |
| | | | | | | |
| | | | | | | |
| | | | | | | |
| | | | | | | |

表 1-11b　电缆清册示例

| 序号 | 安装单位名称 | 电缆编号 | 备用芯数 | 电缆去向 | | 电缆型号及长度(m) | | | | | | |
|---|---|---|---|---|---|---|---|---|---|---|---|---|
| | | | | | | 型号 | | | | | | |
| | | | | 起点 | 终点 | | | | | | | |
| ××部分 | | | | | | | | | | | | |
| | | | | | | | | | | | | |
| | | | | | | | | | | | | |
| | | | | | | | | | | | | |
| | | | | | | | | | | | | |

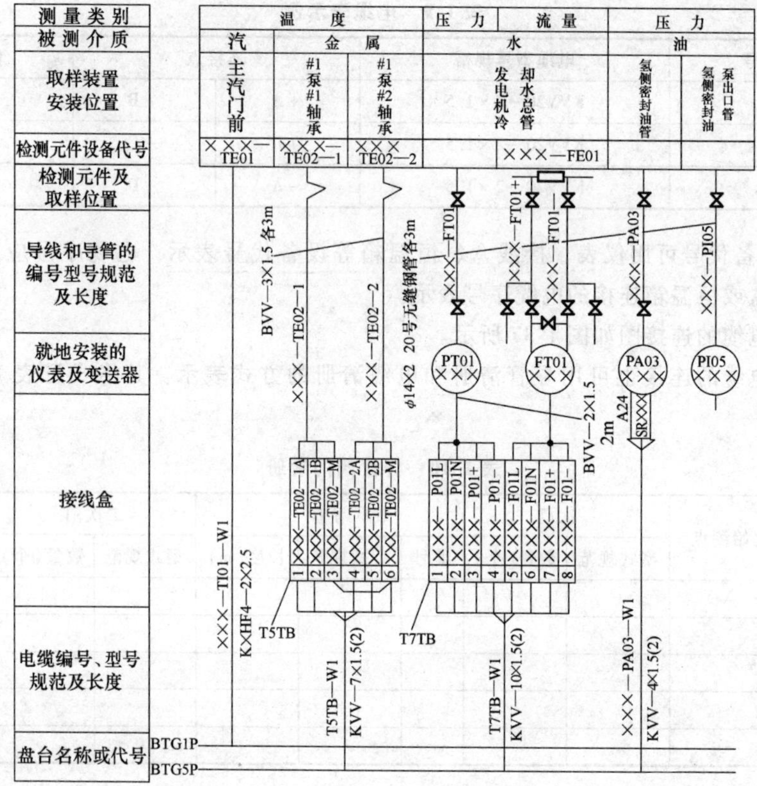


图 1-37　热工仪表导管电缆连接图示例

# 1.7　机床控制布置图（安装图）

## 1.7.1　布置图（安装图）的分类

布置图根据所表达的内容和特点可分为照明设备平面布置图、通信设备平面布置图、开关室或配电装置平断面布置图和屏（盘）、台正面布置图等。

## 1.7.2　布置图（安装图）绘制要求

**1. 照明设备和通信设备平面布置图**

在照明设备和通信设备平面布置图中，建筑物、构筑物和主要设备的轮廓线应按比例绘制，照明设备和通信设备可只表示相对位置而不标注具体尺寸，如图 1-38 所示。

**2. 控制室、开关室或配电装置平面布置图**

绘制控制室、开关室或配电装置平面布置图，应符合下列规定：①根据图的复杂程度和不同设计阶段的要求，图中比例宜按 1:50、1:100、1:200、1:500、1:1000、1:2000 等选择；②图中的屏（盘）、柜及其他设备宜以该设备的外框线表示；③布置图中的

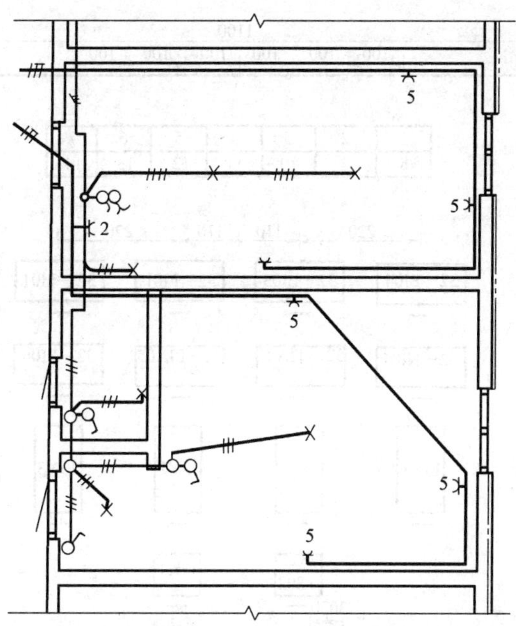

图 1-38　某机加车间内照明设备平面布置图示例

区、室和区、室中的屏（盘）、柜宜标注其位置代号。

**3. 控制屏（盘）和开关柜正面布置图**

绘制控制屏（盘）和开关柜正面布置图应符合下列规定：①图中比例宜采用 1:5 或 1:10；②图中屏（盘）、柜及装于其上的设备应以外框线表示；③图中屏（盘）、柜应标明名称或代号；④屏（盘）、柜上的设备标明项目代号或设备代号。代号应与系统图和电路图一致，如图 1-39 ~ 图 1-41 所示。

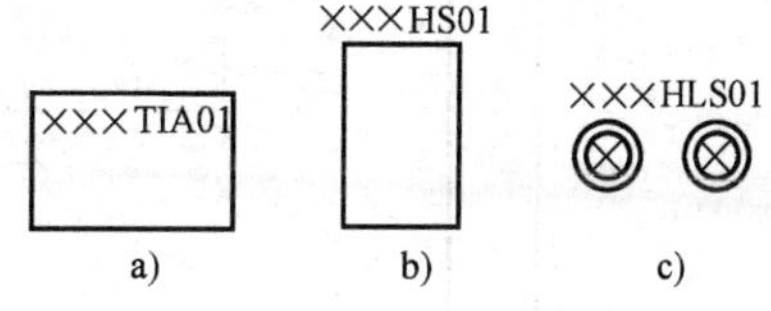


图 1-39　热工仪表和控制设备代号标注方法示例

a）项目代号或设备代号标注在设备图形内

b）、c）项目代号或设备代号标注在设备图形外

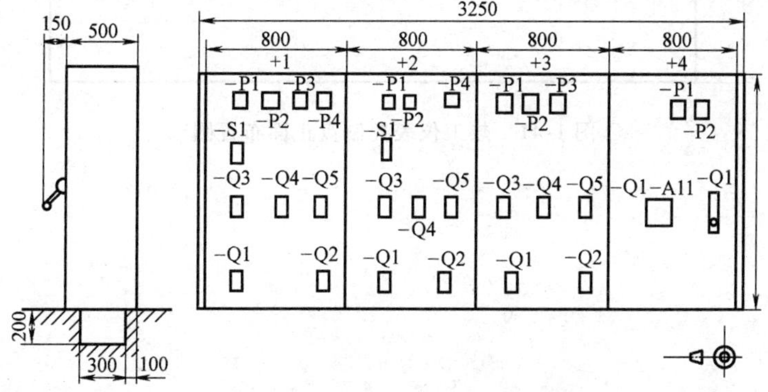


图 1-40　开关装置布置图

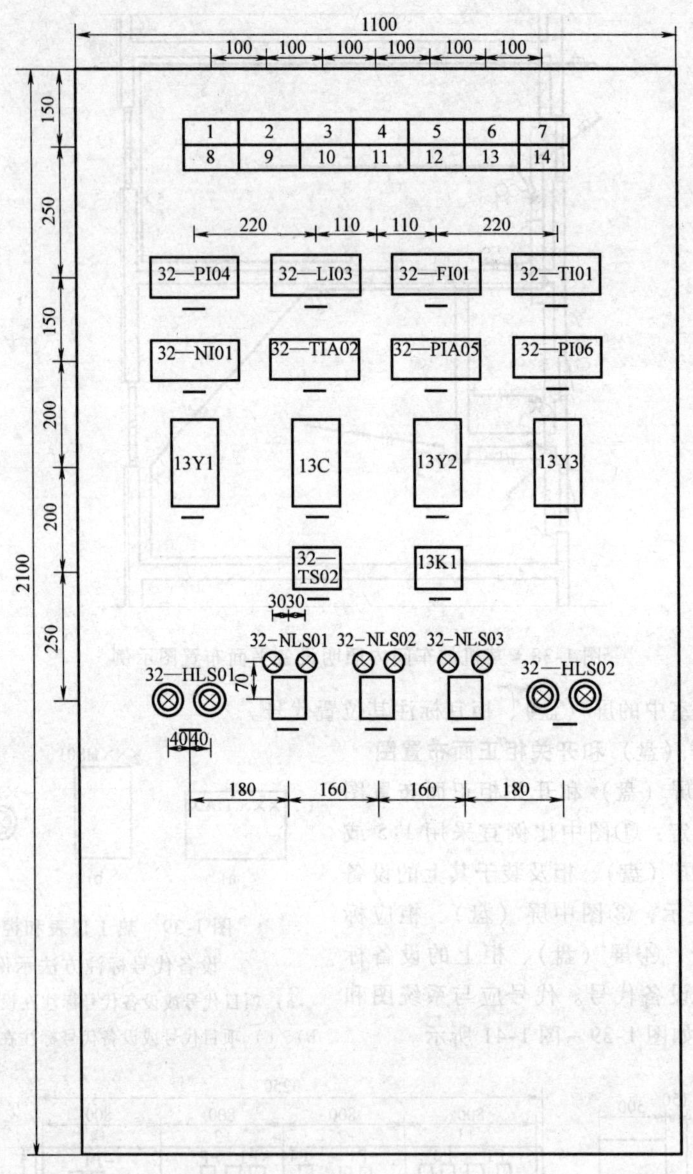


图 1-41　热工仪表控制盘正面布置图

# 第2章 机床电气识图的方法与技巧

## 2.1 机床电气识图要求、识图步骤与技巧

### 2.1.1 机床电气识图的基本要求

**1. 应具有电工学的技术知识**

电工学的主要学习内容就是电路和电器。电路又可分为主电路和辅助电路。主电路也叫一次回路，是电源向负载输送电能的电路。主电路一般包括发电机、变压器、开关、熔断器、接触器主触点、电容器、电力电子器件和负载（如电动机、电灯）等。辅助电路也叫二次回路，是对主电路进行控制、保护、监测以及指示的电路。辅助电路一般包括继电器、仪表、指示灯、控制开关、接触器辅助触点等。通常主电路通过的电流较大，导线线径较粗；而辅助电路中通过的电流较小，导线线径也较小。

电器是电路的不可缺少的组成部分。在供电电路中常用隔离开关、断路器、负荷开关、熔断器、互感器等；在机床控制的强电电路中，常用各种继电器、接触器和控制开关等；在机床控制的弱电电子电路中，常用各种晶体二极管、晶体管、晶闸管和集成电路等。要识读机床控制的强/弱电电路，应该首先了解这些电气元件、器件的性能、结构、原理、相互控制关系以及在整个电路中的地位和作用。

**2. 图形符号和文字符号要熟记会用**

电气简图用图形符号和文字符号以及项目代号、接线端子标记等是电气技术文件的“词汇”，相当于人们写文章用的词汇、单词。“词汇”掌握得越多，记得越牢，识图就越快捷、越方便。这好像写文章要有丰富的词汇和写作修辞技巧一样。

图形符号和文字符号很多，如何做到熟记会用？可从个人专业出发先熟读背会各专业共用的和本专业专用的图形符号，然后逐步扩大，掌握更多的符号，就能识读更多的不同专业的电气技术文件。

**3. 掌握各类电气图的绘制特点**

各类电气图都有各自的绘制方法和绘制特点，在第1章中已分别作了详述，掌握了这些特点，并利用它就能提高读图效率，进而自己也能设计制图。大型的电气图样往往不只有一张图，通常也不只是一种图，因而识图时应将各种有关的图样联系起来，对照阅读。如通过概略图、电路图找联系；通过接线图、布置图找位置；交错阅读会收到事半功倍的效果。

**4. 把电气图与土建图、管路图等对应起来读图**

电气施工往往与主体工程（土建工程）及其他工程、工艺管道、蒸汽管道、给排水管道、采暖通风管道、通信线路、机械设备等项安装工程配合进行。电气设备的布置与土建平面布置、立面布置有关；线路走向与建筑结构的梁、柱、门窗、楼板的位置、走向有关；还与管道的规格、用途、走向有关；安装方法又与墙体结构、楼板材料有关；特别是一些暗敷线路、电气设备基础及各种电气预埋件更与土建工程密切相关。所以阅读某些电气图还要与有关的土建图、管路图及安装图对应起来看。

**5. 了解涉及电气图的有关标准和规程**

读图的主要目的是用来指导施工、安装，指导运行、维修和管理。有一些技术要求不可能都一一在图样上反映出来，标注清楚，因为这些技术要求在有关的国家标准或技术规程、技术规范中已作了明确的规定。因而在识读电气图时，还必须了解这些相关标准、规程、规范，这样才能真正读懂。

## 2.1.2 机床电气识图的一般步骤

**1. 先详看图样说明**

拿到图样后，首先要仔细阅读图样的主标题栏和有关说明，如图纸目录、技术说明、元件明细表、施工说明书等，结合已有的电工知识，对该电气图的类型、性质、作用有一明确的认识，从整体上理解图样的概况和所要表述的重点。

**2. 再看概略图和框图**

由于概略图和框图只是概略表示系统或分系统的基本组成、相互关系及其主要特征，因此紧接着就要详细看电路图，才能搞清他们的工作原理。概略图和框图多采用单线图，只有某些380/220V低压配电系统概略图才部分地采用多线图表示。

**3. 阅读电路图是识图的重点和难点**

电路图是电气图的核心，也是内容最丰富、最难读懂的电气图样。

看电路图首先要看有哪些图形符号和文字符号，了解电路图各组成部分的作用，分清主电路和辅助电路，交流回路和直流回路。其次，按照先看主电路，再看辅助电路的顺序进行识图。

看主电路时，通常要从下往上看，即先从用电设备开始，经控制元件，顺次往电源端看；看辅助电路时，则自上而下、从左至右看，即先看主电源，再顺次看各条回路，分析各条回路元件的工作情况及其对主电路的控制关系，特别要注意电气与机械机构的连接关系。

通过看主电路，要搞清电气负载是怎样取得电源的，电源线都经过哪些元件到达负载和为什么要通过这些元件。通过看辅助电路，则应搞清辅助电路的回路构成，各元件之间的相互联系和控制关系及其动作情况等。同时还要了解辅助电路和主电路之间的相互关系，进而搞清楚整个电路的工作原理和来龙去脉。

**4. 接线图与电路图对照起来看**

接线图和电路图互相对照读图，可以帮助搞清楚接线图。读接线图时，要根据端子标志、回路标号从电源端顺次查下去，搞清楚线路走向和电路的连接方法，搞清每个回路是怎样通过各个元件构成闭合回路的。

配电盘（屏）内外线路相互连接必须通过接线端子板。一般来说，配电盘内有几号线，端子板上就有几号线的触点，外部电路的几号线只要在端子板的同号触点上接出即可。因此，看接线图时，要把配电盘（屏）内外的线路走向搞清楚，就必须注意搞清端子板的接线情况。

### 2.1.3　电气识图的基本技巧

**1. 结合电工、电子技术基础知识看图**

在实际生产的各个领域中，所有电路如输变配电、电力拖动、照明、电子电路、仪器仪表和家电产品等，都是建立在电工、电子技术理论基础之上的。因此，要想准确、迅速地看懂机床电气图，就必须具备一定的电工、电子技术理论知识。例如普通机床最常用三相笼型电动机的正转和反转控制，就是依据电动机的旋转方向是由三相电源的相序来决定的原理，用倒顺开关或两个接触器进行切换，改变输入电动机的电源相序，来改变电动机的旋转方向。具备了这些电工、电子基础理论知识，再识读具体描述和表达其工作原理和控制关系的电气图就会容易多了。

**2. 结合电气元件的结构和工作原理识图**

在电路中有各种电气元件，如机床配电电路中的负荷开关、断路器、熔断器、互感器、电表等；机床电力拖动电路中常用的各种继电路、接触器和各种控制开关等；在机床控制的电子电路中，常用的各种二极管、晶体管、晶闸管、电容器、电感器以及各种集成电路等。因此在看机床电气图时，首先应了解这些电气元件的性能、结构、工作原理、相互控制关系以及在整个电路中的地位和作用，才能搞清工作原理，否则，无法看懂电路图。

**3. 结合典型电路识图**

典型电路就是常见的基本电路，如普通机床交流电动机的启动、制动、正/反转控制、过载保护、时间控制、顺序控制、行程控制、联锁控制；现代机床直流控制系统中的晶体管整流、振荡和放大电路；晶闸管触发电路；脉冲与数字电路等。一张复杂的电路图，不管多么复杂，细分起来几乎都是由若干典型电路所组成。因此，熟悉各种典型电路，对于看懂复杂的电路图有很大帮助，能够很快地分清主次环节，抓住主要矛盾，才能事半功倍。

**4. 结合电路图的绘制特点识图**

电气原理图也叫电气控制线路图。它表示电流从电源到负载的传送情况和电气元件的动作原理，不表示电气元件的结构尺寸、安装位置和实际配线方法。阅读原理图可以了解负载的工作方式和功能；电气原理图是绘制安装接线图的基本依据，在调试和寻找故障时有重要作用。机床电气图的绘制有一些基本规则和要求，这些规则和要求是为了加强图样的规范性、通用性和示意性而提出的。可以充分利用这些电路图的绘制特点来快速准确识图。

## 2.2 机床控制中电力系统电气图的识图方法与技巧

### 2.2.1 电气主系统概略图（主结线图）

用电气简图或用图形符号按照电力系统的组成方式，表示出一次设备的连接次序和关系的系统图称之为电力系统概略图或电气主系统图，如图1-10所示。一次设备是指电力系统中的发电机、变压器、输电线路、开关设备、用电器等。

电气主系统图既能反映一个大电力系统的情形，也能反映一个发电厂、一个枢纽变电站或一个工厂、一项大的工程中的电气关系，还能反映一个小区域、一项小工程、一个用电村镇，直到某一电气设备中的电气关系。习惯上，只把电力系统、发电厂、变电所的电气系统图冠以为“主”，称作主系统图。在实际工作中，工程技术人员都称这样的电气图为主结线图，或一次结线图。

由于电气主系统图能清楚简捷地说明电能发生、输送、控制、分配关系和设备运行关系，因而常作为电力规划设计、进行有关电气计算、选择主要电气设备、拟定配电装置的布置和安装位置的主要依据。通过对电气主系统图的识图，能够帮助人们准确迅速地看出整个系统的规模和工作量的大小，理顺一次设备之间的关系。同时，电气主系统图也是电气运行工人进行倒闸操作的主要依据。因而电气主系统图是控制室、调度中心、配电室、总工程师室的必备图纸之一。生产现场还将其制成模拟电路板（俗称模拟盘），供操作人员进行电气操作前的模拟操作练习，以防误操作。由此可见，电气主系统图是发电厂、变电所的首张图样，具有十分重要的地位。

### 2.2.2 电气二次系统电路图（二次结线图）

**1. 二次设备**

为了保证一次设备运行的可靠和安全，需要许多辅助设备为之服务，以达到如下目的：

1）由于电是看不见、摸不着、听不见的，因此一次设备是否带电，往往从设备外表是分辨不清的，需要有各种指示仪表、视听信号等。

2）为了监视一次设备的运行情况，需要各种仪表来测量设备与电路的各种参数，如电压、电流的频率、功率、电能等。

3）一次设备在运行中有时会发生故障，有时也会超过允许的范围和限度，这就需要有一套检测这些故障信号并对一次设备的工作状态进行自动调整（断开、切换）的保护设备。

4）小型的低压开关可以手动操作，而发电厂变电所中的高压大电流开关设备手动操作很困难，特别是出了故障时，需要断路器切断电源，手动操作已不可能，因此需要一整套能进行自动控制的设备。

综上所述，凡对一次设备进行监视、测量、保护与控制的设备称为二次设备，或者称为辅助设备。二次设备的工作电流较小，工作电压也较低。

**2. 电气二次系统图**

将二次设备按照一定次序连接起来以表示某一特定功能，反映其工作原理的电路图，称为电气二次系统图，或称电气辅助系统图，俗称二次结线图。二次结线图无论采用集中表示法，还是分开表示法（俗称展开图），其实质都是电路图。

二次结线图也是发电厂变电所的重要图样，与主结线图相比，往往显得复杂得多，其复杂性主要表现在：①二次设备的种类数量大大超过一次设备，特别是在发电厂变电所中。如为一台高压断路器服务的二次设备可多达百余件。一座中等容量的35kV工厂变电所，一次设备约有50台（件），而二次设备可达400多件。②连接导线多，而且比一次设备之间的连接复杂。通常一次设备只相邻连接，连接导线不外单相两根线、三相三根线、三相四线制供电系统四根线，而二次设备之间的连接导线往往跨越较远的距离，而且交错相连。另外，某些二次设备的接线端子很多，如有些继电器除线圈外，触点多达10多对。这就意味着可以有20余根导线从中引出。③在某一确定的系统中，一次设备的电压等级是很少的，而且全部是交流的（直流输电系统除外）。但是二次设备工作电源就不那么单纯了，既有交流，又有直流，电压等级也多。

## 2.2.3　结线图与布置图

二次结线图主要描述二次设备的全部组成和连接关系，是表示电路工作原理的简图。但要把二次设备的实体真正在空间连接起来，达到二次结线图所要求的功能，仅靠二次结线图还是不够的，特别是在布置、安装、调试和检修时，因此还需要与之配套的屏面布置图、二次电缆布置图、屏背面接线图、端子排接线图等。

**1. 屏面布置图**

屏面布置图是表明二次设备在屏面、屏内具体布置的图样。它是制造厂用来作屏面设计、开孔及安装的依据；施工现场则用这种图样来核对屏内设备的名称、用途及拆装维修等。

**2. 端子排接线图**

为便于接线和查线，屏内设备与屏外设备之间的连接是通过接线端子来实现的。接线端子（简称端子）是二次设备在连接时不可缺少的配件。许多端子组合在一起构成端子排。表示端子排内各端子与内外设备之间的电线连接关系的图样，称为端子排接线图，简称端子排图。

**3. 屏背面接线图**

屏背面接线图（又称盘后接线图）是根据二次结线图、屏面布置图、端子排图为主要依据重新绘制的图样，它是屏内设备走线、接线、查线的重要参考图，也是安装接线图中最重要的图样。

总之，发电厂变电所中使用最多的电气图样是系统概略图、电路图和接线图，也就是前述的电气主系统图、电气二次系统图与二次设备接线图。电气主系统图好像是人的机体，二次系统图好像是人的内脏，互为依存，同样重要。主系统图表示的是宏观的设备，便于现场对照识图；二次系统图比较抽象，不便于现场对照识图。识图者应具有一定的逻辑思维能力和想象能力。二次设备接线图供二次设备不带电时安装、接线、维修，便于对照设备识图。调试是在二次设备带电情况下进行的，应注意人身及设备的安全。了解掌握电气图样中的这些内在的联系规律，即识图技巧，对电气识图有事半功倍的效果。

## 2.3 机床控制中电力拖动电气图识图方法与技巧

### 2.3.1 机床电力拖动电气图的类型

**1. 电力拖动**

在电气工程中，大量的工程是电气动力工程，其基本形式是电动机拖动工作机械（如机床）完成工作任务，这就是电力拖动。由于工作机械的运动方式是多种多样的，如启动、停止、上升、下降、前进、倒退、减速、加速等，这就要求对拖动它的电动机的运行方式进行控制。其实，不仅是电动机，其他许多用电设备也都有一个控制其运行方式的问题，如电热炉什么时候加热，什么时候停止，也往往要借助被加热介质的温度、压力等参数来进行控制。

**2. 电力拖动电气图的类型**

一般而言，对电动机及其他用电设备的供电和运行方式进行控制的电气图就是电力拖动电气图。另外，电动机及其他用电设备在某运行过程中有可能发生短路、断线、接地、过载等各种电气故障，所以对控制电路来说，还担负着保护电动机及其他用电设备的任务。当发生故障时，控制电路能够发出信号或自动切除供电电源，以免事故扩大。

电力拖动电气图是数量最多、又是最常见的一类电气工程图样。无论是机床乃至工农业生产用的风机、液泵、加工机械、施工机械、电气运输机械等，还是进入千家万户的各类家用电器，如电冰箱、洗衣机、空调器、电风扇，排油烟机、榨汁机等的安装、使用、维修，人们都要接触这类图样，因而有必要详细了解其特点及识图方法。

机床电力拖动电气图分为电路图和接线图两大类。

电路图主要表明电力拖动控制保护的工作原理，除具有上节所讲的电气二次系统图的一般特点外，还具有本身的许多特点。如将机床电动机工作的主电路与对电动机实现控制保护的辅助电路都画在一张电路图上。

接线图主要表达导线的走向及连接，便于现场安装及维护检修之用。

### 2.3.2 机床电气控制的基本元件和基本环节

**1. 机床电气控制的基本元件**

（1）接触器　接触器是电力拖动和自动控制电路中应用最普遍的元件之一。这是一种可以进行远距离频繁操作的电磁自动开关。它能接通和分断超过数倍额定电流的过负荷电路或故障电路。接触器按主回路控制电流种类可分为直流和交流两种，按操作方式可分为电磁式和电磁气动式，按灭弧介质可分为空气、油、真空式。

接触器的结构原理类似于电磁型继电器，它主要由电磁线圈、主触点、辅助触点三部分组成，通过衔铁动作将这三部分有机地联系在一起。主触点由动、静触点及其支持和固定件等组成，用来实现主电路的接通和分断功能。触点灭弧采用金属栅片，并在触点上加装陶土或塑料制灭弧罩或其他有助于灭弧的材料。接触器的磁系统由作直线、旋转或拍合运动的衔铁与磁轭（铁芯）以及套在磁轭上的电磁线圈、缓冲件等构成。当线圈通电后，受电磁力作用，吸合衔铁动作带动动触点接通电路。线圈断电后，衔铁分离，动静触点也分离，从而断开电路。接触器通常有两对以上的辅助触点，有常开（动合）或常闭（动断）两种，当接触器动作时，发送信号或进行联锁。有的接触器全装在一个壳体内，结构显得非常紧凑、小巧。

（2）电磁铁　电磁铁是需要由电流产生并保持磁场的磁铁，其主要结构由线圈和铁芯组成。利用线圈通电以后铁芯磁化产生电磁力吸引衔铁来操动和牵引机械装置完成某一特定动作。电磁铁在电气控制原理图中是常见的元件，可分为制动电磁铁（电磁抱闸）、阀用电磁铁（电磁阀）、电磁离合器（电磁离轴器）和电磁吸盘等。

（3）主令电器　主令电器主要用于切换控制电路，通过它发出指令或信号从而控制电路接通或断开，使被控对象启动、运转、停止或改变运行状态。当被控电路的电流较小时，主令电器也可以直接控制。由于这种电器是专门发送动作命令的，所以叫主令电器。主令电器可分为控制按钮、位置和限制开关、接近开关、主令开关和万能转换开关等。

（4）控制继电器　继电器的种类很多，在电气工程上应用最普遍的主要有两大类：一类是保护继电器，主要用于发电机、变压器和输电线路的保护，通常接在互感器的二次电路中；另一类就是控制继电器，主要用于电力拖动的控制与保护，往往直接接在控制电路和主电路中，触点容量较大。这两类继电器的结构有一定的区别，但图形符号和标注的文字符号没有区别。

除了控制继电器外，在电力拖动电路中，热继电器和非电量控制继电器（如压力、温度、速度、流量、位移、光照等非电气量）也是比较常见的。非电量继电器没有线圈符号，如热继电器就是用热元件符号和触点符号来表示的。

热继电器是依靠电路中负载电流或故障电流通过发热元件产生的热量大到一定程度使机构随之动作的保护电器。它主要用于电动机和其他用电设备的过载或短路保护。常用的热继电器有双金属层式和热敏电阻式等。

在控制电路中还用到电磁式时间继电器或电子时间继电器、中间继电器等。

**2. 机床电气控制的基本环节**

能够完成某项工作任务的若干电气元件的组合，称为一个环节。机床电力拖动控制电路的基本环节见表 2-1。

该表中所列基本环节并不一定在每一张控制电路图中都具备。一般来说，复杂控制电路所具备的基本环节要多一些，或者说，控制电路的复杂性主要表现在环节的多样性和完成功能的齐备性上。

表 2-1 机床电力拖动控制电路的基本环节

| 名 称 | 意 义 |
| --- | --- |
| 电源环节 | 包括主电路供电电源和辅助电路工作电源，由电源开关、电源变压器、整流装置、稳压装置、控制变压器、照明变压器等组成 |
| 保护环节 | 对设备和线路进行保护的装置，由熔断器、热继电器、欠压线圈、各种保护继电器等组成 |
| 信号装置 | 为设备和线路提供正常与非正常工作状态信息的装置，如信号灯、音响设备等 |
| 手动工作环节 | 由转换开关、组合开关等组成，用于设备安装完毕及事故处理后进行试车 |
| 启动环节 | 包括直接启动与减压启动 |
| 运行环节 | 电路正常运行的基本组成部分，如电动机的正、反转及调速装置等 |
| 停止环节 | 切断电路供电电源的设备，由控制按钮、开关等组成 |
| 制动环节 | 使电动机在切除电源以后能迅速停止运转的装置 |
| 联锁环节 | 由某些工艺要求所决定的设备工作程序的需要而设置的电气联锁装置，主要由各种继电器触点和辅助开关等组成 |
| 点动环节 | 可以瞬时启动或停止的装置 |

## 2.3.3 机床电力拖动电气图识图方法与技巧

### 1. 读机床电路图的方法、步骤与技巧

电力拖动电气原理图即电路图，由主电路和辅助电路组成。主电路是供给电气设备电源的，它受辅助电路控制，主电路用粗实线画在图样的左边或上部。辅助电路又叫控制电路或控制回路、二次回路，它是控制主电路动作的电路，用细实线画在图样的右边或下边。

看电路图的一般方法是先看主电路，再看辅助电路，并用辅助电路的回路去研究主电路的控制程序。

（1）看主电路的方法、步骤与技巧　看主电路首先看用电器。用电器是指消耗电能的用电设备或用电器具。要弄清楚有几个用电器以及它们的类别、用途、接线方式、特殊要求等。其次看用电器是用什么电气元件控制的，如开关、触点、继电器或各种启动器等。然后看主电路中其他元器件的作用，如电源开关、熔断器及保护器件等。最后看电源，电压是 380V 还是 220V，是由母线汇流排成配电枢供电还是由发电机供电等。

（2）看辅助电路的方法、步骤与技巧　首先要看电源，搞清楚辅助电源的种类、从什么地方接来及电压等级。辅助电源有从主电路的两极相线上接来的；也有从主电路的一根相线和一根中性线上接来的；也可从控制变压器上接来；也可以是直流电等。其次看辅助电路是如何控制主电路的。整个辅助电路可看成是一条大回路。在这条大回路中又分成几条具有独立性的小回路，每条小回路控制一个用电器或某一个动作。只要小回路形成闭合回路有电流通过时，控制主电路的电气元件就会动作。然后研究电气元件之间的相互联系、电气联锁关系。最后研究其他电气设备和电气元件，如整流设备、照

明灯等，了解他们的线路走向和作用。

**2. 读接线图的方法、步骤与技巧**

接线图显示电路图上电路中各个电气元件的实际安装位置和接线情况。接线图上每个电气元件的四周都用点画线框上，其所在位置就是安装、配线时的位置。

读接线图一般也是先看主电路，再看辅助电路。看主电路是从引入的电源线开始，顺次往下看，直至用电器。主要目的是要搞清用电器是怎样获得电源的，电源线是经过哪些电气元件到达用电器的，以及为什么要经过这些电气元件。看辅助电路时要按每条小回路去看。先从小回路的电源起始点（相线或正极）去查，看经过哪些电气元件又回到电源终点（相线、中性线或负极）。按动作顺序对各条小回路逐一分析研究。

读接线图的方法如下：

1）与原理图对照看。通过对照电气原理图（即电路图）搞清楚各个电气元件在电气设备中的作用，主回路和辅助回路各由哪些元器件组成、相互之间如何接线、怎样完成电气动作等。

2）根据回线号了解主回路的走向和连接方法。回路线号是电气设备与电气设备、电气元件与电气元件、导线与导线间的连接标记。连接两个电气设备或电气元件的导线，在图样上这根导线的两端是同一个线号，即凡是同一线号的都是同一根导线。在安装接线中线号的作用是很大的，根据线号可以了解线路走向并进行布线；可以了解元器件及电路的连接法；了解辅助电路是经过哪些电气元件构成回路的；了解用电器的接线法等。

3）根据回路标号了解辅助回路的走向和连接方法。

## 2.4 机床控制中电子器件电气图的识图方法与技巧

在实际工作中，会经常见到一些电子器件的原理图。这些图初看起来往往感到错综复杂，好像很难理解各部分的作用和性能。但是若能从如下几个方面着手，容易看懂电子器件电路图。

**1. 识读电子器件电路图的方法、步骤与技巧**

首先要了解该电子器件使用在什么地方、起什么作用；其次将总图化整为零，分成若干个基本部分，弄清每一部分由哪些基本单元组成，各部分的主要功能是什么；然后，找出单元电路中的直流通路、交流通路、反馈通路等；最后，综合上述三个步骤的内容，搞清楚从输入到输出，各组成部分之间是如何联系起来的。

**2. 识读电子器件电路图时应注意分析的几个问题**

1）了解各个元器件的作用和特点。电子器件电路是由若干个单元电路组成的，而每个单元电路又是由若干个元器件及网络组成的。因此，要熟悉这些元器件和网络的图形符号以及他们的性能、特点、在电路中的作用。

2）搞清各单元电路的基本结构和功能。电子电路的基本单元电路有整流电路、放大电路、振荡电路、脉冲电路（包括多谐振荡器、单稳态、双稳态和间歇振荡器）、数字集成电路等。应搞清楚这些单元电路的基本结构和功能。这样，在分析电子器件电路图时就可以依据这些知识，分析该电路的各单元电路属于哪种基本单元电路，从而有助于了解整个电路的原理。

3）搞清各单元电路的相互联系和信号变换过程、由几个单元电路可组成一个电子电路。要搞清他们之间的联系，前级电路的输出信号是后级电路的输入信号，但前级输出信号经后级处理后，后级的输出信号与前级的输出信号就可能不一样，这就是信号变换。

注意上述几个问题，再依据前述步骤，就能读懂电子电气图。

## 2.5　机床控制中未接触过图样的识图方法与技巧

### 1. 识读未接触过图样的方法、步骤与技巧

在实际工作和生活中人们往往要碰到许多从未接触过的图样，一般来说，这类图样的识图难度较大。如图 2-1a 所示为某大型机床加工中心用的电加热蒸汽炉的接线图，这种图往往都画在厂家的产品说明书上，它不注重讲述工作原理，而着重介绍产品的用途和安装、使用、维护的方法以及注意事项，但这些内容与识图是密切相关的。由此可得到两个信息，即一定的水位和一定的蒸汽压力是保证其正常工作的重要条件。因此水位和压力一定会反映到电气控制中的。所以说遇到类似这样的图样不宜先看图，而应先看说明。与电气有关的内容更应仔细领会，并做出标记。

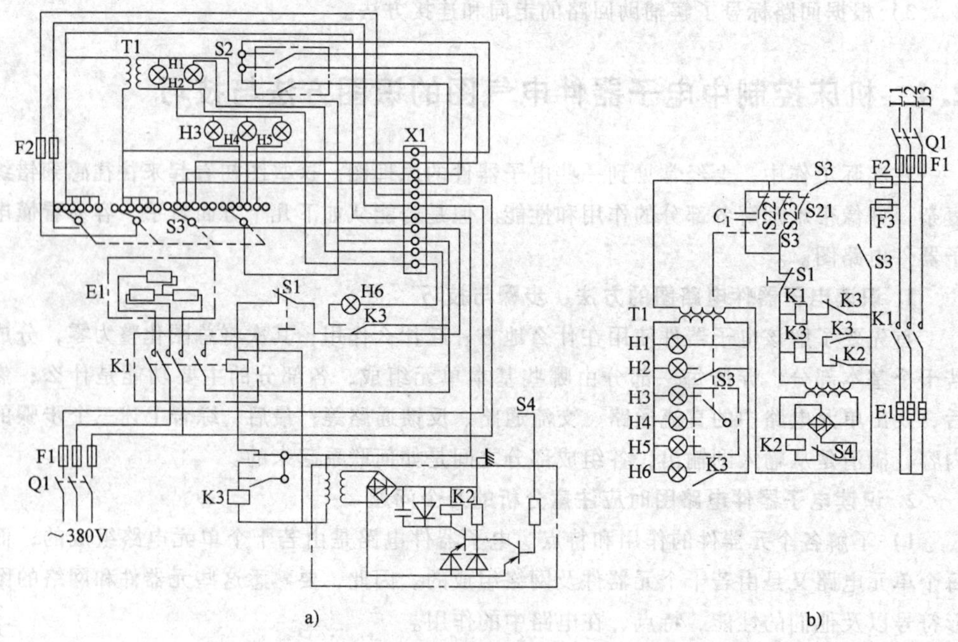


图 2-1　某大型机床加工中心用的电加热蒸汽炉的电气图

a）产品说明书提供的接线图　b）由接线图绘制的电路图

有了大概的了解后，就要对照图样阅读元件明细表，这对识图很有帮助，可以从元件的用途、参数等知道它是一次元件还是二次元件，进而判别元件所在的电路是主电路还是辅助电路。电加热蒸汽炉元件明细表列于表 2-2。

**表 2-2　电加热蒸汽炉元件明细表**

| 序号 | 项目代号 | 名　　称 | 数　　量 | 产品型号及规格 |
|---|---|---|---|---|
| 1 | S1 | 低水位复位按钮 | 1 | LA119 |
| 2 | T1 | 批示灯电源变压器 | 1 | 380/6.3V |
| 3 | C1 | 电容器 | 1 | 0.04μF |
| 4 | K1 | 电热控制接触器 | 1 | CJ—20A380V |
| 5 | K2 | 低水位控制继电器 | 1 | JGB380V |
| 6 | K3 | 低水位联锁继电器 | 1 | JYB380V |
| 7 | X1 | 接线端子排 | 1 | |
| 8 | S2 | 压力控制限制开关 | 3 | LX4 |
| 9 | S3 | 电源压力选择开关 | 1 | 4 层 6 位 |
| 10 | S4 | 低水位导电柱开关 | 1 | |
| 11 | F1 | 熔断器 | 3 | |
| 12 | F2 | 熔断器 | 3 | |
| 13 | E1 | 电热管 | 3 | |
| 14 | H1 | 电源指示灯 | 1 | 6.3V 绿色 |
| 15 | H2 | 加热指示灯 | 1 | 6.3V 红色 |
| 16 | H3、H4、H5 | 压力选择指示灯 | 3 | 6.3V 红色 |
| 17 | H6 | 低水位指示灯 | 1 | 6.3V 黄色 |

最后一步是将接线图改画成电路图。接线图比较直观，为接线、查线提供了方便，这正是产品说明书采用接线图的原因。但接线图线条很多，令人眼花缭乱，通过接线图搞清电器的工作原理十分不便和繁琐，而改画成电路图就一目了然了。

将接线图改画成电路图的方法是首先分清主电路和辅助电路，然后根据导线的编号一条支路一条支路依次画出，最后进行整理。接线图和电路图相对照识图就很方便了。

**2. 识读主电路**

电加热蒸汽炉的主电路很简单，如图 2-1b 所示。交流 380V 三相电源→熔断器 F1→交流接触器 K1 的主触点→负载（三相电阻丝）E1。接触器 K1 是控制主电路的核心元件。

**3. 识读辅助电路**

辅助电路的工作电源取自交流 380V，信号电源又经 380/6.3V 变压器 T1 降压而来。辅助电路主要包括正常工作（加热）环节、停止环节、保护环节和信号环节。前三个环节都是围绕接触器这一核心元件而展开的。

1）加热。送上电源后，只要接触器线圈 K1 的支路接通，电热炉便能加热。K1 的支路是：F2→S3→S2→S3→S1→K1→K3→S3→F3。只要电热炉中的水位正常，低水位联锁继电器 K3 的常闭触点闭合，转动压力选择开关 S3 至其中一个压力位置，K1 接通，

K1 主触点闭合，电热炉通电加热。

S3 是一个四层六位开关，即有四层触点，每层有六个位置。从图 2-1a 中看出，第一、二层触点是辅助电源开关。置于第一位置时，断开电源；置于第二～六位置均接通电源。第三层触点的其中三个位置对应于压力控制限制开关 S21～S23，对应的最高压力分别是 137293Pa、107873Pa 和 68646Pa（这是产品说明书中给出的）。S3 的第四层触点分别对应于信号灯 H3～H5。由于电源压力选择开关触点多，且各层触点互相联动能同时作为电源控制、压力选择、信号选择的开关，完成需要多个继电器和开关才能完成的功能，从而使这一控制电路显得简练。

拉开刀闸 Q1，主电路电源切除，同时辅助电路失电，接触器断开，加热停止。

2）保护。若加热炉内部蒸汽压力超过所选择的压力范围。限制开关 S2 断开，K1 支路被切断，加热停止。若加热炉内水位过低，低水位导电柱开关 S4 断开，晶体管不导通致使继电器 K2 失电，其常闭触点闭合接通联锁继电器 K3，使 K3 的常闭触点断开，于是切断了接触器线圈 K1 支路，加热停止。

3）信号。从图面上看出，控制电路设有辅助电路电源指示（绿色指示灯 H1）、加热指示（红色指示灯 H2）、选择的压力指示（红色指示灯 H3～H5）、低水位指示（黄色指示灯 H6）。

# 第3章　机床电气控制各基本组成环节的识图分析

任何一个复杂的机床电气控制线路，总是由一些基本的控制环节、辅助环节和保护环节，根据所控制对象生产工艺的要求，按照一定的规律组合起来的。因此，要阅读一台复杂的机床电气控制电路图，必须首先掌握这些基本的控制环节，这也是识读机床电气控制线路的基础。识读机床电气控制各基本组成环节，既可以采用语言叙述分析的方法，又可以采用图解分析的方法，后者图文并茂，直观明了。更可以两者兼用来识读。

## 3.1　机床中启动控制电路环节的识读分析

### 3.1.1　机床的全电压启动控制电路

机床的启动控制过程实际上就是指机床所用电动机的转子由静止状态变为正常运转状态的过程。普通机床常用笼型交流异步电动机启动时的启动电流很大，约为额定值的4~7倍，过大的启动电流一方面会引起供电线路上很大的压降，影响线路上其他用电设备的正常运行；另一方面电动机频繁启动会严重发热，加速线圈老化，缩短电动机的寿命。由经验公式，当$I_{st}/I_N \leqslant (3/4 + P_S/4P_N)$时，中小型电动机可全电压直接启动。式中，$I_{st}$为电动机启动电流（A）；$I_N$为电动机额定电流（A）；$P_S$为电源容量（kVA）；$P_N$为电动机额定功率（kW）。图3-1为两种全电压直接启动控制电路。图3-1a为开关直接启动，适用于小型风机、电钻、机床的冷却泵、快移电动机等。图3-1b、c为按钮

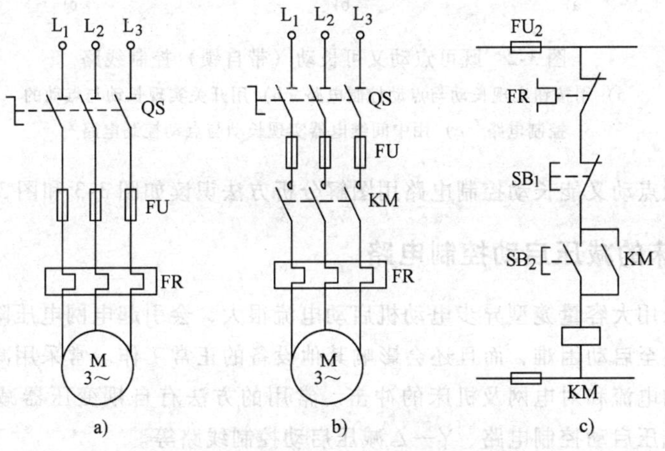


图3-1　两种全电压直接启动控制电路

和接触器组成的“起-保-停”直接启动，是机床电控最常用电路，适用于中小型普通机床。

### 3.1.2 机床的既能点动又能长动控制电路

机床常常需要试车，如机床常要进行调整对刀或齿轮变速，其刀架、横梁、立柱也常需要快速移动等，此时需要所谓的“点动”动作，即按下按钮，电动机转动，带动机床部件运动；放开按钮，电动机停转，机床部件就停止运动。正常工作时又要求连续工作，按下启动按钮，接触器 KM 的线圈通电，其主控触点 KM 吸合，电动机启动，此时辅助触点也吸合；若松开按钮，接触器 KM 线圈通过其辅助触点可以继续保持通电，维持其吸合状态，电动机继续转动。这里是用接触器的辅助触点 KM 来代替按钮闭合导通回路。这种利用接触器自身的触点来使其线圈保持长期通电的环节叫“自锁（保）环节”。要停车时，按下停车按钮，接触器 KM 的线圈失电，主触点断开，电动机失电停转。长动与点动的主要区别就在于接触器 KM 能否自锁。

如果机床既要能点动又要能连续工作。则可以采用图 3-2 所示电路来实现。图 3-2a 用按钮来实现；图 3-2b 用开关来实现；图 3-2c 用中间继电器来实现。其共同点是能自保的即为长动；不能自保的即为点动。

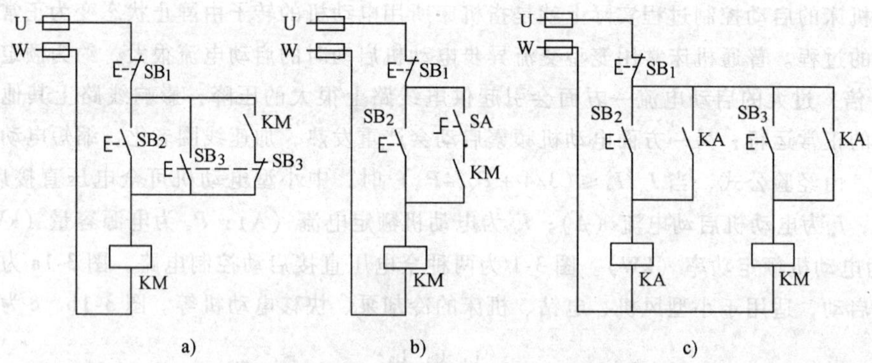


图 3-2 既可点动又可长动（带自锁）控制线路

a）用按钮实现长动与点动控制电路 b）用开关实现长动与点动的控制电路 c）用中间继电器实现长动与点动控制电路

机床既能点动又能长动控制电路用图解分析方法识读如图 3-3 和图 3-4 所示。

### 3.1.3 机床的减压启动控制电路

由于机床用大容量笼型异步电动机启动电流很大，会引起电网电压降低，使电动机转矩减小，甚至启动困难，而且还会影响其他设备的正常工作。常采用减压启动控制电路以限制启动电流和对电网及机床的冲击。常用的方法有自耦变压器减压启动控制线路、串电阻减压启动控制电路、Y—△减压启动控制线路等。

图 3-5 为自耦变压器（不调压）减压启动控制线路，即启动时采用低电压，运行时

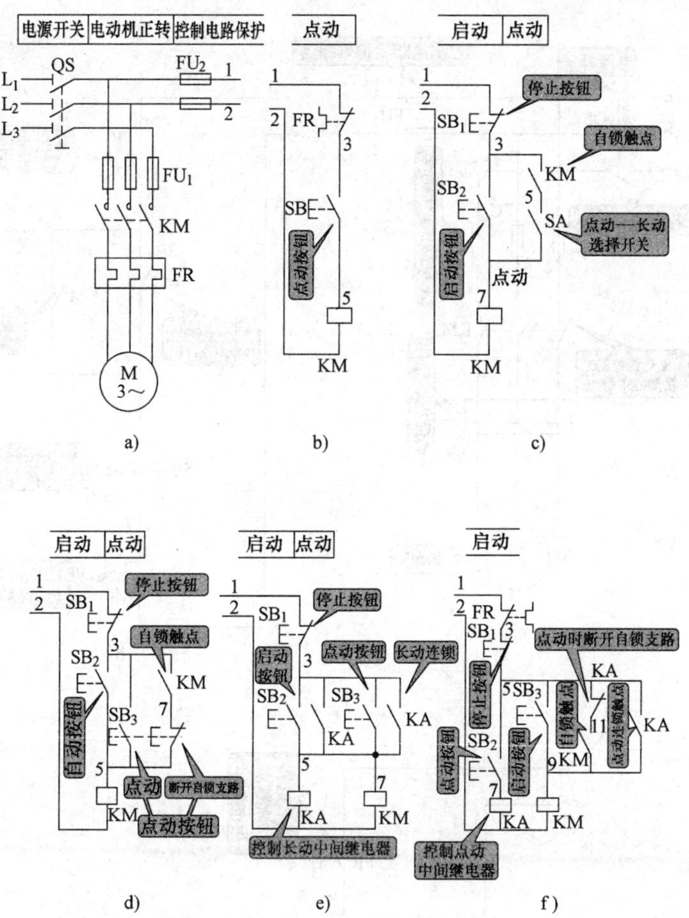


图 3-3　机床电动机点动/长动控制电路用图解分析方法识读

a）主电路　b）点动　c）用选择开关实现选择性联锁　d）用复合按钮实现选择性联锁　e）用继电器实现选择性联锁 1　f）用继电器实现选择性联锁 2

切换到全电压。

机床减压启动控制电路用图解分析方法识读如图 4-6 所示。

电动机减压启动的目的是为了减少启动电流，图 3-6 是采用串电阻减压启动的方法。按启动按钮 $SB_2$，$KM_1$ 得电自保，电动机串电阻减压开始启动，时间继电器开始计时；当启动电流减下来后，时间继电器延时时间到，以时间控制原则切除串联的电阻，将串电阻减压启动切换到全压运行。

对笼型电动机，还可采用自耦调压器（可调压）减压启动的方法，用图解分析方法识读如图 3-7 和图 3-8 所示。

图 3-9 是机床电气控制中常用的三相异步电动机Y—△减压启动控制线路，KT 为得电延时型时间继电器。在正常运行时，电动机定子绕组是连接成三角形的，启动时把它联结成星形，启动完成后再恢复到三角形联结。从主回路可知 $KM_1$ 和 $KM_3$ 主触点闭合，

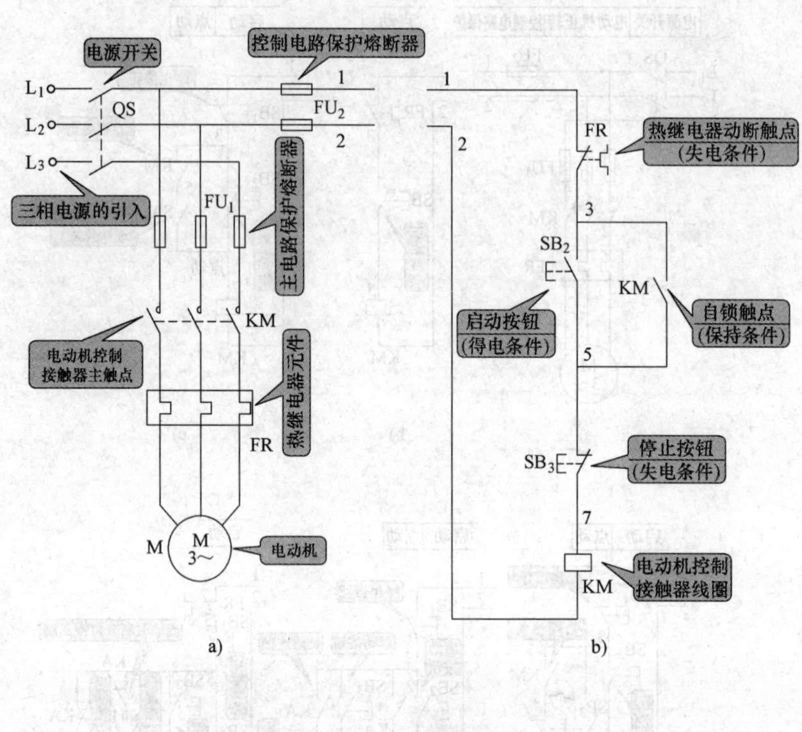


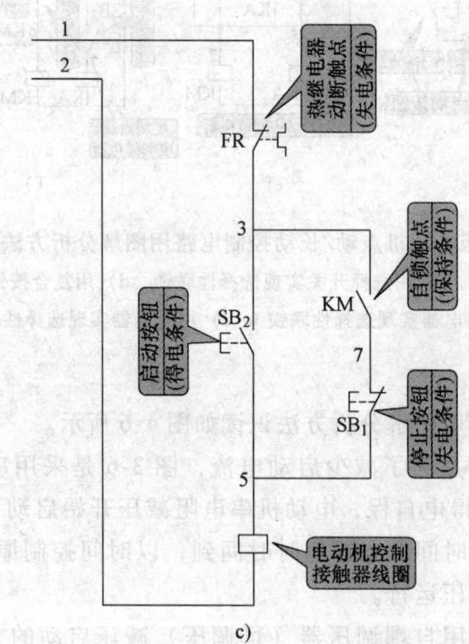


图 3-4　机床电动机长动“启-保-停”控制电路用图解分析方法识读

使电动机联结成星形，并且经过一段延时后 $KM_3$ 主触点断开，$KM_1$ 和 $KM_2$ 主触点闭合再联结成三角形，从而完成减压启动，而后再自动转换到正常速度运行。

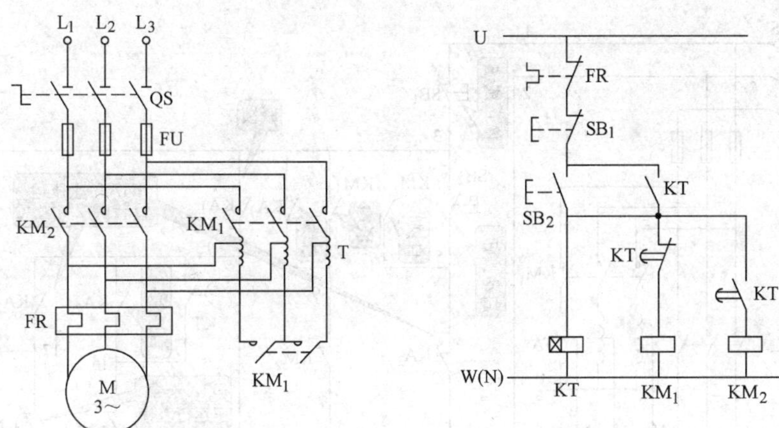


图 3-5　自耦变压器减压启动控制线路

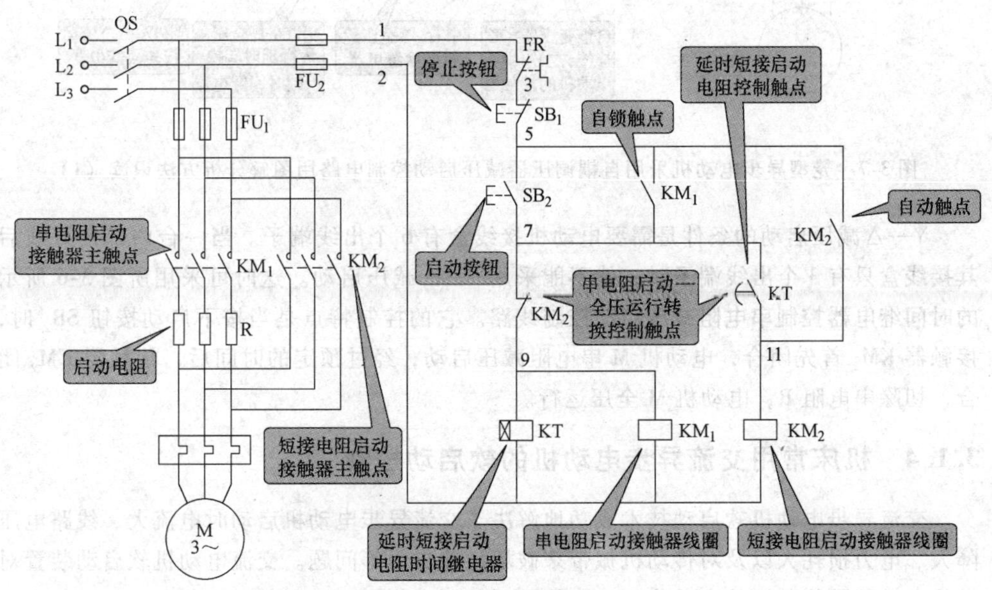


图 3-6　异步电动机串电阻减压启动控制电路用图解分析方法识读

控制线路的工作过程是：按下 $SB_2$，$KM_1$ 得电自锁，$KM_1$ 在电动机运转期间始终得电；$KM_3$ 和时间继电器 KT 也同时得电，电动机星形联结启动。延时一段时间后，KT 延时触点动作，首先是延时常闭触点断开，使 $KM_2$ 失电，主回路中 $KM_2$ 主触点断开，电动机星形联结启动过程结束；随之 $KM_2$ 互锁触点复位，KT 延时常开触点闭合，使 $KM_3$ 得电自锁，且其互锁触点断开，又使 KT 线圈失电，$KM_2$ 不容许再得电。电动机进入三角形联结正常运行状态。

对笼型电动机采用Y—△接线减压启动，用图解分析方法识读如图 3-10 所示。

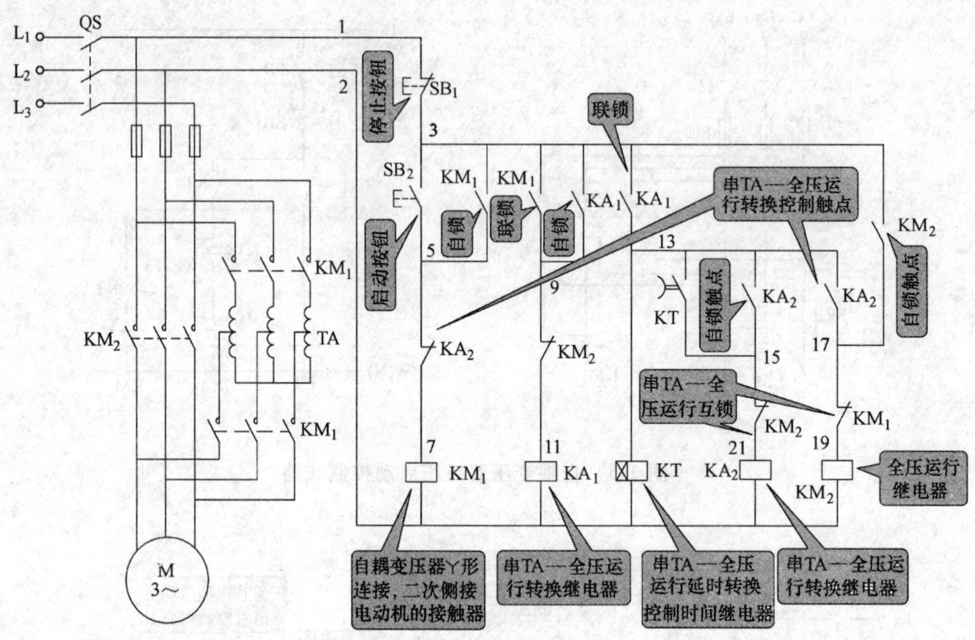


图 3-7　笼型异步电动机采用自耦调压器减压启动控制电路用图解分析方法识读（1）

Y—△减压启动的条件是需要电动机接线盒有 6 个出线端子。当一台内部接好线后其接线盒只有 3 个出线端子时，就不能采用Y—△减压启动。这时可采用所图 3-6 所示的时间继电器控制串电阻减压启动控制线路。它的控制特点是当按下启动按钮 $SB_2$ 时，接触器 $KM_1$ 首先闭合，电动机 M 串电阻减压启动；经过预定的时间后，接触器 $KM_2$ 闭合，切除串电阻 R，电动机 M 全压运行。

## 3.1.4　机床常用交流异步电动机的软启动控制

交流异步电动机软启动技术成功地解决了交流异步电动机启动时电流大、线路电压降大、电力损耗大以及对传动机械带来破坏性冲击力等问题。交流电动机软启动装置对被控电动机既能起到软启动作用，又能起到软制动作用。

交流电动机软启动是指电动机在启动过程中，装置输出电压按一定规律上升，被控电动机电压由起始电压平滑地升到全电压，其转速随控制电压变化而发生相应的特性变化，即由零平滑地加速至额定转速的全过程，称为交流电动机软启动。

交流电动机软制动是指电动机在制动过程中，装置输出电压按一定规律下降，被控电动机电压由全电压平滑地降到零，其转速相应地由额定值平滑地减至零的全过程。

**1. 交流电动机软启动装置的功能特点**

交流电动机软启动装置具有如下的功能特点：

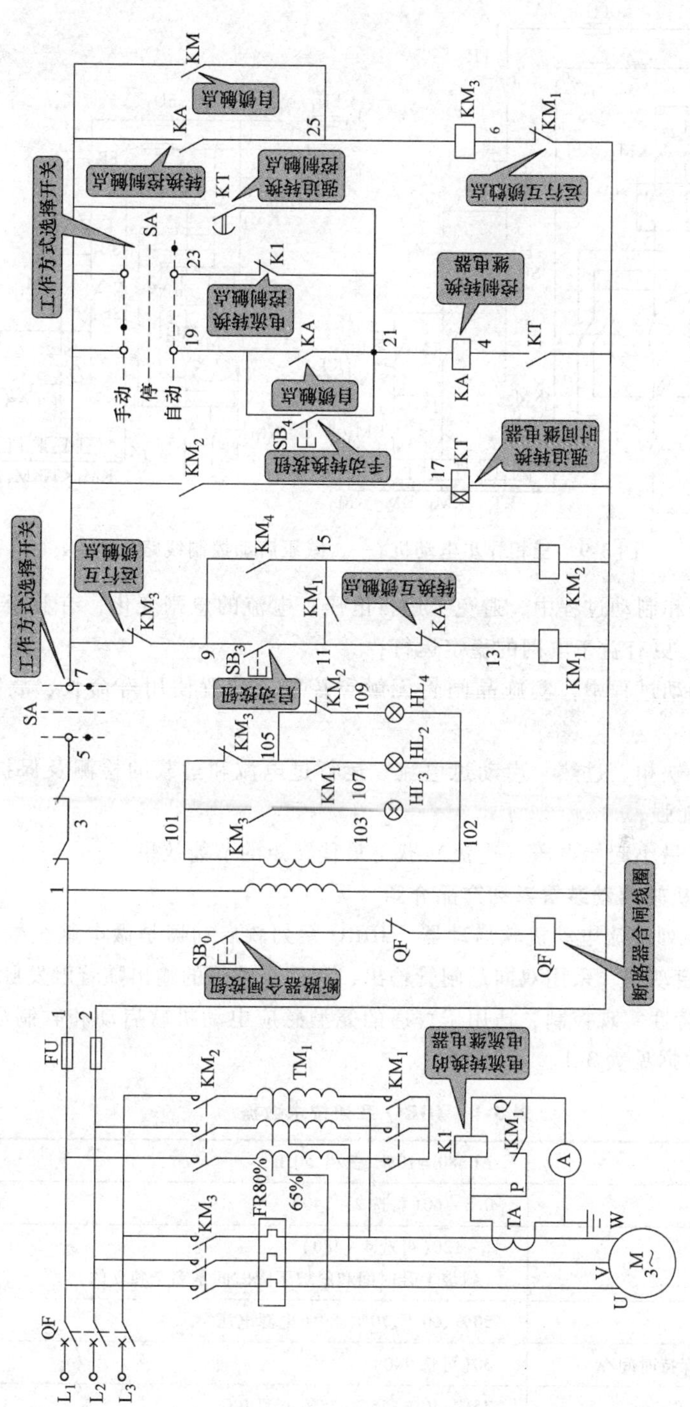


图3-8　笼型异步电动机采用自耦调压器减压启动控制电路用图解分析方法识读（2）

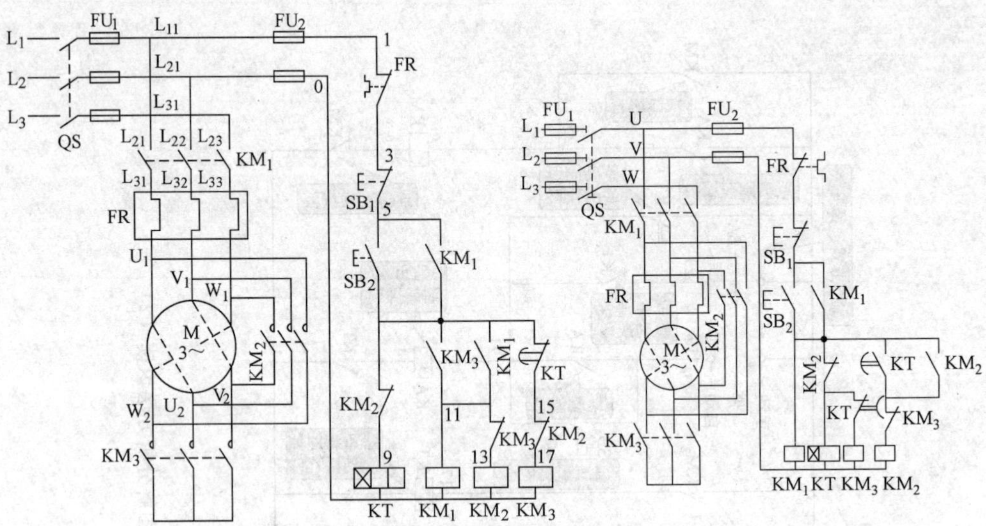


图 3-9　三相异步电动机Y—△减压启动控制线路

1）启动过程和制动过程中，避免了运行电压、电流的急剧变化，有益于被控制电动机和传动机械，更有益于电网的稳定运行；

2）启动和制动过程中，实施晶闸管无触点控制，装置使用寿命长、故障事故率低、通常免检修；

3）集相序、缺相、过热、启动过电流、运行过电流和过载的检测及保护于一身，节电、安全、功能强；

4）能实现以最小起始电压（电流）获得最佳转矩的节能效果。

**2. 交流电动机软启动装置系列产品介绍**

（1）JDRQ 系列交流电动机软启动器　JDRQ 系列软启动器是微电脑全数字自动控制的交流电机软启动器，采用双向晶闸管输出，利用晶闸管的输出随着触发脉冲宽度的变化而变化的软特性实现控制，适用于普通的笼型感应电动机软启动和软制动的控制。JDRQ 系列技术数据见表 3-1。

**表 3-1　JDRQ 系列技术数据**

| | |
|---|---|
| 电源电压/V | AC380 = 10%，三相，50Hz |
| 斜坡上升时间/s | 0.5～60（可选 2～240） |
| 斜坡下降时间/s | 1～120（可选 4～480）<br>（斜坡上升时间和斜坡下降时间是完全独立的） |
| 阶跃下降电平 | 50%、60%、70%、80%电源电压 |
| 最大电流极限上升保持时间/s | 30（可选 240） |
| 起始电压 | 25%、40%、55%、75%电源电压 |
| 突跳启动 | 可选有效或无效 |

（续）

| | |
|---|---|
| 突跳启动电压 | 70%或90%电源电压 |
| 突跳启动时间/s | 0.25、0.5、1.0、2.0 |
| 故障检测 | 电源或电动机缺相、控制电源异常、内部故障 |
| 微电脑和显示器能诊断显示的信号 | L1 控制电源，L2 斜坡上升/相序错误（闪烁），L3 斜坡下降，L4 故障，L5 限流，L6 启动完成，L7 散热器过热，因此，利用 LED 和继电器信号，能使用户掌握有关软启动器和负载状态的详细信号 |

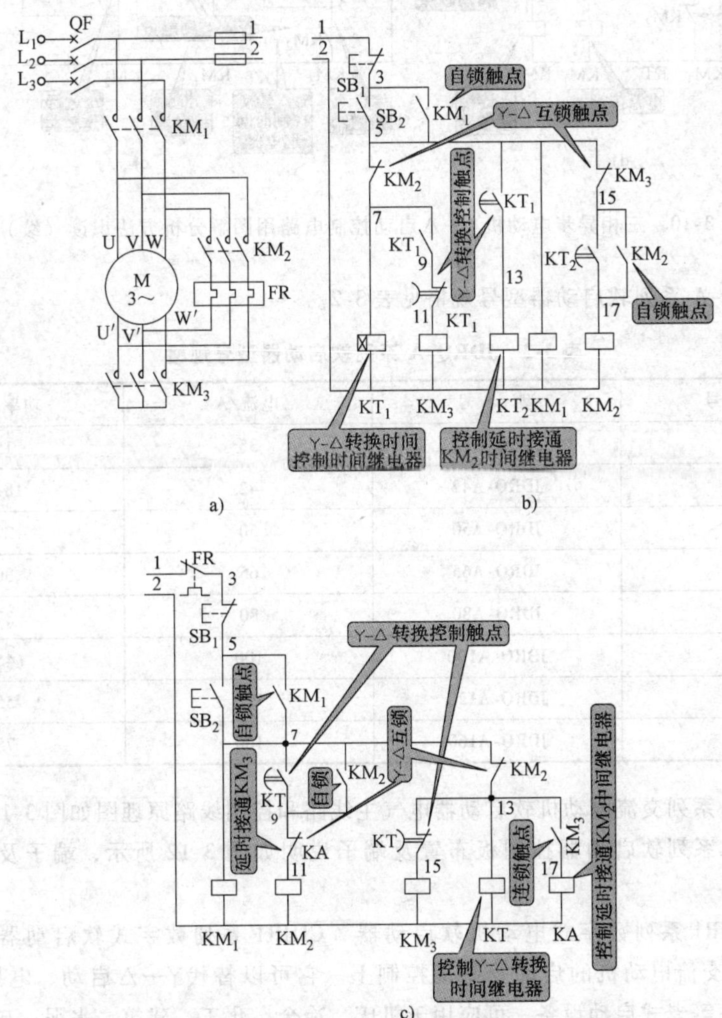


图 3-10　三相异步电动机Y—△启动控制电路用图解分析方法识读

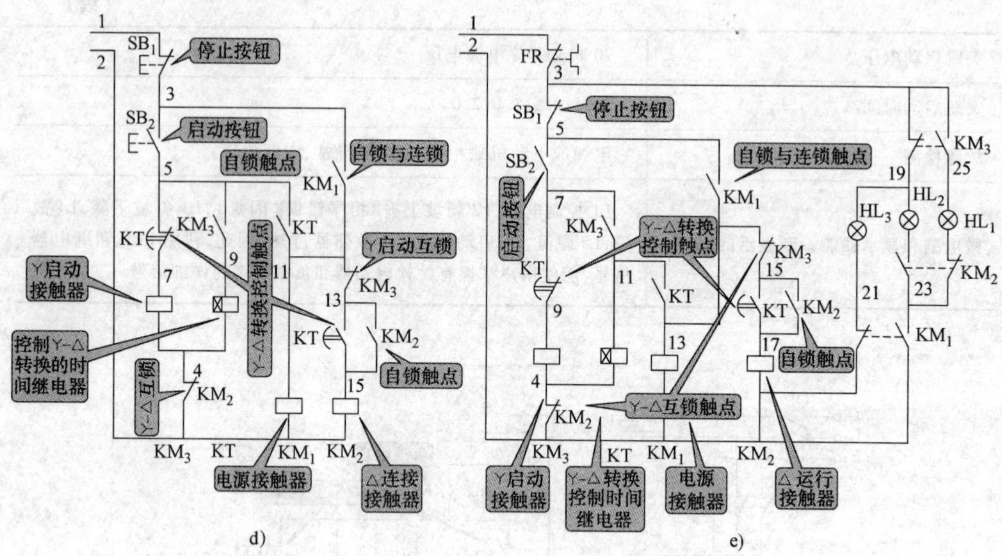


图 3-10 三相异步电动机Y—△启动控制电路用图解分析方法识读（续）

① JDRQ-A 系列软启动器型号规格见表 3-2。

**表 3-2 JDRQ-A 系列软启动器型号规格**

| 序号 | 型号 | 电流/A | 功率/kW |
|---|---|---|---|
| 1 | JDRQ-A35 | 35 | 15 |
| 2 | JDRQ-A42 | 42 | 18.5 |
| 3 | JDRQ-A50 | 50 | 22 |
| 4 | JDRQ-A65 | 65 | 30 |
| 5 | JDRQ-A80 | 80 | 37 |
| 6 | JDRQ-A100 | 100 | 45 |
| 7 | JDRQ-A120 | 120 | 55 |
| 8 | JDRQ-A160 | 160 | 75 |

② JDRQ 系列交流电动机软启动器电气主线路和控制线路原理图如图 3-11 所示。

③ JDRQ 系列软启动器控制板布置及端子说明如图 3-12 所示，端子及功能见表 3-3。

（2）CDJR1 系列数字式电动机软启动器　CDJR1 系列数字式软启动器可应用在 5.5～500kW 交流电动机的启动及制动控制上。它可以替代Y—△启动、电抗器启动、自耦减压启动等老式启动设备，可应用于机床、冶金、化工、建筑、水泥、矿山、环保等工业领域中。

① CDJR1 系列数字式软启动器技术数据见表 3-4。

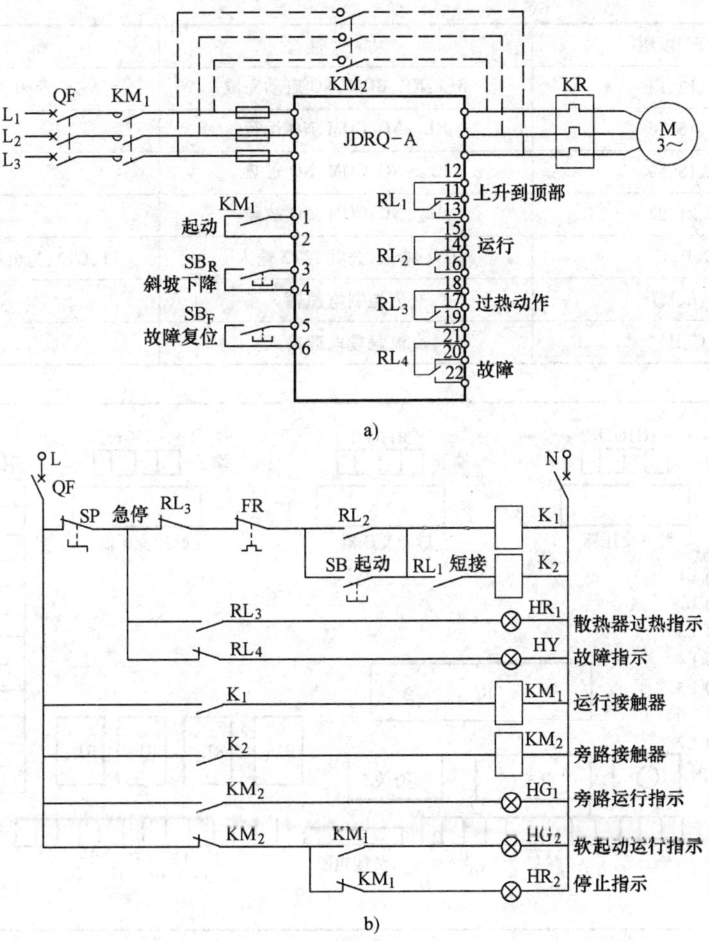


图 3-11　TRQ 系列交流电动机软启动器电气主线路和控制线路原理图

**表 3-3　JDRQ 系列软启动器端子及功能表**

| 端子说明 | 功　能 | 备　注 |
|---|---|---|
| K1、G1 | 晶闸管 1 阴极和门极 | |
| K2、G2 | 晶闸管 2 阴极和门极 | |
| K3、G3 | 晶闸管 3 阴极和门极 | |
| K4、G4 | 晶闸管 4 阴极和门极 | |
| K5、G5 | 晶闸管 5 阴极和门极 | |
| K6、G6 | 晶闸管 6 阴极和门极 | |
| 1、2 | 启动（必须保持闭合到运行） | |
| 3、4 | 斜坡下降（瞬时或永久） | |
| 5、6 | 故障复位 | |

（续）

| 端子说明 | 功能 | 备注 |
|---|---|---|
| 11、12、13 | $RL_1$:NC、COM、NO 启动完成 | NC—常闭,NO—常开 |
| 14、15、16 | $RL_2$:NC、COM、NO 运行 | |
| 17、18、19 | $RL_3$:NC、COM、NO 过热 | |
| 20、21、22 | $RL_4$:NC、COM、NO 故障 | |
| C、D、E | CT1 输入、公共、CT2 输入 | CT1、CT2、为电流互感器二次 |
| K、L、I、J | 交流控制电源输入 | |
| G、H | 交流触发电源输入 | |

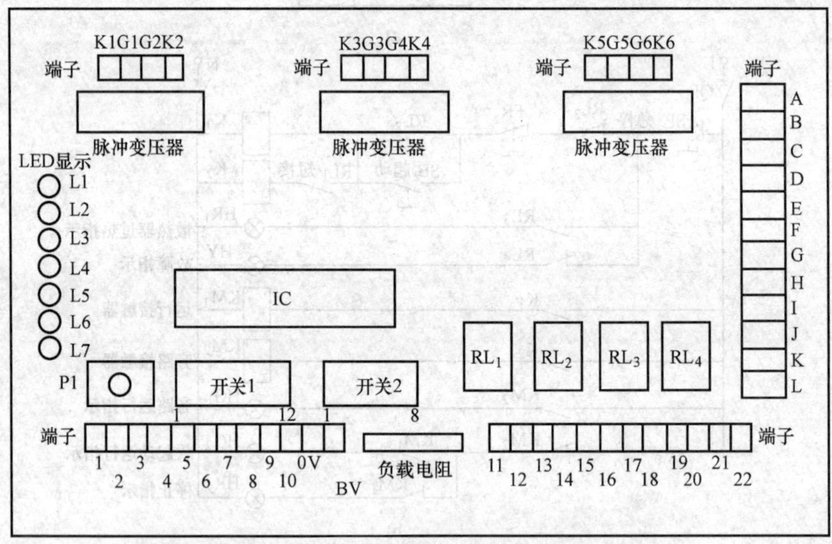


图 3-12 JDRQ 系列软启动器控制板布置及端子说明

**表 3-4 CDJR1 系列数字式软启动器技术数据**

| 功能 代号 | 功能 名称 | 设定范围 | 出厂值 | 说明 |
|---|---|---|---|---|
| 0 | 起始电压/V | 40～380 | 120 | 电压模式有效 |
| 1 | 起始时间/s | 0～20 | 5 | 电压模式有效 |
| 2 | 启动上升时间/s | 0～500 | 10 | 电压模式有效 |
| 3 | 软停车时间/s | 0～200 | 2 | 设为零时自由停车 |
| 4 | 启动限制电流(%) | 50～400 | 250 | 限流模式有效 |
| 5 | 过载电流(%) | 50～200 | 150 | 测定值百分比 |
| 6 | 运行过流(%) | 50～300 | 200 | 额定值百分比 |
| 7 | 启动延时/s | 0～999 | 0 | 外控延时启动 |

（续）

| 功能 | | 设定范围 | 出厂值 | 说明 |
|---|---|---|---|---|
| 代号 | 名称 | | | |
| 8 | 控制模式 | 0~1 | 0 | 0:限流启动　1:斜坡电压启动 |
| 9 | 键盘控制 | 1~6 | 1 | 1:键盘　2:外控<br>3:键盘+外控　4:PC<br>5:PC+键盘　6:PLC+外控 |
| A | 输出断相保护 | 0~1 | 0 | 0:有　1:无 |
| B | 显示方式 | 0~500 | 0 | 0:按额定电流百分比<br>XXX:选实际功率额定值 |
| C | 外部故障控制 | 0~2 | 0 | 0:不用　1:用　2:多用一备 |
| D | 远控方式 | 0~1 | 0 | 0:三线控制　1:双线控制 |
| E | 本机地址 | 0~60 | 0 | 用于串口通信 |
| F | 参数设定保护 | 0~1 | 0 | 0:允许修改　1:不允许修改 |
| EY | 修改设定保护 | 此状态下允许改变数据 | | |
| A | 启动上升状态 | 1. 显示电流值 XXXA 或额定值百分比<br>2. 延时启动时显示时间 DETTT | | |
| -A | 运行状态 | | | |
| -A | 软停车状态 | | | |

注：X为0~9数值，Y为0~F数字。

② 软启动控制图

a）CDJR1 系列软启动电气设备电路连接如图3-13所示。

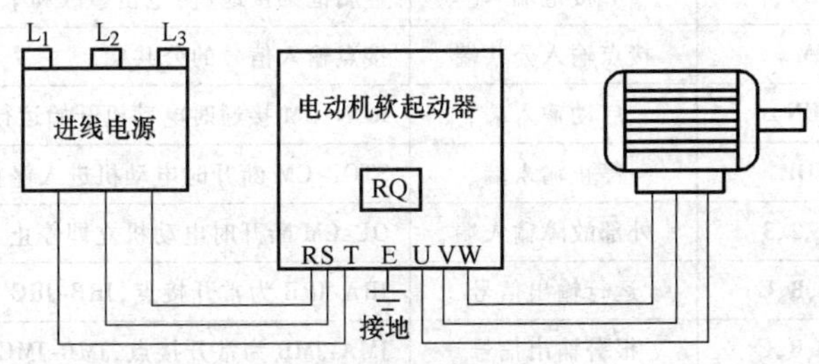


图3-13　CDJR1 系列软启动电气设备电路连接

b）CDJR1 系列软启动器基本电路框图如图3-14所示。它利用晶闸管可控制的输出特性来实现对电动机软启动的控制。当电动机启动之后，晶闸管退出，交流接触器投入。

③ 主电气回路和控制回路接线端子表见表3-5。

可见，启动控制器有七个接线端，R、S、T通过空气断路器接入（无相序要求）。E端必须牢固接地，U、V、W为输出端与电动机连接。经试运转可通过换接R、S、T中任两端或换接U、V、W任意两端改变电动机转向。

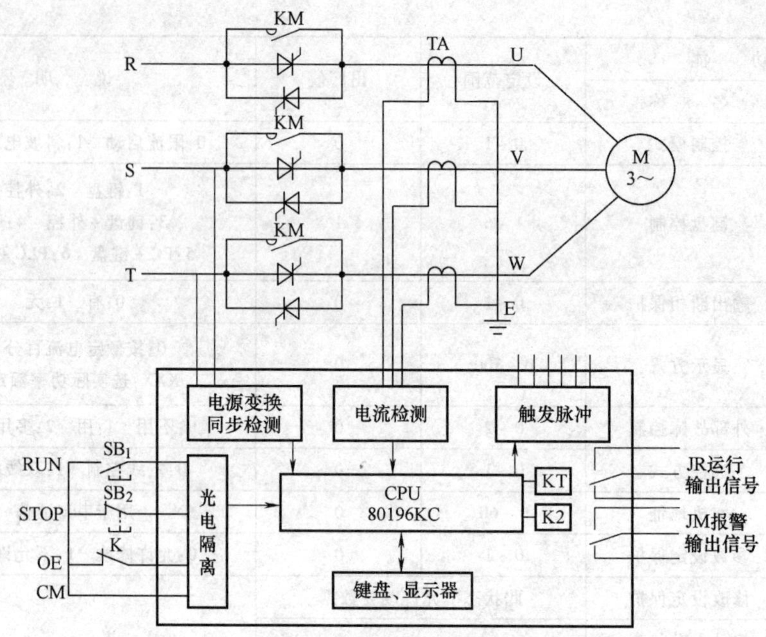


图 3-14 CDJR1 系列软启动器基本电路框图

表 3-5 主电气回路和控制回路接线端子表

| | 端子标记 | 端子名称 | 说 明 |
|---|---|---|---|
| 主回路 | R S T | 主回路电源端 | 连接三相电源 |
| | U V W | 启动器输出端 | 连接三相电动机 |
| | E | 接地端 | 金属框架接地(防电击事故和干扰) |
| 控制回路 | CM | 接点输入公共端 | 接点输入信号的公共端 |
| | RUN | 启动输入端 | RUN-CM 接通时电动机开始运行 |
| | STOP | 停止输入端 | STOP-CM 断开时电动机进入停止状态 |
| | OE1、2、3 | 外部故障输入端 | OE-CM 断开时电动机立即停止 |
| | JRA、B、C | 运行输出信号 | JRA-JRB 为常开接点,JRB-JRC 为常闭接点 |
| | JMA、B、C | 报警输出信号 | JMA-JMB 为常开接点,JMB-JMC 为常闭接点 |

## 3.2 机床中正反向可逆运行控制电路的识读分析

### 3.2.1 机床正反向运行控制电路

因大多数机床部件都需要正反两个方向运行，如车床的主轴或进给运动，摇臂钻床摇臂的升降运动，常要求电动机能够正反转。只要把电动机定子二相绕组任意两相调换一下接到电源上去，电动机定子相序即可改变，从而电动机就可改变转向了。如果用两

个接触器 $KM_1$ 和 $KM_2$ 来完成电动机定子绕组相序的改变，那么控制这两个接触器 $KM_1$ 和 $KM_2$ 来实现正转与反转的启动和转换控制线路就是正反转控制线路，如图 3-15 所示。当然，电气设备的正反转也可由机械装置来实现，这就要增加机械结构的复杂性，而采用电动机正反转比较简单方便。

从图 3-15 主回路上看，如果 $KM_1$ 和 $KM_2$ 同时接通，就会造成主回路的短路，故需要应用互锁环节，即两线圈常闭触点互相串联在对方的控制回路中，这样当一方得电时，由于其动触点打开，使另一方线圈不能通电，此时即使按下按钮，也不能造成短路。

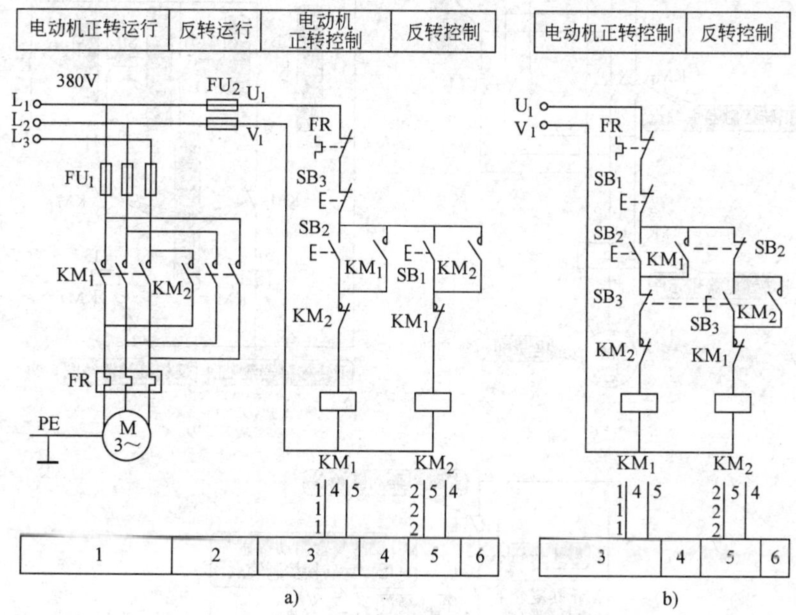


图 3-15 电气设备的正反转控制线路

从图 3-15a 中可以看出，如果电动机正在正转，想要反转，需先停止正转，然后才能启动反转，显然操作不太方便。可以使用复合按钮解决这一问题，如图 3-15b 所示，正反转可以直接切换，使用复合按钮同时还可以起到互锁作用。这是由于按下 $SB_2$ 时，只有 $KM_1$ 可得电动作，同时 $KM_2$ 回路被切断。同理按下 $SB_3$ 时，只有 $KM_2$ 可得电动作，同时 $KM_1$ 回路被切断。

但要注意：如果只用按钮进行互锁，而不用接触器常闭触点之间的互锁，是不可靠的。因为在实际中可能会出现这样的情况，由于负载短路或大电流的长期作用，接触器的主触点被强烈的电弧“烧焊”在一起，或者接触器的机构失灵，使衔铁卡住总是处在吸合状态，这都可能使主触点不能断开，这时如果另一接触器动作，就会造成电源短路事故。如果用的是接触器常闭触点进行互锁，不论什么原因，只要一个接触器是吸合状态，它的互锁常闭触点就必然将另一接触器线圈电路切断，这就能避免事故的发生。图 3-15b 为按钮和接触器双重互锁正反转控制线路，其中接触器常闭触点之间的互锁是必不可少的。

电气设备中三相异步电动机正反转控制电路用图解分析方法识读分析如图 3-16 和图 3-17 所示。

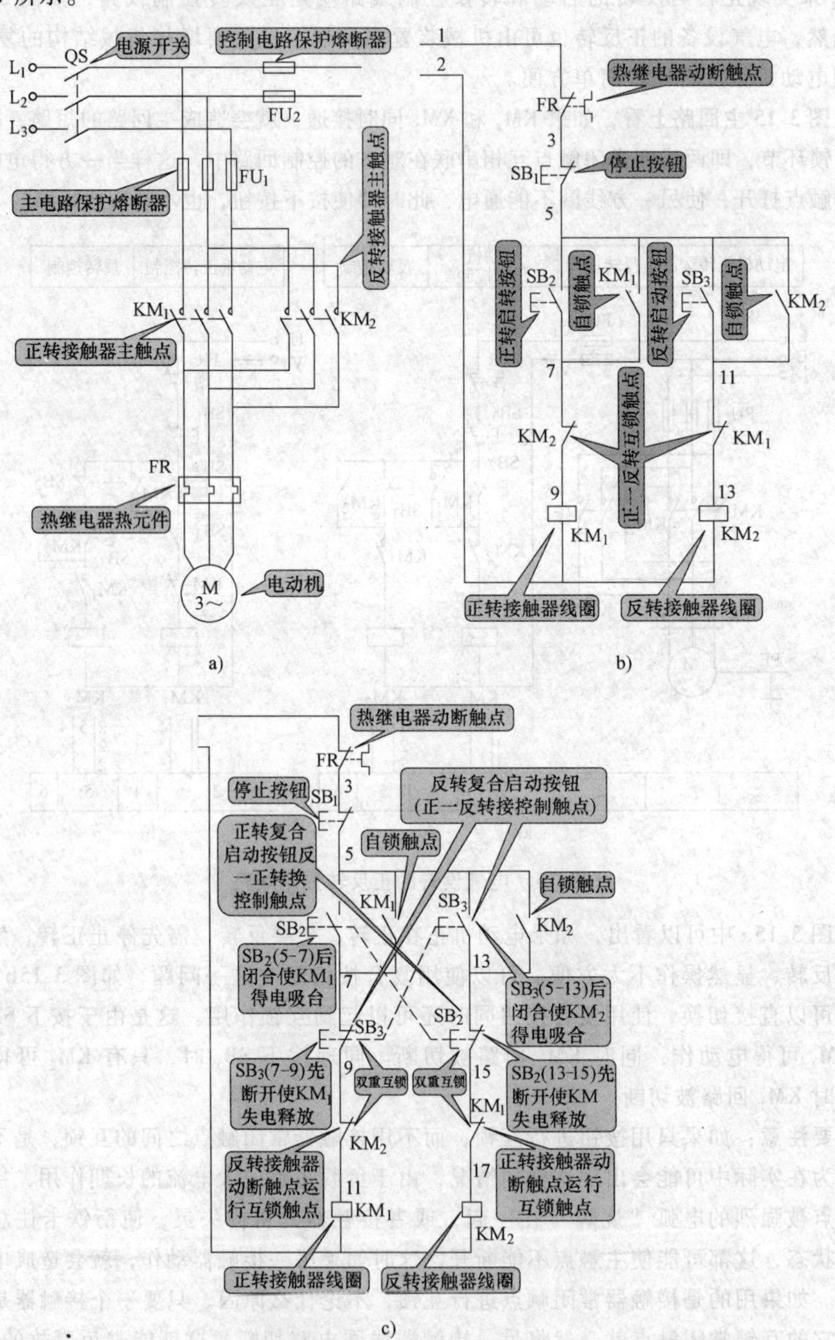


图 3-16 三相异步电动机正反转控制电路用图解分析方法识读分析

a) 主电路 b) 接触器单互锁 c) 接触器和操作按钮双互锁

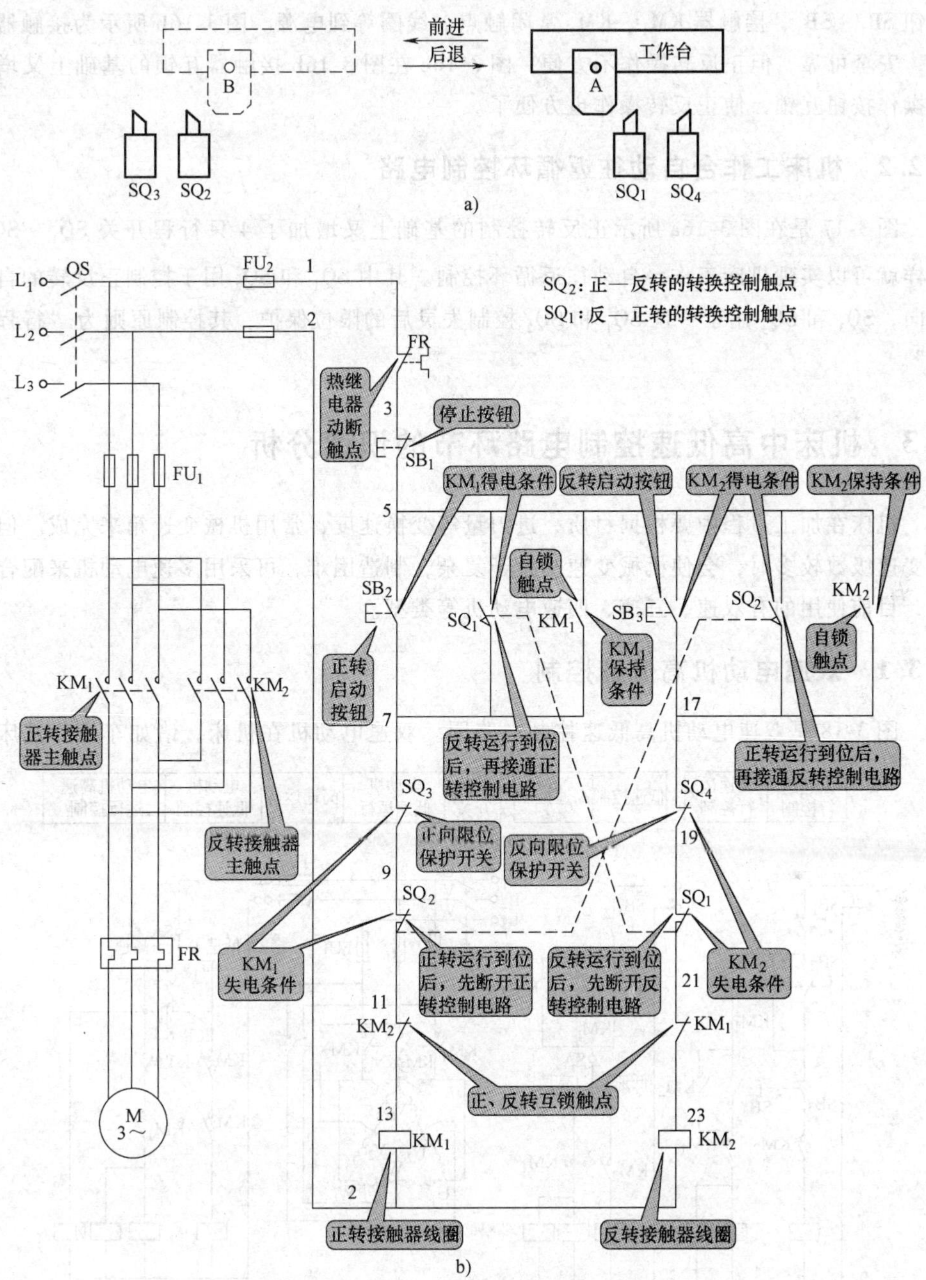


图 3-17 工作台自动往返循环控制电路用图解分析方法识读分析

按图 3-16a 或 b 所示接线。接线时，先接主电路，它是从 380V 三相交流电源的输入端 $L_1$、$L_2$、$L_3$ 开始，经三极刀开关 QS、熔断器 $FU_1$（或三相自动空气开关）、接触器 $KM_1$、$KM_2$ 主触点、FR 到电动机 M 的三个线端 U、V、W 的电路，用导线按顺序串联起来，各有三路。主电路经检查无误后，再接控制电路，从熔断器 $FU_2$ 开始，经 FR、

按钮 $SB_1$ ~ $SB_3$、接触器 $KM_1$、$KM_2$ 常闭触点、线圈等到电源。图 3-16b 所示为接触器互锁，安全可靠，但正反转操作不方便；图 3-16c 在图 3-16b 接触器互锁的基础上又增加了操作按钮互锁，使正反转操作也方便了。

### 3.2.2 机床工作台自动往返循环控制电路

图 3-17 是在图 3-16a 所示正反转控制的基础上又增加了 4 只行程开关 $SQ_1$ ~ $SQ_4$。这样就可以实现机床工作台自动往返循环控制。其中 $SQ_1$ 和 $SQ_2$ 用于控制正反转的自动换向，$SQ_3$ 和 $SQ_4$ 用于一旦 $SQ_1$ 和 $SQ_2$ 控制失灵后的限位保护，其控制原则为“行程控制”。

## 3.3 机床中高低速控制电路环节的识读分析

机床在加工过程中要根据材质、进刀量等变换速度，常用机械变速箱来完成。但要求变速级数较多时，会使机械变速箱过于复杂，制造困难，可采用多速电动机来配合变速，目前使用的有双速、三速、四速电动机等类型。

### 3.3.1 双速电动机高低速控制

图 3-18 是双速电动机高低速控制电路图。双速电动机在机床，诸如车床、铣床等

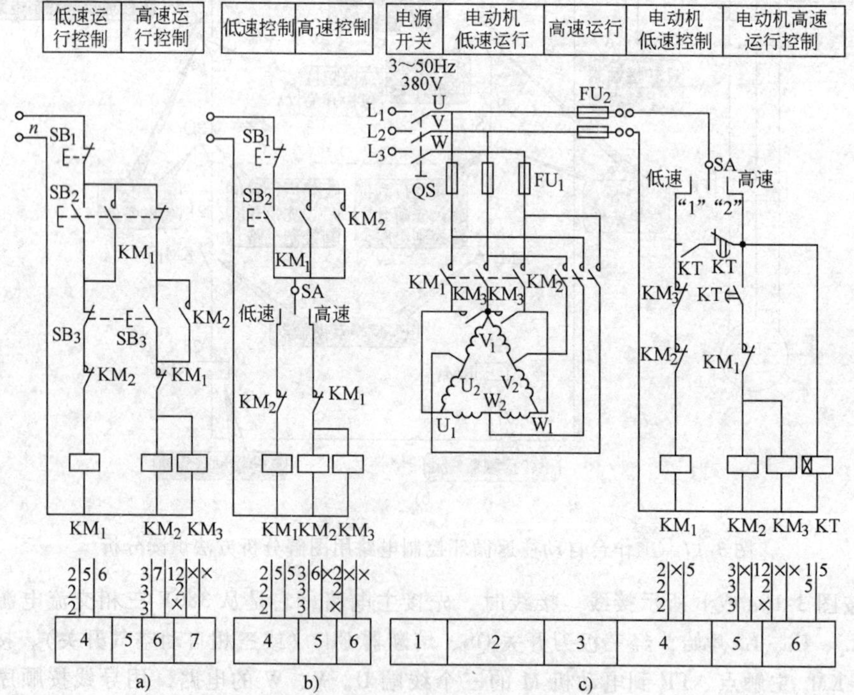

图 3-18 双速电动机高低速控制电路图

中都有较多应用。双速电动机是由改变定子绕组的连接方式即改变极对数来调速的。若将图中出线端 $U_1$、$V_1$、$W_1$ 接电源，$U_2$、$V_2$、$W_2$ 悬空，每相绕组中两线圈串联，双速电动机 M 的定子绕组接成△接法，有四个极对数（4 极电动机），低速运行；如将出线端 $U_1$、$V_1$、$W_1$ 短接，$U_2$、$V_2$、$W_2$ 接电源，每相绕组中两线圈并联，极对数减半，有两个极对数（2 极电动机），双速电动机 M 的定子绕组接成YY接法，高速运行。

图 3-18a、b 为直接控制高/低速启动运行，控制较为简单。图 3-18c 中，SA 为高/低速电动机 M 的转换开关，SA 有三个位置：当 SA 在中间位置时，高/低速均不接通，电动机 M 处于停机状态；当 SA 在“1”位置时低速启动接通，接触器 $KM_1$ 闭合，电动机 M 定子绕组接成△接法低速运转；当 SA 在“2”位置时，电动机 M 先低速启动，延时一整定时间后，低速停止，切换高速运转状态，即接触器 $KM_1$、KT 首先闭合，双速电动机 M 低速启动，经过 KT 一定的延时后，控制接触器 $KM_1$ 释放，接触器 $KM_2$ 和 $KM_3$ 闭合，双速电动机 M 的定子绕组接成YY接法，转入高速运转。

电气设备中高低速控制电路用图解分析方法识读如图 3-19 和图 3-20 所示。

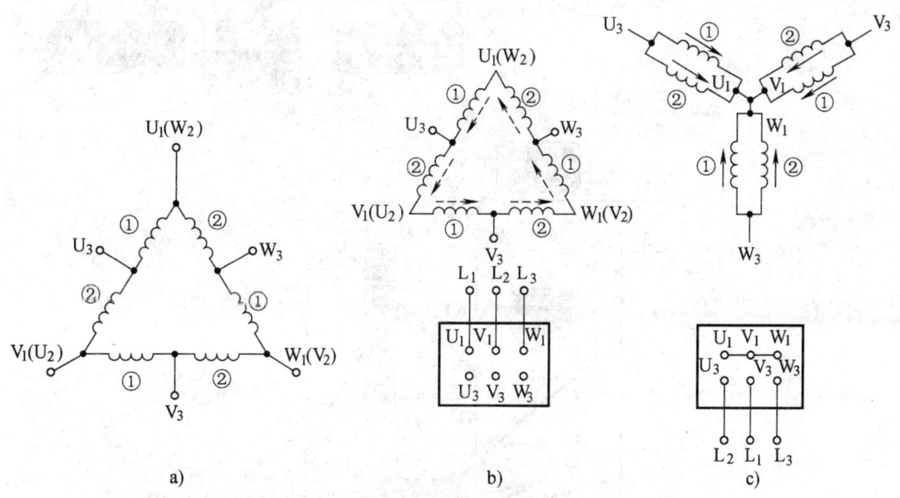


图 3-19　三相异步电动机高/低速控制的绕组接线方式

a）绕组形式　b）△接法—低速　c）YY接法—高速

## 3.3.2　三速电动机的高、中、低速控制

图 3-21 是接触器控制的三速电动机的控制线路，三速电动机在机床、国产的大型拉线机中均有应用。

1）Y-71-8/6/4 三速电动机接线如图 3-22 所示。当 1、2、3 端接电源，4、5、6、7、8、9 端悬空时，电动机绕组接成星形，每相绕组由四个线圈串联，成为八个极，电动机为低速运行状态；当 4、5、6 端接电源，1、2、3、7、8、9 端悬空时，电动机绕组仍接成星形，每相绕组内仍由三个线圈串联，成为六个极，电动机为中速运行状态；当 1、2、3 端短接，7、8、9 端接电源时，电动机绕组改接为串并联，每相绕组每两个线

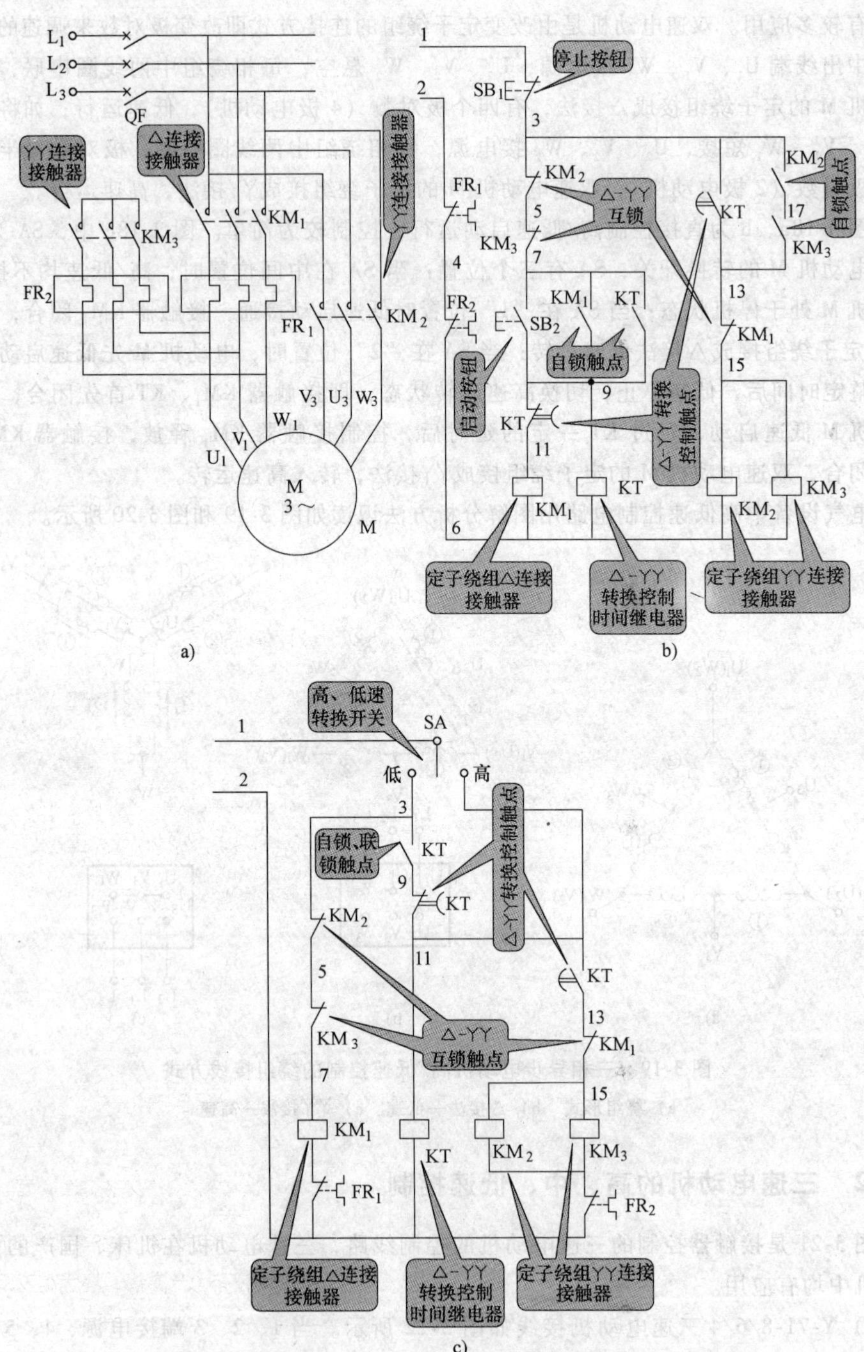


图 3-20 三相异步电动机高/低速控制电路用图解分析方法识读

圈串联后再并联，成为四个极，电动机为高速运行状态。其机械特性如图 3-23 所示。三速电动机的高中低速控制线路就是要完成上述切换过程。

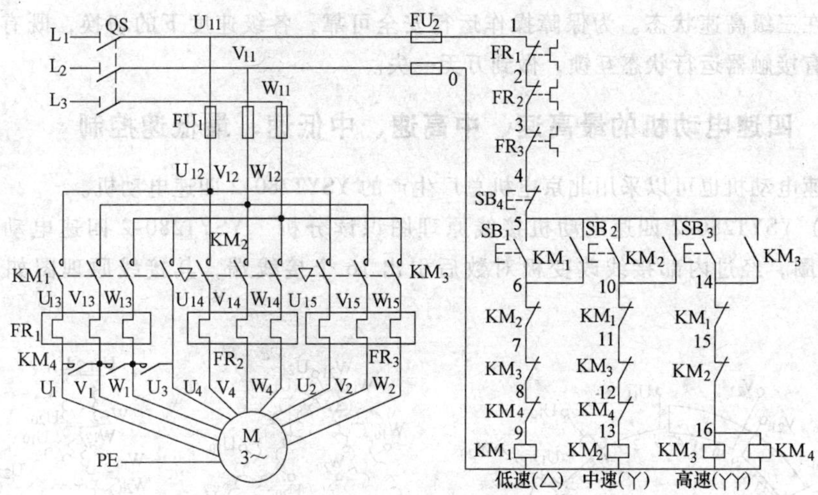


图3-21　接触器控制的三速电动机的控制线路

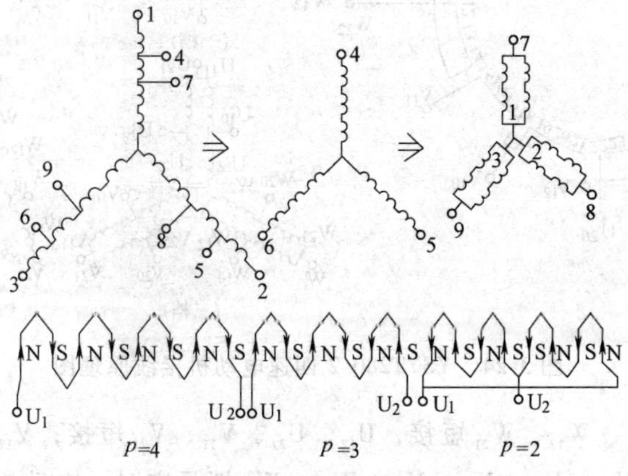


图3-22　三速电动机接线图

2）三速电动机高中低速控制电路图识读。图3-21中，当按下$SB_1$时，$KM_1$得电动作，电动机绕组接成Y形，每相绕组四个线圈串联，成为八个极，$p=4$，电动机运行在一级低速状态。当拉下$SB_2$时，$KM_2$得电动作，电动机绕组接成Y形，每相绕组三个线圈串联，成为六个极，$p=3$，电动机运行在二级中速状态。当按下$SB_3$时，$KM_3$和$KM_4$同时得电动作，电动机绕组接成YY形，每相绕组每二线圈串联后再并联，成为四个极，$p=2$，电动

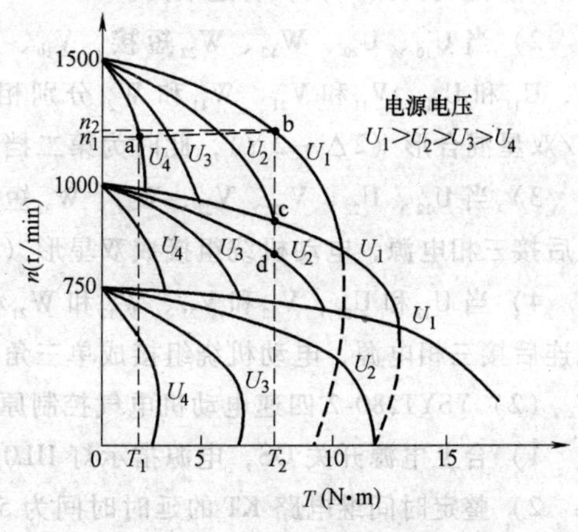


图3-23　三速电动机机械特性

机运行在三级高速状态。为保障操作运行安全可靠，各级速度下的切换，既有操作联锁，又有接触器运行状态互锁，做到万无一失。

### 3.3.3　四速电动机的最高速、中高速、中低速、最低速控制

多速电动机也可以采用北京电机总厂生产的 YSYT280-2 四速电动机。

（1）YSYT280-2 四速电动机接线原理图识读分析　YSYT280-2 四速电动机共有 42 个线圈，经过内部接线改变极对数后引出 16 个接线端，其接线原理图如图 3-24 所示。

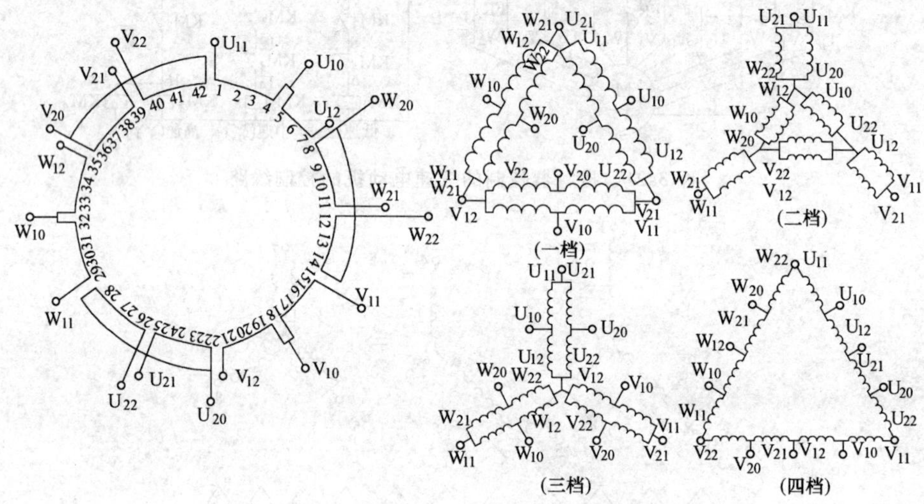


图 3-24　YSYT280-2 四速电动机接线原理图

1）当 $U_{11}$、$U_{21}$、$W_{12}$、$W_{21}$ 短接，$U_{12}$、$U_{22}$、$V_{11}$、$V_{21}$ 短接，$V_{12}$、$V_{22}$、$W_{11}$、$W_{12}$ 短接后接三相电源，$U_{10}$、$U_{20}$、$V_{10}$、$V_{20}$、$W_{10}$、$W_{20}$ 端悬空时，电动机绕组接成双三角形（2△），此时为第一档，转速最高。

2）当 $U_{10}$、$U_{20}$、$W_{12}$、$W_{22}$ 短接，$V_{10}$、$V_{20}$、$U_{12}$、$U_{22}$ 短接，$W_{10}$、$W_{20}$、$V_{12}$、$V_{22}$ 短接，$U_{11}$ 和 $U_{21}$、$V_{11}$ 和 $V_{21}$、$W_{11}$ 和 $W_{21}$ 分别相接后接三相电源时，电动机绕组接成双三角/双星混合形（2△—2Y），此时为第二档，转速中高。

3）当 $U_{12}$、$U_{22}$、$V_{12}$、$V_{22}$、$W_{12}$、$W_{22}$ 短接，$U_{11}$ 和 $U_{21}$、$V_{11}$ 和 $V_{22}$、$W_{11}$ 和 $W_{21}$ 分别相连后接三相电源，电动机绕组接成双星形（2Y），此时为第三档，转速中低。

4）当 $U_{12}$ 和 $U_{21}$、$V_{12}$ 和 $V_{21}$、$W_{12}$ 和 $W_{21}$ 相连，$U_{11}$ 和 $W_{22}$、$V_{11}$ 和 $U_{22}$、$W_{11}$ 和 $V_{22}$ 分别相连后接三相电源，电动机绕组接成单三角形（△），此时为第四档，转速最低。

（2）YSYT280-2 四速电动机电气控制原理图识读分析（见图 3-25）

1）合上电源开关 QS，电源指示灯 HL0 亮。

2）整定时间继电路 KT 的延时时间为 5～10s，使电流表在电动机启动时短接电流表，以保护电流表，当电流稳定后再接入电路进行测量。

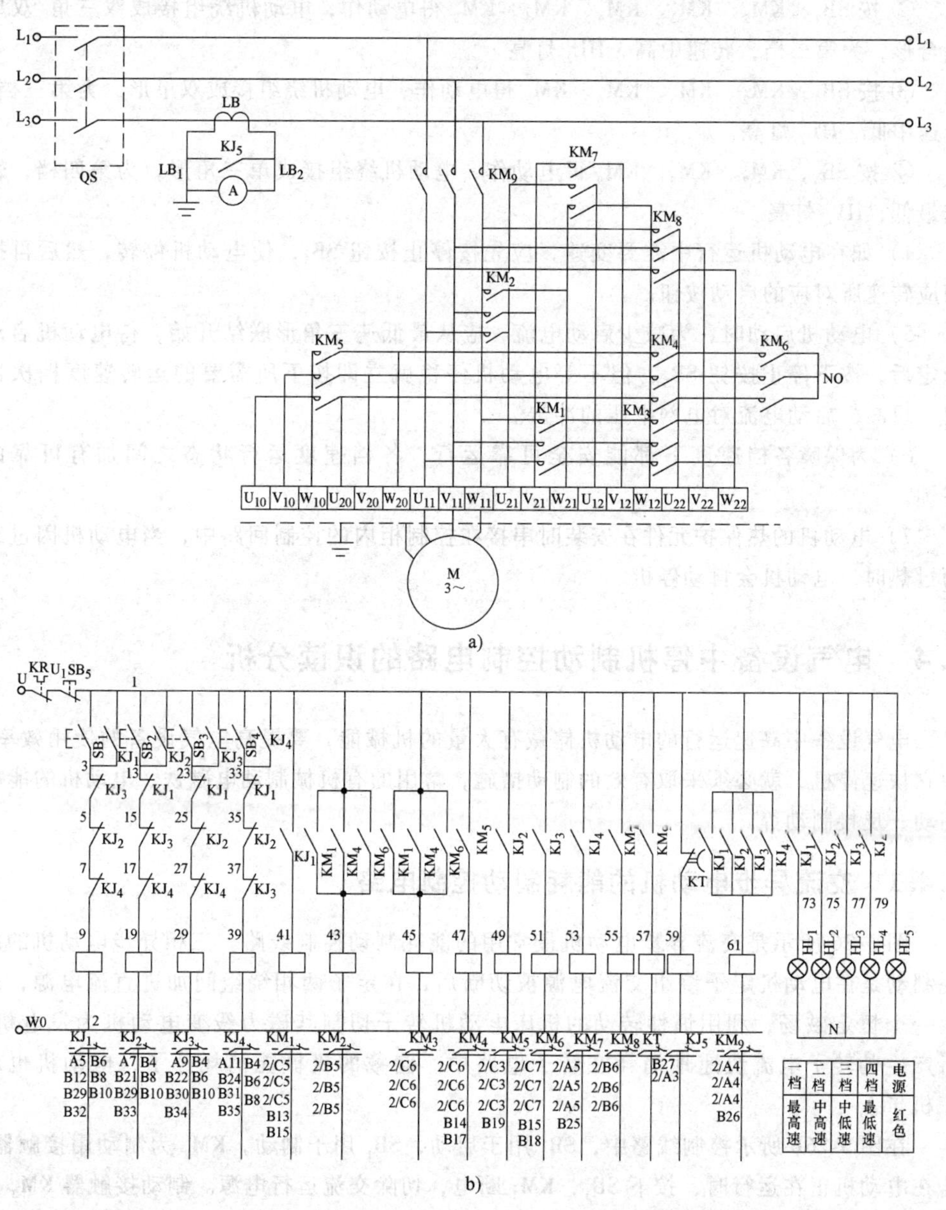


| 一档 | 二档 | 三档 | 四档 | 电源 |
|---|---|---|---|---|
| 最高速 | 中高速 | 中低速 | 最低速 | 红色 |

图 3-25　YSYT280-2 四速电动机电控制气原理图

a）主电路　b）控制电路

3）按启动按钮 $SB_1$、$SB_2$、$SB_3$、$SB_4$，可以分别获得四种不同的电动机转速，相应的工作指示灯 $HL_1$、$HL_2$、$HL_3$ 和 $HL_4$ 点亮。

① 按 $SB_1$，$KM_1$、$KM_2$、$KM_3$、$KM_9$ 得电动作，电动机绕组接成双三角形，为第一档，转速最高，$HL_1$ 灯亮。

② 按 $SB_2$，$KM_2$、$KM_3$、$KM_4$、$KM_5$、$KM_9$ 得电动作，电动机绕组接成双三角/双星混合形，为第二档，转速中高，$HL_2$ 灯亮

③ 按 $SB_3$，$KM_2$、$KM_3$、$KM_6$、$KM_9$ 得电动作，电动机绕组接成双星形，为第三档，转速中低，$HL_3$ 灯亮。

④ 按 $SB_4$，$KM_7$、$KM_8$、$KM_9$ 得电动作，电动机绕组接成单三角形，为第四档，转速最低，$HL_4$ 灯亮。

4）如在电动机运行中需要变速，应先按停止按钮 $SB_5$，使电动机停转，然后再按相应转速所对应的启动按钮。

5）电动机启动时，为减少启动电流，应从最低速三角形联结开始，待电动机启动稳定后，按下停止按钮 $SB_5$，但不等电动机停稳就立即按下所需要的运转速度档次按钮，可减少启动电流对电网电压的冲击。

6）为保障各档速度下都能安全可靠运行，各档速度运行状态之间加有可靠的互锁。

7）电动机的热保护元件在安装时串接在控制柜内的控制回路中，当电动机因过载而过热时，电动机会自动停机。

## 3.4 电气设备中停机制动控制电路的识读分析

电气设备中高速运行的电动机储藏有大量的机械能，要提高电气设备的使用效率，使它快速停机，就必须采取有效的制动措施，常用的有机械制动电磁铁、电动机的能耗制动、反接制动等。

### 3.4.1 交流异步电动机的能耗制动控制电路

图 3-26 所示是交流异步电动机最常用的能耗制动控制线路。三相异步电动机的能耗制动是在电动机定子绕组交流电源被切断后，在定子两相绕组间加进直流电源，产生一个恒定磁场，利用惯性转动的机床电动机转子切割其磁力线变电动机为发电机，所产生的转子电流快速地消耗在转子电路中。储藏的机械能消耗掉了，电动机也就停机了。

在图 3-26b 所示控制线路中，$SB_2$ 用于启动，$SB_1$ 用于制动，$KM_2$ 为制动用接触器。若在电动机正在运行时，按下 $SB_1$，$KM_1$ 断电，切除交流运行电源。制动接触器 $KM_2$ 及时间继电器 KT 得电，$KM_2$ 得电自锁使直流电接入主回路进行能耗制动，KT 得电开始计时。当速度接近零时，延时时间到，KT 的延时常闭触点打开，$KM_2$ 失电，主回路中 $KM_2$ 主触点打开，切断直流电源，制动结束。

图 3-26c 所示是采用单管半波整流电源能耗制动控制线路，用于简易控制线路。

三相异步电动机能耗制动控制电路用图解分析方法识读如图 3-27 和图 3-28 所示。

在图 3-27a 所示控制电路中，当按下停止复合按钮 $SB_1$ 时，其常闭触点切断接触器 $KM_1$ 的线圈电路，同时其常开触点使 $KM_2$ 和时间继电器 KT 的线圈得电并自锁，电动机

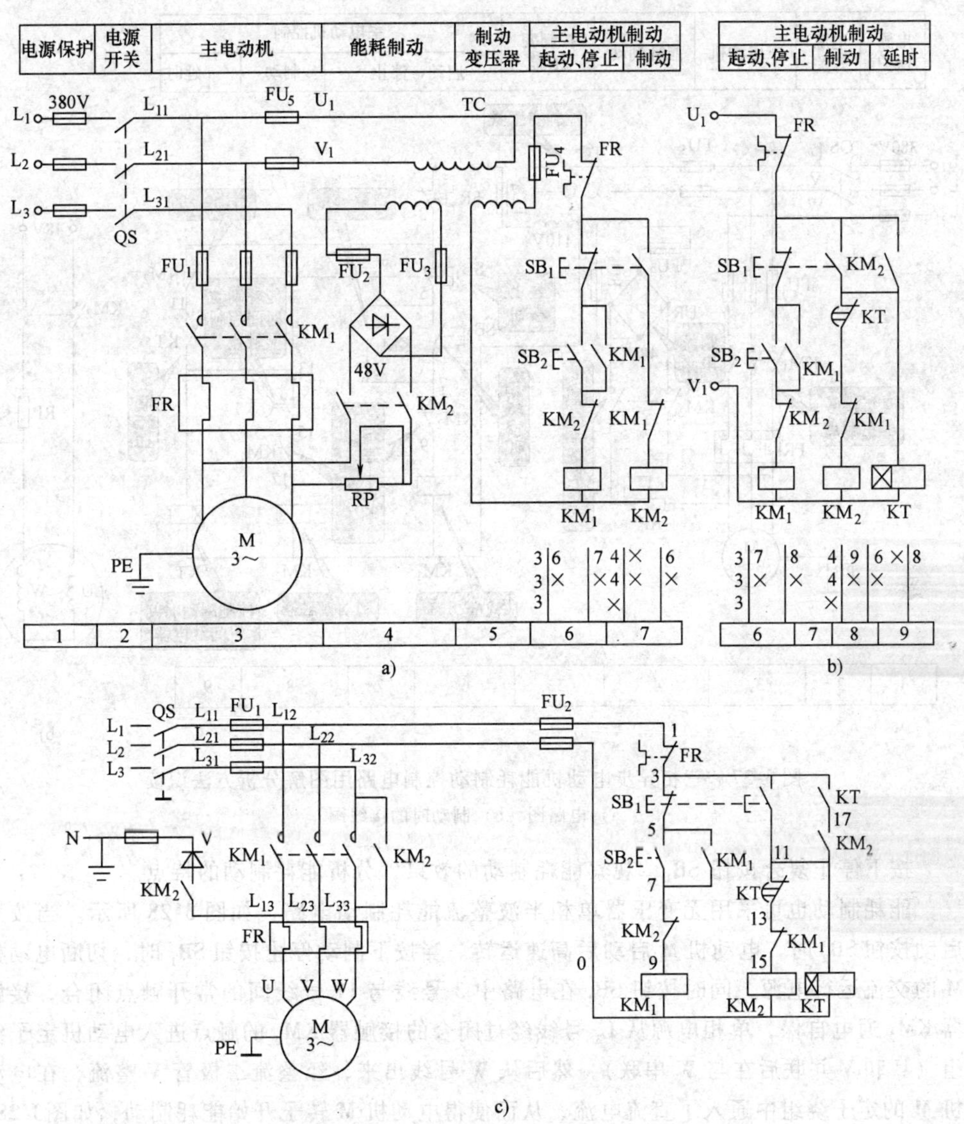


图 3-26 时间继电器控制的机床能耗制动控制线路图

开始制动，KT 开始计时。$SB_1$ 按钮松开复位且当转速接近于 0 时，时间继电器 KT 的延时时间到（延时时间可根据制动实效而调节），制动结束，时间继电器 KT 的常闭触点及时断开 $KM_2$ 线圈电路，切除直流制动电源。

能耗制动的制动转矩大小与通入直流电电流的大小及电动机的转速 $n$ 有关。在同样转速下，通入的直流电流大，制动作用强。一般接入的直流电流为电动机空载电流的 3~5 倍，过大会烧坏电动机的定子绕组，电路采用在直流电源回路中串接可调电阻的方法，来调节制动电流的大小。

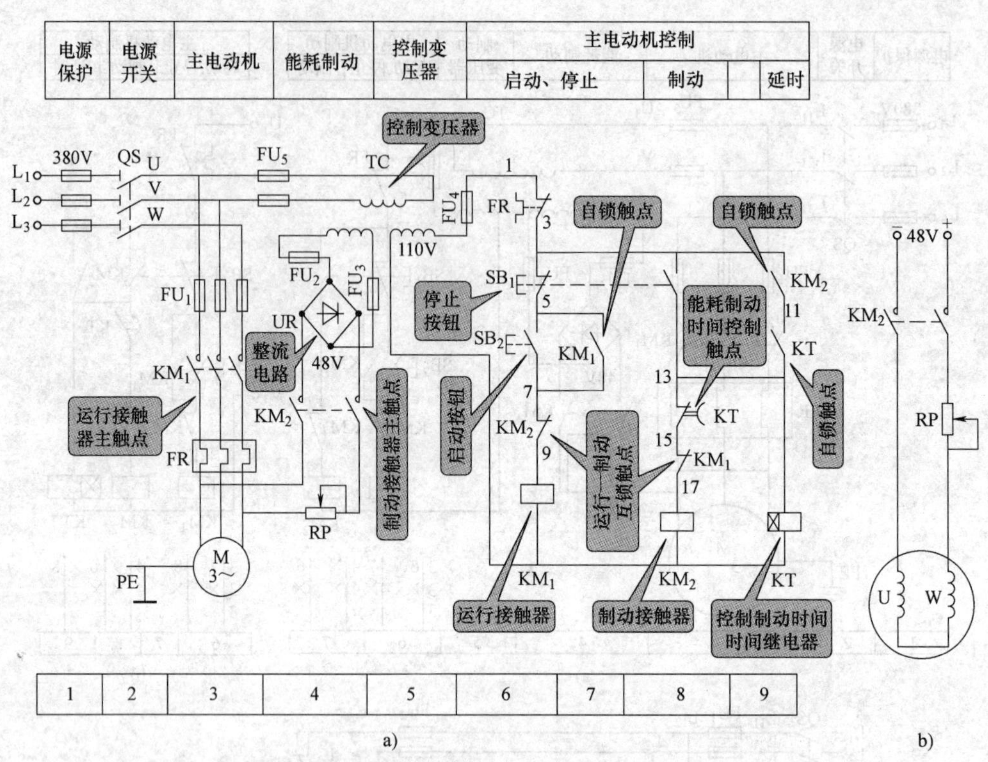


图 3-27　三相异步电动机能耗制动控制电路用图解分析方法识读

a）电路图　b）制动时的接线图

按下停止复合按钮 $SB_1$，观察能耗制动的效果，分析能耗制动的特点。

能耗制动也可采用无变压器单相半波整流能耗制动电路，如图 3-28 所示。当按下启动按钮 $SB_2$ 时，电动机 M 启动后高速运转。当按下制动停止按钮 $SB_1$ 时，切断电动机 M 的交流运行电源，同时按钮 $SB_1$ 在电路中 3 号线与 11 号线间的常开触点闭合，接触器 $KM_2$ 通电自保，单相电源从 $L_3$ 号线经过闭合的接触器 $KM_2$ 的触点进入电动机定子绕组（U 和 V 并联后在与 W 串联），然后从 W 号线出来，经整流二极管 V 整流，在电动机 M 的定子绕组中通入了直流电流，从而使得电动机 M 转子开始能耗制动，如图3-28b 所示。能耗制动的时间由时间继电器计控，计时到，此时电动机 M 转子也停转了，由时间继电器延时断开的常闭触点及时切断直流制动电源。能耗制动电流的大小由串入整流二极管 VD 电路中的电阻决定。

## 3.4.2　交流异步电动机的反接制动控制电路

利用电动机转速的变化也可实现机床运行状态的控制，常用于交流异步电动机反接制动控制线路。电动机正常运行时，速度继电器 KS 的常开触点闭合。当需要制动时变换其中任意两相电源相序并使电动机定子绕组串入限流电阻，使其立即进入反接制动状态。当电动机转速下降接近于零时，KS 常开触点必须立即断开，快速切断电动机电源，

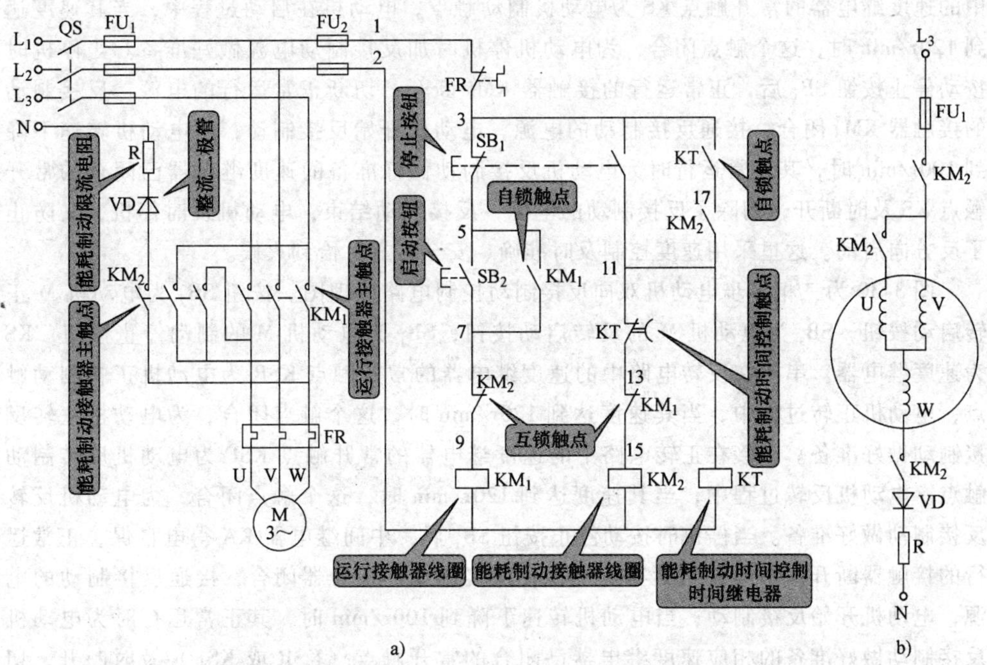


图 3-28　采用无变压器的单相半波整流能耗制动电路用图解分析方法识读
a）电路图　b）制动时的接线图

否则电动机会反向启动。

三相异步电动机单向反接制动控制电路原理如图 3-29 所示。按钮 $SB_2$ 为电动机 M 正转启动按钮，$SB_1$ 为电动机 M 的制动停止按钮；KS 为速度继电器。串接在反转电路

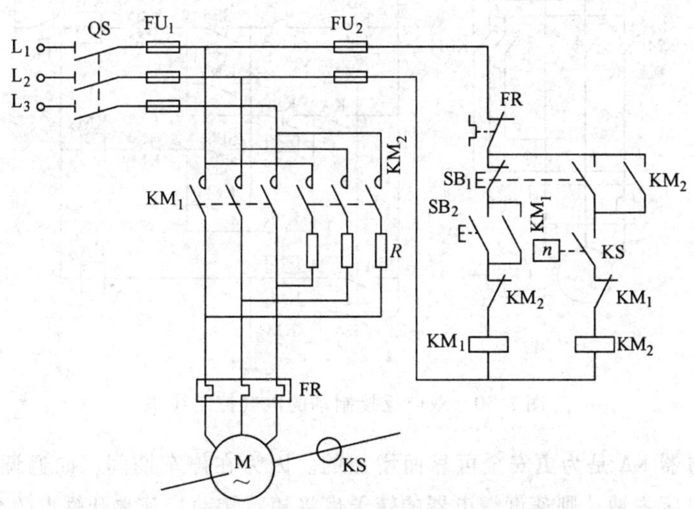

图 3-29　三相异步电动机单向反接制动控制电路原理

中的速度继电器的常开触点 KS 为电动机制动触点，电动机在启动过程中，当其速度达到 120r/min 时，这个触点闭合，为电动机停机时加反接制动电源做好准备。当停机时按动停止按钮 $SB_1$ 后，正常运行的接触器 $KM_1$ 断开，切断正常运行的电源；反接制动的接触器 $KM_2$ 闭合，接通反接制动的电源，电动机开始反接制动；当电动机转速下降到 100r/min 时，其正常运行时为电动机反接制动做好准备的速度继电器已闭合的常开触点 KS 及时断开，切除了反接制动的电源，反接制动结束，电动机及时停机，又防止了反方向启动。这里采用速度控制及时准确、安全可靠，恰到火候。

图 3-30 为三相异步电动机双向反接制动控制电路原理图。按钮 $SB_2$ 为电动机 M 正转启动按钮，$SB_3$ 为电动机 M 的反转启动按钮，$SB_1$ 为电动机 M 的制动停止按钮；KS 为速度继电器。串接在反转电路中的速度继电器的常开触点 KSR 为电动机正转制动触点，电动机正转过程中，当其速度达到 120r/min 时，这个触点闭合，为电动机正转反接制动做好准备。串接在正转电路中的速度继电器的常开触点 KSF 为电动机反转制动触点。电动机反转过程中，当其速度达到 120r/min 时，这个触点闭合，为电动机反转反接制动做好准备。当停机时按动停止按钮 $SB_1$ 后，中间继电器 KA 得电自保，正常运行的接触器断开，切断正常运行的电源；反接制动的接触器闭合，接通反接制动的电源，电动机开始反接制动；当电动机转速下降到 100r/min 时，其正常运行时为电动机反接制动做好准备的相应速度继电器已闭合的常开触点（KSR 或 KSF）及时断开，切除了反接制动的电源，反接制动结束。

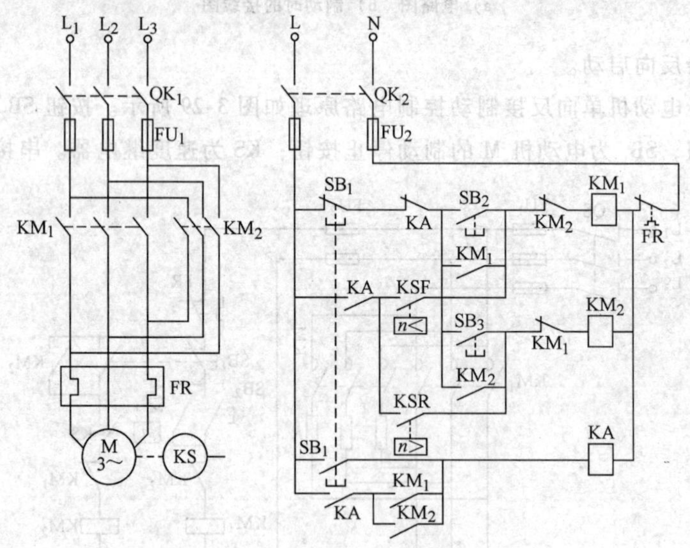


图 3-30　双向反接制动的电气控制线路

中间继电器 KA 是为更安全可靠而增加的。因为在停车期间，如遇调整、对刀等，需用手转动机床主轴，则速度继电器的转子也将随着转动，其常开触点闭合，反向接触器得电动作，电动机处于反接制动状态，不利于调整工作。为解决这个问题，故在该控制线路中增加了一个中间继电器 KA，这样在用手转动电动机时，虽然 KS 的常开触点闭合，但只要不按停止按钮 $SB_1$，KA 失电，反向接触器不会得电，电动机也就不会反接于电源。只有操作停止按钮 $SB_1$ 时，制动线路才能接通，保证了操作者的人身安全。

三相异步电动机单向反接制动控制电路用图解分析方法识读如图 3-31 所示。

| 电源保护 | 电源开关 | 电动机启动 | 电动机制动 | 电动机控制 | |
|---|---|---|---|---|---|
| | | | | 启动、停止 | 制动 |

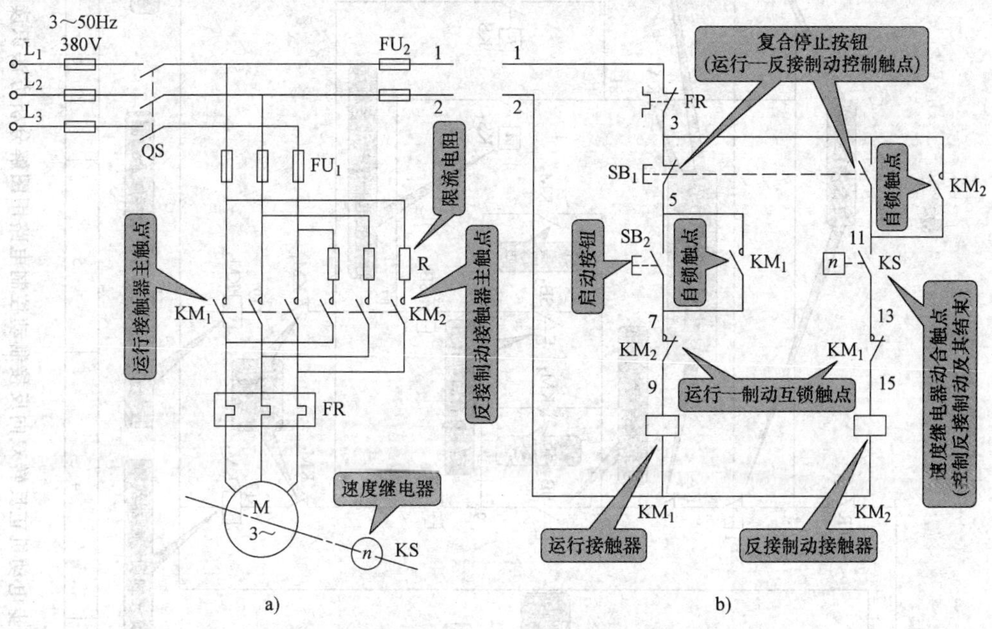


图 3-31　三相异步电动机单向反接制动控制电路用图解分析方法识读

电动机反接制动的目的是为了减少快速停机。图 3-31 所示是三相异步电动机单向反接制动控制。按启动按钮 $SB_2$，$KM_1$ 得电自保，电动机开始启动，电动机转速从 0 开始上升到 $n_N$ 后正常运行。当 $n > 120\text{r/min}$ 时，速度继电器的常开触点闭合，为电动机停机时加反接制动电源做好准备。

按停止按钮 $SB_1$，$KM_1$ 失电，切除电动机运行电源；同时 $KM_2$ 得电自保，电动机开始反接制动，电动机转速快速下降，当 $n < 100\text{r/min}$ 时，速度继电器的常开触点复位打开，及时切断反接制动电源。这里采用转速控制原则是为了当电动机转速接近于 0 时能准确及时地切断反接制动电源，防止电动机反向启动。

按下停止复合按钮 $SB_1$，观察反接制动的效果，分析反接制动的特点。

其他参考电路，用图解分析方法识读如图 3-32 和图 3-33 所示。

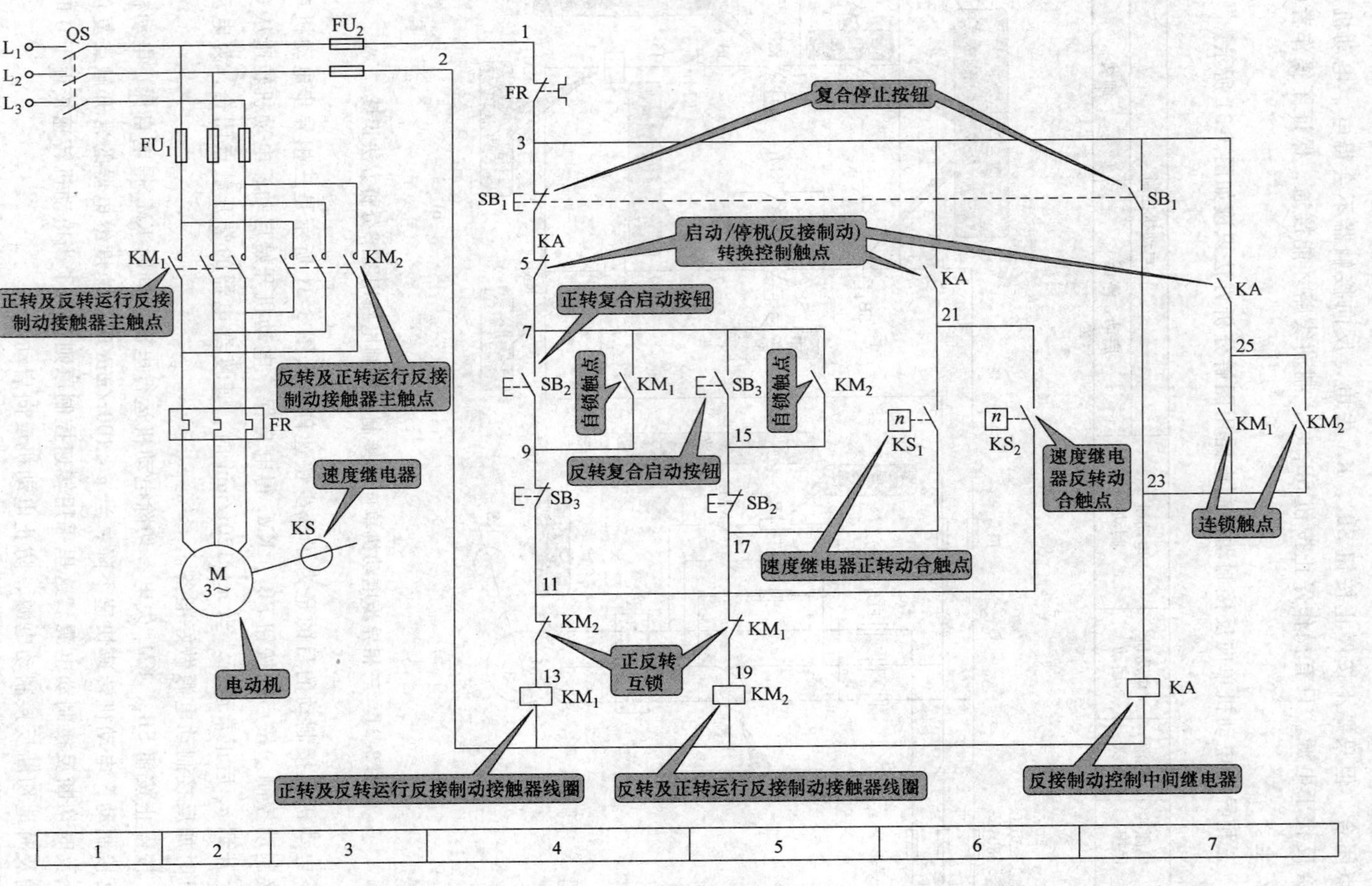


图 3-32　三相异步电动机正反转双向反接制动控制电路用图解分析方法识读（1）

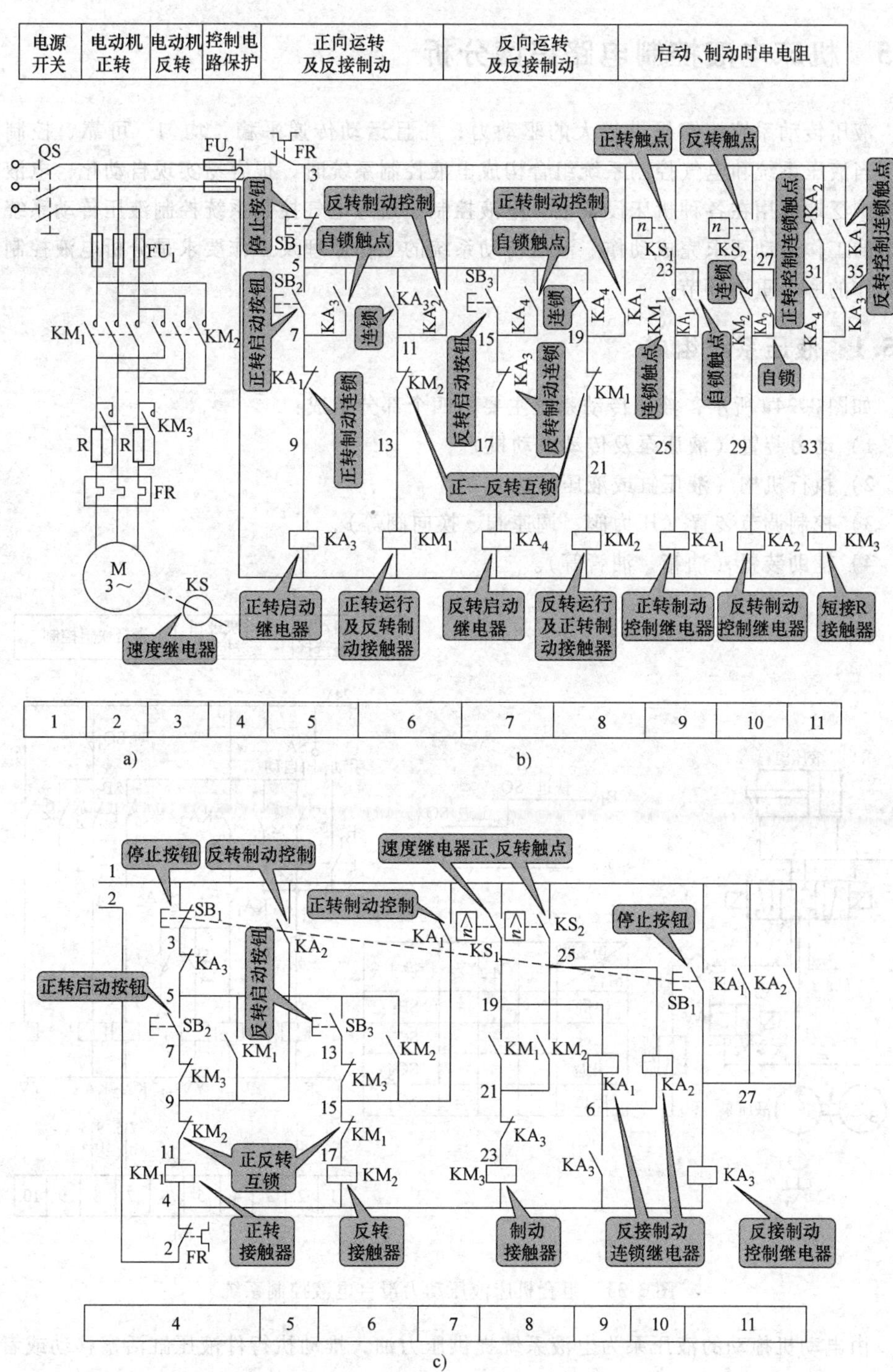


图 3-33　三相异步电动机正反转双向反接制动控制电路用图解分析方法识读（2）

# 3.5 机床电液控制电路识读分析

液压传动系统能够提供较大的驱动力，并且运动传递平稳、均匀、可靠、控制方便。当液压系统和电气控制系统组合构成电液控制系统时，很容易实现自动化，电液控制被广泛地应用在各种机床设备上。电液控制是通过电气控制系统控制液压传动系统按给定的工作运动要求完成动作。液压传动系统的工作原理及工作要求是分析电液控制电路工作的一个重要环节。

## 3.5.1 液压系统组成

如图 3-34a 所示，液压传动系统主要由四个部分组成：

1）动力装置（液压泵及传动电动机）。

2）执行机构（液压缸或液压马达）。

3）控制调节装置（压力阀、调速阀、换向阀等）。

4）辅助装置（油箱、油管等）。

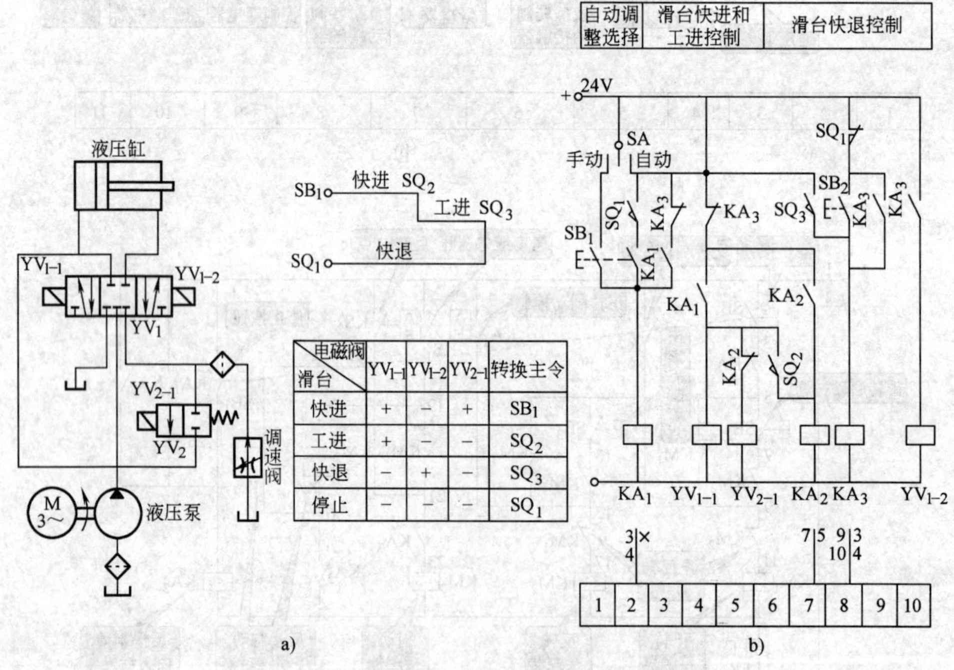


| 电磁阀 / 滑台 | $YV_{1-1}$ | $YV_{1-2}$ | $YV_{2-1}$ | 转换主令 |
|---|---|---|---|---|
| 快进 | + | − | + | $SB_1$ |
| 工进 | + | − | − | $SQ_2$ |
| 快退 | − | + | − | $SQ_3$ |
| 停止 | − | − | − | $SQ_1$ |

图 3-34　组合机床液压动力滑台电液控制系统

由电动机拖动的液压泵为电液系统提供压力油，推动执行件液压缸活塞移动或者液压马达转动，输出动力。控制调节装置中，压力阀和调速阀用于调定系统的压力和执行件的运动速度，方向阀用于控制液流的方向或接通、断开油路，控制执行件的运动方向和构成液压系统工作的不同状态，满足各种运动的要求。辅助装置提供油路系统。

液压系统工作时，压力阀和调速阀的工作状态是预先调整好的固定状态，只有方向阀根据工作循环的运动要求而变化工作状态，形成各工步液压系统的工作状态，完成不同的运动输出。因此对液压系统工作自动循环的控制，就是对方向阀工作状态进行控制。

方向阀因其阀结构的不同而有不同的操作方式，可用机械、液压和电动方式改变阀的工作状态，从而改变液流方向，或接通、断开油路。电液控制中是采用电磁铁吸合推动阀芯移动，改变阀工作状态的方式，实现控制。

### 3.5.2　电磁换向阀

由电磁铁推动改变工作状态的阀称为电磁换向阀，其图形符号如图3-35所示。从图3-35a～c可知二位阀的工作状态，当电磁阀线圈通电时，换向阀位于一种通油状态；线圈失电时，在弹簧力的作用下，换向阀复位处于另一种通油状态；电磁阀线圈的通断电控制了油路的切换。图3-35d和e为三位阀，阀上装有两个线圈，分别控制阀的两种通油状态；当两电磁阀线圈都不通电时，换向阀处于第三种的中间位通油状态；需注意的是两个电磁阀线圈不能同时得电，以免阀的状态不确定。

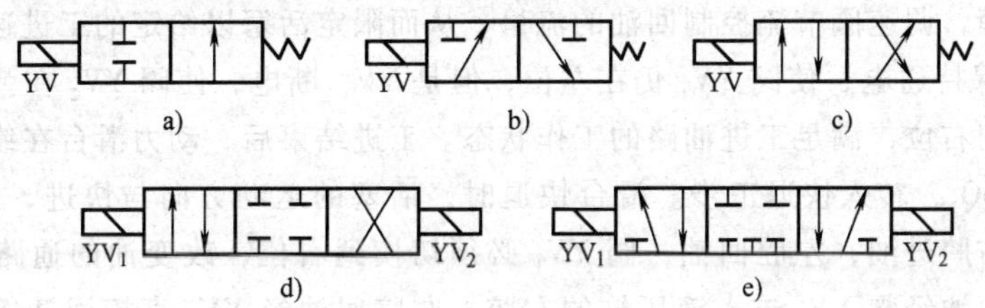


图3-35　电磁换向阀图形符号

a）二位二通阀　b）二位三通阀　c）二位四通阀　d）三位四通阀　e）三位五通阀

电磁换向阀有两种，即交流电磁换向阀和直流电磁换向阀，由阀上电磁阀线圈所用电源种类确定，实际使用中根据控制系统和设备需要而定。电液控制系统中，控制电路根据液压系统工作要求控制电磁换向阀线圈的通断电来实现所需运动输出。

### 3.5.3　液压系统工作自动循环控制电路

组合机床液压动力滑台工作自动循环控制是一种典型的电液控制，下面将其作为例子，分析液压系统工作自动循环的控制电路。

液压动力滑台是机床加工工件时完成进给运动的动力部件，由液压系统驱动，自动完成加工的自动循环。滑台工作循环的工步顺序与内容、各工步之间的转换主令和电动机驱动的自动工作循环控制一样，由设备的工作循环图给出。电液控制系统的分析通常分为三步：

1）工作循环图分析，以确定工步顺序及每步的工作内容，明确各工步的转换主令。

2）液压系统分析，分析液压系统的工作原理，确定每工步中应通电的电磁阀线圈，并将分析结果和工作循环图给出的条件通过动作表的形式列出，动作表上列有每个工步的内容、转换主令和电磁阀线圈通电状态。

3）控制电路分析，是根据动作表给出的条件和要求，逐步分析电路如何在转换主令的控制下完成电磁阀线圈通断电的控制。

液压动力滑台一次工作进给的控制如图 3-36 所示。电路液压动力滑台的自动工作循环共有四个工步：滑台快进、工进、快退及原位停止，分别由行程开关 $SQ_2$、$SQ_3$、$SQ_1$ 及 $SB_1$ 控制循环的启动和工步的切换。对应于四个工步，液压系统有四个工作状态，满足活塞的四个不同运动要求。其工作原理如下：动力滑台快进，要求电磁换向阀 $YV_1$ 在左位，压力油经换向阀进入液压缸左腔，推动活塞右移，此时电磁换向阀 $YV_2$ 也要求位于左位，使得液压缸右腔回油经 $YV_2$ 阀返回液压缸左腔，增大液压缸左腔的进油量，活塞快速向前移动。为实现上述油路工作状态，电磁阀线圈 $YV_{1-1}$ 必须通电，使阀 $YV_1$ 切换到左位，$YV_{2-1}$ 通电使 $YV_2$ 切换到左位。动力滑台前移到达工进起点时，压下行程开关 $SQ_2$，动力滑台进入工进的工步。动力滑台工进时，活塞运动方向不变，但移动速度改变，此时控制活塞运动方向的阀 $YV_1$ 仍在左位，但控制液压缸右腔回油通路的阀 $YV_2$ 切换到右位，切断右腔回油进入左腔的通路，而使液压缸右腔的回油经调速阀流回油箱，调速阀节流控制回油的流量，从而限定活塞以给定的工进速度继续向右移动，$YV_{1-1}$ 保持通电，使阀 $YV_1$ 仍在左位，但是 $YV_{2-1}$ 断电，使阀 $YV_2$ 在弹簧力的复位作用下切换到右位，满足工进油路的工作状态。工进结束后，动力滑台在终点位压动终点限位开关 $SQ_3$，转入快退工步。滑台快退时，活塞的运动方向与快进、工进时相反，此时液压缸右腔进油，左腔回油，阀 $YV_1$ 必须切换到右位，改变油的通路，阀 $YV_1$ 切换以后，压力油经阀 $YV_1$ 进入液压缸的右腔，左腔回油经 $YV_1$ 直接回油箱，通过切断 $YV_{1-1}$ 的线圈电路使其失电，同时接通 $YV_{1-2}$ 的线圈电路使其通电吸合，阀 $YV_1$ 切换到右位，满足快退时液压系统的油路状态。动力滑台快速退回到原位以后，压动原位行程开关 $SQ_1$，即进入停止状态。此时要求阀 $YV_1$ 位于中间位的油路状态，$YV_2$ 处于右位，当电磁阀线圈 $YV_{1-1}$、$YV_{1-2}$、$YV_{2-1}$ 均失电时，即可满足液压系统使滑台停在原位的工作要求。控制电路中 SA 为选择开关，用于选定滑台的工作方式。开关扳在自动循环工作方式时，按下启动按钮 $SB_1$，循环工作开始，其工作原理图如 3-32 所示。SA 扳到手动调整工作方式时，电路不能自锁持续供电，按下按钮 $SB_1$ 可接通 $YV_{1-1}$ 与 $YV_{2-1}$ 线圈电路，滑台快速前进，松开 $SB_1$，$YV_{1-1}$ 与 $YV_{2-1}$ 线圈失电，滑台立即停止移动，从而实现点动向前调整的动作。$SB_2$ 为滑台快速复位按钮，当由于调整前移或工作过程中突然停电的原因，滑台没有停在原位不能满足自动循环工作的启动条件，即原位行程开关 $SQ_1$ 必须处于受压状态时，通过压下复位按钮 $SB_2$，接通 $YV_{1-}$ 线圈电路，滑台即可快速返回至原位，压下 $SQ_1$ 后停机。其动作过程顺序分析如图 3-36 所示。

在上述控制电路的基础上，加上一延时元件，可得到具有进给终点延时停留的自动循环控制电路，其工作循环及控制电路如图 3-37 所示。当滑台工进到终点时，压动终点限位开关 $SQ_1$，接通时间继电器 KT 的线圈电路，KT 的瞬时常闭触点使 $YV_{1-1}$ 线圈失

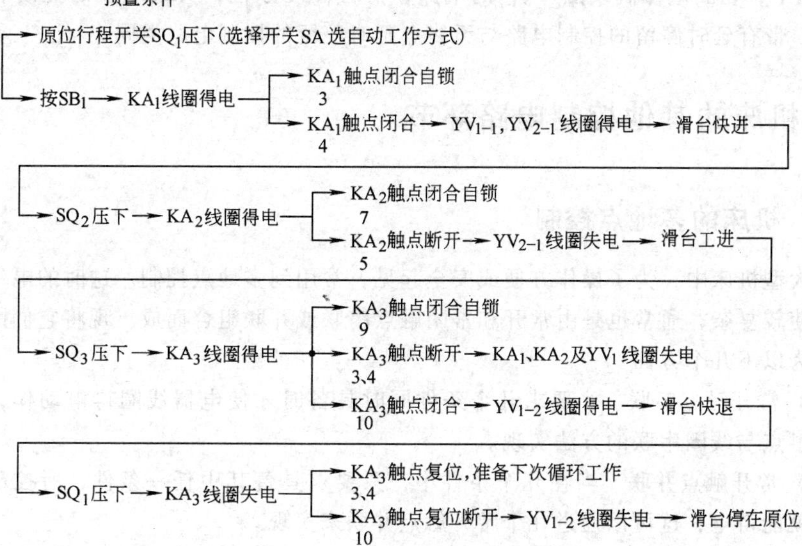


图 3-36　液压动力滑台电器动作顺序

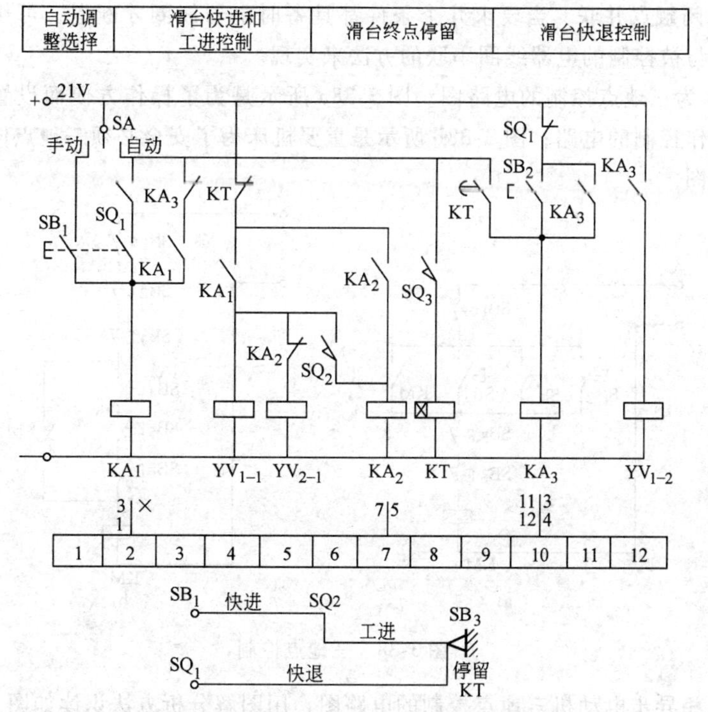


图 3-37　具有终点延时停留功能的滑台控制电路

电，阀 $YV_1$ 切换到中间位置，使滑台停在终点位，经一定时间的延时后，KT 的延时常开触点接通滑台快速退回的控制电路，滑台通过进入快退的工步，退回原位后行程开关

$SQ_1$ 被压下，切断电磁阀线圈 $YV_{1-2}$ 的电路，滑台停在原位，其他工步的控制和调整控制方式，带有延时停留的控制电路与无终点延时停留的控制电路类同。

## 3.6 机床的其他控制电路环节

### 3.6.1 机床的多地点控制

在大型机床中，为了操作方便或安全起见，常用到多地点控制。这时的电气控制线路，即使较复杂，通常也是由常开和常闭触点串联或并联组合而成。现将它们的相互关系归纳为以下几个方面：

(1) 常开触点串联　当要求几个条件同时具备时才使电器线圈得电动作，可用几个常开触点与线圈串联的方法实现。

(2) 常开触点并联　当在几个条件中，只要求具备其中任一条件，所控制的继电器线圈就能得电，这可以通过几个常开触点并联来实现。

(3) 常闭触点串联　当几个条件仅具备一个时，被控制电器线圈就断电，可用几个常闭触点与被控制电器线圈串联的方法来实现。

(4) 常闭触点并联　当要求几个条件都具备时电器线圈才断电，可用几个常闭触点并联，再与被控制的电器线圈串联的方法来实现。

图 3-38 为三地点控制的电路图。图 3-38a 所示是为了操作方便而设置的可三地点分别起停操作控制的电路；图 3-38b 所示是重要机床为了安全必须三地点同时启动操作控制的电路图。

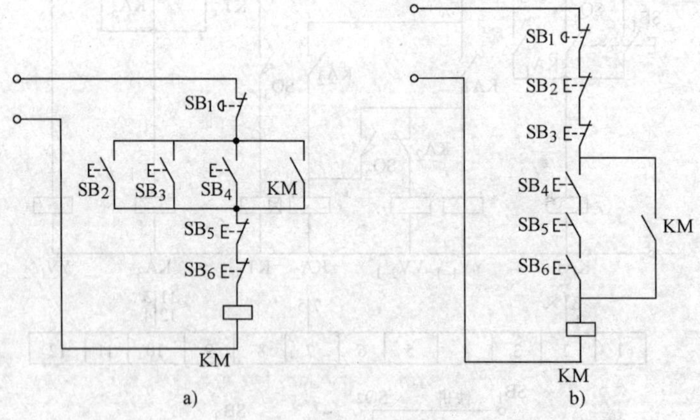


图 3-38　三地点控制

一台三相异步电动机三地点控制的电路图，用图解分析方法识读如图 3-39 所示。

图 3-39a 和图 3-39b 为三地点单独控制一台电动机，所采用的仍然是具有“自锁”控制环节的“启-保-停”控制电路，只是需要将三个启动用的常开触点并联后再与接触器的“自锁”常开触点并联，三个停止用的常闭触点相串联；三个地点分别需要安

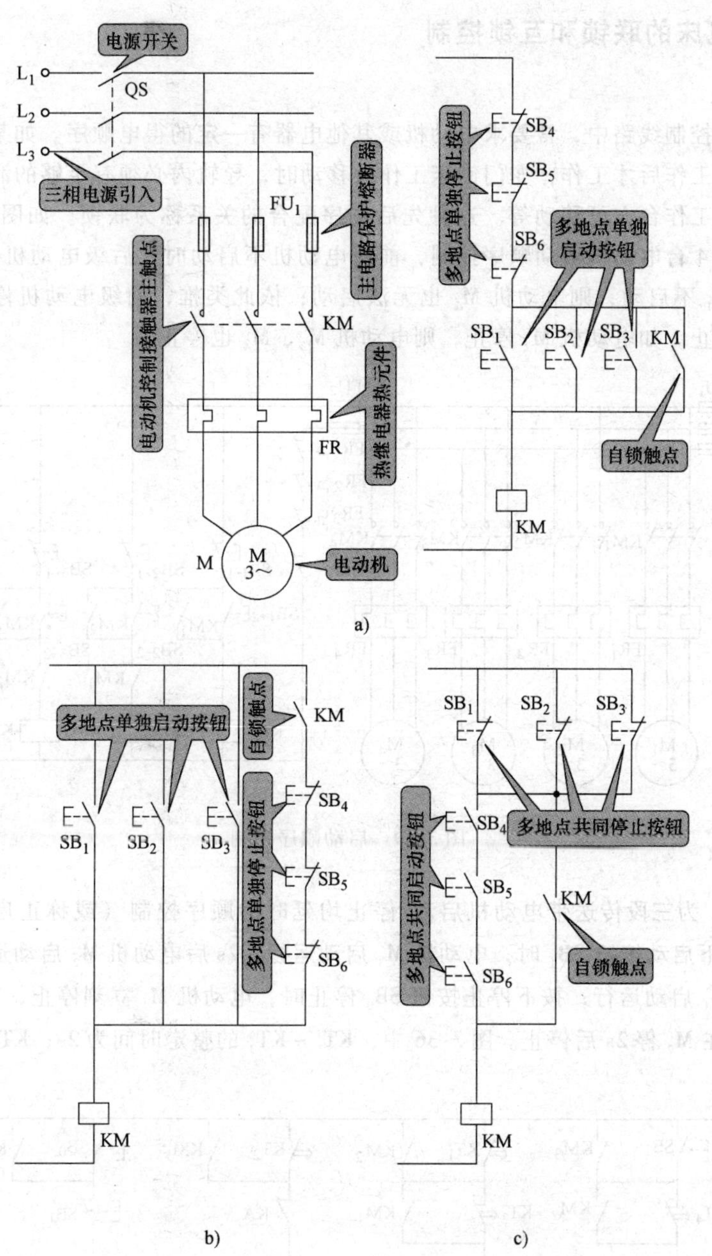


图 3-39　一台三相异步电动机三地点控制电路用图解分析方法识读

装一套"启/停"按钮。图 3-39c 所示为三地点共同控制一台电动机，所采用的也是具有"自锁"控制环节的"启-保-停"控制电路，只是需要将三个启动用的常开触点串联后再与接触器的"自锁"常开触点并联，三个停止用的常闭触点并联；三个地点分别需要安装一套"启/停"按钮，常用于对重要设备的共同控制。

### 3.6.2 机床的联锁和互锁控制

**1. 联锁**

在电气控制线路中，常要求电动机或其他电器有一定的得电顺序。如某些机床主轴须在液压泵工作后才工作；龙门刨床工作台移动时，导轨内必须有足够的润滑油；在主轴旋转后，工作台方可移动等。这种先后顺序配合的关系称为联锁。如图 3-40 所示为物料传送带 4 台电动机启动顺序控制，前级电动机不启动时，后级电动机也无法启动，如电动机 $M_1$ 不启动，则电动机 $M_2$ 也无法启动；依此类推，前级电动机停止时，后级电动机也停止，如电动机 $M_2$ 停止，则电动机 $M_3$、$M_4$ 也停止。

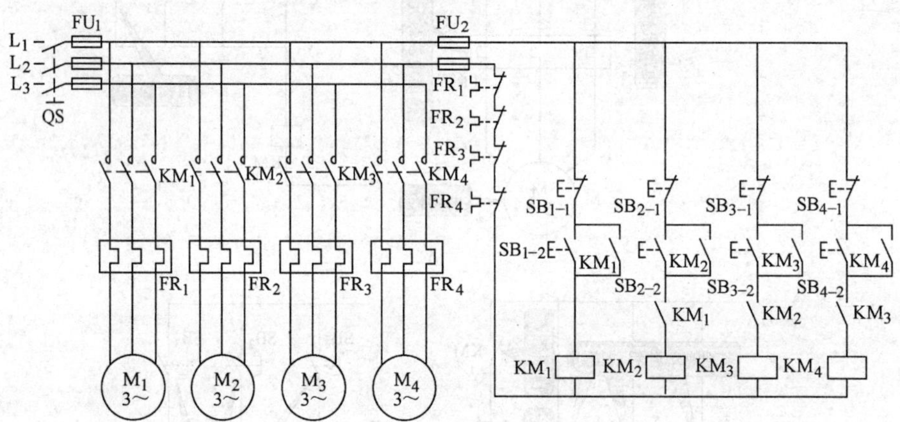


图 3-40　启动顺序控制

图 3-41 为三段传送带电动机启动/停止均延时的顺序控制（或称正启逆停顺序控制）。当按下启动按钮 $SB_1$ 时，电动机 $M_3$ 启动运行，2s 后电动机 $M_2$ 启动运行，再过 2s 后电动机 $M_1$ 启动运行；按下停止按钮 $SB_0$ 停止时，电动机 $M_1$ 立刻停止，延时 2s 后 $M_2$ 停止，$M_3$ 在 $M_2$ 停 2s 后停止。图 3-36 中，$KT_1$ ~ $KT_3$ 的整定时间为 2s；$KT_4$ 的整定时间为 4s。

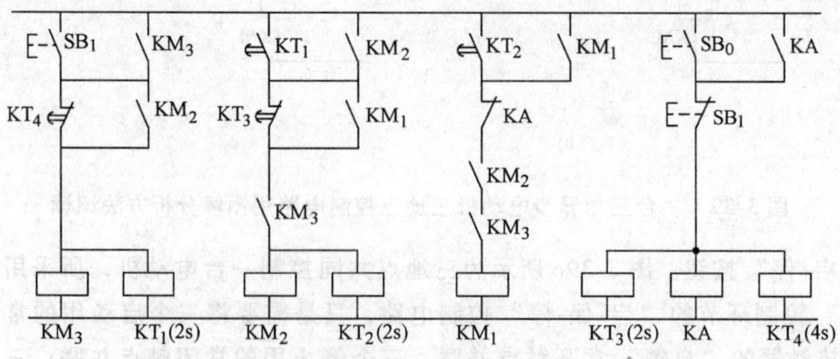


图 3-41　三段传送带电动机启动/停止均延时顺序控制

多台三相异步电动机顺序控制电路，用图解分析方法识读如下：

1）两台三相异步电动机的顺序控制和顺启逆停控制参考线路如图 3-42 所示。

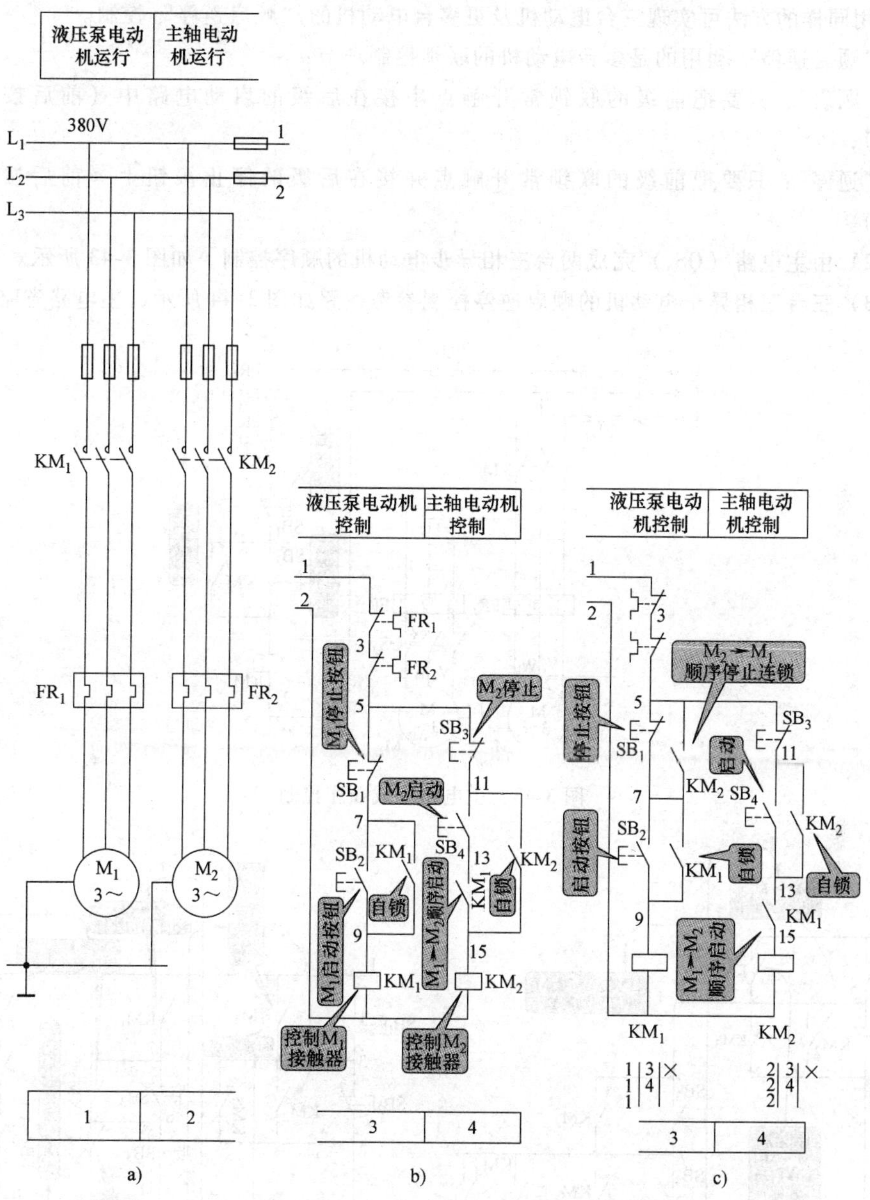


图 3-42　两台三相异步电动机的顺序控制和顺启逆停控制电路用图解分析方法识读

a）主电路　b）顺序控制　c）顺起逆停控制

在图 3-42b 所示控制电路中，当液压泵电动机启动后，给主轴电动机送出一个联锁常开触点串接在主轴电动机启动电路中，使液压泵电动机启动后主轴电动机才有可能启动运行。主轴电动机启动运行后，又给液压泵电动机送出一个联锁常开触点并联在液压泵电动机的停止按钮上，使主轴电动机停机后液压泵电动机才有可能停机。实现了两台电动机的“顺启逆停”控制。

用同样的方法可实现三台电动机及更多台电动机的“顺启逆停”控制。

“顺启逆停”利用的是多台电动机的联锁控制环节：

“顺启”：只要把前级的联锁常开触点串接在后级的启动电路中（前后按启动顺次）；

“逆停”：只要把前级的联锁常开触点并接在后级的停止按钮上（前后按停机顺次）。

2）由主电路（$QS_2$）完成两台三相异步电动机的顺序控制，如图 3-43 所示。

3）三台三相异步电动机的顺启逆停控制参考线路如图 3-44 所示，主电路省略。

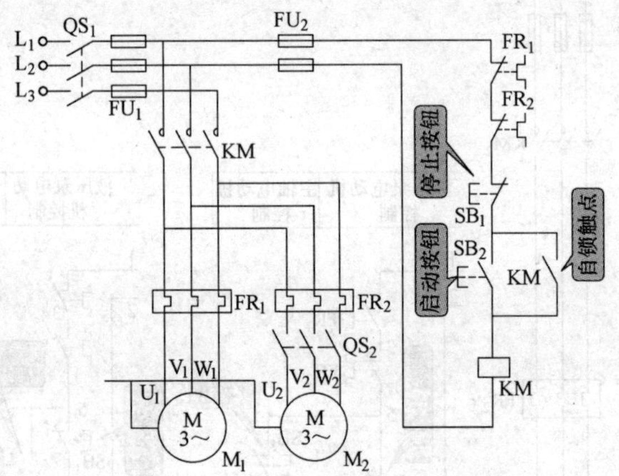


图 3-43 主电路完成顺序控制

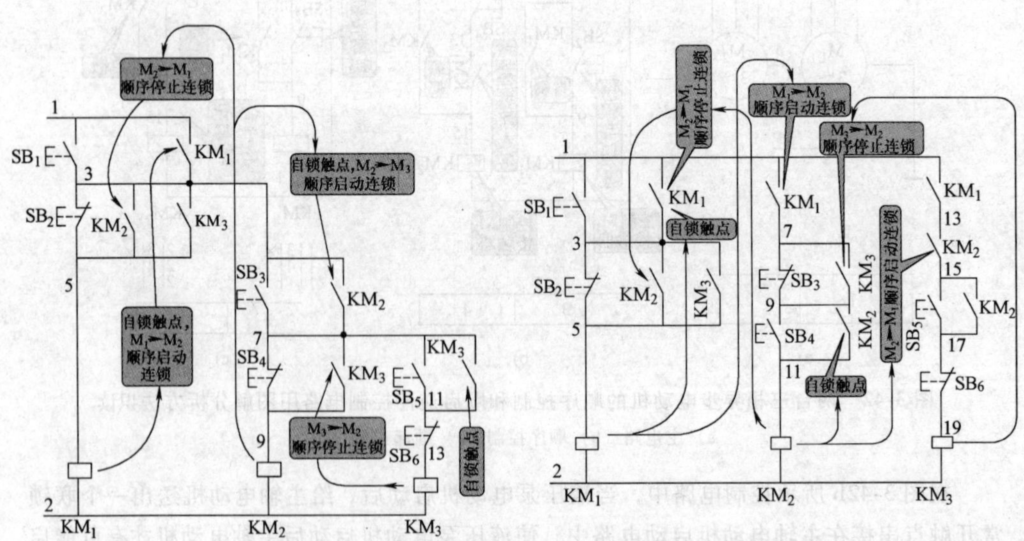


图 3-44 三台电动机的顺启逆停控制

顺序控制可推广到更多台异步电动机，也可利用时间继电器实现延时顺序控制。

4）N 台三相异步电动机的顺序控制如图 3-45 所示，主电路省略。

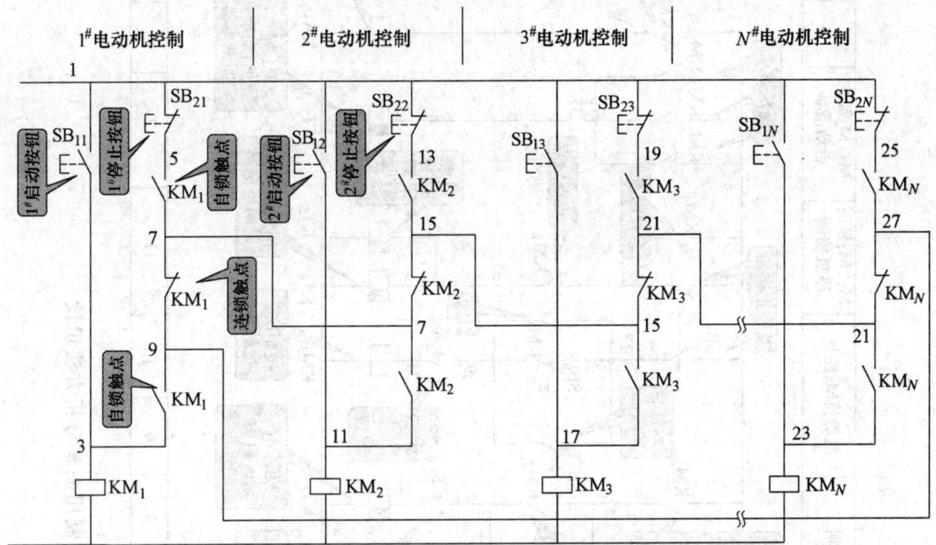


图 3-45　N 台三相异步电动机的顺序控制用图解分析方法识读

5）用时间继电器控制原则实现的三台电动机的延时“顺启逆停”控制如图 3-46 所示。

**2. 互锁**

在机床控制线路中，要求两个或多个电器不能同时得电动作，相互之间有排他性，这种相互制约的关系称为互锁。如控制电动机的正反转的两个接触器如同时得电，将导致电源短路。在比较复杂的机床中，不仅运动方向上有互锁关系，各运动之间也有互锁关系。故常用操作手柄和行程开关形成机械和电气双重互锁，如图 3-16 所示，三相交流电动机的正反转的这种相互禁止的控制关系，就是互锁。

## 3.6.3　机床的电流控制

在机床中，通常将电气元件的常开、常闭触点进行某种组合，形成机床电气控制的各基本控制环节，以满足机床各种操作控制和保护要求。在这些控制中，机床控制过程的开始和结束以及中间状态的转换都是借助于扳动开关、按动按钮等人工操作实现的，而实际运行中还经常伴随着行程（位置）、时间、速度、电流（力或转矩）、电源频率等物理量的变化。如何根据这些物理量的变化而实现机床工作的自动控制呢？关键是将这些物理量（模拟量）用相应的检测装置转换成开关量并应用于控制线路中。行程（位置）、时间、速度等控制原则已在工作台的自动循环控制、能耗制动/Y—Δ减压启动/高低速控制等、反接控制中应用。当然也可以应用电流与电源频率进行控制。

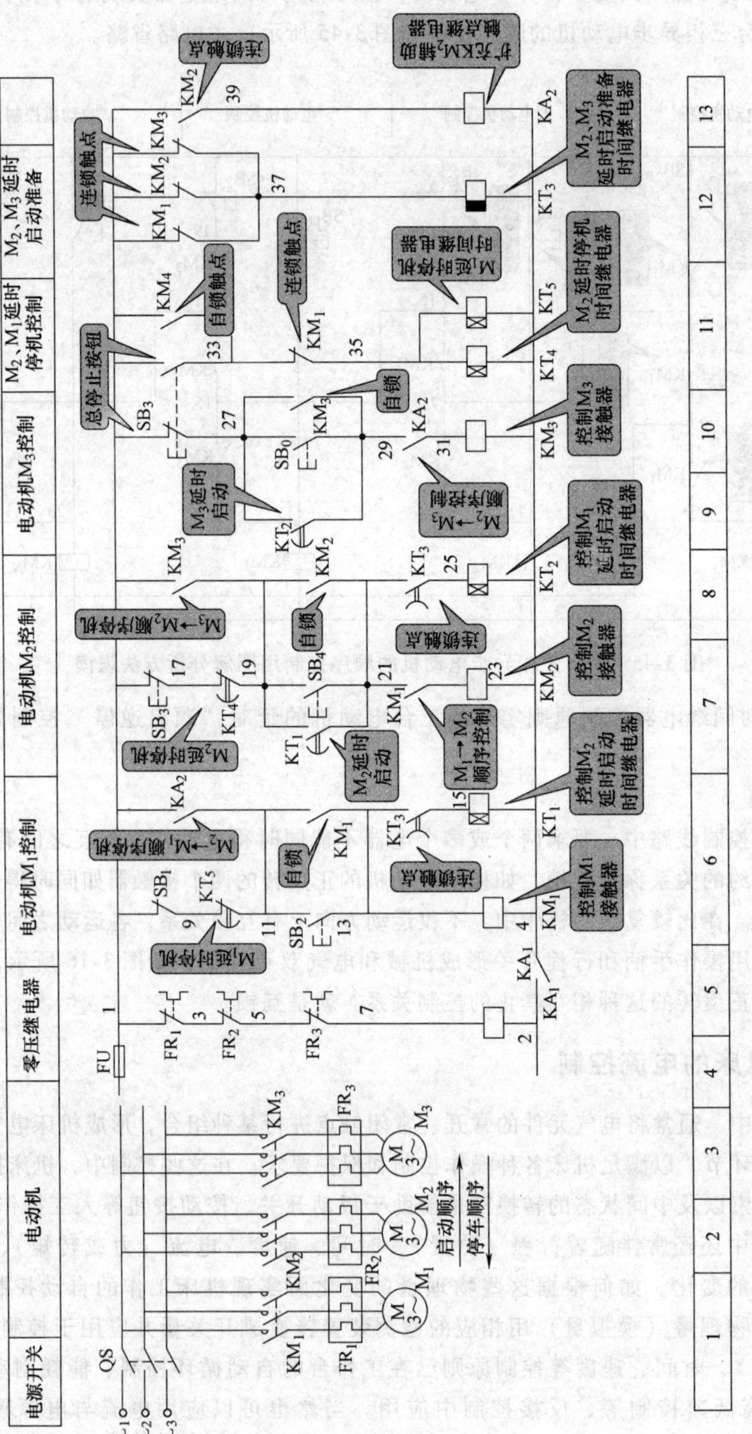


图 3-46 三台电动机的延时“顺启逆停”控制用图解分析方法识读

电流的强、弱既可作为电路或电气元件保护动作的依据，也可反映机床控制中其他物理量如卡紧力或转矩等控制信号的大小。通常电流控制是借助于电流继电器来实现的，当电路中的电流达到某一预定值时，电流继电器的触点动作，切换电路，达到电流控制的目的。图 3-47 是绕线转子交流电动机根据转子电流大小的变化来控制电阻短接的启动控制电路，图中主电路转子绕组中除串接启动电阻外，还串接有电流继电器 $KA_2$、$KA_3$ 和 $KA_4$ 的线圈，三个电流继电器的吸合电流都一样，但是释放电流不同，$KA_2$ 释放电流最大，$KA_3$ 次之，$KA_4$ 最小。当刚启动时，启动电流很大，电流继电器全部吸合，控制电路中的常闭触点打开，接触器 $KM_2$、$KM_3$、$KM_4$ 的线圈不能得电吸合，因此全部启动电阻接入，随着电动机转速升高，电流变小，电流继电器根据释放电流的大小等级依次释放，使接触器线圈依次得电，主触点闭合，逐级短接电阻，直到全部电阻都被短接，电动机启动完毕，进入正常运行。

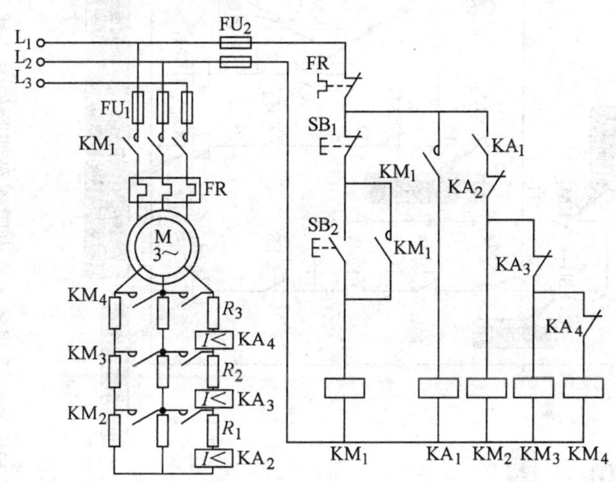


图 3-47　绕线转子交流电动机串电阻限制启动电流的控制电路

绕线转子异步电动机采用转子串电阻逐级切除的方法减少启动电流用图解分析方法识读如图 3-48 所示。

图 3-49 所示为用直流电动机的串电阻启动和能耗制动控制电路。其电枢回路需要有限制过电流的控制，故在电枢回路串入过电流继电器 $KA_1$。当电枢回路的电流超过设定值时过电流继电器动作，$KM_1$ 断开，切断电枢回路，保护直流电动机电枢回路中电流不超过设定值；其磁场回路中有励磁绕组欠磁场保护控制，故在电枢回路串入欠电流继电器 $KA_2$，当励磁绕组中电流太弱或失磁时 $KA_2$ 动作，切断电枢回路，防止直流电动机弱磁转速过高或发生失磁飞车事故。

## 3.6.4　电气设备的频率控制

利用电动机转子频率的变化也可实现机床运行状态的控制，例如绕线转子电动机频敏变阻器启动控制。我国独创的频敏变阻器是利用铁磁材料的频敏特性，制成阻抗随转

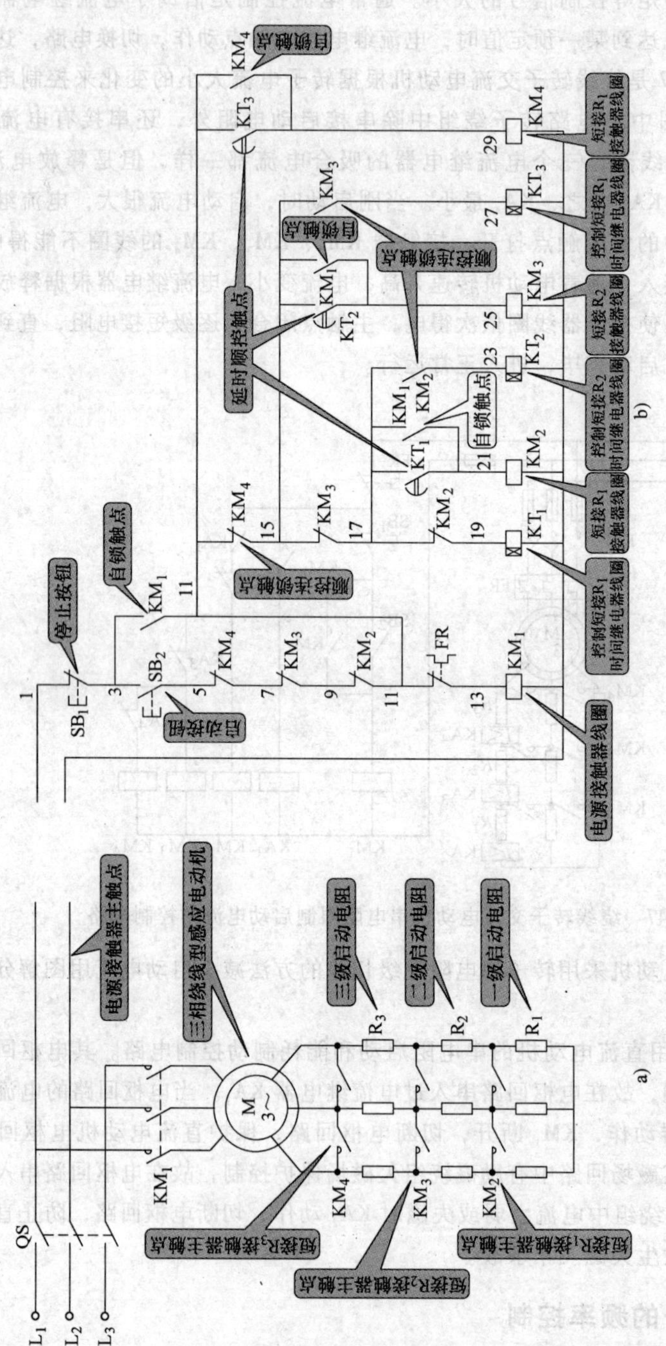


图 3-48 绕线转子异步电动机采用转子串电阻逐级切除的方法减少启动电流

a）绕线转子电动机单元主电路 b）绕线转子电动机单元控制电路

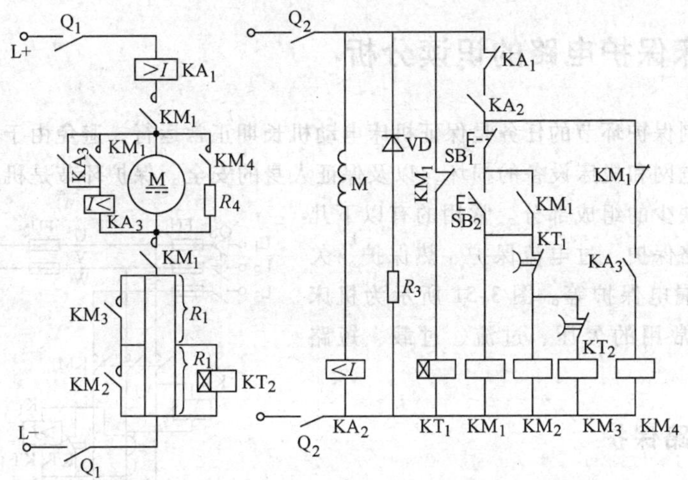


图 3-49　电流控制的电气控制线路

子频率（即转差率 $s$）自动变化的启动器。当电动机启动时，转子频率较高，在频敏变阻器内与频率平方成正比的涡流损耗 $r_m$ 较大，起到了限制启动电流及增大启动转矩的作用。随着转速上升，转子频率不断下降，$r_m$ 跟着下降。当转速接近额定值时，转子频率很低，等效电阻很小，满足了电动机平滑启动要求。启动过程结束后，应将集电环短接，把频敏变阻器切除。适于轻载和重轻载启动。它是绕线式转子异步电动机较为理想的一种启动设备。常用于较大容量的绕线式异步电动机的启动控制。

绕线转子电动机频敏变阻器启动控制线路如图 3-50 所示。

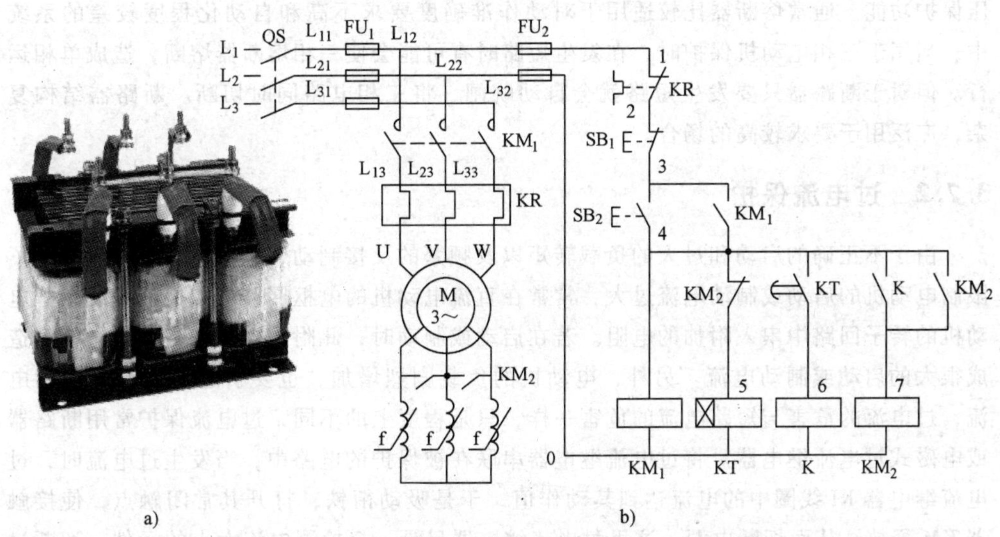


图 3-50　绕线转子电动机频敏变阻器启动控制线路

a）频敏变阻器实物　b）绕线转子电动机频敏变阻器启动控制线路

## 3.7 机床保护电路的识读分析

机床控制保护环节的任务是保证机床电动机长期正常运行，避免由于各种故障造成电气设备、电网和机床设备的损坏，以及保证人身的安全。保护环节是机床等所有生产设备都不可缺少的组成部分。常用的有以下几种保护：短路保护、过电流保护、热保护、欠电压保护及漏电保护等。图 3-51 所示为机床控制电路中常用的欠压、过流、过载、短路保护。

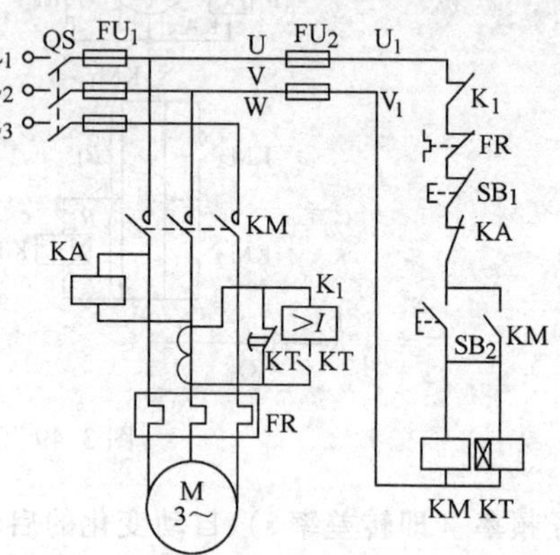


图 3-51　控制电路的欠压、过流、过载、短路保护

### 3.7.1 短路保护

当电动机绕组的绝缘、导线的绝缘损坏时，或电气线路发生故障时，例如正转接触器的主触点未断开而反转接触器的主触点闭合了都会产生短路现象。此时，电路中会产生很大的短路电流，它将导致产生过大的热量，使电动机、电器和导线的绝缘损坏。因此，必须在发生短路现象时立即将电源切断。常用的短路保护元件是熔断器和断路器。

熔断器的熔体串联在被保护的电路中，当电路发生短路或严重过载时，它自动熔断，从而切断电路，达到保护的目的。断路器（俗称自动开关）有短路、过载和欠电压保护功能。通常熔断器比较适用于对动作准确度要求不高和自动化程度较差的系统中；当用于三相电动机保护时，在发生短路时有可能会使一相熔断器熔断，造成单相运行。但对于断路器只要发生短路就会自动跳闸，将三相电路同时切断。断路器结构复杂，广泛用于要求较高的场合。

### 3.7.2 过电流保护

由于不正确的启动和过大的负载转矩以及频繁的反接制动，都会引起过电流。为了限制电动机的启动或制动电流过大，常常在直流电动机的电枢回路中或交流绕线转子电动机的转子回路中串入附加的电阻。若在启动或制动时，此附加电阻已被短接，就会造成很大的启动或制动电流。另外，电动机的负载剧烈增加，也要引起电动机过大的电流，过电流的危害与短路电流的危害一样，只是程度上的不同，过电流保护常用断路器或电磁式过电流继电器。将过电流继电器串联在被保护的电路中，当发生过电流时，过电流继电器 KI 线圈中的电流达到其动作值，于是吸动衔铁，打开其常闭触点，使接触器 KM 释放，从而切断电源。这里过电流继电器只是一个检测电流大小的元件，切断过电流还是靠接触器。如果用断路器实现过电流保护，则检测电流大小的元件就是断路器的电流检测线圈，而断路器的主触点用以切断过电流。

对于交流异步电动机，因其启动电流较大，允许短时间过电流，故一般不用过电流保护。若要用过电流保护，如图3-51所示，可用时间继电器KT躲过启动时的过电流。

### 3.7.3　过载（热）保护

热保护又称长期过载保护。所谓过载，通常是指发生了“小马拉大车”现象，使电动机的工作电流大于了其额定电流。造成过载的原因很多，如负载过大、三相电动机单相运行、欠电压运行等。当长期过载时，电动机发热，使温度超过允许值，电动机的绝缘材料就要变脆，寿命降低，严重时使电动机损坏，因此必须予以保护。常用的过载保护元件是热继电器（FR)。热继电器可以满足这样的要求：当电动机为额定电流时，电动机为额定温升，热继电器不动作；在过载电流较小时，热继电器要经过较长时间才动作；过载电流较大时，热继电器则经过较短时间就会动作；即具有反时限的特点。

由于热惯性的原因，热继电器不会因电动机短时过载冲击电流或短路电流而立即动作。所以在使用热继电器作过载保护的同时，还必须设有短路保护，并且选作短路保护的熔断器熔体的额定电流不应超过4倍热继电器发热元件的额定电流。

### 3.7.4　零电压与欠电压保护

当电动机正在运行时，如果电源电压因某种原因消失，为了防止电源恢复时电动机自行启动的保护称为零电压保护，零电压保护常选用零压保护继电器KHV。对于按钮启动并具有自锁环节的电路，本身已具有零电压保护功能，不必再考虑零电压保护。

当电动机正常运行时，电源电压过分地降低将引起一些电器释放，造成控制线路不正常工作，可能产生事故。因此，需要在电源电压降到一定允许值以下时，将电源切断，这就是欠电压保护。欠电压保护常用电磁式欠电压继电器KV来实现。欠电压继电器的线圈跨接在电源两相之间。电动机正常运行时，当线路中出现欠电压故障或零压时，欠电压继电器线圈KA得电，其常闭触点打开，接触器KM释放，电动机被切断电源。

### 3.7.5　弱磁保护

直流并励电动机、复励电动机在励磁磁场减弱或消失时，会引起电动机的“飞车”现象。此时，有必要在控制线路中采用弱磁保护环节。一般用弱磁继电器，其吸上值一般整定为额定励磁电流的1.2倍。

### 3.7.6　限位保护

对于做直线运动的机床设备常设有限位保护环节。如机床工作台的前进、后退限位保护，升降台的上升、下降限位保护等。通常用行程开关的常开触点完成自动换向，用行程开关的常闭触点来实现限位保护。

### 3.7.7　漏电保护

漏电保护采用漏电保护器，主要用来保护人身生命安全。自人类发明用电以来，电不仅给人类带来了很多方便，也给人类带来了灭顶之灾。当使用不当时，它可能会烧坏设备，引起火灾；或者使人触电，危及人的生命安全。如果有一种设备可以使人们安全地使用电，将会避免很多不必要的损失。所以在五花八门的电器接踵而来的同时，也诞生了各式各样的保护电器。其中有一种是专门保护人的，称为漏电保护器。漏电保护器又称漏电保护开关，是一种新型的电气安全装置，在两网改造中，大量使用了剩余电流动作漏电保护器。其主要用途是：①防止由于电气设备和电气线路漏电引起的触电事故；②防止用电过程中的单相触电事故；③及时切断电气设备运行中的单相接地故障，防止因漏电引起的电气火灾事故；④随着工农业生产的发展和人们生活水平的日益提高，工业用电和家用电器不断增加，在用电过程中，由于电气设备本身的缺陷、使用不当和安全技术措施不利而造成的人身触电和火灾事故，给人民的生命和国家财产带来了不应有的损失，而漏电保护器的出现，为预防各类事故的发生，及时切断电源，保护设备和人身安全，提供了可靠而有效的技术手段。

在了解漏电保护器的主要原理前，有必要先了解一下什么是触电。触电指的是电流通过人体而引起的伤害。如图 3-52 所示，当人手触摸电线并形成一个电流回路的时候，人身上就有电流通过；当流过人体的电流足够大时，就能够被人感觉到以至于形成危害。当触电已经发生的时候，要求在最短的时间内切除电流，比如说，如果通过人的电流是 50mA 的时候，就要求在 1s 内切断电流；如果是 500mA 的电流通过人体，那么时间限制是 0.1s；否则危及人的生命。

图 3-53 所示是简单的漏电保护装置的原理。从图中可以看到漏电保护装置安装在电源线进户处，也就是电度表的附近，接在电度表的输出端即用户端侧。图中把所有的用电器用一个电阻 $R_L$ 替代，用 $R_N$ 替代接触者的人体电阻。

图中的 TA 表示“电流互感器”，它是利用互感原理测量交流电流用的，所以叫

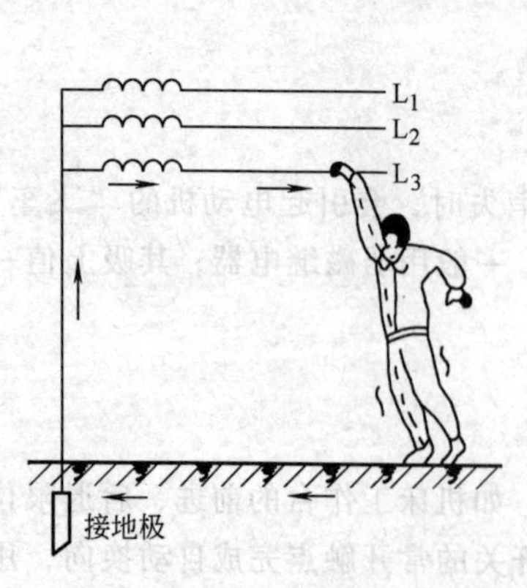

图 3-52　人体触电示意图

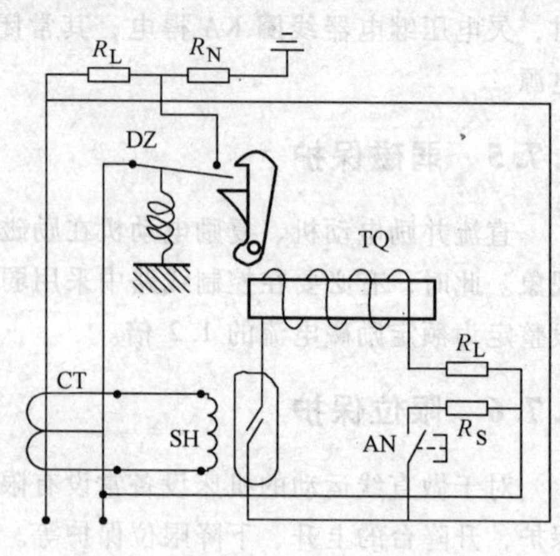

图 3-53　漏电保护装置原理

“互感器”，实际上是一个变压器。它的一次线圈是进户的交流线，把两根线当作一根线并起来构成一次线圈。二次线圈则接到“干簧继电器”SH的线圈上。

所谓的“干簧继电器”，就是在干簧管外面绕上线圈，当线圈里通电的时候，电流产生的磁场使得干簧管里面的簧片电极吸合，来接通外电路。线圈断电后簧片释放，外电路断开。总而言之，这是一个灵巧实用的继电器。

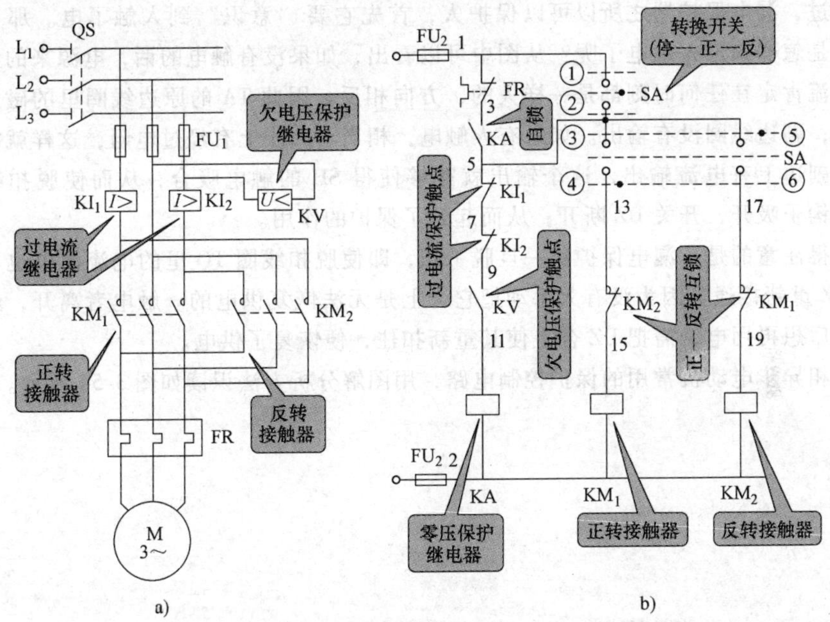


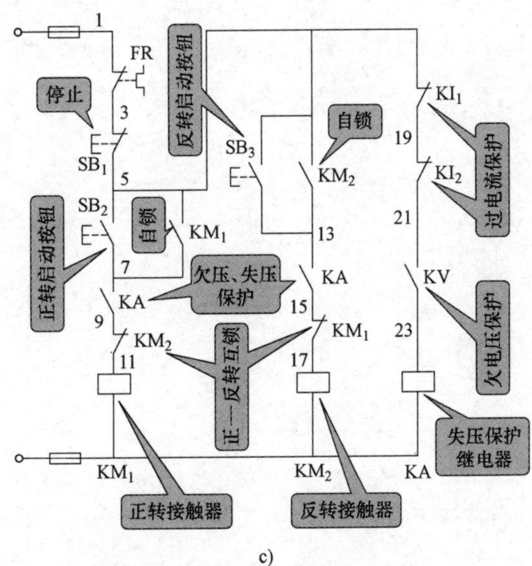


图3-54 三相异步电动机常用的保护控制电路图用图解分析方法识读

原理图中开关 DZ 不是普通的开关，它是一个带有弹簧的开关，当人克服弹簧力把它合上以后，要用特殊的钩子扣住它才能够保证处于通的状态；否则一松手就又断了。

舌簧继电器的簧片电极接在“脱扣线圈”TQ 电路里。脱扣线圈是个电磁铁的线圈，通过电流就产生吸引力，这个吸引力足以使上面说的钩子解脱，使得 DZ 立刻断开。因为 DZ 就串在用户总电线的火线上，触电的人因此脱离危险。

不过，漏电保护器之所以可以保护人，首先它要“意识”到人触了电。那么漏电保护器是怎样知道人触电了呢？从图中可以看出，如果没有触电的话，电源来的两根线里的电流肯定在任何时刻都是一样大的，方向相反。因此 TA 的原边线圈里的磁通完全地消失，副边线圈没有输出。如果有人触电，相当于火线上有经过电阻，这样就能够联锁导致副边上有电流输出，这个输出就能够使得 SH 的触电吸合，从而使脱扣线圈得电，把钩子吸开，开关 DZ 断开，从而起到了保护的作用。

值得注意的是，漏电保护器一旦脱了扣，即使脱扣线圈 TQ 里的电流消失也不会自行把 DZ 重新接通。因为没有人手动把它合上是无法恢复供电的。触电者离开，经检查无隐患后想再用电，需把 DZ 合上使其重新扣住，便恢复了供电。

三相异步电动机常用的保护控制电路，用图解分析方法识读如图 3-54 所示。

# 第4章　普通机床电气控制电路的识读实例

普通机床的种类繁多，其控制方式和控制线路也各不相同，在识读分析各种传统机床电气图样过程中，最重要的是掌控其基本分析方法。本章将通过几种常用典型传统机床电气控制线路的实例识读分析，进一步阐述机床电气控制系统的识读分析方法与分析步骤，使读者掌握识读分析机床电气原理图的方法，并通过掌握具有代表性的几种典型机床电气控制线路的原理，进一步深入了解更多更复杂的机床电气控制系统。通过本章的识读实例示范，可举一反三，为进一步完成机床电气控制系统的设计、安装、调试、维护等打下坚实基础。

## 4.1　机床电气系统的组成及识读分析原则

### 4.1.1　机床电气控制电路图识读分析的主要内容

机床电气控制线路是机床电气控制系统各种技术资料的关键与核心。通过对各种技术资料的识读分析，可掌握机床电气控制线路的工作原理、技术指标、使用方法、维护要求等。其识读分析的具体内容和要求主要包括以下几个方面。

**1. 机床说明书**

机床说明书通常由机械（包括液压部分）与电气两部分组成，在识读分析时首先要阅读这两部分说明书，重点了解以下内容：

1）机床的主体结构，主要性能技术指标，机械、液压和气动部分的传动方式与工作原理。

2）电气传动方式，电动机和执行电器的数目、型号规格、安装位置、用途及控制要求。

3）机床的使用方法，各操作手柄、开关、按钮和指示装置的布置以及在控制中的作用。

4）与机械和液压部分直接相关联的电器（如行程开关、电磁阀、电磁离合器和压力继电器等）的位置、工作状态以及在控制中的作用。

**2. 机床电气系统技术文件**

机床的电气系统技术文件通常有三图加一表。

（1）机床电气控制原理图　机床电气控制原理图简称电气原理图，是控制线路识读分析的中心内容。原理图主要由主电路、控制电路和辅助电路、保护、联锁环节以及特殊控制电路等部分组成。

在识读分析机床电气原理图时，必须与阅读其他技术资料结合起来。例如，各种与机械有关的位置开关和主令电器的状态等，各种电动机和执行元件的控制方式、位置及作用，只有通过阅读说明书才能了解。在原理图识读分析中，通过所用电气元件的技术参数，还可以分析出控制线路的主要参数和技术指标，进一步估计出线路各部分的电流、电压值，以便在调试或检修中合理地使用仪表。

（2）机床电气元件布置图　电气元件布置图是制造、安装、调试和维护电气设备必需的技术资料。在安装调试和检修中可通过布置图方便地找到各种电气元件和测试点，以便进行必要的调试、检测和维修保养。

（3）机床电气接线图　包括机床电气元件接线图与机床电气设备总装接线图，通过该图的识读分析可以了解机床系统的组成分布状况，各部分的连接方式，主要电气部件的布置、安装要求，导线和穿线管的规格型号（包括长度、数量等）。这也是安装调试和使用维护机床必不可少的重要资料。

（4）机床电气元件明细表　机床电气元件明细表是安装、调试和维护机床电气设备必需的元件参数技术资料。在安装调试和检修中可方便地查找到各种电气元件参数，以便调试、检测和维修。

### 4.1.2　机床电气控制电路图识读的主要要求

**1. 机床电气系统的组成**

（1）电力拖动系统　以电动机为动力，驱动控制对象（工作机构）作机械运动，使其满足机床生产工艺的要求。

（2）电气控制系统　对各拖动电动机进行控制，使它们按规定的状态、程序运动，并使机床各运动部件的运动得到合乎要求的静、动态特性。

**2. 机床电力拖动系统**

（1）交流拖动和直流拖动　交流电动机具有单机容量大、转速高、体积小、价钱便宜、工作可靠和维修方便等优点，但调速困难。在调速性能要求不高的各类普通机床中使用较多。

直流电动机具有良好的启动、制动和调速性能，可以方便地在很宽的范围内平滑调速。但它尺寸大，价格高，特别是电刷、换向器需要经常维修，运行可靠性差。多用于调速性能要求较高的现代大型机床。

（2）单电动机拖动和多电动机拖动　单电动机拖动是指每台机床上安装一台电动机，再通过机械传动机构装置将机械能传递到机床的各运动部件处。

多电动机拖动是指一台机床上安装多台电动机，分别拖动各运动部件。

（3）机床电气控制系统

1）传统继电器-接触器控制系统。这种控制系统由按钮开关、行程开关、继电器、接触器等电气元件组成，控制方法简单直接，价格低廉。市场上用量较大的中小型普通机床多采用这种控制方式。

2）现代计算机控制系统。现代计算机控制系统是采用以计算机为核心的数控技术对机床的加工过程进行自动控制的一类机床控制系统，它把机械加工过程中的各种控制信息用代码化的数字表示，通过信息载体输入数控装置。经运算处理由数控装置发出各种控制信号，控制机床的动作，按图样要求的形状和尺寸，自动地将零件加工出来。数控机床较好地解决了复杂、精密、小批量、多品种的零件加工问题，是一种柔性的、高效能的自动化机床。

3）新型 PLC 控制系统。克服了传统继电器-接触器控制系统的缺点，又具有计算机的优点，并具有编程方便、可靠性高、价格便宜等特点。

## 4.1.3　机床电气控制电路图的识读分析方法

在仔细阅读了设备说明书，了解了电气控制系统的总体结构、电动机和电气元件的分布状况及控制要求等内容后，便可以识读分析电气原理图了。原理图识读分析的基本原则是：按先主电路，后控制电路，再辅助电路、安全保护环节的顺序进行，采用先化整为零，再集零为整，最后全面检查。常用的查线分析法，以某一电动机或电气元件为对象，从电源开始，自上而下，由左向右，逐一分析其通断关系，并区分出主令信号、联锁条件、安全保护等要求。

**1. 识读分析主电路**

主电路的作用是保证整机拖动要求的实现，无论线路设计还是线路分析都应当从主电路入手。根据每台电动机或执行电器的控制要求去分析它们的控制内容，包括启动、方向控制、调速和制动控制要求与安全保护设施等。

**2. 识读分析控制电路**

主电路的各控制要求主要是由控制电路来实现的，要首先根据主电路中各电动机和执行电器的控制要求，逐一找出控制电路中的控制环节，然后再利用基本控制环节的知识，按功能不同划分成若干个局部控制线路来进行识读分析。要从电源和主令信号开始，经过逻辑判断，写出控制流程，以简便明了的方式表达出电路的工作过程。

**3. 识读分析辅助电路**

辅助电路主要包括电源显示、执行元件的工作状态显示、照明和故障报警等部分，这部分电路具有相对独立性，起辅助作用但又不影响主要功能。它们绝大多数是由控制电路中的元件来实现控制的，所以在识读分析时，要对照控制电路来进行分析。

**4. 识读分析联锁与保护环节**

机床对于安全性和可靠性有很高的要求，为实现这些要求，除了合理地选择拖动和控制方案、机械保护装置以外，在控制线路中还需要设置一系列电气保护和必要的电气联锁。

**5. 识读分析特殊控制环节**

在某些生产设备的电气控制线路中，还设置了一些与主电路、控制电路关系并不密切，相对独立的特殊环节。这些部分往往自成一个小系统，例如，晶闸管触发电路、自动检测系统、自动调温装置等。其识读的分析方法可参照上述分析过程，运用相关知识逐一加以分析。

**6. 进行总体检查**

经过“化整为零”，逐步识读分析了每一局部电路的工作原理以及各部分之间的控制关系后，还必须用“集零为整”的方法来逆序检查整个控制线路。看是否存在没有识读分析到的环节。特别要从整体角度去进一步检查和理解各控制环节之间的联系，以达到正确理解原理图中的每一个电气元器件的作用及电气控制系统工作过程。

# 4.2 车床电气控制电路的识读实例

车床是机械加工业中应用最广泛的一种机床，占机床总数的25% ~50%。在各种车床中，使用最多的就是普通车床。

普通车床主要用来车削外圆、内圆、端面和螺纹等，还可以安装钻头或铰刀等进行钻孔和铰孔等加工。本节对应用较多的C6163型、C650型卧式车床和C5225型立式车床进行识图分析。

## 4.2.1 车床概述

**1. 车床的结构**

车床的实物与结构如图4-1所示，主要由床身、主轴变速箱、进给箱、挂轮箱、溜板箱、溜板与刀架、尾架、丝杠、光杠等组成。

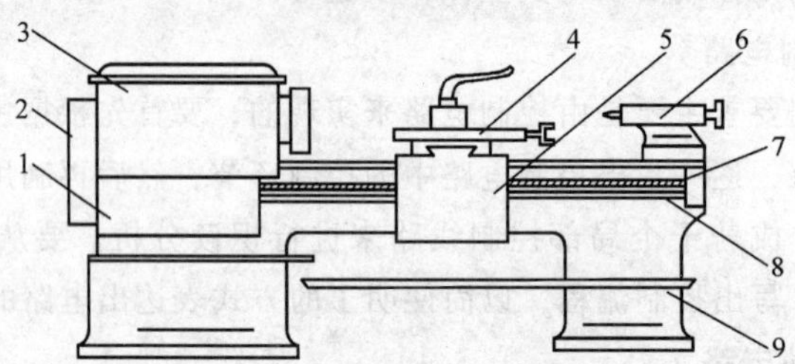


图4-1 车床的结构示意图

1—进给箱 2—挂轮箱 3—主轴变速箱 4—溜板与刀架 5—溜板箱 6—尾架 7—丝杠 8—光杠 9—床身

**2. 车床的运动形式**

车床在加工各种旋转表面时必须具有切削运动和辅助运动。切削运动包括主运动和进给运动；而切削运动以外的其他运动皆称为辅助运动。

车床的主运动为工件的旋转运动，由主轴通过卡盘或顶尖去带动工件旋转，它承受车削加工时的主要切削功率。车削加工时，应根据被加工零件的材料性质、工件尺寸、加工方式、冷却条件及车刀等来选择切削速度，这就要求主轴能在较大的范围内调速。对于普通车床，调速范围$D$一般大于70。调速的方法可通过控制主轴变速箱外的变速手柄来实现。车削加工时一般不要求反转，但在加工螺纹时，为避免乱扣，要求反转退刀，再纵向进刀继续加工，这就要求主轴能够正、反转。

车床的进给运动是指刀架的纵向或横向直线运动，其运动形式有手动和机动两种。加工螺纹时，工件的旋转速度与刀具的进给速度应有严格的比例关系，所以车床主轴箱输出轴经挂轮箱传给进给箱，再经光杆传入溜板箱，以获得纵、横两个方向的进给运动。

车床的辅助运动有刀架的快速移动和工件的夹紧与松开。

图 4-2 为普通车床传动系统的方框图。

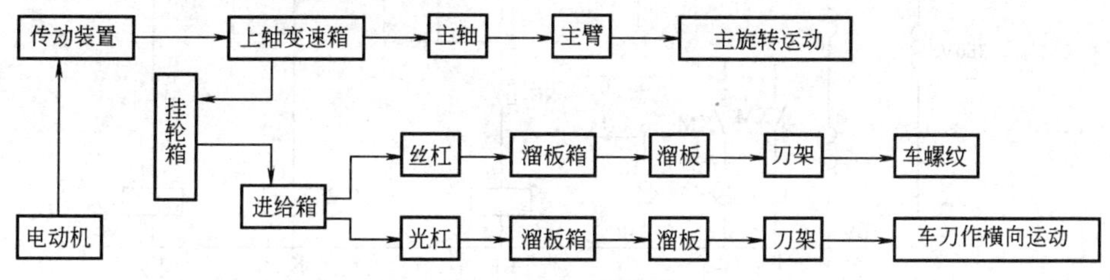


图 4-2　车床传动系统的方框图

**3. 车床的控制特点**

1）主轴能在较大的范围内调速。

2）调速的方法可通过控制主轴变速箱外的变速手柄来实现。

3）加工螺纹时，要求反转退刀，这就要求主轴能够正、反转。主轴的正、反转可通过采用机械方法如操作手柄获得；也可通过按钮直接控制主轴电动的正、反转。

## 4.2.2　CW6163 型卧式车床电气控制电路图的识读实例

**1. CW6163 卧式车床的主要结构及电控要求**

（1）主要结构　CW6163 型卧式车床电气原理如图 4-3 所示，属于普通的小型车床，性能优良，应用较广泛。其主轴运动的正、反转由两组机械式摩擦片离合器控制，主轴的制动采用液压制动器，进给运动的纵向左右运动、横向前后运动及快速移动均由一个手柄操作控制。可完成工件最大车削直径为 630mm，工件最大长度为 1500mm。

（2）对电气控制的要求

1）根据工件的最大长度要求，为了减少辅助工作时间，要求配备一台主轴运动电动机和一台刀架快速移动电动机，主轴运动的启、停要求两地点操作控制。

2）车削时产生的高温，可由一台普通冷却泵电动机加以控制。

3）根据整个生产线状况，要求配备一套局部照明装置及必要的工作状态指示灯。

（3）电动机的选择　根据控制要求，由机械主体设计计算得知，本机床配备了三台电动机，各自分别为：

1）主轴电动机 $M_1$：型号选定为 Y160M-4，性能指标为：11kW、380V、22.6A、1460r/min。

2）冷却泵电动机 $M_2$：型号选定为 JCB-22，性能指标为：0.125kW、380V、0.43A、2790r/min。

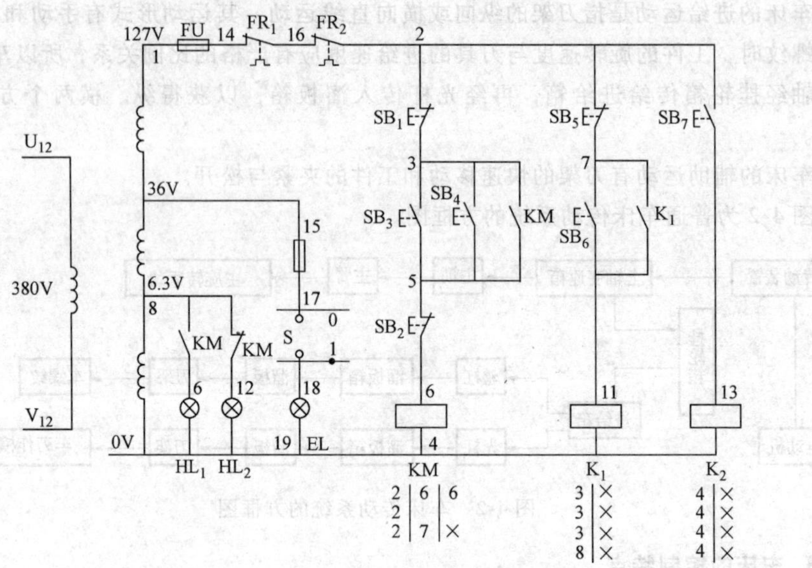


图 4-3　CW6163 型卧式车床电气原理

3）快速移动电动机 $M_3$：型号选定为 Y90S-4，性能指标为：1.1kW、380V、2.7A、1400r/min。

**2. CW6163 卧式车床电气控制线路图的识读分析**

（1）主电路

1）主轴电动机 $M_1$。根据设计要求，主轴电动机的正、反转由机械式摩擦片离合器加以控制，且根据车削工艺的特点，同时考虑到主轴电动机的功率较大，最后确定 $M_1$ 采用单向直接启动控制方式，由接触器 KM 进行控制。对 $M_1$ 设置过载保护（$FR_1$），并采用电流表 PA 根据指示的电流监视其车削量。由于向车床供电的电源开关要装熔断器，所以电动机 $M_1$ 没有用熔断器进行短路保护。

2）冷却泵电动机 $M_2$ 及快速移动电动机 $M_3$。由于 $M_2$ 和 $M_3$ 的功率及额定电流均较小，因此可用交流中间继电器 $K_1$ 和 $K_2$ 来进行控制。在设置保护时，考虑到 $M_3$ 属于短时运行，故不需设置过载保护。

（2）控制电路

1）主轴电动机 $M_1$ 的控制。根据主轴电动机要求实现两地控制。因此，在机床的床头操作板上和刀架拖板上分别设置启动按钮 $SB_3$、$SB_4$ 和停止按钮 $SB_1$、$SB_2$ 来进行控制。

2）冷却泵电动机 $M_2$ 和快速移动电动机 $M_3$ 的控制设计。根据设计要求和 $M_2$、$M_3$ 需完成的工作任务，确定 $M_2$ 采用单向启、停控制方式，$M_3$ 采用点动控制方式。

（3）局部照明及信号指示电路　局部照明设备用照明灯 EL、灯开关 S 和照明回路熔断器 $FU_3$ 来组合。

信号指示电路由两路构成：一路为三相电源接通指示灯 $HL_2$（绿色），在电源开关 QS 接通以后立即发光，表示机床电气线路已处于供电状态；另一路指示灯 $HL_1$（红色），表示主轴电动机是否运行。两路指示灯 $HL_1$ 和 $HL_2$ 分别由接触器 KM 的常开和常闭触点进行切换通电显示。

## 4.2.3　C650 型卧式车床的电气控制电路图的识读实例

### 1. C650 卧式车床主要结构及运动形式

（1）主要结构　C650 卧式机床属中型机床，加工工件回转直径最大可达 1020mm。其结构主要由床身、主轴变速箱、进给箱、溜板箱、刀架、尾架、丝杠和光杠等部分组成，如图 4-4 所示。

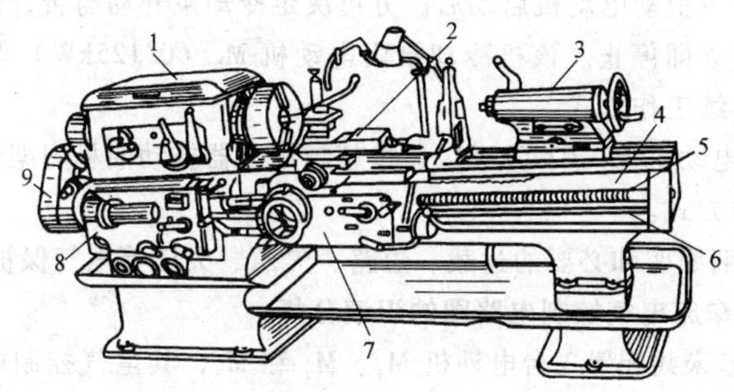


图 4-4　C650 普通车床示意图

1—主轴变速箱　2—溜板与刀架　3—尾架　4—床身　5—丝杠　6—光杠　7—溜板箱　8—进给箱　9—挂笼箱

（2）运动形式　车床的切削运动包括①卡盘或顶尖带动工件的旋转运动，也就是车床主轴的运动；车床工作时，绝大部分功率消耗在主轴运动上，称为主运动。②溜板带动刀架的直线运动，称为进给运动，即刀架的移动。

车削速度是指工件与刀具接触点的相对速度。根据工件的材料性质、车刀材料及几何形状、工件直径、加工方式及冷却条件的不同，要求主轴有不同的切削速度。主轴变速是由主轴电动机经 V 带传递到主轴变速箱来实现的。

车床的进给运动是刀架带动刀具的直线运动。溜板箱把丝杠或光杠的转动传递给刀架部分，变换溜板箱外的手柄位置，经刀架部分使车刀做纵向或横向进给。

车床的辅助运动为车床上除切削运动以外的其他一切必需的运动，如尾座的纵向移动、工件的夹紧与放松等。

此外，C650 车床的床身较长，为减少辅助工作时间、提高效率、减轻劳动强度、便于对刀和减小辅助工时，C650 车床的刀架还能快速移动，称为辅助快速运动。

### 2. C650 机床电力拖动的特点及控制要求

C650 机床由 3 台三相笼型异步电动机拖动，即主电动机 $M_1$、冷却泵电动机 $M_2$ 和刀架快速移动电动机 $M_3$。从车削工艺要求出发，对各电动机的控制要求是：

1）主电动机 $M_1$（30kW） 机床的主拖动电动机一般都选用三相笼型异步电动机，不进行电气无级调速；而采用齿轮箱进行机械有级调速。为减小振动，主拖动电动机通过几条V带将动力传递到主轴箱，刀架移动和主轴转动有固定的比例关系，以便满足对螺纹的加工需要。C650 车床由 $M_1$ 完成主运动的驱动，要求：直接启动连续运行方式，并有点动功能以便调整；一般车削加工时不要求反转，但在加工螺纹时，为保证每次重复走刀刀尖轨迹重合避免乱扣，每次走刀完毕后要求反转退刀，C650 车床通过主电动机的正反转来实现主轴的正反转，当主轴反转时，刀架也跟着后退，以满足螺纹加工需要；为提高工作效率，停车时带有电气反接制动。此外，还要显示电动机的工作电流以监视切削状况。

2）车削加工时，由于刀具及工件温度过高，通常需要冷却，因而应该配有冷却泵电动机，且要求在主拖动电动机启动后，方可决定冷却泵开动与否，而当主拖动电动机停止时，冷却泵应立即停止。该机冷却泵由电动机 $M_2$（0.125kW）驱动，采用直接启动、单向运行、连续工作方式。

3）快速移动电动机 $M_3$（2.2kW）通过超越离合器拖动溜板刀架快速移动。采用单向点动、短时工作方式。

4）要求有局部照明和必要的过载、短路、欠压、失压等电气保护与联锁。

**3. C650 卧式车床电气控制电路图的识读分析**

C650 型卧式车床共配置 3 台电动机 $M_1$、$M_2$ 和 $M_3$，其电气控制电路图的图解分析法识读如图 4-5 所示。

主电动机 $M_1$ 完成主轴旋转主运动和刀具进给运动的驱动，采用直接启动方式，可正反两个方向旋转，并可进行正反两个旋转方向的电气反接制动停车。为加工调整方便，还具有点动功能。电动机 $M_1$ 控制电路分为 4 个部分。

1）由正转控制接触器 $KM_1$ 和反转控制接触器 $KM_2$ 的两组主触点构成电动机的正反转电路。

2）电流表 PA 经电流互感器 TA 接在主电动机 $M_1$ 的主电路上，以监视电动机绕组工作时的电流变化。为防止电流表被启动电流冲击损坏，利用时间继电器的常闭触点 KT（P-Q），在启动的短时间内将电流表暂时短接，等待电动机正常运行时再进行电流测量。

3）串联电阻限流控制部分。接触器 $KM_3$ 的主触点控制限流电阻 R 的接入和切除，在进行点动调整时，为防止连续的启动电流造成电动机过载和反接制动时电流过大而串入了限流电阻 R，以保证电路设备正常工作。

4）速度继电器 KS 的速度检测部分与电动机的主轴同轴相连，在停车制动过程中，当主电动机转速接近零时，其常开触点可将控制电路中反接制动的相应电路及时切断，既完成停车制动又防止电动机反向启动。

电动机 $M_2$ 提供切削液，采用直接启动/停止方式，为连续工作状态，由接触器 $KM_4$ 的主触点控制其主电路的接通与断开。

快速移动电动机 $M_3$ 由交流接触器 $KM_5$ 控制，根据使用需要，可随时手动控制启停。

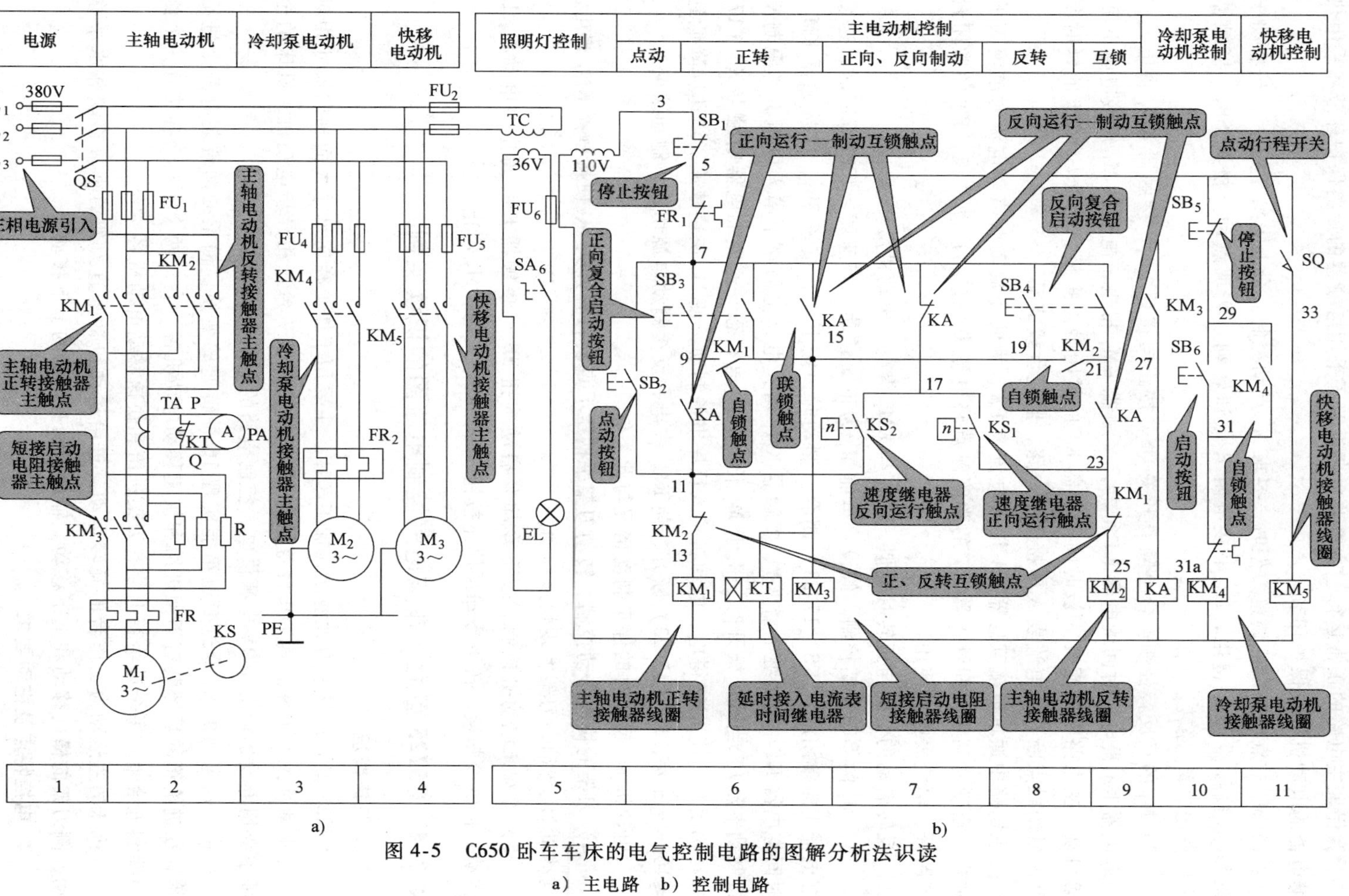


图 4-5　C650 卧车车床的电气控制电路的图解分析法识读

a）主电路　b）控制电路

为保证主电路的正常运行，主电路中还设置了采用熔断器的短路保护环节和采用热继电器的电动机过载保护环节。

1）$M_1$ 的点动控制。调整刀架时，要求 $M_1$ 点动控制。合上隔离开关 QS，按启动按钮 $SB_2$，接触器 $KM_1$ 得电，$M_1$ 串接电阻 R 低速转动，实现点动。松开 $SB_2$，接触器 $KM_1$ 失电，$M_1$ 停转。

2）$M_1$ 的正反转控制。合上隔离开关 QS，按正向按钮 $SB_3$，接触器 $KM_3$ 得电，中间继电器 KA 得电，时间继电器 KT 得电，接触器 $KM_1$ 得电，电动机 $M_1$ 短接电阻 R 正向启动，主电路中电流表 A 被时间继电器 KT 的常闭触点短接，延时 $t$ 后 KT 的延时断开的常闭触点断开，电流表 A 串接于主电路，监视负载情况。

主电路中通过电流互感器 TA 接入电流表 PA，为防止启动时启动电流对电流表的冲击，启动时利用时间继电器 KT 的常闭触点将电流表短接，启动结束，KT 的常闭触点断开，电流表投入使用。

反转启动的情况与正转时类似，$KM_3$ 与 $KM_2$ 得电，电动机反转。

3）$M_1$ 的停车制动控制。假设停车前 $M_1$ 为正向转动，当速度≥120r/min 时，速度继电器正向常闭触点 KS（17-23）闭合。制动时，按下停止按钮 $SB_1$，使接触器 $KM_3$、时间继电器 KT、中间继电器 KA、接触器 $KM_1$ 均失电，主回路中串入电阻 R（限制反接制动电流）。当 $SB_1$ 松开时，由于 $M_1$ 仍处在高速状态，速度继电器的触点 KS（17-23）仍闭合，使 $KM_2$ 得电，电动机接入反序电源制动，使 $M_1$ 快速减速。当速度降低到≤100r/min 时，KS（17-23）断开，使 $KM_2$ 失电，反接制动电源切除，制动结束。

电动机 $M_1$ 反转时的停车制动情况与此类似。

4）刀架的快速移动控制。转动刀架手柄压下点动行程开关 SQ 使接触器 $KM_5$ 得电。电动机 $M_3$ 转动，刀架实现快速移动。

5）冷却泵电动机控制。按下冷却泵启动按钮 $SB_6$，接触器 $KM_4$ 得电，电动机 $M_2$ 转动，提供冷却液。按下冷却泵停止按钮 $SB_5$，$KM_4$ 失电，$M_2$ 停止。

### 4.2.4 C5225 型立式车床电气控制电路图的识读实例

**1. 机床概况**

C5225 型立式车床为大型立式加工车床，主要用于加工径向尺寸大而轴向尺寸相对小的重型及大型工件。其工作台直径为 2500mm，共装 7 台三相异步电动机，机床的全部主要用电设备均由 380V 电源供电，控制电路的电压为 220V。

主拖动电动机 $M_1$ 通过变速箱能实现 16 种转速的变换。横梁的两端装有两个进给箱，在进给箱的后部装有刀架进给和快速移动电动机各一台。两个立柱上各装有一个侧刀架和进给箱。每个进给箱上装有刀架进给和快速移动电动机各一台。

机床的主运动为工作台的旋转运动。进给运动包括垂直刀架的垂直移动和水平移动，侧刀架的横向移动和上下移动。辅助运动有横梁的上下移动。

**2. 电控特点及拖动要求**

1）工作台由主电动机经变速箱直接启动。因立车在工作时主要是正向切削，所以电动机只需要正向转动。但是为了调整工件或刀具，电动机必须有正、反向点动控制。

2）由于工作台直径大、重量大、惯性也大，所以必须在停车时采用制动措施。

3）工作台的变速由电气、液压装置和机械联合实现。

4）由于机床体积大，操作人员的活动范围也大，采用悬挂按钮站来控制，其选择开关和主要操作按钮都置于其上。

5）在车削时，横梁应夹紧在立柱上，横梁上升的程序是松开夹紧装置→横梁上升→最后夹紧。当横梁下降时，丝杠和螺母间出现的空隙，影响横梁的水平精度，故设有回升环节，使横梁下降到位后略微上升一下。所以横梁下降的程序是松→动→回升→紧。

6）必须有完善的联锁与保护措施。

**3. C5225 型立式车床电气控制图的识读分析**

C5225 型立式车床电气控制电路原理如图 4-6 所示。

从图 4-6a 可知，C5225 型立式车床由 7 台电动机拖动：主轴电动机 $M_1$，液压泵电动机从图 4-6b、c 可知，只有在液压泵电动机 $M_2$ 启动运行、机床润滑状态良好的情况下，其他电动机才能启动。

（1）液压泵电动机 $M_2$ 控制　按下按钮 $SB_4$，接触器 $KM_4$ 闭合，液压泵电动机 $M_2$ 启动运转，同时 14 区接触器 $KM_4$ 的常开触点闭合，接通了其他电动机控制电路的电源，为其他电动机的启动运行做好了准备。

（2）主拖动电动机 $M_1$ 控制　主拖动电动机 $M_1$ 可采用Y-△减压启动控制，也可采用正、反转点动控制，还可采用停车制动控制，由主拖动电动机 $M_1$ 拖动的工作台还可以通过电磁阀的控制来达到变速的目的。

1）主拖动电动机 $M_1$ 的Y-△减压启动控制。按下按钮 $SB_4$（15 区），中间继电器 $K_1$ 闭合并自锁，接触器 $KM_1$ 线圈（17 区）通电闭合，继而接触器 $KM_Y$线圈（24 区）通电闭合，同时时间继电器 $KT_1$ 线圈（21 区）通电闭合，主拖动电动机 $M_1$ 开始Y-△减压启动。经过一定的时间，时间继电器 $KT_1$ 动作，接触器 $KM_1$ 线圈断电释放，接触器 $KM_Y$线圈断电，接触器 $KM_\Delta$ 线圈（26 区）通电闭合，主拖动电动机 $M_1$ △接法全压运行。

2）主拖动电动机 $M_1$ 正、反转点动控制。按下正转点动按钮 $SB_5$（17 区），接触器 $KM_1$ 线圈通电闭合，继而接触器 $KM_Y$通电闭合，主拖动电动机 $M_1$ 正向Y接法点动启动运转。按下反转点动按钮 $SB_6$（20 区），接触器 $KM_2$ 线圈（20 区）通电闭合，继而触器 $KM_Y$通电闭合，主拖动电动机 $M_1$ 反向Y接法点动启动运转。

3）主拖动电动机 $M_1$ 停车制动控制。当主拖动电动机 $M_1$ 启动运转时，速度继电器 KS 的常开触点（22 区）闭合。按下停止按钮 $SB_3$（15 区），中间继电器 $K_1$、接触器 $KM_1$、时间继电器 $KT_1$、接触器 $KM_\Delta$ 线圈失电释放，接触器 $KM_3$ 线圈通电闭合，主拖动电动机 $M_1$ 能耗制动。当速度下降至 100r/min 时，速度继电器的常开触点（22 区）复位断开，主拖动电动机 $M_1$ 制动停车完毕。

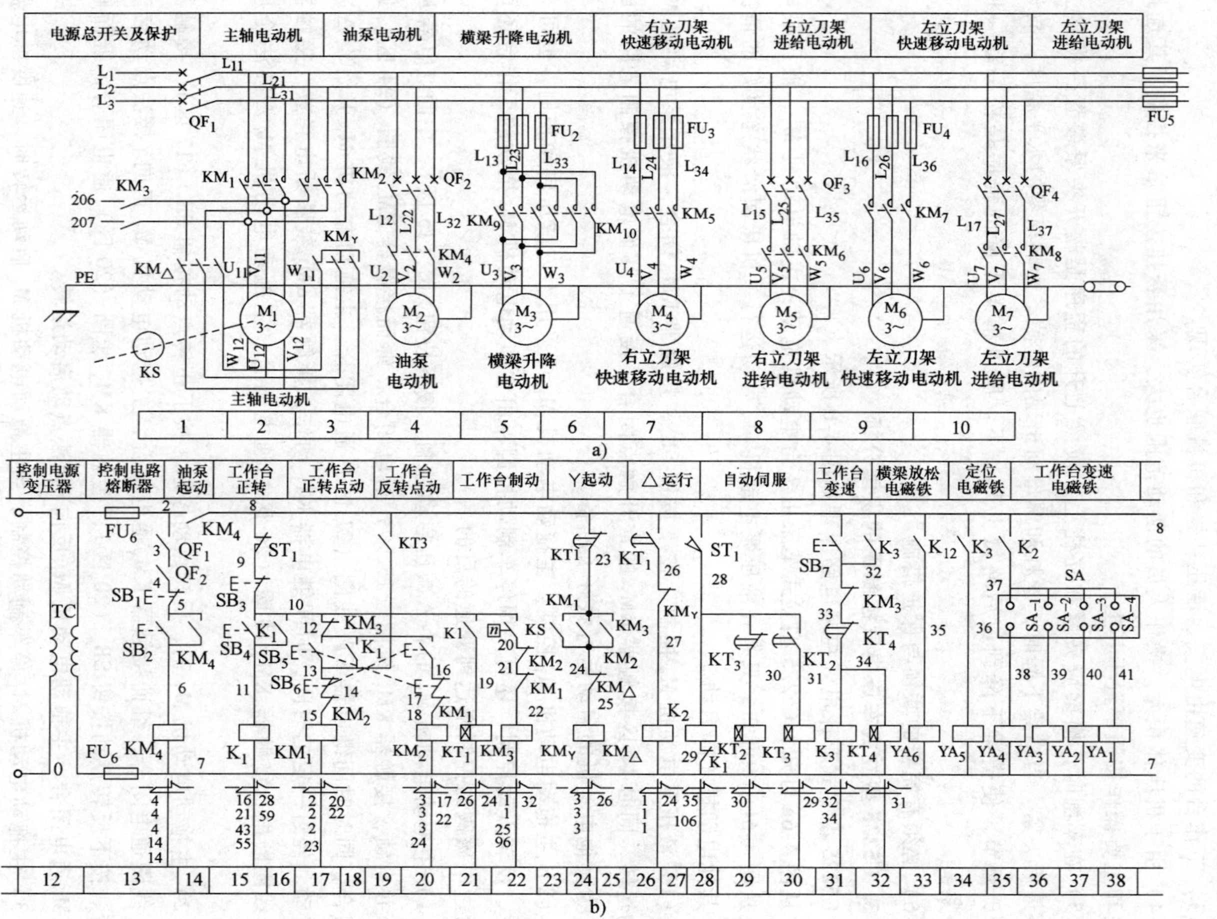


图 4-6 C5225 型立式车床电气控制电路原理

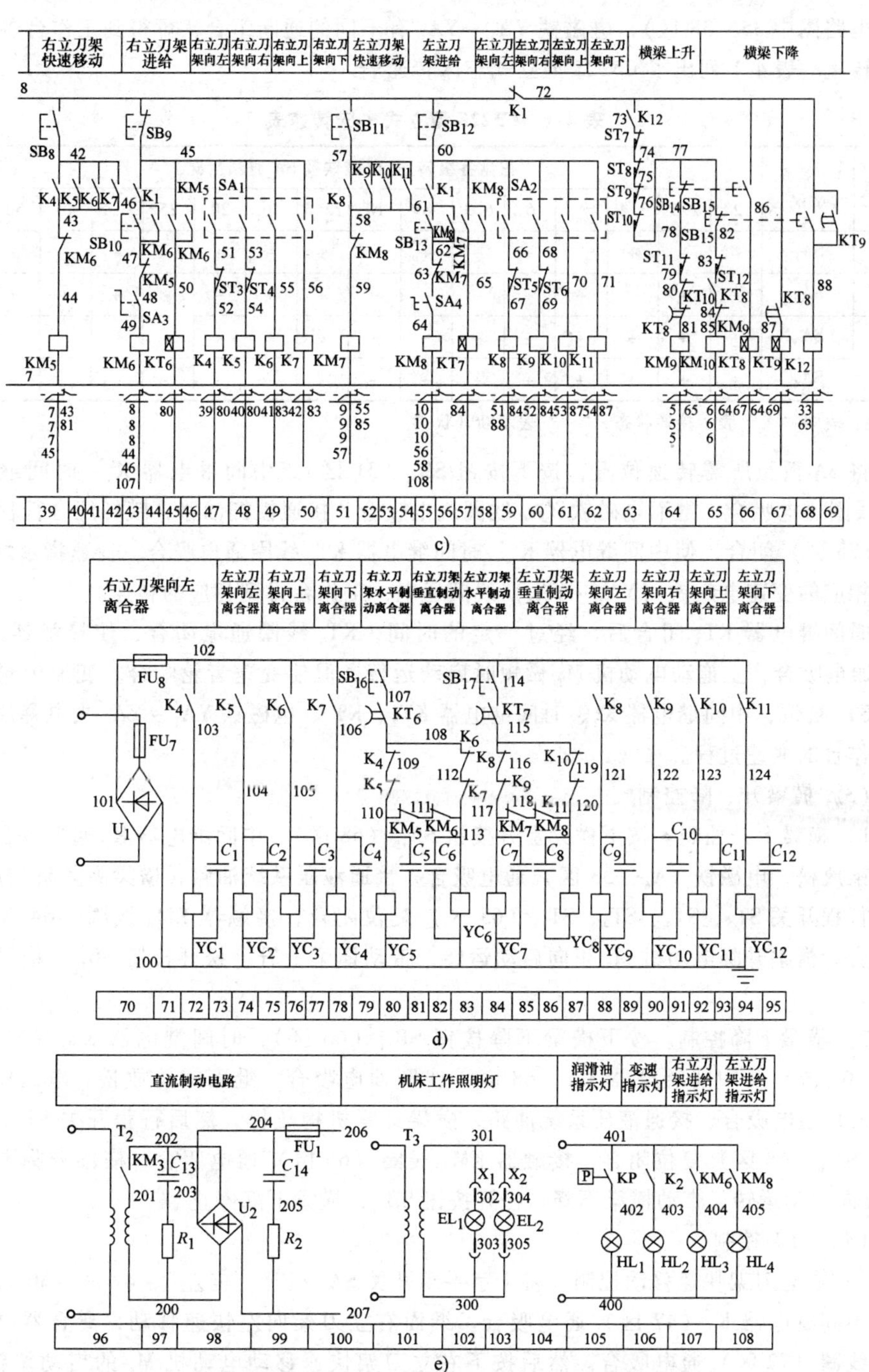


图 4-6　C5225 型立式车床电气控制电路原理（续）

4）工作台的变速控制。工作台的变速由手动开关 SA 控制，改变手动开关 SA 的位置（电路图中 35 ~ 38 区），电磁铁 $YA_1$ ~ $YA_4$ 有不同的通断组合，可得到工作台各种不同的转速。表 4-1 列出了 C5225 型立式车床转速表。

**表 4-1 C5225 型立式车床转速表**

| 电磁铁 | SA 转换开关触点 | 花盘各级转速、电磁铁及 SA 通断情况 | | | | | | | | | | | | | | | |
|---|---|---|---|---|---|---|---|---|---|---|---|---|---|---|---|---|---|
| | | 2 | 2.5 | 3.4 | 4 | 6 | 6.3 | 8 | 10 | 12.5 | 16 | 20 | 25 | 31.5 | 40 | 50 | 63 |
| $YA_1$ | $SA_1$ | − | + | + | − | + | − | + | − | + | − | + | − | + | − | + | − |
| $YA_2$ | $SA_2$ | + | + | − | − | + | − | + | − | + | + | − | − | + | + | − | − |
| $YA_3$ | $SA_3$ | + | + | + | + | − | − | − | − | + | + | + | + | − | − | − | − |
| $YA_4$ | $SA_4$ | + | + | + | + | + | + | + | + | − | − | − | − | − | − | − | − |

注：表中“+”表示接通状态，“−”表示断开状态。

将 SA 扳至所需转速位置，按下按钮 $SB_7$（31 区），中间继电器 $K_3$、时间继电器 $KT_4$ 线圈通电吸合，继而电磁铁 $YA_5$ 线圈通电吸合，接通锁杆油路，锁杆压合行程开关 $ST_1$（28 区）闭合，使中间继电器 $K_2$、时间继电器 $KT_2$ 线圈通电吸合，变速指示灯 $HL_2$ 亮，相应的变速电磁铁（$YA_1$ ~ $YA_4$）线圈通电，工作台得到相应的转速。

时间继电器 $KT_2$ 闭合后，经过一定的时间，$KT_3$ 线圈通电闭合，使接触器 $KM_1$、$KM_Y$ 通电吸合，主拖动电动机 $M_1$ 做短时启动运行，促使变速齿轮啮合。变速齿轮啮合后，$ST_1$ 复位，中间继电器 $K_2$、时间继电器 $KT_2$、$KT_3$、电磁铁 $YA_1$ ~ $YA_4$ 失电释放，完成工作台的变速过程。

（3）横梁升、降控制

1）横梁上升控制。按下横梁上升按钮 $SB_{15}$（68 区），中间继电器 $K_{12}$ 通电吸合，继而横梁放松，电磁铁 $YA_6$（33 区）通电吸合，接通液压系统油路，横梁夹紧机构放松，然后行程开关 $ST_7$、$ST_8$、$ST_9$、$ST_{10}$（63 区）复位闭合，接触器 $KM_9$ 线圈（64 区）通电闭合，横梁升降电动机 $M_3$ 正向启动运转，带动横梁上升。松开按钮 $SB_{15}$，横梁停止上升。

2）横梁下降控制。按下横梁下降按钮 $SB_{14}$（66 区），时间继电器 $KT_8$（66 区）、$KT_9$（67 区）及中间继电器 $K_{12}$（68 区）线圈通电吸合，继而横梁放松，电磁铁 $YA_6$（33 区）通电吸合，接通液压系统油路，横梁夹紧机构放松，然后行程开关 $ST_7$、$ST_8$、$ST_9$、$ST_{10}$（63 区）复位闭合，接触器 $KM_{10}$ 线圈（65 区）通电闭合，横梁升降电动机 $M_3$ 反向启动运转，带动横梁下降。松开按钮 $SB_{14}$，横梁下降停止。

（4）刀架控制

1）右立刀架快速移动控制。将十字手动开关 $SA_1$ 扳至“向左”（47 区 ~ 50 区）位置，中间继电器 $K_4$（47 区）通电吸合，继而右立刀架向左快速移动，离合器电磁铁 YC1 线圈（72 区）通电吸合。然后按下右立刀架快速移动电动机 $M_4$ 的启动按钮 $SB_8$（39 区），接触器 $KM_5$ 通电吸合，右立刀架电动机 $M_4$ 启动运转，带动右立刀架快速向左移动。松开按钮 $SB_8$，右立刀架快速移动电动机 $M_4$ 停转。

同理，将十字手动开关 $SA_1$ 扳至“向右”、“向上”、“向下”位置，分别可使右立刀架各移动方向电磁离合器电磁铁 $YC_2$ ~ $YC_4$（74 区 ~ 79 区）线圈吸合，从而控制右立刀架向右、向上、向下快速移动。

与右立刀架快速移动控制的原理相同，左立刀架快速移动通过十字手动开关 $SA_2$（59 区 ~ 62 区）扳至不同位置来控制电磁离合器电磁铁 $YC_9$ ~ $YC_{12}$ 的通断，通过按下或松开左立刀架快速移动电动机 $M_6$ 启动按钮 $SB_{11}$（51 区）控制左立刀架快速移动电动机 $M_6$ 的启停。

2）右立刀架进给控制。在工作台电动机 $M_1$ 启动的前提下，将手动开关 $SA_3$（43 区）扳至接通位置，按下右立刀架进给电动机 $M_5$ 启动按钮 $SB_{10}$，接触器 $KM_6$ 通电吸合，右立刀架进给电动机 $M_5$ 启动运转，带动右立刀架工作进给。按下右立刀架进给电动机 $M_5$ 的停止按钮 $SB_9$，右立刀架进给电动机 $M_5$ 停转。

左立力架进给电动机 $M_7$ 的控制过程相同。

3）左、右立刀架快速移动和工作进给制动控制。当右立刀架快速移动电动机 $M_3$ 或右立刀架进给电动机 $M_4$ 启动运转时，时间继电器 $KT_6$ 通电闭合，80 区瞬时闭合延时断开触点闭合。当松开右立刀架快速进给移动电动机 $M_3$ 的点动按钮 $SB_8$ 或按下右立刀架进给电动机 $M_4$ 的停止按钮 $SB_9$ 时，接触器 $KM_5$ 或 $KM_6$ 失电释放，由于 $KT_6$ 为断电延时，因而 80 区中的时间继电器 $KT_6$ 的瞬时闭合延时断开触点仍然闭合，此时按下右立刀架水平制动离合器按钮 $SB_{16}$（80 区），右立刀架水平制动离合器电磁铁 $YC_5$、$YC_6$ 线圈通电吸合，使制动离合器动作，对右立刀架的快速进给及工作进给进行制动。

左立刀架快速移动和工作进给制动控制的工作过程相同。

## 4.3　典型摇臂钻床电气控制线路的识读实例

摇臂钻床利用旋转的钻头对工件进行加工。它由底座、内外立柱、摇臂、主轴箱和工作台构成，主轴箱固定在摇臂上，可以沿摇臂径向运动；摇臂借助于丝杠，可以做升降运动；也可以与外立柱固定在一起，沿内立柱旋转。钻削加工时，通过夹紧装置，主轴箱紧固在摇臂上，摇臂紧固在外立柱上，外立柱紧固在内立柱上。

### 4.3.1　摇臂钻床概述

**1. 摇臂钻床的机械结构**

摇臂钻床主要由底座、内立柱、外立柱、摇臂、主轴箱及工作台等部分组成，典型摇臂钻床结构组成示意图如图 4-7 所示。

**2. 摇臂钻床的主要运动**

摇臂钻床的内立柱固定在底座的一端，在它的外面套有外立柱，外立柱可绕内立柱回转 360°。摇臂的一端为套筒，它套装在外立柱上，并借助丝杠的正反转可沿外立柱做上下移动；由于该丝杠与外立柱连在一起，且升降螺母固定在摇臂上，所以摇臂不能绕外立柱转动，只能与外立柱一起绕内立柱回转。主轴箱是一个复合部件，它由主传动电动机、主轴和主轴传动机构、进给和变速机构以及机床的操作机构等部分组成，主轴箱安装在摇臂的水平导轨上，可通过手轮操作使其在水平导轨上沿摇臂移动。当进行加工时，由特殊的夹紧装置将主轴箱紧固在摇臂导轨上，外立柱紧固在内立柱上，摇臂紧固在外立柱上，然后进行钻削加工。钻削加工时，钻头一面进行旋转切削，一面进行纵向进给。

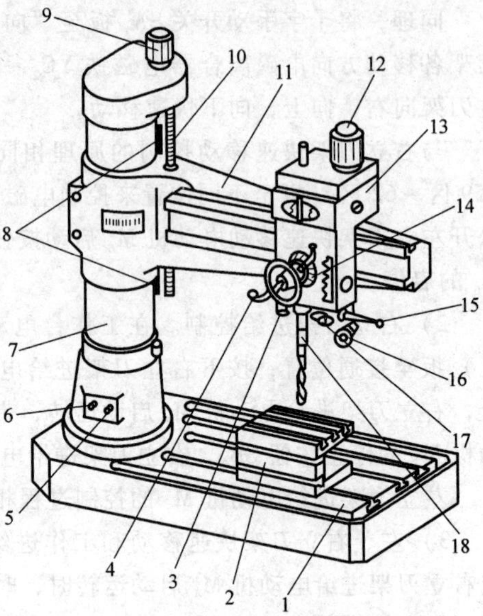

摇臂钻床的主运动为主轴旋转（产生切削）运动。进给运动为主轴的纵向进给。辅助运动包括摇臂在外立柱上的垂直运动（摇臂的升降）、摇臂与外立柱一起绕内立柱的旋转运动及主轴箱沿摇臂长度方向的运动。对于摇臂在立柱上的升降时的松开与夹紧，摇臂钻床是依靠液压推动松紧机构自动进行的。摇臂钻床的结构与运动情况示意图如图 4-8 所示。

**3. 摇臂钻床电气控制线路的特点**

根据摇臂钻床的结构和加工工艺要求，摇臂钻床的电气控制有以下特点：

1）摇臂钻床的主轴旋转运动和进给运动由一台交流异步电动机拖动，主轴的正反向旋转是通过机械转换实现的，故主电动机只有一个旋转方向。

图 4-7　典型摇臂钻床的结构示意图

1—底座　2—工作台　3—进给量预置手轮　4—离合器操纵杆　5—电源自动开关　6—冷却泵自动开关　7—外立柱　8—摇臂上下运动极限保护行程开关触杆　9—摇臂升降电动机　10—升降传动丝杠　11—摇臂　12—主轴驱动电动机　13—主轴箱　14—电气设备操作按钮盒　15—组合阀手柄　16—手动进给小手轮　17—内齿离合器操作手柄　18—主轴

2）摇臂上升、下降是由摇臂升降电动机正、反转实现的，要求摇臂升降电动机能双向启动，并且与主轴电动机联锁。

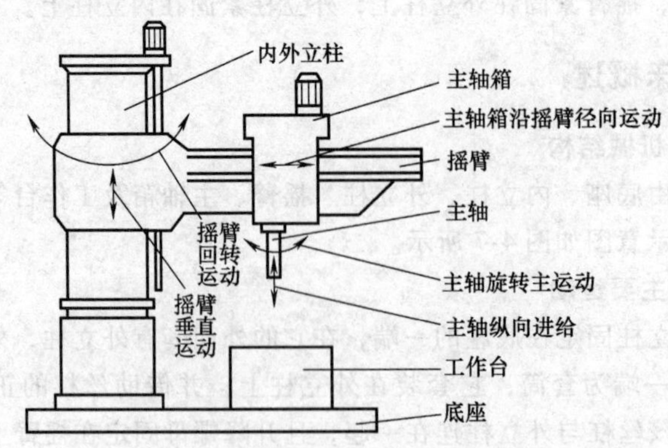


图 4-8　摇臂钻床的结构与运动情况示意图

3）立柱的松紧也是由电动机的转向来实现的，要求立柱松紧电动机能双向启动。

4）冷却泵电动机要求单向启动。

5）为了操作方便，采用十字开关对主轴电动机和摇臂升降电动机进行操作。

6）为了操作安全，控制电路的电源电压可为 127V。

## 4.3.2　Z35 型摇臂钻床电气控制线路的识读分析

### 1. Z35 型摇臂钻床的电气原理图

Z35 型摇臂钻床电气原理图如图 4-9 所示。

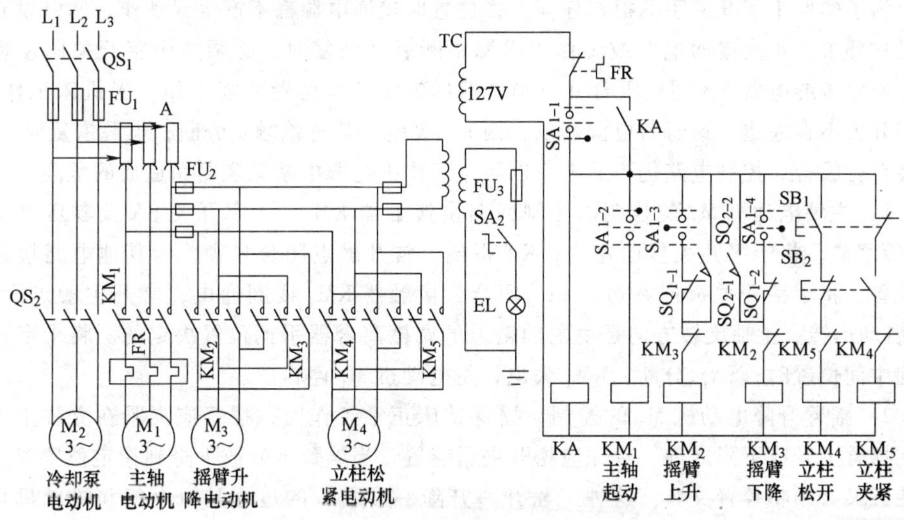


图 4-9　Z35 型摇臂钻床电气原理

### 2. Z35 型摇臂钻床电气控制线路的识读分析

（1）主电路　Z35 型摇臂钻床主电路由 $M_1$、$M_2$、$M_3$、$M_4$ 四台电动机，$KM_1$、$KM_2$、$KM_3$、$KM_4$、$KM_5$ 的主触点，$FU_1$、$FU_2$ 及 FR 等组成。主轴电动机 $M_1$ 只作单方向运转，由接触器 $KM_1$ 的常开主触点控制；冷却泵电动机 $M_2$ 是通过转换开关 $QS_2$ 直接控制的；摇臂升降电动机 $M_3$ 和立柱松紧电动机 $M_4$ 都需要作正反向运动，各由两只接触器 $KM_2$、$KM_3$ 和 $KM_4$、$KM_5$ 控制。四台电动机中只有主轴电动机 $M_1$ 通过热继电器 FR 实现过载保护，电动机 $M_3$ 和 $M_4$ 都是短时运行，所以不设过载保护。熔断器 $FU_1$ 作总短路保护，电动机 $M_3$ 和 $M_4$ 通过熔断器 $FU_2$ 作短路保护。冷却泵电动机 $M_2$ 容量较小，设过载保护和短路保护。

（2）控制电路　Z35 型摇臂钻床控制电路中采用十字开关 SA 操作，它有控制集中的优点。十字开关由十字手柄和 4 个微动开关组成，根据工作时的需要，将手柄分别扳到 5 个不同的位置，即左、右、上、下和中间位置，操作手柄每次只可扳在一个位置上。当手柄处在中间位置时，全部处于断开状态。十字开关的操作说明见表 4-2。

表 4-2 十字开关操作说明

| 手 柄 位 置 | 接通微动开关的触点 | 工 作 情 况 |
|---|---|---|
| 中 | 都不通 | 停止 |
| 左 | $SA_{1-1}$ | 零压保护 |
| 右 | $SA_{1-2}$ | 主轴运转 |
| 上 | $SA_{1-3}$ | 摇臂上升 |
| 下 | $SA_{1-4}$ | 摇臂下降 |

为了确保十字开关手柄扳在任何工作位置时接通电源都不产生误动作，所以设有零压保护环节。每次接通电源或工作中电源中断后又恢复时，必须将十字开关向左扳一次，使零压继电器 KA 通电吸合并自锁，然后扳向工作位置才能工作。当机床工作时，十字开关不在左边，这时若电源断电，则 KA 失电，其自锁触点分断；电源恢复时，KA 不会自行吸合，控制电路仍不通电，以防止工作中电源中断又恢复而造成的危险。

1）主轴电动机 $M_1$ 的控制。控制回路由接触器 $KM_1$、十字开关 SA 及零压继电器 KA 等组成。将十字开关扳向左边，KA 得电，常开触点闭合自锁，为其他电路接通做好准备。将十字开关扳向右边，$SA_{1-2}$ 闭合，接触器 $KM_1$ 线圈通电，常开主触点闭合，$M_1$ 启动运转。主轴旋转方向是由主轴箱上的摩擦离合器手柄位置决定的。将十字开关扳到中间位置时，$SA_{1-2}$ 分断，$KM_1$ 失电，主电动机 $M_1$ 停转。

2）摇臂升降电动机 $M_3$ 的控制。摇臂钻床正常工作时，摇臂应夹紧在立柱上，因此在摇臂上升或下降之前，首先应松开夹紧装置，当摇臂上升或下降到指定位置时，夹紧装置又必须将摇臂夹紧。这种“松开→升降→夹紧”的过程是由电气和机械机构联合配合实现自动控制的。现以摇臂上升为例，分析全过程的控制情况。

将十字开关扳向上边，微动开关触点 $SA_{1-3}$ 闭合，接触器 $KM_2$ 线圈得电，其常开主触点闭合，电动机 $M_3$ 正向运转，通过机械传动，使辅助螺母在丝杠上旋转上升，带动了夹紧装置松开，触点 $SQ_{2-2}$ 闭合，为摇臂上升后的夹紧动作做准备。

摇臂松开后，辅助螺母将继续上升，带动一个主螺母沿丝杠上升。主螺母则推动摇臂上升。当摇臂上升到预定高度时，将十字开关扳到中间位置，上升接触器 $KM_2$ 断电，其常闭辅助触点恢复闭合，常开主触点分断，电动机 $M_3$ 停转，摇臂即停止上升。由于摇臂上升时触点 $SQ_{2-2}$ 闭合，所以 $KM_2$ 失电后，下降接触器 $KM_3$ 得电吸合，其常开主触点闭合，$M_3$ 即反转，这时电动机通过辅助螺母使夹紧装置将摇臂夹紧，但摇臂并不下降。当摇臂完全夹紧时，$SQ_{2-2}$ 触点随即断开，接触器 $KM_3$ 断电，电动机 $M_3$ 停转，摇臂上升动作全过程结束。

摇臂下降过程与摇臂上升过程类同，可参照其上升过程自行分析。

为了使摇臂上升或下降不致超过所允许的极限位置，故在摇臂上升和下降的控制回路中分别串入行程开关 $SQ_{1-1}$ 和 $SQ_{1-2}$ 的常闭触点。当摇臂上升或下降到极限位置时，由机械机构作用，使 $SQ_{1-1}$ 和 $SQ_{1-2}$ 常闭触点断开，切断 $KM_2$ 或 $KM_3$ 的回路，使电动机停止转动，从而起到了终端保护的作用。

3）立柱松紧电动机 $M_4$ 的控制。立柱松紧电动机 $M_4$ 是由复合按钮 $SB_1$ 和 $SB_2$ 及接触器 $KM_4$ 和 $KM_5$ 控制的。通过 $M_4$ 的正反转，实现立柱的松开与夹紧。当需要松开立柱时，按下按钮 $SB_1$，接触器 $KM_4$ 因线圈通电而吸合，电动机 $M_4$ 正向启动，通过齿式离合器拖动齿轮式液压泵转动，从一定方向送出高压油，经油路系统和传动机构将外立柱松开。此时放开按钮 $SB_1$，接触器 $KM_4$ 失电，电动机 $M_4$ 停转，可通过人力推动摇臂和外立柱绕内立柱转动。当转到所需位置时，按下 $SB_2$，接触器 $KM_5$ 得电吸合，主触点闭合，$M_4$ 反向启动，在液压系统作用下将外立柱夹紧。松开 $SB_2$，接触器 $KM_5$ 断电，$M_4$ 停转。整个过程“放松→转动→夹紧”就此结束。

接触器 $KM_4$ 和 $KM_5$ 均为点动控制方式，控制电路中设有按钮和接触器的双重联锁。

（3）照明电路　照明电路的电源由变压器 TC 提供 36V 的安全电压，照明灯 EL 由开关 $SA_2$ 控制，熔断器 $FU_3$ 作短路保护。为保证安全，EL 一端必须接地。

**3. Z35 型摇臂钻床的电气设备**（见表 4-3）

**表 4-3　Z35 型摇臂钻床电气设备表**

| 代号 | 名称及用途 | 代号 | 名称及用途 |
|---|---|---|---|
| $M_1$ | 主轴电动机 | $KM_2$ | 接触器，控制 $M_3$ 正转 |
| $M_2$ | 冷却泵电动机 | $KM_3$ | 接触器，控制 $M_3$ 反转 |
| $M_3$ | 摇臂升降电动机 | $KM_4$ | 接触器，控制 $M_4$ 正转 |
| $M_4$ | 立柱松紧电动机 | $KM_5$ | 接触器，控制 $M_4$ 反转 |
| $QS_1$ | 电源总开关 | FR | 热继电器，过载保护 |
| $QS_2$ | 冷却泵电动机开关 | KA | 零压继电器，失压保护 |
| $SA_1$ | 十字开关，控制 $M_2$、$M_3$ | $SB_1$ | 按钮，$M_4$ 正转点动 |
| $SA_2$ | 照明灯开关 | $SB_2$ | 按钮，$M_4$ 反转点动 |
| $FU_1$ | 熔断器，保护整个电路 | $SQ_1$ | 摇臂升降限位开关 |
| $FU_2$ | 熔断器，$M_3$、$M_4$ 短路保护 | $SQ_2$ | 摇臂夹紧限位开关 |
| $FU_3$ | 熔断器，保护照明电路 | TC | 控制变压器 |
| $KM_1$ | 接触器，控制 $M_2$ | EL | 照明灯 |

## 4.3.3　Z3040 摇臂钻床的电气控制电路图解分析法识读

Z3040 摇臂钻床电气控制电路的图解分析法识读如图 4-10 所示。它主要包括主轴电动机 $M_1$ 的控制，摇臂升降电动机 $M_2$、液压泵电动机 $M_3$ 和冷却泵电动机 $M_4$ 的控制以及立柱主轴箱的松开和夹紧控制等。

主轴电动机 $M_1$ 提供主轴转动的动力，是钻床加工主运动的动力源；主轴应具有正反转功能，但主轴电动机只有正转工作模式，反转由机械方法实现。冷却泵电动机用于提供冷却液，只需正转。摇臂升降电动机提供摇臂升降的动力，需要正反转。液压泵电动机提供液压油，用于摇臂、立柱和主轴箱的夹紧和松开，也需要正反转。

Z3040 摇臂钻床的操作主要通过手轮及按钮实现，手轮用于主轴箱在摇臂上的移动，这是手动的。按钮用于主轴的启动/停止、摇臂的上升/下降、立柱主轴箱的夹紧/松开等操作，再配合限位开关实现对机床的调控。

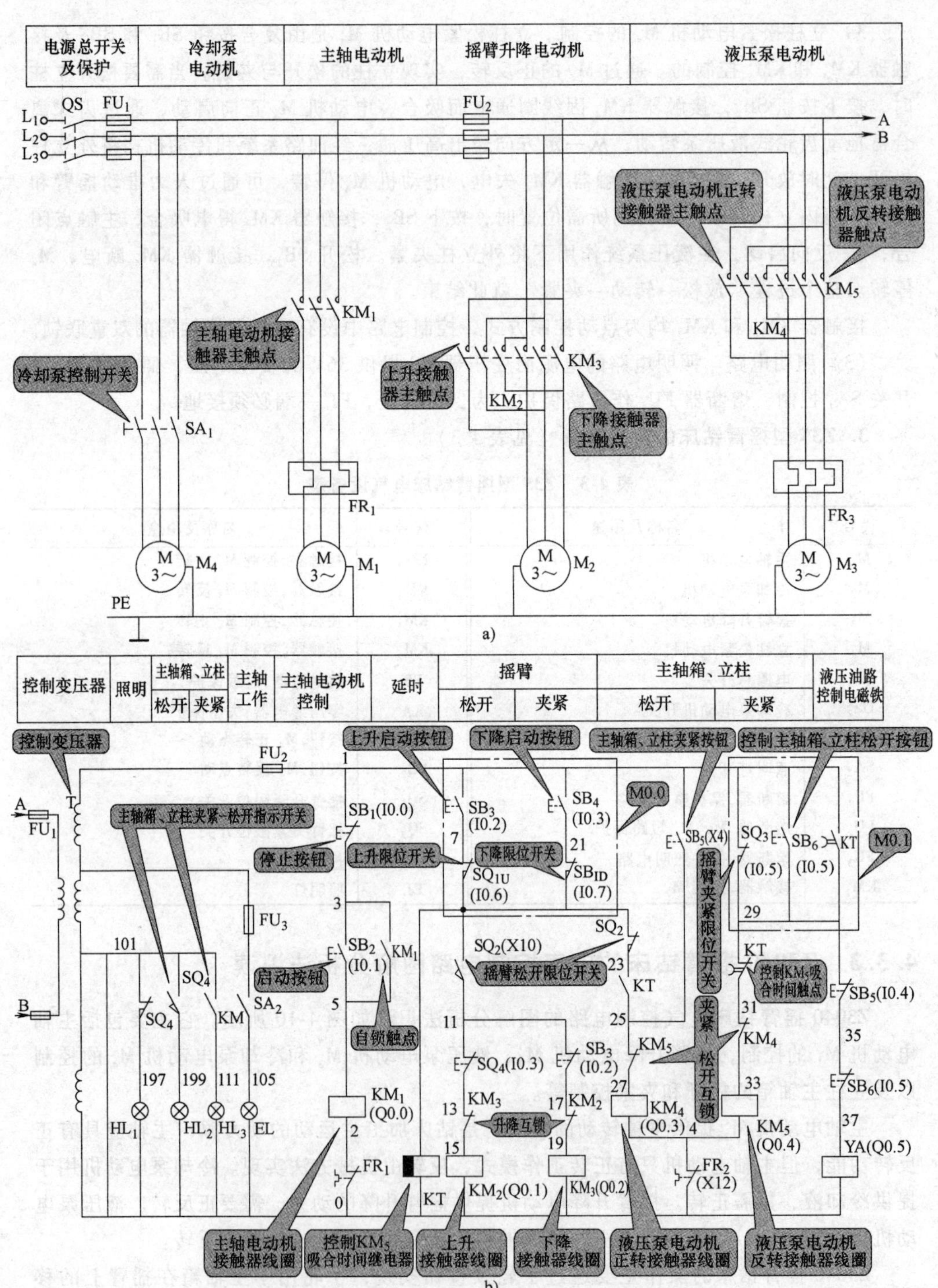


图 4-10 Z3040 摇臂钻床的电气控制电路图解分析法识读

a) 主电路 b) 控制电路

（1）主轴电动机 $M_1$ 的控制　按下按钮 $SB_2$，接触器 $KM_1$ 得电吸合并自锁，主轴电动机 $M_1$ 启动运转，指示灯 $HL_3$ 亮。按下停止按钮 $SB_1$ 时，接触器 $KM_1$ 失电释放，$M_1$ 失电停止运转。热继电器 $FR_1$ 起过载保护作用。

（2）摇臂升降电动机 $M_2$ 和液压泵电动机 $M_3$ 的控制　按下按钮 $SB_3$（或 $SB_4$）时，断电延时时间继电器 KT 导电吸合，接触器 $KM_4$ 和电磁铁 YA 得电吸合。液压泵电动机 $M_3$ 启动运转，供给压力油，压力油经液压阀进入摇臂松开油腔，推动活塞和菱形块使摇臂松开。同时限位开关 $SQ_2$ 被压住，$SQ_2$ 的常闭触点断开，接触器 $KM_4$ 失电释放，液压泵电动机 $M_3$ 停止运转。$SQ_2$ 的常开触点闭合，接触器 $KM_2$（或 $KM_3$）得电吸合，摇臂升降电动机 $M_2$ 启动运转，使摇臂上升（或下降）。若摇臂未松开，$SQ_2$ 的常开触点不闭合，接触器 $KM_2$（或 $KM_3$）也不能得电吸合，摇臂就不可能升降。摇臂升降到所需位置时松开按钮 $SB_3$（或 $SB_4$），接触器 $KM_2$（或 $KM_3$）和时间继电器 KT 失电释放，电动机 $M_2$ 停止运转，摇臂停止升降。时间继电器 KT 延时闭合的常闭触点经延时闭合，使接触器 $KM_5$ 吸合，液压泵电动机 $M_3$ 反方向运转，供给压力油。经过机械液压系统，压住限位开关 $SQ_3$，使接触器 $KM_5$ 释放。同时，时间继电器 KT 的常开触点延时断开，电磁铁 YA 释放，液压泵电动机 $M_3$ 停止运转。

KT 的作用是控制 $KM_5$ 的吸合时间，保证 $M_2$ 停转、摇臂停止升降后再进行夹紧。摇臂的自动夹紧升降由限位开关 $SQ_3$ 来控制。压合 $SQ_3$，使 $KM_2$ 或 $KM_3$ 失电释放，摇臂升降电动机 $M_2$ 停止运转。摇臂升降限位保护由上下限位开关 $SQ_{1U}$ 和 $SQ_{1D}$ 实现。上升到极限位置后，常闭触点 $SQ_{1U}$ 断开，摇臂自动夹紧，与松开上升按钮动作相同；下降到极限位置后，常闭触点 $SQ_{1D}$ 断开，摇臂自动夹紧，与松开下降按钮动作相同；$SQ_1$ 的两对常开触点需调整在“同时”接通位置，动作时一对接通、一对断开。

（3）立柱、主轴箱的松开和夹紧控制　按动松开按钮 $SB_5$（或夹紧按钮 $SB_6$），$KM_4$（或 $KM_5$）吸合，$M_3$ 启动，供给压力油，通过机械液压系统使立柱和主轴箱分别松开（或夹紧），指示灯亮。主轴箱、摇臂和内外立柱三部分的夹紧均由 $M_3$ 带动的液压泵提供压力油，通过各自的液压缸使其松开和夹紧。

（4）冷却泵电动机 $M_4$ 的控制　冷却泵电动机 $M_4$ 由转换开关 $SA_1$ 控制。

### 4.3.4　Z3050 型摇臂钻床电气控制线路的识读实例

（1）Z3050 型摇臂钻床的电气控制线路　Z3050 型摇臂钻床的电气控制线路如图 4-11所示。

（2）Z3050 型摇臂钻床电气控制线路的识读分析

1）主电路分析　Z3050 型摇臂钻床共有 4 台电动机，除冷却泵电动机采用断路器 $QF_2$ 直接启动外，其余 3 台电动机均采用接触器直接启动，其主电路中的控制和保护电器见表 4-4。

电源配电盘装在立柱前下部，断路器 $QF_1$ 作为电源引入开关。冷却泵电动机 $M_4$ 装在靠近立柱的底座上，升降电动机 $M_2$ 装于立柱顶部，其余电气设备置于主轴箱或摇臂上。由于 Z3050 型摇臂钻床的内、外立柱间未装汇流排，因此在使用时不允许沿一个方向连续转动摇臂，以免发生事故。

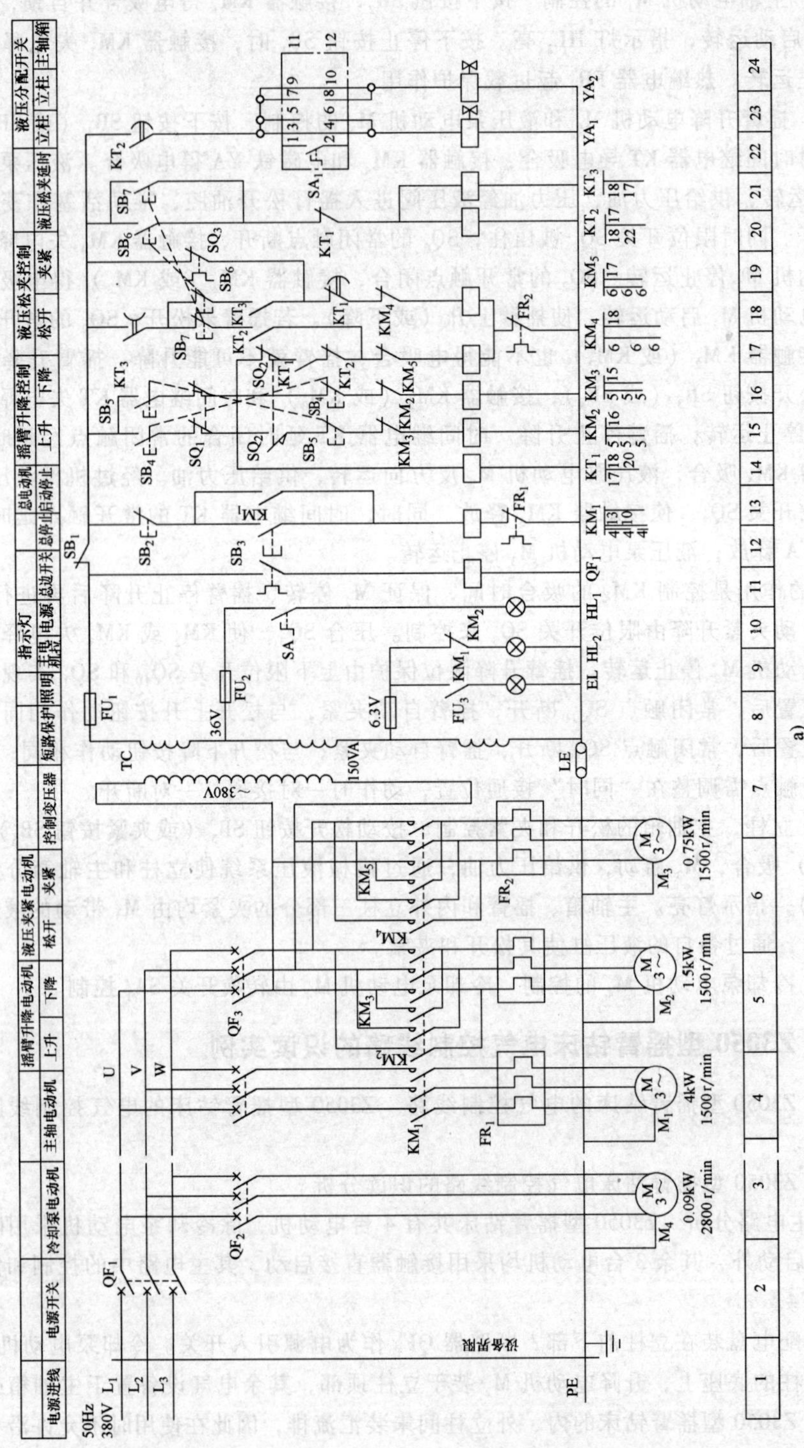

50Hz 380V
电源进线
电源开关
冷却泵电动机
主轴电动机
摇臂升降电动机
上升
下降
液压夹紧电动机
松开
夹紧
控制变压器
短路保护
照明
主电机起
电源
指示灯
总电源开关
总停止启动停止
摇臂升降控制
上升
下降
液压松夹控制
松开
夹紧
液压松夹延时
液压分配开关
立柱
主轴箱
0.09kW 2800 r/min
4kW 1500 r/min
1.5kW 1500 r/min
0.75kW 1500 r/min
~380V
36V
6.3V
150VA

a)

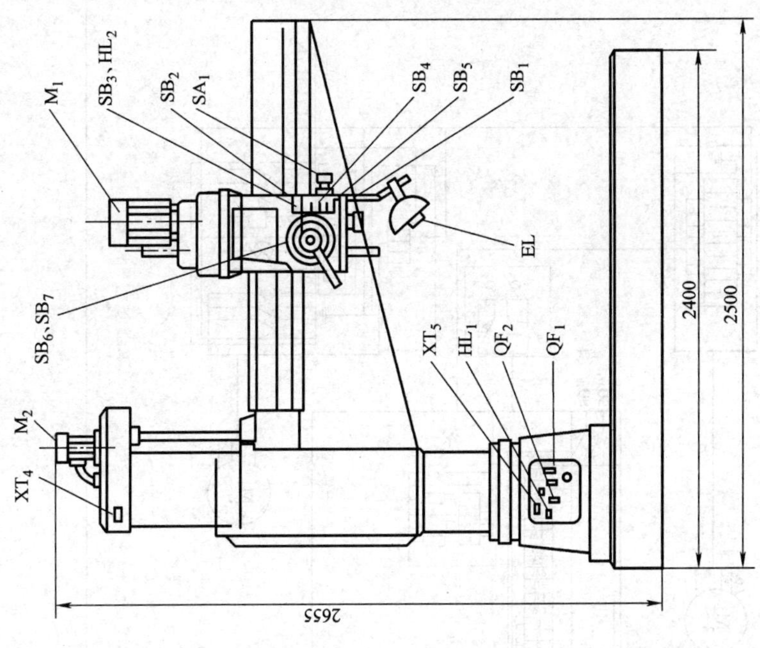


图 4-11 Z3050 型摇臂钻床的电气控制线路图

a）电路图 b）电器位置图

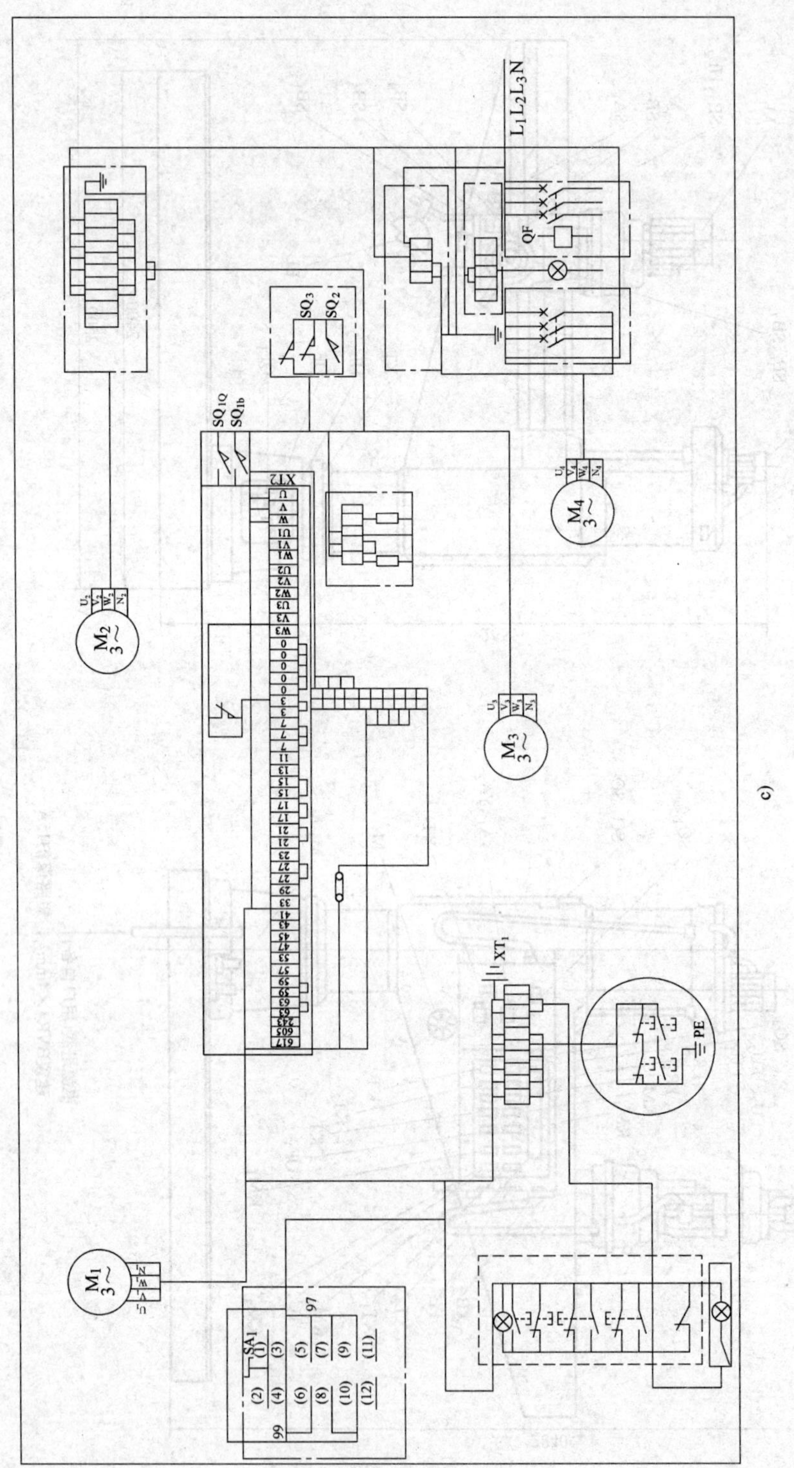
L1L2L3N
QF
SQ3
SQ2
SQ1Q
SQ1b
XT2
XT1
PE
SA1
97
99
M1 3~
M2 3~
M3 3~
M4 3~

c)

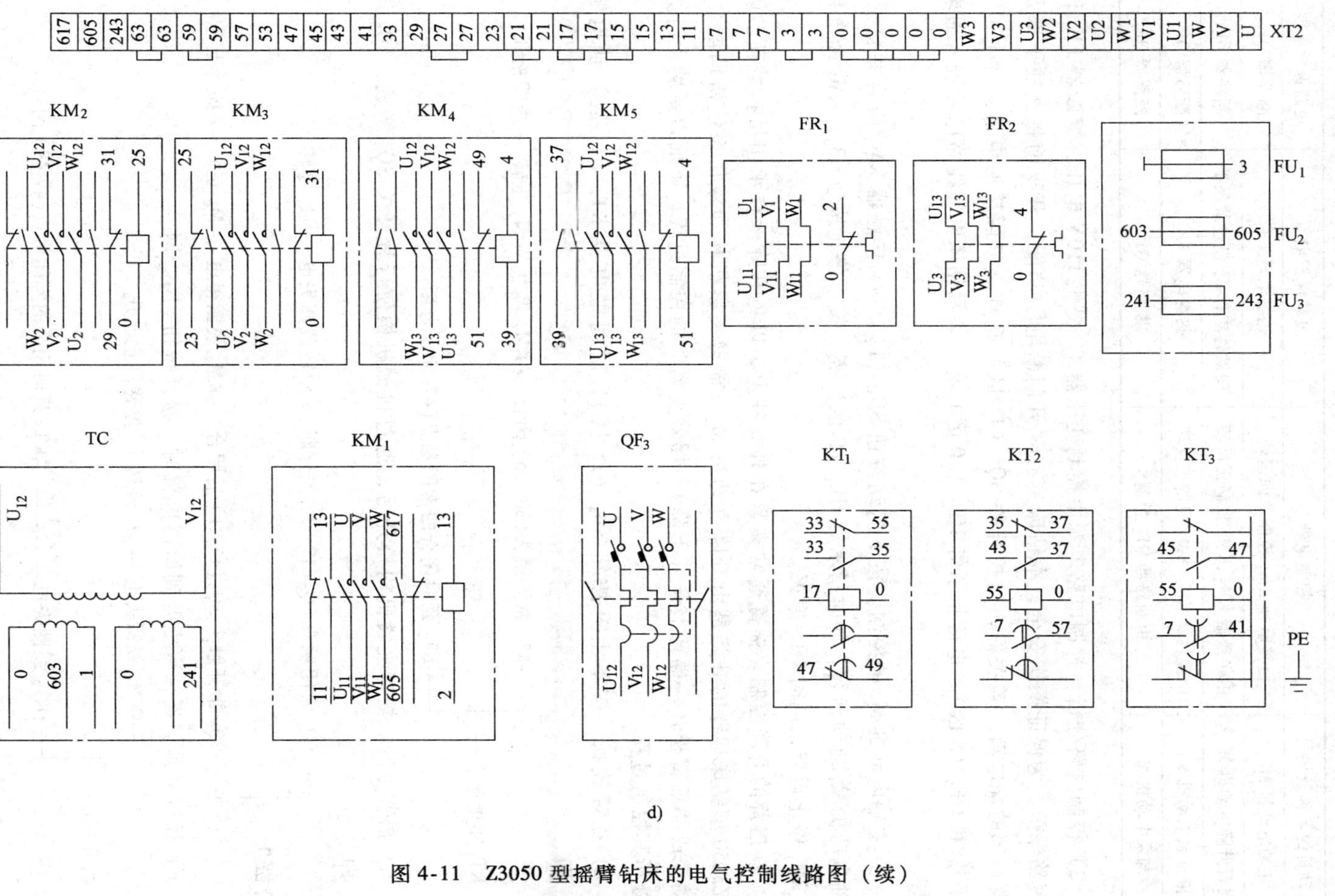


图 4-11 Z3050 型摇臂钻床的电气控制线路图（续）

c）接线图 d）配电盘接线图

表 4-4 主电路中的控制和保护电器

| 电动机的名称及代号 | 控制电器 | 过载保护电器 | 短路保护电器 |
|---|---|---|---|
| 主轴电动机 $M_1$ | 由接触器 $KM_1$ 控制单向运转 | 热继电器 $FR_1$ | 断路器 $QF_1$ |
| 摇臂升降电动机 $M_2$ | 由接触器 $KM_2$、$KM_3$ 控制正反转 | 间歇性工作，不设过载保护 | 断路器 $QF_3$ |
| 液压泵电动机 $M_3$ | 由接触器 $KM_4$、$KM_5$ 控制正反转 | 热继电器 $FR_2$ | 断路器 $QF_3$ |
| 冷却泵电动机 $M_4$ | 由断路器 $QF_2$ 控制 | 断路器 $QF_2$ | 断路器 $QF_2$ |

2）控制电路分析。控制电路电源由控制变压器 TC 提供 110V 电压，熔断器 $FU_1$ 作为短路保护。为保证操作安全，本钻床具有“开门断电”功能，开车前将立柱下部及摇臂后部的配电箱门盖关好，门控开关 $SQ_4$（11 区）接通，方能接通电源。合上 $QF_1$（2 区）和 $QF_3$（5 区），电源指示灯 $HL_1$（10 区）亮，表示钻床电气线路已经进入通电状态。

① 主轴电动机 $M_1$ 的控制。按下启动按钮 $SB_3$（12 区），接触器 $KM_1$ 吸合并自锁，主轴电动机 $M_1$ 启动运行，同时指示灯 $HL_2$（9 区）亮。按下停止按钮 $SB_2$，$KM_1$ 断电释放，$M_1$ 停止运转，同时 $HL_2$ 熄灭。

② 摇臂的升降控制。摇臂通常夹紧在外立柱上，以免升降丝杠承担吊挂载荷。因此 Z3050 型钻床摇臂的升降是由升降电动机 $M_2$、摇臂夹紧机构和液压系统协调配合，自动完成“摇臂松开→摇臂上升（下降）→摇臂夹紧”的控制过程。下面以摇臂上升为例分析其控制过程。

a）摇臂放松。按下上升按钮 $SB_4$（15 区），时间继电器 $KT_1$（14 区）通电吸合。即

$KT_1$ 得电吸合 →
- →$KT_1$ 常开触头(33-35) 闭合 → $KM_4$ 得电 → $M_3$ 正转 → 摇臂松开
- →$KT_1$ 延时闭合的常闭触点(47-49) 分断

b）摇臂上升。摇臂夹紧机构松开后，通过机械机构使行程开关 $SQ_3$ 释放，$SQ_2$ 压合。即

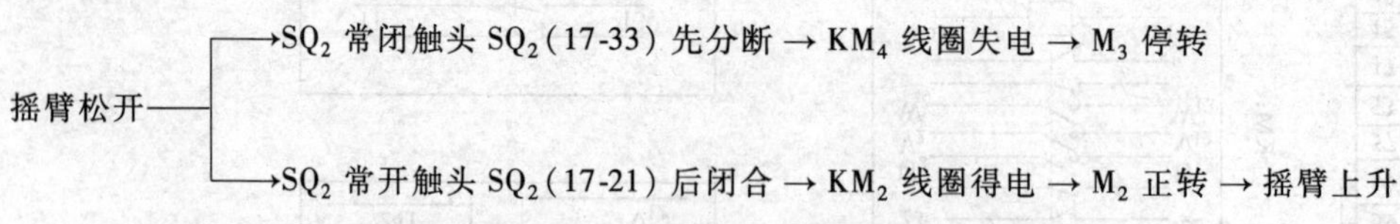
摇臂松开
→$SQ_2$ 常闭触头 $SQ_2$(17-33) 先分断 → $KM_4$ 线圈失电 → $M_3$ 停转
→$SQ_2$ 常开触头 $SQ_2$(17-21) 后闭合 → $KM_2$ 线圈得电 → $M_2$ 正转 → 摇臂上升

c）摇臂夹紧。当摇臂上升到所需位置时，松开按钮 $SB_4$。即

松开 $SB_4$ →
- →$KM_2$ 线圈失电 → $M_2$ 停转 → 摇臂停止上升
- →$KT_2$ 线圈失电 —延时 1 ~ 3s→ $KT_1$ 延时闭合的常闭触点(47-49) 闭合

→$KM_5$ 线圈得电→$M_3$ 反转→摇臂夹紧→$SQ_2$ 释放，$SQ_3$ 压合→$SQ_3$ 的常闭触头（7-47）分断→$KM_5$ 线圈失电→$M_3$ 停转→摇臂夹紧完成

# 4.4　卧式镗床的电气控制电路图的识读实例

镗床是一种精密加工机床，主要用于加工工件上的精密圆柱孔。这些孔的轴心线往往要求严格地平行或垂直，相互间的距离也要求很准确。这些要求都是钻床难以达到的。而镗床本身刚性好，其可动部分在导轨上的活动间隙很小，且有附加支撑，所以，能满足上述加工要求。

镗床除能完成镗孔工序外，在万能镗床上还可以进行镗、钻、扩、铰、车及铣等工序，因此，镗床的加工范围很广。

按用途的不同，镗床可分为卧式镗床、坐标镗床、金刚镗床及专门化镗床等。本节仅以最常用的卧式镗床为例介绍它的电气与 PLC 控制线路。

卧式镗床用于加工各种复杂的大型工件，如箱体零件、机体等，是一种功能很全的机床。除了镗孔外，还可以进行钻、扩、铰孔以及车削内外螺纹、用丝锥攻螺纹、车外圆柱面和端面。安装了端面铣刀与圆柱铣刀后，还可以完成铣削平面等多种工作。因此，在卧式镗床上，工件一次安装后，即能完成大部分表面的加工，有时甚至可以完成全部加工，这在加工大型及笨重的工件时，具有特别重要的意义。

## 4.4.1　卧式镗床概述

### 1. 卧式镗床的主要结构

卧式镗床的外形结构如图 4-12 所示。主要由床身、尾架、导轨、后立柱、工作台、镗床、前立柱、镗头架、下溜板、上溜板等组成。

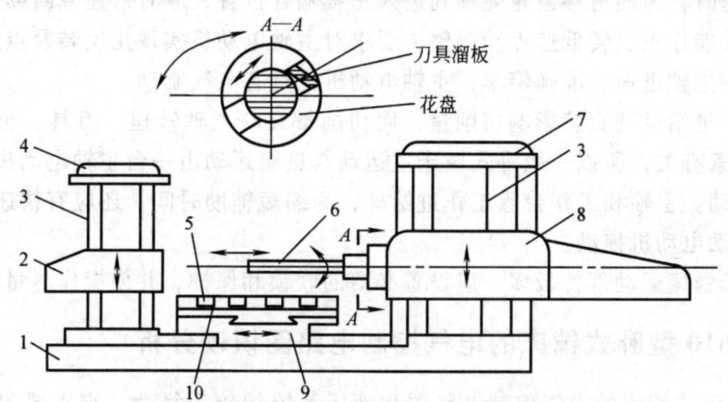


图 4-12　卧式镗床结构示意图

1—床身　2—尾架　3—导轨　4—后立柱　5—工作台　6—镗床
7—前立柱　8—镗头架　9—下溜板　10—上溜板

### 2. 卧式镗床的主要运动

卧式镗床的床身 1 是由整体的铸件制成，床身的一端装有固定不动的前立柱 7，在前立柱的垂直导轨上装有镗头架 8，可以上下移动。镗头架上集中了主轴部件、变速箱、进给箱与操纵机构等部件。切削刀具安装在镗轴前端的锥孔里，或安装在平旋盘的刀具溜板上。在工作过程中，镗轴一面旋转，一面沿轴向做进给运动。平旋盘只能旋转，装在上面的刀具溜板可在垂直于主轴轴线方向的径向做进给运动。平旋盘主轴是空心轴，镗轴穿过其中空部分，通过各自的传动链传动，因此可独立转动。在大部分工作情况下，使用镗轴加工，只有在用车刀切削端面时才使用平旋盘。

卧式镗床后立柱 4 上安装有尾架 2，用来夹持装在镗轴上的镗杆的末端。尾架 2 可随镗头架 8 同时升降，并且其轴心线与镗头架轴心线保持在同一直线上。后立柱 4 可在床身导轨上沿镗轴轴线方向上做调整移动。

加工时，工件安放在床身 1 中部的工作台 5 上，工作台在溜板上面，上溜板 10 下面是下溜板 9，下溜板安装在床身导轨上，并可沿床身导轨运动。上溜板又可沿下溜板上的导轨运动，工作台相对于上溜板可做回转运动。这样，工作台就可在床身上作前、后、左、右任一个方向的直线运动，并可做回旋运动。再配合镗头架的垂直移动，就可以加工工件上一系列与轴线相平行或垂直的孔。

由以上分析，可将卧式镗床的运动归纳如下：

（1）主运动　镗轴的旋转运动与平旋盘的旋转运动。

（2）进给运动　镗轴的轴向进给、平旋盘刀具溜板的径向进给、镗头架的垂直进给、工作台的横向进给与纵向进给。

（3）辅助运动　工作台的回旋、后立柱的轴向移动及垂直移动。

**3. 卧式镗床的拖动特点及控制要求**

镗床加工范围广，运动部件多，调速范围广，对电力拖动及控制提出了要求如下：

1）主轴应有较大的调速范围，且要求恒功率调速，往往采用机电联合调速。

2）变速时，为使滑移齿轮能顺利进入正常啮合位置，应有低速或断续变速冲动。

3）主轴能作正反转低速点动调整，要求对主轴电动机实现正反转及点动控制。

4）为使主轴迅速、准确停车，主轴电动机应具有电气制动。

5）由于进给运动直接影响切削量，而切削量又与主轴转速、刀具、工件材料、加工精度等因素有关，所以一般卧式镗床主运动与进给运动由一台主轴电动机拖动，由各自传动链传动。主轴和工作台除工作进给外，为缩短辅助时间，还应有快速移动，由另一台快速移动电动机拖动。

6）由于镗床运动部件较多，应设置必要的联锁和保护，并使操作尽量集中。

### 4.4.2　T610 型卧式镗床的电气控制电路图识读分析

T610 型卧式镗床的电气控制电路图和液压系统均较为复杂。它主要包括机床中的主轴旋转、平旋盘旋转、工作台转动、尾架升降用电动机拖动；主轴和平旋盘刀架进给、主轴箱进给、工作台的纵向及横向进给、各部件的夹紧采用液压传动控制等。

T610 型卧式镗床电气控制线路原理如图 4-13 所示。

从图 4-13a 可知，T610 型卧式镗床由主轴电动机 $M_1$、液压泵电动机 $M_2$、润滑泵电动机 $M_3$、工作台电动机 $M_4$、尾架电动机 $M_5$、钢球无级变速电动机 $M_6$、冷却泵电动机 $M_7$ 拖动。

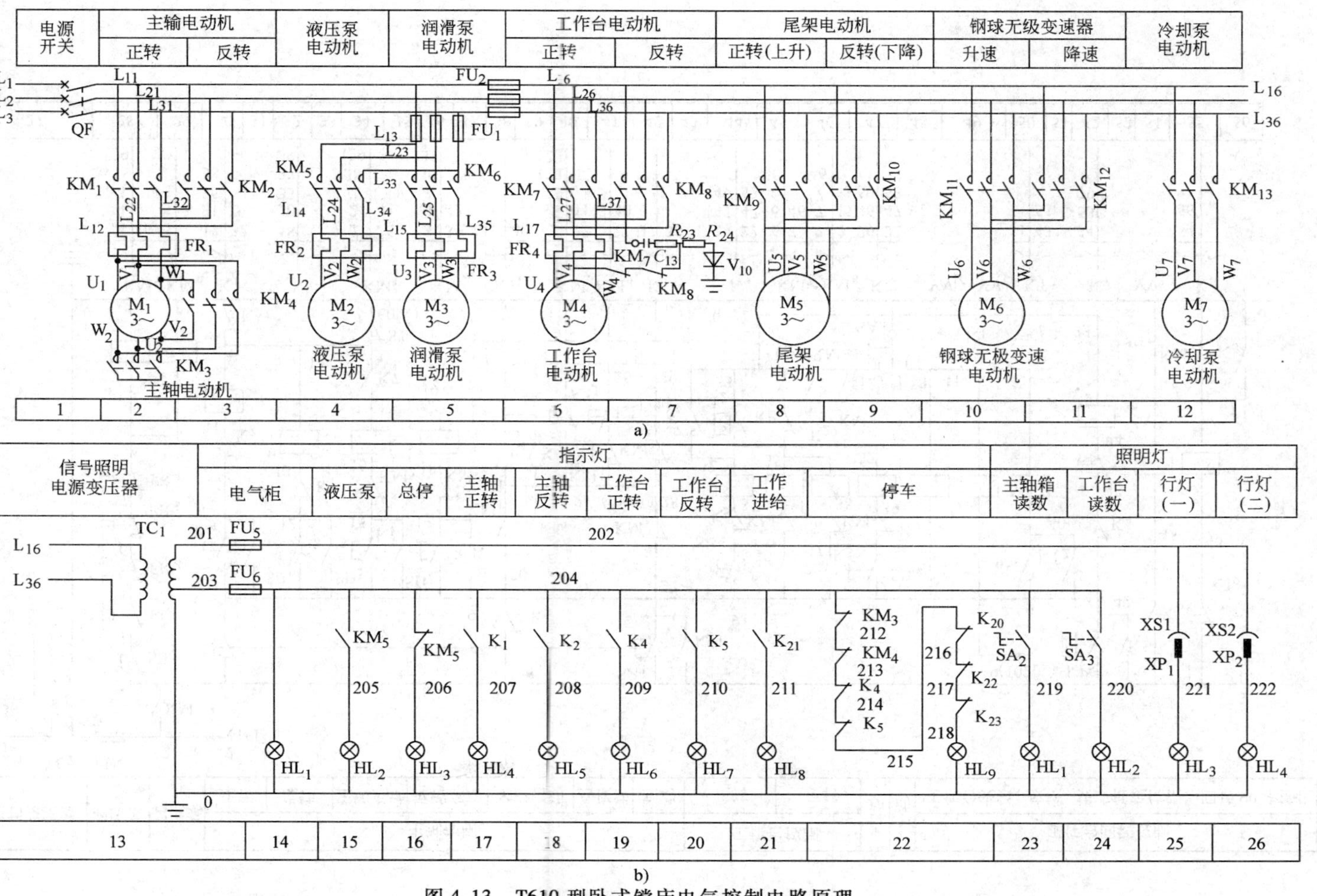


图 4-13　T610 型卧式镗床电气控制电路原理

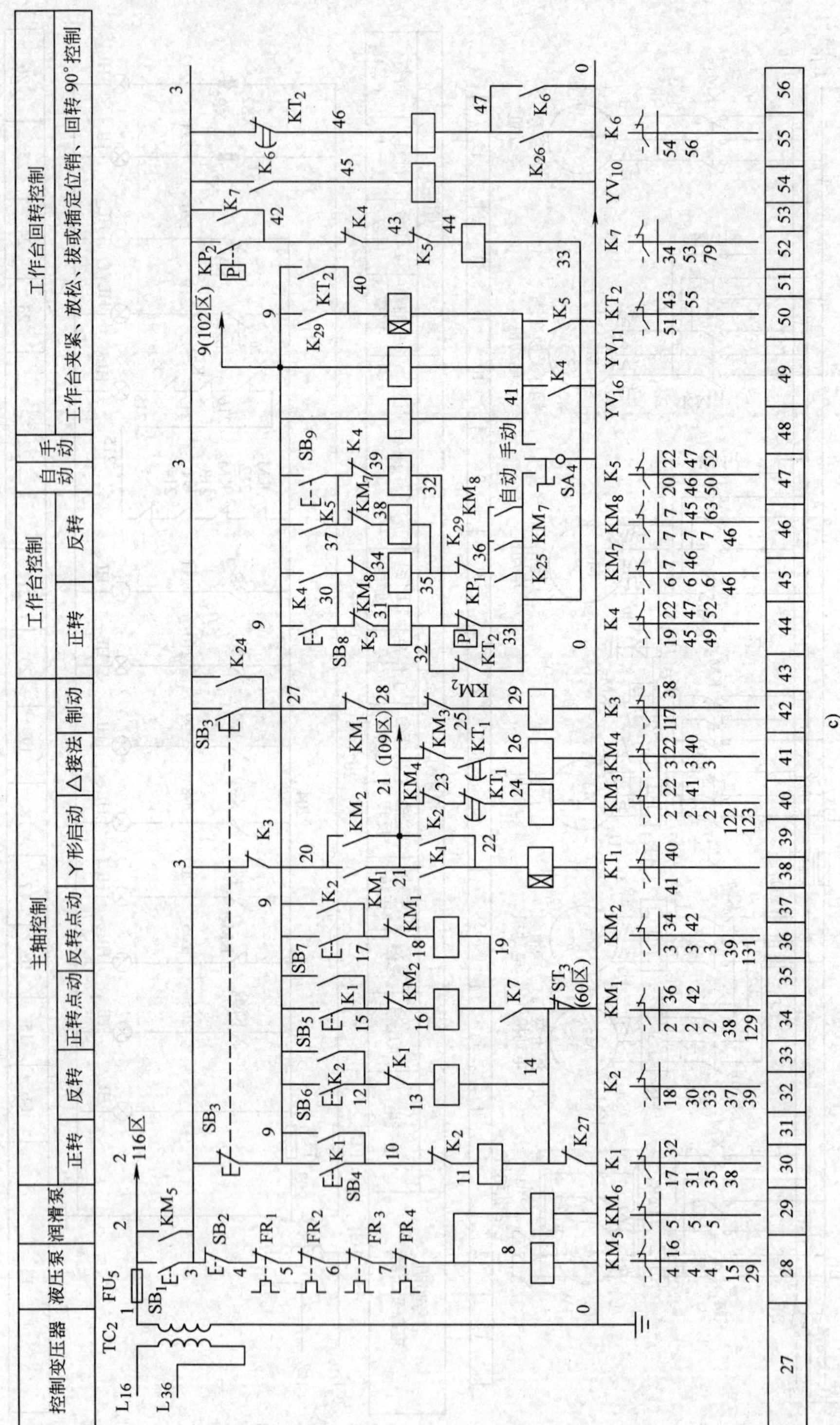
控制变压器
液压泵
润滑泵
主轴控制
正转
反转
正转点动
反转点动
Y形启动
△接法
制动
工作台控制
正转
反转
自动
手动
工作台回转控制
工作台夹紧、放松、拔或插定位销、回转90°控制

c)

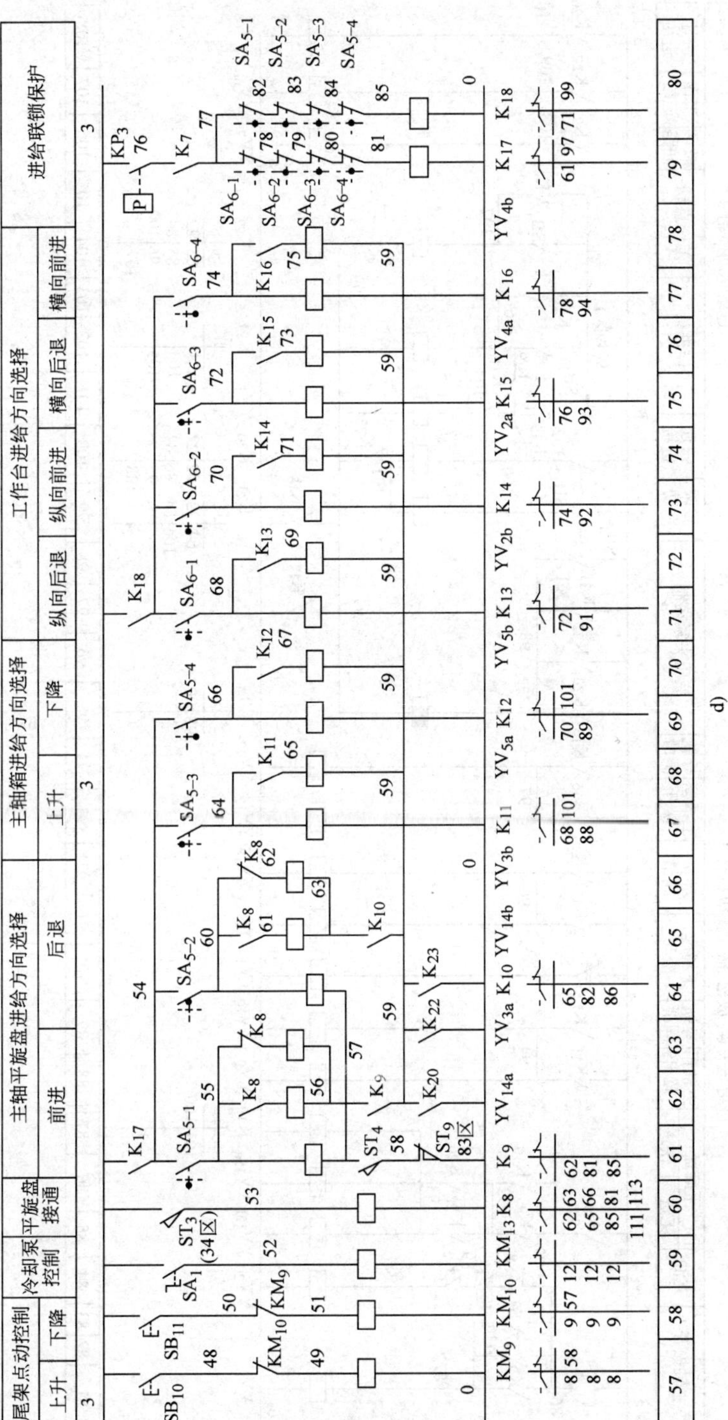


图 4-13　T610 型卧式镗床电气控制电路原理（续）

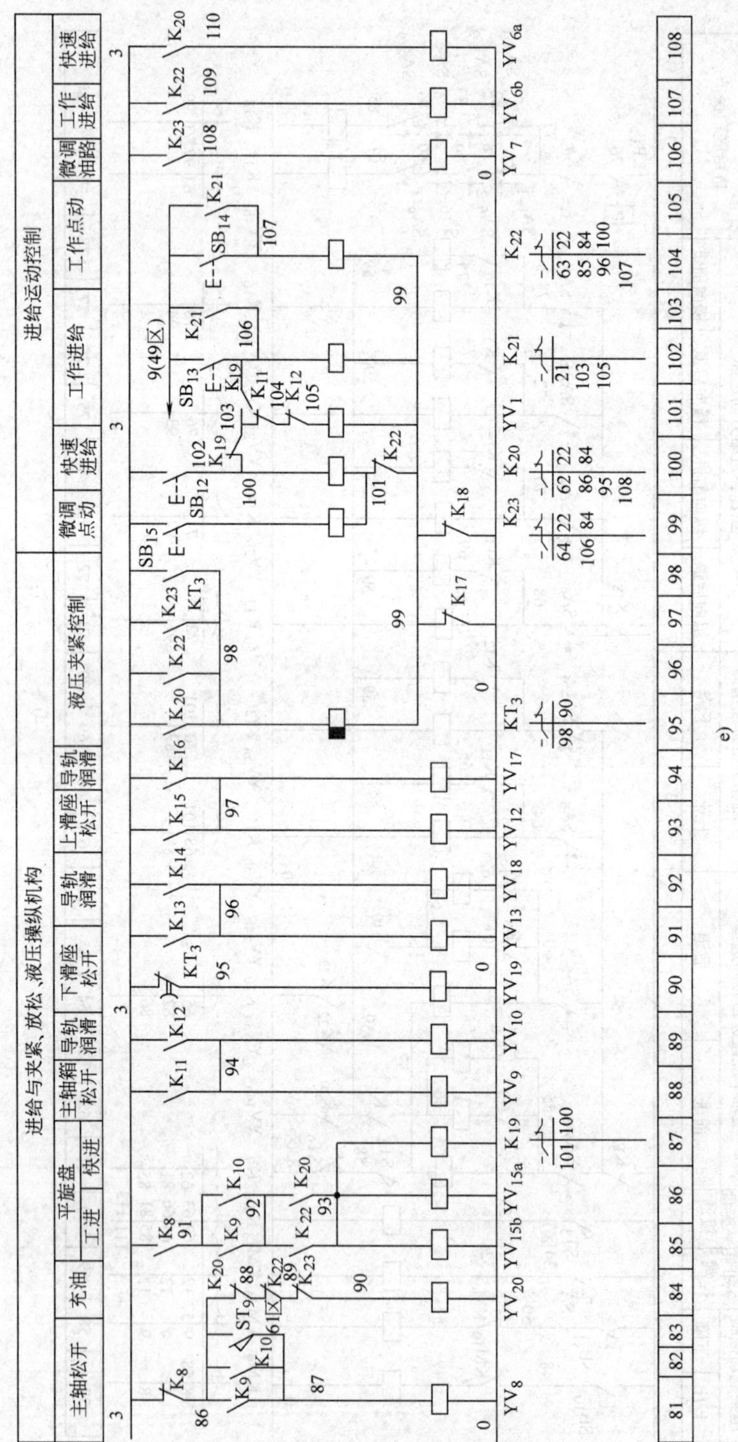
进给与夹紧、放松、液压操纵机构
进给运动控制
主轴松开
充油
平旋盘
工进
快进
主轴箱松开
导轨润滑
下滑座松开
导轨润滑
上滑座松开
导轨润滑
液压夹紧控制
微调点动
快速进给
工作进给
工作点动
微调油路
工作进给
快速进给
81
82
83
84
85
86
87
88
89
90
91
92
93
94
95
96
97
98
99
100
101
102
103
104
105
106
107
108

e)

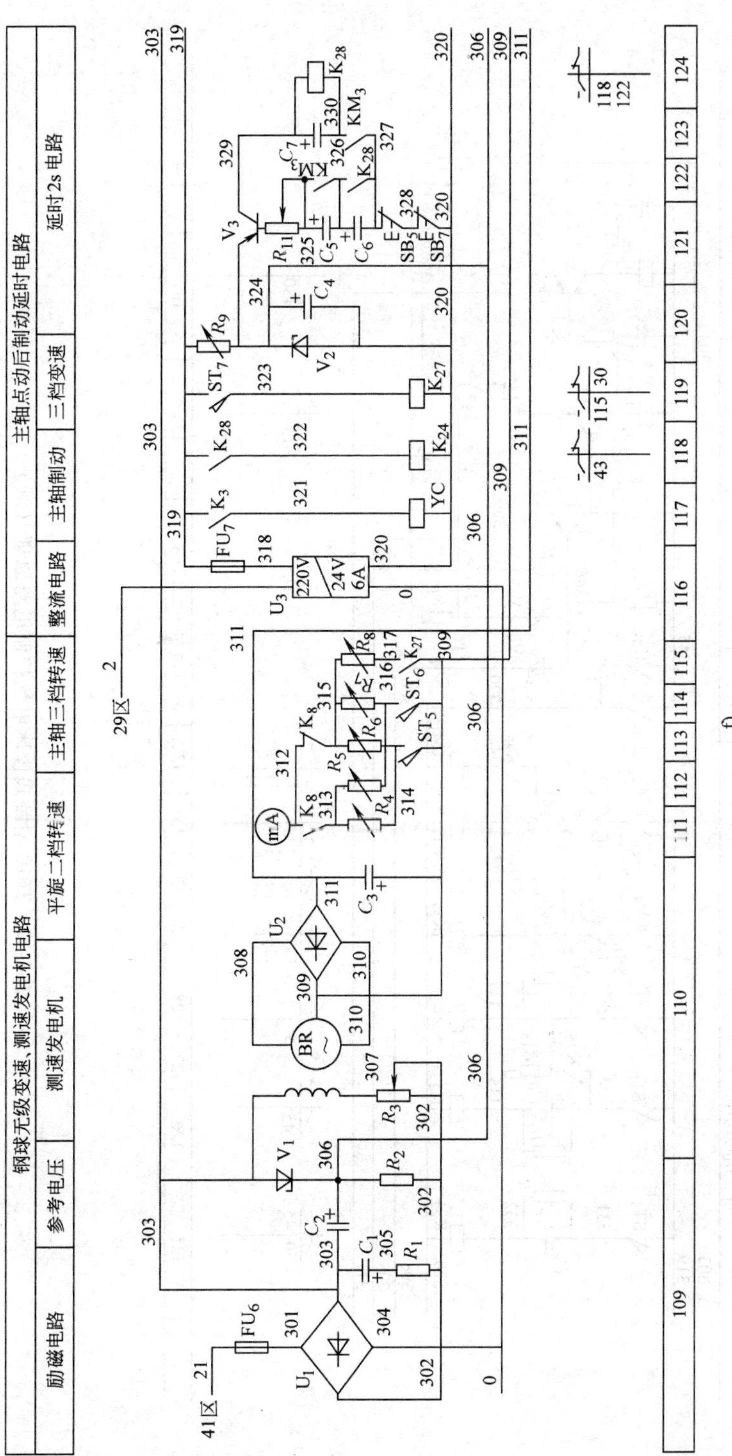


f)

图 4-13　T610 型卧式镗床电气控制电路原理（续）

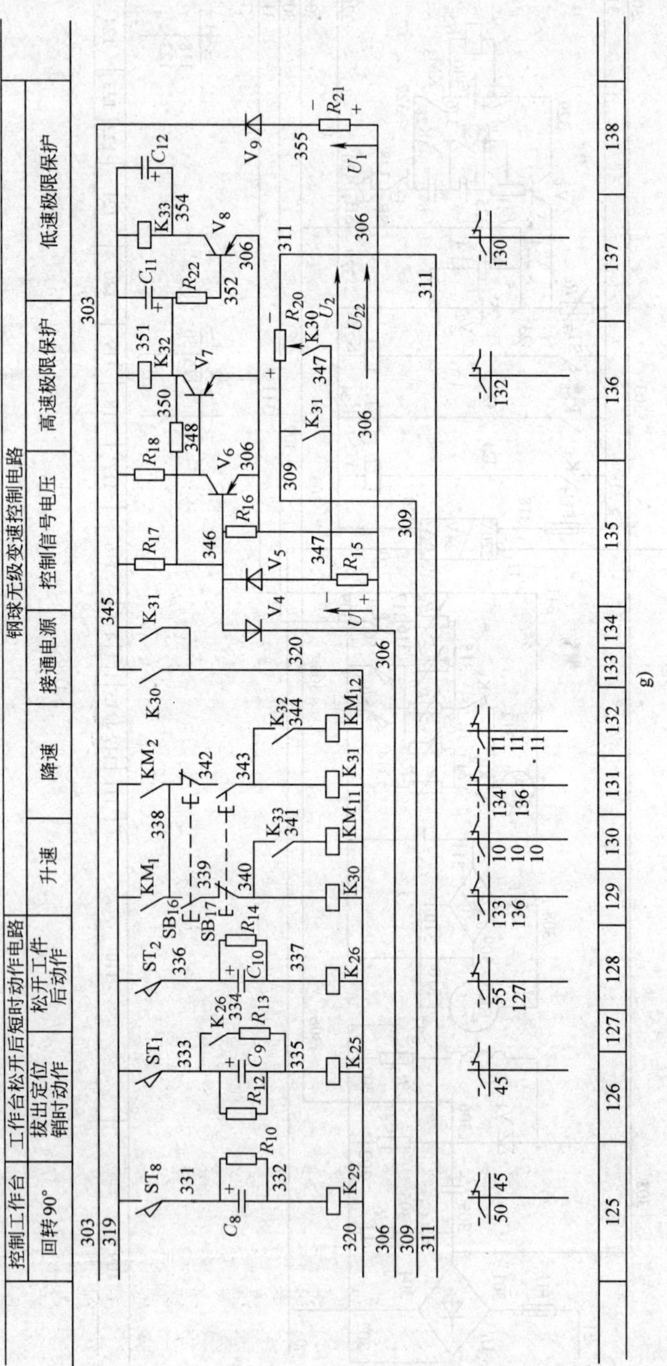


g)

图 4-13 T610 型卧式镗床电气控制电路原理（续）

图 4-13 所示为机床各种工作状态的指示灯及机床照明灯电路控制原理。

**1. 液压泵电动机 $M_2$、润滑泵电动机 $M_3$ 的控制**

T610 型卧式镗床在对工件进行加工前必须先启动液压泵电动机 $M_2$ 和润滑泵电动机 $M_3$。在图 4-13 第 28 区中，按下按钮 $SB_1$，接触器 $KM_5$、$KM_6$ 线圈通电吸合并自锁，液压泵电动机 $M_2$、润滑泵电动机 $M_3$ 启动运转；按下按钮 $SB_2$，接触器 $KM_5$、$KM_6$ 失电释放，液压泵电动机 $M_2$、润滑泵电动机 $M_3$ 停止运转。

**2. 机床启动准备控制电路**

液压泵电动机 $M_2$、润滑泵电动机 $M_3$ 启动运转后，当机床中的液压油具有一定压力时，压力继电器 $KP_2$ 动作，第 52 区中 $KP_2$ 常开触点闭合，$KP_2$ 的常闭触点断开，为主轴电动机 $M_1$ 的正转点动和反转点动做好了准备。当压力继电器 $KP_3$ 动作时，接通中间继电器 $K_{17}$ 和 $K_{18}$ 线圈的电源，为主轴平旋盘进给、主轴箱进给及工作台进给做准备。

**3. 主轴电动机 $M_1$ 的控制**

主轴电动机 $M_1$ 可进行正、反转Y-△减压启动控制，也可进行正、反转点动控制和停止制动控制。

（1）主轴电动机 $M_1$ 正、反转Y-△减压启动控制　按下 30 区中的按钮 $SB_4$，中间继电器 $K_1$ 线圈通电吸合并自锁，中间继电器 $K_1$ 线圈通电吸合，中间继电器 $K_1$ 在 17 区中 204 号线与 207 号线间的常开触点、31 区中 9 号线与 10 号线间的常开触点、35 区中 9 号线与 15 号线间的常开触点、38 区中 21 号线与 22 号线间的常开触点闭合。继而接通信号指示灯 $HL_4$ 的电源，$HL_4$ 发亮，表示主轴电动机 $M_1$ 正在正向旋转，并为接通时间继电器 $KT_1$ 线圈电源做好了准备。中间继电器 $K_1$ 的闭合，也接通了接触器 $KM_1$ 线圈的电源，接触器 $KM_1$ 通电吸合。

接触器 $KM_1$ 闭合，切断接触器 $KM_2$ 线圈的电源通路及中间继电器 $K_3$ 线圈的电源通路，接通主轴电动机 $M_1$ 的正转电源，为主轴钢球无级变速做好准备；继而 38 区中的时间继电器 $KT_1$ 线圈和 40 区中的接触器 $KM_3$ 线圈通电吸合，主轴电动机 $M_1$ 绕组接成Y接法正向减压启动。

经过一定的时间，时间继电器 $KT_1$ 动作，切断接触器 $KM_3$ 线圈的电源，接触器 $KM_3$ 失电释放；继而接通接触器 $KM_4$ 线圈的电源，接触器 $KM_4$ 通电闭合，主轴电动机 $M_1$ 的绕组接成△接法正向全压运行。

当需要主轴电动机 $M_1$ 制动停止时，按下主轴电动机 $M_1$ 的制动停止按钮 $SB_3$，中间继电器 $K_1$ 线圈、接触器 $KM_1$ 线圈失电释放，继而接触器 $KM_4$ 失电释放。中间继电器 $K_1$、接触器 $KM_1$、接触器 $KM_4$ 的所有常开、常闭触点复位，主轴电动机 $M_1$ 断电。但由于惯性的作用，主轴继续旋转。然后按钮 $SB_3$ 在 42 区中 3 号线与 27 号线间的常开触点闭合，中间继电器 $K_3$ 通电吸合，接通主轴制动电磁铁 YC 的电源，对主轴进行抱闸制动。松开按钮 $SB_3$ 中间继电器 $K_3$，主轴制动电磁铁 YC 失电，完成主轴的停车制动过程。

主轴电动机 $M_1$ 的反向Y-△减压启动过程与正向Y-△减压启动过程完全相同，请读者自行完成其减压启动过程的分析。

(2) 主轴电动机 $M_1$ 点动启动、制动停止控制　当需要主轴电动机 $M_1$ 正转点动时，按下主轴电动机 $M_1$ 的正转点动按钮 $SB_5$，接触器 $KM_1$ 线圈通电闭合（此时液压泵电动机 $M_2$ 和润滑泵电动机 $M_3$ 启动后中间继电器 $K_7$ 已闭合），继而接触器 $KM_3$ 线圈通电闭合，接触器 $KM_3$ 闭合。主轴电动机 $M_1$ 的绕组接成Y接法减压启动运转。

接触器 $KM_3$ 闭合的同时，接触器 $KM_3$ 在 122 区及 123 区中 325 号线与 326 号线间的常开触点及 326 号与 327 号线间的常开触点闭合短接电容器 $C_5$ 和 $C_6$，消除电容器 $C_5$、$C_6$ 上的残余电量，为主轴电动机 $M_1$ 点动停止制动作准备。

松开主轴电动机 $M_1$ 的正转点动按钮 $SB_5$，接触器 $KM_1$ 和接触器 $KM_3$ 断电释放，其常开常闭触点复位，主轴电动机 $M_1$ 断电，但在惯性的作用下主轴继续旋转。此时按钮 $SB_5$ 的常闭触点也复位闭合，通过晶体管电路控制，使中间继电器 $K_{28}$ 通电闭合，继而中间继电器 $K_{24}$ 线圈通电闭合，中间继电器 $K_3$ 线圈通电闭合，并切断时间继电器 $KT_1$ 线圈、接触器 $KM_3$ 线圈、接触器 $KM_4$ 线圈的电源通路。

中间继电器 $K_3$ 闭合，接通主轴电动机 $M_1$ 的制动电磁铁 YC 的电源，制动电磁铁 YC 动作，对主轴进行制动，使主轴电动机 $M_1$ 迅速停车。

主轴电动机 $M_1$ 点动反转启动、停止制动控制过程与主轴电动机 $M_1$ 点动正转启动、停止制动控制过程相同。

### 4. 平旋盘的控制

平旋盘也是由主轴电动机 $M_1$ 拖动工作的。30 区中中间继电器 $K_{27}$ 在 14 号线与 0 号线间的常闭触点为平旋盘误入三档速度时的保护触点；34 区中行程开关 $ST_3$ 的常闭触点及 60 区中行程开关 $ST_3$ 的常开触点担负着接通和断开主轴或平旋盘进给的转换作用；111 区和 112 区中电阻器 R4 和 R5 分别调整平旋盘的两档转速。

主轴的速度调节和平旋盘的速度调节是用一个速度操作手柄进行的，主轴有三档速度（即当 113 区、114 区、119 区中行程开关 $ST_5$、$ST_6$、$ST_7$ 闭合时有三档不同的主轴速度）。平旋盘则只有两档速度（即当 113 区、114 区中行程开关 $ST_5$、$ST_6$ 闭合时平旋盘有两档不同的速度）。在 119 区电路中，当速度操作手柄误操作将速度扳到三档位置时，中间继电器 $K_{27}$ 闭合，其在 30 区中 14 号线与 0 号线间的常闭触点断开，切断接触器 $KM_1$、$KM_2$ 及中间继电器 $K_1$、$K_2$ 线圈的电源，主轴电动机 $M_1$ 反而不能启动运转，已启动运行的则停止运行。

### 5. 主轴及平旋盘的调速控制

主轴及平旋盘的调速是通过电动机 $M_6$ 拖动钢球无级变速器实现的。当钢球变速拖动电动机 $M_6$ 拖动钢球无级变速器正转时，变速器的转速就上升；当钢球变速拖动电动机 $M_6$ 拖动钢球无级变速器反转时，变速器的转速就下降。当变速器的转速为 3000r/min 时，测速发电机 BR 发出的电压约为 50V，此时有关元件应立即动作，切断钢球拖动电动机 $M_6$ 的正转电源，使变速器的转速不再上升。当变速器的转速为 500r/min 时，测速发电机 BR 发出的电压约为 8.3V，有关元件也应立即动作，切断钢球拖动电动机 $M_6$ 的反转电源，使变速器的转速不再下降。

(1) 主轴升速控制　当需要主轴升速时，按下 129 区中钢球无级变速升速启动按

钮 $SB_{16}$，按钮 $SB_{16}$ 在 130 区中 338 号线与 339 号线间的常开触点闭合，接通中间继电器 $K_{30}$ 线圈的电源，中间继电器 $K_{30}$ 通电吸合，其在 133 区 320 号线与 345 号线间的常开触点和 136 区中 347 号线与电阻器 $R_{20}$ 的中间抽头线相连接的常开触点闭合。

中间继电器 $K_{30}$ 在 133 区中 320 号线与 345 号线间的常开触点闭合，接通了钢球无级变速电子控制电路的电源；中间继电器 $K_{30}$ 在 136 区中 347 号线与电阻器 $R_{20}$ 的中间抽头线相连接的常开触点闭合，接通了从 110 区中交流测速发电机 BR 发出的电压经整流滤波后由 309 号线和 311 号线输出加在电阻器 $R_{20}$ 上经中间抽头分压后的部分电压 $U_2$。这个电压 $U_2$ 与由 303 号线与 306 号线从 109 区中引来加在 138 区中电阻 $R_{21}$ 上的参考电压 $U_1$ 经过电阻 $R_{15}$ 后反极性串联进行比较，并在电阻 $R_{15}$ 上产生一个控制电压 $U$，$U=|U_2-U_1|$。当参考电压 $U_1$ 高于测速发电机 BR 输出电压中的部分电压 $U_2$ 时，在电阻 $R_{15}$ 中有电流流过，亦即在 135 区中 306 号线与 347 号线之间有电流流过，且电流方向是从 306 号线流向 347 号线，此时 306 号线的电位高于 347 号线。由于 306 号线与 135 区中三极管 $V_6$ 的发射极相连接，而 347 号线与 135 区中的二极管的阳极相连接，故三极管 $V_6$ 处于截止状态，此时控制电压 U 对钢球无级变速电子控制电路不起作用。三极管 $V_6$ 在由 306 号线和 320 号线在 120 区中稳压二极管 $V_2$ 两端取出的给定电压作用下饱和导通。其通路为：120 区中 306 号线→135 区 306 号线→三极管 $V_6$ 发射极→三极管 $V_6$ 基极→346 号线→电阻 $R_{17}$→345 号线→中间继电器 $K_{30}$ 常开触点→133 区 320 号线→120 区 320 号线。由于三极管 $V_6$ 饱和导通，故三极管 $V_7$ 截止，而三极管 $V_8$ 饱和导通，此时中间继电器 $K_{32}$ 串联在三极管 $V_8$ 的基极回路中，流过中间继电器 $K_{32}$ 的电流较小，因此中间继电器 $K_{32}$ 不闭合，但中间继电器 $K_{33}$ 通电闭合。中间继电器 $K_{33}$ 在 130 区中 340 号线与 341 号线间的常开触点闭合，接通接触器 $KM_{11}$ 线圈的电源，接触器 $KM_{11}$ 通电吸合，其在 10 区的主触点接通钢球变速拖动电动机 $M_6$ 的正转电源，钢球拖动电动机 $M_6$ 正向启动运转，拖动钢球无级变速器升速。当升到所需的转速时，松开钢球无级变速升速启动按钮 $SB_{16}$，中间继电器 $K_{30}$ 失电释放，其 133 区、136 区中的常开触点复位断开，使得中间继电器 $K_{33}$ 和接触器 $KM_{11}$ 相继失电释放，钢球变速拖动电动机 $M_6$ 停止正转，完成升速控制过程。

若按下主轴升速启动按钮 $SB_{16}$ 一直不松开，则主轴的转速一直上升，而与主轴同轴相连的测速发电机 BR 的转速也随之上升。当变速器的转速达到 3000r/min 时，从测速发电机 BR 发出的电压经整流滤波后取出的取样电压 $U_2$ 略高于参考电压 $U_1$；在 135 区电阻 $R_{15}$ 两端的电压中，347 号线的电位高于 306 号线的电位，故流过电阻 $R_{15}$ 上的电流方向为从 347 号线流入 306 号线。此时控制电压 $U$ 使二极管 $V_4$ 和 $V_5$ 立即导通，三极管 $V_6$ 的发射极加上反偏电压；三极管 $V_6$ 立即截止；三极管 $V_7$ 基极电压降低，立即进入饱和状态，其集电极电位急剧下降，使三极管 $V_8$ 基极电位上升而截止；中间继电器 $K_{33}$ 失电释放，继而接触器 $KM_{11}$ 失电释放，钢球变速拖动电动机 $M_6$ 停止正转。而三极管 $V_7$ 饱和导通，中间继电器 $K_{32}$ 通电吸合动作，132 区中的常开触点虽然闭合，但此时按钮 $SB_{16}$ 并未松开，按钮 $SB_{16}$ 在 131 区中 338 号线与 342 号线间的触点没有复位闭合，且按钮 $SB_{17}$ 也没有按下去，按钮 $SB_{17}$ 在 131 区中 342 号线与 343 号线间的常开触点也没有闭合，因此中间继电器 $K_{31}$ 和接触器 $KM_{12}$ 不会通电吸合，钢球拖动电动机 M6 不会反转。

（2）主轴降速控制　当需要主轴降速时，按下 131 区中钢球无级变速减速启动按钮 $SB_{17}$，按钮 $SB_{17}$ 在 342 号线与 343 号线间的常开触点闭合，接通中间继电器 $K_{31}$ 线圈的电源，中间继电器 $K_{31}$ 通电吸合，其在 134 区 320 号线与 345 号线间的常开触点和 136 区中 309 号线与 347 号线间的常开触点闭合。中间继电器 $K_{31}$ 在 134 区中 320 号线与 345 号线间的常开触点闭合，接通了钢球无级变速电子控制电路的电源；中间继电器 $K_{31}$ 在 136 区中 309 号线与 347 号线间的常开触点闭合，接通了从 110 区中交流测速发电机 BR 发出的电压经整流滤波后由 309 号线和 311 号线输出加在电阻器 $R_{20}$ 上的电压 $U_{22}$。电压 $U_{22}$ 与由 303 号线和 306 号线从 109 区中引来加在 138 区中电阻 $R_{21}$ 上的参考电压 $U_1$ 经过电阻 $R_{15}$ 后反极性串联进行比较，并在电阻 $R_{15}$ 上产生一个控制电压 $U$，$U = U_{22} - U_1$。由于 $U_{22}$ 大于 $U_1$，因而在电阻 $R_{15}$ 上产生的控制电压为上正下负，即 347 号线端为正，306 号线端为负。此时二极管 $V_4$、$V_5$ 导通，三极管 $V_6$ 截止，三极管 $V_7$ 饱和导通，三极管 $V_8$ 截止。三极管 $V_7$ 饱和导通，使得中间继电器 $K_{32}$ 通电动作，中间继电器 $K_{32}$ 在 132 区中的常开触点闭合，接通接触器 $KM_{12}$ 线圈的电源，接触器 $KM_{12}$ 通电闭合，其 11 区中的主触点接通钢球变速拖动电动机 $M_6$ 的反转电源，钢球变速拖动电动机 $M_6$ 反向启动运转，拖动变速器减速。当转速降到所需速度时，松开钢球无级变速减速启动按钮 $SB_{17}$，中间继电器 $K_{31}$ 失电释放，其 134 区、136 区中的常开触点复位断开，使得中间继电器 $K_{32}$ 和接触器 $KM_{12}$ 相继失电释放，钢球变速拖动电动机 $M_6$ 停止反转，完成减速控制过程。

若按下主轴减速启动按钮 $SB_{17}$ 一直不松开，则主轴的转速一直下降，而与主轴同轴相连的测速发电机 BR 的转速也随之下降。当变速器的转速下降至 500r/min 时，从测速发电机 BR 发出的电压经整流滤波后取出的取样电压 $U_{22}$ 低于参考电压 $U_1$；在 135 区电阻 $R_{15}$ 两端的电压中，347 号线的电位低于 306 号线的电位，故流过电阻 $R_{15}$ 上的电流方向为从 306 号线流入 347 号线。此时控制电压 $U$ 使二极管 $V_4$ 和 $V_5$ 立即截止，三极管 $V_6$ 在由 306 号线和 320 号线在 12 区中稳压二极管 $V_2$ 两端取出的给定电压作用下饱和导通，三极管 $V_7$ 立即截止，使得中间继电器 $K_{32}$ 断电释放，继而接触器 $KM_{12}$ 失电释放，钢球变速拖动电动机 $M_6$ 停止反转，三极管 $V_8$ 饱和导通，中间继电器 $K_{33}$ 通电吸合动作，130 区中的常开触点虽然闭合，但此时按钮 $SB_{17}$ 并未松开，按钮 $SB_{17}$ 在 129 区中 339 号线与 340 号线间的触点没有复位闭合，且按钮 $SB_{16}$ 也没有按下去，按钮 $SB_{16}$ 在 129 区中 338 号线与 339 号线间的常开触点也没有闭合，因此中间继电器 $K_{30}$ 和接触器 $KM_{11}$ 不会通电吸合，钢球拖动电动机 $M_6$ 不会正转。

（3）平旋盘的调速控制　平旋盘的调速控制原理与主轴的调速控制原理相同，不同之处在于平旋盘调速时，应将平旋盘操作手柄扳至接通位置。

**6. 进给控制**

机床的进给控制分为主轴进给、平旋盘刀架进给、工作台进给及主轴箱的进给控制等。机床的各种进给运动都是由控制电路控制电磁阀的动作，从而控制液压系统对各种进给运动进行驱动的。

（1）主轴向前进给控制

1）初始条件：平旋盘通断操作手柄扳至“断开”位置；液压泵电动机 $M_2$ 和润滑泵电动机 $M_3$ 已启动且运转正常；压力继电器 $KP_2$（52区）、$KP_3$（79区）的常开触点已闭合；中间继电器 $K_7$（52区）、$K_{17}$（79区）、$K_{18}$（80区）通电闭合。

2）操作：将十字开关 $SA_5$ 扳至左边位置档，中间继电器 $K_{18}$ 失电释放，而中间继电器 $K_{17}$ 仍然通电吸合。

3）松开主轴夹紧装置：当机床使用自动进给时，行程开关 $ST_4$ 在61区中的常开触点闭合，中间继电器 $K_9$ 通电闭合，为电磁阀 $YV_{3a}$ 线圈的通电做好了准备。且 $K_9$ 接通了电磁阀 $YV_8$ 线圈的电源，$YV_8$ 动作，接通主轴松开油路，使主轴夹紧装置松开。

4）主轴快速进给控制：当需要主轴快速进给时，按下100区中的点动快速进给按钮 $SB_{12}$，中间继电器 $K_{20}$ 线圈和电磁阀 $YV_1$ 线圈通电。电磁阀 $YV_1$ 动作，关闭低压油泄放阀，使液压系统能推动进给机构快速进给。中间继电器 $K_{20}$ 动作，使电磁阀 $YV_{3a}$ 通电动作，主轴选择前进进给方向，且 $K_{20}$ 接通快速进给电磁阀 $YV_{6a}$ 线圈的电源，电磁阀 $YV_{6a}$ 动作。电磁阀 $YV_{3a}$ 和电磁阀 $YV_{6a}$ 动作的组合使机床压力油按预定的方向进入主轴液压缸，驱动主轴快速前进。

松开点动快速进给按钮 $SB_{12}$，中间继电器 $K_{20}$ 失电释放，电磁阀 $YV_1$、$YV_{3a}$、$YV_{6a}$ 先后失电释放，完成主轴快速进给控制过程。

5）主轴工作进给控制：当需要主轴工作进给时，按下102区中的工作进给按钮 $SB_{13}$，中间继电器 $K_{21}$ 线圈通电吸合并自锁，接通工作进给指示信号灯电源，工作进给指示灯亮，显示主轴正在工作进给，同时接通中间继电器 $K_{22}$ 线圈的电源，继而接通了电磁阀 $YV_{3a}$ 和 $YV_{6b}$ 的电源，电磁阀 $YV_{3a}$ 和 $YV_{6b}$ 动作，主轴以工作进给速度移动。

当需要停止主轴工作进给时，按下30区中的主轴停止按钮，或将十字开关 $SA_5$ 扳至中间位置档，主轴停止工作进给。

6）主轴点动工作进给控制：当需要主轴点动工作进给时，按下104区中的主轴点动工作进给按钮 $SB_{14}$，中间继电器 $K_{22}$ 通电闭合，继而接通了电磁阀 $YV_{3a}$ 和 $YV_{6b}$ 的电源，电磁阀 $YV_{3a}$ 和 $YV_{6b}$ 动作，使高压油按选择好的方向进入主轴油箱，主轴以工作进给速度移动。

松开主轴点动工作进给按钮 $SB_{14}$，中间继电器 $K_{22}$ 失电释放，继而电磁阀 $YV_{3a}$ 和 $YV_{6b}$ 失电，主轴停止进给。

7）主轴进给量微调控制：当主轴需要对进给量进行微调控制时，按下99区中主轴微调点动按钮 $SB_{15}$，中间继电器 $K_{23}$ 通电闭合，继而接通电磁阀 $YV_{3a}$ 和 $YV_7$ 的电源，电磁阀 $YV_{3a}$ 和 $YV_7$ 通电动作，使主轴以很微小的移动量进给。

松开主轴微调点动按钮 $SB_{15}$，主轴停止微调量进给。

（2）平旋盘进给控制　平旋盘的进给控制与主轴的进给控制相同，它也有点动快速进给、工作进给、点动工作进给、点动微调进给控制，同样由按钮 $SB_{12}$、$SB_{13}$、$SB_{14}$、$SB_{15}$ 分别控制。当需要对平旋盘进行控制时，只需将平旋盘通断操作手柄扳至接通位置，其他操作与主轴进给控制相同。

（3）主轴后退运动控制　主轴后退运动控制与主轴进给控制相同，也有点动快速进给、工作进给、点动工作进给、点动微调进给控制，同样由按钮 $SB_{12}$、$SB_{13}$、$SB_{14}$、$SB_{15}$分别控制。当需要对主轴进行后退运动控制时，应将平旋盘通断操作手柄扳至断开位置，并将十字开关 $SA_5$ 扳至右边位置档，其他操作与主轴的进给控制相同。

（4）主轴箱的进给控制 主轴箱可上升或下降进给。将十字开关 $SA_5$ 扳至上边位置档，主轴箱上升进给；将十字开关 $SA_5$ 扳至下边位置档，主轴箱下降进给。

1）主轴箱上升进给控制：将十字开关 $SA_5$ 扳至上边位置档，67 区中的 $SA_{5-3}$ 常开触点闭合，$SA_5$ 其他常开触点断开；80 区中的 $SA_{5-3}$ 常闭触点断开，$SA_5$ 其他常闭触点闭合。中间继电器 $K_{17}$ 闭合，同时中间继电器 $K_{11}$ 通电闭合，继而接通电磁阀 $YV_9$、$YV_{10}$ 的电源。电磁阀 $YV_9$ 动作，驱动主轴箱夹紧机构松开；电磁阀 $YV_{10}$ 动作，供给润滑油对导轨进行润滑。中间继电器 $K_{11}$ 接通主轴箱向上进给电磁阀 $YV_{5a}$ 的电源，主轴箱被选择为向上进给。分别按下按钮 $SB_{12}$、$SB_{13}$、$SB_{14}$、$SB_{15}$，可分别进行主轴箱上升的点动快速进给、工作进给、点动工作进给及点动微调进给控制。

2）主轴箱下降进给控制：将十字开关 $SA_5$ 扳至下边位置档，69 区中的 $SA_{5-4}$ 常开触点闭合，$SA_5$ 其他常开触点断开；80 区中的 $SA_{5-4}$ 常闭触点断开，$SA_5$ 其他常闭触点闭合。中间继电器 $K_{17}$ 闭合，同时 69 区中间继电器 $K_{12}$ 通电闭合。中间继电器 $K_{12}$ 接通电磁阀 $YV_9$、$YV_{10}$ 的电源，电磁阀 $YV_9$、$YV_{10}$ 动作，驱动主轴箱夹紧机构松开及对导轨进行润滑。中间继电器 $K_{12}$ 接通主轴箱向下进给电磁阀 $YV_{5b}$ 的电源，主轴箱被选择为下降进给。分别按下按钮 $SB_{12}$、$SB_{13}$、$SB_{14}$、$SB_{15}$，可分别进行主轴箱下降的点动快速进给、工作进给、点动工作进给及点动微调进给控制。

（5）工作台的进给控制 工作台的进给控制分为纵向后退、纵向前进、横向后退和横向前进方向进给。

1）工作台纵向后退进给控制：将十字开关 $SA_6$ 扳至左边位置档，71 区中的 $SA_{6-1}$ 常开触点闭合，$SA_6$ 其他常开触点断开；79 区中的 $SA_{6-1}$ 常闭触点断开，$SA_6$ 其他常闭触点闭合。这使得中间继电器 $K_{17}$ 断开，中间继电器 $K_{18}$ 闭合。中间继电器 $K_{18}$ 接通中间继电器 $K_{13}$ 的电源，中间继电器 $K_{13}$ 通电闭合，接通电磁阀 $YV_{13}$、$YV_{18}$ 的电源。电磁阀 $YV_{13}$、$YV_{18}$ 动作，驱动下滑座夹紧机构松开及供给导轨润滑油。中间继电器 $K_{13}$ 接通工作台纵向后退进给电磁阀 $YV_{2b}$ 的电源，工作台被选择为纵向后退进给。分别按下按钮 $SB_{12}$、$SB_{13}$、$SB_{14}$、$SB_{15}$，可分别进行工作台纵向后退运动的点动快速进给、工作进给、点动工作进给及点动微调进给控制。

2）工作台纵向前进进给控制：工作台纵向前进进给控制的原理与工作台纵向后退进给控制原理相同。在对工作台进行纵向前进进给控制时，须将十字开关 $SA_6$ 扳至右边位置档。

3）工作台横向后退进给控制：当需要工作台横向后退进给时，将十字开关 $SA_6$ 扳至上边位置档，75 区中的 $SA_{6-3}$ 常开触点闭合，$SA_6$ 其他常开触点断开；79 区中的 $SA_{6-3}$ 常闭触点断开，$SA_6$ 其他常闭触点闭合。中间继电器 $K_{17}$ 断开，中间继电器 $K_{18}$ 闭合。中间继电器 $K_{18}$ 接通中间继电器 $K_{15}$ 的电源，中间继电器 $K_{15}$ 接通电磁阀 $YV_{12}$、$YV_{17}$ 的电源，电磁阀 $YV_{12}$、$YV_{17}$ 动作，驱动上滑座夹紧机构松开及供给导轨润滑油。中间继电器 $K_{15}$

接通工作台横向后退进给电磁阀 $YV_{4b}$ 的电源，工作台被选择为横向后退进给。分别按下按钮 $SB_{12}$、$SB_{13}$、$SB_{14}$、$SB_{15}$，可分别进行工作台纵向后退运动的点动快速进给、工作进给、点动工作进给及点动微调进给控制。

4）工作台横向前进进给控制：工作台横向前进进给控制的原理与工作台横向后退进给控制原理相同。在对工作台进行横向前进进给控制时，须将十字开关 $SA_6$ 扳至下边位置档。

**7. 工作台回转控制**

工作台回转运动由回转工作台电动机 $M_4$ 拖动，工作台的夹紧及放松和回转90°的定位由液压系统控制。可以手动控制机床工作台的回转运动，也可以自动进行控制。

（1）工作台自动回转控制　将47区中工作台回转自动及手动转换开关 $SA_4$ 扳至“自动”档，按下44区中工作台正向回转启动按钮 $SB_8$，中间继电器 $K_4$ 通电闭合，继而接通电磁阀 $YV_{16}$ 和 $YV_{11}$ 的电源，电磁阀 $YV_{16}$ 和 $YV_{11}$ 通电动作。同时中间继电器 $K_4$ 切断中间继电器 $K_7$ 线圈的电源，中间继电器 $K_7$ 失电释放，继而切断中间继电器 $K_{17}$、$K_{18}$ 线圈的电源通路，使工作台在回转时其他进给不能进行。

电磁阀 $YV_{16}$ 动作，接通工作台压力导轨油路，给工作台压力导轨充压力油。电磁阀 $YV_{11}$ 动作，接通工作台夹紧机构的放松油路，使夹紧机构松开。工作台夹紧机构松开后，机械装置压下行程开关 $ST_2$，$ST_2$ 在128区中的常开触点被压下闭合，中间继电器 $K_{26}$ 在电子装置的控制下短时闭合，接通中间继电器 $K_6$ 线圈的电源，中间继电器 $K_6$ 通电闭合并自锁，并接通电磁阀 $YV_{10}$ 的电源，$YV_{10}$ 通电动作，将定位销拔出并使传动机构的蜗轮与蜗杆啮合。

在拔出定位销的过程中，机械装置压下行程开关 $ST_1$，$ST_1$ 在126区中的常开触点被压下闭合，短时接通中间继电器 $K_{25}$ 线圈的电源，中间继电器 $K_{25}$ 短时闭合，接通接触器 $KM_7$ 线圈电源，接触器 $KM_7$ 通电闭合并自锁，使工作台回转拖动电动机 $M_4$ 拖动工作台正向回转。

当工作台回转过90°时，压下行程开关 $ST_8$，$ST_8$ 在125区中的常开触点闭合，短时接通中间继电器 $K_{29}$ 线圈的电源，中间继电器 $K_{29}$ 通电闭合，切断接触器 $KM_7$ 线圈电源通路，接触器 $KM_7$ 失电释放，工作台回转电动机 $M_4$ 断电停止正转，完成正向回转。同时，中间继电器 $K_{29}$ 在50区中的常开触点闭合，接通通电延时时间继电器 $KT_2$ 线圈的电源。时间继电器 $KT_2$ 通电闭合并自锁，为中间继电器 $K_4$ 断电做好了准备。

$KT_2$ 在55区中的延时断开常闭触点经过通电延时一定时间后断开，切断中间继电器 $K_6$ 线圈的电源，使电磁阀 $YV_{10}$ 断电，传动机构的蜗轮与蜗杆分离，定位销插入销座，压力继电器 $KP_1$ 动作，中间继电器 $K_4$ 断电释放，时间继电器 $K_2$、电磁阀 $YV_{11}$ 及 $YV_{16}$ 失电，工作台夹紧，完成工作台自动回转的控制。

（2）工作台回转电动机 $M_4$ 的停车制动控制　工作台回转电动机 $M_4$ 的停车制动控制电路结构比较简单，它采用了电容式能耗制动线路。当工作台回转电动机 $M_4$ 停车时，接触器 $KM_7$ 或 $KM_8$ 失电释放，在7区中接触器 $KM_7$ 或 $KM_8$ 的常闭触点复位闭合，电容器 $C_{13}$ 通过电阻 $R_{23}$ 对工作台回转电动机 $M_4$ 绕组放电产生直流电流，从而产生制动力矩对工作台回转电动机 $M_4$ 进行能耗制动，工作台回转电动机 $M_4$ 迅速停止转动。

（3）工作台手动回转控制　将 48 区中的工作台回转自动及手动转换开关 $SA_4$ 扳至“手动”档，则可对工作台进行手动回转控制。此时电磁阀 $YV_{16}$、$YV_{11}$ 通电动作，电磁阀 $YV_{11}$ 使工作台松开，电磁阀 $YV_{16}$ 使压力导轨充油。工作台松开后，压下 128 区中的行程开关 $ST_2$，$ST_2$ 的常开触点被压下闭合，继而中间继电器 $K_{26}$、$K_6$ 及电磁阀 $YV_{10}$ 先后通电动作并将定位销拔出，此时即可用手轮操作工作台微量回转，实现工作台手动回转控制。

**8. 尾架电动机 $M_5$ 和冷却泵电动机 $M_7$ 的控制**

（1）尾架电动机 $M_5$ 的控制　尾架电动机 $M_5$ 的控制电路为点动控制电路。当按下尾架电动机 $M_5$ 的正转点动按钮 $SB_{10}$ 时，尾架电动机 $M_5$ 正向启动运转，尾架上升；当按下尾架电动机 $M_5$ 的反转点动按钮 $SB_{11}$ 时，尾架电动机 $M_5$ 反向启动运转，尾架下降。

（2）冷却泵电动机 $M_7$ 的控制　冷却泵电动机 $M_7$ 由单极开关 $SA_1$ 控制接触器 $KM_{13}$ 线圈电源的通断来进行控制。当单极开关 $SA_1$ 闭合时，冷却泵电动机 $M_7$ 通电运转；当单极开关 $SA_1$ 断开时，冷却泵电动机 $M_7$ 停转。

## 4.5 M7475 型立轴圆台平面磨床的电气控制电路图的识读实例

所有用砂轮、砂带、油石、研磨剂等为工具对金属表面进行加工的机床，称为磨床。

磨床的加工特点是可以获得高的加工精度和低的表面粗糙度，因此，磨床主要用于零件的精加工工序，特别是淬硬钢件和高硬度特殊材料的零件表面。随着科学技术的不断发展，对仪器、设备零部件的精度和表面粗糙度要求越来越高，各种高硬度材料的应用日益增多，由于精密铸造和精密锻造技术的不断发展，有可能将毛坯不经其他切削加工而直接由磨床加工后形成成品。因此，现代机械制造业中磨床的使用越来越广泛，磨床在机床总量中的比重也在不断上升。

由于被加工零件的加工表面、结构形状、尺寸大小和生产批量的不同，磨床也有不同的种类。主要类型有：

1）外圆磨床：主要用于磨削外回转表面。

2）内圆磨床：主要用于磨削内回转表面。

3）平面磨床：用于磨削各种平面。

4）导轨磨床：用于磨削各种形状的导轨。

5）工具磨床：用于磨削各种工具，如样板、卡板等。

6）刀具刃具磨床：主要用于刃磨各种刀具。

7）各种专门化磨床：用于专门磨削某一类零件的磨床。如曲轴磨床、花键轴磨床、球轴承套圈沟磨床等。

8）精磨机床：用于对工件进行光整加工，获得很高的精度和低的表面粗糙度。

本节仅以立轴圆台平面磨床为例进行平面磨床的电气控制电路图的识读分析。

## 4.5.1　立轴圆台平面磨床概述

**1. 立轴圆台平面磨床的结构**

74 系列立轴圆台平面磨床机床的结构外形如图 4-14 所示，它采用立柱布局工作台拖板移动形式。磨头垂直进给、工作台拖板纵向移动和工作台旋转运动均为滑动导轨结构机械传动，磨头垂直升降由滚珠丝杠交流电动机驱动并有机动进给和零位停止装置，其特点是磨头功率大，生产效率高。

图 4-14　74 系列立轴圆台平面磨床结构外形图

**2. 外圆磨床的运动形式**

外圆磨床主要用于磨削外圆柱面和外圆锥面，它包括下列几种类型：普通外圆磨床、万能外圆磨床、无心外圆磨床等。

在外圆磨床上一般有两种基本的磨削方法：纵磨法和切入磨法。它们的主运动都是砂轮的旋转运动，只是进给运动方式有所不同。纵磨法如图 4-15a 所示，砂轮在旋转的同时作间歇横向进给运动（$s_1$），工件旋转并作纵向往复进给运动（$s_2$）。切入磨法如图 4-15b 所示，砂轮旋转并连续横向进给，而工件只有回转运动，没有纵向往复运动。

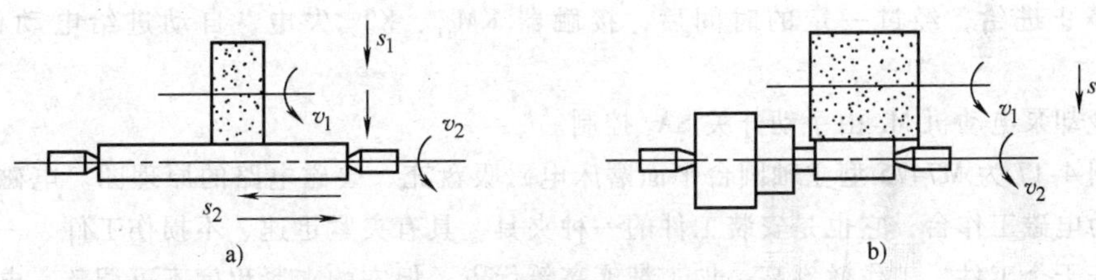


图 4-15　外圆磨削的两种基本方法

a）纵磨法　b）切入磨法

外圆磨床作为机床加工的重要磨削工具，其主要的运动形式可归纳为：

（1）主运动　砂轮的旋转运动。

（2）进给运动　进给运动包括砂轮的升降运动、工作台的转动和工作台的移动。

（3）辅助运动　工作台的自动工进等。

## 4.5.2　M7475 型立轴圆台平面磨床的电气控制电路图的识读分析

M7475 型立轴圆台平面磨床主要使用立式砂轮头及砂轮端面对工件进行削磨加工。

M7475 型立轴圆台平面磨床各电动机的电气控制电路原理如图 4-16 所示。从图 4-16电路中可以看出，M7475 型立轴圆台平面磨床由六台电动机拖动：砂轮电动机 $M_1$、工作台转动电动机 $M_2$、工作台移动电动机 $M_3$、砂轮升降电动机 $M_4$、冷却泵电动机 $M_5$、自动进给电动机 $M_6$。

按钮 $SB_1$ 为机床的总启动按钮；$SB_9$ 为总停止按钮；$SB_2$ 为砂轮电动机 $M_1$ 的启动按钮；$SB_3$ 为砂轮电动机的停止按钮；$SB_4$、$SB_5$ 为工作台移动电动机 $M_3$ 的退出和进入的点动按钮；$SB_6$、$SB_7$ 为砂轮升降电动机 $M_4$ 的上升、下降点动按钮；$SB_8$、$SB_{10}$为自动进给启动和停止按钮；手动开关 $SA_1$ 为工作台转动电动机 $M_2$ 的高、低速转换开关；$SA_5$ 为砂轮升降电动机 $M_4$ 自动和手动转换开关；$SA_3$ 为冷却泵电动机 $M_5$ 的控制开关；$SA_2$ 为充、去磁转换开关。

按下按钮 $SB_1$，电压继电器 KV 通电闭合并自锁，按下砂轮电动机 $M_1$ 的启动按钮 $SB_2$，接触器 $KM_1$、$KM_2$、$KM_3$ 先后闭合，砂轮电动机 $M_1$ 作Y-△减压启动运行。

将手动开关 $SA_1$ 扳至“高速”档，工作台转动电动机 $M_2$ 高速启动运转；将手动开关 $SA_1$ 扳至“低速”档，工作台转动电动机 $M_2$ 低速启动运转。

按下按钮 $SB_4$，接触器 $KM_6$ 通电闭合，工作台电动机 $M_3$ 带动工作台退出；按下按钮 $SB_5$，接触器 $KM_7$ 通电闭合，工作台电动机 $M_3$ 带动工作台进入。

砂轮升降电动机 $M_4$ 的控制分为自动和手动。将转换开关 $SA_5$ 扳至“手动”档位置（$SA_{5-1}$），按下上升或下降按钮 $SB_6$ 或 $SB_7$，接触器 $KM_8$ 或 $KM_9$ 得电，砂轮升降电动机 $M_4$ 正转或反转，带动砂轮上升或下降。

将转换开关$SA_5$ 扳至“自动”档位置（$SA_{5-2}$），按下按钮 $SB_{10}$，接触器 $KM_{11}$和电磁铁 YA 通电，自动进给电动机 $M_6$ 启动运转，带动工作台自动向下工进，对工件进行磨削加工。加工完毕，压合行程开关 $ST_4$ 时间继电器 $KT_2$ 通电闭合并自锁，YA 断电，工作台停止进给，经过一定的时间后，接触器 $KM_{11}$、$KT_2$ 失电，自动进给电动机 $M_6$ 停转。

冷却泵电动机 $M_5$ 由手动开关 $SA_3$ 控制。

图 4-17 为 M7475 型立轴圆台平面磨床电磁吸盘充、去磁电路的原理图。电磁吸盘又称为电磁工作台，它也是安装工件的一种夹具，具有夹紧迅速、不损伤工件、一次能吸牢若干个工件、工作效率高、加工精度高等优点。但它的夹紧程度不可调整，电磁吸盘要用直流电源，且不能用于加工非磁性材料的工件。

**1. 电磁吸盘构造与工作原理**

平面磨床上使用的电磁吸盘有长方形与圆形两种，形状不同，其工作原理是一样的。长方形工作台电磁吸盘如图 4-18 所示，主要部件为钢制吸盘体，在它的中部凸起的心体上绕有线圈，钢制盖板被绝缘层材料隔成许多小块，而绝磁层材料由铅、铜及巴氏合金等非磁性材料制成。它的作用使绝大多数磁力线都通过工件再回到吸盘体，而不致通过盖板直接回去，以便吸牢工件。在线圈中通入直流电时，心体磁化，磁力线由心体经过由盖板→工件→盖板→吸盘体→心体构成的闭合磁路，工件被吸住达到夹持工件的目的。

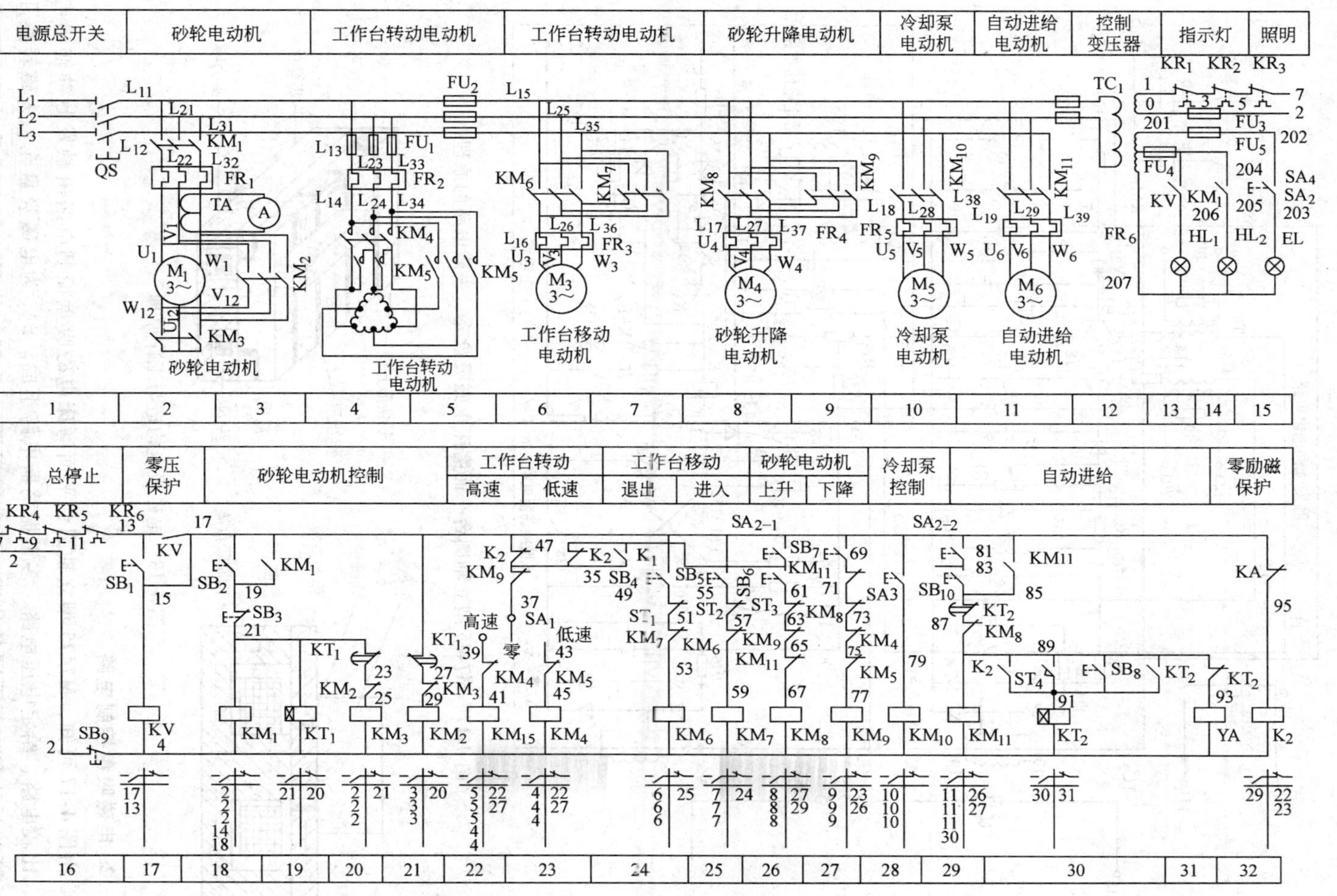


图 4-16　M7475 型立轴圆台平面磨床各电动机电气控制电路原理

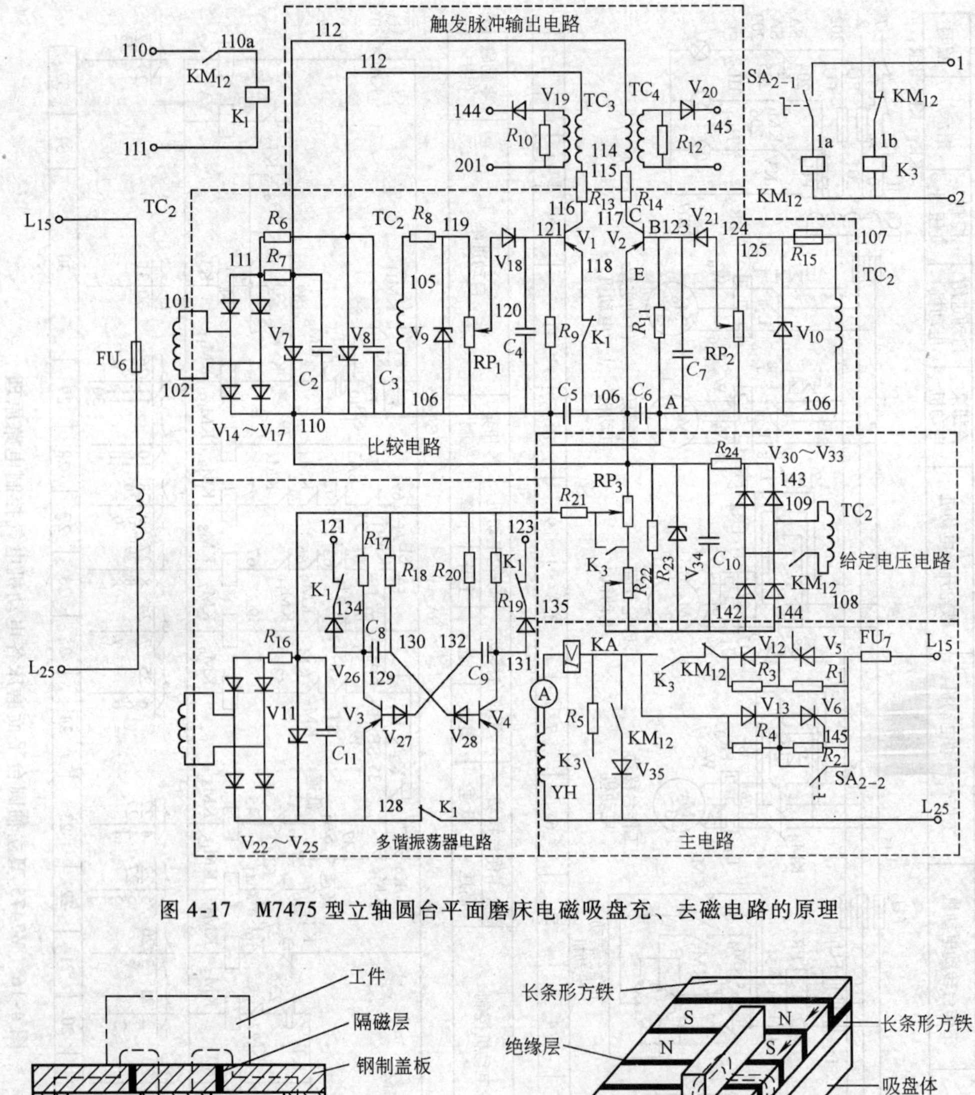

图 4-17　M7475 型立轴圆台平面磨床电磁吸盘充、去磁电路的原理

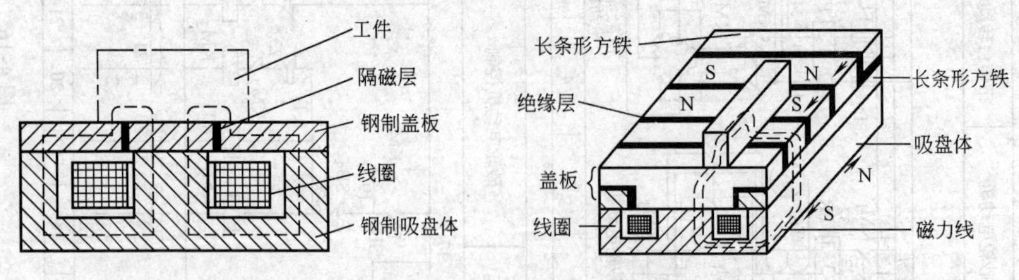

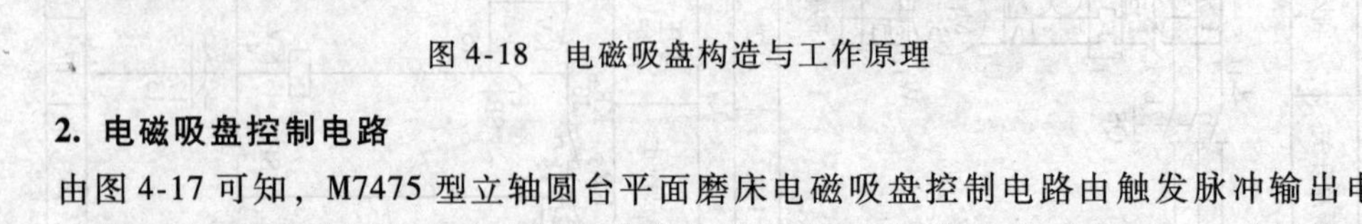

图 4-18　电磁吸盘构造与工作原理

**2. 电磁吸盘控制电路**

由图 4-17 可知，M7475 型立轴圆台平面磨床电磁吸盘控制电路由触发脉冲输出电路、比较电路、给定电压电路、多谐振荡器电路组成。$SA_2$ 为电磁吸盘充、去磁转换开关，通过扳动 $SA_2$ 至不同的位置，可获得可调（于 $SA_{2-1}$ 位置）与不可调（于 $SA_{2-2}$ 位置）的充磁控制。

# 4.6　B2012A型龙门刨床的电气控制线路的识读实例

龙门刨床是机械加工工业中重要的工作母机。龙门刨床主要用于加工各种平面、槽及斜面，特别是大型及狭长的机械零件和各种机床床身、工作导轨等。龙门刨床的电气控制电路比较复杂，它的主拖动动作完全依靠电气自动控制来执行。本节就以常用的B2012A型龙门刨床为例进行识读分析。

## 4.6.1　龙门刨床机床概述

### 1. 龙门刨床机床的组成结构

龙门刨床主要用于加工大型零件上长而窄的平面或同时加工几个中、小型零件的平面。

龙门刨床主要由床身、工作台、横梁、顶梁、主柱、立刀架、侧刀架、进给箱等部分组成，如图4-19所示。它因有一个龙门式的框架而得名。

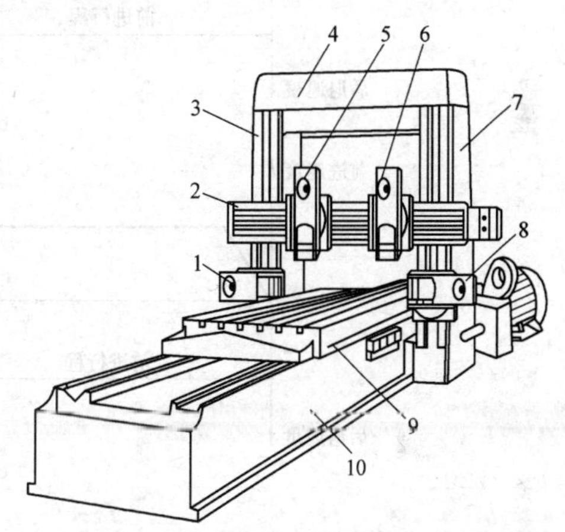

图4-19　龙门刨床机床的组成结构

1、8—侧刀架　2—横梁　3、7—主柱　4—顶梁　5、6—立刀架　9—工作台　10—床身

### 2. 龙门刨床机床的运动

龙门刨床在加工时，床身水平导轨上的工作台带动工件做直线运动，实现主运动。

装在横梁上的立刀架5、6可沿横梁导轨作间歇的横向进给运动，以刨削工作的水平平面。刀架上的滑板（溜板）可使刨刀上、下移动，作切入运动或刨削竖直平面。滑板还能绕水平轴调整至一定的角度位置，以加工倾斜平面。装在立柱上的侧刀架1和8可沿立柱导轨在上下方向间歇进给，以刨削工件的竖直平面。横梁还可沿立柱导轨升降至一定位置，以根据工件高度调整刀具的位置。

### 3. 龙门刨床生产工艺对电控的要求

龙门刨床加工的工件质量不同，用的刀具不同，所需要的速度就不同，加之B2012A型龙门刨床是刨磨联合机床，所以要求调速范围一定要宽。该机床采用以电机扩大机作励磁调节器的直流发电机—电动机系统，并加两级机械变速（变速比2:1），从而保证了工作台调速范围达到20:1（最高速90r/min，最低速4.5r/min）。在低速档和高速档的范围内，能实现工作台的无级调速。B2012A型龙门刨床能完成如图4-20所示三种速度图中的要求。

在高速加工时，为了减少刀具承受的冲击和防止工件边缘的剥型。切削工作的开

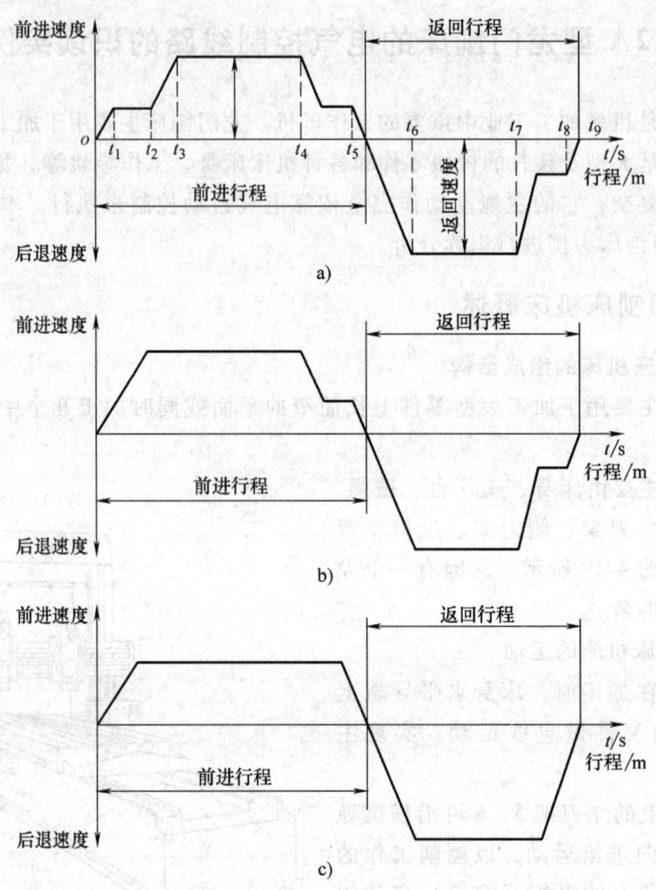


图 4-20　B2012A 龙门刨床工作台的三种速度图特性

始，要求刀具慢速切入；切削工作的末尾，工作台应自动减速，以保证刀具慢速离开工件。为了提高生产效率，要求工作台返回速度要高于切削速度，如图 4-20a 所示。图中，0 ~ $t_1$ 为工作台前进启动阶段；$t_1$ ~ $t_2$ 为刀具慢速切入工件阶段；$t_2$ ~ $t_3$ 为加速至稳定工作速度阶段；$t_3$ ~ $t_4$ 为切削工件阶段；$t_4$ ~ $t_5$ 为刀具减速退出工件阶段；$t_5$ ~ $t_6$ 为反向制动到后退启动阶段；$t_6$ ~ $t_7$ 为高速返回阶段；$t_7$ ~ $t_8$ 为后退减速阶段；$t_8$ ~ $t_9$ 为后退反向制动阶段。

若切削速度与冲击为刀具所能承受，利用转换开关，可取消慢速切入环节，如图 4-20b所示。

当机床做磨削加工时，利用转换开关，可把慢速切入和后退减速都取消，如图 4-20c所示。

为了提高加工精度，要求工作台的速度不因切削负荷的变化而波动过大，即系统的机械特性应具有一定硬度（静差度为 10%）。同时，系统的机械特性应具有陡峭的挖土机特性（下垂特性），即当电动机短路或超过额定转矩时，工作台拖动电动机的转速应快速下降，以致停止，使发电机、电动机、机械部分免于损坏。

机床应能单独调整工作行程与返回行程的速度；能作无级变速，且调速时不必停车。要求工作台运动方向能迅速平滑地改变，冲击小。刀架进给和抬刀能自动进行，并有快速回程。有必要的联锁保护，通用化程度高，成本低，系统简单，易于维修等。

### 4.6.2　龙门刨床的电气控制电路图的识读分析

B2012A 型龙门刨床电气控制电路原理如图 4-21 ~ 图 4-24 所示。其中图 4-21 所示为交-直流机组电路原理；图 4-22 所示为 B2012A 型龙门刨床主拖动系统及抬刀电路原理；图 4-23 所示为主拖动机组Y/△启动及刀架控制电路原理；图 4-24 所示为 B2012A 型龙门刨床横梁及工作台控制电路原理。

**1. 直流发电-拖动系统组成**

直流发电-拖动系统主电路如图 4-21 所示，它包括电机放大机 AG、直流发电机 G、直流电动机 M 和励磁发电机 GE。

电机放大机 AG 由交流电动机 $M_2$ 拖动。电机放大机 AG 的主要作用是根据机床刨床各种运动的需要，通过控制绕组 WC 的各个控制量调节其向直流发电机 G 励磁绕组供电的输出电压，从而调节直流发电机发出的电压。

直流发电机 G 和励磁发电机 GE 由交流电动机 $M_1$ 拖动。直流发电机 G 的主要作用是发出直流电动机 M 所需要的直流电压，满足直流电动机 M 拖动刨床运动的需要。

励磁发电机的主要作用是由交流电动机 $M_1$ 拖动，发出直流电压，向直流电动机 M 的励磁绕组供给励磁电源。直流电动机 M 的主要作用是拖动刨床往返交替做直线运动，对工件进行切削加工。

**2. 交流机组拖动系统组成**

B2012A 型龙门刨床交流机组拖动系统主电路原理如图 4-22 所示。交流机组共由 9 台电动机拖动：拖动直流发电机 G、励磁发电机 GE 用交流电动机 $M_1$，拖动电机放大机用电动机 $M_2$，拖动通风用电动机 $M_3$，润滑泵电动机 $M_4$，垂直刀架电动机 $M_5$，右侧刀架电动机 $M_6$，左侧刀架电动机 $M_7$，横梁升降电动机 $M_8$ 和横梁放松、夹紧电动机 $M_9$。

**3. 各控制电路分析**

（1）主拖动机组电动机 $M_1$ 控制电路　由交流电动机 $M_1$ 拖动直流发电机 G 和励磁发电机 GE 组成主拖动机组，其控制电路如图 4-23 所示。其中 33 区中的按钮 $SB_2$ 为交流电动机 $M_1$ 的启动按钮，按钮 $SB_1$ 为交流电动机 $M_1$ 的停止按钮。

当需要主拖动电动机 $M_1$ 拖动直流发电机 G 和励磁发电机 GE 工作时，按下 33 区中主拖动交流电动机 $M_1$ 的启动按钮 $SB_2$，33 区中的接触器 $KM_1$ 线圈、35 区中的时间继电器 $KT_2$ 线圈、36 区中的接触器 $KM_Y$线圈通电吸合，主拖动交流电动机 $M_1$ 的定子绕组接成Y接法减压启动，被拖动的直流励磁发电机 GE 利用剩磁开始发电。

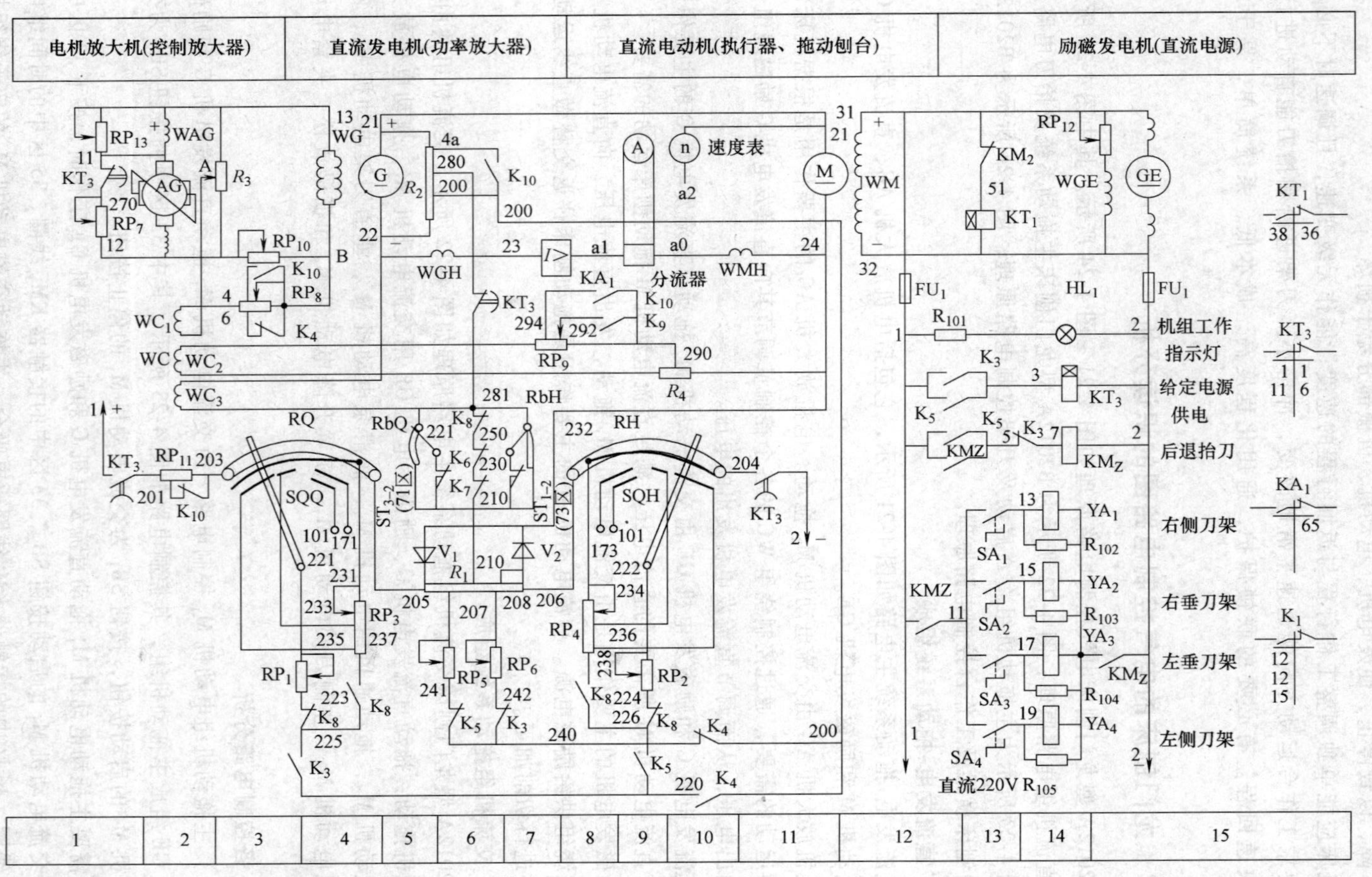


图 4-21　B2012A 型龙门刨床直流发电-拖动系统电路原理

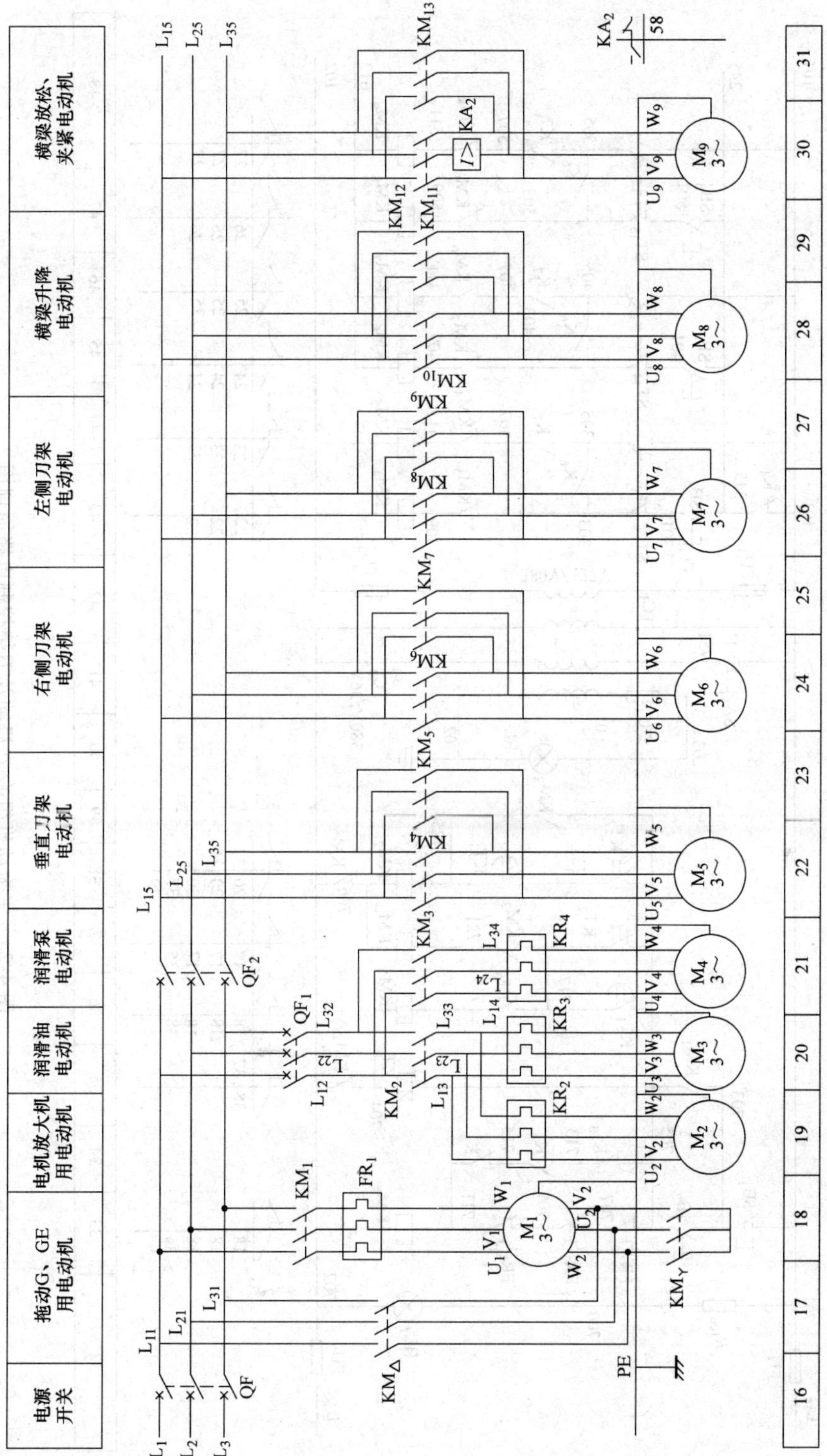


图 4-22　B2012A 型龙门刨床主拖动系统及抬刀电路原理

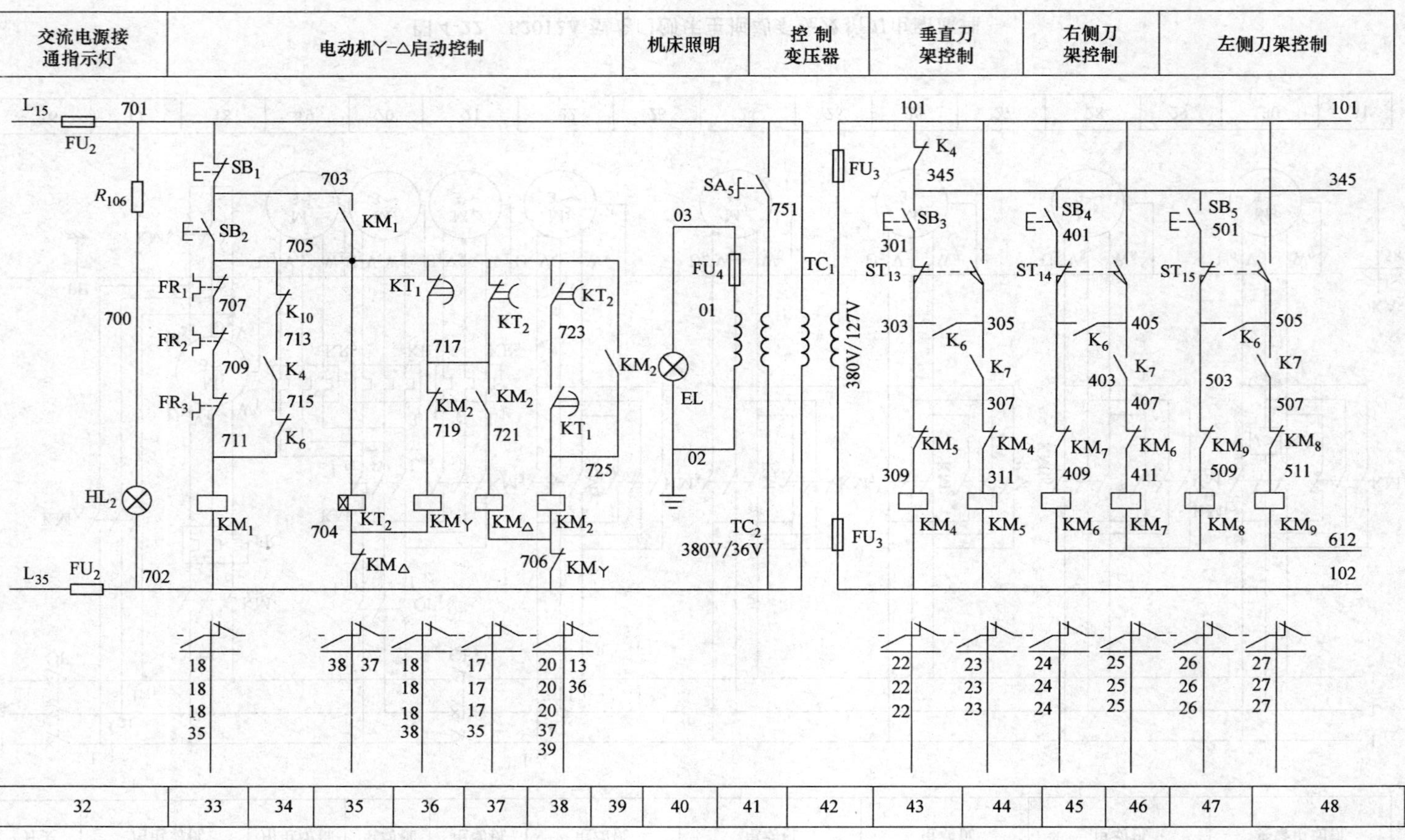


图 4-23　主拖动机组Y/△启动及刀架控制电路原理图

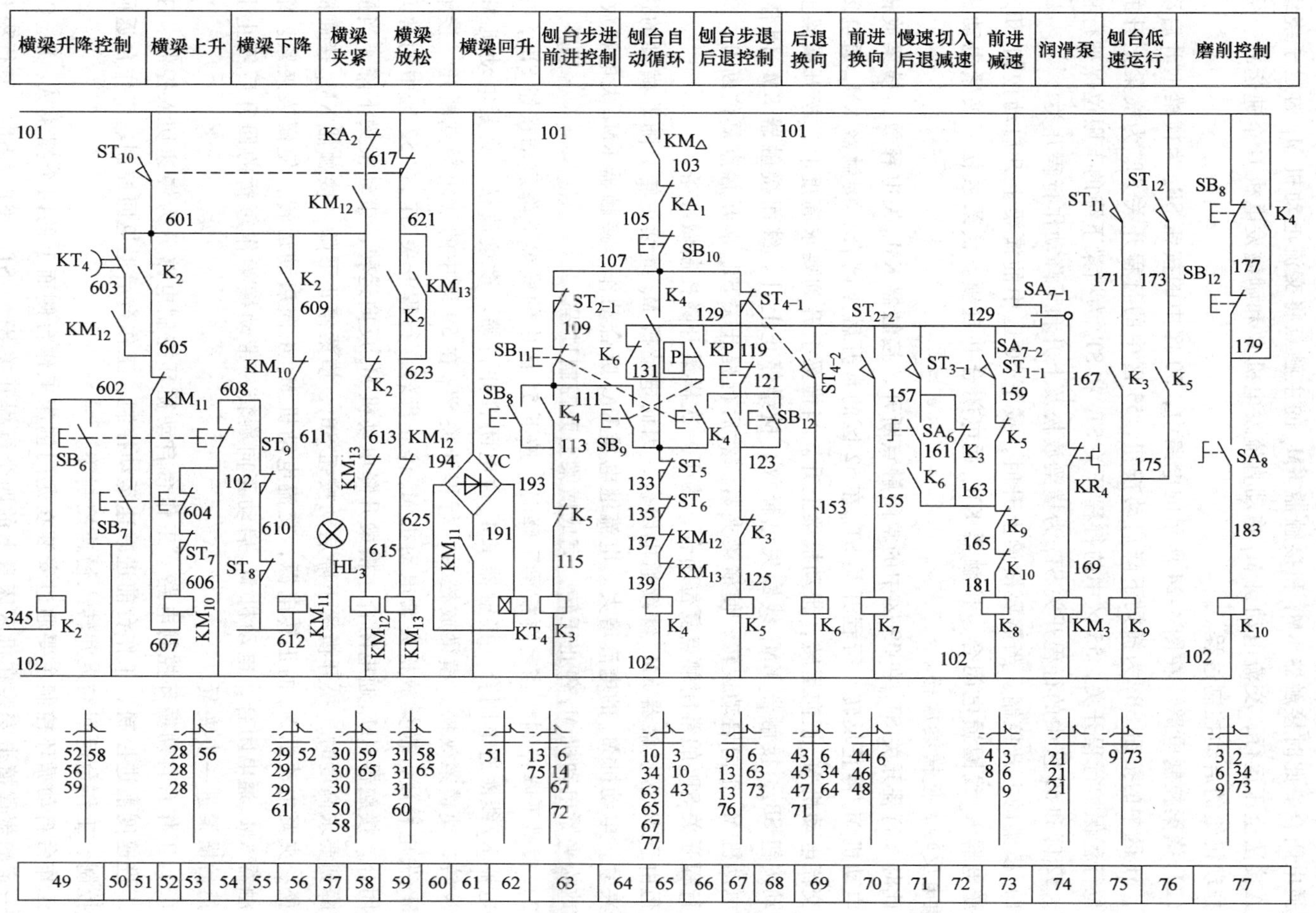


图 4-24　B2012A 型龙门刨床横梁及工作台控制电路原理图

接触器 $KM_2$ 通电闭合自锁，其在 20 区中的主触点闭合，接通交流电动机 $M_2$、$M_3$ 的电源，交流电动机 $M_2$、$M_3$ 分别拖动电机放大机 AG 和通风机工作。同时，接触器 $KM_{\triangle}$ 通电闭合。此时接触器 $KM_1$ 和接触器 $KM_{\triangle}$ 的主触点将交流电动机 $M_1$ 的定子绕组接成△接法全压运行，交流电动机 $M_1$ 拖动直流发电机 G 和励磁发电机 G 全速运行，完成主拖动机组的启动控制过程。

(2) 横梁控制电路　在图 4-24 所示的电路中，50 区中的按钮 $SB_6$ 为横梁上升启动按钮，51 区中的按钮 $SB_7$ 为横梁下降启动按钮，53 区中的行程开关 $ST_7$ 为横梁上升的上限位行程保护行程开关，55 区中的行程开关 $ST_8$ 和 $ST_9$ 为横梁下降的下限位保护行程开关，52 区和 59 区中的行程开关 $ST_{10}$ 为横梁放松及上升和下降动作行程开关。

1) 横梁的上升控制。当需要横梁上升时，按下 50 区中的横梁上升启动按钮 $SB_6$，中间继电器 $K_2$ 线圈通电闭合，接触器 $KM_{13}$ 通电闭合并自锁。横梁放松、夹紧电动机 $M_9$ 通电反转，使横梁放松。

此时，行程开关 $ST_{10}$ 在 59 区中的常闭触点断开，接触器 $KM_{13}$ 失电释放，横梁放松夹紧电动机 $M_9$ 停止反转。行程开关 $ST_{10}$ 在 52 区的常开触点闭合，接触器 $KM_{10}$ 通电闭合，交流电动机 $M_8$ 正向运转，带动横梁上升。当横梁上升到要求高度时，松开横梁上升启动按钮 $SB_6$，接触器 $KM_{10}$ 线圈失电释放，横梁停止上升。继而接触器 $KM_{12}$ 闭合，交流电动机 $M_9$ 正向启动运转，使横梁夹紧。然后行程开关 $ST_{10}$ 常开触点复位断开，59 区中行程开关 $ST_{10}$ 的常闭触点复位闭合，为下一次横梁升降控制做准备。

但由于 58 区接触器 $KM_{12}$ 继续通电闭合，因而电动机 $M_9$ 继续正转。随着横梁的进一步夹紧，电动机 $M_9$ 的电流增大。电流继电器 $KA_2$ 吸合动作，接触器 $KM_{12}$ 失电释放，横梁放松夹紧电动机 $M_9$ 停止正转，完成横梁上升控制过程。

2) 横梁下降控制。当需要横梁下降时，按下 51 区中的横梁下降启动按钮 $SB_7$，中间继电器 $K_2$ 线圈通电闭合，接触器 $KM_{13}$ 通电闭合并自锁。横梁放松、夹紧电动机 $M_9$ 通电反转，使横梁放松。横梁放松后，行程开关 $ST_{10}$ 在 59 区中的常闭触点断开，接触器 $KM_{13}$ 失电释放，横梁放松夹紧电动机 $M_9$ 停止反转。行程开关 $ST_{10}$ 在 52 区中的常开触点闭合，接触器 $KM_{11}$ 通电闭合，横梁升降电动机 $M_8$ 反向运转，带动横梁下降。当横梁下降到要求高度时，松开横梁下降启动按钮 $SB_7$，横梁停止下降。接触器 $KM_{12}$ 接通横梁放松、夹紧电动机 $M_9$ 的正转电源，交流电动机 $M_9$ 正向启动运转，使横梁夹紧。继而接触器 $KM_{10}$ 通电闭合，电动机 $M_8$ 启动正向旋转，带动横梁作短暂的回升后停止上升，然后横梁进一步夹紧。

(3) 工作台自动循环控制电路　工作台自动循环控制电路分为慢速切入控制、工作台工进速度前进控制、工作台前进减速运动控制、工作台后退返回控制、工作台返回减速控制、工作台返回结束并转入慢速控制等。

工作台自动循环控制主要通过安装在龙门刨床工作台侧面上的四个撞块 A、B、C、D 按一定的规律撞击安装在机床床身上的四个行程开关 $ST_1$、$ST_2$、$ST_3$、$ST_4$，使行程开关 $ST_1$、$ST_2$、$ST_3$、$ST_4$ 的触点按照一定的规律闭合或断开，从而控制工作台按预定的要求进行运动。

(4) 工作台步进、步退控制　工作台的步进、步退控制主要用于在加工工件时调整机床工作台的位置。

当需要工作台步进时，按下 62 区中的工作台步进启动按钮 $SB_8$，工作台步进；松开按钮 $SB_8$，工作台可迅速制动停止。

当需要工作台步退时，按下 68 区中的工作台步退启动按钮 $SB_{12}$，工作台步退；松开按钮 $SB_{12}$，工作台也可迅速制动停止。

(5) 刀架控制电路　在龙门刨床上装有左侧刀架、右侧刀架和垂直刀架，分别由交流电动机 $M_7$、$M_6$、$M_5$ 拖动。各刀架可实现自动进给运动和快速移动运动，由装在刀架进刀箱上的机械手柄来进行控制。刀架的自动进给采用拨叉盘装置来实现，拨叉盘由交流电动机拖动，依靠改变旋转拨叉盘角度的大小来控制每次的进刀量。在每次进刀完成后，让拖动刀架的电动机反向旋转，使拨叉盘复位，以便为第二次自动进刀作准备。

刀架控制电路由自动进刀控制、刀架快速移动控制电路组成。

## 4.7　组合机床的电气控制电路图的识读实例

前面主要介绍了通用机床的控制，在机床加工中工序只能一道一道地进行，不能实现多道、多面同时加工。其生产效率低，加工质量不稳定，操作频繁。为了改善生产条件，满足生产发展的专业化、自动化要求，人们经过长期生产实践的不断探索、不断改进、不断创造，逐步形成了各类专用机床，专用机床是为完成工件某一道工序的加工而设计制造的，可采用多刀加工，具有自动化程度高、生产效率高、加工精度稳定、机床结构简单、操作方便等优点。但当零件结构与尺寸改变时，需重新调整机床或重新设计、制造，因而专用机床又不利于产品的更新换代。

为了克服专用机床的不足，在生产中又发展了一种新型的加工机床。它以通用部件为基础，配合少量的专用部件组合而成，具有结构简单、生产效率和自动化程度高等特点。一旦被加工零件的结构与尺寸改变时，能较快地进行重新调整，组合成新的机床。这一特点有利于产品的不断更新换代，目前在许多行业得到广泛的应用。这就是本节要介绍的组合机床。

### 4.7.1　组合机床概述

**1. 组合机床的结构组成**

组合机床是由一些通用部件及少量专用部件组成的高效自动化或半自动化专用机床。可以完成钻孔、扩孔、铰孔、镗孔、攻螺纹、车削、铣削及精加工等多道工序，一般采用多轴、多刀、多工序、多面、多工位同时加工，适用于大批量生产，能稳定地保证产品的质量。图 4-25 所示为单工位三面复合式组合机床结构。它由底座、立柱、滑台、切削头、动力箱等通用部件，多轴箱、夹具等专用部件以及控制、冷却、排屑、润滑等辅助部件组成。

通用部件是经过系列设计、试验和长期生产实践考验的，其结构稳定、工作可靠，

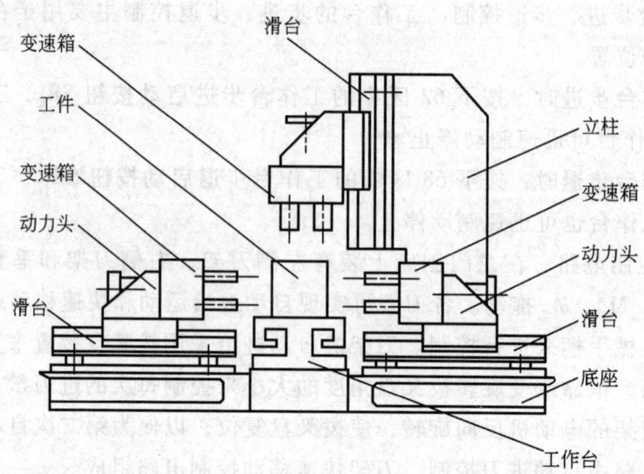


图 4-25 单工位三面复合式组合机床结构

由专业生产厂成批制造，经济效果好，使用维修方便。一旦被加工零件的结构与尺寸改变时，这些通用部件可根据需要组合成新的机床。在组合机床中，通用部件一般占机床零部件总量的70%～80%；其他20%～30%的专用部件由被加工工件的形状、轮廓尺寸、工艺和工序决定。

组合机床的通用部件主要包括以下几种：

（1）动力部件 用来实现主运动或进给运动，有动力头、动力箱、各种切削头。

（2）支承部件 主要为各种底座，用于支承、安装组合机床的其他零部件，它是组合机床的基础部件。

（3）输送部件 用于多工位组合机床，用来完成工件的工位转换，有直线移动工作台、回转工作台、回转鼓轮工作台等。

（4）控制部件 用于组合机床完成预定的工作循环程序。它包括液压元件、控制挡铁、操纵板、按钮盒及电气控制部分。

（5）辅助部件 辅助部件包括冷却、排屑、润滑等装置，以及机械手、定位、夹紧、导向等部件。

**2. 组合机床的工作特点**

组合机床主要由通用部件装配组成，各种通用部件的结构虽有差异，但它们在组合机床中的工作却是协调的，能发挥较好的效果。

组合机床通常是从几个方向对工件进行加工，它的加工工序集中，要求各个部件的动作顺序、速度、启动、停止、正向、反向、前进、后退等均应协调配合，并按一定的程序自动或半自动地进行。加工时应注意各部件之间的相互位置，精心调整每个环节，避免大批量加工生产中造成严重的经济损失。

## 4.7.2 双面单工液压传动组合机床的电气控制图识读分析

双面单工液压传动组合机床电气控制电路原理如图 4-26 所示。双面单工液压传动

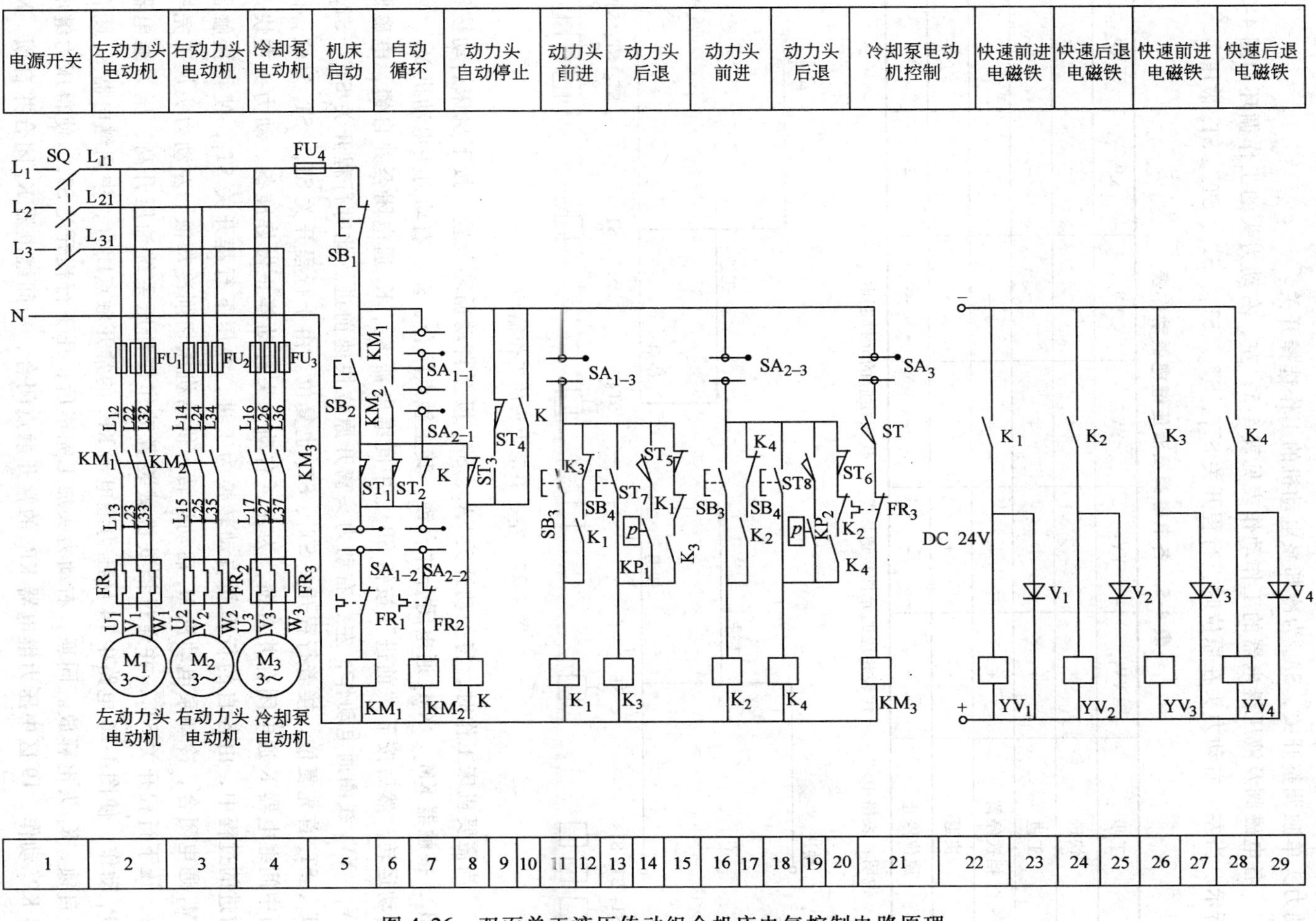


图 4-26　双面单工液压传动组合机床电气控制电路原理

组合机床由左、右动力头电动机 $M_1$、$M_2$ 及冷却泵电动机 $M_3$ 三台电动机拖动。在双面单工液压传动组合机床控制电路中，手动开关 $SA_1$ 为左动力头单独调整开关，$SA_2$ 为右动力头单独调整开关，$SA_3$ 为冷却泵电动机的工作选择开关。

各电磁阀及液压继电器的工作动作表见表 4-5；左、右动力头的工作循环如图 4-27 所示。当左、右动力头在原位时，行程开关 $ST_1$、$ST_2$、$ST_3$、$ST_4$、$ST_5$、$ST_6$ 被压下。

表 4-5　各电磁阀及液压继电器动作表

| 工步 | $YV_1$ | $YV_2$ | $YV_3$ | $YV_4$ | $KP_1$ | $KP_2$ |
|---|---|---|---|---|---|---|
| 快进 | + | - | + | - | - | - |
| 工进 | + | - | + | - | - | - |
| 挡铁停留 | + | - | + | - | + | + |
| 快退 | - | + | - | + | - | - |
| 原位停止 | - | - | - | - | - | - |

说明：表格中“+”代表相应的元件接通，“-”代表相应的元件断电。

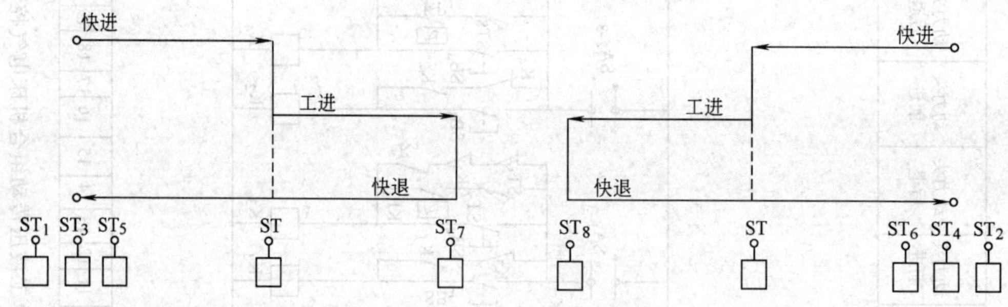


图 4-27　左、右动力头的工作循环

当需要机床工作时，将手动开关 $SA_1$、$SA_2$ 扳至自动循环位置，按下机床启动按钮 $SB_2$，接触器 $KM_1$、$KM_2$ 通电闭合并自锁，其主触点闭合，左、右动力头电动机 $M_1$、$M_2$ 启动运转。然后按下“前进”按钮 $SB_3$，中间继电器 $K_1$、$K_2$ 通电闭合并自锁，电磁阀 $YV_1$、$YV_3$ 线圈通电动作，左、右动力头离开原位快速前进。此时行程开关 $ST_1$、$ST_2$、$ST_5$、$ST_6$ 首先复位，接着行程开关 $ST_3$、$ST_4$ 也复位。由于行程开关 $ST_3$、$ST_4$ 复位，因而中间继电器 K 通电闭合并自锁，为左、右动力头自动停止做好准备。动力头在快速前进的过程中，由各自的行程阀自动转换为工进，并压下行程开关 $ST_1$，使得接触器 $KM_3$ 通电闭合，冷却泵电动机 $M_3$ 启动运转，供给机床切削冷却液。左动力头加工完毕后，压下行程开关 $ST_7$，并通过挡铁机械装置动作使油压系统油压升高，压力继电器 $KP_1$ 动作，使图 4-26 电路中 14 区压力继电器 $KP_1$ 的常开触点闭合，中间继电器 $K_3$ 闭合并自锁，$K_1$ 失电释放。同理，右动力头加工完毕后，压下行程开关 $ST_8$，使得压力继电器 $KP_2$ 动作，19 区中压力继电器 $KP_2$ 的常开触点闭合，中间继电器 $K_4$ 闭合并自锁，$K_2$ 失电释放。由于中间继电器 $K_1$、$K_2$ 失电释放，$YV_1$、$YV_3$ 失电且 $YV_2$、$YV_4$ 通电，根据表 4-6 中各电磁阀及液压继电器的工作动作表可知，此时左、右动力头快速后退。当左、右动力头退回至行程开关 ST 处时，ST 复位，接触器 $KM_3$ 失电释放，冷却泵电动机 $M_3$ 停转。而当左、右动力头退回至原位时，首先压下行程开关 $ST_3$、$ST_4$，然后压下行程开关 $ST_1$、$ST_2$、$ST_5$、$ST_6$，接触器 $KM_1$、$KM_2$ 失电释放，左、右动力头电动机 $M_1$、$M_2$ 停转，完成一次循环加工过程。

图中按钮 $SB_4$ 为左、右快退手动操作按钮，按下 $SB_4$，能使左、右动力头退至原位停止。

# 第5章　现代机床中晶闸管直流调速系统控制电路的识读分析

直流调速系统是目前电力拖动领域应用最广泛的一种自动调速系统。它可以在一定范围内平滑调速，并且具有良好的静态和动态性能。由于直流电动机具有良好的运行性能和控制特性，长期以来直流调速系统一直在金属加工机床、轧钢机、矿井卷扬机、电梯、纺织、造纸、海洋钻机、电力机车等要求高性能可控电力拖动的场合占据着垄断地位。由于交流电动机结构简单、制造和维护方便、价格低廉等显著优点，近年来交流调速系统发展较快。特别是随着计算机技术、电力电子技术和控制技术的不断完善，为交流调速的发展提供了强有力的技术支撑，这就为交流调速系统逐步取代直流调速系统奠定了基础。但就目前而言，直流调速系统所运用的控制理论和控制技术都是成熟的，它又是交流调速系统的基础，因此现代机床晶闸管直流调速系统控制电路的识读分析仍具有重要的实用价值。

## 5.1　晶闸管直流调速系统概述

**1. 直流电动机的调速方法和可控直流电源**

（1）直流电动机的调速方法　直流电动机的转速和其他参量之间的稳态关系表达式为

$$n = \frac{U - IR}{K_e \Phi} \tag{5-1}$$

式中　$n$——电动机的转速（r/min）；

$U$——电枢电压（V）；

$I$——电枢电流（A）；

$R$——电枢回路总电阻（Ω）；

$\Phi$——励磁磁通（Wb）；

$K_e$——由电动机结构决定的电动势常数。

由式（5-1）可以看出，直流电动机调节转速的方法有三种：调节电枢供电电压 $U$；改变励磁磁通 $\Phi$；改变电枢回路电阻。其中第一种方法可以在一定范围内平滑调速；改变电阻是一种耗能调速方法而且是有级调速，很少用；弱磁虽然可以平滑调速，但只能和调压调速配合使用，且在基速以上范围调速。因此，在实用中直流调速系统多以调压调速为主，必要时可结合调压和弱磁两种方法，以扩大调速范围，改变电动机的转速。

（2）直流调速系统用的可控直流电源　调压调速是直流调速系统采用的主要方法，调节电枢供电电压或者改变励磁磁通都需要专门的可控直流电源。常用的直流电源有两种：

1）旋转变流机组。用交流电动机和直流发电机组成机组，以获得可调的直流电压。但因其使用设备多、体积大、占地多、效率低、安装需要打基础、运行有噪声、维护麻烦等，在20世纪50年代就开始逐步被静止变流装置，特别是晶闸管变流装置所取代。

2）静止变流装置。它包括晶闸管可控整流、直流斩波器或脉宽调制变换器及20世纪60年代已被淘汰的水银整流器、离子拖动变流等装置。目前在应用得比较广泛的静止变流装置中，除频率很高（如微波）的大功率高频电源中还使用真空管外，基于半导体材料的电力电子器件已成为电能变换的绝对主力。所以由大功率半导体全控和半控元件组成的变流装置，特别是晶闸管变流装置，是对直流电动机供电用得最多的可控直流电源。

按照电力电子器件能够被控制电路信号所控制的程度，可以将电力电子器件归为三类：

① 半控型器件。通过控制信号可以控制其导通，而不能控制其关断的电力电子器件，主要是晶闸管及其派生器件，器件的关断完全是由主电路中器件所承受的电压和电流决定的。

② 全控型器件。通过控制信号可以控制其导通和关断的电力电子器件。与半控型器件相比，因为可以由控制信号关断，所以又称为自关断器件，常用的是绝缘栅双极晶体管（IGBT）和电力场效应管（MOSFET）及GTO等。

③ 不可控器件。不用控制信号控制其通断，因此不用驱动电路，这就是电力二极管（Power Diode）。

现以电力电子器件构成的静止变流装置为主，介绍可控直流电源及由它供电的直流调速系统。

① 静止可控整流器。如图5-1所示为晶闸管-电动机调速系统（简称V-M系统）的原理。

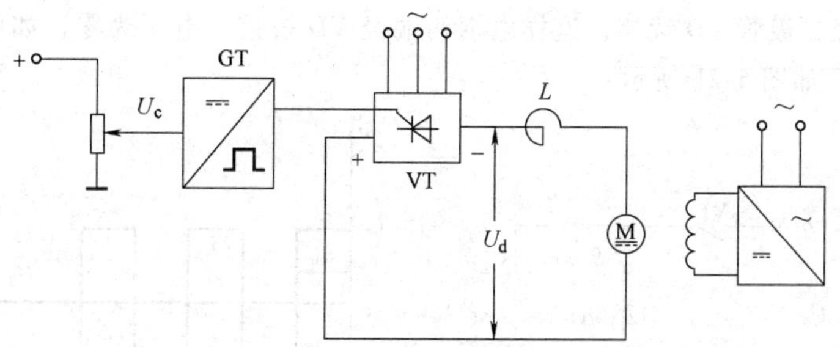


图5-1　晶闸管-电动机调速系统（V-M系统）原理

在图5-1中，VT是晶闸管整流器，通过调节触发装置GT控制电压$U_c$来移动触发脉冲的相位，则可以改变整流电压值$U_d$，从而实现平滑调速。晶闸管整流的功率放大倍数大多在$10^4 \sim 10^5$之间。因为控制功率小，所以有利于用微电子技术控制强电。在控制的快速性上，晶闸管整流器是毫秒级的，有利于改善系统的动态性能。

晶闸管整流器也有它的缺点，主要表现在四个方面：

a）它不允许电流反向，给系统可逆运行造成困难。如要可逆运行，则必须组成可逆系统。由半控整流电路构成的 V-M 系统只允许单象限运行；带位势负载时全控桥式整流电路可以实现有源逆变；四个象限运行时必须选用可逆系统。

b）晶闸管元件对过电压、过电流及过高的电压、电流变化率十分敏感，其中任何一项指标超标都可能在短时间内损坏晶闸管，因此必须有可靠的保护电路和符合要求的散热条件（小功率器件可用散热器，大功率器件可用风冷或水冷）。同时选择器件容量时必须留出一定余量。现代的晶闸管应用技术已经非常成熟，只要选择质量过关的元件，设计合理，保护电路齐备，晶闸管装置的运行是十分可靠的。

c）由于 V-M 系统是感性负载，当系统处于深调速时，转速较低，晶闸管的导通角很小，整流装置输出电压与电流之间的相位差变大，使得系统功率因数很低，并产生较大的谐波电流，引起电网电压畸变，造成“电力公害”。在这种情况下必须添置无功补偿和谐波滤波装置。

d）在 V-M 系统中，因为整流电压是从电网电压上截取的片断，所以是脉动的。当负载较小或平波电抗器电感量不是足够大时，电流也是脉动的，可能引起电流断续。所以 V-M 系统的机械特性也有连续和断续两段。电流连续时机械特性为一条直线，特性较硬。电流断续时特性较软，呈现明显的非线性。

② 直流斩波器或脉宽调制变换器。直流斩波又称直流调压，用在有恒定直流电源的场合。它是利用开关器件的通断实现调压的。通过通断时间的变化改变负载上直流电压的平均值，将恒定的直流电压变成平均值可调的直流电压，也叫直流-直流变换器。它具有效率高、体积小、重量轻、成本低的特点，现在广泛应用在电力机车、无轨电车、电瓶车等电力牵引设备的变速拖动中。

图 5-2a 所示为直流斩波器-电动机系统的原理。图中 VT 为开关器件，VD 为续流二极管。当 VT 导通时 $U_s$ 加到电动机电枢两端。VT 断开时，直流电源与电枢断开。电枢中滞后电流经二极管 VD 续流，这样电枢两端经 VD 短接，电压为零，如此反复得到电压波形 $u(t)$，如图 5-2b 所示。

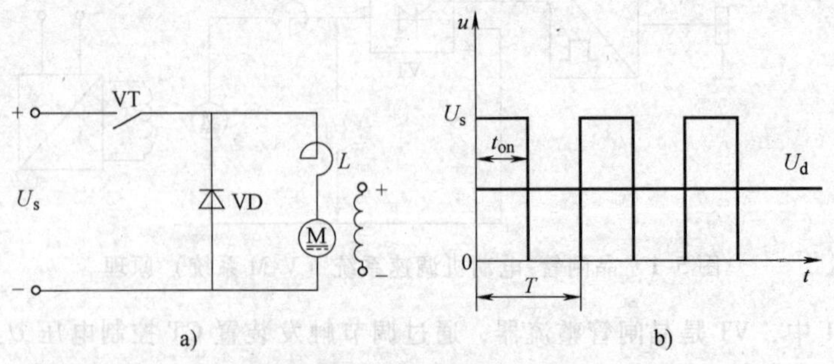


图 5-2　直流斩波器-电动机系统原理图和电压波形

a）原理图　b）电压波形

由图 5-2b 可得到电动机电枢两端的电压平均值 $U_d$ 为

$$U_d = \frac{t_{on}}{T}U_s = \rho U_s \tag{5-2}$$

式中　$T$——开关器件的通断周期；

$t_{on}$——开关器件的导通时间；

$U_s$——加到电动机电枢两端恒定的直流电压；

$\rho = \frac{t_{on}}{T} = t_{on}f$——占空比；

$f$——开关频率。

由式（5-2）可知，直流斩波器输出的电压平均值 $U_d$，可以通过改变开关器件的通断时间和开关频率调节，即改变占空比可以调节。常用的改变输出电压平均值的调制方法有以下三种：

a）脉冲宽度调制（PWM）。保持通断周期 $T$ 不变，只改变开关导通时间 $t_{on}$，即定频调宽称为脉宽调制。

b）脉冲频率调制（PFM）。保持开关导通时间 $t_{on}$ 不变，只改变通断周期 $T$，即定宽调频。

c）两点式调制。开关通断周期 $T$ 与开关导通时间 $t_{on}$ 均可改变，即可调宽又可调频，称为混合调制。当负载电流或电压低于某一值时，开关器件导通；当电流或电压高于某一值时，使开关器件关断，导通和关断时间以及通断周期都是不固定的。

构成直流斩波器的开关元件一般都采用全控元件，如 GTO、GTR、IGBT、P-MOSFET 等，由它们组成的主回路是多种多样的，但基本控制方式是一致的。

图 5-3a 所示为一种可逆脉宽调速系统的基本原理，由 $VT_1 \sim VT_4$ 四个电力电子开关器件构成的桥式（或称 H 型）可逆脉冲宽度调制（PWM）变换器。$VT_1$ 和 $VT_4$ 同时导通或关断。$VT_2$ 和 $VT_3$ 同时导通或关断。使电动机 M 的电枢两端承受 $+U_S$ 或 $-U_S$。改变两组开关器件导通时间，也就改变了电压脉冲宽度，达到调压目的。图 5-3b 所示为电枢两端的电压波形。

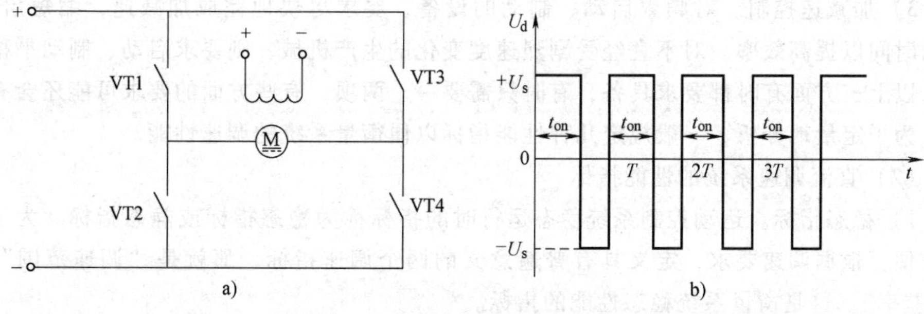


图 5-3　桥式可逆脉宽调速系统基本原理图和电压波形

a）基本原理图　b）电压波形

如果开关周期为 $T$、导通时间为 $t_{on}$，电动机电枢两端的电压平均值为

$$U_{d0}=\frac{t_{on}}{T}U_s-\frac{T-t_{on}}{T}U_s=\left(\frac{2t_{on}}{T}-1\right)U_s=\rho U_s \tag{5-3}$$

这里定义 $\rho=\frac{2t_{on}}{T}-1$。

PWM 调速系统适用于中小功率，与 V-M 系统相比，PWM 系统有以下优点：

a）采用全控型器件构成的 PWM 调速系统，其脉宽调制电路的开关频率高，一般为几千赫兹。因此系统频带宽，响应速度快，动态抗干扰性强。

b）由于开关频率高，仅靠电动机电枢电感，就可以获得脉动很小的直流电流，使得电枢电流容易连续，系统低速性能好，调速范围宽，可达 10000 以上。

c）在 PWM 系统中，主回路的电力电子器件处于开关工作状态，损耗小，装置效率高。如果选用的恒定直流电源是由不可控装置提供的，功率因数将会大大提高。

d）主电路所需的功率元件少，线路简单，控制方便。

但因受电力电子器件容量的限制，直流 PWM 调速系统目前还多限于在中小功率的直流调速系统使用。

**2. 直流调速系统的要求和调速性能指标**

任何一台需要控制转速的设备，生产工艺对拖动系统的调速性都有一定的要求。例如，最高转速和最低转速的调节范围、是平滑调速还是有级调速、稳态时允许的静态速降、扰动发生时克服的能力、动态变化时的系统控制能力等，所有这些要求都可以归纳为生产设备要求的技术指标。经过一定折算，可以转换为电力拖动自动控制系统的稳态和动态性能指标，作为设计调速系统时的依据。

（1）直流调速系统的要求　各种生产机械对调速系统提出不同的转速控制要求，归纳起来有以下三个方面：

1）调速。在一定的最高转速范围和最低转速范围内，有级（分档）或无级（平滑）地调节转速。

2）稳速。以一定精度在所需转速上稳定运行，不因各种可能发生的外来干扰（如负载变化、电网电压波动等）而产生过大的转速波动，以保证产品质量。

3）加减速控制。对频繁启动、制动的设备，要求尽快地完成加减速，缩短启动、制动时间以提高效率。对不宜经受剧烈速度变化的生产机械，则要求启动、制动平稳。

以上三方面有时都要求具备，有时只需要一、两项，有些方面的要求可能还会有矛盾。为了定量地分析，一般规定几种性能指标以便衡量系统的调速性能。

（2）直流调速系统的性能指标

1）稳态指标。运动控制系统稳态运行时的指标称为稳态指标或静态指标。为了分析方便，根据调速要求，定义具有普遍意义的两个调速指标，那就是“调速范围”和“静差率”。这是衡量系统稳态性能的指标。

① 调速范围。将生产机械要求拖动系统能达到的最高转速 $n_{max}$ 和最低转速 $n_{min}$ 之比称为调速范围，用字母 $D$ 表示，即

$$D = \frac{n_{max}}{n_{min}} \tag{5-4}$$

其中 $n_{max}$ 和 $n_{min}$ 一般指额定负载时的转速，对少数负载小的机械也可以用实际负载时的转速。一般在设计调压调速系统时常令 $n_{max} = n_N$。

② 静差率。当系统在某一转速下稳定运行时，将负载由理想空载到额定负载时所对应的转速降落 $\Delta n_N$ 与理想空载转速 $n_0$ 之比称为静差率，即

$$S = \frac{\Delta n_N}{n_0} \tag{5-5}$$

或用百分数表示

$$S = \frac{\Delta n_N}{n_0} \times 100\% \tag{5-6}$$

静差率表征负载变化引起调速系统的转速偏离原定转速的程度，它和机械特性的硬度有关，特性越硬，静差率越小，说明系统稳态性能好。

然而，静差率和硬度又有区别。一般变压调速时在不同电压下的机械特性是互相平行的，如图 5-4 所示。图中曲线 $a$ 和 $b$ 平行且 $\Delta n_{Na} = \Delta n_{Nb}$，这时说两条曲线表示的机械特性硬度相同，但它们的静差率却不同，原因是理想空载转速不同。对于同样硬度的机械特性，理想空载转速较低时静差率能满足要求，高速时一定满足要求。因此调速系统静差率指标应以最低转速能达到的数值为准，所以

$$S = \frac{\Delta n_N}{N_{0min}} \tag{5-7}$$

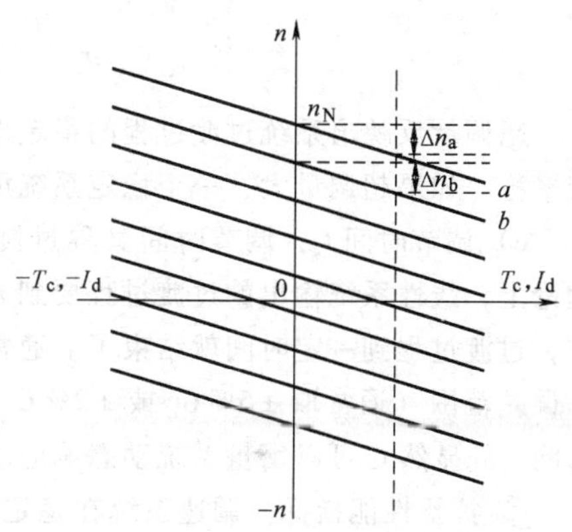


图 5-4　PWM 调速系统电流连续时机械特性曲线

在 $n_0$ = 1000r/min 时，速降 $\Delta n_N$ = 10r/min，$S = 1\%$；如果 $n_0$ = 100r/min，在相同的速降下，$S = 10\%$；如果 $n_0$ 降到 10r/min，仍然是 $\Delta n_N$ = 10r/min，这时电动机已停转。

由此可见，$D$ 和 $S$ 这两项指标并非完全孤立，必须同时考虑才有意义。因此静差率制约调速范围，反过来调速范围又影响了静差率。

③ 调压调速系统中 $D$、$S$ 和 $\Delta n_N$ 之间的关系

$$D = \frac{n_N S}{\Delta n_N (1 - S)} \tag{5-8}$$

式（5-8）表达了调速范围 $D$、静差值 $S$、额定速降 $\Delta n_N$ 之间应满足的关系。对于同一调速系统，其特性硬度一样，如果对静差率 $S$ 要求严格，则调速范围一定受到影响。

2）动态性能指标。直流调速系统在过渡过程中的性能指标称为动态指标。动态指标包括跟随性能指标和抗扰性能指标两类。

① 跟随性能指标典型的跟随性能过程是指在零初始条件下，系统输出量 $C(t)$ 对

给定输入量（或称参考输入信号）$R(t)$ 的响应过程。可以把系统输出量 $C(t)$ 的动态响应过程用跟随性能指标描述。当给定信号的变化方式不同时，输出响应也不一样。一般以系统对单位阶跃输入信号的输出响应为依据。如图 5-5 所示为单位阶跃响应跟随过程。常用的单位阶跃响应跟随性能指标有上升时间、超调量和调节时间。

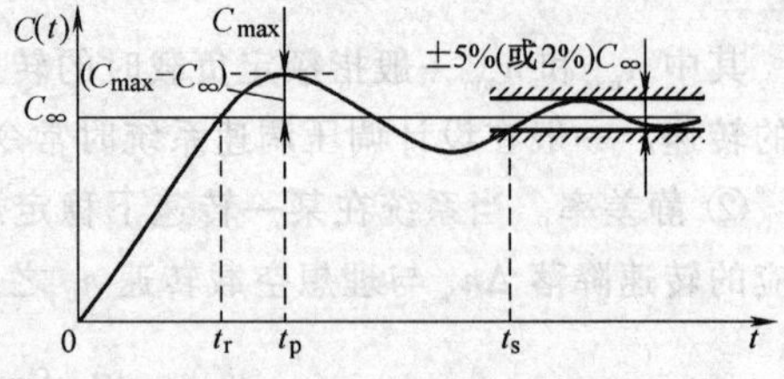


图 5-5 典型的阶跃响应过程和跟随性能指标

a）上升时间 $t_r$：单位阶跃响应曲线从零开始第一次达到稳态值 $C_\infty$ 所用的时间称为上升时间，它表示动态响应的快速性。

b）超调量 $\sigma$ 与峰值时间 $t_p$：在阶跃响应过程中，输出量达到稳态值，再上升，达到峰值 $C_{max}$ 后再回落。达到 $C_{max}$ 时所用的时间 $t_p$ 为峰值时间。$C_{max}$ 超过稳态值 $C_\infty$ 的部分与稳态值之比叫作超调量，即

$$\sigma = \frac{C_{max} - C_\infty}{C_\infty} \times 100\% \tag{5-9}$$

超调量反映出系统过渡过程的稳定性，超调量越小，相对稳定性越好，动态响应比较平稳。如果超调量大，一个稳定系统可能要经过明显的振荡才能稳定下来。

c）调节时间 $t_s$：调节时间又称过渡过程时间。它用于衡量系统动态响应的快慢。理论上，线性系统输出的过渡过程要到 $t=\infty$ 才稳定。实际上由于诸多非线性因素的存在，过渡过程到一定时间就结束了。通常在应用中，一般将单位阶跃响应曲线进入到某一误差范围（通常取 $\pm5\% C_\infty$ 或 $\pm2\% C_\infty$）之内，并且不再超出时所用的时间称为调节时间 $t_s$。显然 $t_s$ 可以衡量系统动态响应的快速性，也包含它的稳定性。

② 抗扰性能指标。调速系统在稳定运行中，会因为受到各种扰动量的干扰而偏离给定值。即便是无静差调速系统，在出现扰动或扰动发生变化时都会使输出量发生改变。输出量的变化大小和恢复到稳态时所用的时间可以反映系统的抗扰能力。一般以阶跃扰动发生以后的过渡过程为典型的抗扰过程来研究。常用的抗扰指标为动态速降和恢复时间。图 5-6 所示为突加扰动的动态过程和抗扰性能指标。

a）动态变化量 $\Delta C_{max}$：系统稳定运行时，突加定值扰动后，将引起输出量的变化。输出量的最大变化量称为动态变化量 $\Delta C_{max}$。一般用 $\Delta C_{max}$ 占某基准值 $C_b$ 的百分数表示动态变化量的大小。输出量经动态变化后趋于稳定，达到新的稳态值。

由于系统结构不同，扰动前后稳态值可能相等也可能不等。

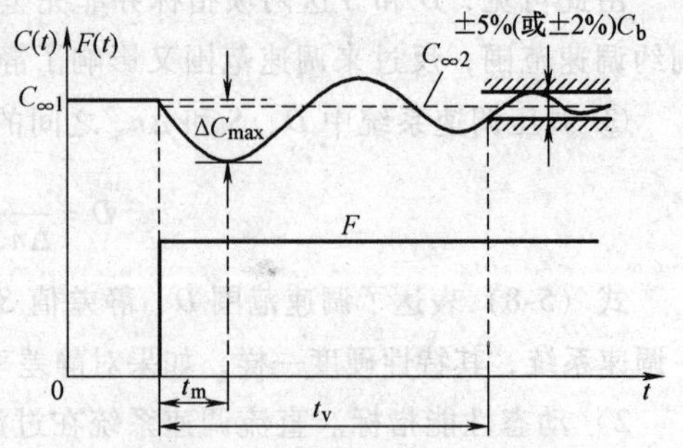


图 5-6 突加阶跃扰动的动态过程和抗扰性能指标

b）恢复时间 $t_v$：从阶跃扰动开始，到输出量基本恢复稳态，其值进入新的稳态

值 $C_{\infty 2}$ 的某一误差范围，即 ±5%（或 ±2%）$C_b$ 值时并且不再超出，所用的时间 $t_v$ 为恢复时间。$C_b$ 抗扰指标中输出量的基准值视扰动情况而定。

上述动态指标是时域的性能指标，它能比较直观地反映出生产要求。但在工程设计时，需解决系统参数与时域指标之间的关系，这二者之间并无对应，需借助频域指标加以解决。后面介绍的工程设计方法可解决这一问题。

实际调速系统对于各种性能指标的要求不尽相同，各有侧重。这是由生产工艺要求决定的。例如，可逆轧机连续正反向轧制，因而对动态跟随性能和抗扰性能都有一定要求。而不可逆连轧系统对抗扰性要求较高。一般说调速系统的动态指标侧重抗扰性。

**3. 直流调速系统的分类**

（1）开环控制的调速系统　开环控制的调速系统是最基本的调速系统，它是在手动的基础上发展起来的。图 5-1 所示的 V-M 系统即为开环调速系统。图 5-7 是图 5-1 的框图。

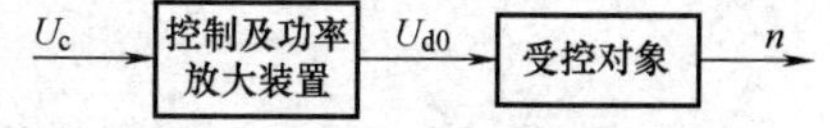

图 5-7　开环控制调速度系统框图

开环控制调速系统输入量 $U_c$ 可以由手动调节，也可以由上级控制装置给出，系统的输出量是电动机的转速 $n$。该系统只有输入量在前向通道的控制作用，输出量（被调量）没有反馈影响输入量，即输出量不参与控制。输入量的控制作用是单方向传递的，所以是开环控制。因为没有对被调量的检测和反馈，所以被调量的过去、现在及将来的状态无从获得，无法参与控制，因此得不到较好的控制效果。

开环控制调速系统的优点是结构简单、调试方便、成本低廉。在系统内部参数变化不大、外界扰动规律预知、调速性能要求不高的前提下，采用开环控制也能实现一定范围的无级调速。但在生产实践中许多无级调速的生产机械，常常对静差率和调速范围有一定的要求，而且扰动也是多样和随机的，是不可预知的。因此开环系统的应用受到一定的限制。例如，热连轧机每个道次的轧辊由单独的电动机拖动，电动机的速度必须保持严格的比例关系，才不至于造成拉钢和堆钢。因为每个轧辊承受的负载不同，所以对静态速降的要求较高，开环系统是很难满足要求的。

（2）转速负反馈直流调速系统　开环调速系统不能满足较高性能指标的要求。根据反馈控制的原理，要想控制哪个量，就必须引入这个量的负反馈。对于调速系统来说主要是控制转速，所以引入转速的负反馈参与控制以提高系统的性能，克服开环系统的缺点，提高系统的控制质量。闭环调速系统原理框图如图 5-8 所示。

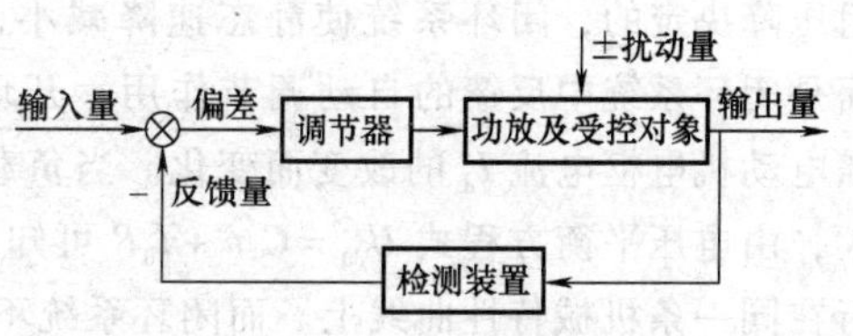

图 5-8　闭环调速系统原理框图

在闭环系统中，把系统输出量通过检测装置（传感器）引向系统的输入端，与系统输入量进行比较，从而得到给定量与输出量的偏差信号。利用偏差信号通过控制器（调节器）产生控制作用，使系统自动朝着减少偏差的方向调节。因此带输出量负反馈的闭环控制系统具有提高系统抗扰性、改善控制精度的性能，广泛用于各类自动调节系统中。

根据系统的结构组成，常用的闭环系统又可以分为单闭环、双闭环及三双闭环直流调速系统。

(3) 开环机械特性与闭环静特性的关系

1) 比较开环机械特性和闭环静特性，就能清楚地看出反馈控制的优越性。

在相同电流条件下它们的关系是

$$\Delta n_{cl} = \frac{\Delta n_{op}}{1+K} \tag{5-10}$$

显然，因为 $K = K_p K_s \alpha / C_e \gg 1$，即在同样负载条件下，闭环系统的静特性比开环系统的机械特性硬得多。

2) 在 $n_{0op} = n_{0cl}$ 且相同负载条件下

$$S_{cl} = \frac{S_{op}}{1+K} \tag{5-11}$$

结论：在相同条件下，闭环系统静差率是开环系统静差率的 $1/(1+K)$。

3) 如果要求的静差率一定，则闭环系统可以大大提高调速范围。

$$D_{cl} = (1+K) D_{op} \tag{5-12}$$

需要指出，式 (5-12) 成立的条件是开、闭环系统最高转速都是 $n_N$ 且低速静差率也相同。

4) 闭环系统要取得上述三项优势，系统必须增加放大器和转速检测装置。上述优点是否有效，取决于闭环系统开环放大倍数是否足够大。在闭环系统中，采用偏差控制，输出量越接近给定要求值，其偏差量就越小。而要得到足够大的控制信号 $U_c$，则必须设置有足够大的放大倍数的放大器。而在开环系统中一般由给定直接控制，$U_n^*$ 与 $U_c$ 是同一数量级，所以无需加放大器。

概括起来得到如下结论：闭环调速系统可以获得比开环调速系统硬得多的稳态特性，从而能够在保证一定静差率的要求下提高调速范围。为此所付出的代价是需增加电压放大器和检测被控制量的反馈装置。

5) 闭环调速系统改善稳态性能的物理解释。调速系统的静态速降是由电枢回路电阻压降决定的，闭环系统使静态速降减小，并非闭环后电枢回路总电阻 $R$ 自动减小，而是闭环系统中反馈的自动调节作用。开环时给定信号 $U_n^*$ 为定值，$U_{d0}$ 为恒值，它不随电动机电枢电流 $I_d$ 的改变而变化。当负载增大时 $I_d$ 增大时，电枢回路电阻压降也增大，由电压平衡方程式 $U_{d0} = C_e n + I_d R$ 可知，转速必然下降，而无调节能力，电动机运行在同一条机械特性曲线上。而闭环系统不同，它对转速的变化有调节作用。当转速变化时，转速反馈电压也随着改变。它与给定电压比较后的偏差电压也一定会改变，经放大器放大后，控制电压也要改变，电力电子变换器输出电压 $U_{d0}$ 随着 $I_d$ 的变化而改变。因此闭环后电动机在负载改变时运行在不同机械特性曲线上，把这些点连在一起则构成闭环系统静特性曲线，如图 5-9 所示。

综上所述，闭环调速系统能够减小稳态速降的实质，在于闭环系统的自动调节作用。它能随着负载改变相应地改变电力电子变换器的输出电压，以平衡由负载电流变化而引起的电阻压降的变化。

6）单闭环调速系统的基本特征。转速负反馈闭环调速系统是一种基本的反馈控制系统，它有三个基本特征，也就是反馈控制的基本规律。

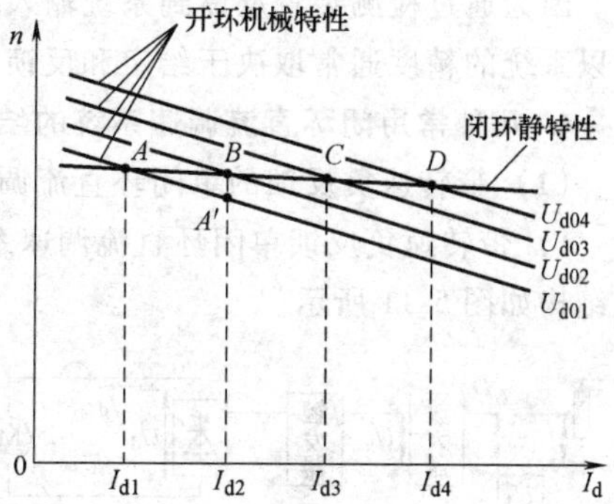

图 5-9　开环机械特性与闭环静特性

① 只有比例放大器的单闭环系统是有静差系统。根据闭环系统静特性方程可得，稳态误差为

$$\Delta n_{\mathrm{cl}}=\frac{I_{\mathrm{d}}R}{C_{\mathrm{e}}(1+K)} \qquad (5\text{-}13)$$

只有当 $K$ 趋于无穷大时 $\Delta n_{\mathrm{cl}}$ 才为零，而这是不可能的。另外 $K$ 无限制增大可能会引起系统不稳定，这也是不允许的。因此用比例放大器的单闭环调速系统是有静态差的，这种系统正是靠偏差来进行控制的，称这种系统为有静差调速系统。

② 闭环系统具有较强的抗干扰能力和较好的跟随性。反馈控制系统具有良好的抗扰性能，它能有效抑制一切被负反馈环所包围的前向通道的扰动作用，但对给定信号却唯命是从。作用在控制系统上一切可能使被调量发生变化的因素（给定信号除外）都是“扰动作用”，如图 5-10 所示，所有这些因素的作用最终都会影响到转速。但也都会被检测出来，再通过转速负反馈的控制作用，减小它们对系统转速的影响。例如，电网电压增大时，将使转速上升，转速负反馈电压也上升，因为给定信号不变，所以二者偏差减小使控制信号减小。电力电子变换器输出电压会减小，以抵消电网电压的增大。因此凡是被反馈环所包围的前向通道的扰动作用对输出量的影响都可以抑制。这是闭环控制系统最突出的特征。但对给定信号及反馈通道参数变化的影响却无能为力。

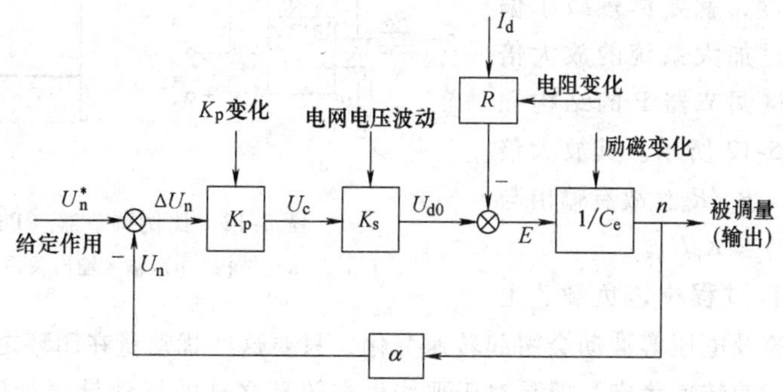


图 5-10　闭环系统的给定和扰动作用

③ 系统的精度通常取决于给定和检测的精度。如果给定电压发生波动，反馈控制系统只能无条件地跟随，因为它没有能力判定是波动还是正常给定。因此高精度的系统应有更高精度的给定稳压电源。对于反馈检测装置本身的误差，反馈控制系统无法调

节。因为通过检测装置反馈到系统输入端参与控制的信号与给定信号的作用是一致的，所以系统的精度通常取决于给定和反馈元件的精度。

**4. 几种常用闭环直流调速系统的结构组成**

（1）带转速负反馈的单闭环直流调速系统

1）带转速负反馈单闭环直流调速系统。带转速负反馈单闭环直流调速系统的原理及结构如图 5-11 所示。

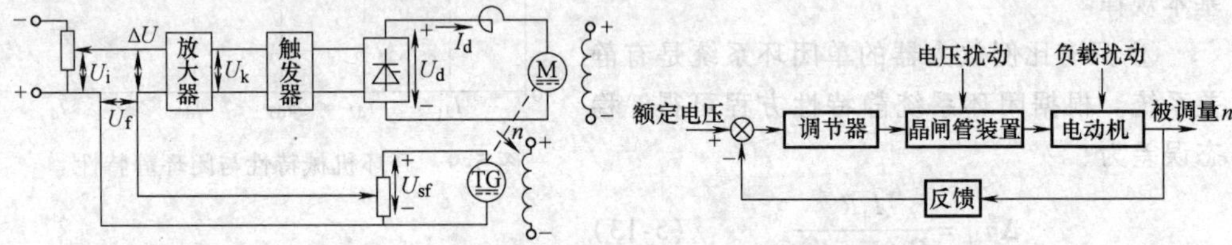


图 5-11　转速负反馈的单闭环直流调速系统原理

该系统主要由直流电动机、晶闸管装置、调节器（放大器）和电压比较环节（$U_i-U_f$）组成。直流电动机的励磁恒定，电枢由晶闸管装置供电。系统的给定电压 $U_i$ 与反馈电压 $U_f$ 串联进行比较，它们的差值 $\Delta U$ 经比例放大后，作为触发器的控制信号 $U_k$，只要调整给定电位器，改变 $U_i$，就能改变 $U_k$，从而改变控制角 $\alpha$，使晶闸管整流器的输出电压 $U_d$ 随 $\alpha$ 而改变，进而获得不同的转速，所以这种系统称为转速负反馈的单闭环直流调速度系统。

在某一给定值的转速上需要稳定运转，闭环调速系统是按给定量 $U_i$ 与反馈量 $U_f$ 的偏差 $\Delta U$ 进行调节的。由于所采用的调节器为比例放大（故又称为比例调节器 P），晶闸管控制角 $\alpha$ 及整流电压 $U_d$ 的大小由偏差量来决定，因而偏差始终存在且其大小应自动改变才能维持被调量不变。这种系统属于有静差调速系统。要提高系统的调速精度，就要尽量减小偏差量，这可通过加大系统的放大倍数来实现。比例调节器 P 的结构和控制关系如图 5-12 所示。其放大倍数 $K_P=U_{sc}/U_{sr}=R_1/R_0$，故有输出与输入的关系：$U_{sc}=K_PU_{sr}$。

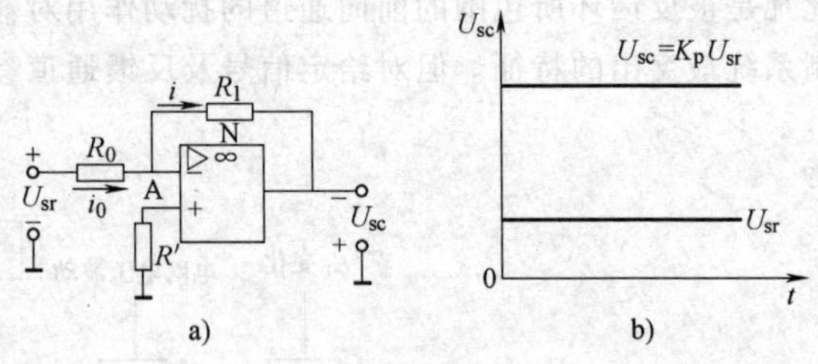


图 5-12　比例调节器（P）

a）结构　b）输入输出关系

在系统运行过程中，负载、电动机的励磁电流及电压等波动会引起转速变化，只要这些扰动量在闭环之内，系统就能进行自动调节，使转速稳定。但是对于那些由在闭环之外的扰动量（如给定电压不稳、测速发电机有误差等）引起的转速不稳定，调速系统是无法补偿的。

2）限流保护——电流截止负反馈环节。单闭环直流调速系统在启动和工作过程中常常发生工作过电流（非极限保护的过电流），多采用电流截止负反馈环节来进行这种限流保护，如图 5-13 所示。电流截止反馈信号取自串入电动机电枢回路的小阻值电阻

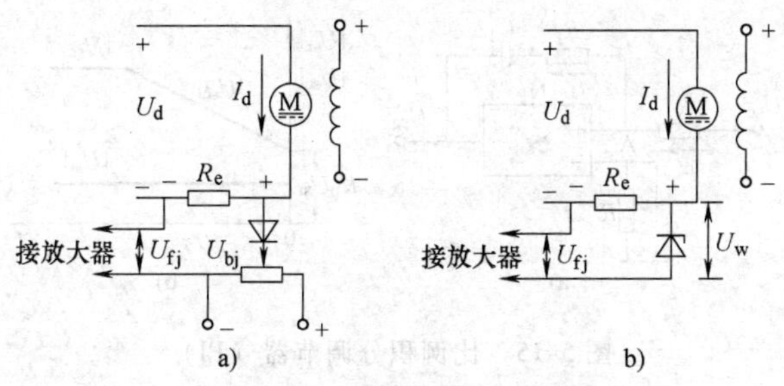


图5-13 电流截止负反馈环节

a）加比较电压 b）用稳压管

$R_e$，$I_dR_e$正比于电流$I_d$。设$I_{dj}$为临界截止电流，当电流大于$I_{dj}$时，将电流负反馈信号回送到放大器输入端；在电流小于$I_{dj}$时，将电流反馈切断。为了实现这一作用，引入了比较电压$U_{bj}$。图5-13a中利用独立的直流电源作为比较电压，其大小可用电位器调节。在$I_dR_e$与$U_{bj}$之间串一个二极管。当$I_dR_e>U_{bj}$时，二极管导通，电流负反馈信号$U_{fj}$即加到放大器上去；当$I_dR_e\leqslant U_{bj}$时，二极管截止，$U_{fj}$即消失。在这一电路中，截止电流$I_{dj}=U_{bj}/R_e$。图5-13b中利用稳压管的击穿电压$U_W$作为比较电压，电路比较简单，但不能平滑地调节截止电流。

（2）单闭环无静差直流调速系统

1）积分调节器（I）。图5-11所示的有静差直流调速系统是靠偏差电压$\Delta U$来控制的。如果$\Delta U=0$，整流电压就为零，电动机就转不起来。这是因为用了比例反馈控制。如果把比例控制的放大器改为积分控制的积分调节器(I)，就可以将有静差变为无静差了。积分调节器I的结构和控制关系如图5-14所示。其输出与输入的关系可表示为

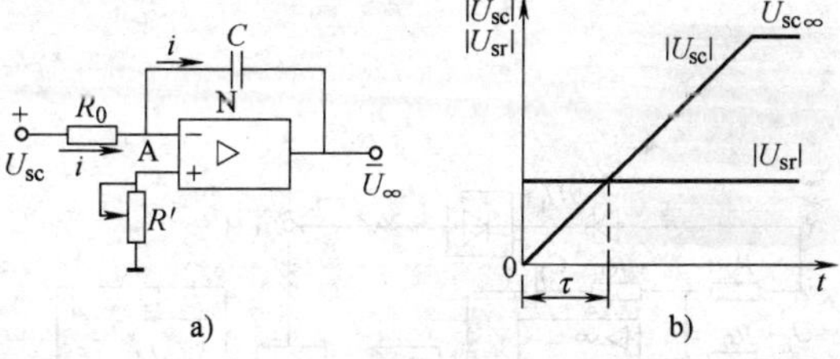


图5-14 积分调节器（I）

a）结构 b）阶跃输入时的输出特性

$$|U_{sc}|=\frac{1}{\tau}\int|U_{sc}|\mathrm{d}t \quad (5\text{-}14)$$

式中，$\tau$为积分时间常数（$\tau=R_0C$）；其传递函数：

$$W_I(s)=\frac{1}{\tau s} \quad (5\text{-}15)$$

2）比例积分调节器（PI）。积分控制虽然优于比例控制，但在控制的快速性上，积分控制又不如比例控制。如果既要稳态精度高，又要动态响应快，就需要把这两种控制规律结合起来，这就是比例积分控制。比例积分调节器（PI）的结构和控制关系如图5-15所示。其输出与输入的关系可表示为

$$|U_{sc}|=K_p|U_{sr}|+\frac{K_p}{\tau_1}\int|U_{sr}|d \quad (5\text{-}16)$$

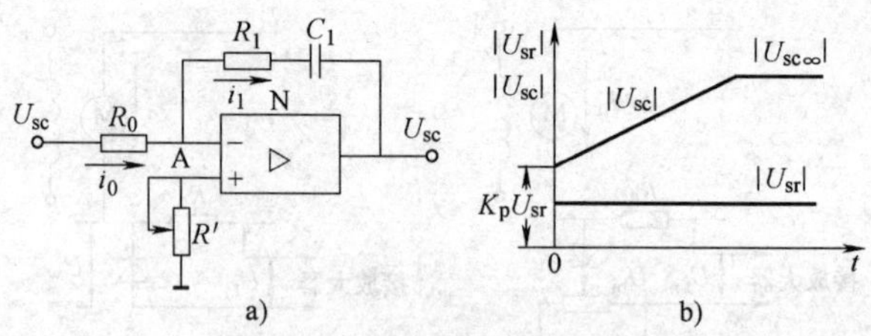


图 5-15 比例积分调节器（PI）

a）结构 b）阶跃输入时的输出特性

PI 调节器传递函数为

$$W_{PI}(s) = K_p \frac{\tau_1 s + 1}{\tau s} \tag{5-17}$$

3）单闭环无静差直流调速系统的原理及结构。单闭环无静差直流调速系统的原理及结构如图 5-16 所示。该系统是在原有的转速负反馈基础上，增设了比例积分调节器和限流保护的电流截止负反馈。有时为了避免较大的零点漂移，在 $R_1$ 和 $C_1$ 两端再并联硬反馈电阻 $R_1'$，使放大倍数降低一些，构成近似的 PI 调节器。这时，调节器的传递函数变为：

$$W'_{PI}(s) = K'_p \frac{\tau_1 s + 1}{\beta\tau_1 s + 1} \tag{5-18}$$

$$K'_P = R'_1/R_0$$

$$\beta = (R_1 + R'_1/)R_1 > 1$$

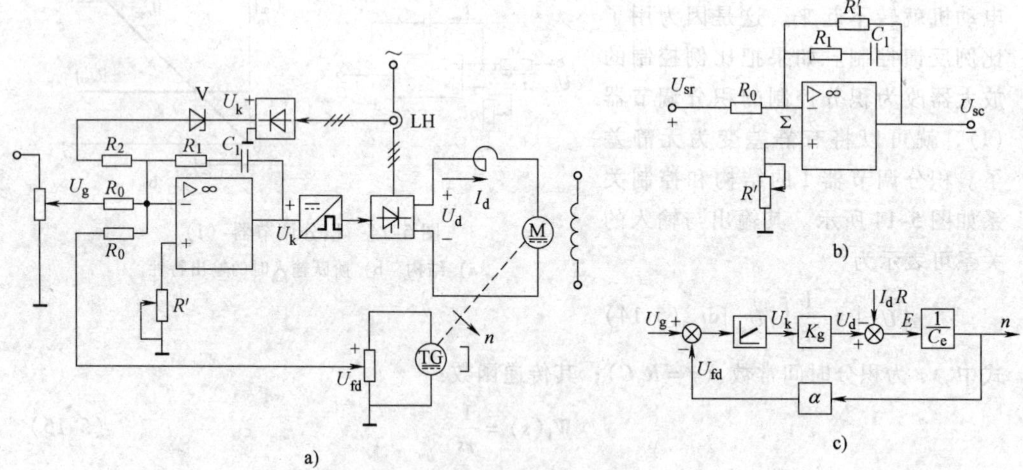


图 5-16 单闭环无静差直流调速系统

a）原理 b）、c）结构

（3）双闭环无静差直流调速系统

1）单闭环调速系统存在的问题。带电流截止负反馈的单闭环调速系统能获得较好的启动特性和稳定性。采用了 PI 调节器后，既保证了动态稳定性，又能做到转速无静差，很好地解决了系统中动、静态之间的矛盾。但对于运行性能要求更高的生产设备，这种系统还存在某些不足之处。系统中只靠电流截止环节来限制启动电流，其特性的下降段还有一定的斜率，不能在充分利用电动机过载能力的条件下，获得最快的动态响应。这是因为电流截止负反馈只能限制最大电流，在过渡过程中，电流一直是变化着的，达到最大值后，由于负反馈作用的加强和电动机反电动势的增长，又迫使电流减小，电动机转矩也随之减小，使启动和加速过程延长。调速系统启动过程的电流和转速波形如图 5-17a 所示。

2）理想启动过程。对于启动频繁的系统，如龙门刨床，要尽量缩短过渡过程以提高生产效率。为此，希望充分利用电动机的过载能力，在过渡过程中一直保持着最大允许电流，使系统以最大的加速度启动，到达稳定转速时，电流立即降下来，转入稳速运行。这样的理想启动过程波形如图 5-17b 所示。

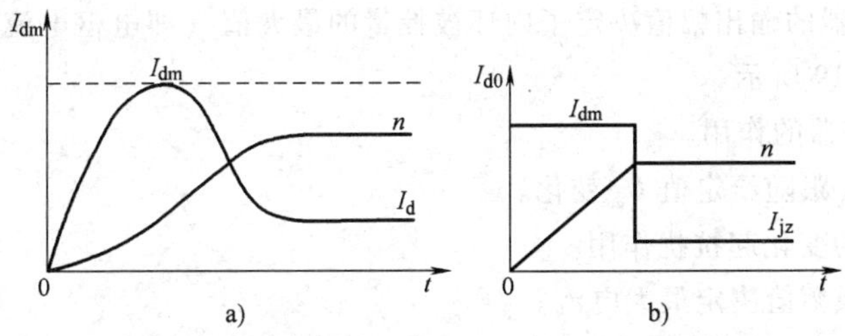


图 5-17　调速系统启动过程的电流和转速波形

a）带电流截止负反馈的启动过程　b）理想启动过程

3）转速、电流双闭环调速系统的特点。要想得到理想的启动特性，关键是如何获得一段使启动电流始终保持为最大值 $I_{dm}$ 的恒流过程。根据反馈控制规律，采用电流负反馈能得到近似恒流的特征。但如果在同一个调节器的输入端同时引入转速和电流负反馈，则双方会互相牵制，不但得不到理想的过渡过程波形，而且稳速的静态特性会被破坏。所以在单闭环系统中，必须在运行段把电流反馈截止住。在转速、电流双闭环调速系统中设置两个调节器，分别调节转速和电流，两者实行串级连接，即以转速调节器的输出作为电流调节器的输入，再用电流调节器的输出作为晶闸管触发装置的控制电压，使两种调节作用互相配合，不仅能得到较为理想的过渡过程波形，而且能使动、静态特性更加理想。从双闭环反馈的结构上看，电流调节环是内环，转速调节环是外环。转速、电流双闭环调速系统原理如图 5-18 所示。

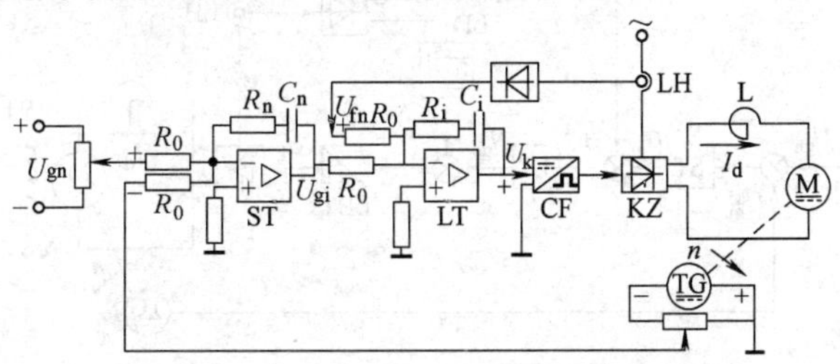


图 5-18　转速、电流双闭环调速系统原理

4）两个调节器的作用。系统的两个调节器一般都采用 PI 调节器。在图 5-18 中标出了两个调节器输入输出电压的实际极性。它们是按照触发装置的控制电压 $U_k$ 需要正电压的情况标出的，并考虑到运算放大器的倒相作用。转速给定电压 $U_{gn}$ 与转速反馈电压 $U_{fn}$ 比较后，得到的偏差电压，送到速度调节器 ST 的输入端，ST 的输出电压作为电流调节器 LT 的给定电压 $U_{gi}$，LT 的输出电压 $U_k$ 才是触发器 CF 的输入信号。两个调节器的输出都是带限幅的，转速调节器 ST 的输出限幅电压决定了电流调节器 LT 给定电压的最大值；电流调节器的输出限幅电压限制了晶闸管输出电压的最大值。

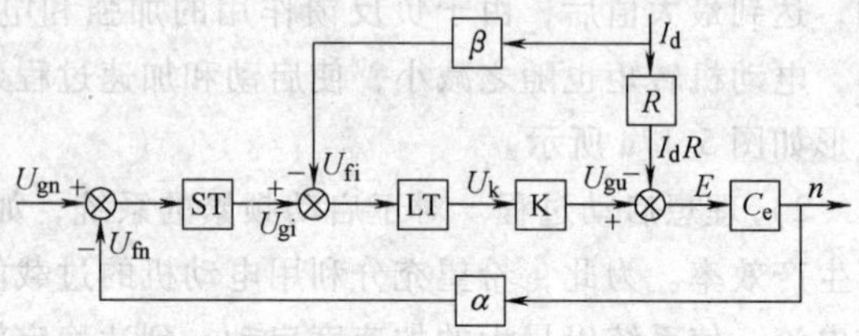

图 5-19　转速、电流双闭环调速系统稳态结构

也就是外环调节器的输出幅值决定了内环被控量的最大值（即电枢电流的最大值）。其稳态结构如图 5-19 所示。

① 转速调节器的作用

a）使转速 $n$ 跟随给定值 $U_{gn}$ 变化。

b）对负载的变化起抗扰作用。

c）其输出限幅值决定最大电流。

② 电流调节器的作用

a）在转速调节过程中使电流 $I_d$ 跟随给定值 $U_{gi}$ 变化，启动时保证获得允许的最大电流。

b）对电网电压的波动起到及时抗扰作用。

c）当电动机过载，甚至堵转时，限制电枢电流的最大值 $I_{dm}$，从而起到快速的安全保护作用。如果故障消失，系统就能够自动恢复正常工作。

(4) 三环直流调速系统

1）带电流变化率调节器的三环调理系统

① 系统的组成及工作原理。为了延缓电流的跟随作用，以压低电流变化率，又不影响系统的快速性，在电流内环再设一个电流变化率环，构成转速、电流、电流变化率三环系统，如图 5-20 所示。

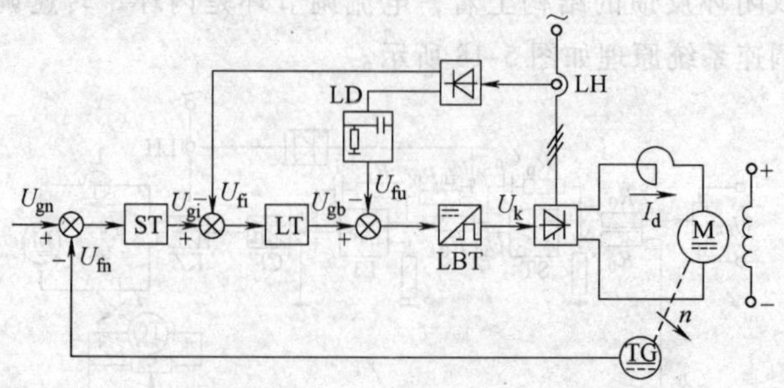

图 5-20　转速、电流、电流变化率三环直流调速系统

在该系统中，ST 的输出仍是 LT 的给定信号，并用限幅值 $U_{gim}$ 限制最大电流；电流调节器 LT 的输出不是直接控制触发信号，而是作为电流变化率调节器 LBT 的给定输入。LBT 的负反馈信号则由电流检测通过微分环节 LD 得到，ST 的输出限幅值 $U_{gim}$ 限制最大电流变化率。LBT 的输出限幅值 $U_{km}$ 决定触发脉冲最小控制角 $\alpha_{min}$，但在转速调节过程中不应饱和。

简单的电流变化率调节器如图 5-21 所示。LBT 一般采用积分调节器（I）或比例系数较小的比例积分调节器（PI），以保证其输出电压 $U_k$ 按需要逐渐上升。

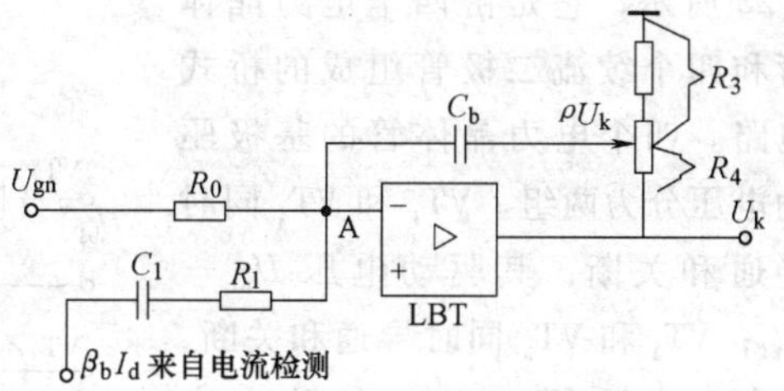

图 5-21　电流变化率调节器

② 电流变化率内环的作用。在电流调节器不饱和时，电流环起着主要的调节作用，而电流变化率环可以看作是电流环内的一个局部反馈环节，也就是电流微分负反馈环节，它起着改造电流调节对象并加快电流调节过程的作用。

2）带电压调节器的三环调速系统

① 系统的组成及工作原理。转速、电流、电压三环系统的结构原理图如图 5-22 所示。电压反馈信号取自晶闸管整流装置的输出电压 $U_d$，通过电阻分压和电压变换器 YB，电压信号 $U_{fu}$ 和电流调节器 LT 的输出电压 $U_{gu}$ 进行比较后，送入电压调节器 YT，由 YT 控制触发电压 $U_k$。

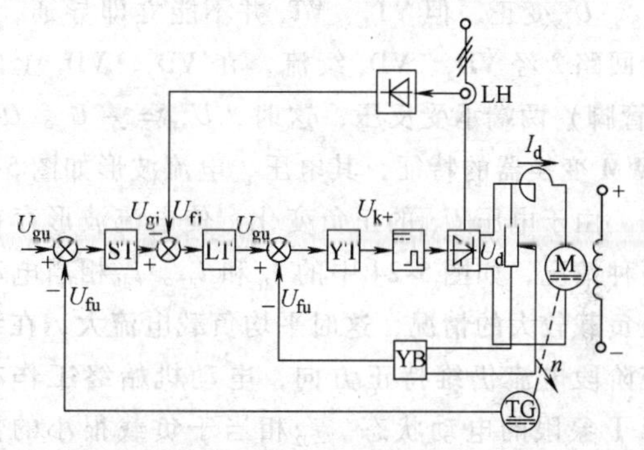

图 5-22　转速、电流、电压三环直流调速系统

② 电压调节器的主要作用。电压调节器一般也采用积分调节器，其主要作用为：

a）增设电压调节器可改造控制对象的特性和加快电压调节时间。

b）增设电压环可防止当电流断续时，由于晶闸管整流器等效内阻加大，而引起的整流电源外特性上翘。增设的电压负反馈环节能力图维持整流电压随电压给定而成比例变化，使整流电压与电压调节器的给定量之间有线性关系。这样就能抑制电流断续时外特性上翘的非线性现象，大大减小电流连续与断续所引起的结构参数的变化。

c）电压环对电压波动的抗扰作用比电流调节器更为及时。

（5）PWM 直流调速系统　采用全控式电力电子器件组成的直流脉冲宽度调制（PWM）型的调速系统，近年来不断发展，用途越来越广，与 V-M 系统相比较，在很多方面具有较大的优越性。PWM 直流调速系统与 V-M 支流调速系统之间的区别主要在主电路和 PWM 控制电路。而系统的闭环控制方法以及静、动态分析和设计，则基本上一样。

PWM 变换器有不可逆和可逆两类。可逆 PWM 变换器主电路的结构形式有 H 型、T 型等。H 型变换器在控制方式上分双极式、单极式和受限单极式三种。限于篇幅，这里仅着重分析常用的双极式 H 型可逆 PWM 变换器，然后再简要地说明其他方式的特点。

1）双极式 H 型可逆 PWM 变换器。双极式 H 型可逆 PWM 变换器的电路原理如图 5-23 所示，它是由四个电力晶体管和四个续流二极管组成的桥式电路。四个电力晶体管的基极驱动电压分为两组。$VT_1$ 和 $VT_4$ 同时导通和关断，其驱动电压 $U_{b1}=U_{b4}$；$VT_2$ 和 $VT_3$ 同时导通和关断，其驱动电压 $U_{b2}=U_{b3}=-U_{b1}$。它们的波形如图 5-24 所示。

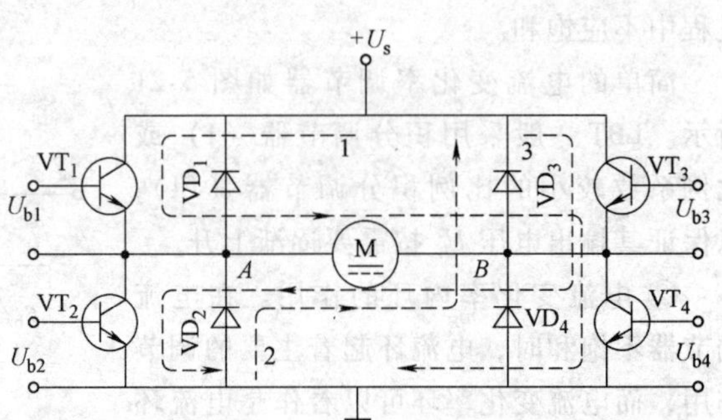


图 5-23　双极式 H 型可逆 PWM 变换器的电路原理

在一个开关周期内，当 $0\leqslant t<t_{on}$ 时，$U_{b1}$ 和 $U_{b4}$ 为正，晶体管 $VT_1$ 和 $VT_4$ 饱和导通；而 $U_{b2}$ 和 $U_{b3}$ 为负，$VT_2$ 和 $VT_3$ 截止。这时 $+U_s$ 加在电枢 AB 两端，$U_{AB}=U_s$，电枢电流 $i_d$ 沿回路 1 流通。当 $t_{on}\leqslant t<T$ 时，$U_{b1}$ 和 $U_{b4}$ 变负，$VT_1$ 和 $VT_4$ 截止；$U_{b2}$、$U_{b3}$ 变正，但 $VT_2$、$VT_3$ 并不能立即导通，因为在电枢电感释放储能的作用下，$i_d$ 沿回路 2 经 $VD_2$、$VD_3$ 续流，在 $VD_2$、$VD_3$ 上的压降迫使 $VT_2$、$VT_3$ 的 $c$（管脚）及 $e$（管脚）两端承受反压，这时，$U_{AB}=-U_s$。$U_{AB}$ 在一个周期内正负相同，这是双极式 PWM 变换器的特征，其电压、电流波形如图 5-24 所示。

由于电压 $U_{AB}$ 的正负变化，使电流波形存在两种情况，如图 5-24 中的 $i_{d1}$ 和 $i_{d2}$。$i_{d1}$ 相当电动机负载较大的情况，这时平均负载电流大，在续流阶段电流仍维持正方向，电动机始终工作在第 I 象限的电动状态。$i_{d2}$ 相当于负载很小的情况，平均电流小，在续流阶段电流很快衰减到零，于是 $VT_2$ 和 $VT_3$ 的 $c$、$e$ 两端失去反压，在负的电源电压（$-U_s$）和电枢反电势 $E$ 的合成作用下导通，电枢电流反向，沿着回路 3 流通，电动机处于制动状态。与此相仿，在 $0\leqslant t<t_{on}$ 期间，当负载小时，电流也有一次倒向。

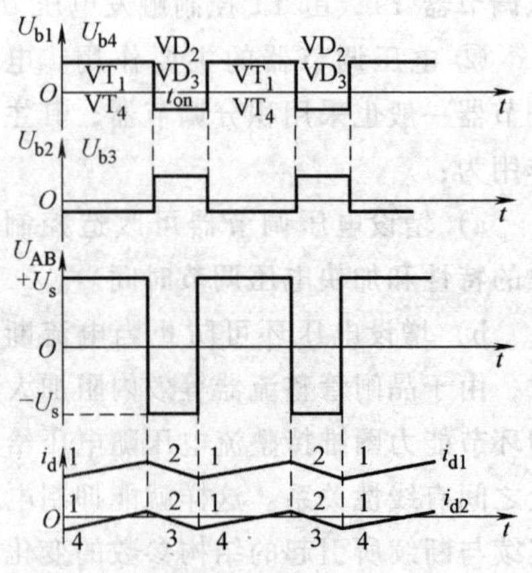


图 5-24　双极式 PWM 变换器电压和电流波形

双极式可逆 PWM 变换器的“可逆”作用，由正负脉冲电压宽窄而定。当正脉冲较宽时，$t_{on}>T/2$，则电枢两端的平均电压为正，在电动运行时电动机正转；当正脉冲较窄时，$t_{on}<T/2$，平均电压为负，电动机反转；如果正负脉冲宽度相等，$t_{on}=T/2$，平均电压为零，则电动机停止。图 5-24 所示的电压电流波形是电动机正转时的情况。

双极式可逆 PWM 变换器电枢平均端电压为

$$U_d=\frac{t_{on}}{T}U_s-\frac{T-t_{on}}{T}U_s=\left(\frac{2t_{on}}{T}-1\right)U_s \tag{5-19}$$

以 $\rho=U_d/U_s$ 来定义 PWM 电压的占空比，则

$$\rho=\frac{2t_{on}}{T}-1 \tag{5-20}$$

调速时，$\rho$ 的变化范围为 $-1\leqslant\rho<1$。当 $\rho$ 为正值时，电动机正转；当 $\rho$ 为负值时，电动机反转；$\rho=0$ 时，电动机停止。在 $\rho=0$ 时，虽然电动机不动，电枢两端的瞬时电压和瞬时电流却都不是零，而是交变的，会增大电动机的损耗产生高频噪声。但交变电流能使电动机高频微振，消除正反向时的静摩擦死区，起着“动力润滑”的作用。

对于双极式可逆 PWM 交换器，电压方程在 $0\leqslant t<t_{on}$ 期间，为

$$U_s=Ri_d+L\frac{di_d}{dt}+E_a \tag{5-21}$$

在 $t_{on}\leqslant t<T$ 期间，电源电压为

$$-U_s=Ri_d+L\frac{di_d}{dt}+E_a \tag{5-22}$$

双极式可逆 PWM 变换器在工作过程中，四个电力晶体管都处于开关状态，容易发生上、下管直通的事故，降低了装置的可靠性，为了防止这种事故，在一管关断和另一管导通的驱动的脉冲之间，应设置逻辑延时。

2）单极式可逆 PWM 变换器。单极式可逆 PWM 变换器电路和双极式一样，不同之处仅在于驱动脉冲信号有异。在单极式变换器中，左边两个管子的驱动脉冲 $U_{b1}=-U_{b2}$，具有和双极式一样的正负交替的脉冲波形，使 $VT_1$ 和 $VT_2$ 交替导通。右边两管 $VT_3$ 和 $VT_4$ 的驱动信号改成因电动机的转向而施加不同的直流控制信号。当电动机正转时，使 $U_{b3}$ 恒为负，$U_{b4}$ 恒为正，则 $VT_3$ 截止而 $VT_4$ 常通。当电动机反转时，则 $U_{b3}$ 恒为正而 $U_{b4}$ 恒为负，使 $VT_3$ 常通而 $VT_4$ 截止，当负载较大而电流方向连续不变时，各管的开关情况和电枢电压的状况列于表 5-1 中，同时列出双极式变换器的情况以便比较。负载较小时，电流在一个周期内也会来回变向，这时各管导通和截止的变化要多些。

表 5-1 中单极式变换器的 $U_{AB}$ 一栏表明，在电动机朝一个方向旋转时，PWM 变换器只在一个阶段中输出某一极性的脉冲电压，在另一阶段中 $U_{AB}=0$，这是它所以称为“单极式”变换器的原因。

由于单极式变换器的电力晶体管 $VT_3$ 和 $VT_4$ 两者之间总有一个常通，一个常截止，运行中无需频繁交替导通，因此与双极式变换器相比开关损耗可以减小，装置的可靠性有所提高。

3）受限单极式可逆 PWM 变换器。单极式变换器在减少开关损耗和提高可靠性方面要比双极式变换器好，但还是有一对晶体管 $VT_1$ 和 $VT_2$ 交替导通和关断，仍有电源直通的危险。再研究一下表 5-1 中各晶体管的开关状态可以发现，当电动机正转时，在 $0\leqslant t<t_{on}$ 期间，$VT_2$ 是截止的；在 $t_{on}\leqslant t<T$ 期间，由于经过 $VD_2$ 续流，$VT_2$ 也不通。既

表 5-1 双极式和单极式可逆 PWM 变换器的比较（当负载较重时）

| 控制方式 | 电动机转向 | $0 \leqslant t < t_{on}$ | | $t_{on} \leqslant t < T$ | | 占空比调节范围 |
|---|---|---|---|---|---|---|
| | | 开关状况 | $U_{AB}$ | 开关状况 | $U_{AB}$ | |
| 双极式 | 正转 | $VT_1$、$VT_4$ 导通<br>$VT_2$、$VT_3$ 截止 | $+U_s$ | $VT_1$、$VT_4$ 截止<br>$VD_2$、$VD_3$ 续流 | $-U_s$ | $0 \leqslant \rho \leqslant 1$ |
| | 反转 | $VD_1$、$VD_4$ 导通<br>$VT_2$、$VT_3$ 截止 | $+U_s$ | $VT_1$、$VT_4$ 截止<br>$VT_2$、$VT_3$ 导通 | $-U_s$ | $-1 \leqslant \rho \leqslant 0$ |
| 单极式 | 正转 | $VT_1$、$VT_4$ 导通<br>$VT_2$、$VT_3$ 截止 | $+U_s$ | $VT_4$ 导通，$VD_2$ 续流<br>$VT_1$、$VT_3$ 截止<br>$VT_2$ 不通 | 0 | $0 \leqslant \rho \leqslant 1$ |
| | 反转 | $VT_3$ 导通，$VD_1$ 续流<br>$VT_2$、$VT_4$ 截止<br>$VT_1$ 不通 | 0 | $VT_2$、$VT_3$ 导通<br>$VT_1$、$VT_4$ 截止 | $-U_s$ | $-1 \leqslant \rho \leqslant 0$ |

然如此，不如让 $U_{b2}$ 恒为负，使 $VT_2$ 一直截止。同样，当电动机反转时，让 $U_{b1}$ 恒为负，$VT_1$ 一直截止。这样，就不会产生 $VT_1$、$VT_2$ 直通的故障了。这种控制方式称为受限单极式。

受限单极式可逆变换器在电动机正转时，$U_{b2}$ 恒为负，$VT_2$ 一直截止；在电动机反转时，$U_{b1}$ 恒为负，$VT_1$ 一直截止，其他驱动信号都和一般单极式变换器相同。如果负荷较大，电流 $i_d$ 在一个方向内连续变化，所有的电压、电流波形都和一般单极式变换器一样。但是，当负载较小时，由于有两个晶体管一直处于截止状态，不可能导通，因而不会出现电流变向的情况，在续流期间电流衰减到零时（$t = t_d$），波形便中断了，这时电枢两端电压跳变到 $U_{AB} = E$，如图 5-25 所示这种轻载电流断续的现象将使变换器的外特性变软，和 V-M 系统中的情况十分相似。它会使 PWM 调速系统静、动态性能变差，但换来的好处则是可靠性提高。

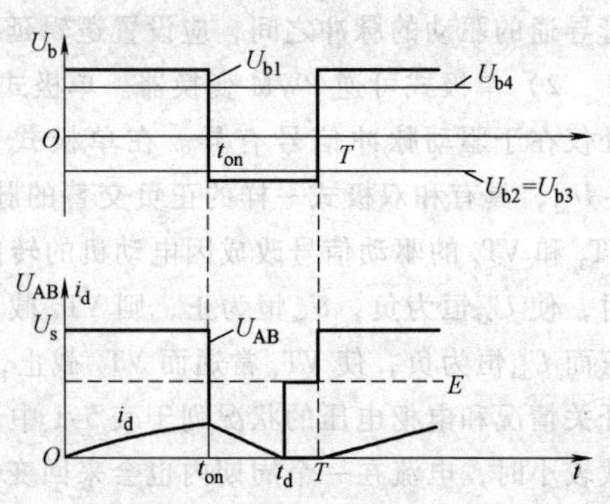

图 5-25 受限单极式 PWM 可逆变换器轻载时电压电流波形

电流断续时，电枢电压的提高把平均电压也提高了，成为

$$U_d = \rho U_s + \frac{T - t_d}{T} E_a \tag{5-23}$$

令 $E_a = U_d$，则 $U_d \approx \left(\frac{T}{t_d}\right)\rho U_s = \rho' U_s$，由此可求出新的负载电压系数：$\rho' = \frac{T}{t_d}\rho$

由于 $T \geqslant t_d$，因而 $\rho' \geqslant \rho$，但 $\rho'$ 的值仍在 $-1 \sim +1$ 之间变化。

4）脉宽调速系统的控制电路。一般动、静态性能较好的调速系统都采用转速、电流双闭环控制方案，脉宽调速系统也不例外。双闭环脉宽直流调速系统的原理框图如图 5-26 所示，其中属于脉宽调速系统的特有部分是脉宽调制器 UPW、调制波发生器 GM、逻辑延时环节 DLD、电力晶体管的驱动器 GD 和保护电路 FA。其中最关键的部件是脉宽调制器 UPW。

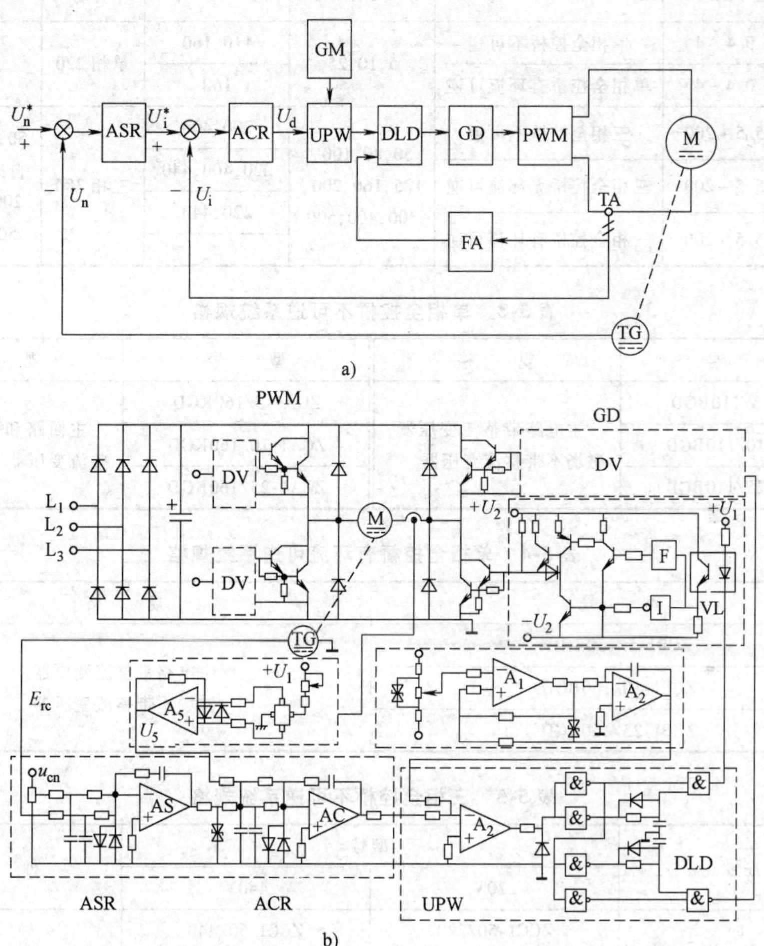


图 5-26　双闭环脉宽（PWM）直流调速系统

a）原理　b）结构

**5. 通用中小功率晶闸管直流拖动系统的选用**

（1）用途及性能

1）用途。通用中小功率晶闸管直流拖动系统，容量范围为 0.4～200kW，是作为一般工业用的 $Z_2$、$Z_3$ 系列直流电动机供电电源为主要用途的成套电气控制设备，用于一般工业中直流电力拖动的调速、稳速。有些机床也可以直接选用适合的型号作为调速用。

在选用时，根据机床的电动机容量及拖动控制系统的要求，对照表 5-2 ~ 表 5-7 和基本性能及型号说明，选用合适的型号规格。

**表 5-2　通用中小功率晶闸管直流拖动系统基本性能**

| 系列 | 功率范围 /kW | 线路型号 | 输出电流 /A | 输出电压 /V | 进线电源 /V | 冷却方式 |
|---|---|---|---|---|---|---|
| ZCA1 | 0.4 ~ 4 | 单相全控桥不可逆 | 5,10,25 | 110,160 | 单相 220 | 自冷 |
| ZCB1 | 0.4 ~ 4 | 单相全控桥有环流可逆 | | 160 | | |
| ZCC1 | 5.5 ~ 200 | 三相全控桥不可逆 | 50,80,100,125,160,200,300,400,500 | 200,400 | 三相 380 | 50,80,100A 为自冷；125,160,200,300,400,500A 为风冷 |
| ZCD1 | 5.5 ~ 200 | 三相全控桥无环流可逆 | | 220,400,440 | | |
| ZCE1 | 5.5 ~ 200 | 三相全控桥有环流可逆 | | 220,440 | | |

**表 5-3　单相全控桥不可逆系统规格**

| 型　　号 | 规　　格 | 型　　号 | 规　　格 |
|---|---|---|---|
| ZCA1-5/110BGD | 主电路带整流变压器，磁场不带整流变压器 | ZCA1-5/160KGD | 主回路和磁场均不带整流变压器 |
| ZCA1-10/110BGD | | ZCA1-10/160KGD | |
| ZCA1-25/110BGD | | ZCA1-25/160KGD | |

**表 5-4　单相全控桥有环流可逆系统规格**

| 型　　号 | 规　　格 |
|---|---|
| ZCB1-5/160BGD | 主电路带整流变压器<br>磁场不带整流变压器 |
| ZCB1-10/160BGD | |
| ZCB1-25/160BGD | |

**表 5-5　三相全控桥不可逆系统规格**

| 序号 | 型号 | | 种　　类 |
|---|---|---|---|
| | 220V | 440V | |
| 1 | ZCC1-50/220 | ZCC1-50/440 | BGD、BRD<br>KRD、KGD<br>BGZ、BRZ<br>KGZ、KRZ |
| 2 | ZCC1-80/220 | ZCC1-80/440 | |
| 3 | ZCC1-100/220 | ZCC1-100/440 | |
| 4 | ZCC1-125/220 | ZCC1-125/440 | |
| 5 | ZCC1-160/220 | ZCC1-160/440 | |
| 6 | ZCC1-200/220 | ZCC1-200/440 | |
| 7 | ZCC1-300/220 | ZCC1-300/440 | |
| 8 | ZCC1-400/220 | ZCC1-400/440 | |
| 9 | ZCC1-500/220 | ZCC1-500/440 | |

表 5-6　三相全控桥无环流可逆系统规格

| 序号 | 型号 | 种类 | 型号 | 种类 | 型号 | 种类 |
|---|---|---|---|---|---|---|
| | 220V | | 400V | | 440V | |
| 1 | ZCD1-50/220 | BGD | ZCD1-50/400 | KGD | ZCD1-50/440 | BGD |
| 2 | ZCD1-80/220 | KGD | ZCD1-80/400 | KRD | ZCD1-80/440 | BRD |
| 3 | ZCD1-100/220 | BRD | ZCD1-100/400 | KGZ | ZCD1-100/440 | BGZ |
| 4 | ZCD1-125/220 | KRD | ZCD1-125/400 | KRZ | ZCD1-125/440 | BRZ |
| 5 | ZCD1-160/220 | BGZ | ZCD1-160/400 | | ZCD1-160/440 | |
| 6 | ZCD1-200/220 | KGZ | ZCD1-200/400 | | ZCD1-200/440 | |
| 7 | ZCD1-300/220 | BRZ | ZCD1-300/400 | | ZCD1-300/440 | |
| 8 | ZCD1-400/220 | KRZ | ZCD1-400/400 | | ZCD1-400/440 | |
| 9 | ZCD1-500/220 | | ZCD1-500/400 | | ZCD1-500/440 | |

表 5-7　三相全控桥有环流可逆系统规格

| 序　号 | 型　号 | | 种　类 |
|---|---|---|---|
| | 220V | 440V | |
| 1 | ZCE1-50/220 | ZCE1-50/440 | |
| 2 | ZCE1-80/220 | ZCE1-80/440 | |
| 3 | ZCE1-100/220 | ZCE1-100/440 | |
| 4 | ZCE1-125/220 | ZCE1-125/440 | |
| 5 | ZCE1-160/220 | ZCE1-160/440 | 每种型号又可分为 BGD、BRD、BGZ、BRZ |
| 6 | ZCE1-200/220 | ZCE1-200/440 | |
| 7 | ZCE1-300/220 | ZCE1-300/440 | |
| 8 | ZCE1-400/220 | ZCE1-400/440 | |
| 9 | ZCE1-500/220 | ZCE1-500/440 | |

2）基本性能

① 系统适用于连续工作制的负载。

② 在长期额定负载下允许的最大过载能力为 150% 额定负载，持续时间为 2min，其重复周期不小于 1h。

③ 当交流进线端的电压为 380V（+5%、-10%）时可保证系统输出额定电压、额定电流；电网电压下降超过 10% 时，系统的额定电压将同电源电压成比例下降。

④ 当采用转速负反馈，调速范围为 20:1，电动机负载在 10%～100% 额定电流变化，转速变化率在最高转速时为 0.5%。

⑤ 当采用反电势反馈（电压负反馈、电流正反馈），调速范围为 10:1，负载电流在 10%～100% 额定电流变化，转速变化率在最高转速时为 5%（最高转速包括电动机弱

磁后的转速）。

⑥ 系统要求的给定电源精度，在电源电压波动 -10%，温度变化 ±10℃ 时，其精度为 1%。

⑦ 在自带进线电抗器进线时，允许直接接入电网的晶闸管拖动装置的容量为接入端短路容量的 1%，约为前级变压器容量的 1/5；在换向时，电源电压波形下降，瞬时值不超过 20% $U_m$（$U_m$ 为电源电压峰值）。

（2）型号说明

型号说明如图 5-27 所示。

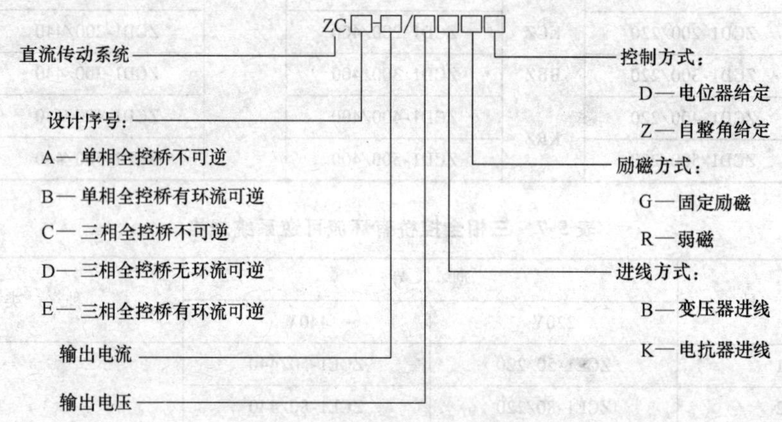


图 5-27　直流系统型号说明

## 5.2　晶闸管直流调速系统中常用的电力电器件及其所组成的控制环节

### 1. 晶闸管及其晶闸管所组成的可控整流电路

（1）晶闸管

1）晶闸管的概念。晶闸管（Thyristor）又称晶体闸流管，曾用名为可控硅整流器（Silicon Controlled Rectifier，SCR），是一种既具有开关作用又具有整流作用的大功率半导体器件。它的出现开辟了电力电子技术迅速发展和广泛应用的崭新时代。近年来又开始被性能更好的全控型器件所取代，但由于它所能承受的电压和电流容量在目前电力电子器件中是最高的，而且工作可靠，因此在大容量的场合仍具有重要地位。晶闸管包括普通晶闸管、双向晶闸管、逆导晶闸管、光控晶闸管等多种类型的派生器件，但习惯上往往把晶闸管专指为普通晶闸管。

晶闸管具有三个 PN 结的四层结构，其外形、结构和图形符号如图 5-28 所示。由最外的 $P_1$ 层和 $N_2$ 层引出两个电极，分别为阳极 A 和阴极 K，由中间 $P_2$ 层引出的电极是门极 G（也称控制极），三个 PN 结称为 $J_1$、$J_2$、$J_3$。

与功率二极管类似，常用的晶闸管有螺栓式和平板式两种外形，如图 5-27a 所示。

晶闸管在工作过程中会因损耗而发热，因此必须安装散热器。螺栓型晶闸管是靠阳极（螺栓）拧紧在铝制散热器上，可采用自然冷却或风冷却方式。额定电流大于200A的晶闸管一般采用平板式外形结构，由两个相互绝缘的散热器夹紧晶闸管，可以采用风冷却、通水冷却、通油冷却等多种冷却方式。

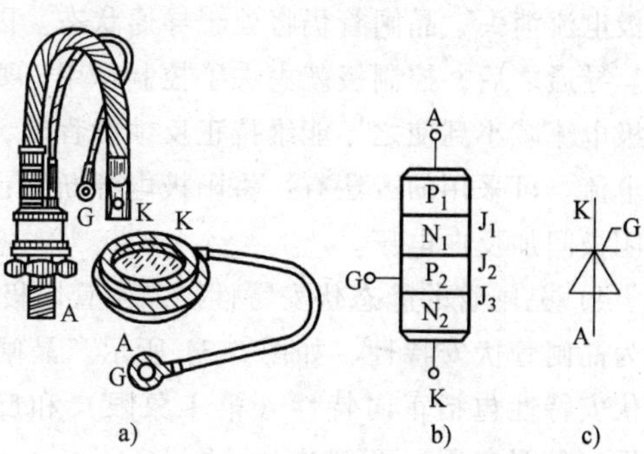

图5-28　晶闸管的外形、结构和图形符号
a）外形　b）结构　c）电气图形符号

2）晶闸管的导通和关断条件。晶闸管的导通和关断条件可由图5-29所示的实验得出。

① 晶闸管导通条件。通过实验可知，要使晶闸管导通必须同时具备两个条件：

a）晶闸管A、K两端加正向电压。

b）晶闸管控制极有正向控制电流。

② 晶闸管关断条件。晶闸管一旦导通，控制极失去作用，要使晶闸管关断必须具备两个条件中的任一条件：

a）晶闸管A、K两端加反向电压。

b）使流过晶闸管的电流降低至维持电流以下（一般通过减小$E_A$，直至$E_A<0$）。

3）晶闸管的工作原理。为了说明晶闸管的工作原理，可把晶闸管看成是由一个PNP型和一个NPN型晶体管连接而成，如图5-30所示。阳极A相当于PNP型晶体管$V_1$的发射极，阴极K相当于NPN型晶体管$V_2$的发射极。

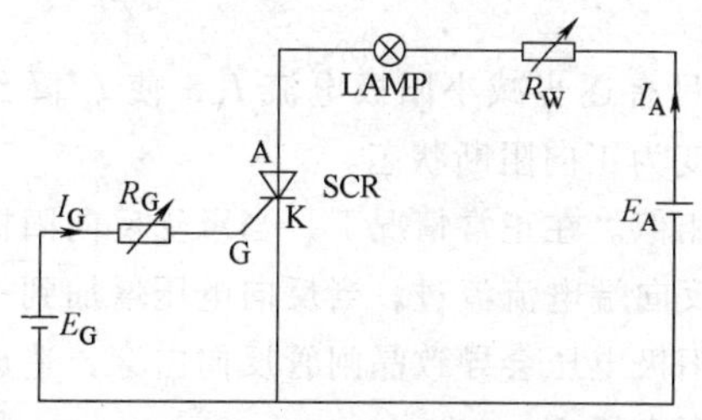


图5-29　晶闸管导通和关断的实验电路

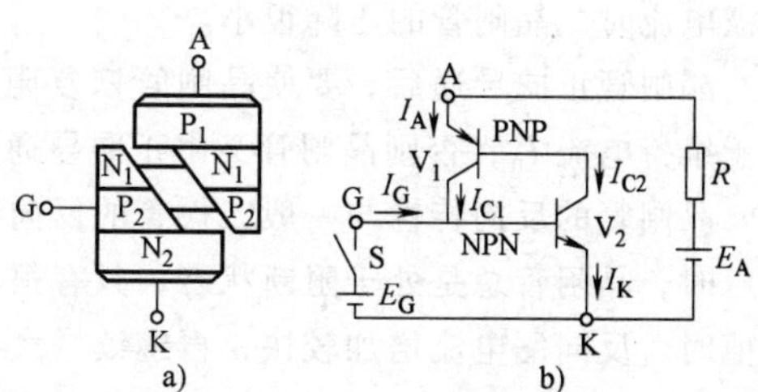


图5-30　晶闸管工作原理示意图

当晶闸管阳极承受正向电压，控制极也加正向电压时，晶体管$V_2$处于正向偏置，$E_G$产生的控制极电流$I_G$就是$V_2$的基极电流$I_{B2}$，$V_2$的集电极电流$I_{C2}=\beta_2 I_G$。而$I_{C2}$又是晶体管$V_1$的基极电流，$V_1$的集电极电流$I_{C1}=\beta_1 I_{C2}=\beta_1\beta_2 I_G$（$\beta_1$和$\beta_2$分别是$V_1$和$V_2$的电流放大系数）。电流$I_{C1}$又流入$V_2$的基极，再一次放大；……如此循环下去，形成了强烈的正反馈，使两个晶体管很快达到饱和导通，这就晶闸管的导通过程。开通后，晶闸管上的压降很小，电源电压几乎全部加在负载上，晶闸管中流过的电流即负载电流。

在晶闸管导通之后，它的导通状态完全依靠管子本身的正反馈作用来维持，即使控制极电流消失，晶闸管仍将处于导通状态。因此，控制极的作用仅是触发晶闸管使其导通。导通之后，控制极就失去了控制作用。要想关断晶闸管，最根本的方法就是必须将阳极电流减小到使之不能维持正反馈的程度，也就是将晶闸管的阳极电流减小到小于维持电流。可采用的方法有：将阳极电源断开；改变晶闸管的阳极电压的方向，即在阳极和阴极间加反向电压。

4）晶闸管的静态伏安特性。晶闸管阳极与阴极间的电压 $U_{AK}$ 和阳极电流 $I_A$ 的关系称为晶闸管伏安特性，如图 5-31 所示。晶闸管的伏安特性包括正向特性（第Ⅰ象限）和反向特性（第Ⅲ象限）两部分。

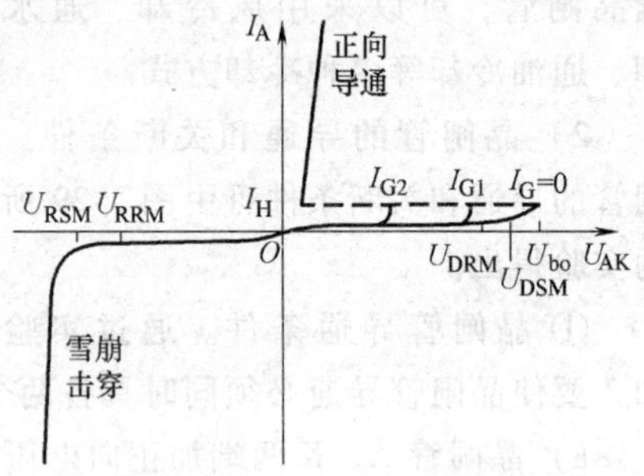


图 5-31　晶闸管的静态伏安特性

晶闸管的正向特性又有阻断状态和导通状态之分。在正向阻断状态时，晶闸管的伏安特性是一组随门极电流 $I_G$ 的增加而不同的曲线簇。当 $I_G=0$ 时，逐渐增大阳极电压 $U_{AK}$，只有很小的正向漏电流，晶闸管正向阻断；随着阳极电压的增加，当达到正向转折电压 $U_{bo}$时，漏电流突然剧增，晶闸管由正向阻断状态突变为正向导通状态。这种在 $I_G=0$ 时，依靠增大阳极电压而强迫晶闸管导通的方式称为“硬开通”。“硬开通”使电路工作于非控制状态，并可能导致晶闸管损坏，因此需要加以避免。

随着门极电流 $I_G$ 的增大，晶闸管的正向转折电压 $U_{bo}$迅速下降；当 $I_G$ 足够大时，晶闸管的正向转折电压很小，可以看成与一般二极管一样，只要加上正向阳极电压，管子就导通了。此时晶闸管正向导通的伏安特性与二极管的正向特性相似，即当流过较大的阳极电流时，晶闸管的压降很小。

晶闸管正向导通后，要使晶闸管恢复阻断，只有逐步减小阳极电流 $I_A$，使 $I_A$ 降到小于维持电流 $I_H$，否则晶闸管又由正向导通状态变为正向阻断状态。

晶闸管的反向特性与一般二极管的反向特性相似。在正常情况下，当承受反向阳极电压时，晶闸管总是处于阻断状态，只有很小的反向端电流流过。当反向电压增加到一定值时，反向漏电流增加较快，再继续增大反向阳极电压会导致晶闸管反向击穿，造成晶闸管永久性损坏，这时对应的电压称为反向击穿电压 $U_{RO}$。

综上所述，晶闸管的基本特点可以归纳如下：

1）承受反向电压时（$U_{AK}<0$），不论门极有无触发电流，晶闸管都不导通，反向伏安特性类似于二极管。

2）承受正向电压时，只有门极有正向触发电流的情况下晶闸管才能导通（即 $U_{AK}>0$ 时，$I_G>0$ 才能导通）。可以看出，晶闸管是一种电流控制型器件，导通后的晶闸管特性和二极管的正向特性相仿，正压降在 1V 左右；晶闸管一旦导通，门极就失去控制作用。

3）要使晶闸管关断，必须使晶闸管的电流下降到某一数值以下（$I_A<I_H$）。

4）晶闸管的门极触发电流从门极流入晶闸管，从阴极流出；为保证可靠、安全地触发，触发电路所提供的触发电压、电流和功率应限制在可靠触发区，既保证有足够的触发功率，又确保不损坏门极和阴极之间的 PN 结。

（2）晶闸管组成的几种常用可控整流电路

1）单相桥式全控整流电路

① 带电阻负载。单桥式全控整流电路及带电阻负载的工作波形如图 5-32 所示，晶闸管 $VT_1$ 和 $VT_4$、$VT_2$ 和 $VT_3$ 分别成组工作，把晶闸管近似视为理想的开关，即忽略其开关时间、器件的导通压降、器件关断时的漏电流，其电路的稳态工作过程分析如下：

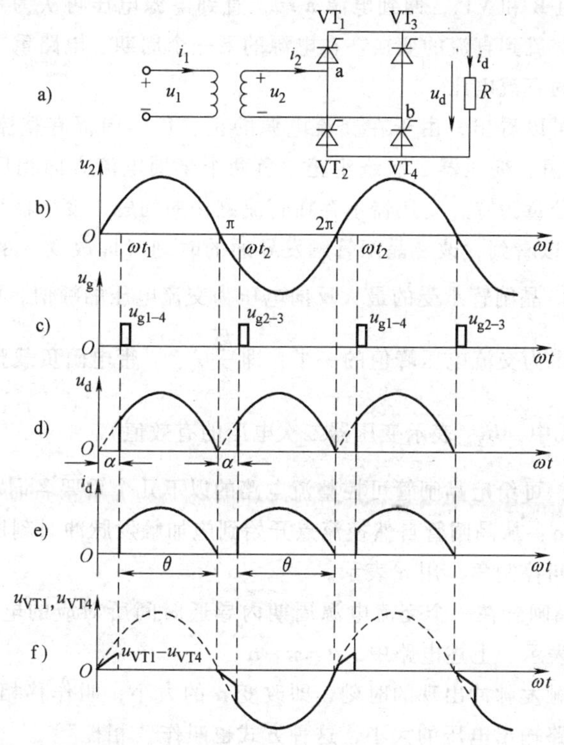


图 5-32　带电阻负载时的全控整流桥及波形

a）在 $0\sim\omega t_1$ 时段。交流电源 $u_2>0$（即图中 a 点电位高于 b 点电位），晶闸管 $VT_1$ 和 $VT_4$ 承受正向电压，晶闸管 $VT_2$ 和 $VT_3$ 承受反向电压，但此时四个晶闸管上均不施加触发信号，四个晶闸管都不导通，负载电流、电压均为零。一组管子串联起来承受电源电压，假设各个晶闸管的参数都相同，则 $VT_1$ 和 $VT_4$ 串联各承受一半电源电压，即 $u_{VT1}=u_{VT4}=u_{ab}/2>0$，如图 5-31f 所示；$VT_2$ 和 $VT_3$ 串联各承受一半电源电压，$u_{VT2}=u_{VT3}=u_{ba}/2<0$，图中未画出。

b）$\omega t_1\sim\pi$ 时段。在 $\omega t_1$ 时刻，$VT_1$ 和 $VT_4$ 承受正压，$VT_2$ 和 $VT_3$ 承受反压，设在 $\omega t_1$ 时刻给 $VT_1$ 和 $VT_4$ 同时送上触发信号，则 $VT_1$ 和 $VT_4$ 导通，电源电压加在了负载上，负载电压 $u_d=u_{ab}$。电流从电源 a 端经 $VT_1$、负载电阻 $R$ 和 $VT_4$、回到电源 b 端。到

π时刻，$u_2$为零，负载电流也降为零，流过晶闸管的电流也降为零，晶闸管$VT_1$和$VT_4$关断，输出电压为零。

c）$\pi \sim \omega t_2$时段。进入电源电压的负半周，b点电位高于a点电位，$VT_1$和$VT_4$承受反向电压，$VT_2$和$VT_3$承受正向电压，但此时没有触发信号，四个晶闸管均关断，输出电压、电流为零。与前述类似，一组管子串联起来均分电源电压。

d）$\omega t_2 \sim 2\pi$时段。为使电源负半周输出电压与正半周相同，在交流电源进入负半周的a时刻（即$\omega t_2$时刻）给$VT_2$和$VT_3$同时送上触发信号，则$VT_2$和$VT_3$导通，把负的电源电压倒相后加在负载上，负载上得到与正半周相同的电压和电流。电流从电源b端经$VT_3$、负载电阻R和$VT_2$，回到电源a端，直到电源电压再次为零，$VT_2$和$VT_3$关断，完成一个周期交流到直流的变换。在电源的下一个周期，电路重复前面的过程，负载得到一系列脉动的直流电压。

从上面的分析可以看出，由于在交流电源的正、负半周都有整流输出电流流过负载，在$u_2$一个周期里，变压器二次绕组正、负两个半周电流方向相反且波形对称，平均值为零，即直流分量为零，变压器不存在直流磁化的问题，变压器绕组的利用率也较高。从图5-31中可以看到，改变晶闸管触发导通的时刻（即改变$\alpha$的大小）输出电压$u_d$也随之发生变化。晶闸管承受的最大反向电压为交流电压的峰值，即$\sqrt{2}U_{2rms}$，晶闸管承受的最大正向电压为交流电压峰值的一半，即$\frac{\sqrt{2}}{2}U_{2rms}$。带电阻负载整流电压平均值为$0.9U_{2rms}\frac{1+\cos\alpha}{2}$（式中，$U_{2rms}$表示变压器二次电压的有效值）。

结合以上分析，可给定晶闸管可控整流电路的以下几个重要名词术语：

·触发延迟角$\alpha$：从晶闸管自然换流点开始到施加触发脉冲时刻所对应的电角度叫作触发延迟角，也叫控制角，用$\alpha$表示。

·导通角$\theta$：晶闸管在一个交流电源周期内导通时间所对应的电角度叫作导通角，也叫导电角，用$\theta$表示。上述电路中，$\theta=\pi-\alpha$。

·移相：改变触发脉冲出现的时刻，即改变$\alpha$的大小，叫作移相。改变$\alpha$的大小，也就控制了整流电路输出电压的大小，这种方式也叫作“相控”。

·移相范围：改变$\alpha$使输出整流电压平均值从最大值降到最小值（零或负最大值），$\alpha$的变化范围叫作移相范围。上述电路中，$\alpha$的移相范围为180°。

·同步：为了使整流电路输出电压波形呈周期性地重复，触发脉冲与整流电路的交流电压在频率和相位上必须保持某种固定的协调关系（即必须同时满足晶闸管导通的两个条件），这种关系就叫作同步。触发脉冲与交流电源电压保持同步是可控整流电路正常工作必不可少的条件。

② 带阻感负载。在实际生产中，纯电阻负载是不多的，很多负载既有电阻又有电感，例如各种电动机的激磁绕组、交流电源的电抗、整流装置的平波电抗器等。一般把负载中的感抗$\omega L$与电阻$R$相比其值不可忽略时的负载叫作阻感负载。实际上纯电感负载是不存在的（因为构成电感的线圈其导线本身就存在电阻），若负载的感抗$\omega L \gg R$

（一般认为 $\omega L > 10R$），电阻可以忽略不计，整个负载的性质主要呈感性，把这样的负载叫作大电感负载。

电感与电阻的性质完全不一样。由电路理论可知电感的特点：电感上的电流相位滞后电压相位；流过电感的电流不能发生突变，电感有抗拒电流变化的特性；电感产生感应电势的大小与电感中电流的变化率成正比，其极性是阻碍电流的变化；纯电感不消耗能量，但却可以储存能量，电感储存的能量与电感量的大小、电感中电流的大小成正比，为 $\frac{1}{2}Li^2$。了解电感的这些特性是理解整流电路带阻感负载工作情况的关键问题之一。

图 5-33a 所示的是单相桥式全控整流电路带阻感性负载电路图，为了分析方便，把阻感负载看成是一个纯电感和电阻的串联。阻感负载电感量的大小对电路的工作情况、输出电压、电流的波形影响很大。假定电感 $L$ 很大，即为大电感负载状态，则由于电感的储能作用，负载 $i_d$ 始终连续且电流近似为一直线。

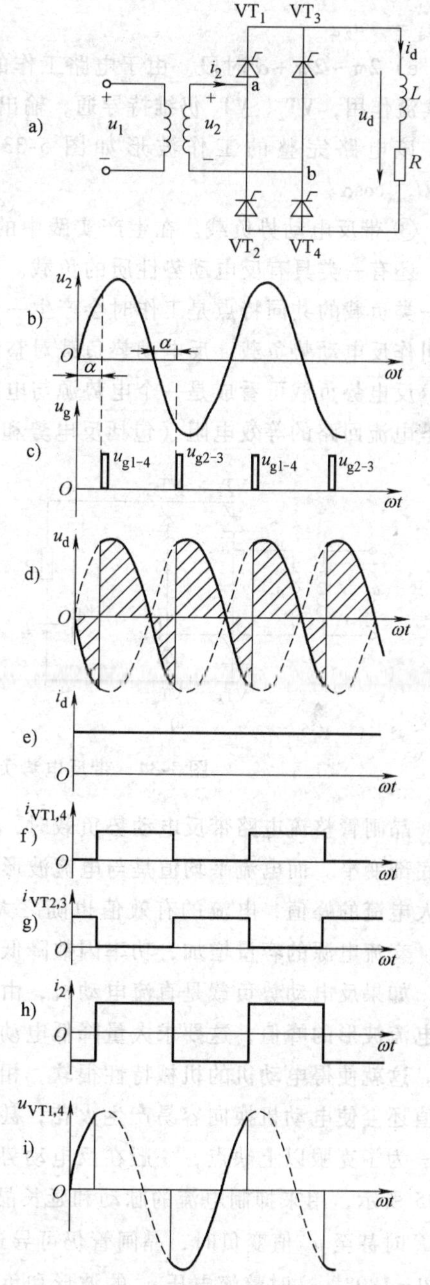


图 5-33　带阻感负载时的全控整流桥及波形

可以看出，电路的自然换流点为正弦波 $u_2$ 的过零点。假定电路的触发延迟角为 $\alpha$，晶闸管近似为理想开关，现在来分析其稳态工作过程。

a）在 $0\sim\alpha$ 时段。电路工作于稳态时具有周期性，该时段是 $VT_2$、$VT_3$ 导通过程的延续。虽然此时段 $u_2>0$，但由于电感的续流作用，$VT_2$、$VT_3$ 仍维持导通，输出电压 $u_d=-u_2$。

b）$\alpha\sim\pi$ 时段。在 $\alpha$ 时刻 $VT_1$、$VT_4$ 的触发脉冲出现，由于前面 $VT_2$、$VT_3$ 的导通，使得晶闸管 $VT_1$、$VT_4$ 承受正向电压，即 $u_{VT_1AK}=u_{VT_4AK}=u_2>0$，因此 $VT_1$、$VT_4$ 满足导通条件，输出电流 $VT_2$、$VT_3$ 向 $VT_1$、$VT_4$ 转移，完成换流，输出电压 $u_d=u_2$。

c）$\pi\sim\pi+\alpha$ 时段。虽然此时段 $u_2<0$，

但由于电感的续流作用，$VT_1$、$VT_4$ 仍维持导通，输出电压 $u_d = u_2$。

d）$\pi + \alpha \sim 2\pi$ 时段。在 $\pi + \alpha$ 时刻，$VT_2$、$VT_3$ 的触发脉冲出现，由于前面 $VT_1$、$VT_4$ 的导通，使得晶闸管 $VT_2$、$VT_3$ 承受正向电压，即 $u_{VT_2AK} = u_{VT_3AK} = -u_2 > 0$，因此 $VT_2$、$VT_3$ 满足导通条件，输出电流由 $VT_1$、$VT_4$ 向 $VT_2$、$VT_3$ 转移，完成换流，输出电压 $u_d = -u_2$。

e）$2\pi \sim 2\pi + \alpha$ 时段。由于电路工作的周期性，该时段即为 $0 \sim \alpha$ 时段，由于电感的续流作用，$VT_2$、$VT_3$ 仍维持导通，输出电压 $u_d = -u_2$。

该电路完整的工作波形如图 5-33 所示。带大电感负载整流电压平均值为 $0.9U_{2rms}\cos\alpha$。

③ 带反电动势负载。在生产实践中的晶闸管整流电路，除了电阻、电感性负载之外，还有一类具有反电动势性质的负载。比如：给蓄电池充电，带动直流电动机运转。这一类负载的共同特点是工作时会产生一个极性与电流方向相反的电动势，把这一类负载叫作反电动势负载。反电动势负载对整流电路的工作会产生影响。

反电势负载可看成是一个电势源与电阻的串联，电势源的极性与电流方向相反，电阻是电流回路的等效电阻（包括反电势和导线等的电阻），如图 5-34 所示。

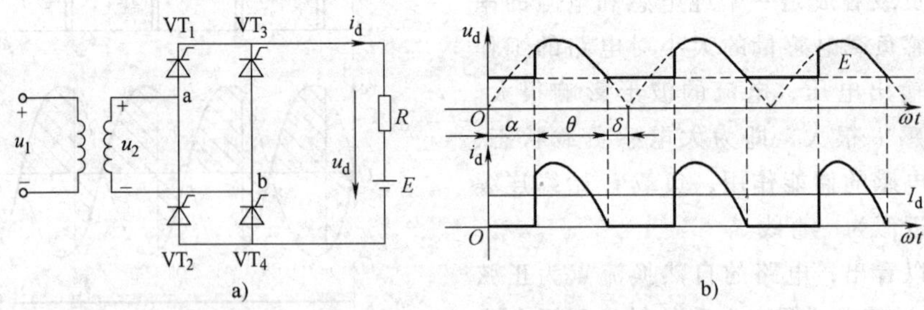


图 5-34　带反电势负载时的全控整流桥及波形

晶闸管整流电路带反电动势负载时，会使晶闸管导通角减小、电流断续，电流波形的底部变窄。而电流平均值是与电流波形的面积成比例的。要增大电流的平均值，必须增大电流的峰值，电流的有效值也随之大大增加。有效值的增大，使得器件发热量增加，交流电源的容量增加，功率因数降低。

如果反电动势负载是直流电动机，由图 5-34b 可以看出，要增大负载电流，必须增加电流波形的峰值，这要求大量降低电动机的反电势 $E$，从而电动机的转速也要大量降低。这就使得电动机的机械特性很软，相当于整流电源的内阻增大。此外，较大的电流峰值还会使电动机换向容易产生火花，甚至造成环火短路。

为了克服以上缺点，一般在反电动势负载的直流回路中串联一个平波电抗器，如图 5-35 所示，用来抑制电流的脉动和延长晶闸管导通的时间。有了平波电抗器，当 $u_2$ 小于 $E$ 时甚至 $u_2$ 值变负时，晶闸管仍可导通。只要电感量足够大甚至能使电流连续，达到 $\theta = 180°$。这时整流电压 $u_d$ 的波形和负载电流 $i_d$ 的波形与单相桥式全控整流电路带电感性负载电流连续时的波形相同，整流电压平均值的计算公式亦相同。当然如果电感量不够大，负载电流也可能不连续，但电流的脉动情况会得到改善。根据图 5-35 所示的负载电流临界连续的情况，可计算出保证负载电流连续所需的电感量。

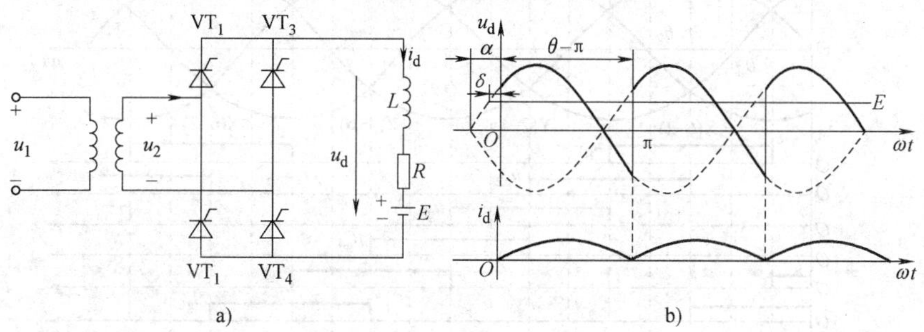


图 5-35　带反电势负载串平波电抗器时的全控整流桥及波形

a）单相桥式全控整流电路带反电势负载串平波电抗器电路　b）电流临界连续情况波形

2）三相桥式全控整流电路。在各种可控整流电路中，应用最为广泛的是三相桥式全控整流电路。它可以看成是两组三相半波可控整流电路串联起来同时工作，这两组三相半波可控整流电路一组是共阴极接法，另一组是共阳极接法，其电路原理图如图5-36a 所示。图中共阴极组的晶闸管分别编号为 $VT_1$、$VT_3$、$VT_5$；共阳极组的晶闸管分别编号为 $VT_4$、$VT_6$、$VT_2$。之所以这样编号，完全是为了便于分析电路。按照这样的编号，晶闸管是以 $VT_1 \to VT_2 \to VT_3 \to VT_4 \to VT_5 \to VT_6 \to VT_1 \cdots$ 自然序号的顺序依次导通和关断的。

三相桥式全控整流电路对触发脉冲有特殊的要求。由于三相桥式全控整流电路工作时必须有一个共阴极组的晶闸管和一个共阳极组的晶闸管同时导通才能形成电流通路，触发脉冲按照管子的编号依次间隔 60°，即每 60°有一个管子被触发导通，似乎按照编号每隔 60°发出一个脉冲即可。但是，在整流电路合闸启动过程中或电流断续时，所有的管子均不导通，这时每隔 60°发出一个脉冲并不能保证相应的共阴、共阳两个管子同时触发导通。为确保电路的正常工作，需保证在任何时刻同时导通的两个晶闸管均得有触发脉冲。为此，可采用两种方法：一种方法是使脉冲宽度大于 60°（一般取 80° ~ 100°），称为宽脉冲触发。另一种方法是，在触发某个晶闸管的同时，给序号前一号的晶闸管补发一个脉冲，即用两个窄脉冲代替宽脉冲，两个窄脉冲的前沿相差 60°，脉宽一般为 18° ~ 36°，称为双脉冲触发。这两种方法都是在触发某个晶闸管的同时使与之配

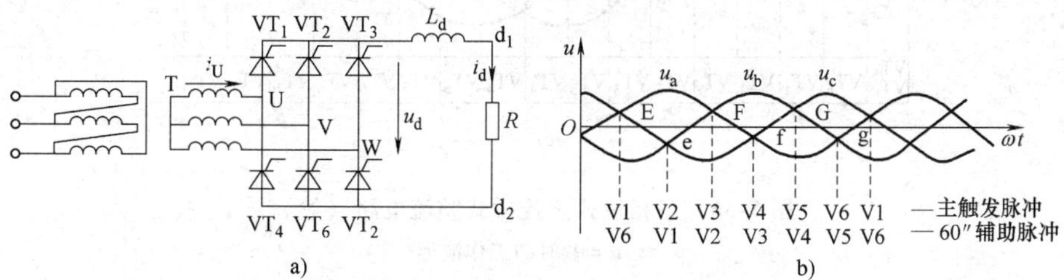


图 5-36　三相桥式全控桥式整流电路

a）主电路　b）对触发脉冲的要求（对应于 α = 0°时）

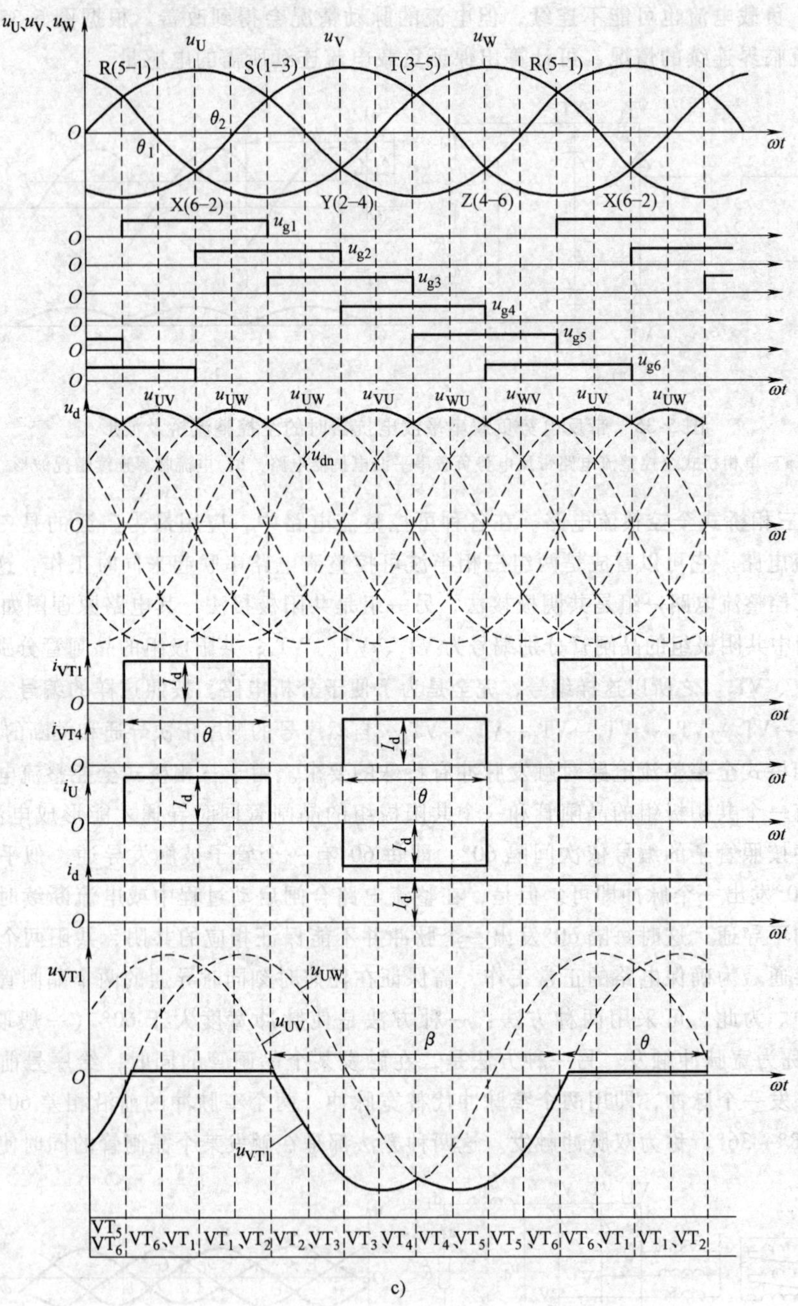


图 5-36 三相桥式全控桥式整流电路（续）

c）$\alpha=0°$时的工作波形

对导通的另一个晶闸管也有触发信号，以保证这两个管子不管在此之前是什么状态（导通或关断），都应该被触发导通。双脉冲电路较复杂，但要求的触发电路输出功率小。宽脉冲触发电路虽可少输出一半脉冲，但为了不使脉冲变压器饱和，需将铁心体积做得较大，绕组匝数较多，导致漏感增大，脉冲前沿不够陡，对于晶闸管的串、并联使用不利。虽可用去磁绕组改善这种情况，但又使触发电路复杂化。因此，常用的是双脉冲触发。三相桥式全控桥式整流电路 $\alpha=0$ 时的脉冲及工作波形如图 5-36b、c 所示。

同样，调节 $\alpha$ 角的大小，可得到三相桥式全控整流电路输出直流电压的平均值 $U_{dav}$ 为：

1）$\alpha \leqslant 60°$，输出电流连续，$U_{dav}=2.34U_{2rms}\cos\alpha$。

2）$\alpha > 60°$，输出电流断续，$U_{dav}=2.34U_{2rms}\left[1+\cos\left(\alpha+\dfrac{\pi}{3}\right)\right]$。

**2. 晶闸管的触发电路**

晶闸管要导通，除加正向阳极电压外，还需在控制极和阴极之间加正向控制电压，即触发电压。触发电压可以是直流信号，也可以是交流信号，或者是脉冲信号。

（1）晶闸管对触发电路的要求

1）触发信号应有足够的功率（电压和电流）。

2）触发脉冲应有一定的宽度。

3）触发脉冲上升沿要尽可能陡。

4）触发脉冲要能在一定范围内移相。

5）触发脉冲必须与晶闸管管的阳极电压同步。

（2）几种常用的晶闸管触发电路

1）阻容移相桥。阻容移相桥为具有中心抽头的同步变压器与 RC 组成的移相桥，如图 5-37 所示。它利用移动 $O$、$D$ 两点电压相位来控制晶闸管导通角的大小，实现对输出负载电压的调节。电路中同步变压器一次侧与晶闸管阳极接在同一交流电源。因此同步变压器二次侧电压 $U_{AB}$ 与晶闸管阳极电压同相位。

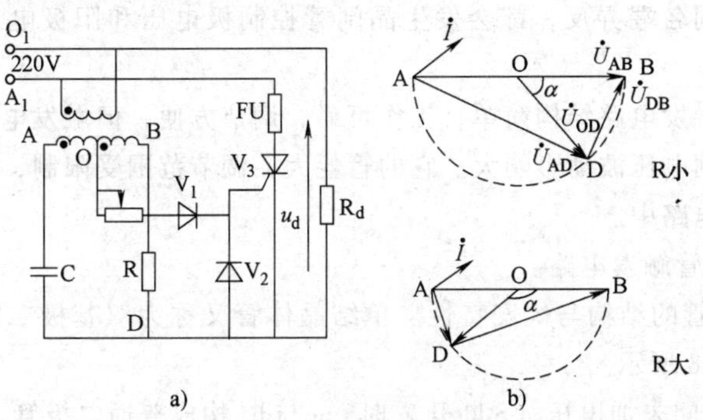


图 5-37　阻容移相桥触发电路

a）电路图　b）相量图

由图 5-37 可见，变压器二次侧电压 $\dot{U}_{AB}$ 等于电阻电压 $\dot{U}_{DB}$ 与电容电压 $\dot{U}_{AD}$ 的相量和，即 $\dot{U}_{AB}=\dot{U}_{DB}+\dot{U}_{AD}$。$\dot{U}_{DB}$ 与 $\dot{U}_{AD}$ 互成直角，所以，改变电阻 $R$ 的值时，$D$ 点沿着以 $AB$ 为

直径的半圆运动。

移相桥输出电压 $\dot{U}_{OD}$ 与 $\dot{U}_{AB}$ 的相位差为 $\alpha$，且滞后于 $\dot{U}_{AB}$。$\dot{U}_{OD}$ 为晶闸管控制极电压，因此，晶闸管控制极电压滞后阳极电压 $\alpha$ 角，使晶闸管在阳极电压正半周上的电角度为 $\alpha$ 时触发。改变 $R$ 的大小，$\alpha$ 也随之改变，可在 0°~180°范围内变化。

移相桥接上控制极后，由于控制极电流经电阻产生压降，移相范围要小于 180°，输出最大幅值也将小于 $U_{AB}$ 最大值的一半。

移相桥的各参数可以变化，同步变压器二次侧两个绕组的电压均应大于控制极的最大触发电压。流过移相桥电阻和电容的电流应大于控制极的最大触发电流，可调电阻值应为电容器容抗的几倍以上。

阻容移相桥中 $R$、$C$ 的取值范围分别为

$$R \geqslant K_R \frac{U_{OD}}{I_{OD}}$$

$$C \geqslant \frac{3I_{OD}}{U_{OD}}$$

式中 $U_{OD}$、$I_{OD}$——移相桥输出电压、电流；

$K_R$——电阻系数，可由表 5-8 查得。

**表 5-8 电阻系数（$K_R$）（经验数据）**

| 整流电路输出电压的调节倍数 | 2 | 2~10 | 10~50 | 50 以上 |
|---|---|---|---|---|
| 要求移相范围 | 90° | 90°~144° | 144°~164° | 164°以上 |
| 电阻系数 $K_R$ | 1 | 2 | 3~7 | >7 |

使用阻容移相桥触发时，需注意如果把 $R$ 和 $C$ 位置调换或把 $\dot{U}_{OD}$ 反相，或将同步变压器一、二次侧同名端弄反，都会发生晶闸管控制极电压和阳极电压不同步，使电路失控。

阻容移相桥触发电路结构简单，工作可靠，调节方便，但触发电压为正弦波，前沿不陡，直接受电网电压波动影响大。它的管耗大，调节范围受限制，所以只用于小容量或要求低的整流电路中。

2）单结晶体管触发电路。

① 单结晶体管的结构与伏安特性。单结晶体管又称为双基极二极管，其结构及基本电路等如图 5-38 所示。

当 $b_1$ 和 $b_2$ 之间未加电压（S 断开）时，e 与 $b_1$ 构成普通二极管。$b_1$ 和 $b_2$ 之间加电压 $U_{bb}$，A 点电位取决于 $R_{b1}$、$R_{b2}$ 所形成的分压比，即：$\eta = \frac{R_{b1}}{R_{b1} + R_{b2}}$。

A 点对 $b_1$ 的电位为：$U_A = \eta U_{bb}$

当发射极电位 $U_e$ 从零逐渐增加，但 $U_e < \eta U_{bb}$ 时，有很小的反向漏电流，等效于二极管反偏，单结晶体管处于反向截止状态；当 $U_e$ 高出 $\eta U_{bb}$ 一个二极管压降时，即 $U_e \geqslant$

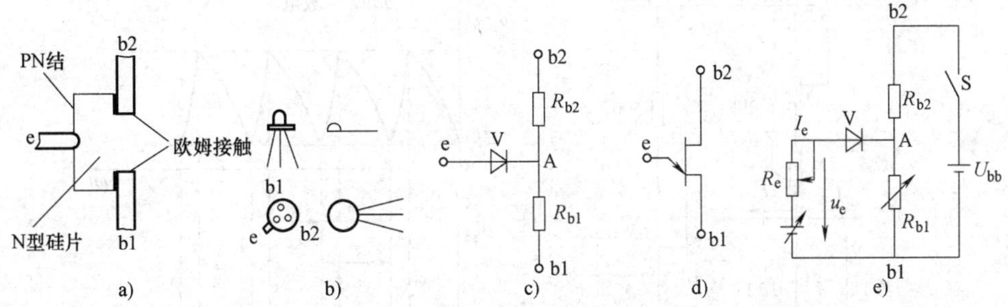


图 5-38　单结晶体管结构及基本电路

a) 结构　b) 外形　c) 等效电路　d) 符号　e) 基本电路

$\eta U_{bb}+U_V$，此时单结晶体管导通，这个电压称为峰点电压 $U_P$。单结晶体管导通后，$I_e$ 显著增大，发射极向 N 区注入大量空穴，使靠近 $b_1$ 一边的硅片载流子数目大大增加，$R_{b1}$ 迅速减小，导致 $U_A$ 电位下降。$U_A$ 减小相当于 PN 结正向偏置增大，空穴注入量更多。$I_e$ 进一步增大，$R_{b1}$ 进一步减小，形成正反馈，$U_e$ 随 $I_e$ 的增加而减小，使单结晶体管呈负电阻特性，图 5-39所示的 PV 段称为负阻区，从截止区转变为负阻区的转折点 P 称为峰点。$I_e$ 增加，使空穴注入量增加，达到一定程度时，会出现空穴来不及与基区电子复合，产生空穴储存现象。要使 $I_e$ 增大，必须加大电压 $U_e$，即单结晶体管转化到饱和区，从负阻区到饱和区的转折点 V 称为谷点。谷点电压 $U_V$ 是维持管子导通的最小电压，一旦出现 $U_e<U_V$，管子重新截止。上述特性曲线是在 $U_{bb}$ 一定时获得的，改变 $U_{bb}$ 的大小，峰点电压 $U_P$ 以及谷点电压 $U_V$ 也将随之改变。

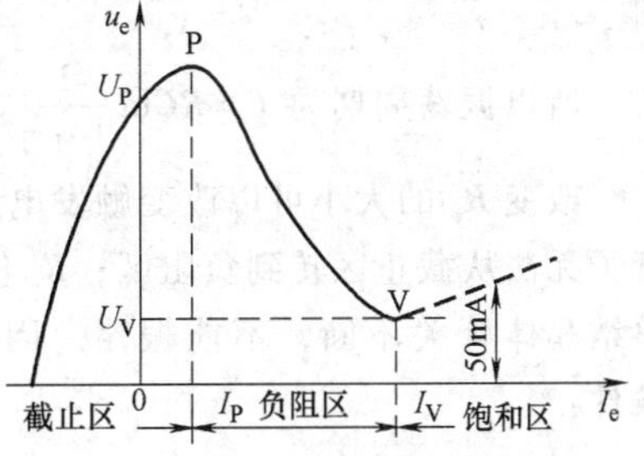


图 5-39　单结晶体管发射极伏安特性

② 单结晶体管自激振荡电路。利用单结晶体管的负电阻特性及 RC 电路的充放电功能可以组成自激振荡电路，如图 5-40 所示。

接通电源后，电容 $C$ 经 $R_e$ 充电，电容两端电压逐渐升高，当 $U_e$ 达到峰值电压 $U_P$ 时，单结晶体管导通，e-$b_1$ 之间的电阻突然变小，电容 $C$ 上的电压不能突变，电流能突然跳变，电容上的电荷通过 e-$b_1$ 迅速向 $R_1$ 放电，由于放电回路电阻很小，放电时间很短，所以 $R_1$ 上输出一个很窄的尖脉冲。当电容 $C$ 上的电压降至谷点电压 $U_V$ 时，经由 $R_e$ 供给的电流小于谷点电流，不能满足单结晶体管的导通条件，因而 e-$b_1$ 之间的电阻迅速增大，单结晶体管由导通转为截止，电容又重新充电，重复上述过程。电容的放电时间常数 $\tau_1$ 远小于充电时间常数 $\tau_2$，即：$\tau_1=(R_1+r_{b1})\leqslant\tau_2=R_eC$。

电容 $C$ 上得到的是锯齿波电压，$R_1$ 上的脉冲电压是尖脉冲，其振荡频率与 $R_e$、$C$ 及单结晶体管分压比 $\eta$ 有关。忽略电容放电时间，自激振荡的频率为

$$f=\frac{1}{R_eC\ln\dfrac{1}{1-\eta}}$$

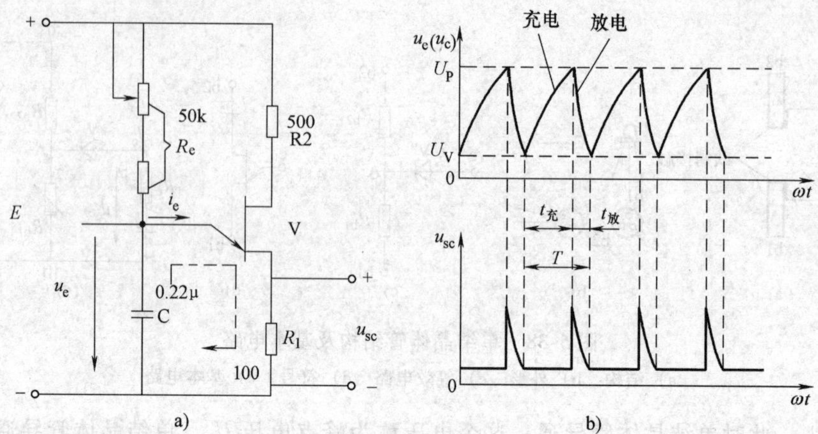


图 5-40 单结晶体管自激振荡电路

a）电路 b）波形

所以振荡周期为 $T = RC\ln\dfrac{1}{1-\eta}$。

改变 $R_e$ 的大小可以改变触发电路的振荡频率。但 $R_e$ 不可过大或过小。$R_e$ 值太大，管子无法从截止区转到负阻区；$R_e$ 值太小，e-$b_1$ 导通后，仍然使 $I_e$ 一直大于谷点电流，单结晶体管关不断，不能振荡。因此，欲使电路保持振荡状态，$R_e$ 值必须满足下列条件：

$$\frac{E-U_P}{I_P} \geqslant R_e \geqslant \frac{E-U_V}{I_V}$$

式中 $U_P$、$I_P$——峰点电压、电流；

$U_V$、$I_V$——谷点电压、电流。

带脉冲变压器输出脉冲的晶闸管触发电路如图 5-41 所示。

3）同步电压为正弦波的触发电路。由晶体管组成的触发电路适用于触发要求高、功率大的场合，它由同步移相和脉冲形成放大两部分组成。同步移相可采用正弦波同步电压与控制电压叠加来实现。脉冲形成放大环节可利用电容充放电及晶体管开关特性，受同步移相信号的控制，产生符合要求的触发脉冲。

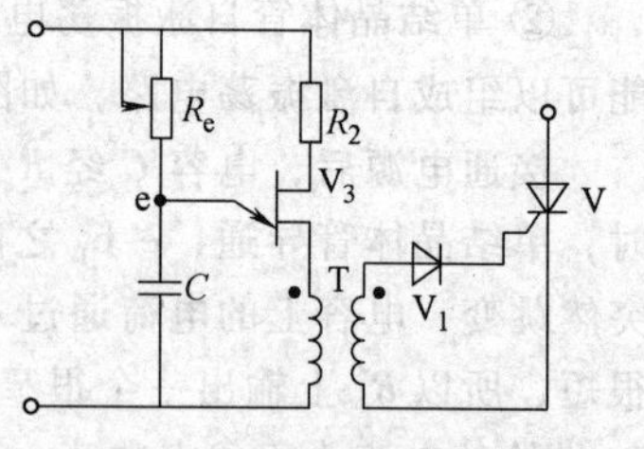


图 5-41 脉冲变压器输出脉冲

① 同步移相环节。正弦波触发电路的同步移相环节一般都是采用正弦波同步电压与一个控制电压或几个电压的叠加，通过改变控制电压的大小来改变晶体管翻转时刻，这种方式称为垂直控制或正交控制。最简单的是一个同步电压 $U_T$ 与一个控制电压 $U_k$ 的叠加。根据信号叠加的方式，又可分为串联控制与并联控制两种。

串联垂直控制电路如图 5-42 所示。同步电压是由变压器二次侧供给的正弦波电压 $U_T$ 串联直流控制电压 $U_k$，二者叠加后的信号在由负变正时控制晶体管 $V_1$ 的翻转导通。

改变控制电压 $U_k$ 的大小和正负，就可以改变晶体管导通的时刻，从而达到移相的目的，以此通过微分电路送出负脉冲去控制脉冲形成放大电路，使输出的触发脉冲在 0° ~ 180°之间移动。

并联垂直控制电路如图 5-43 所示。控制方式是将控制电压经过电阻变成电流后与同步电压经过电阻变成的电流进行并联，接在晶体管基极上，控制信号以电流形式与同步信号叠加。在图 5-43 中，要使 NPN 型晶体管 V 导通，必须使 $I_b>0$，否则晶体管截止。而 $I_b$ 是由同步电压与控制电压经过电阻变换为电流叠加而得到的，与串联叠加效果相同。并联垂直控制电路比较简单，且有公共触点，各信号串有较大的电阻，调整时互不影响，实际使用较多。

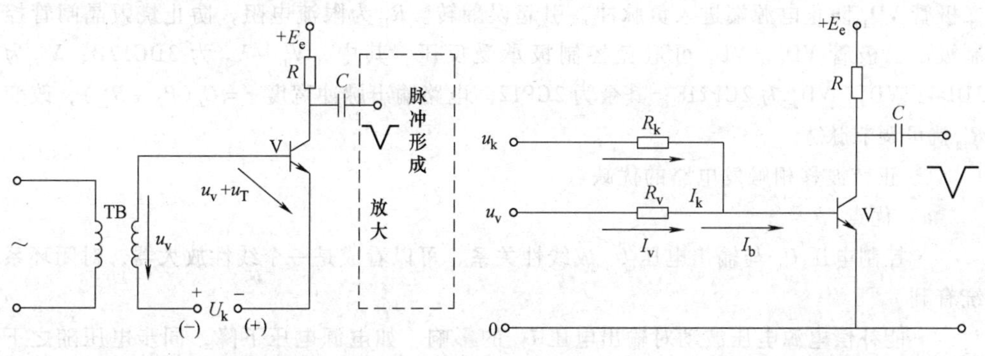


图 5-42　串联垂直控制电路　　　图 5-43　并联垂直控制电路

某正弦波移相触发电路如图 5-44 所示。在同步移相环节送出脉冲时，使单稳态翻转，输出脉宽可调的、幅值足够的触发脉冲，起到脉冲整形与放大作用，其工作过程如下：

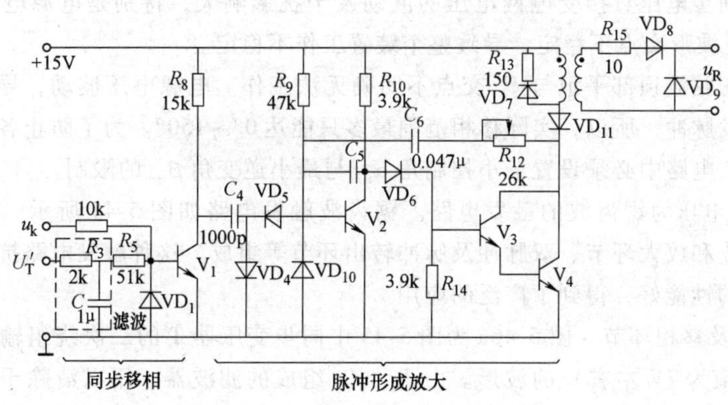


图 5-44　某正弦波移相触发电路

a）稳态。在 $V_1$ 截止时使 $V_2$ 处于饱和导通状态，$V_3$、$V_4$ 处于截止状态，电容 $C_4$ 经电阻 $R_9$ 给二极管 $VD_4$ 充电到电源电压，极性为左正右负。

b）暂态。当控制电压 $U_k$ 与同步电压 $U_T$ 产生的电流叠加使 $I_{b1}>0$ 时，$V_1$ 立即饱和导通，经 $C_4$ 给基极输送负脉冲，$V_2$ 由饱和导通变为截止，$V_3$、$V_4$ 由截止变为饱和导通。脉冲变压器二次侧输出触发脉冲，由于 $R_{12}$ 和 $C_6$ 组成阻容正反馈电路，使 $V_4$ 翻转加快，提高输出脉冲的前沿陡度。$V_4$ 导通经正反馈耦合，使 $V_2$ 基极 B 点维持负电位，经 $R_9$、$R_{12}$、$V_4$ 的饱和压降放电，同时 B 点电位升高，当 $U_B > 0.7V$ 时 $V_2$ 导通，$V_3$、$V_4$ 截止，暂态结束，恢复稳态，输出脉冲终止。电路自动返回后，电容 $C_6$ 充电到稳定值，为下一次翻转做准备。

图 5-44 中的 $C_5$ 起微分负反馈作用，能够提供触发电路的抗干扰能力。$VD_7$、$R_{13}$ 为防止 $V_3$、$V_4$ 截止时在脉冲变压器一次侧感应下正上负的高压，引起 $V_3$、$V_4$ 击穿，同时起续流作用。$R_{14}$ 对 $V_3$、$V_4$ 基极电流产生分流，有利于提高抗干扰能力，在电路中增加二极管 $VD_{10}$ 防止电源端进入负脉冲，引起误翻转。$R_{15}$ 为限流电阻，防止烧毁晶闸管控制极。二极管 $VD_9$、$VD_8$ 可避免控制极承受反压。其中，$V_1 \sim V_3$ 为 3DG12B；$V_4$ 为 3DD4；$VD_8$、$VD_9$ 为 2CP2IF；其余为 2CP12。电路输出脉冲宽度 $\tau = C_6(R_9 + R_{12})$，改变 $R_{12}$ 就可调节脉宽。

② 正弦波移相触发电路的优缺点

a）优点

· 控制电压 $U_k$ 与输出电压 $U_d$ 成线性关系，可以看成是一个线性放大器，对闭环系统有利。

· 能补偿电源电压波动对输出电压 $U_d$ 的影响。如电源电压下降，同步电压随之下降，$U_k$ 不变，过零时左移控制 $\alpha$，减小为 $\alpha'$，补偿了电压的下降，使输出电压基本不变。

· 线路简单，容易控制。

b）缺点

· 由于同步电压直接受电网电压的波动及干扰影响大，特别是电源电压波形畸变时，$U_k$ 与 $U_T$ 波形交点不稳定，导致整个装置工作不稳定。

· 由于正弦波顶部平坦与 $U_k$ 交点不明确无法工作。电源电压波动，导致 $U_k$ 与 $U_T$ 无交点，不发脉冲，所以，实际移相范围最多只能达 $0° \sim 150°$。为了防止各种可能出现的意外情况，电路中必须设置最小控制角 $\alpha_{min}$ 与最小逆变角 $\beta_{min}$ 的限制。

4）同步电压为锯齿波的触发电路。锯齿波触发电路如图 5-45 所示。它由移相环节、脉冲形成和放大环节、双脉冲及脉冲转出环节等组成。这种触发电路抗干扰、抗电网波动影响的性能好，得到了广泛的应用。

① 同步及移相环节。图 5-46a 为图 5-45 中同步变压器 T 的二次绕组输出交流电压 $U_T$（其有效值为 7V 左右）的波形。由 $R_1$、$C_1$ 组成的滤波器，用以清除干扰，并使这个交流电压相位后移 60°，如图 5-46b 所示。经滤波的交流电压 $u_{c1}$ 作用在晶体管 $V_1$ 的基极、发射极之间，设 $u_{c1}$ 的极性上正下负时为正方向，则 $u_{c1}$ 为负值时晶体管导通，电容 $C_2$ 被晶体管短接，忽略 $V_1$ 的管压降，a 点电位等于直流控制电压 $u_k$，$u_k$ 的变化范围为 0 ~ 6V。当 $\omega t = \theta_1$ 时，$u_{c1}$ 过零变正，$V_1$ 由导通转为截止。控制电压 $u_k$ 经晶体管 $V_2$、电阻 $R_6$ 和电位器 $W_1$ 到 −15V 电源给电容 $C_2$ 充电，$u_k$ 为正值，$C_2$ 两端电位极性是上负

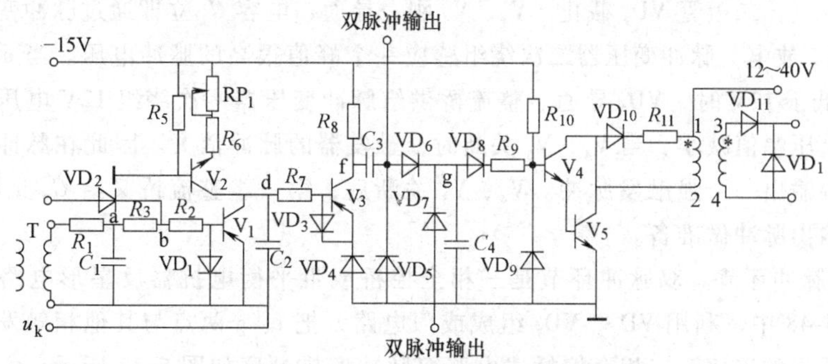


图 5-45　锯齿波触发电路

下正；又因为 $R_4$、$R_5$、$R_6$ 和 $W_1$ 及晶体管 $V_2$ 组成了恒流源，所以 d 点电位是线性变化的。随着 $C_2$ 充电，d 点电位线性下降，到了 d 点电位低于 0V 时，$V_3$ 导通，d 点破 $V_3$ 发射结嵌位，接近 0V。当晶体管 $V_1$ 再次导通时，d 点电位又为 $u_k$。重复上述过程，d 点形成线性良好的锯齿波。

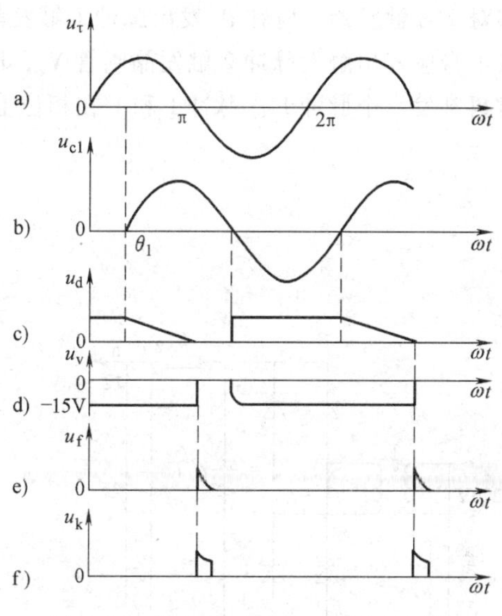


图 5-46　锯齿波触发器 2 要点波形图

改变电位器 $W_1$ 的值，即改变 $C_2$ 的充电时间，就改变了锯齿波的斜率。改变直流控制电压 $u_k$ 大小，就改变了触发脉冲产生的时刻，从而达到脉冲移相的目的。

② 脉冲形成和放大环节。图 5-45 中，当 $V_3$ 截止时，-15V 电源经二极管 $VD_5$ 和电阻 $R_8$ 给电容 $C_3$ 充电，充电结束后，$C_3$ 左端电压为 -15V，右端电压略低于 0V，所以 $V_4$、$V_5$ 截止。当 d 点电位下降至 0V，$V_3$ 由截止变为导通，e 点电位由 -15V 跳变到 0V，电容 $C_3$ 两端电压不能突变，所以其右端电位由 0V 升到 15V。$V_4$、$V_5$ 导通，脉冲变压器输出脉冲信号。$V_4$、$V_5$ 导通后，通过 $VD_6$、$VD_8$、$R_9$、$V_4$、$V_5$、$VD_4$、$V_3$ 形成的回路放电。$C_3$ 放电结束，f 点电位降至 0V，$V_4$、$V_5$ 由导通变为截止，脉冲结束。因此，脉冲宽度取决于 $C_3$ 放电回路的时间常数。

③ 其他环节

a）脉冲输出。要使脉冲开通时间缩短，改善串并联元件的动态均压、均流，改善触发可靠性，可以采用强触发环节，图 5-47 为强触发电源电路。

该电源接到脉冲变压器一次绕组上，电源由两组整流桥组成，第一组为 40V，第二组为 12V，其输出通过 b 点右侧的二极管连在一起，输出端 a 与脉冲变压器原绕组 1 端相连，当功率放大管 $V_4$ 和 $V_5$ 截止时，电容 $C_6$、$C_7$ 充电至 40V，整流桥输出 12V，a 点电位高于 b 点，二极管 $VD_9$ 截止。$V_4$、$V_5$ 刚一导通，电容 $C_7$ 立即通过脉冲变压器一次绕组 $V_4$、$V_5$ 放电，脉冲变压器二次绕组感应一个峰值很高的脉冲电压。当 a 点电位随 $C_7$ 放电，低于 12V 时，$VD_9$ 导通。整流桥供给脉冲变压器一次绕组 12V 电压，二次绕组感应的电压幅值减小，当 $V_4$、$V_5$ 关断时，触发器的脉冲消失。因此在脉冲变压器二次绕组两端输出一个强触发脉冲。$V_4$、$V_5$ 关断后，第一组整流桥又给 $C_7$ 充电至 40V，为下一个输出脉冲做准备。

b）双脉冲环节。双脉冲环节是三相全控桥或带平衡电抗器反星形电路的特殊要求。在图 5-48 中，利用 $VD_6$、$VD_7$ 组成或门电路，把 f、g 两点与其他相触发器的 f、g 两点进行适当的连接。三相全控桥式电路双脉冲安排顺序如图 5-48 所示。六个晶闸管的脉冲在相位上依次相差 60°。脉冲 1、2、3、4、5、6 由各晶闸管的触发器本身产生。如对 1 号触发器，应在 $\theta_1$ 发出脉冲 1 触发晶闸管 $V_1$，而在 $\theta_2$ 时，与 $V_6$ 换流。2 号触发器本身应发出触发脉冲 2 触发晶闸管 $V_2$，同时再对 $V_1$ 触发一次，即要求 1 号触发器此时再补发一个脉冲 1′。脉冲 1 和 1′在相位上相差 60°。以此类推，就得到要求的双脉冲。

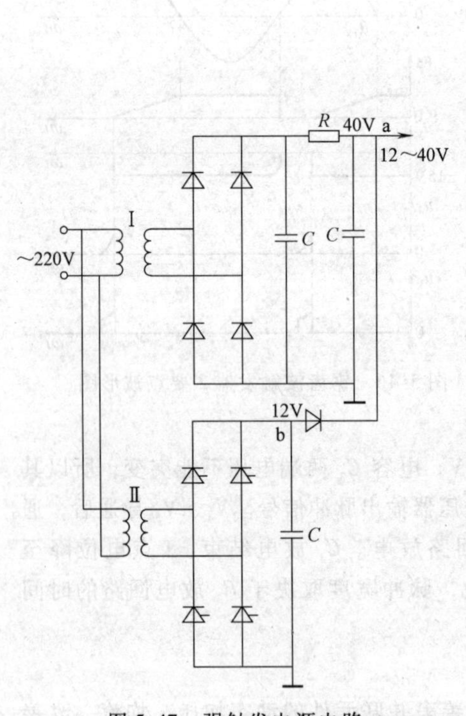


图 5-47　强触发电源电路

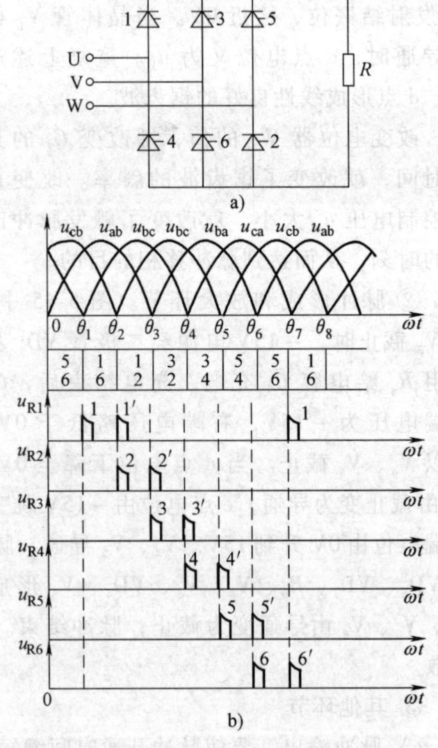


图 5-48　三相全控桥式电路双脉冲安排顺序

a）电路　b）波形

图 5-49 为双脉冲环行各触发器间的连线示意图。当 1 号触发器在 $\theta_1$ 发出脉冲时，由 1 号触发器的 f 点输出一个正脉冲经 $VD_7$ 接至 6 号触发器的 g 点，使 6 号触发器的

$V_4$、$V_5$ 导通一次，从而 6 号触发器在 $\theta_1$ 时刻产生一个脉冲 6′，6 号触发器就发出了双脉冲。

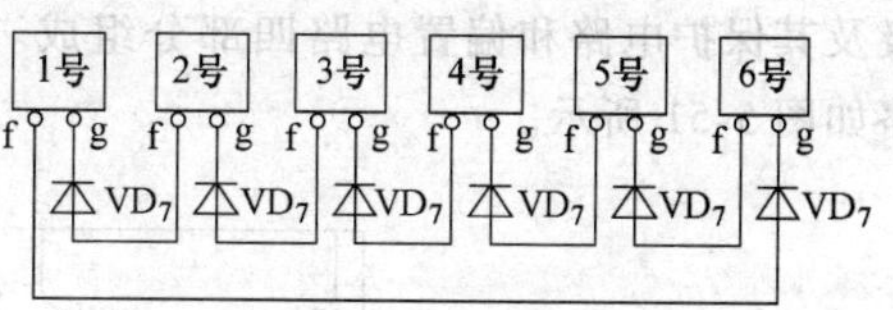


图 5-49　双脉冲环节各触发器间的连线示意图

**3. 晶闸管直流调速线路中的各种电路调节器**

（1）晶体管电压放大器　运用晶体管的放大特性可构成晶体管放大电路，常用的电压放大电路即将微弱的信号电压放大成幅度较大的信号电压。完成电压放大的电路叫电压放大器。研究电压放大时，不太注重电流信号的放大。基本电压放大电路中的晶体管常呈现共发射极接法，其电路如图 5-50a 所示；基本电压放大电路工作原理分析如图 5-50b所示。

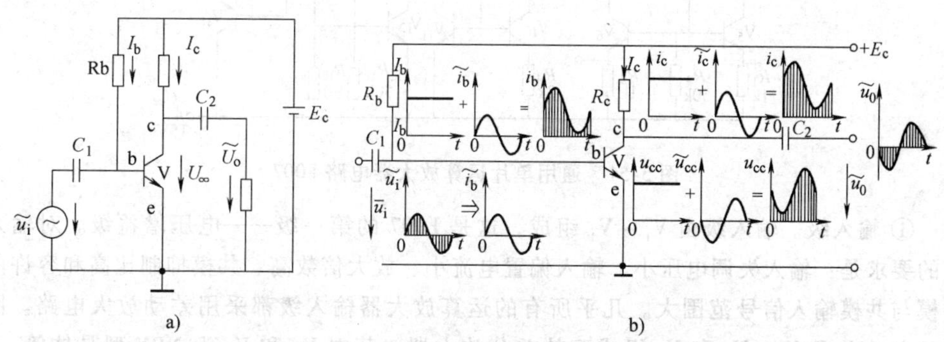


图 5-50　基本电压放大电路及其工作原理分析

图 5-50 中基极电流 $I_b$、集电极电流 $I_c$、集一射电压 $U_{ce}$ 都是电路的直流值（静态值），称为放大电路的静态工作点。

当有交流信号电压 $\overline{u}_i$ 经过耦合电容 $C_1$ 叠加到晶体三极管的发射结上时，将引起基极脉动电流 $i_b$，经晶体三极管放大后又产生放大了的集电极脉动电流 $i_c$，由于集电极电阻 $R_c$ 的作用又将变换为集电极-发射极脉动电压 $u_{ce}$，该电压经耦合电容 $C_2$ 的隔直作用后，将输出一个放大的且反相的输出电压 $\overline{u}_o$，其电路的电压放大倍数 $A_u$ 等于电压 $\overline{u}_o$ 和 $\overline{u}_i$ 的幅值之比或有效值之比，即

$$A_{on}=\frac{\overline{u}_{om}}{u_{im}}=\frac{\overline{u}_o}{\overline{u}_i}$$

（2）集成运算放大器　集成运算放大器是电子模拟解算装置的基本单元，它由高放大倍数的放大器加上强反馈电路构成，是一种高放大倍数的直接耦合放大器。其放大倍数可高达 $10^7$ 倍（140dB）以上，输入阻抗为 100kΩ ~ 10MΩ，输出阻抗为 75 ~ 300Ω。集成运算放大器可用来做加法、减法、乘法、除法、积分、微分等运算，可方便地组成比例、积分、微分等各种电路调节器。

现以 F007 运算放大器为例，简要介绍其电路的组成及工作原理。

1）基本组成部分。运算放大器的内部电路一般由输入级、中间级、增益级、输出

级及其保护电路和偏置电路四部分组成。通用单片集成运算放大器 F007（μA741）电路如图 5-51 所示。

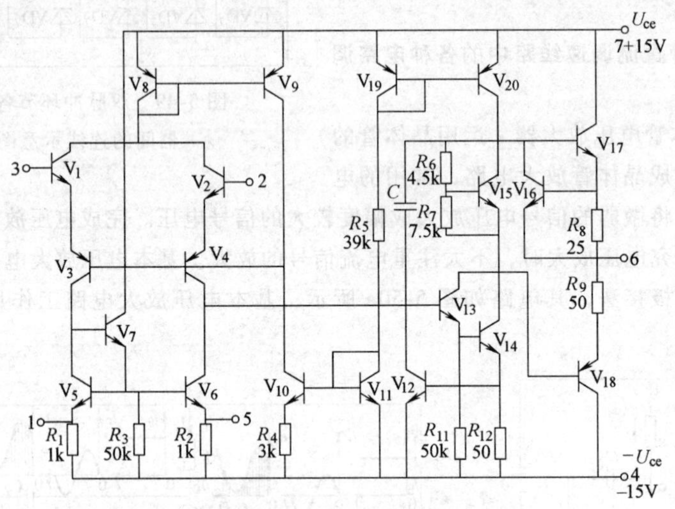


图 5-51　通用单片运算放大器电路 F007

① 输入级。输入级由 $V_1 \sim V_{10}$ 组成，这是 F007 的第一级——电压增益级。对输入级的要求是：输入失调电压小、输入偏置电流小、放大倍数高、共模抑制比高和容许的差模与共模输入信号范围大。几乎所有的运算放大器输入级都采用差动放大电路。图 5-51 中，$V_1$ 和 $V_3$、$V_2$ 和 $V_4$ 组成互补差分放大器，其中 $V_1$ 和 $V_2$ 为 NPN 型晶体管，$\beta$ 值很大，又是共集组态，起到减小基极电流和提高放大器输入阻抗的作用。$V_3$ 和 $V_4$ 为横向 NPN 管，$\beta$ 值较小，组成共基极组态，使频率响应得到改善。这两种组态所组成的共集电极-共基极放大级，能够承受较高的输入电压。

$V_5 \sim V_7$ 以及 $R_1 \sim R_3$ 组成的改进型镜像恒流源，用作差分放大器的有源集电极负载，同时将差分放大器的双端输出变为单端输出，从而提高了输入级的增益。

输入信号由 $V_1$ 和 $V_2$ 的基极输入，放大后的信号由 $V_4$ 集电极输出。脚 1 和脚 5 供外接调零电位器用，脚 2 为同相输入端，脚 3 为反相输入端。

② 中间增益级。$V_{13}$、$V_{14}$ 及它的有源负载 $V_{20}$ 组成 F007 的第二电压增益级，对这一级的要求是电压放大倍数高，具有直流电平移动及变双端输入为单端输出的功能。为了保证该级稳定工作，在 $V_{13}$ 的集电极与基极之间外接了一只 30pF 的相位校正电容 $C$。

③ 输出级及保护电路。$V_{17}$ 和 $V_{18}$ 组成互补输出级。对输出级要求有较大的额定输出电压和电流，有较低的输出电阻，同时还具有输出过载保护电路。该级工作在甲乙类状态，静态电流由 $V_{15}$、$R_6$ 和 $R_7$ 组成的倍增电路提供。$V_{16}$ 和 $R_8$ 组成正向保护电路。当输出管 $V_{17}$ 的电流增加时，$R_8$ 上的压降随着增大。当 $R_8$ 上的压降增大到 $V_{16}$ 的导通电压时，$V_{16}$ 导通并分流流入 $V_{17}$ 的基极，从而使 $V_{17}$ 的发射极电流下降，起到保护作用。$V_{12}$ 与 $R_{12}$ 组成负向保护电路。当输出负向信号时，信号电流经负载和 $R_{18}$ 流入 $-U_{ce}$。如果信号电流很大，$V_{18}$ 的基极电流必定很大，流过 $R_{14}$ 发射极的电流也必然很大，使 $R_{12}$ 上

的压降增大。当 $R_{12}$ 上的压降为0.5V时，$V_{12}$ 开始导通，并分流 $V_{13}$ 的基级电流，从而限制了输出电流，达到保护的目的。

④ 偏置电路。F007的偏置电路如图5-52所示。主要要求是产生稳定的偏置电流。这是一个闭环系统，有电流负反馈作用，稳定了相应级的工作点。例如，当温度升高时，$I_{c3}$ 和 $I_{c4}$ 均随之增加，流过 $V_8$ 的电流增加，根据镜像关系，流过 $V_9$ 的电流必定增加。若 $I_{c10}$ 不变，则 $I_{b3}$ 加 $I_{b4}$ 必定减小，从而使 $I_{c3}$ 和 $I_{c4}$ 下降，稳定了静态的工作点。

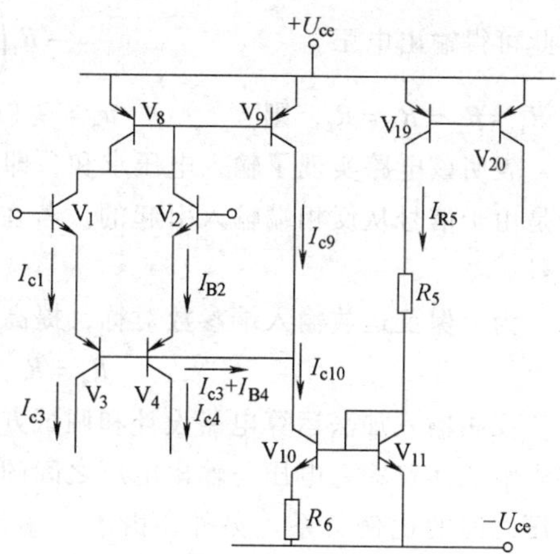

图5-52　F007的偏置电路

温度的升高使 $I_{c3}$ 和 $I_{c4}$ 增加，相当于在 $V_1$ 和 $V_2$ 基极加有共模信号，这个闭环电流反馈作用的结果，使共模信号降低，常称其为共模反馈电路。

2）集成运算放大器组成的各种电路调节器。在运算电路中，集成运算放大器应工作在线性区，因此都必须引入深度负反馈。集成运算放大器引入各种不同的负反馈网络，便可实现各种不同的运算功能，方便地组成比例、积分与微分等调节器。

① 加法运算电路。能实现输出电压与几个输入电压之和成比例的电路，称为加法运算电路。按输入信号均从反相端或均从同相端输入，可分为反相加法电路和同相加法电路。由于同相加法电路调试不便，且有共模输入，故较少采用，这里仅介绍反相输入加法电路。

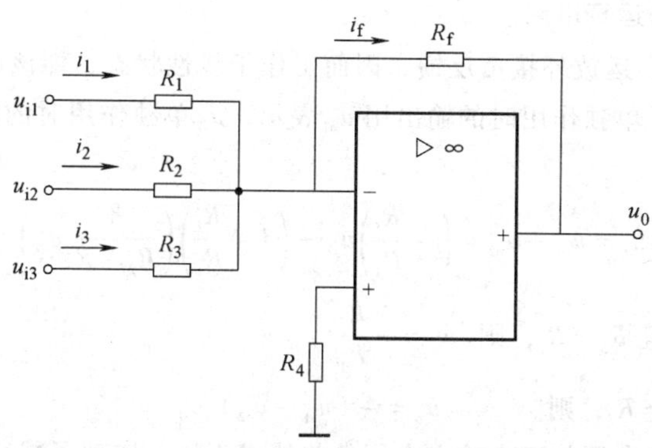

图5-53　具有3个输入端的反相输入加法运算电路

图5-53为具有3个输入端的反相输入加法运算电路。根据反相输入"虚地"和"虚断"的特点可见

$$i_1+i_2+i_3=i_f \tag{5-24}$$

即

$$\frac{u_{i1}}{R_1}+\frac{u_{i2}}{R_2}+\frac{u_{i3}}{R_3}=-\frac{u_o}{R_f} \tag{5-25}$$

由此可得输出电压 $$u_o = -R_f\left(\frac{u_{i1}}{R_1}+\frac{u_{i2}}{R_2}+\frac{u_{i3}}{R_3}\right) \tag{5-26}$$

若 $R_1=R_2=R_3=R_f$，则 $$u_o = -(u_{i1}+u_{i2}+u_{i3}) \tag{5-27}$$

表明该电路实现了输入电压求和，即输出电压是多个输入信号叠加的结果。式中负号是由于信号从反相端输入引起的。若在图5-53的输出端加接一级反相器，则可消去负号。

为了保证运放输入端参数对称，提高运算精度，设计时应取

$$R_4 = R_1 /\!/ R_2 /\!/ R_3 /\!/ R_f \tag{5-28}$$

反相输入加法运算电路设计和调试方便，因为当改变某一信号回路的输入电阻时，仅影响该回路输入电压与输出电压之间的比例关系，而不影响其他回路输入电压与输出电压之间的比例关系。另外，由于“虚地”，故共模输入电压可视为零，其实际应用广泛。

② 减法运算电路。由上所述，若先将某一信号 $u_{i1}$ 加至反相器中倒相为 $-u_{i1}$，然后与另一输入信号 $u_{i2}$ 一起加入到反相输入加法电路中相加，则输出与两输入信号之差成比例，就实现了减法运算，但这需要运用两个运放。而差动输入式减法运算电路只需用一个运放。下面对它进行介绍。

在图5-54中，将运算的信号分别从两个输入端输入，反馈信号仍然加至反相端。该电路输出电压与两输入电压之差成比例，实现减法运算，称为差动输入式减法运算电路。

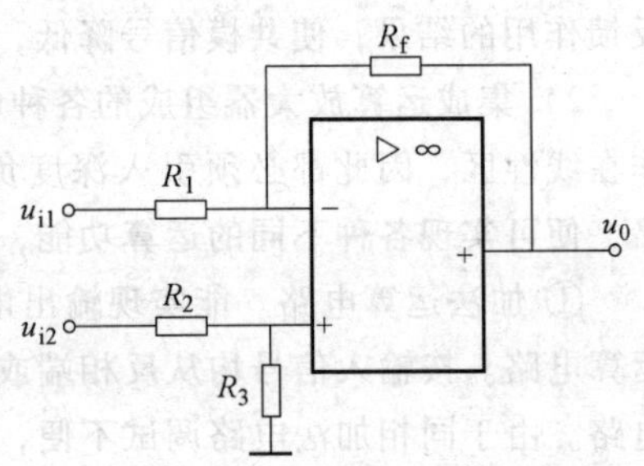

图5-54　差动输入式减法运算电路

由图5-54可见，运放外接负反馈，因而工作于线性状态，即该电路属于线性电路，故叠加定理适用。$u_{i1}$ 单独作用时的输出用 $u_{o1}$ 表示，$u_{i2}$ 单独作用时的输出用 $u_{o2}$ 表示，则由叠加定理可得

$$u_o = u_{o1}+u_{o2} = \left(-\frac{R_f}{R_1}\right)u_{i1} + \left(1+\frac{R_f}{R_1}\right)\left(\frac{R_3}{R_2+R_3}u_{i2}\right) \tag{5-29}$$

若 $R_1=R_2$，并且 $R_3=R_f$，则 $$u_o = -\frac{R_f}{R_1}(u_{i1}-u_{i2}) \tag{5-30}$$

若 $R_1=R_2=R_3=R_f$，则 $$u_o = -(u_{i1}-u_{i2}) \tag{5-31}$$

由此可见，输出电压与两个输入电压的差值成正比，实现了减法运算。即该电路是对输入端的差模输入电压进行放大，因此又称“差动放大器”。由于“虚短”，$U_- = U_+ = \frac{R_3}{R_2+R_3}u_{i2}$，因此差动电路也存在共模输入电压。

由于加减法运算电路输出电压与输入电压呈比例关系，亦称比例调节器（P）。

③ 积分运算电路。反相比例运算电路中的反馈电阻 $R_f$ 由电容 $C$ 所取代，便构成了积分运算电路，亦称积分调节器（I）。其电路如图5-55所示。

积分运算电路主要用于延迟电路、波形变换等电路中。积分调节器 I 常与比例调节器 P 配合使用，组成 PI 调节器。

④ 微分运算电路。微分是积分的逆运算。将图 5-55 所示积分运算电路中电阻 $R_1$ 与电容 $C$ 的位置互换，即构成微分调节器（D）。其电路如图 5-56 所示。

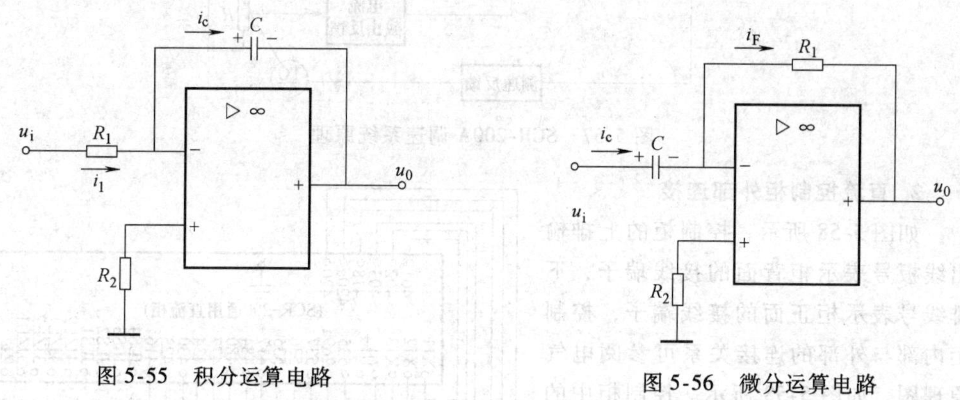


图 5-55　积分运算电路　　　图 5-56　微分运算电路

微分运算电路对高频噪声和突然出现的干扰（如雷电）等非常敏感，故它的抗干扰能力很差，限制了其应用。微分调节器常与比例 P 和积分配合使用，组成 PID 调节器。

## 5.3　XF-014 轧辊磨床晶闸管直流调速系统的识读分析

XF-014 轧辊磨床最大磨削直径为 1600mm，最大磨削长度为 4000mm，轧辊的旋转运动由交流电动机拖动，砂轮的旋转运动和拖板的进给往复运动，由两套晶闸管供电的直流调压调速系统分别拖动；调速范围 $D$ 为 10～40，低速时的静差率应小于 10%；主拖动与拖板进给均为恒转矩负载。

### 5.3.1　SCR-200A 晶闸管通用直流调速系统的认知

该系统主要用于各类大型磨床的主拖动，适合于电压为 400～440V 的直流电动机的调速系统。系统的电路简单，安装维修方便。

**1. 拖动控制方案**

这类机床对动、静特性的要求较高，控制方案采用单闭环无静差调速系统，其原理如图 5-57 所示。主回路采用三相半控桥式不可逆电路，使用了各类常规保护环节，如 R-C 吸收网络、硒堆过电压吸收等措施。控制回路采用速度反馈的单闭环系统，用光电耦合器组成电流截止环节，以限制启动时的冲击电流及主回路出现的各种不正常的冲击电流，在负载堵转的情况下能得到一种安全可靠的挖土机特性。主放大器采用了 $FC_3$ 集成放大器组成的 PI 调节器，用射极输出器与触发电路匹配连接。采用正弦触发器，由脉冲变压器输出移相脉冲，以达到移相控制的目的。

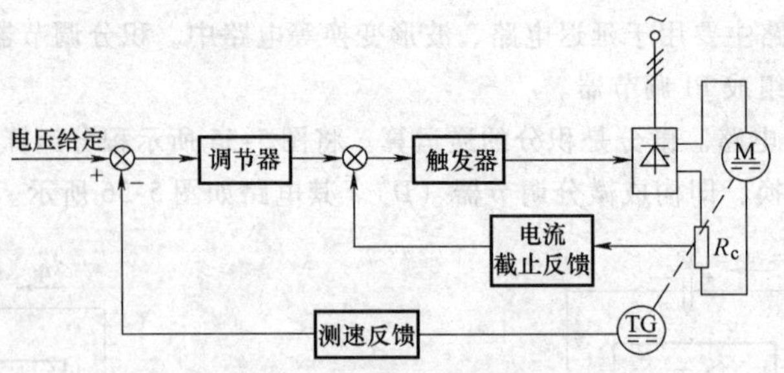


图 5-57 SCR-200A 调速系统原理

## 2. 直流控制柜外部连接

如图 5-58 所示，控制柜的上排输出线板号表示柜背面的接线端子，下排线号表示柜正面的接线端子，控制柜内部与外部的连接关系可参阅电气原理图，如图 5-58 所示。控制柜中的过电流、欠电流及超速继电器的引出联锁触点是用于联锁保护的，可按不同拖动要求选择使用。当控制柜连接完成后，即在通电之前，必须对控制柜接地情况做认真检查，避免控制柜外壳带电，确保操作人员的安全。

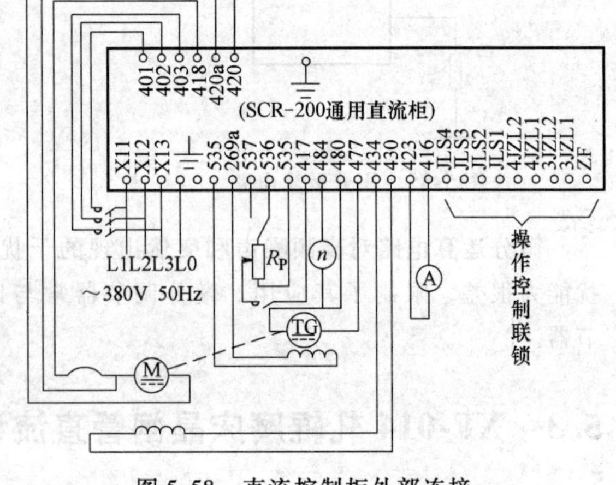


图 5-58 直流控制柜外部连接

## 3. 系统各环节原理简介

系统的原理电路如图 5-59 所示。

(1) 主回路　三相交流电源由 $U_{11}$、$U_{12}$、$U_{13}$，经接触器 KM 引入，并由二极管 2V 及晶闸管 $1V_1$ ~ $1V_3$ 组成三相半控桥，3V 为续流二极管。直流电压由 420、416 号线端引出，经过电流继电器 $FA_1$ 线圈等给直流电动机 M 供电。为了保护晶闸管免受浪涌电压的冲击，在交流侧设有硒堆吸收器 FV 及浪涌吸收器 RV。$C_2$、$R_3$ 组成关断过电压吸收器。为了判别是否断相，设有断相指示灯 $HL_1$ ~ $HL_3$。在直流侧，由 $R_5$、$C_3$ 织成 R-C 吸收网络。另外，快速熔断器 $FU_1$ 作短路保护，$FA_1$ 及 $FV_1$ 分别为过电流和 $C_2$、$R_3$ 超速继电器。

(2) 给定电压及调节器电路　系统的给定电压由变压器 $TC_2$ 的二次侧（交流 40V）经整流器 $VC_2$ 全波整流，由 $R_{16}$、$C_{15}$ 与 $V_9$ 滤波稳压以 $BR_2$ 降压，最后由电位器 RP 分压取得。改变 RP 的阻值，可得到不同的直流电压信号。电位器 $RP_3$ 是为控制柜用于砂轮电动机调速，解决新、旧砂轮的限速而设置的。

调节器 $N_1$ 采用的是 FC3-C 型集成运算放大器，利用它的高放大倍数配以相应的阻容反馈网络，组成了 PC 调节器。放大器输入端的 $V_6$ 起着输入限幅作用；电位器 $RP_{14}$ 及二极管 $V_{11}$ 组成调节器的输出限幅电路，调节 $RP_{14}$ 可改变限幅值。$RP_{12}$ 是放大器的调零电位器。

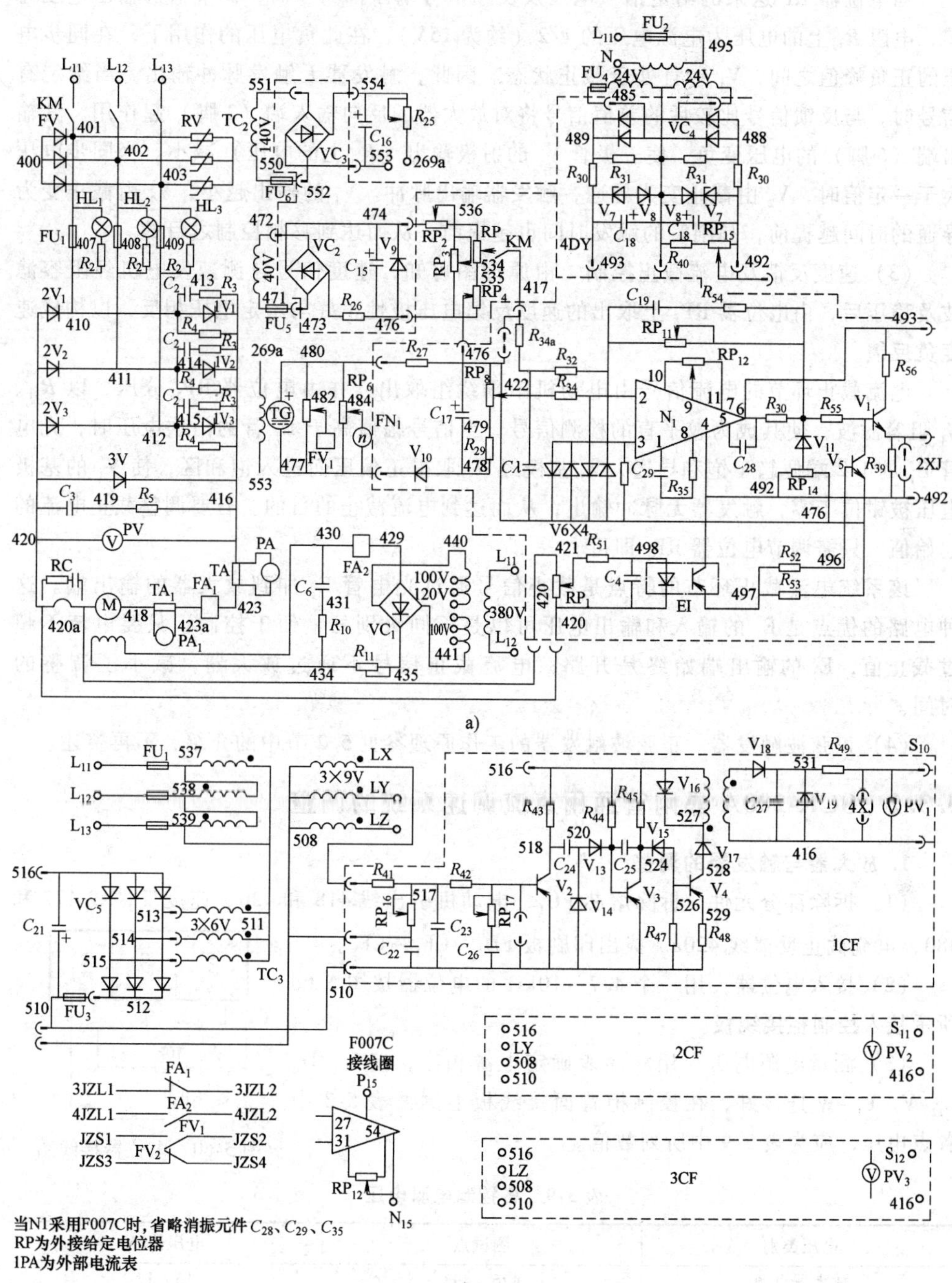

图 5-59　XF-014 轧辊磨床主拖动电气原理

a）SCR-200A 主电路与放大部分　b）SCR-200A 同步电源与触发器部分

当电位器 RP 送来的给定信号电压及反馈信号电压都为零时，调节器的输出电压为零，电阻 $R_{39}$上的电压为电源电压的 1/2（约为 15V），在此负电压的作用下，在同步电压的正负峰值之间，$V_1$ 一直处于截止状态。因此，触发器无触发脉冲输出。当给定有信号时，与反馈信号比较后的差值信号将对放大器的反向输入端（2 脚）起作用。其输出端（6 脚）的电压变负，使三极管 $V_1$ 的射极输出（$R_{39}$上的电压）减小。当同步电压大于一定值时，$V_2$ 由截止变为导通，触发器输出脉冲。$V_1$ 的输出越小，$V_2$ 由截止变为导通的时间越提前，晶闸管的触发时间也越提前，从而达到移相控制之目的。

（3）速度反馈及电流截止控制　由原理图可知，速度信号自测速发电机经阻容滤波及稳压后，由电位器 $RP_8$ 上取出的速度反馈电压极性正好与给定电压相反，以构成速度负反馈。

电流截止环节的电流信号由电动机串励绕组取出，并由电位器 $RP_1$ 分压，以 $R_{51}$、$C_4$ 阻容滤波，使其成为较平直的检测信号。当信号幅值高于 $E_1$ 管的门坎电压时，光电管 $E_1$ 的 1-2 端便趋于饱和导通，$V_5$ 基极经 $R_{52}$取得正偏压而进入饱和区，使 $V_1$ 的基极电压被钳位于零，触发器无脉冲输出，从而达到电流截止的目的。若要调整截止电流的起始值，只需调节电位器 $RP_1$ 即可。

该系统电流截止环节的特点是截止信号通过光电管 $E_1$ 加到放大器的输出端。这种电路的优点是 $E_1$ 的输入和输出电压可以是不同级别的，便于控制；只要电流不超过截止值，$E_1$ 的输出端始终是开路；电流截止信号不通过放大器，减小了调整的时间。

（4）正弦波触发器　正弦波触发器的工作原理参见 5.2 节中的介绍，不再赘述。

## 5.3.2 SCR-200A 晶闸管通用直流调速系统的调整

### 1. 放大器与触发器的调整

（1）拆除部分元件　拆除熔芯 $FU_1$、电动机引出线 418 和 420、速度反馈线 477 和 480、电流截止反馈线 420a。拔出印刷板 $FD_1$、$CF_1$ ~ $CF_3$。

（2）接入电位器　用一个 4.7 ~ 10kΩ 的电位器按图 5-60 所示接入控制柜接线板。

（3）测量电源电压　用相序表确定电源相序，按 $L_{11}$-U、$L_{12}$-V、$L_{13}$-W 连接好，在控制柜背面接线板上测量表 5-3 中各点电压，应为表 5-9 中所列数值。

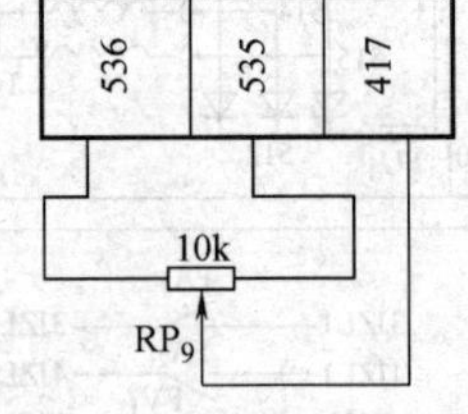

图 5-60　电位器接线图

表 5-9　各控制电源电压

| 电压类别 | 测试点 | 电压值/V |
|---|---|---|
| 放大器电源 | 476 ~ 493 | 15 ~ 17 |
| 放大器电源 | 476 ~ 492 | -15 ~ -17 |
| 给定电压 | 474 ~ 476 | 20 左右 |
| 测速反馈电压 | 554 ~ 553 | 130 ~ 140 |
| 触发电源 | 512 ~ 516 | 12 ~ 15 |

如果电压不正常，应检查各相应点的交流电压、整流器及熔断器是否正常。如果各部分电压正常，插入 $FD_1$ 印刷板。

（4）放大器调零　把 RP 旋至零位，测量放大器中 $N_1$ 的输出电压，调节 $RP_{12}$ 使该电压为零，此时 $R_{39}$ 两端的电压应为 15V。$RP_{11}$ 是为了防止放大器有过大的零点漂移而设的硬压馈电阻，调节 $RP_{11}$ 可减小放大器的放大倍数，当放大器调不到零时，可改变它的数值。

（5）调整放大器的输出限幅值。调整 RP 直接给调节器输入控制电压，$R_{39}$ 两端的电压应由 15V 逐渐减小。同时调节 $RP_{14}$ 使该电压降至 5～7V 左右，直至不再变化为止。

（6）调整同步电压　插入触发板 $CF_1$，置 RP 于零位，由 3XJ 插孔检查同步电压波形应为正弦波。其幅值应随 $RP_{16}$ 的调节而变化，调节 $RP_{16}$ 使该电位器两端电压为 3V 左右。

（7）调整触发脉冲　调节 RP 增大输入控制电压，同步电压波形应向下移至限幅值。此时检查 4XJ 插孔的波形应为整齐的脉冲，在接入晶闸管控制极的情况下，脉冲高度为 2V 左右。如果输入电压波形正常而无触发脉冲输出时，应逐级检查三极管的工作状态。

（8）调整触发板 $CF_2$ 和 $CF_3$ 的同步电压和触发脉冲　分别插入另外两相的触发板 $CF_2$ 和 $CF_3$，用（6）、（7）的方法进行同样检查。

**2. 晶闸管的检查**

（1）耐压检查　将所用晶闸管逐个从设备上拆下进行检查。检查的方法是用几只 220V 的 10～15W 的白炽灯泡与晶闸管串联（控制极空着）后，用调压器加上两倍使用的交流电压，串联的灯泡数应使其额定电压之和小于或等于试验电压，若灯泡不亮则表示晶闸管可用。如果灯泡亮，则表示晶闸管击穿；如果灯泡的灯丝微红，则表示晶闸管漏电流较大，应更换好的晶闸管。

（2）触发电压及控制极的检查　在作上述检查的同时，用 1.5～3V 的直流电压，负极接晶闸管的阴极，手拿其控制极碰触电源的正极，此时若灯泡是正常亮度，则表示管子可用；若碰触时灯泡不亮，则表示管子失控或断路，应更换好的晶闸管。

将检查合格的晶闸管逐个装到原来位置。

**3. 检查触发器**

（1）检查各部分波形　将晶闸管主回路断开，触发器加上电源，逐项地按电源、移相、脉冲形成、脉冲整形放大各部分的先后次序，用示波器观察各部分的波形是否正常。改变移相电压，观察脉冲能否随着移相。

（2）确定相序　不同的整流电路，各触发脉冲的相位差不同。若为三相全控桥，6 个触发脉冲依次相差 60°。检查方法与确定主电源相序的方法相同。如发现相序不对，可调换同步变压器电源进线接头。

（3）调对称度　调整各相的触发脉冲，使之在同一控制电压下，各相的触发脉冲移相角度一致。改变控制电压使整流输出电压为额定电压 $U_N$ 的 1/2，用示波器观察整流电压波形。若波形不对称时，调整有关触发器，使之尽量对称，要在不同输出电压下反复调整。

**4. 输出直流电压波形调整**

1）装好晶闸管，插入 $FU_1$ 的熔芯，用两只 220V、100~200W 的灯泡串联接入主回路作为假想负载。

2）由 RP 输入控制电压，用示波器检查主回路输出的直流电压波形。调整 $RP_{17}$ 和 $RP_{16}$，使三相波头随 RP 的调节而整齐地上下变化。当出现波头参差不齐或有的相不触发时，应仔细调整各触发板上的上述各电位器（主要是 $RP_{17}$），使三相波形尽量整齐一致，并能从小到大向上调整（不是突跳），否则应属于调整不当。也可以通过调换触发板或三极管 $V_2$ 和 $V_3$ 来达到调整的目的。

3）拆去假想负载接入电动机引线，调节 BP 使电动机在某一低速下运转。用万用表检查转速反馈电压极性，把正极性端接入 480 号端子，负极性端接入 477 号端子。

**5. 调节器的调试**

（1）检查电源电压　用万用表检查调节器的电源电压值和极性。稳压电源的电压稳定误差应小于 ±1%（包括交流分量在内）。

（2）调零　对于直流调速系统中所用的调节器，一般其闭环放大倍数 $K_P$ 不太大，为了调整简便，将调节器全部输入端接零，在输出输入端跨接一个电阻，使调节器变为 $K_P=1$ 的反号器，调节调零电位器使调节器的输出电压等于零。

（3）调对称性及输出限幅　调零后，仍使调节器保持 $K_P\approx1$，输入端从零断开，接入一个 0~15V 的可调直流输入电压 $U_r$，将 $U_r$ 由零逐渐增大，用万用表逐点测量 $U_r$ 及与之对应的输出电压 $U_c$ 的数值，直至 $U_c$ 达到限幅值为止。然后用同样的方法测量当 $U_r$ 为负时的输入—输出特性。两个方向的特性合起来，应是一条过零且正反向对称的直线，如图 5-61 所示特性的 $BC$ 段。

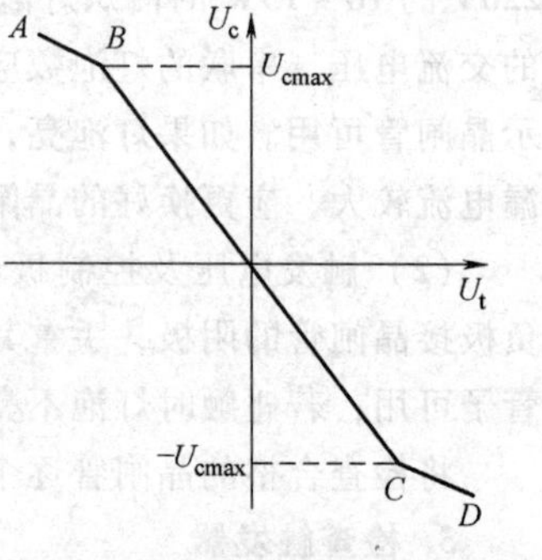

图 5-61　PI 的输入—输出特性

（4）检查输出特性的波形　经过以上调试后，将调节器的电路恢复到原来的状态（工作状态），在输入端加一个阶跃信号，使输出值不超过限幅值，用示波器观察其输出电压波形，应符合要求的波形。

（5）检查有无自激振荡　调节器与触发器连接后，其输出电压的交流分量应小于 0.1V，否则判为振荡。如果将输入端接零后振荡消除，则表明是外界干扰，应设法排除干扰源。如振荡仍然存在，则表明调节器本身产生自激振荡，可改变其校正参数加以消除。

**6. 速度环的调试**

（1）静态调试　将调节器接成 $K_P\approx1$ 的反号器，并将速度反馈信号回路断开，然后从输入端加入一个 0~10V 的可调直流电压，由零逐渐增大，使电动机在（10~15）% 的 $n_N$ 下低速空载运转，测量反馈信号极性及大小，使其与给定电压相等，然后使电动机停转。将反馈线接好，并使调节器处于工作状态，增大给定输入，使其为 4V，电动机转速应为 50% 的 $n_N$。如不对，调节反馈信号电压也为 4V，然后将给定输入增为

8V，电动机转速应为额定值。

（2）动态调试　在调节器输入端，输入阶跃信号，按照系统设计规定的速度给定信号，做慢扫描示波器观察电动机转速及主回路电流的过渡过程波形，调整调节器的反馈系数，使过渡过程达到最满意的程度。当系统工作不稳定或出现振荡，调整调节器本身参数又不能解决时，应检查测量元件和测速发电机的安装质量。

**7. 系统的调试**

系统的调试是在组成系统和各环节经过上述调试检查后进行的。目的是将各环节连接起来进行统调，以保证调速系统的运行指标满足生产工艺的要求。

统调的原则是由后向前调，给定为前；先开环后闭环；先内环后外环；先静态后动态；先磁场后电枢；先基速后弱磁；先正向后逆向；先空载后负载；先单机后多机联动；先主动后从动。判断各种反馈信号的极性时，最好不要接死，采取一端接死一端碰触的方法。若碰触瞬间调节器的输出增大，则是正反馈；如果输出减小，则是负反馈。

**8. 电流截止环节的调试**

通常是在某一转速下突加给定，观察电动机的启动电流，其数值应按电动机的过载能力来定，一般为（2~2.5）$I_N$。若数值不符合要求，则适当调节电流截止反馈量。

调节给定电压，使电动机在中速运行，观察电流幅值，测量420a和420号线端之间的电压，若数值很小即可接入420a号线。给定电位器置于同一转速处突加给定启动电动机，观察电流波形。调节$RP_1$（从输出最大位置向下调）直至启动电流在电动机额定电流的2~2.5倍左右为止。如果出现BP为零位而已有脉冲输出时，可调整偏移电位器$RP_{15}$。

**9. 带负载调试**

负载试验的目的是考核调速系统在负载扰动下的运行性能，可以检验系统的静、动态指标，必要时对各环节的参数进行细调。当冲击速度降太大且恢复时间太长时，应在保证系数稳定的条件下加大转速调节的比例放大系数$K_P$值，减小积分量。必要时可增加转速微分环节。另外，还要注意电动机的换向和发热、各部分的润滑、运行中是否有振动等。发现问题，立即停车检查。

可在各级转速下和各种负载下使系统运行，观察其稳定性。同时可测试其机械特性。

**10. 系统中的各元件参数**

该系统的电气原理图中元件参数见表5-10，可供调试和维修中参考。

### 5.3.3 SCR-200A晶闸管通用直流调速系统的常见故障与检修

**1. 合闸启动，$FV_1$断，指示灯HL亮**

故障原因是主回路短路或误触发。

1）先用示波器检查各相触发器输出脉冲的相位是否正确。若不正确，进行调整。

2）若各相触发脉冲相位正确，则检查$V_1$~$V_3$是否被击穿。

3）如果晶闸管没有损坏，对门极引线和脉冲变压器加以屏蔽。

表 5-10 XF-014 轧辊磨床（SCR-200A）电气元件参数表

| 序号 | 符　号 | 名　称 | 型　号 | 规　格 | 数量 |
|---|---|---|---|---|---|
| 1 | FV | 硒整流堆 | XL40C-19A | 40mm×40mm,19A | 3 组 |
| 2 | $2V_1$～$2V_3$,3V | 硅整流管 | 2CZ-200A | 200A,1000V | 4 |
| 3 | $VC_3$,$VC_5$ | 硅整流管 | 2CZ-1 | 1A,600V | 10 |
| 4 | $VC_1$ | 硅整流管 | 2CZ-10A | 10A,700V | 4 |
| 5 | $VC_2$,$VC_4$,$V_6$,$V_8$,$V_{10}$,$V_{19}$ | 硅二极管 | 2CP-14 | 100mA,200V | 37 |
| 6 | $V_9$ | 硅稳压管 | 2CW114 | 47mA,18～21V | 1 |
| 7 | $V_7$ | 硅稳压管 | 2CW112 | 58mA,13.5～17V | 2 |
| 8 | $1V_{1\sim3}$ | 晶闸管 | 3CT-200 | 200A,1200V | 3 |
| 9 | $N_1$ | 中增益运算放大器 | FC3-C | $\beta>20000$ | 1 |
| 10 | $V_1$ | 三极管 | 3DG12B |  | 1 |
| 11 | $V_2$,$V_3$,$V_5$ | 三极管 | 3DG7D |  | 7 |
| 12 | $V_4$ | 三极管 | 3AD6C |  | 3 |
| 13 | RV | 压敏电阻 | MY-31 | 720V,5kA | 3 |
| 14 | $R_2$ | 电阻 | $ZG_{11}$-15 | 2kΩ,15W | 3 |
| 15 | $R_3$ | 电阻 | $ZG_{11}$-15 | 30Ω,15W | 3 |
| 16 | $R_4$ | 电阻 | $ZG_{11}$-15 | 10kΩ,15W | 3 |
| 17 | $R_5$ | 电阻 | $ZG_{11}$-150A | 40Ω,150W | 1 |
| 18 | $R_{10}$ | 电阻 | $ZG_{11}$-50A | 25Ω,50W | 1 |
| 19 | $R_{11}$ | 电阻 | $ZG_{11}$-150A | 10Ω,150W | 1 |
| 20 | $R_{25}$ | 电阻 | $ZG_{11}$-50A | 300Ω,50W | 1 |
| 21 | $R_{26}$ | 电阻 | RT-2 | 510Ω,2W | 1 |
| 22 | $R_{27}$ | 电阻 | RT-2 | 5.1Ω,2W | 1 |
| 23 | $R_{29}$,$R_{31}$ | 电阻 | RT-2 | 1kΩ,2W | 3 |
| 24 | $R_{30}$ | 电阻 | RT-2 | 150kΩ,2W | 2 |
| 25 | $R_{39}$ | 电阻 | RT-2 | 3kΩ,2W | 1 |
| 26 | $R_{40}$ | 电阻 | RT-0.5 | 1.3kΩ,1/2W | 1 |
| 27 | $R_{35}$ | 电阻 | RTX | 1.5kΩ,1/8W | 1 |
| 28 | $R_{41}$,$R_{52}$ | 电阻 | RTX | 15kΩ,1/8W | 4 |
| 29 | $R_{49}$ | 电阻 | RTX | 51Ω,1/8W | 3 |
| 30 | $R_{42}$ | 电阻 | RTX | 39kΩ,1/8W | 3 |
| 31 | $R_{43}$ | 电阻 | RTX | 33kΩ,1/8W | 3 |
| 32 | $R_{44}$ | 电阻 | RTX | 50kΩ,1/8W | 3 |
| 33 | $R_{36}$,$R_{45}$,$R_{55}$ | 电阻 | RTX | 1kΩ,1/8W | 5 |
| 34 | $R_{47}$ | 电阻 | RTX | 300Ω,1/8W | 3 |
| 35 | $R_{32}$,$R_{33}$ | 电阻 | RTX | 10kΩ,1/8W | 2 |
| 36 | $R_{46}$ | 电阻 | RTX | 15Ω,1/2W | 3 |
| 37 | $RP_1$,$RP_{14}$ | 电位器 | WX3-11 | 680Ω,3W | 2 |
| 38 | RP,$RP_8$ | 电位器 | WX3-11 | 10kΩ,3W | 2 |
| 39 | $RP_{15}$ | 电位器 | WX3-11 | 4.7kΩ,3W | 1 |
| 40 | $RP_{12}$ | 电位器 | WX3-11 | 27kΩ,3W | 1 |
| 41 | $RP_{11}$ | 电位器 | WX3-11 | 220kΩ,3W | 1 |
| 42 | $RP_{16}$ | 电位器 | WTH-2 | 100kΩ,2W | 3 |
| 43 | $RP_{17}$ | 电位器 | WX3-11 | 33kΩ,3W | 3 |
| 44 | $RP_3$,$RP_5$,$RP_6$ | 电位器 | WTH-2 | 4.7kΩ,2W | 3 |

（续）

| 序号 | 符　号 | 名　称 | 型　号 | 规　格 | 数量 |
|---|---|---|---|---|---|
| 45 | $RP_4$ | 电位器 | WTH-2 | 680Ω,2W | 1 |
| 46 | $RP_2$ | 电位器 | WTH-2 | 2.5kΩ,2W | 1 |
| 47 | $C_3,C_6$ | 电容 | CZJD-2A | 10μF,630V | 3 |
| 48 | $C_{16}$ | 电容 | CZJD-2A | 40μF,630V | 1 |
| 49 | $C_2$ | 电容 | CZJD-2A | 0.47μF,630V | 3 |
| 50 | $C_{17}$ | 电容 | CDX-1 | 10μF,100V | 1 |
| 51 | $C_{18},C_{21}$ | 电容 | CDX-1 | 100μF,25V | 6 |
| 52 | $C_{19}$ | 电容 | CZTX | 0.56μF,160V | 1 |
| 53 | $C_{24}$ | 电容 | CZTX | 0.047μF,160V | 3 |
| 54 | $C_{22},C_{25},C_7$ | 电容 | CZTX | 0.1μF,160V | 9 |
| 55 | $C_{23},C_{26}$ | 电容 | CZTX | 0.47μF,160V | 6 |
| 56 | $C_{28}$ | 电容 | CCX1-11-20 | 20pF | 1 |
| 57 | $C_{29}$ | 电容 | CCX1-11-450 | 45pF | 1 |
| 58 | $FA_1$ | 直流过流继电器 | JL14-11Z | 150A | 1 |
| 59 | $FA_2$ | 直流欠流继电器 | JL14-11ZQ | 5A | 1 |
| 60 | $FU_1$ | 熔断器 | RL-100 | 芯子 100A | 3 |
| 61 | $FU_1 \sim FU_7$ | 熔断器 | BHC1 | 芯子 1A | 9 |
| 62 | $FN_1$ | 转速表 | | | 1 |
| 63 | $FV_1$ | 电磁继电器 | Y-16 | 48V,SRM400,0.75,1900Ω | 1 |
| 64 | $TC_3$ | 三相同步变压器 | BK-50/3 | 3×380V/3×6V(30VA)<br>3×9V(12VA) | 1 |
| 65 | $TC_4$ | 脉冲变压器 | | QZ-ϕ0.31 线,150T/100T | 3 |
| 66 | $TC_1$ | 变压器 | BK-1000 | 380V/0～250V | 1 |
| 67 | $TC_2$ | 变压器 | BK-50 | 220V/24V-0-24V(15VA)<br>140V(20VA) | 1 |
| 68 | $HL_{1\sim3}$ | 小型信号灯 | XDX1-H | 红色 | 3 |
| 69 | $PV_{1\sim3}$ | 直流电压表 | 91C6-V | 1V(无阻尼) | 3 |
| 70 | PA | 直流电流表 | 85C1-A | 200A(附分流器) | 1 |
| 71 | PV | 直流电压表 | 85C1-V | 450V | 1 |
| 72 | CF | 电容器 | CAJ-L | 1μF,630V | 1 |
| 73 | 1XJ～4XJ | 小型电讯插头座 | WC-1 | | 8 |
| 74 | $R_{34a}$ | 电阻 | RTX | 10kΩ,1/8W | 1 |
| 75 | $R_{34}$ | 电阻 | RTX | 20kΩ,1/8W | 1 |
| 76 | $R_{53}$ | 电阻 | RTX | 5.1kΩ,1/8W | 1 |
| 77 | $R_{56}$ | 电阻 | RTX | 560kΩ,1/8W | 1 |
| 78 | $R_{351}$ | 电阻 | RTX | 51Ω,1/8W | 1 |
| 79 | $R_{37}$ | 电阻 | RTX | 2.5kΩ,1/8W | 1 |
| 80 | $C_4$ | 电解电容 | CDX-3 | 100μF,10V | 1 |
| 81 | $C_\lambda$ | 电解电容 | CDX-3 | 100μF,25V | 1 |
| 82 | $E_1$ | 光电耦合管 | GD312 | | 1 |
| 83 | $C_{15}$ | 电解电容 | CDX-1 | 50μF,50V | 1 |

**2. 电动机启动不起来**

故障原因是电源电压未加上，或者没有励磁电源。

1）先用示波器检查各相触发器有无脉冲输出。若没有脉冲输出，则从给定电压开始逐级检查。看放大器、移相器有无电源；检查运算放大器 $N_1$ 有无损坏。

2）若触发脉冲有输出，晶闸管装置一定有直流电压输出。这时若电动机仍不启动，就应检查励磁电源 $TC_1$ 和 $VC_1$。

3）若以上检查均无问题，则一定是电动机本身有损坏，对电动机进行检查。

**3. 电动机转速过高，超速继电器动作**

故障原因是励磁电流太小或转速反馈信号消失。

1）先检查有无励磁电压。若没有电压，就检查整流桥 $VC_1$ 的二极管是否损坏；若无电压或电压低于正常值，则检查励磁回路的电阻值是否变大，或者已断路。

2）以上检查正常，再检查测速反馈回路是否断线，或者调节反馈信号大小的电位器 $RP_8$ 有否接触不良的故障，$V_{10}$是否损坏。

3）重新调整欠电流继电器 $FA_2$ 的动作值。

**4. 电动机转速快慢不均匀**

故障原因是整流电压不稳，或是速度反馈电路断路使机械特性变软。

1）首先用万用表测量电动机两端电压是否正常。若电压时高时低，再检查各给定电位器的输出电压是否正常。如果不正常，则是给定电位器变质或接触不良，同时检查晶体管 $V_9$ 及电容 $C_{15}$是否损坏。

2）若电动机两端电压正常，则应检查转速负反馈回路。检查速度反馈电位器及各插件的接触是否良好，检查测速发电机的机械连接、固定及电刷等部位。

**5. 转速周期性快慢变化**

原因是系统产生振荡。系统产生振荡、校正环节有故障或者有机外干扰，首先应确定是外部干扰还是调节器本身自激而引起的故障。停下车，单独检查控制回路，断开主回路电源，用示波器观察触发器输出端。把放大器的输入端短路，振荡消除即可断定为机外干扰；若振荡未消除，则是校正环节有故障。这两种情况的解决方法是：

1）对于机外干扰，要设法找出干扰源，一般为附近的电子设备或变化较强的电磁场。这时应使设备远离干扰源。若无法远离就必须对控制回路的主要信号线和脉冲变压器进行屏蔽，或者在放大器输入端增加适当的滤波电路。

2）对于调节器本身的自激，可改变其校正参数加以消除。

① 调整 $RP_2$ 以减小放大器的放大器倍数，这样可减小反馈强度。

② 检查电容 $C_{28}$、$C_{29}$是否失效。

**6. 电动机启动电流过大或启动缓慢**

原因是电流截止负反馈环节有故障。

1）检查电流限幅是否过大或过小，重新调整 $RP_1$。

2）检查光电隔离管 $E_1$ 是否工作正常。

**7. 过电流继电器 $FA_1$ 动作，电动机过热**

原因是电动机过载。应检查传动机构是否被卡住或阻力增大，使电动机较长时间在限幅电流下工作。在这种情况下，可请有工作经验的钳工协助共同排除故障。

# 5.4 T6216C落地镗床晶闸管直流调速系统的识读分析

## 5.4.1 T6216C落地镗床晶闸管直流调速系统的认知

**1. T6216C落地镗床对调速系统的一般要求**

T6216C落地镗床是一种大型精密加工机床。它所镗的孔要求有准确的坐标尺寸。除了镗孔外，还可以进行钻孔、铣平面、车外圆、车螺纹等多种加工。工艺范围广是镗床的特点。因此，镗床要求调速范围宽、运动方位多、运行稳定性好。

镗床的主拖动和进给拖动均为不频繁的正反转运行。主拖动是主轴的旋转或平旋盘的旋转，其转速为8～1250r/min，进给量在0.01～0.06mm范围内变化。主拖动电动机选用$Z_2$-72-$T_2$型（方法兰盘式）他励直流电动机，进给拖动电动机选用$Z_2$S-52-$T_2$型（小法兰盘式）他励直流电动机。

**2. 所选用直流调速系统的组成原理**

该镗床选用晶闸管电流、转速双闭环不可逆直流调速系统，其原理如图5-62所示。它用于他励直流电动机的电枢和磁场的供电系统，可实现单象限运行的控制，或者用接触器改变其供电极性，实现正反转可逆控制。

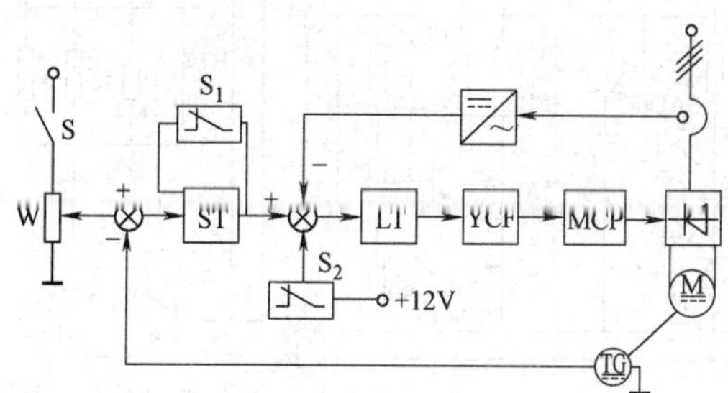


图5-62 T6216C落地镗床晶闸管直流调速系统的原理

主回路是采用三相全控桥式整流电路。该系统的调速范围宽、稳定性好，可用于对制动要求不高、正反转不频繁的场合。其技术指标如下：

1）额定直流输出电压为400～440V。

2）额定直流输出电流为50A。

3）交流电源为三相380V，50Hz（当用于60Hz时，$\alpha_{min}$和$\beta_{min}$要重新调整）。

4）电网电压波动为+10%和－5%。

5）励磁电源为交流220V，5A。

6）调速范围$D \geqslant 100$。

7）静差率$\delta \leqslant \pm 5\%$。

8）使用环境为海拔1000m以下，环境温度为0～145℃，空气相对湿度小于85%，无腐蚀，无爆炸，无严重导电尘埃及灰尘等。

**3. 系统各主要环节的原理识读**

（1）稳压电源 WY（见图 5-63） 控制单元用 ±12V 串联型稳压电源，负载能力为 ±500mA，设有保护装置。+16V 电源供给控制单元和功率单元有关部分使用，负载能力为 500mA，为单管串联稳压电源。该单元还设有三相整流桥（$V_{22}$ ~ $V_{27}$），其作用是将来自电流互感器 $H_1$、$H_2$（见图 5-63）的电流信号进行整流，在电阻 $R_{13}$ 上获得一个电信号，作为电流调节器的反馈信号。$RP_2$ 用来调节过电流信号的大小，将波段开关置于相应位置，电压表可指示过电流保护信号的大小及稳压电源电压值（见图 5-64）。

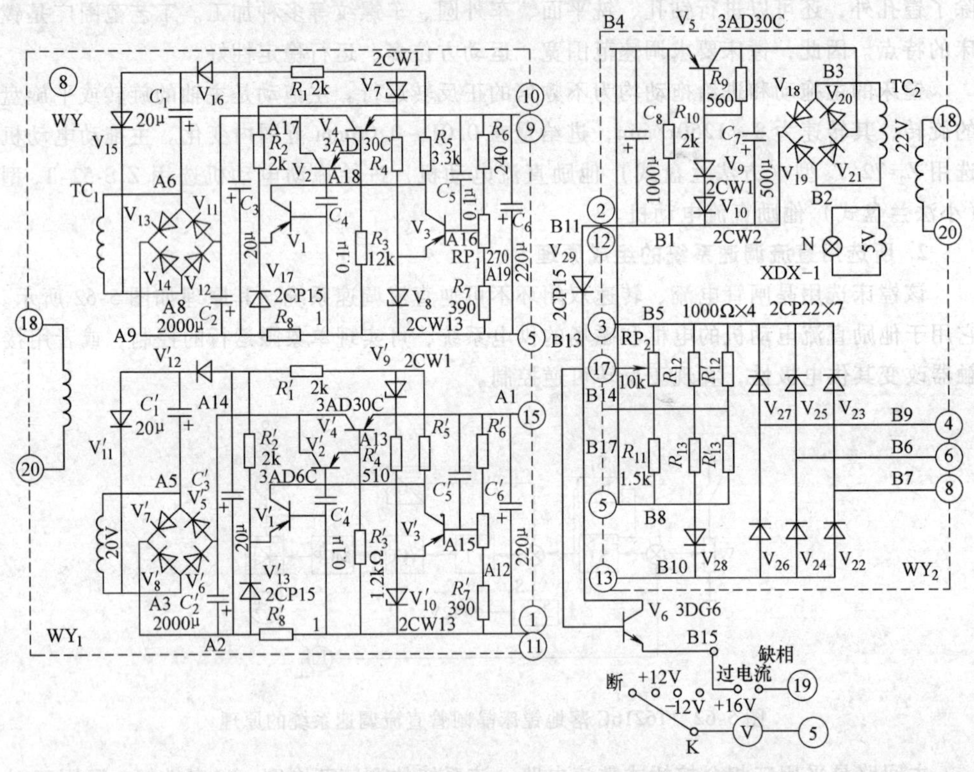

图 5-63 稳压电源 WY

速度调节器为带并联校正电路的 PI 调节器，并联校正在此能减小速度超调，$R_1$、$C_1$ 校正网络对抑制启动过程中的速度超调具有明显的效果。调节器输出的最大限幅值为 ±8V。电位器 $RP_3$ 和 $RP_4$ 分别为正限幅调节和负限幅调节。限幅绝对值的大小决定系统直流输出的最大电流。速度调节器的负向输出就是电流调节器的给定值。

$RP_2$ 为比例调节电位器，12 端为速度给定输入，13、14 端之间为测速反馈输入，$R_6$、$R_7$ 作为测速反馈电压分压用。

保护环节的作用是：一旦过电流、超速、失磁，则系统即被拉入 $\beta$ 区，封锁脉冲，并使事故继电器 JJ 动作。拉 $\beta$ 信号由 9 端输出，JJ 的常闭触点由 2、4 端作为事故信号输出。

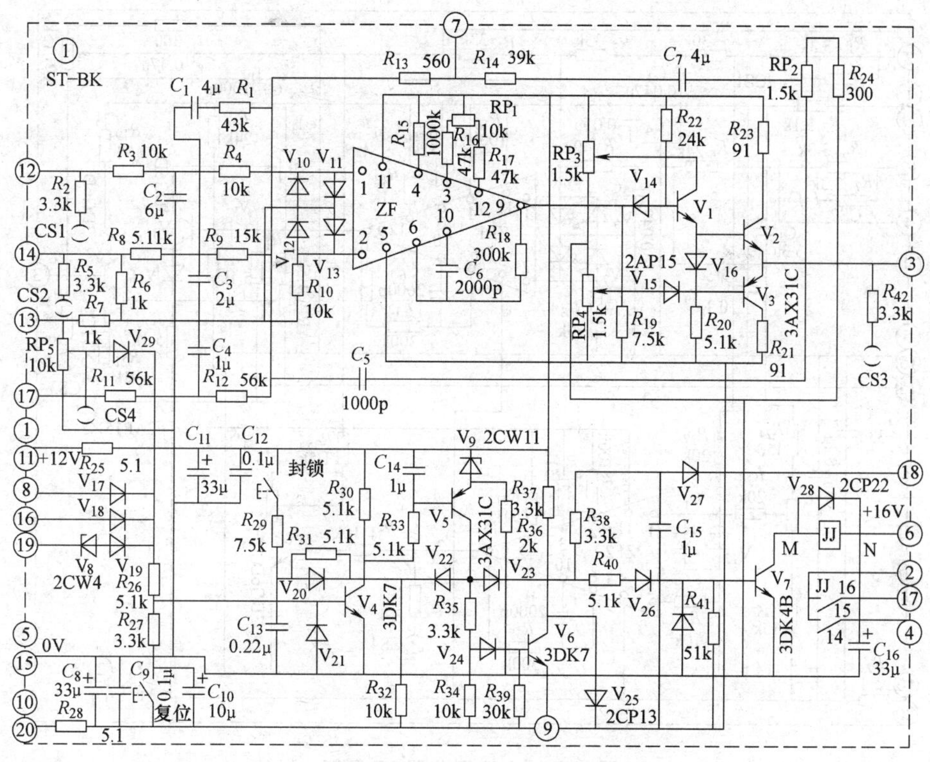

图5-64　速度调节器及保护开关电路ST-BK原理

注：1. $R_{26}$及$C_7$的参数在调整中确定，其范围分别为2～7.5kΩ及2～6μF。

2. 图中未标号的二极管均为2CP15。

（3）电流调节器LT（见图5-65）　LT由主调节器和电流自适应开关两部分组成。主调节器是一个PI调节器，其正负限幅值分别由$RP_2$和$RP_3$调整，它决定了$\alpha_{min}=30°$，$\beta_{min}=30°$。$ZF_2$构成的电平检测开关用来鉴别主回路电流的断续情况，开关的输出控制三极管$V_4$的通断，以完成调节机构的自动切换，实现对电枢电流的自适应控制，使系统在整个负载范围内有良好的动特性。在LT的调节板上，$RP_1$为比例调节器电位器，$RP_4$为自适应电平调节器，$RP_5$为积分调节电位器。

（4）移相触发器YCF（见图5-66）　移相触发器采用双锯齿波形电路，即在一个周期内产生两个锯齿波（相位差180°）。三相全控桥需要三个双锯齿波形电路，它们分别为YCF（U）、YCF（V）、YCF（W），其正负测试孔分别为+U、-U、+V、-V、+W、-W。2、3两端为同步输入端。

$V_4$的基极综合了下列三个输入：锯齿波电压输入（$U_C$）、以⑨端输入控制电压（$U_S$）、偏置电压输入。这三个信号综合的结果，决定了触发脉冲的出现时刻。为了满足整流电路的触发要求，在脉冲功率放大之前，还必须将这两个脉冲加以分段，通过$V_8$、$V_{12}$构成的两个门电路来实现。在脉冲变压器作为负载的情况下，通过功率放大后

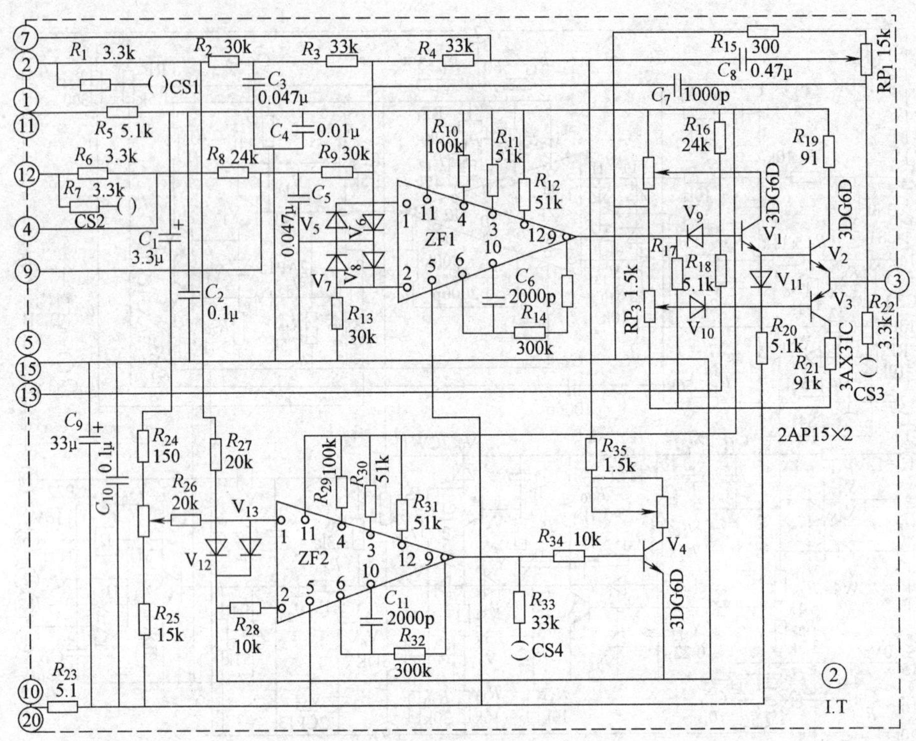


图 5-65　电流调节器 LT 原理

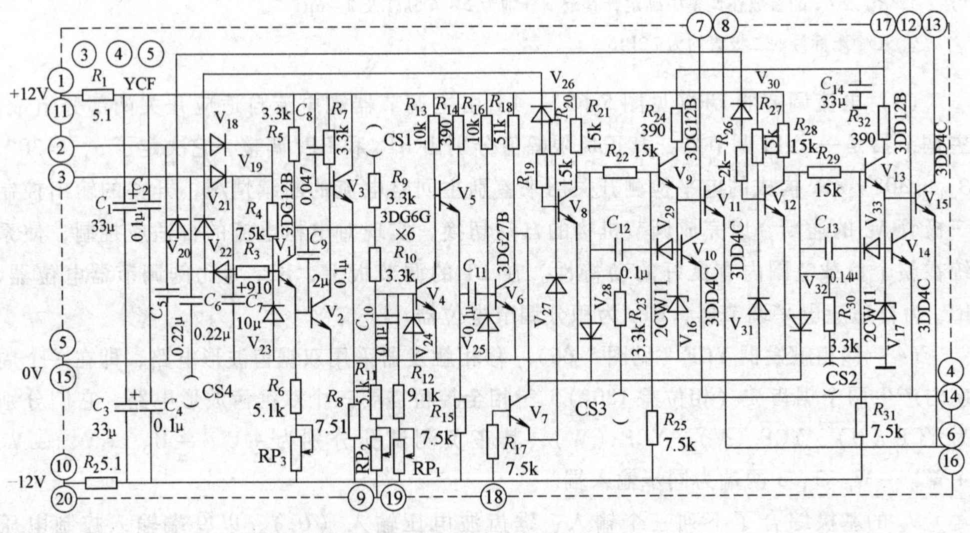


图 5-66　移相触发器 YCF 原理

输出的两个脉冲（12 端与 7 端、13 端与 8 端）之间相差角为 180°。触发器 YCF 各点波形如图 5-67 所示。

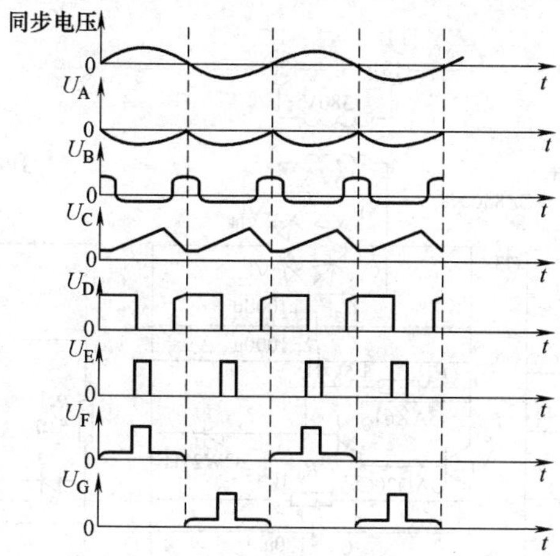


图 5-67 触发器 YCF 各点波形（A、B、C）

（5）脉冲分配器 MCP 脉冲分配器 MCP 原理如图 5-72 中⑥号板所示。脉冲分配器的作用是将来自移相触发器的脉冲进行适当分配，使之按照一定的规律依次同时触发两个晶闸管，触发间隔为 60°电角度。在一周内（360°电角度），要求触发的顺序见表 5-11。

**表 5-11 脉冲触发顺序表**

| 触发脉冲相序 | +A | | −C | | +B | | −A | | +C | | −B | |
|---|---|---|---|---|---|---|---|---|---|---|---|---|
| 晶闸管插件编号 | 6 | 1 | 1 | 2 | 2 | 3 | 3 | 4 | 4 | 5 | 5 | −6 |

脉冲分配器波形如图 5-68 所示。端子 13～18 波形基本相同，只是相位差 60°。

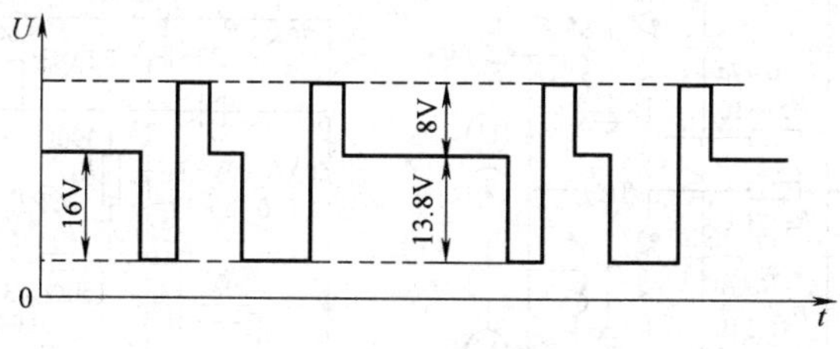


图 5-68 脉冲分配器波形

（6）给定电源 GD（见图 5-69） 本单元包括：从 3 端与 5 端输出的速度给定信号，4 端与 12 端输出的速度反馈信号，10 端与 19 端输出的测速发电机励磁电流，8 端与 6 端、9 端与 6 端的通断分别控制正反组晶闸管的开或关，锁零继电器 JS 用来调整主拖动电动机欠磁电流阈值的电位器 RP。

（7）同步电源 BD（见图 5-70） 同步变压器的联结组别为 Dy1。本单元有相序指示电路，一旦相序有错，面板上的相序指示灯将熄灭。电流表用来指示输出电流的大小。

（8）主功率单元 CF（见图 5-71） 主要由 6 个功率晶闸管 $V_1$～$V_6$ 组成三相全控桥

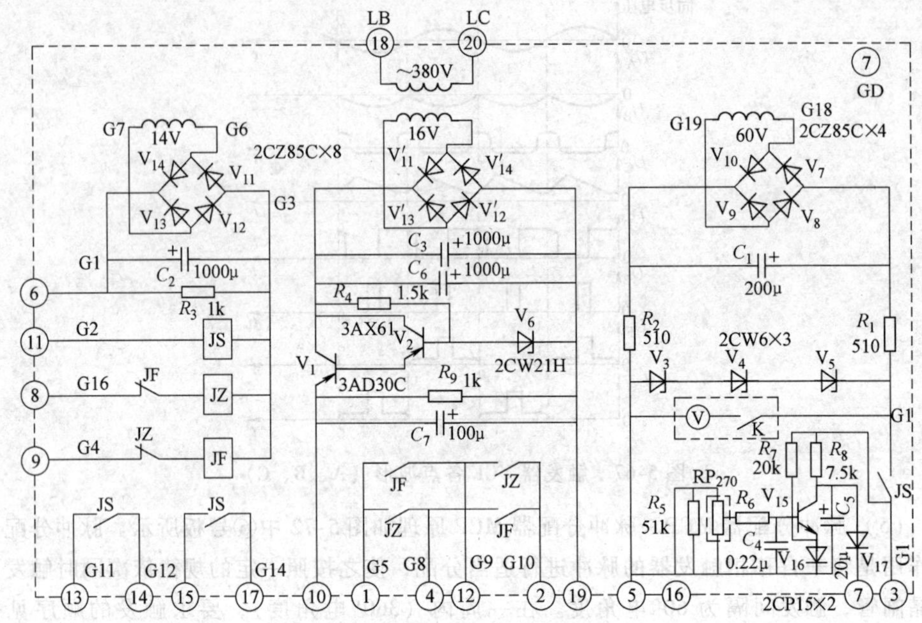

图 5-69 给定电源 GD 原理图

式整流电路，向直流电动机提供调压调速的可控直流电源。改变三相全控桥式整流电路的输出电压，可实现无级平滑的调速。

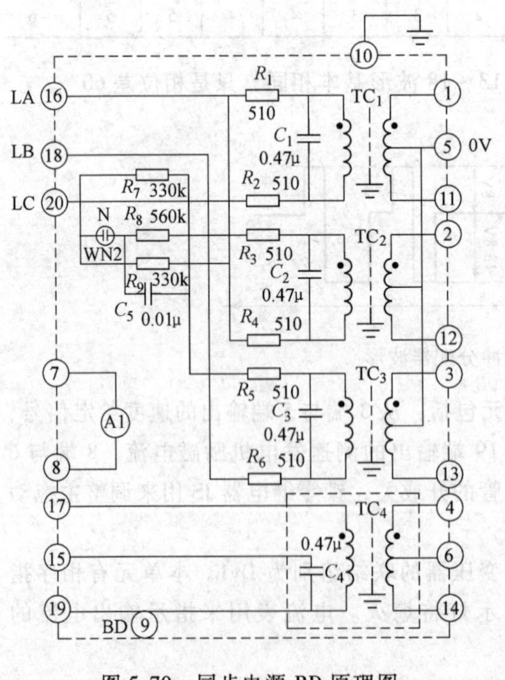

图 5-70 同步电源 BD 原理图

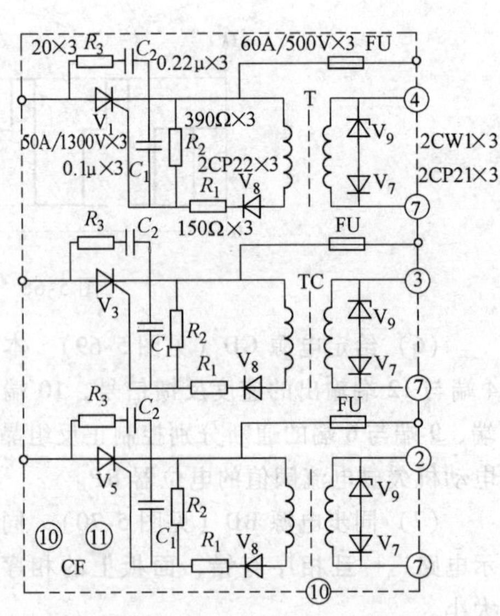

图 5-71 主功率单元 CF 原理图

（9）T6216C落地镗床电气控制原理总图识读　T6216C落地镗床电气控制原理总图如图5-72所示。它是由各单元的方框图和主回路及脉冲分配器组成的，各单元的相互连接使用其各自的出线端子号。

**4. 系统控制的动作原理识读分析**

（1）启动过程　启动时，常闭触点$K_1$、$K_2$断开，速度给定电压$U_{gn}$加入速度调节器的输入端，其输出迅速达到限幅值。由于电动机的惯性，它的转速以及速度反馈电压$U_{fn}$的上升需一定时间。因此，在启动过程中，给定电压始终大于速度反馈电压，即$\Delta U=(U_{gn}-U_{fn})>0$，速度调节器的输出便一直处于限幅值。速度调节器不起作用，相当于转速环处于开环状态。这时，速度调节器的输出就是电流调节器LT的给定，也就是电枢电流的给定。在这个最大允许电流的作用下，LT的输出迅速上升，触发脉冲跟着前移（即$\alpha$变小），使晶闸管整流装置输出电压迅速上升，电动机在最大限幅电流的作用下，以最大的加速度升速。随着转速的上升，给定电压$U_{gn}$和速度反馈电压$U_{fn}$的差值也随着减小，但由于速度调节器ST的高放大倍数和积分作用，其输出始终保持在限幅值。当转速大于给定转速时（少有超调），使速度反馈电压大于给定电压，ST的输入电压之差为负，即$\Delta U=(U_{gn}-U_{fn})<0$，ST退饱和，其输出下降，在电流降到小于负载电流时，转速又下降，直到转速反馈电压回到给定值为止。这时电动机进入稳定运行状态。

（2）稳定运行　这时电动机的转速等于给定转速，$\Delta U=0$。但由于速度调节器ST的积分作用，其输出不为零，大小由负载决定，此值也就是电流调节器LT的给定，它和电流反馈电压之差为零。同样由于LT的积分作用，其输出稳定在某一个数值。

（3）突加负载时的运行状态　当负载突然增加时，转速$n$下降，速度调节器ST的输入之差$\Delta U>0$，ST的输出（即LT的给定）增加，整流电压增加，电动机转速回升，直到速度反馈电压重新等于速度给定电压为止。这时的电流给定对应于新的负载电流，系统又处于新的稳定状态。

（4）零点漂移问题　速度调节器ST和电流调节器LT都是静态放大倍数的放大器，零点漂移问题较为严重。为了克服这个问题，在ST的输出端和阻容反馈之间，增加了一个常闭触点$K_1$。在停车时，$K_1$闭合，ST的放大倍数为1，在环境温度为$-6\sim60$℃的范围内，性能十分稳定，始终保持零输出。当电动机启动及运行时，$K_1$又断开，ST又正常工作。

（5）停车时的保护　对于电流调节器LT，要求它在停车时的输出处于负向限幅值，因此，在其输入端9和正电源之间增加了常闭触点$K_2$。在停车时，$K_2$闭合，在正的输入电压作用下，LT的输出偏在负向限幅值，这时对应的触发脉冲处于$\beta_{min}=30°$的位置，系统被可靠地封锁住。当启动或运行时，$K_2$断开，LT又恢复正常工作。

（6）速度超调问题　由于ST的积分作用，在启动过程中，当$U_{fn}>U_{gn}$时，引起转速超调，这对机床是不利的。为了解决超调问题，在ST的输入端增设了电容$C_1$和电阻$R_1$，构成了速度微分反馈。由于在启动过程中速度反馈电压不断对电容$C_1$充电，因此在$C_1$和$R_1$中有充电电流，这一附加输出使$U_{fn}$还没有上升到速度给定电压，ST的输出

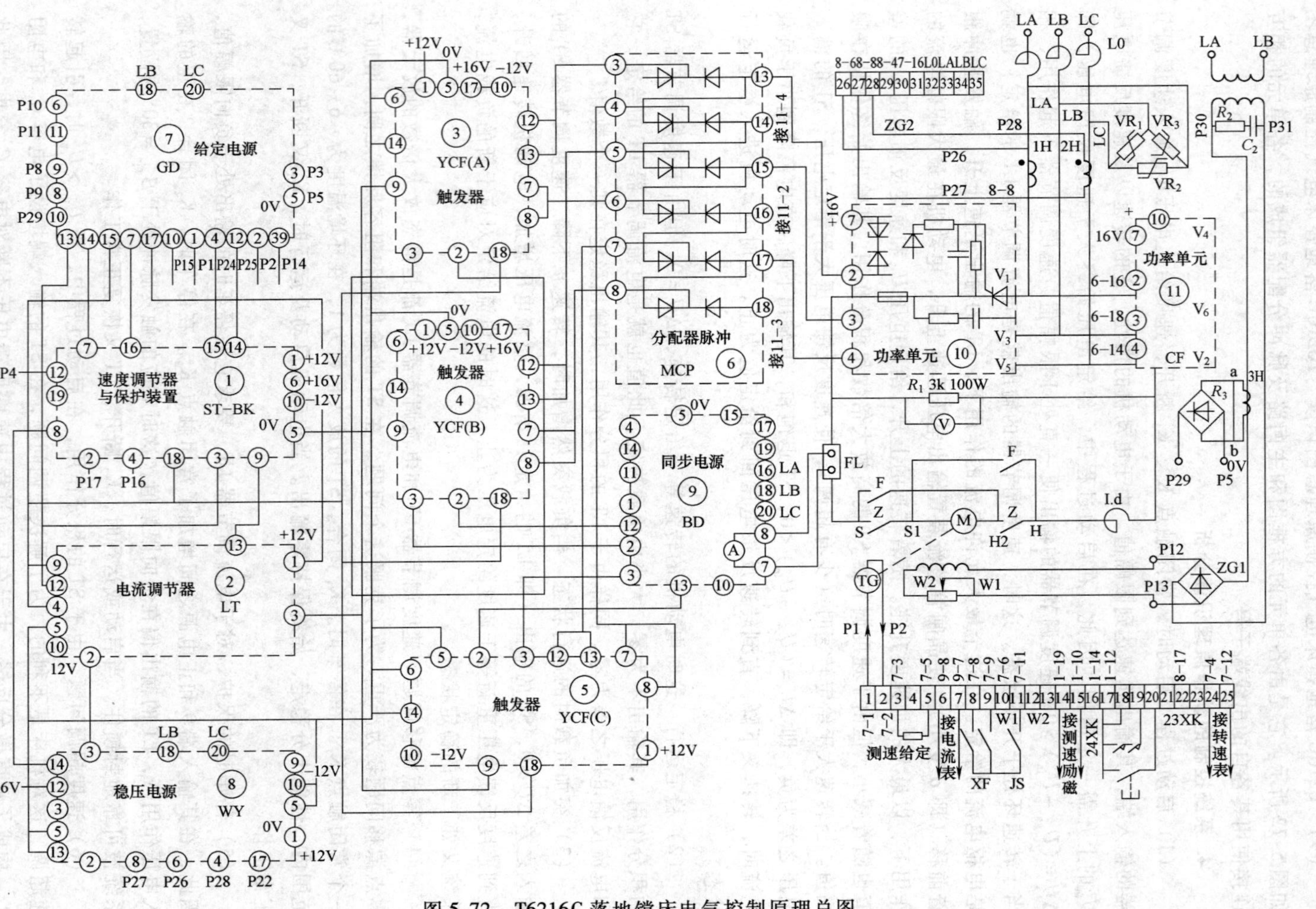


图 5-72 T6216C 落地镗床电气控制原理总图

就提前下降了。如果适当选择 $C_1$ 和 $R_1$ 的参数可以使 $U_{fn}$ 上升到等于给定电压，此时 ST 的输出正好下降到等于平衡负载电流所需要的值，这样就消除了速度超调。

## 5.4.2　T6216C 落地镗床晶闸管直流调速系统的调试

**1. 调试前的准备工作**

检查控制柜内部各元件、部件、紧固件的连接线是否有松动、脱焊、断线、发霉等情况，检查柜外接线端子板螺钉是否松动。按图接线，要求正确无误。把电动机轴与机床脱开。

**2. 确定电源相序**

抽出控制单元插件，合上电源，电源指示灯亮，则表示相序正确；指示灯不亮表示相序接错，需将三相交流进线交换任意两相。

**3. 检查控制电源电压**

测量各控制电源电压是否符合表 5-12 所规定的数值。

表 5-12　控制电源电压

| 电　源 | 规定值/V | 检 查 部 位 |
| --- | --- | --- |
| 稳压电源 WY | ±12 | WY 单元 1 对 5 端,10 对 5 端 |
| 触发脉冲电源 | +16 ~ +18 | WY 单元 2 对 5 端 |
| 给定电源 GD | 36 | 外接线端子 P3 与 P5 之间 |
| 主电动机励磁电压 | 约 180 | P13 与 P12 之间 |

**4. 调整触发单元 YLF**

抽下脉冲分配器，用一个模拟可调直流电源作为触发器的移相电压，断开电流调节器的输入端，用该电源作为输入，插上各触发单元，位置不能插错，接通控制电源。用同步示波器观察触发单元 YCF（U）、YCF（V）、UCF（W）的脉冲波，正常波形如图 5-67 所示。当未加给定时 $\beta_{min}$ 为 31° ~ 34°；当加上给定时，$\alpha_{min}$ 为 22° ~ 26°，如图 5-73 所示。

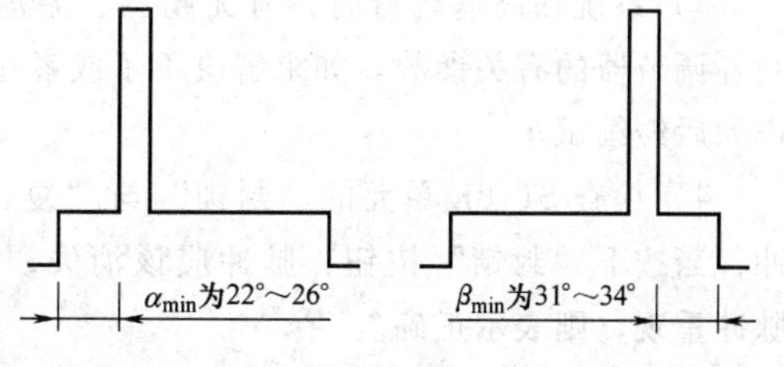

图 5-73　调整触发单元 YLF 脉冲波波形

如果人为调节模拟移相电压，其触发脉冲应能左右移动，以此改变控制角的大小。

**5. 脉冲分配器 MCP 的调试**

（1）确定电流反馈极性　断开 2 号反馈线进行外环调试，将电动机转子堵住，把主调节器接成 $K_P \approx I$ 的反号器，即反馈电阻等于输入电阻。断开给定输入电路（即 ST 的输入），接一个可调直流电压作为模拟输入。合上主令开关，调节模拟给定，使电动机电枢有一定大小的电流，测量端子 2 的反馈信号电压，其极性应为正，因为给定输入为负极性。

（2）闭环调试　将反馈线接好，主调节器接成正常状态。调节模拟给定使电枢电流逐渐增大，当电流达 20% $I_N$ 时，调整反馈回路的参数，使之满足电流反馈系数 $K_I = U_{stmax}/I_{dmax}$ 的对应关系（$U_{stmax}$ 为 LT 的最大输入，$I_{dmax}$ 为电动机的堵转电流最大允许值）。

用示波器观察电枢电流波形（见图 5-67），并检查自适应控制电路中 $V_4$ 的导通情况。当电流连续时，$V_4$ 截止；当电流断续时，$V_4$ 导通。这样才能使调节器在电流连续时起比例积分作用，电流断续时起比例放大作用。

此时可借助于示波器调整好调节器的正负限幅，调整 $RP_2$ 和 $RP_3$，使 $\alpha_{min} = \beta_{min} = 30°$。

**6. 转速环的调试**

转速环的调试主要是在开环状态下测定测速反馈信号极性。插上电流调节器和转速调节器插件，断开速度反馈进线端子 P2，将速度给定电位器放在最低位置，然后合上电源。按一下点动按钮，待电动机转起来后，测量速度反馈极性。测完后立即松开按钮，动作要快。如果 ST 的给定电压极性与反馈电压极性相反，则表示正确，否则必须倒换两根速度反馈线。

也可以用碰触法调试。断开一条反馈线，低速启动电动机，当转速基本稳定后，用转速表监视转速，将断开的线碰一下，如果转速降低表示正确，转速升高表示极性不对。按正确极性接好线。

**7. 空载试验**

1）用转速表检查速度上下限是否符合设计要求，即符合最大调速范围的要求。

2）用示波器观察在调整启动、制动时，电流的限值和过渡过程的波形是否符合规定值，若不符合要求，应该细调限幅环节。

3）系统在高速运行时，有无超调、振荡。如果有，调整 ST 单元的微分反馈环节及各调节器的有关参数。如果解决不了或者还有其他故障，则应进一步找出原因并加以排除后继续试车。

4）检查 ST-BK 单元的“封锁”与“复位”按钮是否可靠。用示波器观察触发脉冲，当按下“封锁”按钮，脉冲应该消失，只剩下阶梯波；当再按下“复位”按钮，脉冲重现，则表示正确。

**8. 负载试验**

1）系统的抗扰能力。当突加或突减负载后，观察转速恢复时间及速降或速升的大小。

2）调速范围。在正常负载下，转速在 8 ~ 1250r/min 范围内连续平滑可调。

3）稳定性即静差率的考核。在额定负载下，8r/min 时的静差率 $\delta \leqslant \pm 5\%$。

4）过电流保护整定。调整 ST-BK 单元中的 $RP_2$，根据负载情况，把过电流保护值整定在合适的数值，一般在额定负载电流的 2 倍左右。

5）超速保护的整定。调节 ST-BK 中的 $RP_5$，使超速保护值在 2400r/min 时为 51V；在 3800r/min 时为 80V。还可校核各种机械指标。

### 5.4.3　T6216C 落地镗床晶闸管直流调速系统的日常维护和常见故障及检修

**1. 系统的日常维护**

系统的日常维护可参照表 5-13 所列项目进行。

表 5-13　系统的日常维护项目

| 维护项目 | 晶闸管功率部件 | 控制单元部件 | 其余部件 |
| --- | --- | --- | --- |
| 清扫（每 3 ~ 6 个月次，视环境情况而定） | 用皮老虎吹去积尘 | 用皮老虎吹尘；用干净布轻抹或用无水乙醇擦拭 | 对过滤网罩小心清扫，勿使脏物堵塞网眼 |
| 连接线的检查（每年一次） | 浪涌吸收回路有否断线 | （1）三极管有否断脚<br>（2）各测试孔的连接有否断线<br>（3）各可调电位器有否断线 | （1）交流侧浪涌吸收回路有否断线<br>（2）电流、电压表有否断线 |
| 紧固件的调紧（每年一次） | （1）浪涌吸收部件的螺钉<br>（2）功率部件接至母线的紧固件调整 | 电位器锁紧螺帽（注意不要扭动电位器轴） | 外部接线端子板螺钉的调紧 |
| 检查相同对称度（每年一次） | 用示波器观察功率整流电路输出波形是否对称 | 检查各触发单元是否都工作正常 | |
| 每日维护内容 | 晶闸管有否过热现象或有的一点不热（可能不工作） | 各部件有否移位或被人扭动 | （1）电源指示灯是否亮<br>（2）冷却风扇是否转动，声音是否正常<br>（3）有否不正常杂音和不正常的气味 |

**2. 系统的常见故障与检修**

（1）电动机不能启动　这种故障有可能是因为电动机被堵转，而且堵转时间稍长一点，过载保护元件就会动作。所以该故障多数是因为没有整流电压或无磁场电流。可以按下列步骤进行检查。

1）先检查有无交流电压，熔断器是否完好，然后用示波器检查触发脉冲是否正常。

2）如果触发脉冲正常，故障一定在主回路。检查各晶闸管及其有关电路。

3）这种情况一般不会有脉冲输出。如果各触发板皆无触发脉冲，就应该首先检查控制回路的公共通道部分的元件。先查速度调节器是否有给定电压，测试点是 ST 单元的 12 端。若无给定电压，则检查：

① 给定电源电压是否正常。

② 继电器 K 是否动作，接触如何。

③ 调速电位器的进线是否脱掉。

④ 稳压电源电压应为 ±12V。

4）如果有给定电压，应检查转速调节器是否有输出，或只有正输出。若无输出，应检查主放大器；若只有正输出，应检查封锁按钮和复位按钮。

5）若转速调节器有输出，应检查电流调节器的输出是否正常。若不正常，应检查电流调节器各端点的电压情况。

6）若电源调节器输出也正常，则应确认故障在触发电源。应检查：

① 触发电源回路是否断线。

② 触发电源电压应为 16V。

③ 触发电源各整流元件是否工作正常。

（2）电动机启动时声音异常　原因是整流电压波纹变大，交流成分增大。应从以下几个方面进行检查：

1）用万用表检查二相交流电源是否因熔断器而缺相，或三相严重不对称。

2）检查 6 个桥臂的熔断器是否有熔断或损坏的晶闸管（断极）。

3）触发器有故障，检查移相级的输出波形，检查点 7 与 12 端是否有脉冲丢失。

4）脉冲分配器故障，检查该单元的端子 13 与 18 的波形，是否有损坏的二极管。

（3）转速不稳定

1）如果是非周期性的快慢变化，则有两种情况。一种情况是空载时不稳而加上负载后正常。这种不稳是因为电流不连续使机械特性非线性变软，经不住负载扰动。应检查 LT 单元中的自适应控制电路。“适应” 测试孔的波形为开关波形则属正常，为直线波形则为故障。检查 $RP_4$ 的接触是否良好，检查晶体管 $V_4$ 是否损坏。另一种情况是不论空载或负载时都不稳。这是因为速度反馈回路或给定电源有故障。可从以下两方面进行检查：

① 检查测速发电机与主机的机械连接是否有打滑、不同心或间隙过大等情况。

② 速度反馈回路连接点是否松动，测速发电机电刷接触如何，其电枢回路中正反向接触器触点是否接触不良等。

2）如果是周期性的快慢变化，则原因是系统产生振荡，有机内的，也有机外的。如何判断以及对机外干扰引起的振荡的处理方法，可参阅相关的内容资料。对于系统内部引起的振荡可以从以下两方面进行检查：

① 由于系统的超调引起的振荡，可改变 ST 单元微分环节的参数，加大 $C_1$ 或适当减小 $R_1$ 的参数值。

② 由于放大器产生自激振荡引起系统不稳，可改变两个放大器的反馈参数，减小放大器的放大倍数。

（4）电动机超速或飞车　该故障的原因一般是速度反馈回路断线，或是电动机磁场太弱甚至消失。

1）检查速度反馈是否有断线、接触不良等情况，测速发电机励磁电压是否为 12V，其励磁回路是否断线。这些因素都能使反馈信号减小或中断。

2）检查电动机的励磁回路，是否存在励磁保护电器的整定位太小或失灵，或者是欠磁电流阈值电位器 RP 调整不当。

3）检查两个调节器的输出是否正常。

有些故障现象无法预料。一旦出现故障，不要盲目从事，应根据电气原理图，仔细分析故障产生的原因，估计发生故障的部位，逐渐缩小检查范围，最终排除故障。如果盲目检查试验，可能会使故障扩大，以致损坏其他部件。

## 5.5　全数字直流调速装置系统的识读实例

### 5.5.1　晶闸管智能控制模块

**1. 概述**

晶闸管自问世以来，随着半导体技术及其应用技术的不断发展，其在电气控制领域中发挥了重大的作用。但分立器件的晶闸管组成的电路复杂、体积大、安装调试麻烦，可靠性也较差。近年来，伴随着功率集成技术与新材料、新工艺的不断进步与成熟，一种晶闸管智能控制模块（ITPM）的出现，从根本上解决了上述问题。

模块化控制技术的发展，在电气控制领域中有逐步取代分立电气元件的趋势。作为维修电工或其他电气维修人员，熟悉和掌握这种新型器件，可以为应付全球性现代电气技术的革命打下一个坚实的基础。

（1）ITPM 概念　晶闸管智能控制模块就是利用陶瓷覆铜（DCB）技术将晶闸管主电路与移相触发电路以及具有控制功能的电路集成于一体，封装在同一外壳内的新型模块，它具有电力调节、自动控制的功能。按输入形式分为三相和单相，按输出形式分为交流和直流。ITPM 可通过控制端口与外置的多功能控制板连接，实现“电动机软启动、双闭环直流电动机调速和恒流恒压控制”等功能。DCB 工艺是将铜箔在高温下直接键合到氧化铝或氮化铝陶瓷基片表面，利用先进的焊接工艺使模块的绝缘电压达到 2.5kV 以上，并可保证模块的热阻低、热循环次数多、使用寿命长。

（2）ITPM 分类

晶闸管智能控制模块按其用途一般分为通用模块和专用模块两种。

通用模块由晶闸管主电路、移相触发电路和保护电路组成，具有电力调控功能和过热、过电压、过电流保护功能，可靠性、稳定性、智能化程度都较高，而体积并不大。通用模块有整流模块、交流模块等。

专用模块根据功能的不同，内部集成了晶闸管主电路、移相触发电路、反馈电路、保护电路、线性电压或电流传感器、转速与电流双闭环调速电路、功放电路、单片机等，主要用于电动机、发电机的励磁电源、前级调压、蓄电池充/放电及交流电动机软启动等领域。具体产品有电动机软启动模块、恒流恒压模块、双闭环直流调速模块、直流电动机斩波调速模块及固态继电器等。

（3）ITPM 结构　完整的 ITPM 结构如图 5-74 所示。它一般由电力晶闸管，移相触发器，软件控制的单片机，电流、电压、温度传感器以及操作键盘，LED或LCD显示等部分组成。

可以看出，除去受电力晶闸管容量的限制外，这样的ITPM已不是一般传统晶闸管装置所能比拟的，它具有相当高的智能水平和适应性。

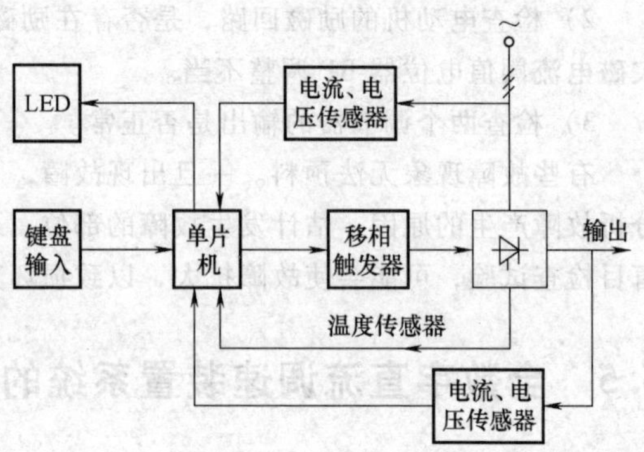


图 5-74　ITPM 结构

**2. ITPM 的应用**

ITPM已广泛用于各行各业的各类用途，如调温、调光、励磁、电镀、电解、电焊、等离子拉弧、充放电、稳压、逆变等电源装置，还可用于交流电动机软启动和直流电动机调速等。

（1）用于直流电动机的调速　单个ITPM可组成一个不可逆双闭环直流调速器，两个ITPM可以组成一个可逆四象限运行的调速器，如图5-75所示。双闭环直流调速模块内含晶闸管主电路、移相控制电路、电流传感器、转速与电流双闭环调速电路，可对直流电动机进行速度调节。它具有静动态性能良好、抗负载及电网电压扰动、稳速精度高、故障率低、可靠性高等优点。

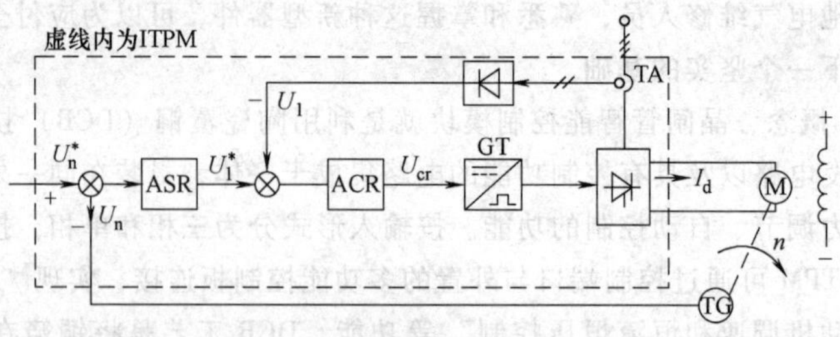


图 5-75　由 ITPM 组成的双闭外直流调速器

ASR—速度调节器；ACR—电流调节器；TA—电流传感器；GT—触发器；TG—测速发电发电机；

$U_n^*$、$U_n$—速度给定与反馈电压；$U_I^*$、$U_I$—速度给定与反馈电压

（2）用于低同步交流串级调速（见图5-76）

（3）用于变频系统　使用六个ITPM可以非常方便地组成交-交变频系统，如图5-77所示。

（4）用于电源和控制　用ITPM组成的直流稳压稳流电源如图5-78所示。

（5）软启动器、节能运行控制器应用　由ITPM组成的交流电动机软启动器如图5-79所示。

另外，在固态接触器、继电器，工业电热控温，各种半导体专用设备精密控温，中、高频频处理电源，激光电源，机械电子设备电源，以及在城市无轨、电动牵引，港口轮船起货机，风机，水泵，轧机，龙门刨，大型吊车驱动，超低频钢水溶化电源，造纸，纺织，城市供水、污水处理等领域均有应用。可以说，ITPM在配电系统内的各种

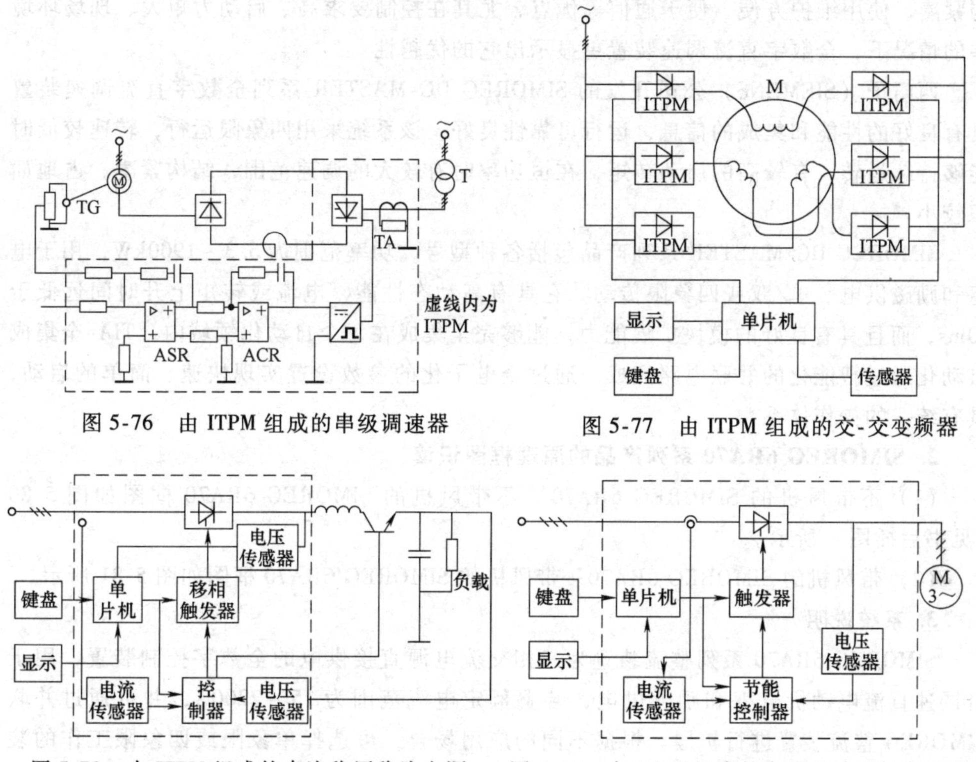

图5-76 由ITPM组成的串级调速器

图5-77 由ITPM组成的交-交变频器

图5-78 由ITPM组成的直流稳压稳流电源

图5-79 由ITPM组成的交流电动机软启动器

电气控制领域都有所作为。

**3. ITPM的应用意义**

ITPM是电力电子产品数字化、智能化、模块化的集中体现，展示了现代电力电子技术在电气控制中的作用。ITPM不仅可以用在较为复杂的控制场合，而且用在一般开关控制场合更是它的一大优势。它所具有的极快的开关速度和死触点关断等特点，将会使控制系统的质量和性能大为改善。广泛和大量地应用ITPM可节省大量的金属材料，并使其控制系统的体积大大减少，还可使极为复杂的多个电气控制系统变得非常简单。另外，它采用计算机集中控制，可实现信息化管理，且运行维护费用很低。ITPM节能效果非常明显，这对环保很有意义。随着低成本ITPM大规模进入市场，传统的电气控制产品和技术将会发生巨大变化。

## 5.5.2 全数字直流调速装置SIMOREG DC-MASTER 6RA70的识读

**1. 系统概述**

模拟式直流调速系统采用模拟元件，由于元件老化、干扰等原因，系统运行的可靠性难以保证，故障率相对较高，同时存在安装、调试、维护困难等缺点。全数字直流调速装置由于采用高精度、快速、稳定的CPU处理器以及利用软、硬件结合控制的方法，因而大大提高了系统运行的可靠性、稳定性，并且具有自诊断功能、抗干扰能力强、结构紧凑、使用维护方便、便于通信等优点，尤其在控制要求高、启动力矩大、现场环境差的情况下，全数字直流调速装置更显示出它的优越性。

西门子（SIEMENS）公司开发的 SIMOREG DC-MASTER 系列全数字直流调速装置具有良好的性能和集成的信息，运行可靠性良好。该系统采用四象限运行，转速较低时能够持续运转，有较高的启动转矩，在恒功率时有较大的调速范围，结构紧凑，占地面积较小。

SIMOREG DC-MASTER 系列产品包括各种型号，功率范围为 6.3 ~ 1900kW，用于电枢和励磁供电、单/双或四象限传动。它具有高动态性能，电流或转矩上升时间远低于 10ms，而且具有良好的模块扩展能力，能够完全集成在每个自动化领域内，TIA-全集成自动化通过智能化的并联电路完成。通过全电子化的参数设置实现快速、简单的启动，具有统一的操作体系。

**2. SIMOREG 6RA70 系列产品的原理框图识读**

（1）不带风机的 SIMOREG 6RA70　不带风机的 SIMOREG 6RA70 框图如图 5-80（见书后插图）所示。

（2）带风机的 SIMOREG 6RA70　带风机的 SIMOREG 6RA70 框图如图 5-81 所示。

**3. 系统说明**

SIMOREG 6RA70 系列整流装置为三相交流电源直接供电的全数字控制装置，用于可调速直流电动机电枢和励磁供电，装置额定电流范围为 15 ~ 2200A，并可通过并联 SIMOREG 整流装置进行扩展。根据不同的应用场合，可选择单象限或四象限工作的装置，装置本身带有参数设定单元，不需要其他的附加设备即可完成参数的设定。所有的控制、调节、监视及附加功能都由微处理器来实现。可选择给定值和反馈值为数字量或模拟量。

装置的门内装有一个电子箱，箱内装入调节板，电子箱内可装用于技术扩展和串行接口的附加板。外部信号的连接（开关量输入/输出、模拟量输入/输出、脉冲编码器等）通过插接端子排实现。装置软件存放在闪存（Flash）EPROM 中，使用基本装置的串行接口可以方便地使软件升级。

（1）功率部分和冷却

1）功率部分：电枢和励磁回路。电枢回路为三相桥式电路，单象限工作装置的功率部分电路为三相全控桥（B6）C；四象限工作装置的功率部分为两个三相全控桥（B6）A、（B6）C。

励磁回路采用单相半控桥 B2HZ。对于额定电流 15 ~ 1200A 的装置，电枢和励磁回路的功率部分为电绝缘晶闸管模块，其散热器不带电。对于额定电流大于或等于 1500A 的装置，电枢回路的功率部分为平板式晶闸管，这时散热器是带电的。

2）冷却。额定电流小于或等于 125A 的装置采用自然风冷，额定电流大于或等于 210A 的装置采用强迫风冷（风机）。

（2）参数设定单元

1）基本操作板 PMU。所有装置在门内都有一个基本操作板 PMU。基本操作板 PMU

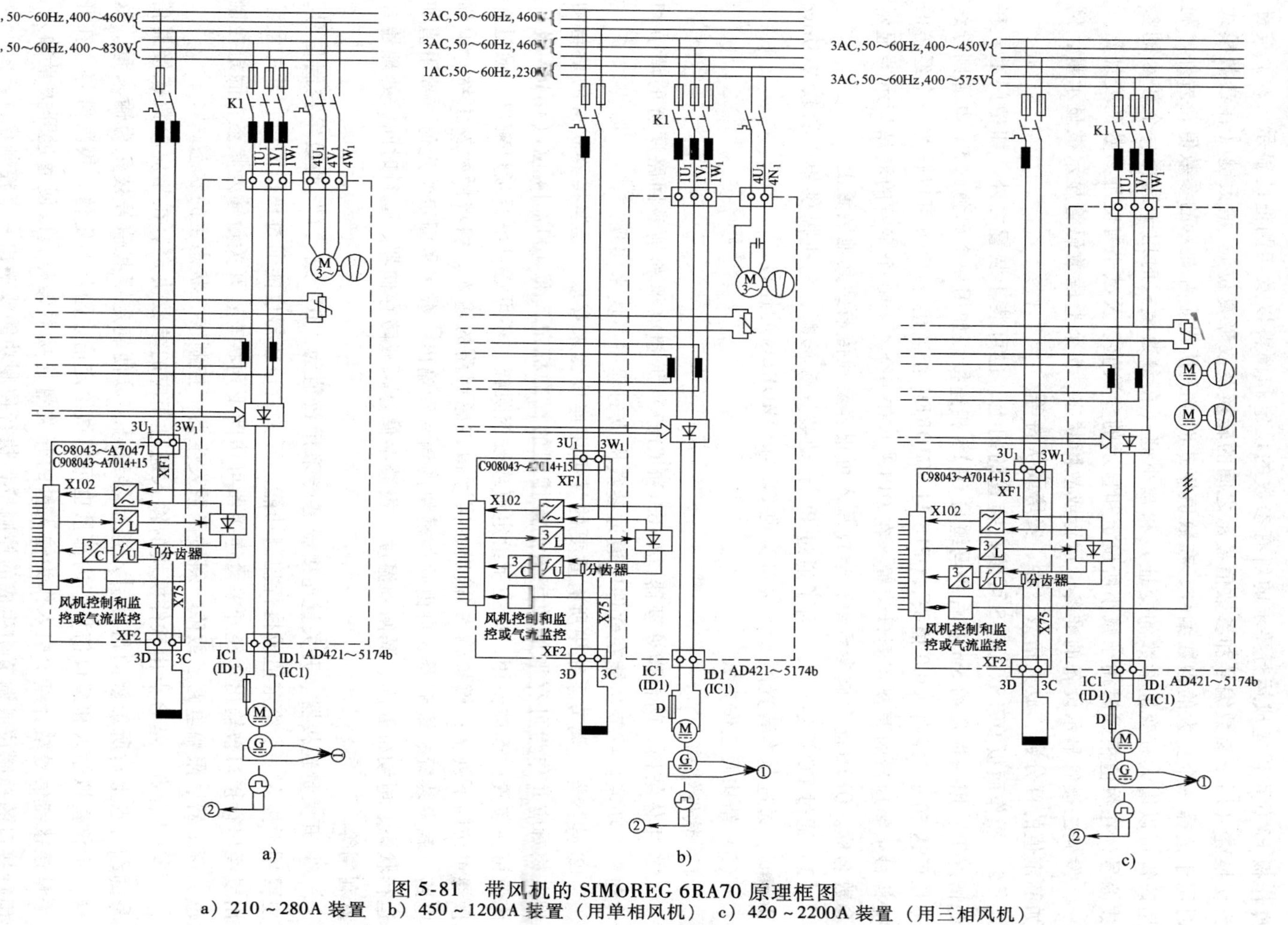


图 5-81　带风机的 SIMOREG 6RA70 原理框图

a）210～280A 装置　b）450～1200A 装置（用单相风机）　c）420～2200A 装置（用三相风机）

的5个七段数码管和3个发光二极管用于状态显示，3个按键用于参数设定。借助基本操作板PMU可以完成运行要求的所有参数的设定和调整以及实测值的显示。3个按键为切换键（用于参数编号和参数值显示之间的转换及故障复位）、增大键（在参数模式时用于选择一个更大的参数编号，在数值模式时增大所设定和显示的参数值，另外，利用该键可以增大有变址参数的变址）和减小键（在参数模式时用于选择一个较小的参数编号，在数值模式时用于减小所设定和显示的参数值以及减小有变址参数的变址）。

发光二极管显示设备的准备、运行或故障状态。5个七段数码管显示被显示量，例如额定值的百分数、放大倍数、秒、安培或伏特等。

2）操作面板OP1S。OP1S可装在装置的门上，也可装于装置之外，如柜门上。在此情况下，用一根长约5m左右的电缆与OP1S相连接。如用一个单独的5V电源则导线最长可达50m。经由X300插头，OP1S与SIMOREG相连接。OP1S可以作为一个经济的交替显示物理量的调速柜测量装置。在OP1S上有一个4×16个字符的液晶显示器显示参数名称。OP1S能存储参数组，通过写入可很容易地传输到其他装置上。

3）通过PC设定参数。为了通过PC启动装置和诊断，随机提供相应的软件Drive Monitor。通过基本装置的USS接口实现PC与SIMOREG的连接。

（3）结构及工作方式

1）软件结构

① 主体结构。两台微处理器（C163和C167）承担电枢和励磁回路所有的调节和传动控制功能。调节功能在软件中通过参数构成的程序模块来实现。

② 连接器。调节系统中所有重要的量可用连接器来存取。经连接器获得的量与测量点相对应并作为可存取的数字值。连接器的标准标定为每100% 14位（16384级）。该值可在装置内部被使用，如控制给定值或改变限幅，还可通过串行接口输出。通过连接器可访问下列量：模拟输入/输出，实际值传感回路的输入，斜坡函数发生器、限幅电路、触发装置、调节器、自由软件模块的输入和输出，数字量固定给定值，常用值如运行状态、电动机温度、晶闸管温度、报警存储器、故障存储器、运行时间、处理器容量利用等。

③ 开关量连接器。开关量连接器是能采用数值为“0”或“1”的数字控制信号，主要用于接入一个给定值或执行控制功能。开关量连接器也能通过操作面板、开关量输出或经串行接口被输出。经开关量连接器可访问下列状态：开关量输入状态，固定控制位，调节器、限幅电路、故障、斜坡函数发生器、控制字、状态字的状态。

④ 结合点。结合点由软件模块的输入通过相应的参数决定。在相应参数连接器信号的结合点上对所希望的信号引入连接器编号，以便确定哪些信号被作为输入量。这样，不仅模拟输入和接口信号，内部量也可用做给定值、附加给定值、极限值等。在开关量连接器信号结合点上引入作为输入量的开关量连接器编号，以便通过开关量输入、串行接口的控制位或调节中生成的控制位，执行控制功能或输出一个控制位。

⑤ 参数组的转换。参数号为P100～P599的参数及其他几个参数共分为4组，通过开关量连接器可选择哪一组参数有效。这样一台装置最多便可交替地控制4台不同的电

动机，也即实现了传动转换。下列功能的设定值可转换：电动机和脉冲编码器的定义、调节系统的优化、电流和转矩限幅、转速调节器实际值处理、转速调节器、励磁电流调节、EMF 调节、斜坡函数发生器、转速极限、监控和极限值、数字给定值、工艺调节器、电动电位计、摩擦补偿、惯性力矩补偿、转速调节的适配。

⑥ BICO 数据组的转换。BICO 数据组可通过控制字（输入开关量连接器）进行转换。这时可选择在结合点哪些连接器量值或开关量连接器量值有效，使调节器结构或控制量灵活匹配。

⑦ 电动电位计。电动电位计通过控制功能“增大”或“减小”、“顺时针/逆时针”、“手动/自动”发挥作用，且本身带有一个加减速时间可分别设定的可调节的圆弧斜坡函数发生器。通过参数对调节区域（最小和最大输出量）进行设定。通过开关量连接器施加控制功能。在自动状态时（“Auto”位置）电动电位计的输入由一个可自由选择量（连接器编号）确定。这时可以选择斜坡函数发生器的时间是否有效，或输入是否可直接加到输出。在“手动”位置时，给定值的调整借助“增大”、“减小”功能。此外，还可选择掉电时输出是否回零或最后一个数值是否被存储。该输出量通过一个连接器可任意使用，例如作为主给定值、附加给定值或极限值。

2）电枢回路中的调节功能

① 转速给定值。转速给定值和附加给定值的给定源可通过参数设定自由选择：模拟量给定 0 ~ ±10V、0 ~ ±20mA、4 ~ 20mA；通过内装的电动电位计给定；通过具有固定给定值、点动、爬行功能的开关量连接器给定；通过基本装置的串行接口给定；通过附加板给定。

一般情况下 100% 给定值（主给定值和附加给定值之和）对应电动机最大转速。给定值可由参数设定或连接器限制其最大值和最小值。此外，软件中还有加法点，例如，为了能在斜坡函数发生器之前或之后输入附加给定值，通过开关量连接器可选择“给定值释放”功能，经过可参数设定的滤波（PT1—滤波器）以后，总的给定值作用于转速调节器的给定值输入端，这时斜坡函数发生器有效。

② 转速实际值。转速实际值可选下列四种源中任意一种：

a）模拟测速机。测速发电机对应最大转速的输出电压允许在 8 ~ 270V 范围内。需通过参数设置使电压/最大速度规格化。

b）脉冲编码器。每转的脉冲数及最大转速由参数设定，脉冲信号处理电路能处理最大 27V 的差动电压。

c）具有反电动势控制的无测速机系统。反电动势控制不需要测速装置，只需测量 SIMOREG 的输出电压，测出的电枢电压经电动机内阻压降补偿处理（I × R——补偿）。

d）自由选择转速实际值信号。在这种工作方式下，可任选一个连接器编号作为转速实际值信号，当转速实际值传感器由工艺附加板实现时，该方式为首选方案。

③ 斜坡函数发生器。斜坡函数发生器使跳跃变化的给定位输入变为一个随时间连续变化的给定信号。加速时间和减速时间可以分别设定。另外，斜坡函数发生器在加速时间开始和终了有效情况下，可设定初始圆弧和最终圆弧。

④ 转速调节器。转速调节器将转速给定位与实际值进行比较。根据它们之间的差值输出相应的电流给定值送电流调节器（带有电流内环的转速调节）。转速调节器是带有可选择的 D 部分的 PI 调节器。调节器的所有识别量都可分别设定。$K_p$ 值（放大系数）向一个连接器信号（外部或内部）相适配。同时，转速调节器的 P 放大系数要与转速实际值、电流实际值、给定值-实际值的差值或卷径相匹配。为了获得更好的动态响应，在速度调节回路有预控器，可以通过例如在速度调节器输出附加一个转矩给定值来实现，该附加给定值与传动系统的摩擦及转动惯量有关，可通过一个自动优化过程确定摩擦和转动惯量的补偿。在调节器锁零放开后，速度调节器输出量的大小可以通过参数直接调整。通过参数设定可以把转速调节器旁路，整流装置作为转矩调节或电流调节的系统运行。此外，在运行过程中可通过选择功能“主动/随动转换”来切换转速调节/转矩调节。这个功能是作为通过开关量可设置端子或一个串行接口的开关量连接器来选择的。转矩给定值的输入既可以通过可选择连接器实现，也可由模拟量来设置端子输入口或串行接口输入。在“从动状态”下（转矩调节或电流调节）一个极限调节器投入运行。为了避免系统加速过快，可通过一个参数可调的转速限幅对限幅调节器进行干预。

⑤ 转矩限幅。根据有关参数的设定，转速调节器的输出为转矩或电流给定值。当处于转矩控制时，转速调节器的输出用磁通，计算后作为电流给定值进入电流限幅器。转矩调节模式主要用于弱磁情况下，以使最大转矩限幅与转速无关。转速调节器可提供下列功能：

a）通过参数分别设定正、负转矩极限。

b）通过参数设置的切换转速的开关量连接器实现转矩极限的切换。

c）通过一个连接器信号自由给定转矩极限，例如通过一个模拟输入或串行接口。最小设定值总是作为当时转矩限幅。转矩的附加给定可以加在转矩限幅之后。

⑥ 电流限幅。在转矩限幅器之后的可调电流限幅器用来保护整流装置和电动机。最小设定值总是作为电流限幅。下列几种电流极限值都可以设定：

a）由参数分别设定的正、负电流极限值（设定最大电动机电流）。

b）通过模拟量输入口或串行接口等连接器自由给定的电流限幅值。通过使用停车和急停参数分别设定电流限幅值。

c）通过参数设定可以实现当转速较高时，电流极限值随转速的升高按一定规律自动减小（电动机的极限换向曲线）。

d）在所有的电流值下计算晶闸管的温度，当达到有关参数设定的晶间管极限温度时，或者装置电流减小到额定电流值，或者装置使用故障信号断电，该功能用于保护晶闸管。

⑦ 电流调节器。电流调节器是具有相互独立设定的 PI 调节器。P 或 I 部分可被切断（纯粹的 P 调节器或 I 调节器）。电流实际值通过三相交流侧的电流互感器检测，经负载电阻，整流，再经模拟/数字变换后送电流调节器。电流限幅器的输出作为电流给定值，电流调节器的输出形成触发装置的控制角，同时作用于触发装置的还有预控

制器。

⑧ 预控制器。电流调节回路的预控制器用于改善调节系统的动态响应，电流调节电路中的允许上升时间范围为6~9ms。预控制与电流给定值和电动机的EWF有关，并确保在电流连续和断续状态或转矩改变符号时所要求的触发角的快速变化。

⑨ 无环流控制逻辑。无环流控制逻辑（仅用于四象限工作的装置）与电流调节回路共同完成转矩改变符号时的逻辑控制。必要时可借助参数设定封锁一个转矩方向。

⑩ 触发装置。触发装置形成与电源电压同步的功率部分晶闸管控制脉冲。同步信号取自功率部分，因此与旋转磁场和电子板供电无关。触发脉冲在时间上由电流调节器和预控制器的输出值决定，通过参数设定控制角极限。在45~65Hz频率范围，触发装置自动适应电源频率。通过合适的参数设置，可以适用的电源频率范围是23~110Hz。

3）励磁回路的调节功能

① EMF调节器（反电动势调节器）。EMF调节器比较反电动势的给定值和实际值，产生励磁电流调节器的给定值。从而进行与反电动势有关的弱磁调节。EMF调节器为PI调节器，P和I部分可分别设定，或作为纯粹的P调节器或I调节器被使用。与EMF调节器并联工作的还有预控制器，该预控制器根据转速和自动测得的励磁特征曲线产生励磁电流预给定值。反电动势调节器后面有一个综合点，在此点，励磁电流的附加给定值通过连接器接入，如模拟输入或串行接口被输入。限幅器作用于励磁电流给定值，励磁电流的最大和最小给定值可分别限定。通过一个参数或一个连接器进行限幅，这时，最小值作为上限，最大值作为下限。

② 励磁电流调节器。励磁电流调节器是一个PI调节器，$K_p$ 和 $T_n$ 可分别设定。此外尚可作为纯粹的P调节器和I调节器来使用。与励磁电流调节器并联工作的还有预控制器，该预控制器根据电流给定值和电源电压计算和设定励磁回路的触发角。预控制器支持电流调节器并改善励磁回路的动态响应。

③ 触发装置。触发装置形成与励磁回路电源同步的功率部分晶闸管控制触发脉冲，同步信号取自功率部分，与电子控制回路供电电源无关。控制触发脉冲在时间上由电流调节器和预控制器的输出值决定，通过参数设定触发极限。触发装置能自动适应频率为45~65Hz的电源。

4）优化过程。6RA70系列整流装置出厂时已作了参数设定，选用自优化过程可支持调节器的设定。通过专门的关键参数进行自优化选取。下列调节器功能在自优化过程中得到设定：

① 在电流调节器的优化过程中设定电流调节器和预控制器（电枢和励磁回路）。

② 在转速调节器优化过程中设定转速调节器的识别量。

③ 自动测取用于转速调节器预控制器的摩擦和惯性力矩补偿量。

④ 自动测取与EMF有关的弱磁控制的磁化特性曲线和在弱磁工作时EMF调节器的自动优化。

5）监控与诊断

① 运行数据的显示。整流装置约有50个参数用于显示测量值，另外还有300多个

由软件（连接器）实现的调节系统信号，可在线显示单元输出。可显示的测量值有给定值、实际值、开关量输入/输出口状态、电源电压、电源频率、触发角、模拟量口的输入/输出、调节器的输入/输出、限幅显示。

② 扫描功能。通过选择扫描功能，每 128 个测量点中最多有 8 个测量值可被存储，测量值或出现的故障信号可参数化为触发条件。通过选择触发延时提供了记录事件发生前后状态的可能性，测量值存储扫描时间在 3～300ms 之间，可通过参数设定。测量值可通过操作面板或串行接口输出。

③ 故障信号。每个故障信号都有一个编号，此外故障信息存储了事件发生的时间，以便能尽快找出故障原因。为了便于诊断，最后出现的 8 个故障信号包括故障编号、故障值及工作时间被存储。当出现故障时，设置为“故障”功能的开关量输出口输出低电平（选择功能），切断传动装置（调节器封锁，电流为零，脉冲封锁，继电器“主接触器”断开），显示器显示带 F 的故障编号，发光二极管“故障”亮。

故障信息的复位可以通过操作面板、开关量可设置端子或串行接口完成。故障复位后传动装置处于“合闸封锁”状态。“合闸封锁”只有“停车”（端子 37 加低电平信号）操作才能取消。

在参数设定的一段时间内（0～2s）允许传动系统自动再启动。如果时间设定为零，则立刻显示故障（电网故障），不会再启动。出现下列故障时可选择自动再启动：缺相（励磁或电枢）、欠电压、过电压、电子板电源中断、并联的 SIMOREG 欠电压。

故障信息分为下列几种类型：

a）电网故障包括缺相、励磁回路故障、欠电压、过电压、电源频率小于 45Hz 或大于 65Hz。

b）基本装置接口或附加板接口故障。

c）传动系统故障包括传动系统封锁、无电枢电流。

d）电动机电子过载保护（电动机的 $I^2t$ 监控）已经响应。

e）测速机监控和超速信号。

f）启动过程故障。

g）电子板故障。

h）晶闸管元件故障。

i）电动机传感器故障（带端子扩展板）包括监控电刷长度、轴承状态、风量及电动机温度的传感器的故障。

j）通过开关量可设置端子的外部故障。故障信息通过参数可逐个被“禁止”。

④ 警告。警告信号是显示尚未导致传动系统断电的特殊状态。出现警告时不需要复位操作，而是当警告出现的原因已经消除时立即自动复位。当出现一个或多个警告时，设置为“警告”功能的开关量输出端输出低电平（选择功能），同时发光二极管“故障”闪亮显示。

警告分为下列几种类型：

a）电动机过热：电动机 $I^2t$ 计算值达到 100%。

b）电动机传感器警告（当选用端子扩展板时）：监控轴承状态、电动机风机、电动机温度。

c）传动装置警告：封锁传动装置、没有电枢电流。

d）通过开关量可设置端子的外部警告。

e）附加板警告。

6）输入口和输出口功能

① 模拟量输入口。模拟量输入口输入的值变换为数字值后可通过参数进行规格化、滤波、符号选择及偏置处理后灵活地输入。由于模拟输入量可用作连接器，所以它不仅可以作为主给定值，而且可以作为附加给定值或者极限值。

② 模拟量输出口。电流实际值作为实时量在端子 12 输出。该输出量可以是双极性的量或者绝对值，并且极性可以选择。规格化、偏置、极性、滤波时间常数可通过参数设定。希望的输出量可通过输入该点的连接器号选择，可输出量值为转速实际值、斜坡函数发生器输出、电流给定值、电源电压等。

③ 开关量输入口。通过端子 37 启动/停止（OFF1），此端子功能与串行接口控制位“AND”连接。当端子 37 为高电平信号时，经内部过程控制主接触器合闸。当端子 38（运行允许）加高电平信号时，调节器放开。传动系统按转速给定值加速到工作转速。当端子 37 为低电平信号时，传动系统按斜坡函数发生器减速到 $n < n_{min}$，在等待抱闸控制延时后，调节器封锁，$I = 0$ 时主接触器断开。主接触器断电后经一段设定时间，励磁电流减小到停车励磁电流。

通过端子 38 发出运行允许命令，此功能与串行接口控制位“AND”连接。在端子 38 加高电平信号时，调节器锁零放开，当端子 38 上为低电平信号时，调节器封锁，$I = 0$ 时，触发脉冲封锁。“运行允许”信号有高优先权，即在运行过程中，取消电平信号（低电平信号）导致电流总是变为零，使传动系统自由停车。

开关量输入口功能举例如下：

切断电源（OFF2）：当为“OFF2”（低电平信号）时，调节器立即封锁，电枢电流减小，$I = 0$ 时，主接触器断开，传动系统自由停车。

快停（OFF3）：快停时（低电平信号），转速调节器输入端的转速给定值置零，传动系统以电流极限值进行制动。$n < n_{min}$ 时，经等待制动控制延时后，电流减至零，主接触器断开。

点动：当端子 37 为低电平，端子 38 为高电平，且为点动工作模式时，点动功能有效。在点动工作模式下，主接触器合闸，传动系统加速到按参数设定的点动给定值。点动信号取消后传动系统制动到 $n < n_{min}$，然后调节器封锁，再经一段可参数设定的延时（0～60s）主接触器断开。

④ 开关量输出口。开关量输出端子（发射极开路）具有可选择信号功能，每个端子都可输出任何一个与选择参数相对应的开关量连接器值，输出信号的极性及延时值（0～15s）由参数设定。

开关量输出口功能举例如下：

a）故障：出现故障信号时输出低电平信号。

b）警告：有警告时输出低电平信号。

c）$n<n_{\min}$：转速低于$n_{\min}$时输出高电平信号。此信号可作为零转速信号使用。

d）抱闸动作指令：该信号可控制电动机抱闸。当传动系统通过“启动”功能接通电源，并且“运行允许”时输出高电平信号用于打开抱闸，此时内部调节器的打开要经过参数设定的一段延时。当传动系统通过“停止”功能停车或“急停”，在转速达到$n<n_{\min}$时，输出低电平信号，以使抱闸闭合。同时内部调节器仍保持放开由参数设定的一段时间（等待机械抱闸闭合的时间）。然后，电流$I=0$，封锁触发脉冲，主接触器断开。

7）安全停车（E-STOP）。E-STOP 功能使控制主接触器的继电器触点（端子 109/110）在约 15ms 时间内断开，而与半导体器件和微处理器（主电子板）的功能状态无关。当主电子板工作正常时，经由调节系统在$I=0$时输出命令使主接触器在电流为零时断开，启动 E-STOP 后传动装置自由停车。下列几种方法可用于使 E-STOP 功能激活：

① 开关操作。接在端子 105/106 之间的开关断开使 E-STOP 功能激活。

② 按钮操作。接在端子 106/107 之间的常闭触点断开使 E-STOP 功能激活，并带停车保持。接于端子 106/108 之间的常开触点闭合使该功能复位。

8）串行接口

① 下列串行接口可供使用。PMU 上 X300 接头是一个串行接口，此接口按 RS232 或 RS485 标准执行 USS 协议，可用于连接选件操作面板 OP1S 或通过 PC 的 Drive Monitor。

在主电子板及端子扩展板端子上的串行接口，RS485 双芯线或 4 芯线用于 USS 通信协议或装置对装置连接。

② 串行接口的物理特性。

a）RS232：±12V 接口，用于点对点连接。

b）RS485：5V 推挽接口，具有抗干扰性，此外，还用于与最多 31 台装置的总线连接。

③ USS 通信协议。USS 通信协议是西门子公司制定的一种通信协议，也可用于非西门子系统。例如，PC 上进行编程处理，或使用任意主站连接。传动装置在运行时作为一个主站的从站。通过使用从站编码选取传动装置。通过 USS 通信协议可以进行用于参数读写的 PKW（参数识别值）数据及 PZD 数据（过程数据）如控制字、给定值、状态字、实际值的交换。发送的数据（实际值）通过输入的连接器号在参数中找出，接收的数据（给定值）以连接器号表示，在任意一个结合点都有效。

④ 装置对装置通信协议。通过装置对装置协议使装置与装置耦合。在这种工作方式下，通过一个串行接口进行装置间的数据交换，如建立给定值链。把串行接口作为 4 芯导线使用，即可以从前一个装置中接收数据并加以处理（例如通过乘法求值），然后再送到下一个装置，只有一个串行接口可用于这样的目的。

串行接口可同时工作，这样可通过第一个串行接口连接自动化系统（USS 协议），用于控制、诊断和给定主给定值。第二个串行接口通过装置对装量协议实现一个给定值链的功能。

9）电动机接口

① 电动机温度的监控。可以选择连接热敏电阻（PTC）或线性温度传感器（KTY84-130）。为此，可以使用基本装置电子板上的一个输入及选件端子扩展板上的一个输入。当选用热敏电阻时输出警告信号或故障信号可通过参数设定。当选用 KTY84-130 时，可输入警告或分断的阈值。极限值的输入和显示单位为℃。

② 电刷长度监控。通过电位隔离的微型开关监控电刷长度，这样，总是处理最短的电刷。如果电刷磨损严重，那么微型开关触点打开，这时，警告信号或故障信号可通过参数设定输出，通过选件端子扩展板上的可设置开关量输入口进行信号处理。

③ 电动机通风机的冷风流量监控。可在电动机气流通道中装一个风压继电器，当其动作时输出警告或故障信号，通过选件端子扩展板的可设置开关量输入口进行信号处理。

（4）控制和调节部分　典型接线的 CUD1 板框图如图 5-82 所示。

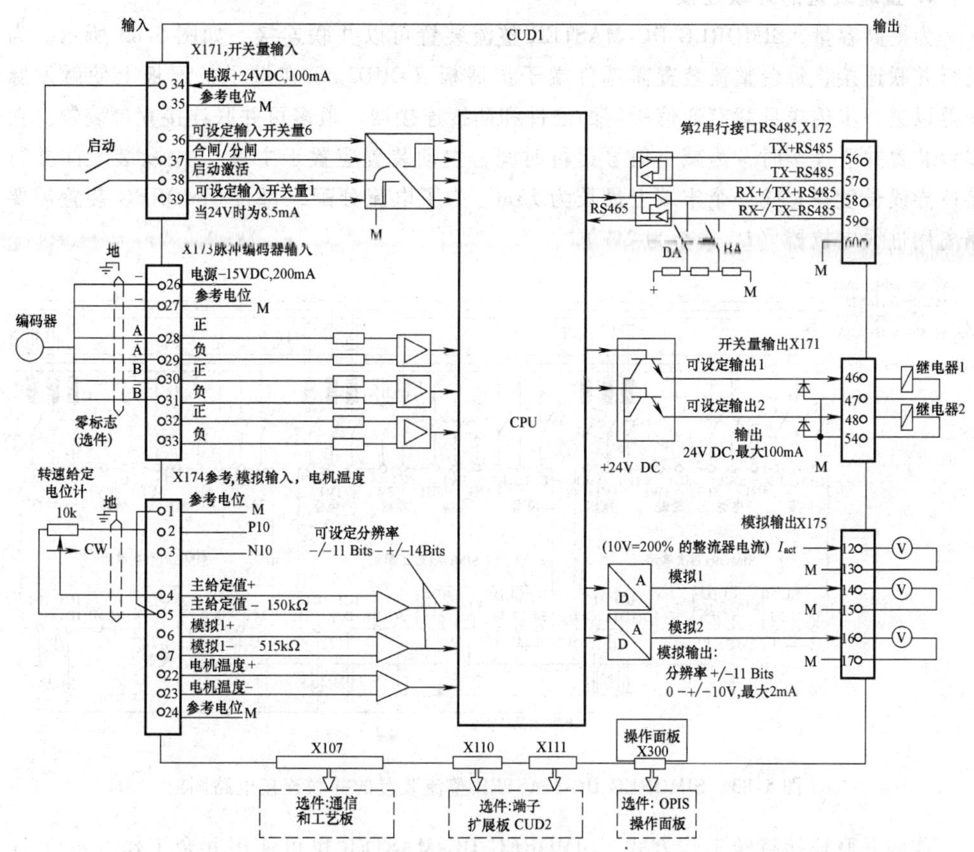


图 5-82　典型接线的 CUD1 板框图

### 5.5.3 全数字直流调速装置 SIMOREG 6RA70 装置的识读

**1. 动态过载能力的要求**

在运行过程中装置电流可以超过铭牌标出的额定直流电流值（允许的最大持续直流电流）。过载电流的绝对值上限为 1.8 倍的额定直流电流。最大允许过载时间不仅与过载电流的时间曲线有关，而且还与上一次的负载情况有关，并且每台装置情况不同。每次过载必须先有欠载时期（负载电流小于额定直流电流），最大允许的过载时间过后，负载电流至少要减到小于额定直流电流。通过监控功率部分的发热情况（$I^2t$ 监控）可以控制动态过载电流的持续时间，$I^2t$ 监控由过载电流实际值的时间曲线计算出晶闸管等效结温时间曲线。该曲线与环境温度有关，每台装置本身的特性（加热阻和时间常数）也考虑在内。在整流装置刚刚开始运行时是以起始值为基础计算，也即以上一次运行停止/电源故障的状态为基础计算。当算出的等效结温值超过了允许值时，$I^2t$ 监控动作。对此的反应有两种方式并可以由参数设定，一种方式为发出警告，使电枢电流的给定值减小到额定直流电流；另一种方式是装置发出故障信号，系统停止运行。

**2. 整流装置的并联连接**

为提高容量，SIMOREG DC-MASTER 整流装置可以并联连接，如图 5-83 所示。为进行并联连接，每台整流装置需选件端子扩展板（CUD2）。在端子扩展板上使触发脉冲得以进一步传送且载有通信所需的硬件和插接连接器。最多可并联连接 6 台装置。在多台装置并联连接时，为减小信号运行时间，主动装置应置于中央。主-从装置间并行接口导线长度在总线一个末端上最长为 15m。为了电流分配，每台 SIMOREG 装置需要隔离用进线电抗器（$U_k$ 最小为 2%）。

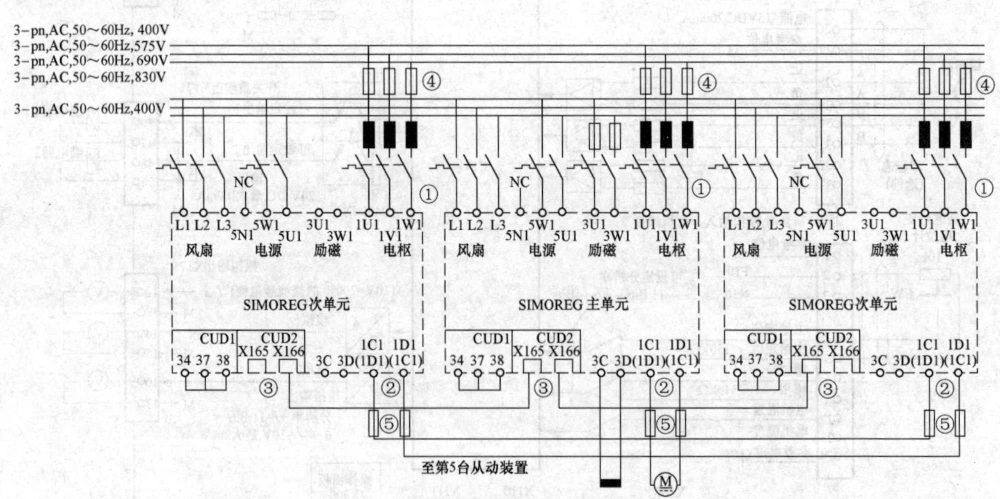


图 5-83 SIMOREG DC-MASTER 整流装置的并联连接电路图

作为并联连接特殊工作方式，SIMOREG DC-MASTER 也可使用冗余工作（$n+1$ 工作方式）。在这种工作方式下，当一台装置发生故障（如功率部分熔断器烧断）时，其余 SIMOREG 装置仍照常运行。

**3. 用于12脉动运行**

在12脉动运行时，两台 SIMOREG 装置的电压有30°的相位差，这将导致高次谐波的减弱，每个 SIMOREG 装置都承受总电流的1/2。其中一个 SIMOREG 装置工作在转速调节，而另外一个工作在电流调节。经装置对装置连接由第一个 SIMOREG 装置向第二个 SIMOREG 装置施加电流给定值。12脉动运行要求直流电路内设有平波电抗器。

**4. 用于给大电感供电**

为了给大电感供电，如大型直流电动机或同步电动机的励磁或起重电磁铁，触发装置经过参数设置被转换成宽脉冲。在大电感时，宽脉冲使晶闸管能可靠地触发，并且装置的电枢回路不向直流电动机的电枢供电，而是向大电感磁场绕组供电。

**5. 凝露保护**

在湿度等级 F，SIMOREG 装置不出现凝露。

**6. 按 EMC 规则安装传动装置**

（1）EMC 基础　EMC 代表“电磁兼容性”，定义为一台装置在电磁环境中不产生令其他电气设备不可接受的电磁干扰的情况下，具备令人满意的工作能力，即不同装置不应相互干扰。

EMC 决定于相关装置的两个特性：干扰发射与抗扰度。电气设备既可以是干扰源（发射机），也可以是干扰接收装置（接收机），一个装置也可能同时是干扰源和干扰接收装置。例如，一个整流装置的功率部分可以看作是干扰源，而控制部分可看做是干扰接收装置。对于传动装置，增强敏感部件的抗干扰能力比采用抑制干扰源的方法更为经济有效。所以，这种经济有效的方法常被选择使用。

（2）按 EMC 规则安装传动装置　由于传动装置可能用于不同环境，并且使用的电气元件（控制元件、开关电源等）在干扰抑制与干扰发射上存在较大的区别，所有的安装指导都应以实际情况为基础。为了在恶劣的电气环境中保证柜内的电磁兼容性，并满足相关规定中的相应标准，在设计、制造、使用传动柜的过程中，必须遵守下述的 EMC 规则。规则1~10普遍有效，规则11~15为可选执行，以满足干扰发射标准。

规则1：柜体的所有金属部件彼此之间必须利用最大可能的表面电气连接（无漆层）。如需要的话，使用接触垫或爪垫。柜门与柜体间应用接地金属链连接（上、中、下），连接链尽可能短些。

规则2：在柜体内或相邻柜内的接触器、继电器、阀、电磁计数器等应配有抑制单元，如 RC 元件、压敏电阻、二极管等。这些元件应直接与线圈连接。

规则3：如可能的话，进入柜内的信号电缆应为同一电压等级。

规则4：为防止耦合干扰，属于同一电路的非屏蔽电缆（输入与输出导体）应铰接，或进、出导体间距应尽可能小些。

规则5：将备用导线两端连接到柜体地（大地），可以起到附加的屏蔽作用。

规则6：减少电缆/导体的无用长度，可降低耦合电容和电感。

规则7：电缆布线接近柜体接地件时相互干扰较小。因此，不应在柜内随意布线，而应尽可能靠近柜壳和安装板，对备用导线也应如此。

规则8：功率电缆与信号电缆应分开布线（以避免耦合干扰），其间应保持最少20cm的间距。如电动机电缆与编码器电缆在空间上无法分开时，编码器电缆应使用金属隔离物或置于金属管道内。在其走线长度内，金属隔离物或管道应多次接地。

规则9：数字信号电缆的屏蔽层必须用尽可能大的表面双端接地（信导源与信号接收侧）。如果屏蔽层间的电势差较大，为了减少屏蔽电流，应使用截面不小于$10mm^2$的与屏蔽平行的补偿电缆。屏蔽层可在柜体上多点连接（接地），即使在柜体外，屏蔽层也可以多点接地。箔屏蔽层在屏蔽效果上不如金属网屏蔽层，效果至少相差5倍。

规则10：如果等电位连接良好（即使用了最大可用表面），模拟信号电缆的屏蔽层可以双端接地。如果所有的金属部件连接良好，并且所有相关的电气元件使用同一电源，即可认为等电位连接良好。屏蔽层单端接地可防止由耦合引起的低频容性干扰（如50Hz交流声）。屏蔽连接应在柜内，屏蔽线可用于连接屏蔽层。

规则11：将无线电干扰抑制滤波器安装在干扰源近处，滤波器必须用最大可用表面安装在柜体或安装板上。输入输出电缆必须空间上隔离。

规则12：无线电干扰抑制滤波器用于维持A1级极限值。其他负载必须安装在滤波器前边（电源侧）。是否需要安装一台附加的进线电抗器，取决于控制方式和柜内其他布线形式。

规则13：励磁供电电路中应加进线电抗器。

规则14：整流装置电枢电路中应加进线电抗器。

规则15：对于SIMOREG传动装置，电动机电缆可以不加屏蔽。电源电缆必须与电动机电缆（励磁、电枢）之间保持至少20cm的距离。如果需要的话，使用金属隔离物。

# 第6章　现代机床中交流变频调速系统控制电路的识读分析

## 6.1　交流调速概述

所谓交流调速系统，就是以交流电动机作为一种“电能→机械能”的转换装置，并通过对电能的控制来产生所需的转矩和转速。交流电动机与直流电动机的最大不同之处就在于交流电动机没有直流电动机的机械换向器——整流子。

在19世纪80年代以前，由于直流电动机转矩容易控制，直流电动机作为调速电动机的代表一直广泛应用于工业生产中。直到19世纪末，人们发明了交流电，解决了三相交流电的输送与分配问题，加之又制成了经济实用的交流笼型异步电动机，这就使交流电动机在工业中逐步得到了广泛的应用。但是随着生产技术的发展，对电动机在起制动、正反转以及调速精度、调速范围等静态特性与动态响应方面又提出了新的、更高的要求。而交流电动机比直流电动机在控制技术上更难以实现这些要求，所以20世纪前半叶，在可逆、可调速与高精度的拖动技术领域中，几乎都是采用直流调速技术。

虽然直流调速系统的理论和实践应用都已经比较成熟，但是由于直流电动机的单机容量、最高电压、最高转速以及过载能力等受机械换向的约束，限制了直流调速系统的进一步发展，促使人们开始寻求用交流电动机代替直流电动机的调速方案，研究没有换向器的交流调速系统。交流电动机的主要优点是：没有电刷和换向器，结构简单，运行可靠，使用寿命长，维护方便，价格比相同容量的直流电动机低。早在20世纪30年代就有人提出用交流调速代替直流调速的理论，但是直到20世纪60年代，随着电力电子技术的发展，采用电力电子变换器的交流调速系统才得以实现。1971年，F. Blaschke提出了交流电动机矢量控制原理，使交流传动技术从理论上解决了交流电动机转矩控制的问题，其控制特点与直流电动机一样。但是矢量控制理论的提出只解决了交流传动控制理论上的问题，而要实现矢量控制技术相当麻烦。直到全控型大功率电力电子器件、大规模集成电路和计算机控制技术出现后，才可以用软件来实现矢量控制算法，使硬件电路规范化，从而降低了成本，提高了控制系统的可靠性，因此高性能的交流调速系统也应运而生。由此可见，电力电子技术和计算机控制技术的发展给交流调速系统的发展奠定了物质基础，是推动交流调速系统不断发展的动力。

交流电动机主要有异步电动机（感应电动机）和同步电动机两大类。交流电动机的转矩参数表达式、机械特性实用公式、转速公式分别为

$$T=\frac{P_{em}}{\Omega_1}=\frac{m_1 I'^2_2 r'_2/s}{\Omega_1}=\frac{m_1 p U_1^2 r_2/s}{2\pi f_1\left[\left(r_1+r'_2/s\right)^2+\left(x'_{1\sigma}+x'_{2\sigma}\right)^2\right]}$$

$$\frac{T}{T_m}=\frac{2}{\frac{s}{s_m}+\frac{s_m}{s}}$$

$$n=n_1(1-s)=\frac{60f_1}{P}(1-s) \tag{6-1}$$

可以看出，异步电动机的调速方法可以分成三类：改变定子绕组的磁极对数 $P$；改变电源频率 $f_1$；改变电动机的转差率 $s$。其中改变转差率又可以通过调定子电压、转子电阻等方法来实现。同步电动机的调速可以通过改变供电频率，从而改变同步转速的方法来实现。这样电动机就有很多种不同的调速方式。而现代交流变频调速是近代新兴起来的高科技。

变频调速是通过改变交流异步电动机的供电频率进行调速的。由于变频调速具有性能良好、调速范围大、稳定性好、运行效率高等特点，特别是采用通用变频器对笼形异步电动机进行调速控制，使用方便，可靠性高，经济效益显著，所以交流电动机变频调速技术的应用已经扩展到了机床等工业生产的所有领域，并且在空调、电冰箱、洗衣机等家电产品中得到了更加广泛的应用。

**1. 变频器及其分类**

变频器是利用电力半导体器件的通断作用将工频电源变换为另一频率的电能控制装置。变频器的作用和调速特性如图 6-1、图 6-2 所示。

图 6-1 变频器的作用

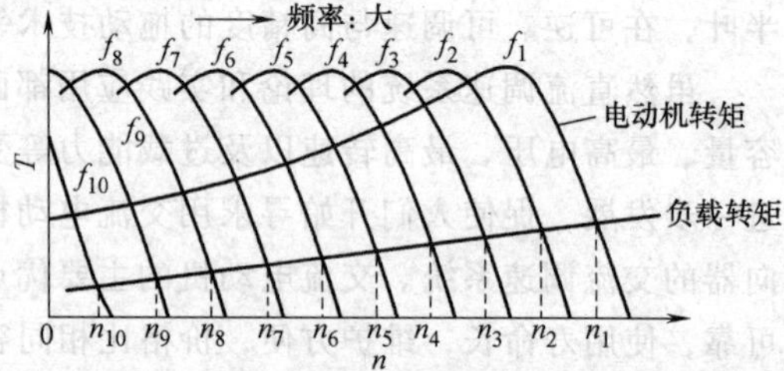


图 6-2 异步电动机的频率-速度特性

变频器的种类很多，分类方法也有多种，常见的分类方式见表 6-1。

**表 6-1 变频器的分类**

| 分类方式 | 种类 | 分类方式 | 种类 |
|---|---|---|---|
| 按其供电电压分 | 低压变频器（110V，220V，380V）<br>中压变频器（500V，660V，1140V）<br>高压变频器（3kV，3.3kV，6kV，6.6kV，10kV） | 按直流电源的性质分<br><br>按变换环节分 | 电流型变频器<br>电压型变频器<br><br>交-直-交变频器<br>交-交变频器 |
| 按供电电源的相数分 | 单相输入变频器<br>三相输入变频器 | 按输出电压调制方式分 | PAM（脉幅调制）控制变频器<br>PWM（脉宽调制）控制变频器 |

（续）

| 分类方式 | 种　类 | 分类方式 | 种　类 |
|---|---|---|---|
| 按控制方式分 | U/f 控制变频器<br>转差频率控制变频器<br>矢量控制变频器 | 按主开关器件分 | IGBT 变频器<br>GTO 变频器<br>GTR 变频器 |
| 按输出功率大小分 | 小功率变频器<br>中功率变频器<br>大功率变频器 | 按机壳外形分 | 塑壳变频器<br>铁壳变频器<br>柜式变频器 |
| 按用途分 | 通用变频器<br>高性能专用变频器<br>高频变频器 | 按其商标所有权分 | 大陆变频器<br>台湾变频器<br>进口变频器 |

**2. 通用变频器的基本结构**

目前，通用变频器的变换环节大多采用交-直-交变压变频方式。

交-直-交变压变频器是先将工频交流电源通过整流器变换成直流电，再通过逆变器变换成可控频率和电压的交流电，其基本构成如图6-3、图 6-4 所示。由于这类变压变频器在恒频交流电源和变频交流输出之间有一个“中间直流环节”，所以又称间接式变压变频器。

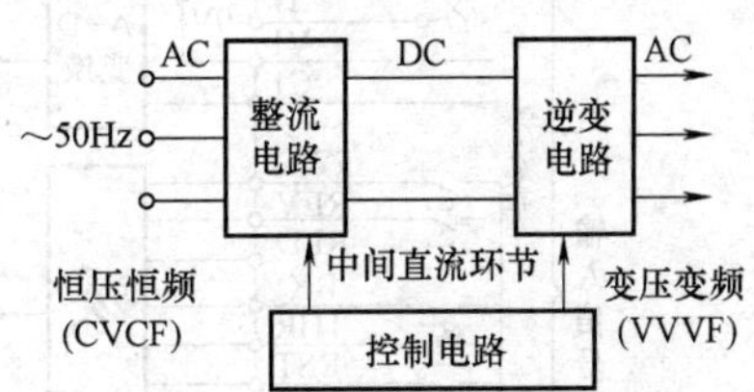


图 6-3　交-直-交变频器的基本构成

（1）变频器的主电路　交-直-交变频器的主电路如图 6-5 所示，各部分的作用见表 6-2。

**表 6-2　交-直-交变频器主电路元件的作用**

| 整流电路部分：将频率固定的三相交流电变换成直流电 | | | | |
|---|---|---|---|---|
| 元件 | 三相整流桥 VD1 ~ VD6 | 滤波电容器 $C_F$ | 限流电阻 $R_L$ 与开关 S | 电源指示灯 HL |
| 作用 | 将交流电变换成脉动直流电。若电源线电压为 $U_L$，则整流后的平均电压 $U_D = 1.35U_L$ | 滤平桥式整流后的电压纹波，保持直流电压平稳 | 接通电源时，将电容器 $C_F$ 的充电冲击电流限制在允许的范围内，以保护整流桥，而当 $C_F$ 充电到一定程度时，令开关 S 接通，将 $R_L$ 短路。在有些变频器里面，S 由晶闸管代替 | HL 除了表示电源是否接通外，另一个功能是变频器切断电源后，指示电容器 $C_F$ 上的电荷是否已经释放完毕。在维修变频器时，必须等 HL 完全熄灭后才能接触变频器的内部带电部分，以保证安全 |
| 元件 | 三相逆变桥 V1 ~ V6 | 续流二极管 VD7 ~ VD12 | 缓冲电路 $R_{01}$ ~ $R_{06}$、VD01 ~ VD06、$C_{01}$ ~ $C_{06}$ | 制动电阻 $R_B$ 和制动三极管 VB |
| 逆变电路部分：将直流电逆变成频率、幅值都可调的交流电 | | | | |
| 作用 | 通过逆变管 V1 ~ V6 按一定规律轮流导通或截止，将直流电逆变成频率、幅值都可调的三相交流电 | 在换相过程中为电流提供通路 | 限制过高的电流和电压，保护逆变管免遭损坏 | 当电动机减速、变频器输出频率下降过快时，消耗因电动机处于再生发电制动状态而回馈到直流电路中的能量，以避免变频器本身的过电压保护电路动作而切断变频器的正常输出 |

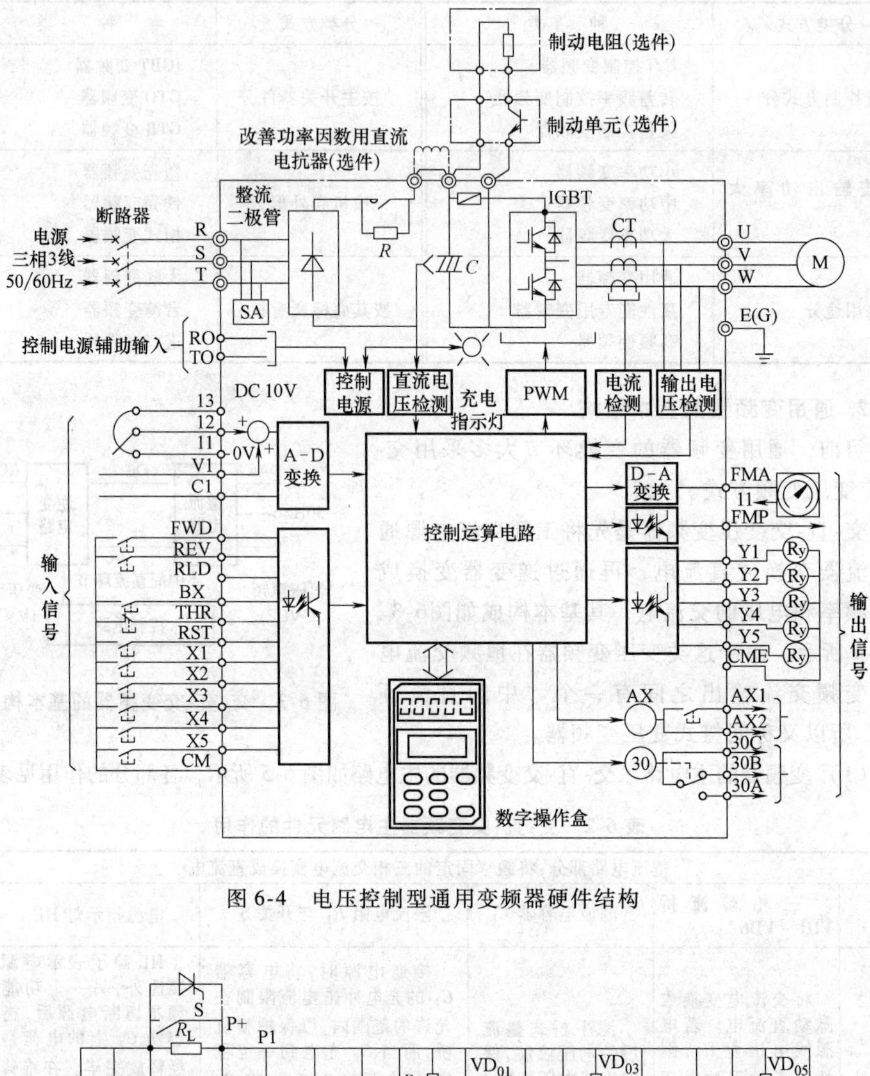

图 6-4　电压控制型通用变频器硬件结构

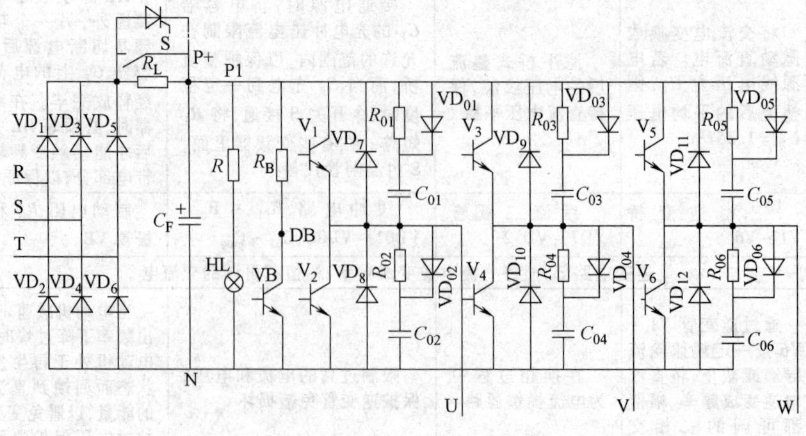


图 6-5　交-直-交变频器的主电路

(2) 变频器的控制电路　变频器的控制电路为主电路提供控制信号，其主要任务是完成对逆变器开关元件的开关控制和提供多种保护功能。控制方式有模拟控制和数字控制两种。

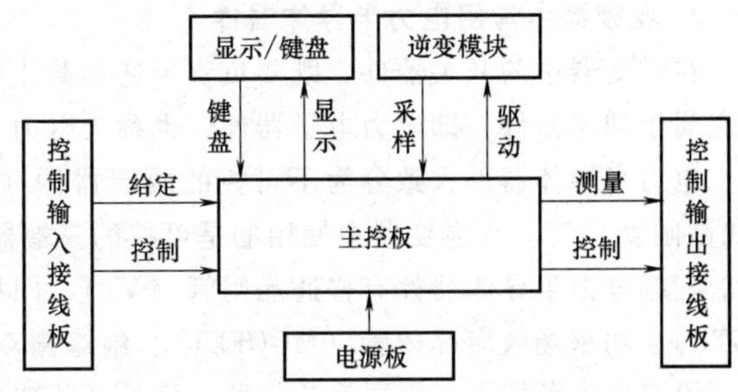


图 6-6　通用变频器控制电路的控制框图

通用变频器控制电路的控制框图如图 6-6 所示，主要由主控板、键盘与显示板、电源板与驱动板、外接控制电路等构成。各部分的功能见表 6-3。

**表 6-3　控制电路各部分的功能**

| 部件 | 功　能 |
|---|---|
| 主控板 | 主控板是变频器运行的控制中心，其核心器件是微控制器（单片微机）或数字信号处理器（DSP），其主要功能有：<br>(1)接受并处理从键盘、外部控制电路输入的各种信号，如修改参数、正反转指令等<br>(2)接受并处理内部的各种采样信号，如主电路中电压与电流的采样信号、各部分温度的采样信号、各逆变管工作状态的采样信号等<br>(3)向外电路发出控制信号及显示信号，如正常运行信号、频率到达信号等，一旦发现异常情况，立刻发出保护指令进行保护或停车，并输出故障信号<br>(4)完成 SPW M 调制，将接受的各种信号进行判断和综合运算，产生相应的 SPW M 调制指令，并分配给各逆变管的驱动电梯<br>(5)向显示板和显示屏发出各种显示信号 |
| 键盘与显示板 | 键盘与显示板总是组合在一起，键盘向主控板发出各种信号或指令，主要用于向变频器发出运行控制指令或修改运行数据等<br>显示板将主控板提供的各种数据进行显示，大部分变频器配置了液晶或数码显示屏，还有 RUN（运行）、STOP（停止）、FWD（正转）、REV（反转）、FLT（故障）等状态指示灯和单位指示灯，如 Hz、A、V 等。可以完成以下指示功能：<br>(1)在运行监视模式下，显示各种运行数据，如频率、电压、电流等<br>(2)在参数模式下，显示功能码和数据码<br>(3)在故障状态下，显示故障原因代码 |
| 电源板与驱动板 | 变频器的内部电源普遍使用开关稳压电源，电源板主要提供以下直流电源：<br>(1)主控板电源。具有极好的稳定性和抗干扰能力的一组直流电源<br>(2)驱动电源。逆变电路中上桥臂的 3 只逆变管驱动电路的电源是相互隔离的 3 组独立电源，下桥臂 3 只逆变管驱动电源则可共“地”，但驱动电源与主控板电源必须可靠绝缘<br>(3)外控电源。为变频器外电路提供的稳恒直流电源<br>中小功率变频器的驱动电路往往与电源电路在同一块电路板上，驱动电路接受主控板发来的 SPW M 调制信号，再进行光电隔离，放大后驱动逆变管的开关工作 |
| 外接控制电路 | 外接电路可实现由电位器、主令电器、继电器及其他自控设备对变频器的运行控制，并输出其运行状态、故障报警、运行数据信号等，一般包括：外部给定电路、外接输入控制电路、外接输出电路、报警输出电路等<br>大多数中小容量通用变频器中，外接控制电路往往与主控电路设计在同一电路板上，以减小其整机的体积，提高电路的可靠性，降低生产成本 |

**3. 变频器中常用电力半导体器件**

在逆变器中的开关器件，既要负责导通和截止电路，又要承受电力功率的传递，因此它属于功率器件，即电力电子器件，也称为电力半导体器件。

电力半导体器件大致分为不可控的两端器件（如整流二极管）和可控的三端器件（如晶闸管）等。在逆变器中使用的是可控的三端器件。

三端电力半导体器件有普通晶闸管（VT）、门极关断晶闸管（GTO）、电力晶体管（GTR）、功率场效应晶体管（MOOFET）、绝缘栅双极晶体管（IGBT）等几类。普通晶闸管没有自关断能力，需要换流电路，而且开关速度低；门极关断晶闸管具备自关断能力，但开关速度同样很低，因此都不适合作为脉宽调制逆变器的开关器件。这里主要介绍的是电力晶体管、功率场效应晶体管以及绝缘栅双极晶体管。

（1）电力晶体管 GTR　电力晶体管的代号 GTR 是英文 Giant Transistor 的缩写，直译的意思是巨型晶体管，它也叫作大功率晶体管。在半导体术语里，把电子和空穴两种载流子中只有一种参与导电的器件称为单极型器件，两种都参与导电的器件称为双极型器件，而部分区域是单极型，部分区域是双极型的器件就称为混合型器件。GTR 是双极型器件，因此，它另外有一个名称叫作双极晶体管，英文缩写是 BJT。

图 6-7a 所示是 GTR 的结构，它是一种放大器件。它的结构特征与普通 NPN 型晶体管近似，具有三种基本的工作状态：放大状态、饱和状态和截止状态。基极需要持续通入电流才能维持导通，截断基极电流就能够关断它。在逆变电路中，GTR 用作开关器件。由于两种载流子同时参与导电，它的最大耐压可达 1400V，导通电流可达 800A。双极型器件通常由电流驱动，因此驱动功率比较大。由于电荷的过剩存储作用，因此开关速度不高。GTR 的开关时间大约为数十到数百个微秒，极限开关频率在 10kHz 上下，平均开关频率则要低得多，因此它并不是一种太理想的开关器件。由于载波频率比较低，所以目前在脉宽调制逆变器中已经基本被淘汰了。

选择 GTR 的方法是：

1）开路阻断电压 $U_{CEO}$ 的选择。$U_{CEO}$ 通常按电源线电压峰值的 2 倍来选择，即

$$U_{CEO} \geqslant 2\sqrt{2}U_L$$

2）集电极最大持续电流 $I_{CM}$ 的选择。$I_{CM}$ 通常按输出交流线电流峰值的 2.25 倍来选择，即

$$I_{CM} \geqslant 2.25\sqrt{2}I_N$$

（2）半导体场效应晶体管（MOSFET）　功率场效应晶体管的英文直译是金属氧化物半导体场效应晶体管，缩写为 MOSFET。它是一种单极型器件，其结构如图 6-7b 所示。MOSFET 也是 NPN 结构，但它的控制极不从 P 区直接引出，而是通过一个绝缘的栅极引出，当栅极加上正向电压时，由于电容效应，会在 P 区靠近栅极的表面形成耗尽层，积累多余负电荷而形成 N 型区域，这个区域称为 N 沟道。在两个 N 区之间通过 N 沟道有电流流过，电流从 P 区经过时产生类似基极电流的作用而使器件导通。要使器件关断，需要在栅极施加反向电压。

MOSFET 的栅极利用结电容工作，属于电压驱动方式，驱动功率小并且没有电荷存

储效应，因此开关速度很高。MOSFET 的开关时间大约为几个到几十个微秒，极限开关频率可以达到数百千赫兹，平均开关频率可达到数十千赫兹，是一种理想的开关器件。另一方面，作为单极型器件，只有多数载流子参与导电，正向压降大，因此导通损耗比较大，使导通电流受到限制。MOSFET 的最大耐压大约为 1000V，导通电流为 100 ~ 200A，输出功率比较小。使用 MOSFET 的脉宽调制变频器只能做成小功率。

（3）绝缘栅双极晶体管（IGBT）　绝缘栅双极晶体管的代号 IGBT 是英文 Isoloted Gate Bipolar Transistor 的缩写，它是 MOSFET 和 IGBT 相结合的产物，其主体部分与 IGBT 相同，直译为绝缘门极双极晶体管，它是一种混合型器件。

IGBT 的结构如图 6-7c 所示，它的源极和漏极都连接在 P 型区，基本结构是一个 PNP 型的电力晶体管，因此，它具有电力晶体管电流大、正向压降小、导通损耗小的特征。目前 IGBT 已经能够达到甚至超过 GTR 的耐压和电流容量。

在源极和栅极间，扩散有 N 型区，它与源极 P 型区和中间的 N 型区共同构成了一个 PNP 型的场效应晶体管结构，当场效应管导通时，其导通电流通过中间 N 型区，为 PNP 电力晶体管提供了基极电流而使整个器件导通。

IGBT 的等效原理如图 6-7d 所示，场效应管构成前级放大，它起到为电力晶体管提供放大基极电流和加速导通关断的作用，因此，器件的整体驱动功率和开关速度接近于 MOSFET 的水平，使 IGBT 的平均开关频率能够达到 20kHz 左右。

IGBT 融合了 GTR 和 MOSFET 的优点，容量和开关频率都适合作为通用变频器的开关器件。正是 IGBT 器件的良好性能促成了通用变频器的大力发展，目前的通用变频器被称为中、小容量通用变频器，均是以 IGBT 作为开关器件的。

电力电子技术还在继续发展，耐压更高、电流更大、开关频率更快的器件还会不断地被研制出来，为变频器研制提供更好的器件选择。另外，随着应用规模的扩大和制造技术的提高，器件的生产成本会继续降低，从而为变频器提供更好的器件性价比，更有利于变频调速的推广应用。

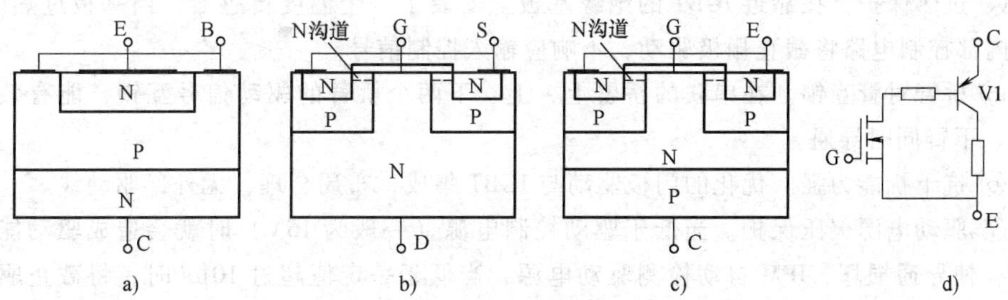


图 6-7　几种电力半导体结构示意图

a）GTR　b）MOSFET　c）IGBT　d）IGBT 等效原理

（4）智能电力模块器件和用户专用智能电力模块器件

1）智能电力模块。智能电力模块（Intelligent Power Module，IPM）不仅把功率开关器件和驱动电路集成在一起，而且还内嵌有过电压、过电流和过热等故障检测电路，并可将检测信号送到 CPU。它由高速低功耗的管芯和优化的门极驱动电路以及快速保护电路构成。即使发生负载事故或使用不当，IPM 也可以自保不受损坏。IPM 一般使用 IGBT 作为功率开关元件，并内嵌有电流传感器及驱动电路的集成结构。IPM 因其高可靠性和使用方便赢得越来越大的市场，尤其适合于驱动电动机的变频器和各种逆变电源，是变频调速、冶金机械、电力牵引、伺服进给、变频家电等广泛使用的、一种非常理想的电力电子器件。图 6-8 给出了 IPM 的等效电路。

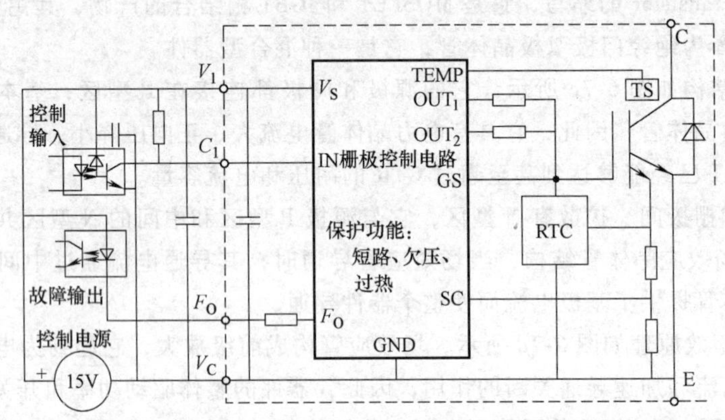


图 6-8 IPM 的等效电路

IPM 具有以下优点：

① 开关速度快。IPM 内的 IGBT 芯片都选用高速型，而且驱动电路紧靠 IGBT 芯片，驱动延时小，所以 IPM 开关速度快，损耗小。

② 低功耗。IPM 内部的 IGBT 导通压降低，开关速度快，故 IPM 功耗小。

③ 快速的过流保护。IPM 实时检测 IGBT 电流，当发生严重过载或直接短路时，IGBT 将被软关断，同时送出一个故障信号。

④ 过热保护。在靠近 IGBT 的绝缘基板上安装了一个温度传感器，当基板过热时，IPM 内部控制电路将截止栅极驱动，不响应输入控制信号。

⑤ 桥臂对管互锁。在串联的桥臂上，上、下两个桥臂的驱动信号互锁，能有效防止上、下臂同时导通。

⑥ 抗干扰能力强。优化的门极驱动与 IGBT 集成，布局合理，无外部驱动线。

⑦ 驱动电源欠压保护。当低于驱动控制电源（一般为 15V）时就会造成驱动能力不够，使导通损坏，IPM 自动检测驱动电源，当低于一定值超过 10μs 时，将截止驱动信号。

⑧ IPM 内嵌相关的外围电路。这样可以缩短开发时间，加快产品上市。

⑨ 无须采取防静电措施。

⑩ 大大减少了元件数目，体积相应小。

IPM 功放部分采用带电流检测的 IGBT 模块，可以检测电流异常，以进行保护，不需要另加检测器 CT，降低了成本。IPM 的每一个 IGBT 单元都设置有独立的驱动电路和多种保护，能够实现过流、过压、欠压及过热保护功能。只要保护电路正常工作，即使有控制信号输入，IPM 的驱动模块也被关断，并向 CPU 反馈故障信号，且必须重新复位方可再工作。

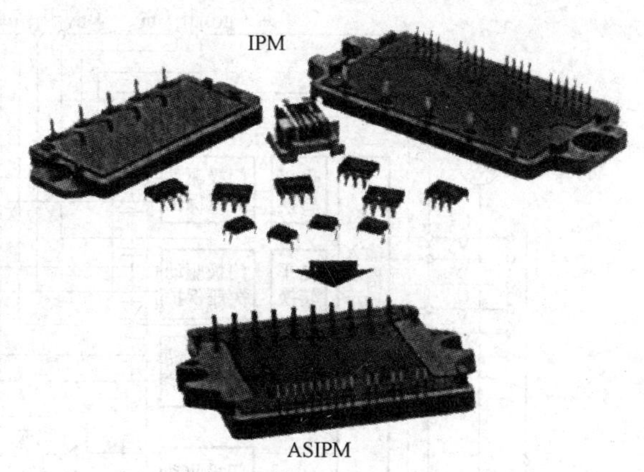

图 6-9　IPM 与 ASIPM 外观图

正是由于上述优点，IPM 深受用户欢迎，目前市场上出现的 IPM 模块有四种封装形式：单管封装、双管封装、六管封装和七管封装。图 6-9 是将六个开关器件封装在一起的 IPM 外观图。许多厂家都正在为提高 IPM 的额定电流值而努力，因此，有理由相信，随着电力半导体技术的迅猛发展，大容量的 IPM 必将不断出现并得到更广泛应用。

2）用户专用智能电力模块器件。(Application Specific Intelligent Power Module, ASIPM）是一种全新的智能电力模块，它的应用能够简化小型变频器的设计，在减小体积、降低成本的同时可大大提高变频器的性能。ASIPM 的外观图如图 6-9 所示，它集成了整流电路、制动电路、逆变电路、电流传感器、驱动和保护电路，其功能框图如图 6-10所示。

① 上臂 IGBT：驱动电路，高低压电平转换电路，实现单一电源供电的自举电路以及欠压保护电路。

② 下臂 IGBT：驱动电路，过电流、短路保护 IGBT 关断电路，控制电源欠压保护。

③ 故障信号输出：下臂 IGBT 短路保护时或下臂控制电源欠压保护时。

④ 电流检测：逆变器直流母线电流模拟量检测功能（检测下臂 IGBT 母线电流）。

⑤ 基板温度检测：内置检测基板温度的热敏电阻。

⑥ 输入接口电路：5V 系列 CMOS/TTL 电路，施密特触发接收电路，防止上、下臂同时输入导通信号的内部互锁电路。

ASIPM 由于各种电路已经处于同一封装之内，与分别组装时相比有体积小、可以节约装配时间等优点，因此可以降低变频器的成本。但是，ASIPM 的缺点是散热效率差，所以只能用于小电流的变频器。

(5) 碳化硅（SiC）半导体电力器件　在用新型半导体材料制成的电力器件中，最有希望的是碳化硅（SiC）电力器件。它的性能指标比砷化镓器件还要高一个数量级。SiC 与其他半导体材料相比，具有下列优异的物理特点：高的禁带宽度；高的饱和电子漂移速度；高的击穿强度；低的介电常数；以及高的热导率。上述这些优异的物理特性，决定了 SiC 在高温、高频率、高功率的应用场合下是极为理想的半导体材料。在同样的耐压和电流水平下，SiC 器件的漂移区电阻仅为硅器件的 1/200，即使高耐压的 SiC

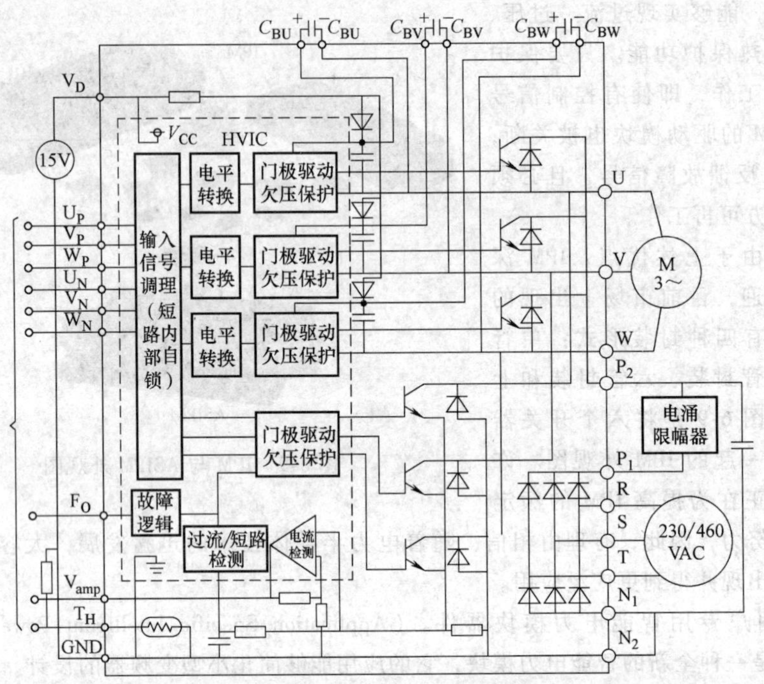


图 6-10 ASIPM 功能框图

$C_{BU}$±、$C_{BV}$±、$C_{BW}$±—上臂驱动电源端子 $U_P$、$V_P$、$V_P$、$U_N$、$V_N$、$W_N$—控制信号输入端子

$V_D$—驱动电源端子 $F_O$—故障输出端子 GND—接地端子 $V_{amp}$—下臂 IGBT 母线电流检测端子

$T_H$—温度检测端子 R、S、T—整流桥电源端子 U、V、W—逆变器输出端子 $P_1$—整流输出端子

$P_2$—逆变器电源端子 $N_1$—整流桥接地端子 $N_2$—逆变器接地端子

场效应管的导通压降，也比单极型、双极型硅器件的低得多。而且，SiC 器件的开关时间可达 10ns 量级，具有十分优越的 FBSOA。

SiC 可以用来制造射频和微波电力器件，各种高频整流器、MESFETs、MOSFETs 和 JFETs 等。SiC 高频电力器件已在 Motorola 开发成功，并应用于微波和射频装置。GE 公司正在开发 SiC 电力器件和高温器件（包括用于喷气式引擎的传感器）。西屋公司已经制造出了在 26GHz 频率下工作的甚高频的 MESFET。ABB 公司正在研制大功率、高电压的 SiC 整流器和其他 SiC 低频电力器件，用于工业和电力系统。

理论分析表明，SiC 电力器件非常接近于理想的电力器件。可以预见，各种 SiC 器件的研究与开发，必将成为电力器件研究领域的主要潮流之一。可是，SiC 材料和电力器件的机理、理论、制造工艺均有大量问题需要解决，它们要真正给电力电子技术领域带来又一次革命，估计还需要几年的时间。

(6) 复合模块 复合模块是一种将变频器主电路的整流电路、制动电路以及逆变电路封装在一起的器件。由于各种电路已经封装在一起，与分别组装时相比有体积小、可以节约装配时间等优点，因此可以降低变频器的成本。但是，复合模块的缺点是放热效率差。所以只能用于小电流的变频器。目前复合模块中的半导体开关器件基本上为 IGBT。图 6-11 给出了复合模块的等效电路。

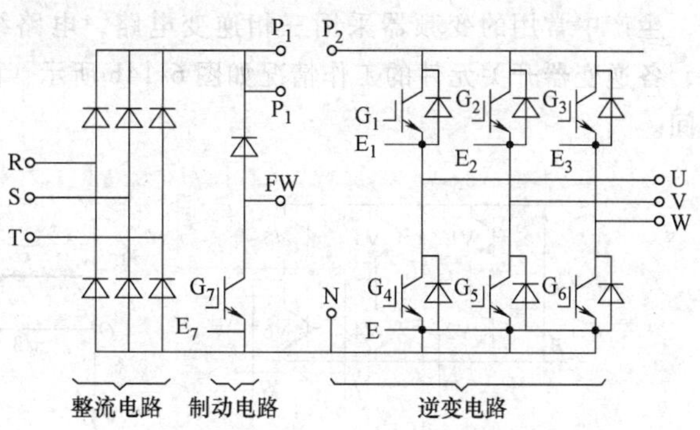


图 6-11　复合模块的等效电路

**4. 变频器的工作原理和主要功能**

（1）变频器的工作原理

1）逆变的基本工作原理。将直流电变换为交流电的过程称为逆变，完成逆变功能的装置叫逆变器，它是变频器的重要组成部分。电压型逆变器的工作原理可用如图 6-12a 所示开关的动作来说明。

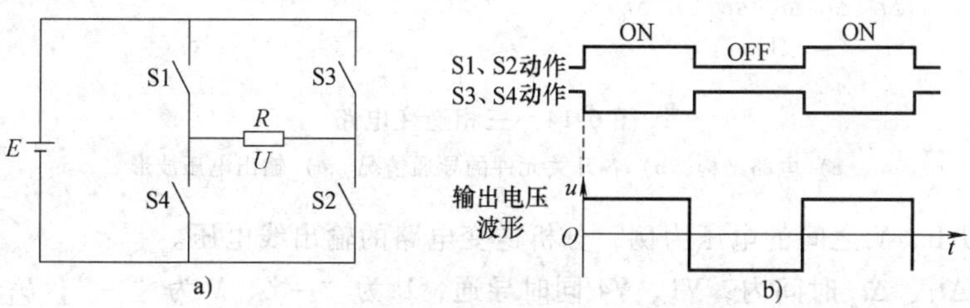


图 6-12　电压型逆变器的动作原理

当开关 S1、S2 与 S3、S4 轮流闭合和断开时，在负载上可得到波形如图 6-12b 所示的交流电压，即完成了直流电到交流电的逆变过程。用具有相同功能的逆变器开关元件取代机械开关，即得到单相逆变电路，电路结构和输出电压波形如图 6-13 所示。若改变逆变器开关元件的导通与截止时间，就可改变输出电压的频率，即完成了变频。

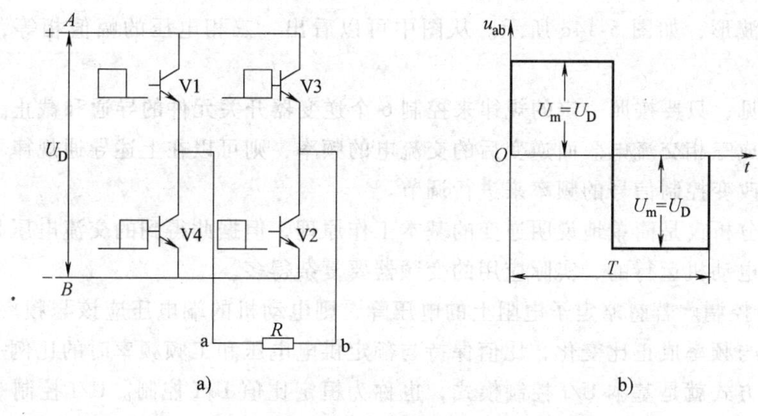


图 6-13　单相逆变电路

a）电路结构　b）输出电压波形

生产中常用的变频器采用三相逆变电路，电路结构如图 6-14a 所示。在每个周期中，各逆变器开关元件的工作情况如图 6-14b 所示，图中阴影部分表示各逆变管的导通时间。

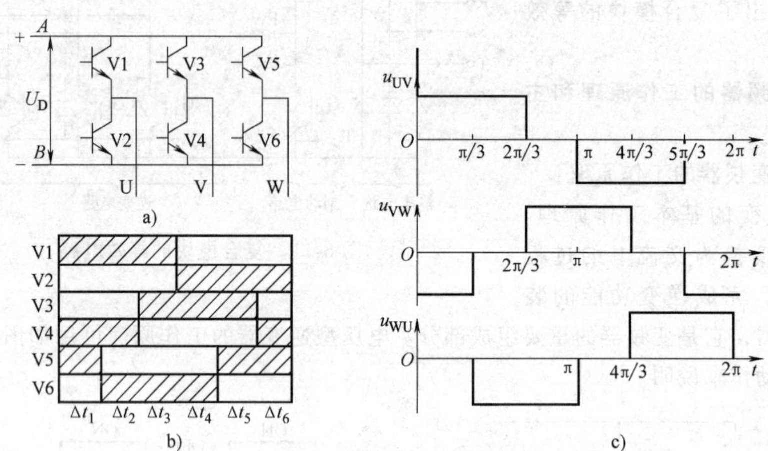


图 6-14　三相逆变电路

a）电路结构　b）各开关元件的导通情况　c）输出电压波形

下面以 U、V 之间的电压为例，分析逆变电路的输出线电压。

① 在 $\Delta t_1$、$\Delta t_2$ 时间内，V1、V4 同时导通，U 为“+”、V 为“-”，$U_{UV}$ 为“+”，且 $U_m = U_D$。

② 在 $\Delta t_3$ 时间内，V2、V4 均截止，$U_{UV}=0$。

③ 在 $\Delta t_4$、$\Delta t_5$ 时间内，V2、V3 同时导通，U 为“-”，V 为“+”，$U_{UV}$ 为“-”，且 $U_m = U_D$。

④ 在 $\Delta t_6$ 时间内，V1、V3 均截止，$U_{UV}=0$。

根据以上分析，可画出 U 与 V 之间的电压波形，同理可画出 V 与 W 之间、W 与 U 之间的电压波形，如图 6-14c 所示。从图中可以看出，三相电压的幅值相等，相位互差 120°。

由此可见，只要按照一定的规律来控制 6 个逆变器开关元件的导通和截止，就可把直流电逆变成三相交流电。而逆变后的交流电的频率，则可以在上述导通规律不变的前提下，通过改变控制信号的频率来进行调节。

上面的分析仅是简单地说明逆变的基本工作原理，但据此得到的交流电压是不能直接用于控制电动机运行的，实际应用的变频器要复杂得多。

2）U/f 控制。若忽略定子电阻上的电压降，则电动机的端电压应该与频率成正比。如果令电压与频率成正比变化，比值保持与额定供电电压和工频频率时的比例一致，那么这种控制方式就是基本 U/f 控制模式，也称为恒定比值 U/f 控制。U/f 控制是在改变变频器输出电压频率的同时改变输出电压的幅值，以维持电动机磁通基本稳定，从而在较宽的调速范围内，使电动机的效率、功率因数不下降。U/f 控制是目前通用变频器中广泛采用的基本控制方式。

三相交流异步电动机在工作过程中，铁芯磁通接近饱和状态，使得铁芯材料得到充分的利用。在变频调速的过程中，当电动机电源的频率变化时，电动机的阻抗将随之变化，从而引起励磁电流的变化，使电动机出现励磁不足或励磁过强的情况。

当频率高于工频时，受到供电电压和电动机绝缘水平的限制，电压不能继续保持与频率的比例不变，而是停留在额定电压水平，这时电动机磁通大大衰减，属于弱磁运行。这不仅是 U/f 控制模式下才有的问题，在所有控制模式下，频率超过电动机设计频率以后都只能是弱磁运行。

超过工频的弱磁运行称为超同步运行，它不仅有弱磁问题，而且由于转速增加，机械部分受到的摩擦损耗和离心力都增加了，严重时可能导致机械损坏。因此，超同步运行是受到限制的，除专门为变频调速设计的电动机外，普通异步电动机只允许小范围的超同步运行，例如 60Hz 以内。在工频以下，电压与频率成正比，磁通近似恒定；在工频以上，电压不变，电动机弱磁运行，同时，允许的运行频率也存在一个上限，这就是基本 U/f 控制模式的电压频率关系。

由异步电动机定子绕组感应电动势的有效值 $E=4.44k_rf_1N_1\Phi_m$，得

$$\Phi_m=\frac{E}{4.44k_rf_1N_1}$$

式中　$k_r$——定子绕组的绕组系数；

$N_1$——每相定子绕组的匝数；

$f_1$——定子电源的频率（Hz）；

$\Phi_m$——铁芯中每极磁通的最大值（Wb）。

显然，要使电动机的磁通在整个调速过程中保持不变，只要在改变电源频率 $f_1$ 的同时改变电动机的感应电动势 $E$，使其满足 $E/f$ 为常数即可。但在电动机的实际调速控制过程中，电动机感应电动势的检测和控制较困难，考虑到正常运行时电动机的电源电压与感应电动势近似相等，只要控制电源电压 $U$ 和频率 $f$，使 $U/f$ 为常数，即可使电动机的磁通基本保持不变，采用这种控制方式的变频器称为 U/f 控制变频器。

3）脉宽调制技术。随着科学技术的不断发展，工农业生产自动化程度的不断提高，对电力传动系统提出了更高的要求。同时，新型高频开关器件和数字化技术的发展，也为研究、设计、制造更加复杂、性能更好的逆变器提供了条件。脉宽调制（Pulse Width Modulation，缩写为 PWM）式变频技术，就是利用半导体器件的导通和关断，把直流电压变成一定形状的电压脉冲列，以实现变频、变压及消除谐波为目的的一门技术。因为无论是矩形波电压，还是矩形波电流，都含有一系列的谐波分量，产生一系列的谐波磁动势，一方面增加谐波损耗，降低电动机效率；另一方面在电动机中产生一系列的谐波转矩。高速运行时，因为谐波频率较高，所以影响不大。但是低速运行时，由于谐波频率随着基波频率的降低而降低，因此谐波转矩对电动机的影响就大了，严重时会影响电动机的调速范围，甚至低速时不能正常运行。所以急需研制性能优异的逆变器，以消除谐波影响。PWM 型逆变器就是在这种情况下应运而生的，并得到迅速

发展。目前已经进入实际应用阶段。

① PWM 变频器的基本特点。PWM 型变频器常采用电压型逆变器。现以如图 6-15 所示的单相逆变器为例说明 PWM 的控制原理。

如图 6-16a 所示为通电型输出方波电压波形，图 6-16b 所示为脉宽调制型逆变器输出电压波形。由图可见，PWM 控制方式是通过改变电力晶体管 $VT_1$、$VT_4$ 和 $VT_2$、$VT_3$ 交替导通的时间来改变逆变器输出电压波的频率。通过改变每半个周期 $VT_1$、$VT_4$ 和 $VT_2$、$VT_3$ 幅值的开关元件的通断时间比，即通过改变脉冲宽度来改变逆变器输出电压幅值的大小。如果使开关元件在半个周期内反复通、断多次，在逆变器的输出端就会获得一组等幅而不等宽的矩形脉冲波形，其输出电压波就将很接近于正弦电压波，高次谐波电压将大为削弱。若采用高速开关元件，使逆变器输出脉冲数增多，则即使输出电压频率很低，其输出波形也是比较好的。所以 PWM 型逆变器特别适用于作为异步电动机变频调速的供电电源，实现平滑启动、停车和高效率宽范围调速。

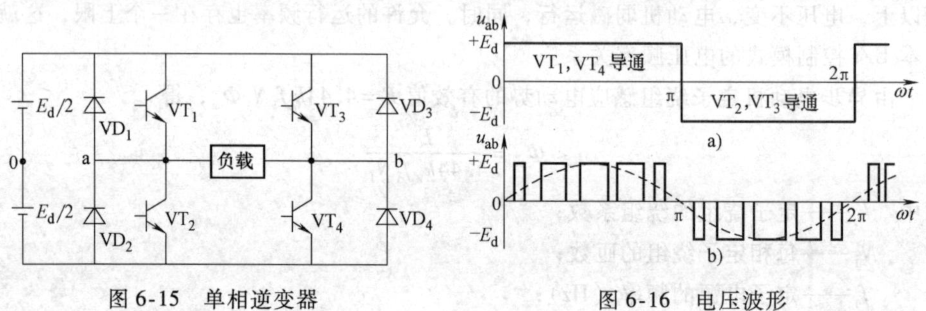


图 6-15　单相逆变器　　　图 6-16　电压波形

② PWM 型逆变器的基本调制方式。脉宽调制方式对 PWM 型逆变器的性能具有根本性的影响。脉宽调制的方式很多，从调制脉冲的极性分有单极性和双极性；从载频信号和参考信号（或称基准信号）之间的关系分有同步式和异步式。就几种常用的脉宽调制方式分别说明如下：

a）极性调制

· 参考信号为直流电压。为了说明方便，给出三相桥式晶体管逆变器原理图，如图 6-17 所示。逆变桥由大功率晶体管 $VT_1$ ~ $VT_6$ 和快速续流二极管 $VD_1$ ~ $VD_6$ 组成。

在控制电路中采用载频信号 $u_c$ 与参考信号 $u_r$ 相比较的方法产生基极驱动信号，如图 6-18 所示。这里 $u_c$ 采用单极性等腰三角形；$u_r$ 采用可变的直流电压。在 $u_r$ 与 $u_c$ 波形的交点处发出调制信号，当三角波幅值一定时，改变参考信号 $u_r$ 的大小，输出脉冲宽度就随之改变，从而可以改变输出基波电压的大小；当改变载波（三角波）频率，并保持每周输出的脉冲数不变时，就可以改变基波电压的频率。

在实际控制系统中，可同时改变载波频率和直流参考电压的大小，使逆变器的输出在变频的同时相应地变压，以满足一般变频调速系统的要求。这种调制方法在不同频率下，正、负半周波形始终保持完全对称，因此输出中只有奇次谐波没有偶次谐波。为了抑制低频输出时谐波的影响，常采用随着输出频率的降低连续地或分段地增加每周的输出脉冲数的调制方法。

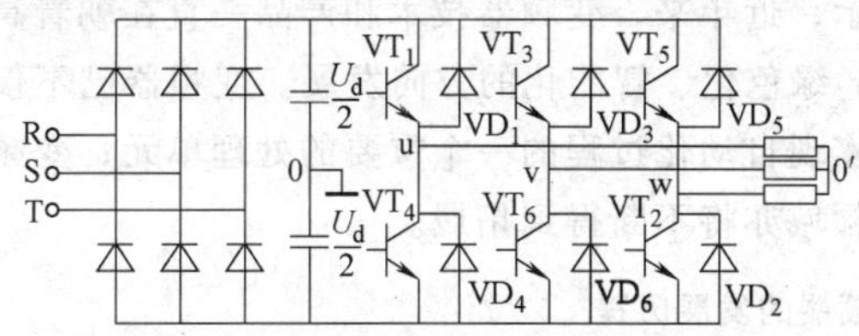


图 6-17　三相桥式晶体管逆变器原理图

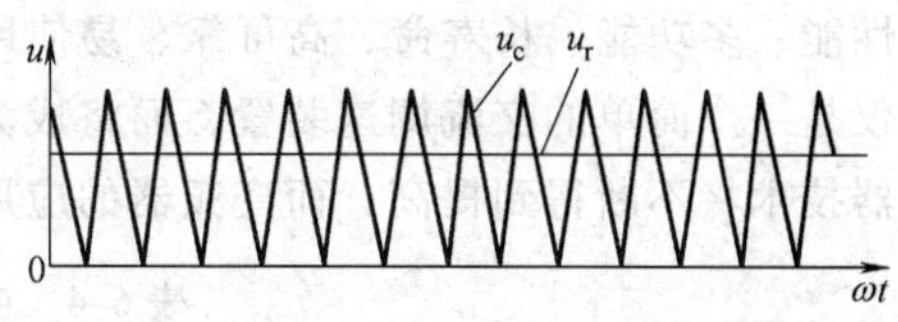


图 6-18　单极性直流参考信号下的控制方式

· 参考信号为正弦波。参考信号 $u_r$ 为正弦波的脉宽调制方法叫作正弦波脉宽调制（SPWM）方式。产生的调制波是等幅、等距而不等宽的脉冲列，如图 6-19 所示。其调制波形接近于正弦波，谐波分量大大减小。这是最常用的一种调制方法。此图为单极性脉宽调制波形，SPWM 调制波的脉冲宽度基本上成正弦分布，各脉冲与正弦曲线下对应的面积近似成正比。可见 SPWM 比一般 PWM 的调制波形更接近于正弦波，谐波分量大为减小。SPWM 逆变器输出基波电压的大小和频率均由参考电压 $u_r$ 来控制。当改变 $u_r$ 幅值时，脉宽随之改变，从而改变输出电压的大小；当改变 $u_r$ 频率时，输出电压频率即随之改变。但正弦波最大幅值必须小于三角波幅值，否则输出电压的大小和频率就将失去所要求的配合关系。

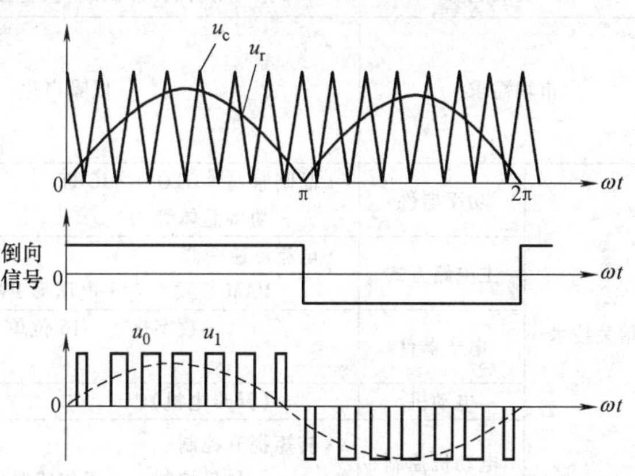


图 6-19　正弦波脉宽调制波形

图 6-19 只画出了单相脉宽调制波。对于三相逆变器，必须产生互差 120°的三相调制波。载频三角波可以共用，但必须有一个三相可变频变幅的正弦波发生器，产生可变频变幅的三相正弦参考信号，然后分别与三角波相比较产生三相脉冲调制波。如果脉冲调制波在任何输出频率情况下，正、负半周始终保持完全对称，即为同步调制式。如果载频三角波频率一定，只改变正弦参考信号频率，这时正、负半周的脉冲数和相位就不是随时对称的了。这种调制方式叫作异步调制式。异步调制将会出现偶次谐波，但每周的调制脉冲数将随输出频率的降低而增多，有利于改善低频输出特性。据分析，三角波频率一般应比正弦参考电压频率大 9 倍以上，否则偶次谐波的影响就大了。

b）双极性正弦波 PWM 调制原理。上述单极性调制必须加倒向控制信号，而双极性调制就不需要倒向信号了。SOWM 双极性调制和单极性调制一样，输出基波大小和频率也是通过改变正弦参考信号的幅值和频率来实现的，用于变频调速时，要保持 $U_1/f$ 基本恒定。这种双极性调制方式，当然也可采用同步式或异步式的调制方法。

**5. 变频器的发展历程及在机床等工业生产中的主要应用**

（1）变频器的发展历程　如表6-4所示，近年来，变频器技术和产品一直在朝着高性能、多功能、长寿命、高可靠、易使用、绿色化、智能化的方向发展。变频器已不仅仅是一个简单的交流调速装置，而将成为实现自动化过程的一个重要的处理单元；变频器技术将不断得到提高，而变频器的应用领域亦将不断得到拓展。

表6-4　变频器的发展历程

| 年代 | | 1970年 | 1980年 | 1990年 | 2000年 | 2010年 |
|---|---|---|---|---|---|---|
| 技术发展趋势 | | 从DC到AC | 向高性能挑战（矢量控制技术的实用化） | 智能化（与信息技术融合） | | |
| 市场需求 | | | 低噪声化 | 节能与省力化<br>环境保护（节能、回收）<br>网络开放化<br>高启动转矩 | | |
| 相关技术 | 功率器件 | ·晶闸管　·GTO<br>·功率晶体管 | ·IGBT | ·ASIPM<br>·IPM | ·单片IPM | ·SIC-IGBT |
| | 主电路方式 | ·电流形逆变器<br>PAM方式 | ·电压形PWM | ·3电平控制 | ·矩阵整流器<br>·软开关 | ·正弦波电压转换 |
| | 电子器件 | | ·数字化　·16位单片机 | ·SMD<br>·ASIC单片机 | ·DSP<br>·32位单片机 | |
| | 电动机 | （异步电机） | | ·IPMM | | ·SRM |
| | 电动机控制 | ·转矩提升控制<br>·矢量控制 | ·无传感器矢量控制 | | | ·先进控制 |

·SIC-IGBT（Silicon Carbide-Insulated Gate Bipolar Transistor）
·IPM（Intelligenl Power Module）
·ASIPM（Application Specified Intelligent Power Module）
·ASIC（Application Specified IC）
·SRM（Switched Reluctance Motor）
·SMD（Surface Mounting Device）

（2）变频器在机床等工业生产中的主要应用　伴随着变频器的不断发展，它在各种领域中都得到了日益广泛的应用。表6-5给出了变频器在工业生产中的主要应用。

**6. 几种常用典型通用变频器简介**

（1）日本富士FRENIC5000 G11S/11S通用变频器

1）富士FRENIC5000 G11S/11S系列变频器的主要特点

① 动态转矩矢量控制。动态转矩矢量控制是一种先进的驱动控制技术。控制系统高速计算电动机驱动负载所需功率、最大控制电压和电流矢量，最大限度地发挥电动机的输出转矩。

a）按照动态转矩矢量控制方式，能配合负载实现在最短时间内平稳地加减速。

b）使用高速CPU能快速响应急变负载和及时检测再生功率，设有控制减速时间的再生回避功能，实现无跳闸自动减速过程。

c）采用富士独自开发的控制方式，在0.5Hz能输出200%高启动转矩（≤22kW），30kW以上时，在0.5Hz能输出180%高启动转矩。

**表 6-5　变频器在工业生产中的主要应用**

| 应用 | | | 流体 | | | | | | 金属加工/机床 | | | | | | | | | | | | | 电梯 | | | | 输送 | | | |
|---|---|---|---|---|---|---|---|---|---|---|---|---|---|---|---|---|---|---|---|---|---|---|---|---|---|---|---|---|---|
| | | | 泵 | 风扇 | 鼓风机 | 压缩机 | 齿轮泵 | 压榨机 | 拔丝机 | 离心铸造机 | 自动车床 | 车床 | 转塔车床 | 加工中心 | 机械化供应装置 | 磨床 | 钻床 | 卷板机 | 切片机 | 切割机 | 刨床 | 电梯（高速） | 电梯（低速） | 电梯门 | 自动停车装置 | 自动停车装置（无盖货车吊车） | 传送带 | 斗式提升机 | 起重机（升降） |
| 负载 | 负载特性 | 摩擦性负载 | | | | | ▲ | | ▲ | | ▲ | | | | ▲ | ▲ | ▲ | ▲ | ▲ | ▲ | ▲ | | | ▲ | | | ▲ | | |
| | | 重力负载 | | | | | | | | | | | | | | | | | | | | ▲ | ▲ | | ▲ | | | ▲ | ▲ |
| | | 流体负载 | ▲ | ▲ | ▲ | ▲ | | | | | | | | | | | | | | | | | | | | | | | |
| | | 惯性负载 | | | | | | ▲ | | ▲ | | | | | | | | | | | | | | | | | | | |
| | 转矩特性 | 恒转矩 | | | | ▲ | ▲ | ▲ | ▲ | | | | ▲ | | ▲ | ▲ | ▲ | ▲ | ▲ | ▲ | | ▲ | ▲ | ▲ | ▲ | | ▲ | ▲ | ▲ |
| | | 恒功率 | | | | | | | | | | ▲ | | ▲ | | | | | | | ▲ | | | | | | | | |
| | | 降转矩 | ▲ | ▲ | ▲ | | | | | | | | | | | | | | | | | | | | | | | | ▲ |
| | | 降功率 | | | | | | | | | ▲ | ▲ | | ▲ | | | | | | | ▲ | | | | | | | | |

（续）

| 应用 | | | 输送 | | | | | | | 普通 | | | | | | | | | | 纺织 | | | | 大规模系统 | | | | |
|---|---|---|---|---|---|---|---|---|---|---|---|---|---|---|---|---|---|---|---|---|---|---|---|---|---|---|---|---|
| | | | 起重机（平移/旋转） | 升降机（升降） | 升降机（平降） | 运载机 | 自动仓库（上、下） | 自动仓库（输送） | 进料器 | 搅拌器 | 挤压机 | 离心分离器 | 糖分离机 | 食品加工机械 | 商业清洗机 | 印刷机 | 注塑机 | 农用机燃 | 吹风机 | 木材加工机 | 纺纱机 | 纺织机 | 编织机 | 造纸设备 | 胶片生产线 | 加工生产线 | 鼓风机 | 泵 |
| 负载 | 负载特性 | 摩擦性负载 | ▲ | | ▲ | | | ▲ | ▲ | | | | | | | | | | | ▲ | | | | | | | | |
| | | 重力负载 | | ▲ | | | ▲ | | | | | | | | | | | | | | | | | | | | | |
| | | 流体负载 | | | | | | | | ▲ | | | | | | | | | | | | | | | | | ▲ | ▲ |
| | | 惯性负载 | | | | ▲ | | | | | | ▲ | ▲ | | ▲ | | | | | | | | | | | | | |
| | 转矩特性 | 恒转矩 | ▲ | ▲ | ▲ | ▲ | ▲ | ▲ | ▲ | ▲ | ▲ | | | ▲ | | ▲ | | ▲ | | ▲ | | | | | | | | |
| | | 恒功率 | | | | | | | | | | | | | | | | | ▲ | | | | | | | | | |
| | | 降转矩 | | ▲ | | | | | | | | | | | | | | | | | | | | | | | ▲ | ▲ |
| | | 降功率 | | | | | | | | | | | | | ▲ | | | | | ▲ | | | | | | | | |

注：▲表示可应用。

② 带PG反馈的更高性能的控制系统。使用带PG反馈卡（选件）构成带PG反馈的矢量控制系统，实现更高性能、更高精度的运行，速度控制范围为1:1200；速度控制精度为±0.02%；速度响应为40Hz。

③ 电动机低转速时脉动大大减小。采用动态转矩矢量控制，结合富士专有的数字AVR，实现电动机低转速（1Hz）运行时的转速脉动比以前机种减少1/2以上。

④ 新方式在线自整定系统

a）在电动机运行过程中，即时进行自整定，即时核对电动机特性变化，实现高精度控制。

b）第二台电动机也有自整定功能。一台变频器切换运行两台电动机时，保证两台电动机都能高精度运行。

⑤ 优良的环境兼容性

a）采用低噪声控制电源系统，大大减小对周围传感器等设备的噪声干扰影响。

b）装有连接抑制高次谐波电流的DC电抗器端子。

c）连接选件EMC滤波器后，能符合欧洲EMC指令。

⑥ 节能功能的提高。设有风机、泵类等最佳自动节能运行模式。采用使电动机损耗降至最小的控制新方式，能取得更好的节能效果。

⑦ 更方便使用的键盘面板

a）设有复写功能，能容易地将一台变频器的功能码数据复写至其他变频器。

b）显示器可选择3种语言（中文、英文和日文），便于国内外配套使用。

c）可简单地由键盘面板或外部触点信号进行点动（JOG）运行操作。

d）使用延伸电缆选件（CB111-10R □□）可简单地实现远方操作。

⑧ 完整的产品系列

a）适应不同用途，提供两种系列：一般工业用的G11S系列；风机和泵类用的P11S系列。

b）一般工业用的G11S系列的容量范围为0.2～315kW；风机、泵类用的P11S系列的容量范围为7.5～400kW，机种规格齐全。

⑨ 符合国际标准（EC指令、TUV UL/CUL）。

⑩ 适应各种环境的结构：

a）对≤22kW的标准产品，采用全封闭结构，耐环境性好。

b）对≤22kW的变频器，允许横向密集安装，节省控制盘的安装空间。另外，对于≤7.5kW的变频器高度统一为260mm，使用多台不同容量的变频器时，容易设计安装盘。

c）供有防水型IP65（≤7.5kW）和IP54（11～12kW）产品，可适用于食品机械、木工机械、化工机械等有粉尘和水分的环境。

⑪ 各种通信功能

a）标准内装接口RS485，可由个人计算机向变频器输入运行命令和设定功能码数据等。

b）设有万用 DI/DO 功能，变频器的输入/输出端子状态（触点信号的有无）能传送至上位机和受其监控，这样可以简化 FA 系统。

c）可连接现场总线 Profibus-DP、Interbus-s、Device Net、Modbus Plus（选件）等。

⑫ 丰富的实用功能

a）用于风机和泵类等——PID 控制功能；变频器风扇 ON/OFF 控制；商用电切换顺序。

b）用于搬运和传送设备——可选择预先设定的 16 种速度运行程序运行（7 步，每步最长 6000s，可连续、单循环或单循环终速继续运行）。

⑬ 无冲击瞬停再启动运行

采用富士独自开发的变频器频率跟踪（引入运行）功能，变频器能无冲击地再启动瞬停后正在旋转的电动机。

⑭ 保护功能

a）能设定电子热继电器的热时间常数，因此电子热继电器能适用于各种电动机。

b）设有输入缺相保护，防止电源断相损坏变频器。

c）能使用 PTC 热敏电阻保护电动机。

⑮ 维护功能

在键盘面板的 LCD 上能显示和确认变频器的运行状态、输入/输出信号状态和跳闸时的详细数据，可以比较容易地进行异常原因分析和提出对策。

a）I/O 端子检查功能。

b）主电路电容器寿命。

c）变频器的负载率测定。

d）累计运行时间的记录和显示。

e）运行状态（变频器输出电流、散热板温度、消耗功率等）监视。

f）跳闸时详细数据的记录。

⑯ 其他各种有用功能。

a）装有（≥1.5kW）控制电源辅助输入电路，因此断开主电源时，能保持异常输出信号。

b）触点输入控制端子（9 点）、开路集电极晶体管输出（4 点）、继电器输出（1 点）等可根据用途任意设定端子功能。

c）设有主动驱动过程，该功能判断变频器的负载状态，为防止跳闸，自动延长加速时间，继续加速运行，保证强有力而不跳闸的加速过程。

d）负载过大的场合，可选择变频器不跳闸继续运行（失速防止功能）或跳闸停止运行。

2）富士 G11S/P11S 系列变频器机种类型见表 6-6。

3）富士 G11S/P11S 系列变频器型号说明如图 6-20 所示。

4）富士 FRENIC5000G11S 三相 400V 系列变频器标准规格

① 特殊规范见表 6-7。

表 6-6　富士 G11S/P11S 系列变频器机种类型

| 变频器机种 | 一般工业用<br>FRENIC 5000 G11S 系列 | | 风机、泵用<br>FRENIC 5000 P11S 系列 | |
|---|---|---|---|---|
| 适配电动机功率/kW | 200V 系列 | 400V 系列 | 200V 系列 | 400V 系列 |
| 0.2 | FRN0.2G11S-2JE | — | | |
| 0.4 | FRN0.4G11S-2JE | FRN0.4G11S-4CX | | |
| 0.75 | FRN0.75G11S-2JE | FRN0.75G11S-4CX | | |
| 1.5 | FRN1.5G11S-2JE | FRN1.5G11S-4CX | — | — |
| 2.2 | FRN2.2G11S-2JE | FRN2.5G11S-4CX | | |
| 3.7 | FRN3.7G11S-2JE | FRN3.7611S-4CX | | |
| 5.5 | FRN5.5G11S-2JE | FRN5.5G11S-4CX | | |
| 7.5 | FRN7.5G11S-2JE | FRN7.5G11S-4CX | FRN7.5P11S-2JE | FRN7.5P11S-4CX |
| 11 | FRN11G11S-2JE | FRN11G11S-4CX | FRN11P11S-2JE | FRN11P11S-4CX |
| 15 | FRN15G11S-2JE | FRN15G11S-4CX | FRN15P11S-2JE | FRN15P11S-4CX |
| 18.5 | FRN18.5G11S-2JE | FRN18.5G11S-4CX | FRN18.5P11S-2JE | FRN18.5P11S-4CX |
| 22 | FRN22G11S-2JE | FRN22G11S-4CX | FRN22P11S-2JE | FRN22P11S-4CX |
| 30 | FRN30G11S-2JE | FRN30G11S-4CX | FRN30P11S-2JE | FRN30P11S-4CX |
| 37 | FRN37G11S-2JE | FRN37G11S-4CX | FRN37P11S-2JE | FRN37P11S-4CX |
| 45 | FRN45G11S-2JE | FRN45G11S-4CX | FRN45P11S-2JE | FRN45P11S-4CX |
| 55 | FRN55G11S-2JE | FRN55G11S-4CX | FRN55P11S-2JE | FRN55P11S-4CX |
| 75 | FRN75G11S-2JE | FRN75G11S-4CX | FRN75P11S-2JE | FRN75P11S-4CX |
| 90 | FRN90G11S-2JE | FRN90G11S-4CX | FRN90P11S-2JE | FRN90P11S-4CX |
| 110 | | FRN110G11S-4CX | FRN110P11S-2JE | FRN110P11S-4CX |
| 132 | | FRN132G11S-4CX | | FRN132P11S-4CX |
| 160 | | FRN160G11S-4CX | | FRN160P11S-4CX |
| 200 | | FRN200G11S-4CX | | FRN200P11S-4CX |
| 220 | — | FRN220G11S-4CX | | FRN220P11S-4CX |
| 280 | | FRN280G11S-4CX | — | FRN280P11S-4CX |
| 315 | | FRN315G11S-4CX | | FRN315P11S-4CX |
| 355 | | | | FRN355P11S-4CX |
| 400 | | | | FRN400P11S-4CX |

注：所有机种（0.2～400kW）为统一的技术规范，便于用户构成各种应用系统。

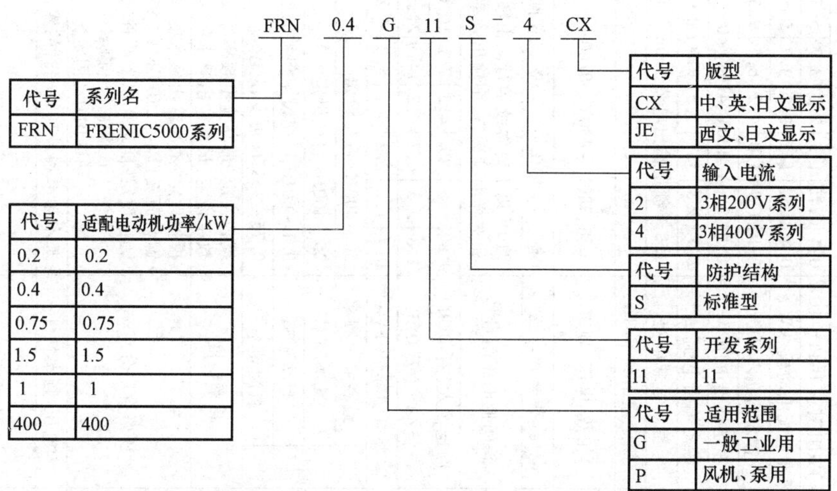


图 6-20　富士 G11S/P11S 系列变频器型号说明

**表 6-7　富士 FRENIC5000G11S 三相 400V 系列变频器特殊规范**

| 项目 | | 规范 | | | | | | | | | | | | | | | | | | | | | | | | | |
|---|---|---|---|---|---|---|---|---|---|---|---|---|---|---|---|---|---|---|---|---|---|---|---|---|---|---|---|
| 型号 FRN□□□G11S-4CX | | 0.4 | 0.75 | 1.5 | 2.2 | 3.7 | 5.5 | 7.5 | 11 | 15 | 18.5 | 22 | 30 | 37 | 45 | 55 | 75 | 90 | 110 | 132 | 160 | 200 | 220 | 280 | 315 | 355 | 400 |
| 标准适配电动机/kW | | 0.4 | 0.75 | 1.5 | 2.2 | 3.7 | 5.5 | 7.5 | 11 | 15 | 18.5 | 22 | 30 | 37 | 45 | 55 | 75 | 90 | 110 | 132 | 160 | 200 | 220 | 280 | 315 | 355 | 400 |
| 输出额定 | 额定容量/kVA[①] | 1.1 | 1.9 | 3.0 | 4.2 | 6.5 | 9.5 | 13 | 18 | 22 | 28 | 33 | 45 | 57 | 69 | 85 | 114 | 134 | 160 | 192 | 231 | 287 | 316 | 396 | 445 | 495 | 563 |
| | 额定输出电压/V[②] | 3 相、380V、400V、415V(400V)/50Hz,380V、400V、440V、460V/60Hz | | | | | | | | | | | | | | | | | | | | | | | | | |
| | 额定输出电流/A[③] | 1.5 | 2.5 | 3.7 | 5.5 | 9.0 | 13 | 18 | 24 | 30 | 39 | 45 | 60 | 75 | 91 | 112 | 150 | 176 | 210 | 253 | 304 | 377 | 415 | 520 | 585 | 650 | 740 |
| | 额定过载电流 | 150% 额定输出电流 1min,200% 0.5s | | | | | | | | | | | 150% 额定输出电流 1min,180% 0.5s | | | | | | | | | | | | | | |
| | 额定输出频率/Hz | 50,60Hz | | | | | | | | | | | | | | | | | | | | | | | | | |
| 输入电源 | 相数、电压、频率 | 3 相,380V ~ 480V,50/60Hz | | | | | | | | | | | 3 相,380V ~ 440V/50Hz[④]<br>3 相,380V ~ 480V/60Hz | | | | | | | | | | | | | | |
| | 电压、频率允许波动 | 电压: +10% ~ -15%,(相间不平衡率[⑤] ≤2%)频率: +5% ~ -5% | | | | | | | | | | | | | | | | | | | | | | | | | |
| | 瞬间低电压耐量[⑥] | 310V 以上时继续运行。由额定电压降低至 310V 以下时,能继续运行 15ms<br>如选择继续运行,则输出频率稍微下降,等待电源恢复,进行再起动控制 | | | | | | | | | | | | | | | | | | | | | | | | | |
| | 额定输入电流/A[⑦](有 DCR) | 0.82 | 1.5 | 29 | 4.2 | 7.1 | 10.0 | 13.5 | 19.8 | 26.8 | 33.2 | 39.3 | 54 | 67 | 81 | 100 | 134 | 160 | 196 | 232 | 282 | 352 | 385 | 491 | 552 | 624 | 704 |
| | 额定输入电流/A[⑦](无 DCR) | 1.8 | 3.5 | 6.2 | 9.2 | 14.9 | 21.5 | 27.9 | 39.1 | 50.3 | 59.9 | 69.3 | 86 | 104 | 124 | 150 | — | — | — | — | — | — | — | — | — | — | — |
| | 需要电源容量/kVA[⑧] | 0.7 | 1.2 | 2.2 | 3.1 | 5.0 | 7.2 | 9.7 | 15 | 20 | 24 | 29 | 38 | 47 | 57 | 70 | 93 | 111 | 136 | 161 | 196 | 244 | 267 | 341 | 383 | 433 | 488 |
| 输出频率 | 最高输出频率 | 50 ~ 400Hz 可变设定 | | | | | | | | | | | | | | | | | | | | | | | | | |
| | 调整 基本频率 | 25 ~ 400Hz 可变设定 | | | | | | | | | | | | | | | | | | | | | | | | | |
| | 调整 起动频率 | 0.1 ~ 60Hz 可变设定保持时间 0.0 ~ 10.0s | | | | | | | | | | | | | | | | | | | | | | | | | |
| | 调整 载波频率[⑨] | 0.75 ~ 15kHz 可变设定 | | | | | | | | | | | | | | | 0.75 ~ 10kHz 可变设定 | | | | | | | | | | |
| | 频率精度 | 模拟设定:最高输出频率的 ±0.2% (25 ±10℃)以下<br>数字设定:最高输出频率的 ±0.01% ( -10 ~ +50℃)以下 | | | | | | | | | | | | | | | | | | | | | | | | | |
| | 频率设定分辨率 | 模拟设定:最高输出频率的 1/3000(例:0.02Hz/60Hz 设定时,0.15Hz/400Hz 设定时)<br>键盘面板设定:0.01Hz(99.99Hz 以下),0.1Hz(100.0Hz 以上)<br>链接设定:能选择以下两种之一:<br>·最高输出频率的 1/20000(例:…0.003Hz/60Hz 设定时,0.02Hz/400Hz 设定时)<br>·0.01Hz(固定) | | | | | | | | | | | | | | | | | | | | | | | | | |
| 控制 | 电压-频率特性 | 基本频率和最高频率时的输出电压可分别设定,范围为 320 ~ 480V(有 AVR 控制) | | | | | | | | | | | | | | | | | | | | | | | | | |
| | 转矩提升 | 恒转矩特性负载 / 2 次方转矩特性负载 / 比例转矩特性负载<br>自动(设定代码): 0.0 / — / —<br>手动设定(设定代码): 2.0 ~ 20.0 / 0.1 ~ 0.9[⑩] / 1.0 ~ 1.9 | | | | | | | | | | | | | | | | | | | | | | | | | |
| | 起动转矩 | 200% 以上(动态转矩矢量控制时) | | | | | | | | | | | 180% 以上(动态转矩矢量控制时) | | | | | | | | | | | | | | |

（续）

| 项目 | 规范 | | | | | | | | | | | | | | | | | | | | | | | | | |
|---|---|---|---|---|---|---|---|---|---|---|---|---|---|---|---|---|---|---|---|---|---|---|---|---|---|---|
| 制动 标准 制动转矩 | 150% | | 100%以上 | | | | | 约20%⑪ | | 约10%~15%⑪ | | | | | | | | | | | | | | | | |
| 制动 标准 制动时间/s | 5 | | 5 | | | | | 没有限制 | | | | | | | | | | | | | | | | | | |
| 制动 标准 制动使用率/%ED | 5 | 3 | 5 | 3 | 2 | 3 | 2 | 没有限制 | | | | | | | | | | | | | | | | | | |
| 制动 选件 制动转矩 | 150%以上 | | | | | | | | | 100%以上 | | | | | | | | | | | | | | | | |
| 制动 选件 制作时间/s | 45 | 45 | | 30 | 20 | | 10 | | 8 | 10 | | | | | | | | | | | | | | | | |
| 制动 选件 制动使用率/%ED | 22 | 10 | | 7 | 5 | | 5 | | 5 | 10 | | | | | | | | | | | | | | | | |
| 制动 直流制动 | 制动开始频率:0.1~60.0Hz、制动时间:0.0~30.0s,制动动作值:0~100%各数值能可变设定<br>※制动动作过程中输入运行命令,将按起动频率再起动运行<br>※正转←→反转切换运行时,直流制动不作用<br>※在有运行命令的条件下,降低设定频率,直流制动不作用 | | | | | | | | | | | | | | | | | | | | | | | | | |
| 防护结构(IEC 60529) | IP40 全封闭 | | | | | | | | | IP00 开放式(IP20 封闭式可选用订购) | | | | | | | | | | | | | | | | |
| 冷却方式 | 自冷 | 风扇冷却 | | | | | | | | | | | | | | | | | | | | | | | | |
| 符号标准 | | | | | | | | | | | | | | | | | | | | | | | | | | |
| 质量/kg | 2.2 | 2.5 | 3.8 | 3.8 | 3.8 | 6.5 | 6.5 | 10 | 10 | 10.5 | 10.5 | 29 | 34 | 39 | 40 | 48 | 70 | 70 | 100 | 100 | 140 | 140 | 250 | 250 | 360 | 360 |

① 额定输出电压按440V计算，电源电压降低时，额定容量亦下降。

② 不能输出比电源电压高的电压。

③ 驱动低阻抗的高频电动机等场合，允许输出电流可能比额定值小。

④ 当电源电压大于380~398V/50Hz、380~430V/60Hz时，必须切换变频器内部的分接头。

⑤ 3相电源电压不平衡率大于2%时，应使用功率因数改善用直流电抗器（DCR）。

$$电源电压不平衡率(\%)=\frac{最大电压(V)-最小电压(V)}{3相平均电压(V)}\times 67$$（按照IEC 61800—3(5.2.3)标准）

⑥ 按JEMA规定的标准负载条件（相当标准适配电动机的85%负载）下的试验值。

⑦ 按富士电机公司规定条件下的计算值。

⑧ 按标准适配电动机负载和使用直流电抗器（DCR）（≤55kW时为选件）条件下的数据。

⑨ 为了保护变频器，对应周围温度和输出电流情况，载频有时会自动降低。

⑩ 设定为0.1时，起动转矩能达到50%以上。

⑪ 标准适配电动机的场合（由60Hz减速停止时的平均转矩，随电动机的损耗而改变）。

② 通用规范见表 6-8。

**表 6-8 富士 FRENIC5000G11S 三相 400V 系列变频器通用规范**

| | 项目 | 规　　范 | 接点输入 | 晶体管输出 |
|---|---|---|---|---|
| 控制 | 控制方式 | ·V/F 控制　·动态转矩矢量控制(无传感器矢量控制)　·带 PG 矢量控制(选件) | (PG/Hz) | |
| | 运行操作 | ·键操作:按 FWD 或者 REV 键运行(正转·反转)<br>按 STOP 键停止 | | |
| | | ·外部信号(接点输入):正转/停止、反转/停止、自动旋转命令等 | | |
| | | ·键接运行:·RS485(标准)通信控制运行　·各种 Bus(选件)连接运行 | (LE) | |
| | 频率设定 | ·键操作:由 A、V 键设定 | | |
| | | ·外部电位器：由外部电阻(1～5kΩ)设定 | | |
| | | ·模拟输入:由外部电压、电流设定<br>·0～+10V DC→+10～0V DC(端子 12)<br>·0～+10V DC(0～+5V DC)(端子 12)<br>·4～20mA DC→20～4mA DC(端子 C1)<br>·4～20mA DC(端子 C1)<br>·按照模拟信号极性可逆运行<br>·由接点输入信号(IVS)切换<br>0～±10V DC(0～±5V DC)(端子 12)<br>正/反作用 | | |
| | | ·UP/DOWN 控制:接点输入信号 ON 期间,设定频率上升(UP 信号)或下降(DOWN 信号) | (UP,DOWN) | |
| | | ·多步频率选择:最多能选择 16 种(0～15 步) | (SS1,SS2,SS4,SS8) | |
| | | ·数字信号:由“12 位并行信号(12 位二进制)”设定(选件) | | |
| | | ·链接运行:RS485(标准)、T 链(富士专有)、各种现场总线(选件) | (LE) | |
| | | ·程序运行:最多能设定 7 步 | | (TU、TO、STG1、2、4) |
| | 点动运行 | 由 FWD、REV 键操作或由接点输入信号(FWD,REV)操作运行 | (JOG) | |
| | 运行状态信号 | ·晶体管输出(4 点):运行中、频率到达、频率检出、过载预报、欠电压停止、转矩限制中等 | | |
| | | ·继电器输出(2 点):·可选信号继电器输出　·总报警继电器输出 | | |
| | | ·模拟输出(1 点):·输出频率、输出电流、输出电压、输出转矩、负载率、输出功率等 | | |
| | | ·脉冲输出(1 点):·输出频率、输出电流、输出电压、输出转矩、负载率、输出功率等 | | |

（续）

| 项目 | | 规　　范 | 接点输入 | 晶体管输出 |
|---|---|---|---|---|
| 控制 | 加速、减速时间（曲线） | · 0.01～3600s | | |
| | | · 加/减速时间 4 种，分别独立设定，由接点输入信号（2 点）组合选择 | （RT1、RT2） | |
| | | 可选用以下 4 种加减速模式<br>· 直线加减速　· S 形加减速（弱型）　· S 形加减速（强型）　· 曲线加减速 | | |
| | 主动驱动 | 加速时间超过 60s 时，自动限制输出转矩和自动延长加速时间至设定值的 3 倍范围 | | |
| | 频率限制 | 设定上限和下限频率值，上限和下限频率设定范围 G11S：0～400Hz，P11S：0～120Hz | | |
| | 频率偏置 | 能设定偏置频率，设定范围 G11S：－400～＋400Hz，P11S：－120～＋120Hz | | |
| | 增益（频率设定信号） | 设定模拟输入信号和输出频率的比例关系<br>例：电压输入信号 0～＋10V DC，设定增益 100%，10V DC 相应设定最高频率<br>电压输入信号 0～＋5V DC，设定增益 200%，5V DC 相应设定最高频率 | | |
| | 跳跃频率 | 可设定 3 跳跃点，公共跳跃幅值设定范围：0～30Hz | | |
| | 引入运行 | 将正在旋转（包括反转）的电动机（不使其停止）平衡无冲击地引入变频器运行 | （STM） | |
| | 瞬时停电再启动 | 瞬时停电时，不使电动机停止，电源恢复后，变频器再启动运行<br>如选择“继续运行”，则变频器继续输出，控制频率缓慢下来，在速度下降最少情况下再启动 | | |
| | 商用电切换运行 | 备有商用电←→变频器运行平稳切换的控制信号<br>内部设有商用电←→变频器运行平稳切换顺序功能 | （SW50）<br>（SW60） | （SW88<br>SW52-1） |
| | 转差补偿控制 | · 补偿对应负载增加的速度下降，进行稳速控制<br>· 若设定 0.00，则动态转矩矢量控制动作时，将自动以富士标准电动机的额定转差作为补偿基准。若手册设定补偿值，测设定的补偿值有效 | | |
| | | · 能单独设定第 2 电动机的补偿值 | | |
| | 下垂控制 | 对应负载转矩增加使速度下降（－9.9～0.0Hz），P11S 系列无此功能 | | |
| | 转矩限制 | · 对输出转矩限制在预先设定的限制值以下 | | |
| | | · 设定第 2 限制值后，能用接点输入信号切换 | （TL2/TL1） | |
| | 转矩控制 | 能以模拟输入信号（端子 12）比例控制输出转矩，P11S 系列无此功能 | （Hz/TRQ） | |

(续)

| 项目 | | 规 范 | 接点输入 | 晶体管输出 |
|---|---|---|---|---|
| 控制 | PID 控制 | 用模拟反馈信号的 PID 控制<br>·设定信号:·键操作(A、V 键):设定频率 Hz/最高频率 Hz×100%<br>·电压输入(端子 12):0 ~ ±10V DC/0 ~100%<br>·电压输入(端子 C1):4 ~20mA DC/0 ~100%<br>·电压输入+电流输入(端子 12+端子 C1):0 ~ +10V DC/0 ~100% +4 ~20mA DC/0 ~100%<br>·有极性信号控制可逆运行(端子 12):0 ~ ±10V DC/0 ~ ±100%<br>·有极性信号控制可逆运行(端子 12+端子 V1):0 ~ ±10V DC/0 ~ ±100%<br>·反动作(端子 12):+10 ~0V DC/0 ~100%<br>·反动作(端子 C1):20 ~40mA DC/0 ~100%<br>·程序运行:设定频率 Hz/最高频率 Hz×100%<br>·DI 选件输出:·BCD 输入…设定频率 Hz/最高频率 Hz×100%<br>·二进制输入…满量程/100%<br>·多步频率设定:设定频率 Hz/最高频率 Hz×100%<br>·RS485:设定频率 Hz/最高频率 Hz×100%<br>·反馈信号:端子 12(0 ~ +10V DC/0 ~100% 或 +10 ~ +0V DC/0 ~100%)<br>端子 C1(4 ~20mA DC/0 ~100% 或 20 ~4mA DC/0 ~100%) | (Hz/PID) | |
| | 再生回避控制 | 即使不用制动电阻,自动延长减速时间(设定的减速时间的 3 倍范围),防止 OU 跳闸<br>恒速运行时,进行升高频率控制,防止 OU 跳闸 | | |
| | 第 2 电动机设定 | ·由 1 台变频器切换运行 2 台电动机<br>·能设定第 2 台电动机的基本频率,额定电流,转矩提升,电子热继电器等<br>·内部设定第 2 台电动机常数(可以自整定),电动机 1 和 2 都能实行动态转矩矢量控制 | (M2/M1) | (SWM2) |
| | 自动节能运行 | 轻载运行时,能按最节能方式控制运行 | | |
| | 冷却风扇 ON/OFF 控制 | ·检测变频器内部温度,温度低时使冷却风扇停止运行 | | |
| | | ·有相应的输出信号指示冷却风扇的 ON/OFF 状态 | | (FAN) |
| | 万能 DI | 设定某输入端子,任意连接外部接点输入信号,该信号有无传送给上位主机 | (U-DI) | |
| | 万能 DO | 通过传递,输出上位机的命令信号 | | (U-DO) |
| | 零速度控制 | 对带有 PG 的电动机,能控制使其保持旋转角度,旋转的电动机减速后能实现保持动作 | (ZERO) | |

（续）

| 项目 | | 规范 | |
|---|---|---|---|
| 显示 | | LED 监视器显示 | LCD 监视器画面显示 |
| | 运行中 | 按照功能设定能显示以下内容<br>· 输出频率 1（转差补偿前）<br>· 输出频率 2（转差补偿后）<br>· 设定频率<br>· 输出电流<br>· 输出电压<br>· 电动机同步转速<br>· 线速度（使用 PG 卡选件时，显示 PG 反馈量）<br>· 负载转量（使用 PG 卡选件时，显示 PG 反馈量）<br>· 转矩计算值<br>· 输入功率<br>· PID 命令值<br>· PID 远方命令值<br>· PID 反馈量 | · 棒圆指标　· 输出频率　· 输出电流<br>· 输出转矩<br>· 测试功能　测试接点输入信号、晶体管输出信号的有无（I/O 检查）、显示模拟输入输出信号和脉冲输出信号的大小<br>· 电动机负载检查　测定在设定时间内的最大电流，平均电流和平均制动功率<br>· 维护信息　· 输入功率<br>· 负载率<br>· 散热板温度<br>· 运行时间<br>· 主电路电容器寿命<br>· 冷却风扇运行时间<br>· 控制电路板的寿命等<br>能选择 LCD 画面显示用语种<br>· 中文　· 英文　· 日文 |
| | 停止时 | 显示设定值或输出值 | |
| | 跳闸时 | 显示跳闸原因（以代码表示）<br>· OC1（加速时过电流）<br>· dbH（DB 电阻过热）<br>· OC2（减速时过电流）<br>· OL1（电动机 1 过载）<br>· OC3（恒速运行时过电流）<br>· OL2（电动机 2 过载）<br>· EF（对地短路）<br>· OLU（变频器过载）<br>· Lin（电源缺相）<br>· OS（过速保护）<br>· FUS（熔继器断路）<br>· PG（PG 异常）<br>· OU1（加速时过电压）<br>· Er1（存贮器异常）<br>· OU2（减速时过电压）<br>· Er2（面盘通信异常）<br>· OU3（恒速运行时过电压）<br>· Er3（CPU 异常）<br>· LU（欠电压）<br>· Er4（选件通信异常）<br>· OH1（散热板过热）<br>· Er5（选件异常）<br>· OH2（外部报警）<br>· Er7（输出配线连接不良）<br>· OH3（变频器内部过热）<br>· Er8（RS485 通信异常） | 显示跳闸前时刻的详细工况数据。<br>· 输出频率（转差补偿前）<br>· 晶体管输出端子状态<br>· 输出电流<br>· 报警历史<br>· 输出电压<br>· 同时发出的报警<br>· 频率计算值<br>· 频率设定值<br>· 运行状态<br>1：FWD/REV<br>2：IL（电流限制）<br>3：VL/LU（电压限制/欠电压）<br>4：TL（转矩限制）<br>· 累计运行时间<br>· 直流中间电路电压<br>· 变频器内部温度<br>· 散热板温度<br>· 通信出错次数（键盘面板）<br>· 通信出错次数（RS485）<br>· 通信出错次数（选件卡）<br>· 接点输入端子状态（远方）<br>· 接点输入端子状态（通信） |

（续）

| 项目 | | 规　　范 |
|---|---|---|
| 显示 | 运行中或跳闸时 | ·报警历史：能保存显示过去 4 次跳闸原因（代码） |
| | | ·保存和显示最新跳闸原因的详细数据 |
| | 充电指示灯 | 主电路直流电压约大于 50V 时，此灯点亮 |
| 保护 | 过载保护 | 使用电子热继电器和检出内部温度方法保护变频器 |
| | 过电压保护 | 制动时检出中间直流电压过电压，变频器停止运行 |
| | 电涌保护 | 避免侵入主电路电源线和地之间的电涌电压的影响，保护变频器 |
| | 欠电压保护 | 检出直流中间电路欠电压时，变频器停止运行 |
| | 输入缺相保护 | 检出输入电源缺相时，变频器停止运行 |
| | 过热保护 | 检测变频器散热板的温度，保护变频器 |
| | 短路保护 | 输出侧短路引起过电流时，保护变频器 |
| | 对地短路保护 | ·输出侧对地短路引起过电流时，保护变频器（≤22kW）<br>·输出侧对地短路时，检出零相电流，保护变频器（≥30kW） |
| | 电动机保护（过载预报） | ·设定电子热继电器功能，电子热继电器动作时，变频器停止运行，保护电动机<br>·切换第 2 电动机运行时，能设定第 2 电动机用的电子热继电器 2 |
| | | 使变频器停止运行前，能按照预先设定值输出过载预报信号 |
| | 制动电阻保护 | ·对≤7.5kW 变频器，由变频器内部功能保护（对 P11S 为≤11kW）<br>·对≥11kW 变频器，由安装于制动电阻器上的热继电器检出过热，停止放电动作实现保护（对 P11S 为≥15kW） |
| | 失速防止 | 加减速和恒速运行中，输出电流超过限制值时动作，避免跳闸 |
| | 输出缺相检出 | 进行自整定时，如检出输出电路阻抗不平衡，则保护动作、输出报警信号 |
| | PTC 热敏电阻保护 | 能用 PTC 热敏电阻保护电动机 |
| | 自复位再启动功能 | 跳闸停止时，能自动复位后再启动运行<br>Lin、FUS、OH2、LU、EF、以及各种Er跳闸场合，不自动复位再启动 |
| 环境 | 使用场所 | 室内、没有腐蚀性气体、可燃气体、灰尘和不受阳光直照 |
| | 周围温度 | -10 ~ +50℃（40℃以上时，≤22kW 机种必须取下通风盖） |
| | 周围湿度 | 5% ~95% RH（不结露） |
| | 海拔高度 | ≤1000m，1000 ~3000m 降功率使用（-10%/1000m） |
| | 振动 | 2 ~9Hz 以下为 3mm，9 ~20Hz 以下为 9.8m/s$^2$，20 ~55Hz 以下为 2m/s$^2$，55 ~200Hz 以下为 1m/s$^2$ |
| | 保存　周围温度 | -25 ~65℃ |
| | 保存　周围湿度 | 5% ~95% RH（不结露） |

（2）德国西门子 MM440 矢量型通用变频器

1）MM440 矢量型通用变频器的主要特点。MM440 矢量型通用变频器是一种无速度传感器，是磁通电流矢量控制方式的多功能标准变频器，具有低速高转矩输出、良好的动态特性和过载能力强等特点。矢量控制方式可构成闭环矢量控制和闭环转矩控制方式，并具有线性U/f控制，二次U/f控制，可编程多点设定U/f控制，节能控制纺织机械U/f控制方式，可编程加速/减速范围为0~650s，斜坡函数的上升/下降时间可任意选择。具有斜坡函数起始段和结束段的平滑圆弧功能；具有6个数字输入，2个模拟输入，2个模拟输出，3个继电器输出；内置PID控制器，参数自定；具有15个可编程固定频率，4个可编程跳变频率；集成RS485通信接口，可选用Profbus-DP/DEVICE-Net通信模块；可实现主/从控制及力矩控制方式。过载能力为200%额定负载电流，持续时间为3s；过载能力为150%额定负载电流，持续时间为60s；内置制动单元。具有过电压、欠电压、过电流、短路、过热等一系列保护功能，采用PIN编号实现参数连续。

MM440矢量型通用变频器是MM系列通用变频器中的高性能机型，适应多种应用场合，包括需要精确启/停、高精度、响应快的控制系统，可实现高精度制动和最小的减速时间。在低频时也具有高质量的控制性能。

2）MM矢量型通用变频器的技术性能见表6-9。

**表6-9 MM矢量型通用变频器的技术性能**

| | | 恒转矩 | 平方转矩 |
|---|---|---|---|
| 输入电压和功率范围 | 单相AC 200~240(1±10%)V | 0.12~3kW | 0.12~4.0kW |
| | 三相AC 200~240(1±10%)V | 0.12~45kW | 0.24~45kW |
| | 三相AC 380~480(1±10%)V | 0.37~75kW | 0.55~90kW |
| | 三相AC 500~480(1±10%)V | 0.75~75kW | 1.5~90kW |
| 输入频率 | 47~63Hz | | |
| 输出频率 | 0~650Hz | | |
| 功率因数 | ≥0.7 | | |
| 变频器效率 | 96%~97% | | |
| 过载能力(恒转矩) | 150%负载过载能力,5min内持续时间60s;或1min内持续3s,200%过载 | | |
| 启动冲击电流 | 小于额定输入电流 | | |
| 控制方式 | 矢量控制,力矩控制、线性V/f;二次方V/f(风机曲线);可编程V/f,磁通电流控制(FCC)、低功率模式 | | |
| PWM频率 | 2~16kHz(每级改变量为2kHz) | | |
| 固定频率 | 15个,可编程 | | |
| 跳转频带 | 4个,可编程 | | |
| 频率设定值的分辨率 | 0.01Hz,数字设定:0.01Hz、串行通信设定;10位模拟规定 | | |
| 数字输入 | 3个完全可编程的带隔离的数字输入;可切换为PNP/NPN | | |
| 模拟输入 | 2个,0~10V、0~20mA、-10~10V;0~10V、0~20mA | | |
| 继电器输出 | 3个可组态为DC 30V/5A(电阻性负载),250V AC/2A(感性负载) | | |
| 模拟输出 | 2个,可编程(0/4~20mA) | | |

3）MM440 矢量型通用变频器的方框图如图 6-21 所示。

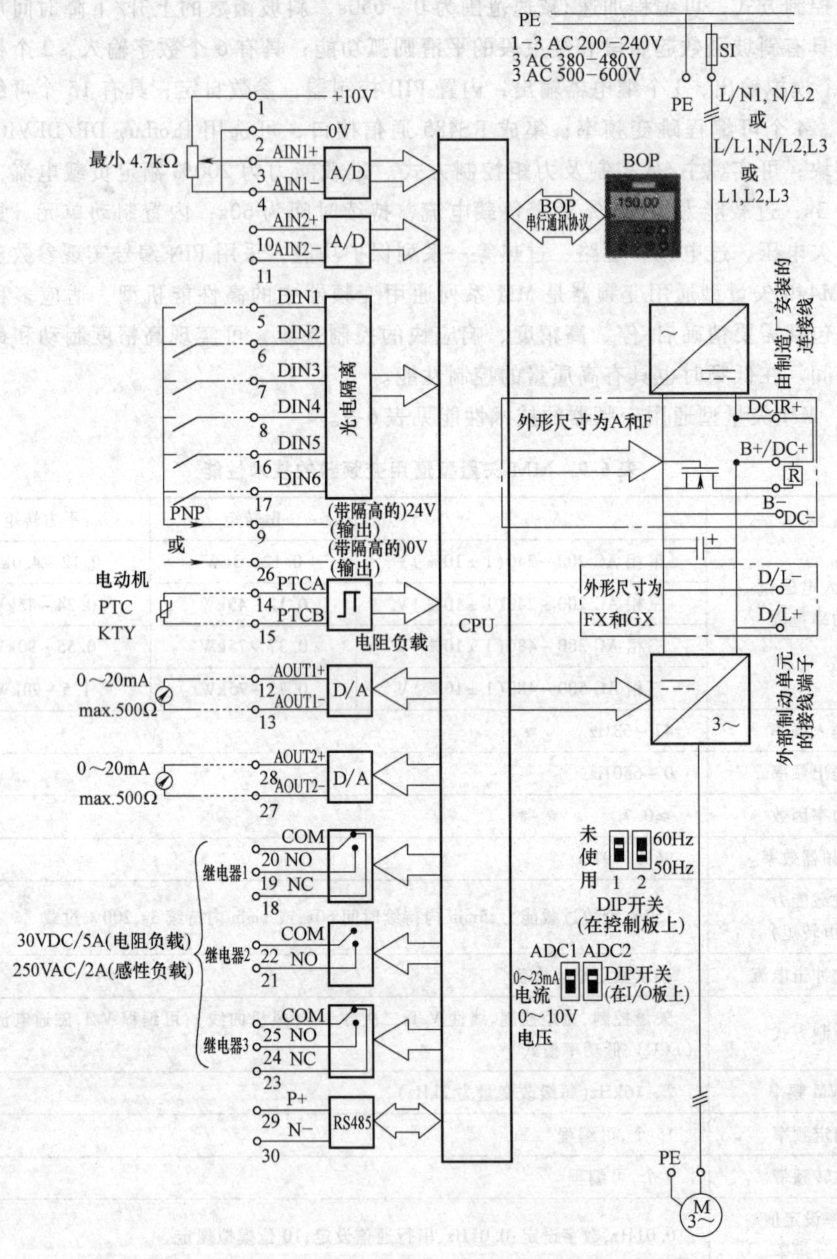


图 6-21 MM440 矢量型通用变频器的方框图

4）MM440 矢量型通用变频器的接线端子图如图 6-22 所示。

（3）中国名牌森兰 SB60G+/SB61G+全能王矢量型变频器

1）产品特点：

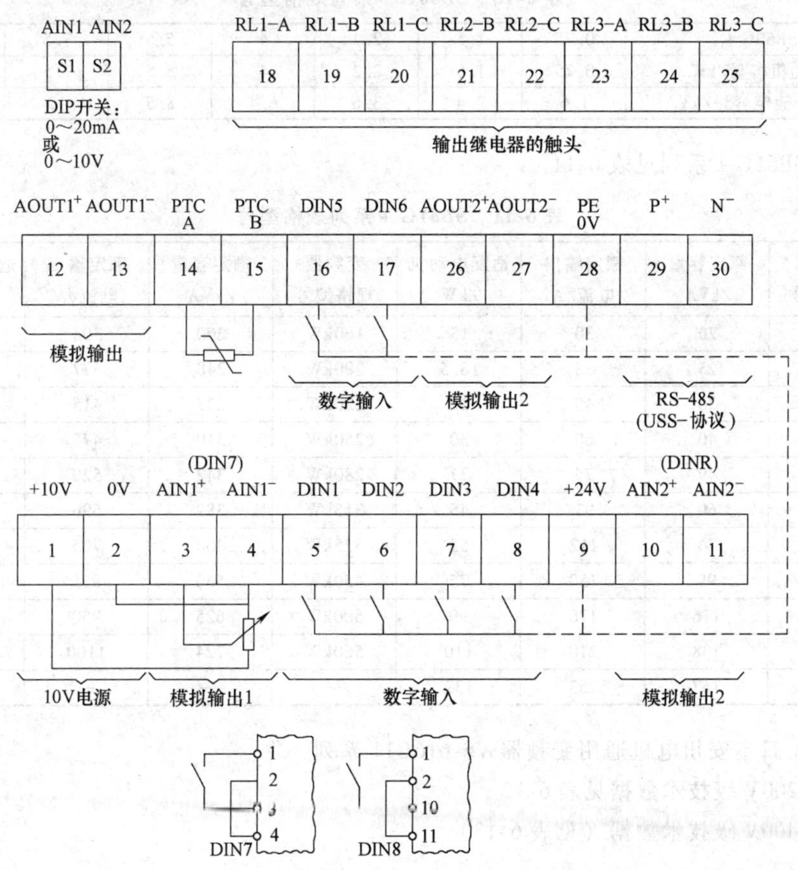


图 6-22　MM440 矢量型通用变频器的接线端子图

① 无速度传感器矢量控制技术和拟超导技术，0.5Hz 可输出 100% 转矩。

② 自动测试电动机参数，自动节能运行。

③ 瞬时停电再启动。

④ 简易 PLC 控制，内置 PID，简化用户外部电路设计。

⑤ AVR 功能，自动调节电压，使电动机始终保持最佳运行状态。

⑥ 内置 RS485 通信接口，同时提供 Modbus 厂家协议和兼容 Uss 协议。

⑦ P 系列内置一拖多模块，轻松实现多泵控制。

2）应用领域：

各种抽油机、磨削机、冶金机械、混合搅拌机、造纸机械、拉丝机、卷曲控制、化纤高速精纺等位势负载、快速大动态变化负载、高速、高精度速度控制、转矩控制系统、位置控制系统等。

3）规格型号：

① SB60G + 系列见表 6-10。

表 6-10 SB60G + 系列规格型号

| SB60G + | | 0.75 | 1.5 | 2.2 | 4 | 5.5 | 7.5 | 11 |
|---|---|---|---|---|---|---|---|---|
| 电动机容量/kW | | 0.75 | 1.5 | 2.2 | 4 | 5.5 | 7.5 | 11 |
| 输出 | 额定容量/kVA | 1.6 | 2.4 | 3.6 | 6.4 | 8.5 | 12 | 16 |

② SB61G + 系列见表 6-11。

表 6-11 SB61G + 系列规格型号

| 变频器规格型号 | 额定容量/kVA | 额定输出电流/A | 适配电动机/kW | 变频器规格型号 | 额定容量/kVA | 额定输出电流/A | 适配电动机/kW |
|---|---|---|---|---|---|---|---|
| 15kW | 20 | 30 | 15 | 160kW | 200 | 304 | 160 |
| 18.5kW | 25 | 38 | 18.5 | 200kW | 248 | 377 | 200 |
| 22kW | 30 | 45 | 22 | 220kW | 273 | 415 | 220 |
| 30kW | 40 | 60 | 30 | 250kW | 310 | 475 | 250 |
| 37kW | 49 | 75 | 37 | 280kW | 342 | 520 | 280 |
| 45kW | 60 | 91 | 45 | 315kW | 389 | 590 | 315 |
| 55kW | 74 | 112 | 55 | 375kW | 460 | 705 | 375 |
| 75kW | 99 | 150 | 75 | 450kW | 560 | 855 | 450 |
| 90kW | 116 | 176 | 90 | 500kW | 625 | 950 | 500 |
| 110kW | 138 | 210 | 110 | 560kW | 724 | 1100 | 560 |
| 132kW | 167 | 253 | 132 | — | — | — | — |

（4）日本安川电机通用变频器 VS-616G11 系列

1）200V 级技术数据见表 6-12

2）400V 级技术数据（见表 6-13）

表 6-12 200V 级技术数据

| 型号 CIMR-G7A□ | | 20P4 | 20P7 | 21P5 | 22P2 | 23P7 | 25P5 | 27P5 | 2011 | 2015 | 2018 | 2022 | 2030 | 2037 | 2045 | 2055 | 2075 | 2090 | 2110 |
|---|---|---|---|---|---|---|---|---|---|---|---|---|---|---|---|---|---|---|---|
| 最大适用电动机容量/kW① | | 0.4 | 0.75 | 1.5 | 2.2 | 3.7 | 5.5 | 7.5 | 11 | 15 | 18.5 | 22 | 30 | 37 | 45 | 55 | 75 | 90 | 110 |
| 额定输出 | 输出容量/kVA | 1.2 | 2.3 | 3.0 | 4.6 | 6.9 | 10 | 13 | 19 | 25 | 30 | 37 | 50 | 61 | 70 | 85 | 110 | 140 | 160 |
| | 额定输出电流/A | 3.2 | 6 | 8 | 12 | 18 | 27 | 34 | 49 | 66 | 80 | 96 | 130 | 160 | 183 | 224 | 300 | 358 | 415 |
| | 最大输出电压 | 三相 200/208/220/230/240V(对应输入电压) | | | | | | | | | | | | | | | | | |
| | 最高输出频率 | 参数设定可对应至 400Hz | | | | | | | | | | | | | | | | | |
| 电源 | 额定电压,额定频率 | 三相 200/208/220/230/240V 50/60Hz② | | | | | | | | | | | | | | | | | |
| | 允许电压变动 | +10%,-15% | | | | | | | | | | | | | | | | | |
| | 允许频率变动 | ±5% | | | | | | | | | | | | | | | | | |
| 电源高次谐波对策 | 直流电抗器 | 选择件 | | | | | | | | | 内置 | | | | | | | | |
| | 12 相整流 | 不可对应 | | | | | | | | | 可对应③ | | | | | | | | |

① 最大适用电动机容量是安川公司产品 4 极标准电动机。请严格选择变频器额定输出电流大于电动机额定电流的机种。

② 200V 级 30kW 以上的变频器冷却风扇电压是三相 200/208/220V 50Hz，200/208/220/230V 60Hz。

③ 12 相整流时，电源有必要配置 3 绕组变压器（选择件）。

表 6-13　400V 级技术数据

| 型号 CIMR-G7A□ | | 40P4 | 40P7 | 41P5 | 42P2 | 43P7 | 45P5 | 47P5 | 4011 | 4015 | 4018 | 4022 | 4030 | 4037 | 4045 | 4055 | 4075 | 4090 | 4110 | 4132 | 4160 | 4185 | 4220 | 4300 |
|---|---|---|---|---|---|---|---|---|---|---|---|---|---|---|---|---|---|---|---|---|---|---|---|---|
| 最大适用电动机容量/kW① | | 0.4 | 0.75 | 1.5 | 2.2 | 3.7 | 5.5 | 7.5 | 11 | 15 | 18.5 | 22 | 30 | 37 | 45 | 55 | 75 | 90 | 110 | 132 | 160 | 185 | 220 | 300 |
| 额定输出 | 输出容量/kVA | 1.4 | 2.6 | 3.7 | 4.7 | 6.9 | 11 | 16 | 21 | 26 | 32 | 40 | 50 | 61 | 74 | 98 | 130 | 150 | 180 | 210 | 230 | 280 | 340 | 460 |
| | 额定输出电流/A | 1.8 | 3.4 | 4.8 | 6.2 | 9 | 15 | 21 | 27 | 34 | 42 | 52 | 65 | 80 | 97 | 128 | 165 | 195 | 240 | 270 | 302 | 370 | 450 | 605 |
| | 最大输出电压 | 三相 380/400/415/440/460/480V（对应输入电压） | | | | | | | | | | | | | | | | | | | | | | |
| | 最高输出频率 | 参数设定可对应至 400Hz | | | | | | | | | | | | | | | | | | | | | | |
| 电源 | 额定电压、额定频率 | 三相 380/400/415/440/460/480V 50/60Hz | | | | | | | | | | | | | | | | | | | | | | |
| | 允许电压变动 | +10%，-15% | | | | | | | | | | | | | | | | | | | | | | |
| | 允许频率变动 | ±5% | | | | | | | | | | | | | | | | | | | | | | |
| 电源高次谐波对策 | 直流电抗器（DC） | 选择件 | | | | | | | | | 内置 | | | | | | | | | | | | | |
| | 12 相整流 | 不可对应 | | | | | | | | | 可对应② | | | | | | | | | | | | | |

① 最大适用电动机容量是安川公司产的 4 极标准电动机。请严格选定变频器额定输出电流大于电动机额定电流的机种。

② 12 相整流时，电源有必要配置 3 绕组变压器（选择件）。

3）200V 级和 400V 级共用规格（见表 6-14）

**表 6-14　200V 级和 400V 级共用规格**

| 型号 CIMR-G7A□ | | 规　格 |
|---|---|---|
| 控制特性 | 控制方式 | 正弦波 PWM 方式[带 PG 矢量控制,无 PG 矢量 1/2 控制,无 PGV/f 控制,带 PGV/f 控制(由参数切换)] |
| | 启动力矩 | 150% 0.3Hz(无 PG 矢量 2 控制),150% /0 · min$^{-1}$(带 PG 矢量控制) |
| | 速度控制范围 | 1:200(无 PG 矢量 2 控制),1:1000(带 PG 矢量控制)① |
| | 速度控制精度 | ±0.2%(无 PG 矢量 2 控制,25℃ ±10℃),±0.02%(带 PG 矢量控制,25℃ ±10℃)① |
| | 速度响应 | 10Hz(无 PG 矢量 2 控制),40Hz(带 PG 矢量控制)① |
| | 力矩极限 | 有(用参数设定,只在矢量控制时,可个别设定 4 象限) |
| | 力矩精度 | ±5% |
| | 频率控制范围 | 0.01 ~400Hz③ |
| | 频率精度（温度波动） | 数字式指令 ±0.01%(-10℃ ~ +40℃),模拟量指令 ±0.1%(25℃ ±10℃) |
| | 频率设定分指率 | 数字式指令 0.01Hz,模拟量指令 0.03Hz/60Hz(11bit + 无符号) |
| | 输出频率分辨率（计算分辨率） | 0.001Hz |
| | 过负载能力，最大电流 | 额定输出电流的 150% 1min,200% 0.5s |
| 控制特性 | 频率设定信号 | -10 ~10V,0 ~10V,4 ~20mA,脉冲序列 |
| | 加减速时间 | 0.01 ~6000.0s(加速,减速个别设定:4 种切换) |
| | 制动力矩 | 大约 20%(使用制动电阻器选择大约 125%)②,200/400V 15kW 以下内置制动晶体管 |
| | 主要控制功能 | 瞬时停电再启动,速度搜索,过力矩检出,力矩限制,17 段速运行(最大),加减速时间切换,S 字加减速,3 线制顺序,自学习(旋转型,停止型);DWELL(暂停)功能,冷却风扇 ON/OFF 关键,滑差补偿,力矩补偿,禁止频率,频率指令上下限设定,启动时、制动时直流制动、高速滑差制动,PID 控制(带滑差功能),节能控制,MEMOBUS 通信(RS-485/422 最大 19.2kbps),故障复位,DROOP 控制,参数拷贝,力矩控制,速度控制/力矩控制切换运行等等 |
| 保护功能 | 电动机保护 | 通过电子热敏器件保护 |
| | 瞬时过电流 | 额定输出电流的约 200% 以上 |
| | 保险丝熔断保护 | 保险丝熔断停止运行 |
| | 过负载 | 额定输出电流的 150% 1min,200% 0.5s |
| | 过电压 | 200V 级:主回路直流电压 410V 以上停止,400V 级:主回路直流电压 820V 以上停止 |
| | 不足电压 | 200V 级:主回路直流电压 190V 以上停止,400V 级:主回路直流电压 380V 以上停止 |
| | 瞬时停电补偿 | 15ms 以上停止(出厂设定)根据控制模式的选择在约 2s 内的停电恢复,则继续运行 |

（续）

| 型号 CIMR-G7A□ | | 规　格 |
|---|---|---|
| 保护功能 | 散热片过热 | 通过热敏电阻器件保护 |
| | 防止失速 | 加减速中，运行中防止失速 |
| | 接地保护 | 通过电子回路保护 |
| | 充电中显示 | 显示主回路直流电压降到约 50V 以下 |
| 环境 | 周围温度 | -10℃～+40℃（封闭性壁型），-10℃～+45℃（柜内安装型） |
| | 湿度 | 95% RH 以下（无结露） |
| | 保存温度 | -20℃～+60℃（运送中的短期间温度） |
| | 使用场所 | 屋内（无腐蚀性气体，灰尘等场所） |
| | 标高 | 1000m 以下 |
| | 振动 | 振动频率未满 20Hz 是 $9.8m/s^2$，20～50Hz 允许至 $2m/s^2$ |

① 为达到表中记载的“带 PG 矢量控制，无 PG 矢量 1/2 控制”的规格，有必要实施旋转型自学习模式。

② 连接制动电阻器或制动电阻器单元时，请设定 L3-04（防止减速失速功能选择）为 0（无效）。未设定时，在所定的减速时间内会有不能停止的现象。

③ 无 PG 矢量 2 控制最高输出频率是 60Hz。

**7. 通用变频器的选用、安装与调试**

（1）通用变频器的选择

1）容量的选择

① 对于长期恒定负载，变频器的容量（指变频器说明书中的“配用电动机容量”）只需与电动机容量相当即可。

② 对于断续负载和短时负载，因电动机有可能在“短时间”内过载，故变频器的容量应适当加大。通常，应满足最大电流原则，即

$$I_N \geqslant I_{N\max}$$

式中　$I_N$——变频器的额定电流；

$I_{N\max}$——电动机在运行过程中的最大电流。

2）类型及控制方式的选择。选择变频器类型时，需要考虑的因素有：

① 调速范围。在调速范围不大的情况下，可考虑选择较为简易的、只有 U/f 控制方式的变频器，或采用无反馈的矢量控制方式。当调速范围很大时，则应考虑采用有反馈的矢量控制方式。

② 负载转矩的变动范围。对于转矩变动范围不大的负载，也可首先考虑选择较为简易的只有 U/f 控制方式的变频器。但对于转矩变动范围较大的负载，因所选的 U/f 线不能同时满足重载与轻载时的要求，故不宜采用 U/f 控制方式。

③ 负载对机械特性的要求。若负载对机械特性的要求不是很高，则可考虑选择较为简易的、只有 U/f 控制方式的变频器；若在要求较高的场合，则必须采用矢量控制方式；若负载对动态响应性能也有较高要求，则还应考虑采用有反馈的矢量控制方式。

（2）通用变频器的安装

1）变频器对安装环境的要求。变频器是精密的电力电子装置，在设置安装方面必须考虑周围的环境条件，一般说来需要考虑以下因素：

① 环境温度。一般来说，允许的环境温度为 -10 ~ +40℃，如果散热条件好，其上限温度可提高到 +50℃。

② 环境湿度。当空气中湿度较大时，会使绝缘变差。一般来说，以保证变频器内部不出现结露现象为度。

③ 安装场所。应在海拔高度 1 000m 以下使用。海拔高度超过 1 000m 时，变频器的散热能力将下降，最大允许输出电流和电压都要降低使用。

④ 其他条件。变频器的安装环境还应满足无腐蚀、无振动、少尘埃、无阳光直射等条件。如果变频器长期不用，变频器内的电解电容就会发生劣化现象，实际运行时会由于电解电容的耐压降低和漏电增加而引发故障。因此，最好每隔半年通电一次，通电时间保持 30 ~ 60min，使电解电容自修复，以改善劣化特性。

2）变频器的安装。变频器也和其他大部分电力设备一样，需认真对待其工作过程中的散热问题，温度过高对任何设备都具有破坏作用。所不同的是对多数设备而言，其破坏作用比较缓慢，而对变频器的逆变电路，温度一旦超过限值，会立即导致逆变管的损坏。因此变频器的散热问题也显得尤为重要。为了不使变频器内部温度升高，常采用的办法是通过冷却风扇把热量带走，一般说来，每带走 1kW 热量，所需要的风量约为 $0.1m^3/s$。

安装变频器时，首要的问题是如何保证散热的途径畅通，不易被阻塞。常用的安装方式有下面几种：

① 壁挂式安装。由于变频器具有较好的外壳，一般情况下允许直接靠墙安装，称为壁挂式安装，如图 6-23 所示。为了保持通风良好以改善冷却效果，变频器与周围物体之间的距离符合下列要求：

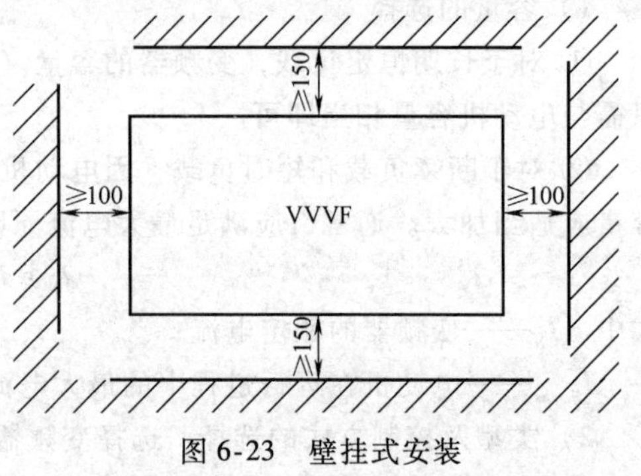

图 6-23　壁挂式安装

a）两侧：≥100mm

b）上下：≥150mm

为改善通风效果，变频器需垂直放置，为保证变频器的出风口畅通而不被异物阻塞，最好在变频器的出风口加装保护网罩。

② 柜式安装。如果安装现场环境较差，如尘埃多、嘈杂或者其他控制电器较多，需要和变频器一起安装时，一般多选择柜式安装的方式。柜式安装同样需要注意变频器的冷却。当一个柜内装有两台或两台以上变频器时，应尽量并排安装。若必须采用上下排列方式，则应在两台变频器间加一隔板，以免下面变频器中出来的热风进入上面变频器内。变频器在控制柜内不能上下颠倒或平放安装，变频控制柜在室内的空间位置要便于变频器的定期维护。

a）柜外冷却方式。在较清洁的地方，可以将变频器本体安装在控制柜内，而将散热片留在柜外，如图6-24所示。这种方式可以通过散热片进行柜内空气和外部空气之间的热传导，这样对柜内冷却能力的要求就可以低一些。这种安装方式对柜内温度的要求可参考图中标出的数值。

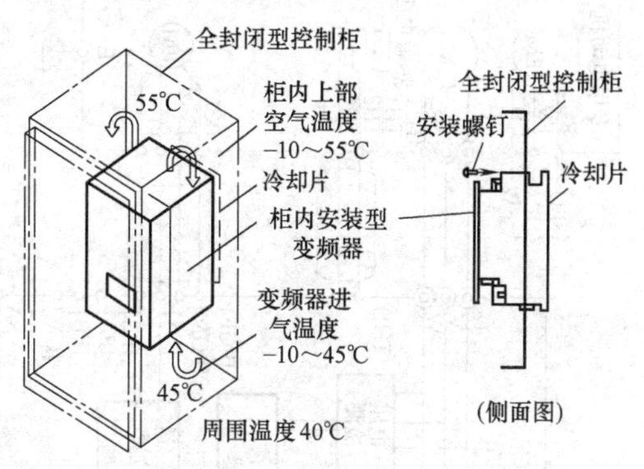


图6-24　柜外冷却方式

b）柜内冷却方式。对于不方便使用柜外冷却方式的变频器，连同其他散热片都要安装在柜内。此时应采用强制通风的办法，来保证柜内的散热。通常在控制柜的柜顶加装抽风式冷却风扇，风扇的位置应尽量在变频器的正上方，如图6-25所示。

c）多台变频器的安装。当一个控制柜内安装有两台或者两台以上的变频器时，应尽量横向排列，以便散热，如图6-26所示。

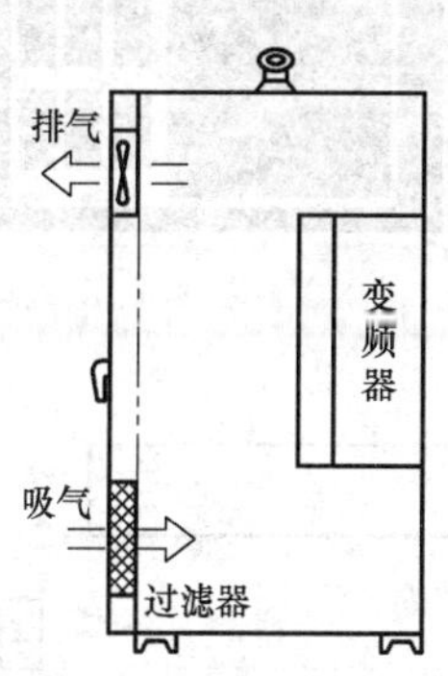


图6-25　柜内冷却方式

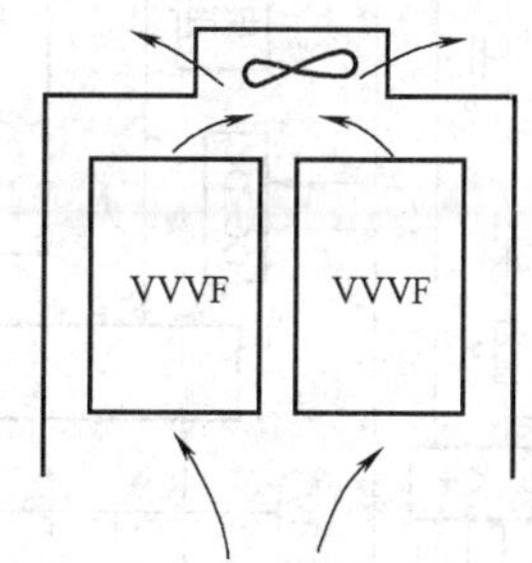


图6-26　两台变频器的安装

3）变频器的接线。现仍以日本富士低噪声、高性能、多功能FR5000G11S变频器为例来说明。该系列变频器的基本接线如图6-27所示。

① 主电路的布线。在对主电路进行布线以前，应该首先检查一下电缆的线径是否符合要求。此外在进行布线时，还应该注意将主电路和控制电路的布线分开，并分别走线。在不得不经过同一接线口时，也应在两种电缆之间设置隔离壁，以防止控制线路受到动力线的干扰，造成变频器工作异常。

图6-27中符号G为变频器箱体的接地端子，为保证使用安全，该点应按国家电气规程要求接地。R、S、T为变频器的输入端子，通过带漏电保护的断路器连接至三相交流电源。U、V、W表示变频器的输出端子，要根据电动机的转向要求确定其相序。RO、TO为控制电源辅助输入端子，其功能有两个：一是用于防无线电干扰的滤波器电

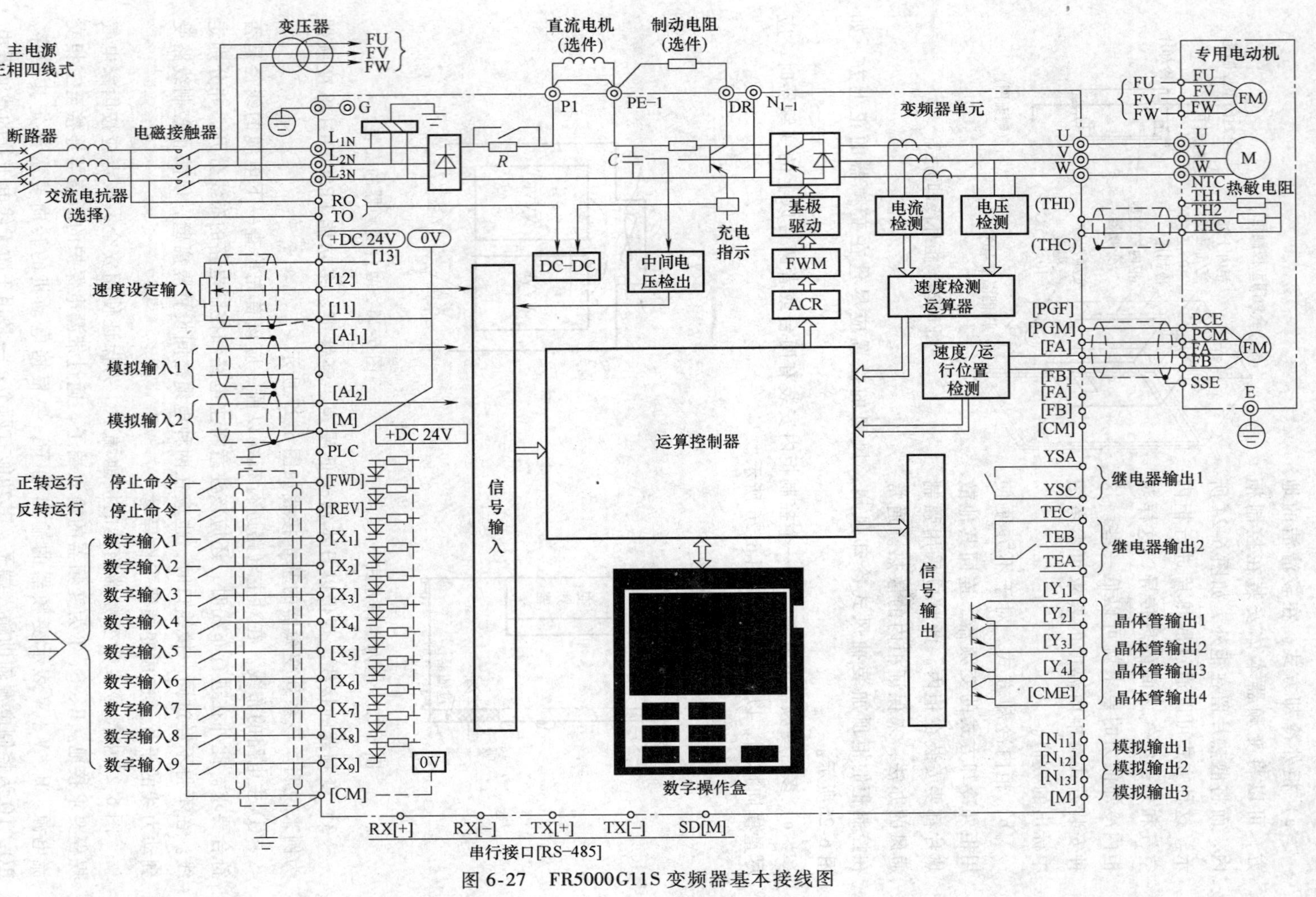


图 6-27　FR5000G11S 变频器基本接线图

源；二是再生制动运行时，主变频器整流部分与三相交流电源脱开。RO、TO 作为冷却风扇的备用电源。

【提示】主电路交流电源不要通过 ON/OFF 来控制变频器的运行和停止，而应采用控制面板上的 FWD、REV 键进行操作。变频器的输出端子若转向不对，则可调换 U、V、W 中任意两相的接线。输出端不应接电力电容器或浪涌吸收器，变频器与电动机之间的连线不宜过长，电动机功率小于 3.7kW，配线长度不超过 50m，否则要增设线路滤波器（OFL 滤波器可另购）。

② 控制电路的布线。在变频器中，主电路是强电信号，而控制电路所处理的信号为弱电信号，因此在控制电路的布线方面应采取必要的措施，以避免主电路中的高次谐波信号进入控制电路。

变频器的控制电路大体可分为模拟和数字两种。模拟量控制线主要包括输入侧的给定信号线和反馈信号线以及输出侧的频率信号线和电流信号线。由于模拟信号的抗干扰能力较低，因此模拟量控制线必须使用屏蔽线。屏蔽层靠近变频器的一端应接控制电路的公共端（GND），或接在变频器的地端（E）或大地，屏蔽层的另一端应悬空，如图 6-28 所示。

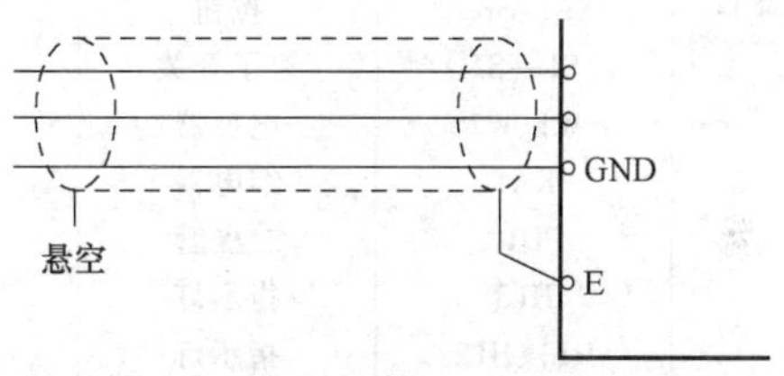

图 6-28　屏蔽线的接法

③ 接地线。由于变频器主电路中的半导体开关器件在工作过程中将进行高速通断动作，变频器主电路和外壳以及控制柜之间的漏电电流也相对较大，因此为了防止操作者触电、雷击等自然灾害对变频器的伤害，必须保证变频器接地端的可靠接地。可靠接地还有利于抗干扰。

布线时，应注意以下事项：

a）多台变频器安装在同一控制柜内时，每台变频器必须分别和接地线相连，如图 6-29 所示。

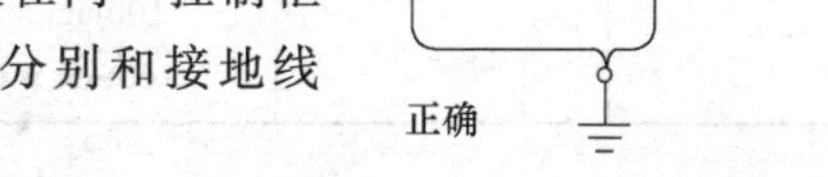
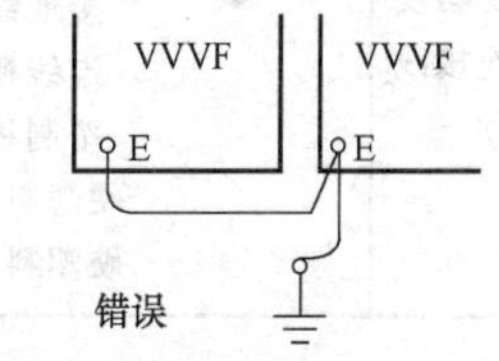

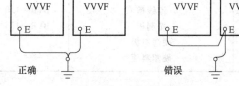

图 6-29　变频器的接地

b）尽可能缩短接地线。

c）绝对避免同电焊机、变压器等强电设备共用接地电缆或接地极。此外在接地电缆布线上也应与强电设备的接地电缆分开。

4）变频器系统的安装。熟悉变频器的安装方法，能正确安装变频器的主电路和控制电路。

根据安装需要按表 6-15 选配工具、器材和仪表，并对所选元器件进行质量检验（这里采用成都希望森兰变频制造有限公司生产的“全能王”SB60/61 系列通用变频器）。

① 熟悉如图 6-30 和图 6-31 所示电路接线图并自行设计布置图。

② 安装电气元件和走线槽。

③ 安装线路连接线。

表 6-15 安装工具、仪表及器材

| | 项目内容 | | | | |
|---|---|---|---|---|---|
| 工具 | 测电笔、螺钉旋具、尖嘴钳、斜口钳、剥线钳、电工刀等常用工具 | | | | |
| 仪表 | MF47 万用表等 | | | | |
| 器材 | 代号 | 名称 | 型号 | 规格 | 数量 |
| | VVVF | 变频调速器 | SB60 | 2.2kW | 1 |
| | M | 三相异步电动机 | Y2—100L3—4 | 2.2kW、380V | 1 |
| | QF | 低压断路器 | DZ5—20/330 | 3 极、10A | 1 |
| | R | 制电动阻 | | 250Ω、600W | 1 |
| | XT1 | 端子板 | TD—2010 | 20A、10 节 | 1 |
| | XT2、XT4 | 端子板 | TD—1015 | 10A、15 节 | 1 |
| | XT3、XT5 | 端子板 | TD—1010 | 10A、10 节 | 2 |
| | SB1、SB2 | 按钮 | LA10—2H | 保护式、按钮数为 2 | 1 |
| | S1—S7 | 钳子开关 | | | 7 |
| | W1、W2 | 电位器 | | 2.2kΩ、1W | 2 |
| | KA1 | 继电器 | HH54P | 3A、线圈电压直流 24V | 1 |
| | D1 | 二极管 | IN4004 | 1A、400V | 1 |
| | HL3 | 指示灯 | | 220V | 1 |
| | HL1、HL2 | 指示灯 | | 24V | 2 |
| | mA | 直流毫安表 | 85C1 | 50mA | 1 |
| | Y | 直流电压表 | 85C1 | 50V | 1 |
| 支架及连接线 | 名称 | | 型号 | 规格 | 数量 |
| | 主电路导线 | | | 2.5mm² | 若干 |
| | 控制电路导线 | | | 1.0mm² | 若干 |
| | 接地线 | | BVR—2.5 | 1.5mm² | 若干 |
| | 走线槽 | | BVR—1.0 | 18mm×25mm | 若干 |
| | 按制板 | | BVR—1.5 | 600mm×500mm×25mm | 1 |
| | 硬塑料板 | | | 100mm×320mm×5mm | 1 |
| | 硬塑料板 | | | 60mm×200mm×5mm | 1 |

④ 在控制板上按照如图 6-30 和图 6-31 所示电路接线图进行板前线槽布线。

⑤ 安装电动机。

⑥ 可靠连接变频器、电动机及电气元件的金属外壳保护接地线。

⑦ 自检。安装完成的电路板，称之为 LY-A 型变频调速装置。安装结束后，其安装的电路板可留用。

⑧ 注意事项

a）注意安装和布线的工艺要求。

b）注意接线的正、负极性，不可接反。注意电压表和电流表的安装和接线。

c）与变频器相连的接线端子实际是将变频器主、控电路端子引出，防止安装中反复进行线路拆装而损坏变频器上的接线桩。

d）变频器的主、控回路配线应尽量分开。

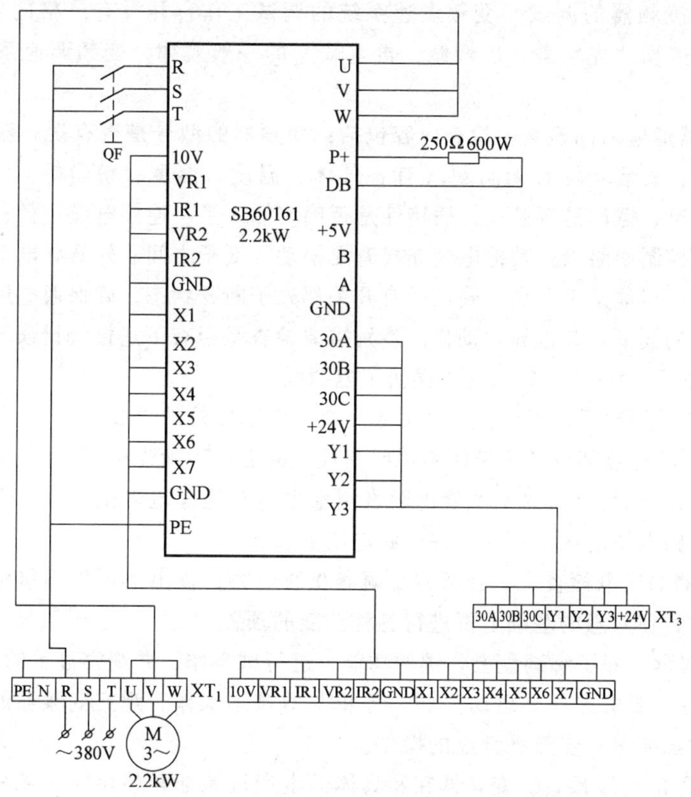


图 6-30　变频调速装置基本电路引线图

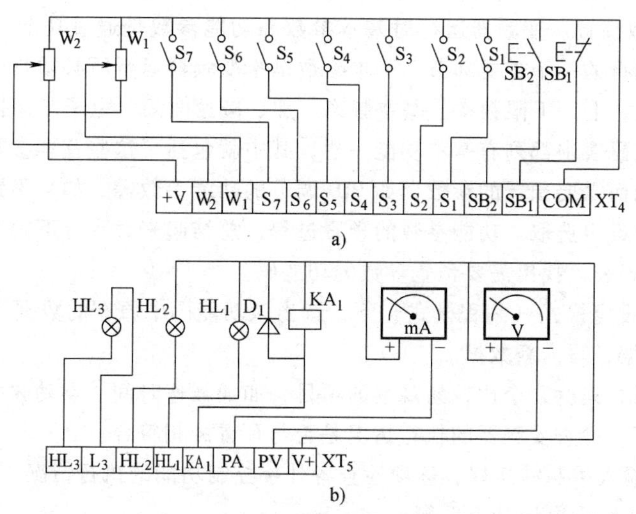


图 6-31　变频调速装置电路

a）变频器输入控制电路　b）变频器输出指示电路

（3）通用变频器的调试　变频调速系统的调试工作，并没有严格的规定和步骤，只是大体上应遵循“先空载，后轻载，再重载”的一般规律，变频调速系统的调试通常采用的方法：

1）变频器通电前的检查。检查内容包括：变频器的型号是否有误；随机附件及说明书是否齐全；安装环境有无问题（有害气体、温度、湿度、粉尘等）。装置有无脱落、破损，螺钉、螺母是否松动；插接件是否确实插入了。连接电缆直径、种类是否合适；主回路、控制回路以及其他电气连接有无松动；端子之间、外露导电部分是否有短路、接地现象。接地是否可靠。确认所有开关都处于断开状态，确保通电后变频器不会自行非正常启动或发生其他异常动作。特别需要检查是否有下述接线错误：

① 输出端子（U、V、W）是否误接了电源线。

② 制动单元用端子是否误接了制动单元放电电阻以外的导线。

③ 屏蔽线的屏蔽部分是否像使用说明书规定的那样正确连接了。

完成上述检查后，用500V 绝缘电阻表测量主电路绝缘电阻是否在10MΩ 以上。然后再检查主回路电源电压是否在容许电源电压值以内。

2）变频器的通电检查。一台新的变频器在通电时，输出端可先不接电动机，而是首先要熟悉它，在熟悉的基础上再进行各种功能的预置。

① 熟悉键盘。即了解键盘上各键的功能，进行试操作，并观察显示的变化情况等。

② 按说明书要求进行“启动”和“停止”等基本操作，观察变频器的工作情况是否正常，同时还要进一步熟悉键盘的操作。

3）变频器的功能预置。变频器在和具体的生产机械配套使用时，需根据该机械的特性和要求，预先进行一系列的功能设置（如设定基本频率、最高频率、升降速时间等），这称为预置设定，简称预置。

① 功能参数预置。变频器运行时基本参数和功能参数是通过功能预置得到的，因此它是变频器运行的一个重要环节。基本参数是指变频器运行所必须具有的参数，主要包括：转矩补偿，上、下限频率，基本频率，加、减速时间，电子热保护等。大多数的变频器在其功能码表中都列有基本功能一栏，其中就包括了这些基本参数。功能参数是根据选用的功能而需要预置的参数，如PID 调节的功能参数等，如果不预置参数，变频器就按出厂时的设定选取。功能参数的预置过程，总结起来大约有下面几个步骤：

a）查功能码表，找出需要预置参数的功能码。

b）在参数设定模式（编程模式）下，读出该功能码中原有的数据。

c）修改数据，写入新数据。

预置完毕后，先就几个比较易观察的项目，如加减速时间、点动频率、多档速控制时的各档频率等，检查变频器的执行情况是否与预置的相符合。

② 将外接输入控制线接好，逐项检查各外接控制功能的执行情况。

③ 检查三相输出电压是否平衡。

4）变频器的空载实验

① 空载实验的主要内容。在变频器的输出端上接电动机，但电动机与负载脱开，

然后进行通电试验。这样做的目的是观察变频器配上电动机后的工作情况，同时校准电动机的旋转方向，试验的主要内容为：

a）设置电动机的功率、极数，要综合考虑变频器的工作电流、容量和功率，根据系统的工作状况要求来选择设定功率和过载保护值。

b）设定变频器的最大输出频率、基频，设置转矩特性。如果是风机和泵类负载，就要将变频器的转矩运行代码设置成变转矩和降转矩运行特性。

c）设置变频器的操作模式，按运行键、停止键，观察电动机是否能正常地启动、停止。

d）掌握变频器运行发生故障时的保护代码，观察热保护继电器的出厂值，观察过载保护的设定值，需要时可以修改。

② 空载试验步骤如下：

a）接通电源后，先将频率设置为0，慢慢增大工作频率，观察电动机的起转情况，以及旋转方向是否正确。若方向相反，则予以纠正。

b）将频率上升至额定频率，让电动机运行一段时间。如果一切正常，就再选若干个常用的工作频率，也使电动机运行一段时间。

c）将给定频率信号突降至零（或按停止按钮），观察电动机的制动情况。

在变频器的各项参数设置中，有一个重要的参数是加减速时间的给定，有关工作曲线如图6-32所示。

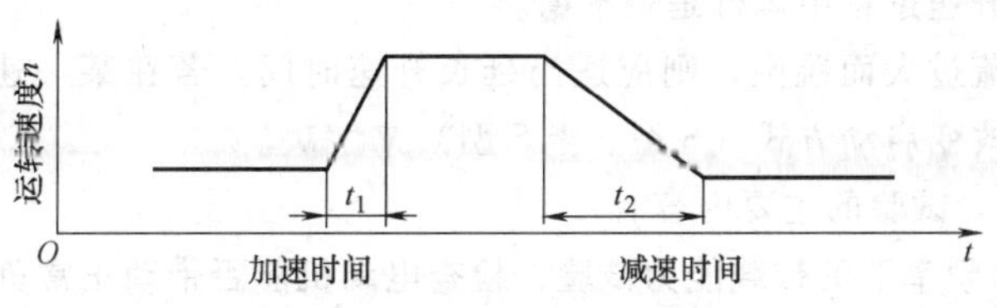


图6-32　加减速给定时间曲线

③ 计算初步给定值

用下面的计算公式可以计算初步给定值。

a）加速给定时间>加速时间：$t_1=\dfrac{GD_T^2\times\Delta n}{375\times(T_M\times\alpha-T_{Lmax})}$

b）减速给定时间>减速时间：$t_2=\dfrac{GD_T^2\times\Delta n}{375\times(T_M\times\beta-T_{Lmin})}$

式中　$GD_T^2$——$GD_T^2$ = 电机 $GD^2$ + 负载 $GD^2$（电动机轴换算值）(kg·m)；

$\Delta n$——加减速前后的电动机转速差（r/min），$\Delta n=n_b-n_a$；

$T_M$——电动机额定转矩（kg·m），$T_M=974P/n$；

$T_{Lmax}$——最大负载转矩（电动机轴换算值）(kg·m)；

$T_{Lmin}$——最小负载转矩（电动机轴换算值）(kg·m)；

$\alpha$——平均加速转矩率；

$\beta$——平均减速转矩率（再生转矩率）；

$P$——电机额定功率（kW）；

$n$——电机额定速率（r/min）。

电动机和变频器标准组合时的加减速转矩率见表6-16。

表6-16 电动机和变频器标准组合时的加减速转矩率

| 转矩率 \ 频率范围 | | 6~60Hz |
|---|---|---|
| $\alpha$ | | 1.1 |
| $\beta$ | 无制动单元 | 0.2 |
| | 有制动单元(制动转矩50%) | 0.6 |
| | 有制动单元(制动转矩100%) | 1.0 |

5）调速系统的负载试验。将电动机的输出轴通过机械传动装置与负载连接起来，进行试验。

① 起转试验。使工作频率从0开始缓慢增加，观察拖动系统能否起转及在多大频率下起转。如起转比较困难，应设法加大启动转矩。具体方法有加大启动频率、加大U/f比以及采用矢量控制等。

② 启动试验。将给定信号调至最大，按下启动键，注意观察启动电流的变化以及整个拖动系统在升速过程中运行是否平稳。

若因启动电流过大而跳闸，则应适当延长升速时间。若在某一速度段启动电流偏大，则设法通过改变启动方式（S型、半S型）来解决。

③ 运行试验。试验的主要内容有：

a）进行最高频率下的带载能力试验，检查电动机能否带动正常负载运行。

b）在负载的最低工作频率下进行试验，考察电动机的发热情况。使拖动系统工作在负载所需要的最低转速下，施加该转速下的最大负载，按负载所要求的连续运行时间进行低速连续运行，观察电动机的发热情况。

c）过载试验。按负载可能出现的过载情况及持续时间进行试验，观察拖动系统能否继续工作。当电动机在工作频率以上运行时，不能超过电动机容许的最高频率范围。

d）停机试验。将运行频率调至最高工作频率，按停止键，注意观察拖动系统的停机过程中，是否出现因过电压或过电流而跳闸的情况，若有则适当延长降速时间。

当输出频率为0时，观察拖动系统是否有爬行现象，若有则应适当加强直流制动。

6）变频器的调试

① 调试目标

a）进一步理解变频器常用功能码的意义，学会对变频器的功能预置。

b）学会变频器频率的操作面板设定及监视操作。

c）学会变频器外部接线、外部控制端子功能和端子控制运行方式及端子控制正反转相关参数的设定方法。

d）学会外部运行模式下变频器正反转操作方法。

② 所用仪器、仪表及器材。选配尖嘴钳、螺钉旋具、测电笔、斜口钳、剥线钳、电工刀、MF47 型万用表等工具和仪表及 LY-A 型变频调速训练实践装置。

③ 调试过程

a）监视变频器各种运行参数的方法。按动移位键“ > >”，分别切换出频率、电流、电压、同步转速、负载速度、负载率等运行参数。F800 = 0 和 F800 = 1 时运行参数监视的切换方法分别如图 6-33 和图 6-34 所示。

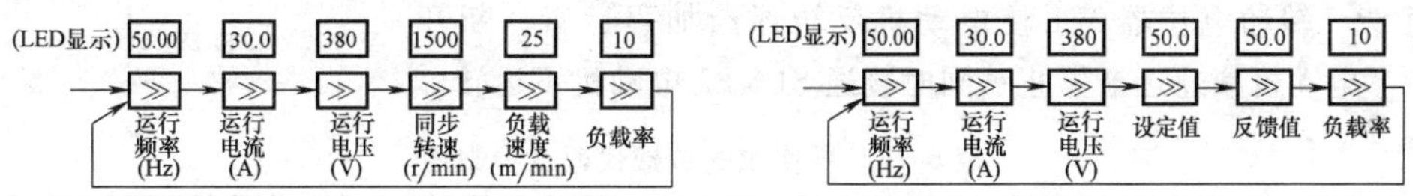


图 6-33　F800 = 0 时运行参数监视的切换方法　图 6-34　F801 = 0 时运行参数监视的切换方法

b）变频器功能预置参数的修改方法。将第一加速时间 F009 的设定由 10s 更改为 20s 的方法如图 6-35 所示。

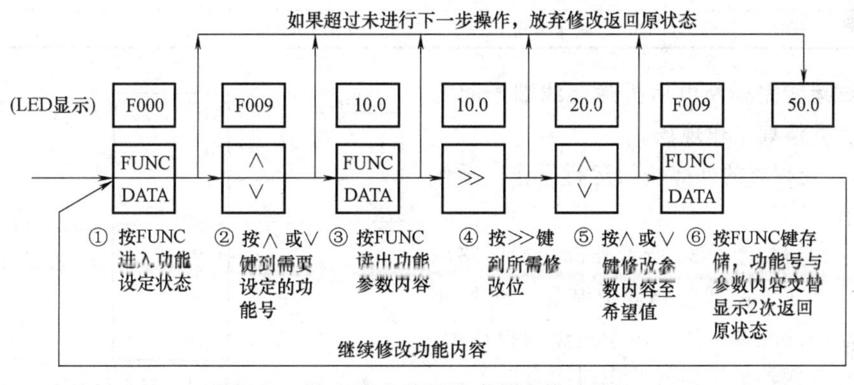


图 6-35　变频器功能预置参数的修改方法

c）控制面板控制操作。接通 LY-A 型变频调速装置上的断路器，变频器显示器闪烁，表明三相电源接通。首先将变频器恢复为出厂设置，将 F401 的参数值设为 1 即可。然后按照如图 6-36 所示进行操作。

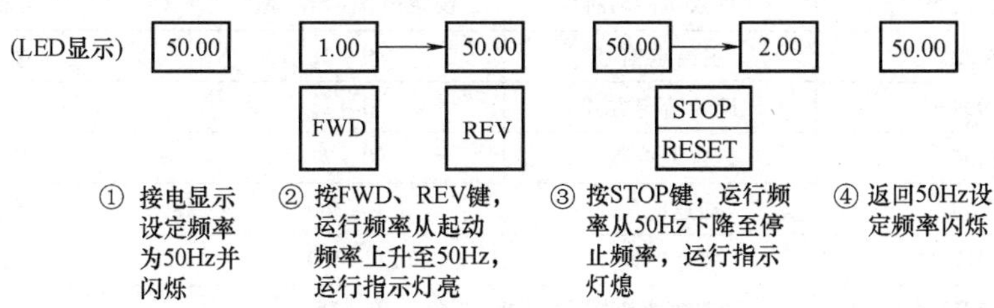


图 6-36　变频器的面板控制运行操作

d）外部开关运行操作。利用变频器控制端子上的外部接线控制电动机启停和运行频率在实际应用中使用较多。可通过改变参数 F004 的值来进行运转给定方式切换。

· 电路安装。按照如图 6-37 所示的控制回路线路图，在接线端子之间进行配线。

· 参数预置。电路经检查无误后接通电源，在进行参数恢复出厂值操作后，按照表 6-17 修改参数代码及其参数值。

· 试运转。其操作如下：接通 S1，转动电位器 W1 使电动机正转逐渐加速运行；断开 S1，电动机减速逐渐停止。接通 S2，转动电位器 W1 使电动机反转逐渐加强运行；断开 S2，电动机减速逐渐停止；同时接通 S1、S2 电动机不运转。

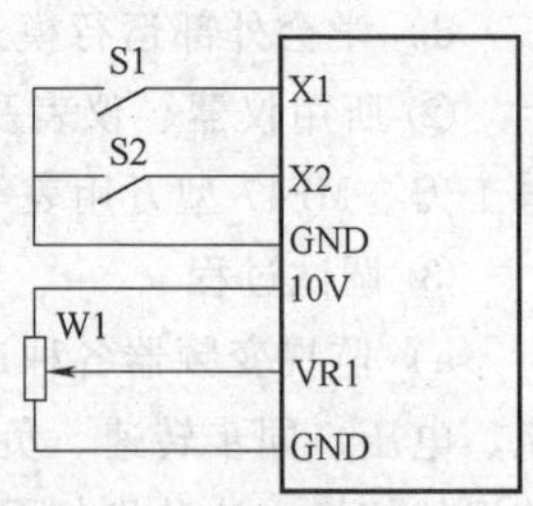


图 6-37 开关控制外部运行接线图

**表 6-17 需修改的参数代码及参数值**

| 参数代码 | 参数功能名称 | 设定范围 | 修改结果 |
|---|---|---|---|
| F002 | 主给定信号 | 0 ~ 3 | 2 |
| F004 | 运转给定方式 | 0 ~ 2 | 1 |
| F009 | 加速时间 1 | 0.1 ~ 3600s | 5 |
| F010 | 减速时间 1 | 0.1 ~ 3600s | 8 |

试运转完毕断电后拆除接线端子间的导线，并清理工作现场。

f）变频器的外部按钮运行操作。操作内容有：

· 按照如图 6-38 所示外部运行回路原理图，在 LY-A 型变频调速装置上进行接线端子间的配线，HL2 用于过载预报指示，KA1 在变频器处于运转状态时闭合。

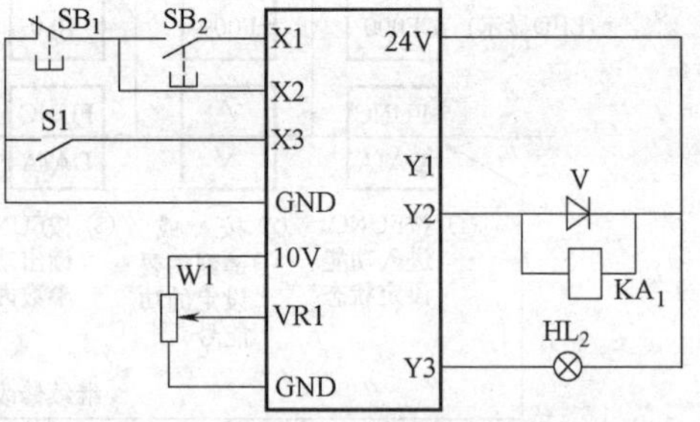


图 6-38 按钮控制外部运行回路原理图

· 电路经检查无误后接通电源，进行参数恢复出厂值操作，然后按照表 6-18 确定需要修改的参数代码及其参数值。

**表 6-18 需修改的参数代码及其参数值**

| 参数代码 | 参数功能名称 | 设定范围(出厂值) | 修改结果 |
|---|---|---|---|
| F002 | 主给定信号 | 0 ~ 3 | 2 |
| F004 | 运转给定方式 | 0 ~ 2 | 1 |
| F006 | 自锁控制 | 0 ~ 2 | 2 |
| F009 | 加速时间 1 | 0.1 ~ 3600s | 5 |
| F010 | 减速时间 1 | 0.1 ~ 3600s | 8 |
| F501 | X1 功能选择 | 0 ~ 16 | 15 |
| F502 | X2 功能选择 | 0 ~ 16 | 14 |
| F509 | Y2 输出端子 | 0 ~ 18 | 0 |
| F510 | Y3 输出端子 | 0 ~ 18 | 4 |

· 接通 S1 按下 SB2，转动电位器 W1 使电动机正转逐渐加速运行；松开 SB2 系统运行状态不变。按下 SB1 电动机减速逐渐停止。电动机的转向由 S1 控制，S1 接通时正转，S1 断开时反转。

练习完毕断电后拆除接线端子间的导线，并清理工作现场。

④ 注意事项

a）在操作时，要用力适中，防止损坏键盘和按钮。

b）电源线的安装要牢靠，注意区分接线端子的端号，确保接在 R、S、T 端子上。

c）变频器参数设定之前要进行参数初始化，以避免其他参数变更的影响。

d）变频器通电及运行前应经过指导教师的检查确认，并在教师监护下进行，以确保安全。

e）注意以电动机的额定电流来确定电子热保护值（F012）的参数值。

**8. 变频调速系统的维护与维修**

（1）变频器维护与检查　为使变频器能长期可靠连续运行，防患于未然，应进行日常检查和定期检查。

1）变频器维护与检查的注意事项

① 操作者必须熟悉变频器的结构、基本原理、功能特点和指标等，具有操作变频器运行的经验。

② 维护检查前必须切断电源，且必须在确认主电路滤波电容放电完成，电源指示灯 HL 熄灭后再进行作业，以确保操作者的安全。

③变频器出厂前，生产厂家都对其进行了初始设定，一般不能随意改变。初始设定改变后再次恢复，一般需进行初始化操作。

④ 在新型变频器的控制电路中，由于使用了许多 CMOS 芯片，所以不要用手指直接触摸电路板，以免因静电作用损坏这些芯片。

⑤ 在通电状态下，不允许进行改变接线或拔插连接件等操作。

⑥ 测量仪表的选择及使用应符合厂家的规定。在变频器工作过程中不允许对电路信号进行检查。

⑦ 当变频器发生故障而无故障显示时，注意不能再轻易通电，以免引起更大的故障。此时，应断电后做电阻特性参数测试，初步查找出故障原因。

2）变频器的日常检查。可不卸除外盖进行通电和启动，目测变频器的运行状况，确认无异常情况。通常应注意如下几点：

① 键盘面板显示正常。

② 无异常的噪声、振动和气味。

③ 没有过热或变色等异常情况。

④ 周围环境符合标准规范。

3）变频器的定期检查与维护。为了防止元器件老化和异常等情况造成故障，变频器在使用过程中，必须定期进行保养维护，根据需要更换老化的元器件。定期维护应放在暂时停产期间，在变频器停机后进行。

定期检查时要切断电源，停止运行并卸下变频器的外盖。变频器断电后，主电路滤波电容器上仍有较高的充电电压。放电需要一定时间，一般为5~10min，必须等待充电指示灯熄灭，并用电压表测试，确认此电压低于安全值（<25VDC）才能开始作业。

一般的定期检查应每年进行一次，定期检查的重点是变频器运行时无法检查的部位。

① 主要的检查项目如下：

a）周围环境是否符合规范。

b）用万用表测量主电路、控制电路电压是否正常。

c）显示面板是否清楚，有无缺少字符。

d）框架结构件有无松动，导体、导线有无破损。

e）检查滤波电容器有无漏液，电容量是否降低。高性能的变频器带有自动指示滤波电容容量的功能，由面板可显示出电容量，并且给出出厂时该电容的容量初始值，显示容量降低率，可推算出电容器的寿命。普及型通用变频器则需要电容量测试仪测量电容量，测出的电容量为0.85×初始电容量值。

f）电阻、电抗、继电器、接触器检查，主要看有无断线。

g）印制电路板检查应注意连接有无松动，电容器有无漏液，板上线条有无锈蚀、断裂等。

h）冷却风扇和通风道检查。

② 主要项目的维护方法如下：

a）冷却风机。冷却风机是全密封的，不需要对其进行清洁和润滑。但应注意，清洁散热器时，应先将扇叶固定，然后再使用压缩空气操作，以保护冷却风机轴承。冷却风机损坏的前兆是轴承的噪声增大，或清洁的散热器温升高于正常值。当变频器用于重要场合时，请在上述前兆出现时及时更换冷却风机。

当变频器频繁出现高温警告或故障时，则说明冷却风机工作状态可能异常。

b）散热器。在正常的使用条件下，散热器应每年清洁一次。运行在污染较严重的场合，散热器的清洁工作应频繁一些。当变频器不可拆卸时，请使用柔软的毛刷清洁散热器。如果变频器可以移动或户外进行清洁，就可使用压缩空气清洁散热器。

c）电解电容器。目视电解电容器是否有漏液和变形的情况。一般情况下，电解电容的使用寿命是100000h，电容值应大于标称值的85%。实际使用寿命由变频器的使用方法和环境温度决定。降低环境温度可以延长其使用寿命，电容的损坏不可预测。

d）接触器、充电电阻。检查中间直流环节的接触器触点是否粗糙，充电电阻是否有过热的痕迹，绝缘电阻是否在正常范围内。

e）接线端子、控制电源。检查螺钉、螺栓等紧固件是否松动，进行必要的紧固；检查导体、绝缘物和变压器是否有腐蚀、过热的痕迹，是否变色或破损；确认控制电源电压是否正常，确认保护、显示回路有无异常。

变频器本身具有十分完善的保护功能，能保证电动机、变频器在工作不正常或发生故障时，及时地做出处理，以确保拖动系统的安全。各种不同类型的变频器所具有的保护功能不完全相同，最常见的几种保护功能有过电流保护、对电动机的过载保护、过电压保护、欠电压保护和瞬间停电的处理。

（2）变频器常见故障的检修

1）变频调速系统故障原因分析

① 过电流跳闸的原因分析。

a）重新启动时，一升速就跳闸，这是过电流十分严重的表现，主要原因有：

· 负载侧短路。

· 工作机械卡住。

· 逆变管损坏。

· 电动机的启动转矩过小，拖动系统转不起来。

b）重新启动时并不立即跳闸，而是在运行过程（包括升速和降速运行）中跳闸，可能的原因有：

· 升速时间设定太短。

· 降速时间设定太短。

· 转矩补偿（U/f）设定较大，引起低频时空载电流过大。

· 电子热继电器整定不当，动作电流设定得太小，引起误动作。

② 电压跳闸的原因分析。

a）过电压跳闸的主要原因有：

· 电源电压过高。

· 降速时间设定太短。

· 降速过程中，再生制动的放电单元工作不理想。若来不及放电，应增加外接制动电阻和制动单元。也可能是放电支路发生故障，实际并不放电。

b）欠电压跳闸。可能的原因有：

· 电源电压过低。

· 启动信号无法接通。

· 电源缺相。

· 整流桥故障。

③ 电动机不转的原因分析

a）功能预置不当。

· 上限频率与基本频率的预置值矛盾，上限频率必须大于基本频率的预置。

· 使用外接给定时，未对“键盘给定/外接给定”的选择进行预置。

· 其他的预置不合理。

b）在使用外接给定方式时，“启动”信号无法接通。如图 6-39 所示，当使用外接给定信号时，必须由启动按钮或其他触点来控制其启动。如不需要由启动按钮或其他触点来控制，应将 RUN 端（或 FWD 端）与 COM（SD）端之间短接起来。

c）其他原因

· 机械有卡住现象。

·电动机的启动转矩不够。

·变频器的电路故障。

2）变频器常见故障处理及维修方法

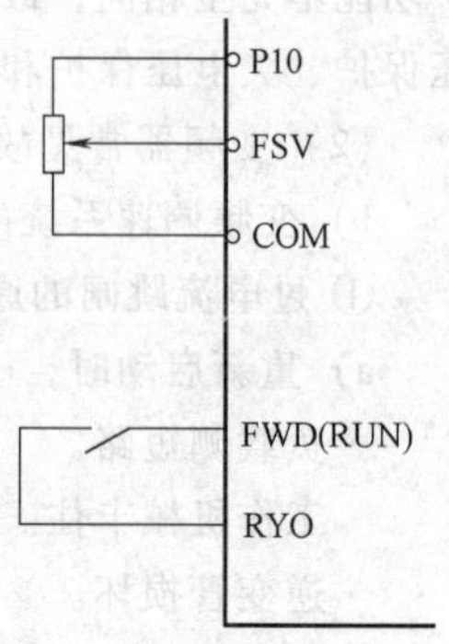

图 6-39 “启动”信号无法接通

新一代高性能的变频器具有较完善的自诊断、保护及报警功能。熟悉这些功能对正确使用和维护变频器极其重要。当变频器调速系统出现故障时，变频器大都能自动停车保护，并给出提示信息，检修时应以这些显示信息为线索，查找变频器使用说明书中有关提示故障原因的内容，分析出现故障的原因，采用合适的测量手段确认故障点并及时修复。

① 常见故障处理及维修方法

a）整流模块损坏。一般是由于电网电压或内部短路引起。在排除内部短路情况下，更换整流桥。在现场处理故障时，应重点检查用户电网情况，如电网电压、有无电焊机等对电网有污染的设备等。

b）逆变模块损坏。一般是由于电动机或电缆损坏及驱动电路故障引起。在修复驱动电路之后，测驱动波形良好状态下，更换模块。在现场服务中更换驱动板之后，还必须注意检查马达及连接电缆。在确定无任何故障下，才能运行变频器。

c）上电无显示。一般是由于开关电源损坏或软充电电路损坏使直流电路无直流电引起，如启动电阻损坏，也有可能是面板损坏。其处理方法是：查找变频器使用说明书中有关指示故障原因的内容，找出故障部位。可根据变频器使用说明书指示的部位重点进行检查，排除故障元件。

d）上电后显示过电压或欠电压。一般由于输入缺相、电路老化及电路板受潮引起。找出其电压检测电路及检测点，更换损坏的器件。

e）上电后显示过电流或接地短路。一般是由于电流检测电路损坏引起，如霍尔元件、运放等。

f）启动显示过电流：一般是由于驱动电路或逆变模块损坏引起。

g）空载输出电压正常，带载后显示过载或过电流。该种情况一般是由于参数设置不当或驱动电路老化、模块损伤引起。

② 常见故障的诊断及维修方法流程图

为了方便起见，现把一些常见故障的诊断及维修方法列成了流程图。

a）变频器过电流故障诊断流程图如图 6-40 所示。

b）变频器欠电压故障诊断流程图如图 6-41 所示。

c）变频器过电压故障诊断流程图如图 6-42 所示。

d）变频器过热故障诊断流程图如图 6-43 所示。

e）变频器过载及电动机过载故障诊断流程图如图 6-44 所示。

f）变频器异常发热故障诊断流程图如图 6-45 所示。

（3）变频器主回路电阻特性参数测试

1）测试目标。学会变频器主回路电阻特性参数测试方法。

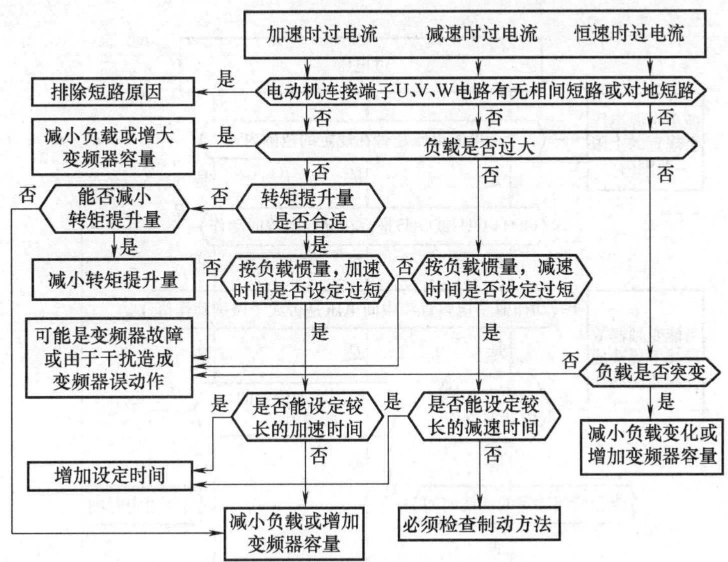


图 6-40　变频器过电流故障诊断流程图

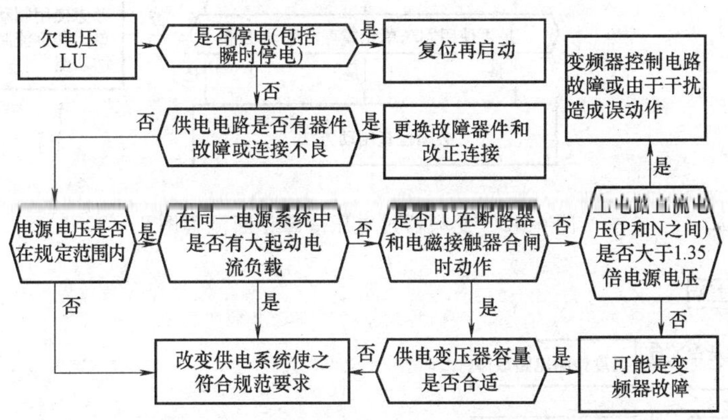


图 6-41　变频器欠电压故障诊断流程图

2）测试所用仪器、仪表及器材。选配尖嘴钳、螺钉旋具、测电笔、斜口钳、剥线钳、电工刀、MF47 型万用表等工具和仪表及 SB60G15kW 变频器。

3）测试过程。主要对变频器主回路电阻特性参数进行测试。现以森兰 SB60/61 系列 15kW 全能王变频器为例，介绍其测试的基本步骤。

① 打开变频器端盖，去掉所有端子的外部引线。

② 把指针式万用表置于电阻 R×1Ω 挡，检查 R、S、T、U、V、W、P1、P+、N、DB 等端子之间的联系（其中，P1、P+端为主电路中滤波电路的正极，DB 端为制动管 VB 的集电极引出端）。如果状态正常，其测试结果就应符合表 6-21 中所示结果。表中所谓导通，即电阻为几欧至几十欧；不导通，即电阻很大，在十几千欧以上。

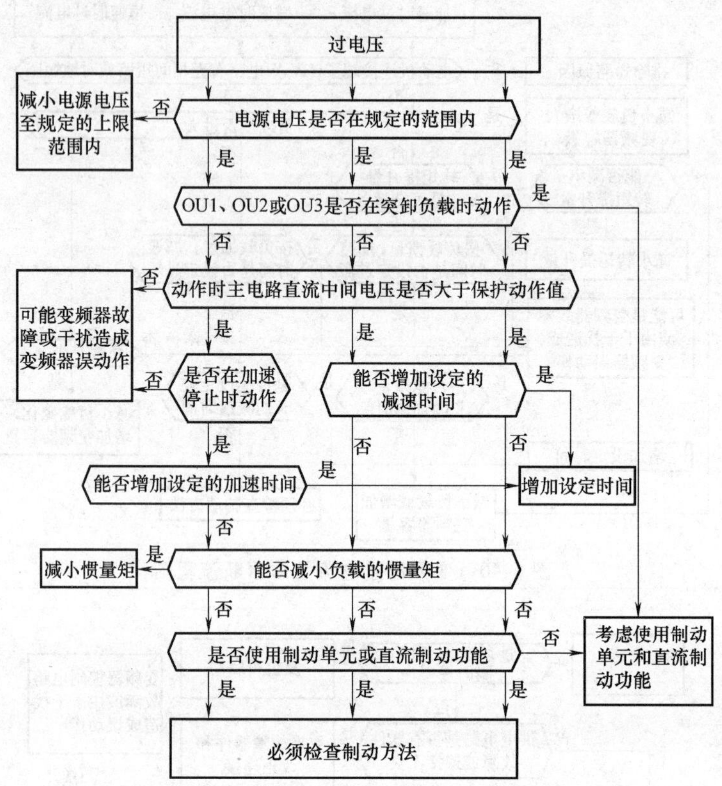


图 6-42　变频器过电压故障诊断流程图

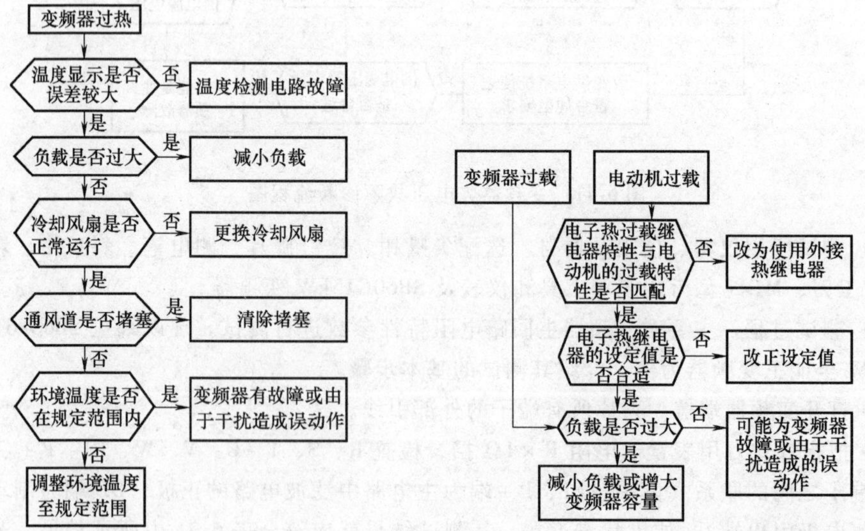


图 6-43　变频器过热故障诊断流程图　　图 6-44　变频器过载及电动机过载故障诊断流程图

③ 实际测量都是对一个或几个元件的测量，如果发现某个测量结果与表 6-19 不同，就表明其中有元件损坏。

④ 如果测量结果与表 6-19 相同，就可基本认定被测变频器的主电路无故障。检修重点应放在变频器内部的电路板上。

⑤ 由指导教师给出需测量的变频器，学生对其主电路端子进行全面测量，并将测量结果填入表 6-20 中，根据测量结果，对给定变频器主电路的好坏作出判断。

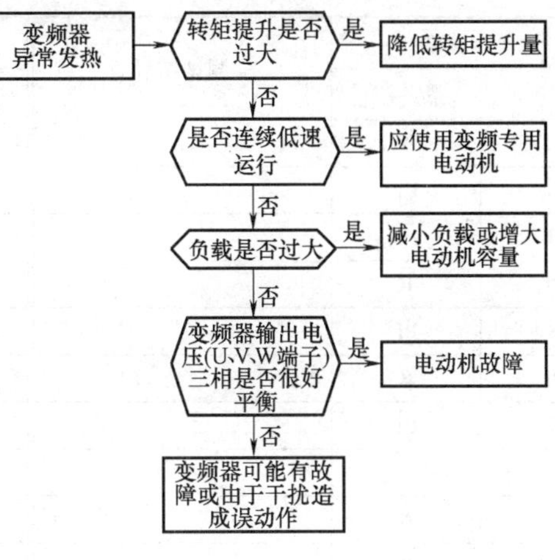


图 6-45　变频器异常发热故障诊断流程图

4）注意事项

① 上面的表格只是指对本训练所指定的变频器。有些变频器主电路端子标号与上面不同，应弄清端子与内部连接之间的关系。

表 6-19　主电路电阻特性参数测试数据

| 表笔连接端 | | 测试结果 | 表笔连接端 | | 测试结果 |
|---|---|---|---|---|---|
| 红（－） | 黑（＋） | | 红（－） | 黑（＋） | |
| P1 | N | 几百欧 | U | P1 | 不导通 |
| N | P1 | 呈容性、最终为几千欧 | P1 | U | 导通 |
| R | P1 | 不导通 | V | P1 | 不导通 |
| P1 | R | 导通 | P1 | V | 导通 |
| S | P1 | 不导通 | W | P1 | 不导通 |
| P1 | S | 导通 | P1 | W | 导通 |
| T | P1 | 不导通 | U | N | 导通 |
| P1 | T | 导通 | N | U | 不导通 |
| R | N | 导通 | V | N | 导通 |
| N | R | 不导通 | N | V | 不导通 |
| S | N | 导通 | W | N | 导通 |
| N | S | 不导通 | N | W | 不导通 |
| T | N | 导通 | DB | N | 导通 |
| N | T | 不导通 | N | DB | 不导通 |

② 对于个别未引出的需要测量的端子，可打开外壳，找到相应测量点，注意不要损坏变频器接线。

③ 测量过程一定要在变频器电源指示灯完全熄灭后进行，以防危及人身安全或损坏万用表。

表 6-20 主电路电阻特性参数测试表

| 表笔连接端 | | 测试结果 | 表笔连接端 | | 测试结果 |
|---|---|---|---|---|---|
| 红(-) | 黑(+) | | 红(-) | 黑(+) | |
| P1 | N | | U | P1 | |
| N | P1 | | P1 | U | |
| R | P1 | | V | P1 | |
| P1 | R | | P1 | V | |
| S | P1 | | W | P1 | |
| P1 | S | | P1 | W | |
| T | P1 | | U | N | |
| P1 | T | | N | U | |
| R | N | | V | N | |
| N | R | | N | V | |
| S | N | | W | N | |
| N | S | | N | W | |
| T | N | | DB | N | |
| N | T | | N | DB | |

# 6.2 变频器在机床上的典型控制识读实例

## 6.2.1 变频器在磨床上的应用识读实例

**1. 改造前的磨床主轴调速系统**

轴承制造的磨床主轴电动机转速很高，需要的电源频率为 200Hz、400Hz，甚至更高。以前主轴电动机的电源由中频发电机组供给，该机组体积大、效率低、耗电多、噪声大。另外，中频发电机组的输出易受电网电压的影响，使轴承的加工精度降低。变频器的应用，使这些问题得到了很好的解决。把变频器用于高速磨床主轴电动机的调速，取代原中频发电机组。

**2. 调速系统的改造**

(1) 变频器的选型　选用日本三垦 MF-15K 型变频器，调频范围为 0～400Hz，电压调节范围为 0～380V，额定电流为 30A，可满足磨床主轴电动机的控制要求。

(2) 系统改造接线　原磨床主轴电动机调速系统如图 6-46 所示。用变频器代替磨床中频发电机组，只需在磨床的控制台上安装好变频器，按图 6-47 接线即可，其他控制电器保持不变。

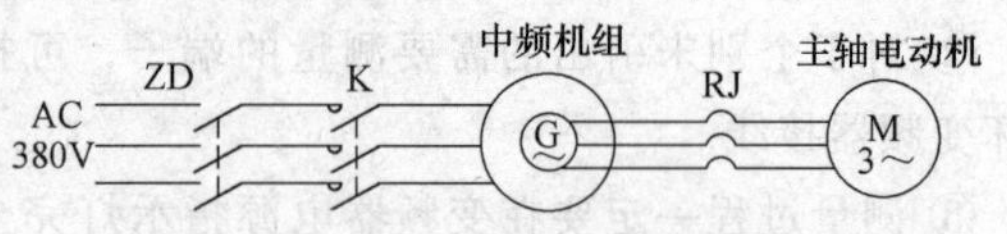


图 6-46 原磨床主轴电动机调速系统

(3) 调试及运行　磨床主轴电动机的结构和电气特性比较特殊，

它的惯性小，低频阻抗小，低频工作时电流大。因此，不宜让变频器长时间工作在低频状态。调试时加速时间不要设定太长，不宜在0~180Hz区间长时间运行。此外，在运行中不要频繁地启动、制动。

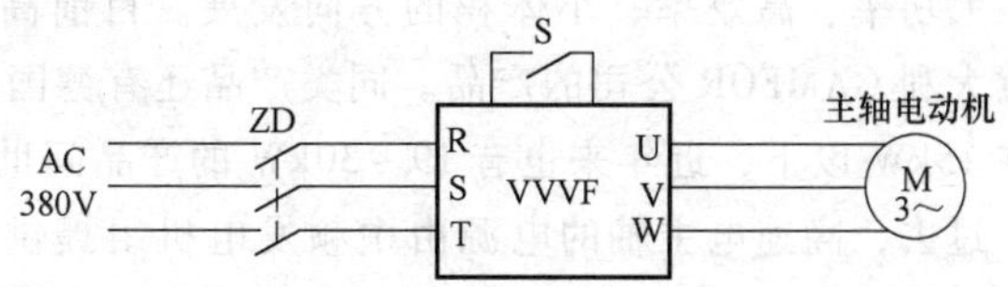


图6-47 用变频器改造后的主轴电动机调速系统

现将变频器与发电机组运行的实测数据作比较，见表6-21。

表6-21 实测数据

| 轴承型号 | 2007108Z/01 | | 2007124Z/02 | | 测试仪器 |
|---|---|---|---|---|---|
| 测试项目 | 中频机组 | 变频器 | 中频机组 | 变频器 | |
| 电压/V | 207 | 211 | 218 | 211 | 万用表 |
| 频率/Hz | 181 | 192 | 192 | 192 | 频率表 |
| 最大电流/A | 12 | 7 | 40 | 33 | 钳形表 |
| 工作电流/A | 9.6 | 5.8 | 17 | 16 | 钳形表 |
| 空载电流/A | 8 | 4 | 8.3 | 4 | 钳形表 |
| 转速/(r/min) | 11337 | 11510 | 11936 | 11508 | 光电转速表 |
| 能耗/kW | 5.6 | 2.4 | 6 | 2.6 | 功率表 |
| 噪声/dB | 91 | 27 | 91 | 26 | 噪声监测仪 |
| 表面粗糙度 | 合格 | 合格 | 合格 | 合格 | 0.63~1.25mm范围内 |

**3. 改造效果**

(1) 节电　使用变频器可节电56%，因原中频发电机组效率低，变频器本身的效率在95%以上。

(2) 降低噪声　经实测，噪声由原来的90dB降到30dB以下，大大改善了工作环境。

(3) 提高产品质量　变频器的输出受电网电压波动影响小，故加工轴承的表面粗糙度稳定。

(4) 节省维修费用　根据原中频发电机组维修资料，仅更换轴承及大修费用每年每台节省500元。而变频器的可靠性很高，平均无故障运行时间可达10年以上。

(5) 节省空间　变频器体积小，可在墙上或支架上安装，不必占用地面面积。

## 6.2.2 高频变频器在机床高速电主轴上的应用识读实例

**1. 高频变频器用于高速电主轴**

(1) 高速电主轴　一般把额定转速超过3600r/min的交流异步电动机称为高速电动机。高速电主轴即变频调速下的高速电动机。高速电主轴近年来发展很快，正向着高速、大功率、高效率、小体积的方向发展。目前高速主轴的最高转速是260000r/min，为意大利GAMFOR公司的产品。同类产品还有德国GMH公司的产品。电主轴的功率一般在15kW以下，近年来也有19～30kW的产品问世。

过去，高速电主轴的电源由中频发电机组提供，但由于它自身功耗大、机械故障多、噪声大（90dB）等缺点，现已为高性能、高可靠性的变频器所代替。

（2）高频变频器简介　20世纪80年代初日本春日公司研制的KVFG-H系列变频器（0～400Hz）适用于24000r/min的高速电主轴。在此基础上改型的KVFG-H系列适用于转速更高的场合。

该变频器具有如下特点：

1）采用专用微处理器，实现全数字SPWM控制，输出电流为正弦波，频率精度为0.1Hz。

2）具有可靠的保护功能。

3）具有70种控制功能，20个外接控制端子可与PLC联接。图6-48为其控制框图。

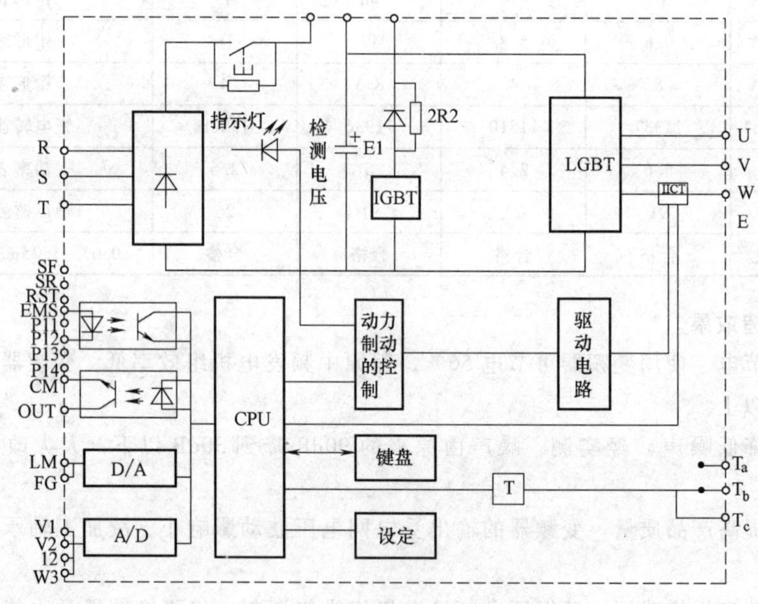


图6-48　KVFG-H变额器的控制框图

### 2. 高频变频器的容量选择

合理选择高频变频器的容量比较重要，一般变频器容量应大于电主轴的容量，表6-22给出日本东芝提供的参考数据供选用。

新一代高频变频器的功率器件一般选用IGBT，使载波频率成倍提高，因谐波产生的电主轴温升得到有效抑制，故选择比电主轴功率大一档的变频器基本上能满足要求。电主轴运行中的另一问题是变频器应提供足够稳定的转矩；当变频器容量确定后，最高

表 6-22　变频器的容量选择

| 高速电主轴 | | 变频器容量/kVA | 功率电抗器 |
|---|---|---|---|
| 转速/(r/min) | 功率/kW | | |
| | 0.40 | 1.5 | |
| | 0.75 | 2.5 | |
| | 1.50 | 3.5 | |
| 12000 | 2.20 | 5.5 | |
| | 3.70 | 8.0 | |
| | 5.50 | 11.0 | |
| | 0.4 | 2.5 | 7A-1MH |
| | 0.75 | 3.5 | 7A-1MH |
| 21600 | 1.5 | 5.5 | 10A-0.7MH |
| | 2.2 | 8 | 10A-0.7MH |
| | 3.7 | 11 | 16A-0.55MH |

转速时的转矩必然会降低，而电主轴的转矩又与电流成正比。因此，为了使高频变频器的容量选择得既经济又合理，应当综合考虑功率和电流两个因素来选择变频器容量。

**3. 变频器在高速主轴上应用的其他问题**

（1）变频器与电主轴的电气指标应相符　KVFG-H 系列中有 16 种恒转矩 U/f 曲线供用户选用。在调试中应使额定电压与额定频率的交点落在 U/f 曲线上。

（2）应充分考虑电主轴电动机的特性　由于高速电主轴上的电动机不同于标准型异步电动机，其惯性小，低频阻抗小，工作电流大，不适于长期低频运行。此外，加速时间不可过长，启动制动不能太频繁。

（3）应根据使用环境选择不同的安装方式

1）一般工作环境下，高频变频器要安装在保护等级 IP23 的金属机箱内，箱内有通风道满足散热要求。

2）在需防尘防潮的场合。应选用 IP54 的专用金属机箱，满足多尘、腐蚀气体、高湿度下变频器正常运行的要求。

3）在需克服冷凝的场合，当设备长时间断电会引起凝结，应自动启动箱体加热系统，

使箱内温度略高于环境温度。另一种方法是当设备停止运行时，使变频器仍处于通电状态，达到防止冷凝的目的。

## 6.2.3　MR440 通用变频器面板方式控制机床异步电动机正反转的识读实例

### 1. 西门子 MICROMASTER440 通用变频器操作方法认知

西门子 MICROMASTER440 变频器的操作面板有两种，即 BOP（基本操作板）和 AOP（高级操作板），如图 6-49 所示。其中 AOP 可以显示说明文本，因而可以简化操

作人员的操作控制、故障诊断以及调试过程。

图 6-49　BOP 和 AOP

操作板（BOP/AOP）上的按键及其功能说明见表 6-23。

表 6-23　操作板（BOP/AOP）上的按键及其功能说明

| r0000 | 状态显示 | LCD 显示变频器当前所用的设定值 |
|---|---|---|
| (1) | 启动电动机 | 按此键启动变频器,默认值运行时此键是被封锁的。为了使此键的操作有效,应按照下面的数值修改 P0700 和 P0719 的设定值:<br>BOP:P0700 = 1 或 P0719 = 10...16<br>AOP:P0700 = 4 或 P0719 = 40...46　对 BOP 链路<br>P0700 = 5 或 P0719 = 50...56　对 BOP 链路 |
| (0) | 停止电动机 | OFF1:按此键变频器将按您选定的斜坡下降速率减速停车,默认值运行时此键被封锁。为了允许此键操作,请参看启动电动机按钮的说明,OFF2:按此键两次(或一次但时间较长),电动机将在惯性作用下自由停车,此功能总是使能的 |
| (↷) | 改变电动机的方向 | 按此键可以改变电动机的转动方向,电动机的反向用负号或闪烁的小数点表示,默认值运行时此键是被封锁的,为了使此键的操作有效,请参看启动电动机按钮的说明 |
| (jog) | 电动机点动 | 在变频器"准备运行"的状态下按下此键,将使电动机启动,并按预设定的点动频率运行。释放此键时变频器停车。如果变频器/电动机正在运行,按此键将不起作用 |
| (Fn) | 功能 | 此键用于浏览辅助信息,变频器运行过程中,在显示任何一个参数时按下此键并保持不动 2s 将显示以下参数值<br>1. 直流回路电压(用 $U_d$ 表示,单位 V)<br>2. 输出电流(A)<br>3. 输出频率(Hz)<br>4. 输出电压(用 $U_o$ 表示,单位 V)<br>5. 由 P0005 选定的数值<br>连续多次按下此键将轮流显示以上参数<br>跳转功能<br>在显示任何一个参数 r×××× 或 P×××× 时,同时间按下此键将立即跳转到 r0000,如果需要的话您可以接着修改其他的参数,跳转到 r0000 后按此键将返回原来的显示点<br>退出<br>出现故障或报警 |

（续）

| r0000 | 状态显示 | LCD 显示变频器当前所用的设定值 |
|---|---|---|
| Ⓟ | 参数访问 | 按此键即可访问参数 |
| ▲ | 增加数值 | 按此键即可增加面板上显示的参数数值 |
| ▼ | 减少数值 | 按此键即可减少面板上显示的参数数值 |
| Fn+Ⓟ | AOP 菜单 | 直接调用 AOP 主菜单(仅对 AOP 有效) |

合上变频器电源开关，在系统默认方式下，可以完成以下控制：

(1) 利用操作板更改参数 P0004 的数值和 P0719 下标参数的数值

1) 修改参数 P0004 的步骤见表 6-24，修改参数 P0719 下标参数的数值见表6-27，按照表中说明的类似方法可以用 BOP 更改任何一个参数。

**表 6-24　修改参数 P0004 的数值**

| 操作步骤 | 显示的结果 | 操作步骤 | 显示的结果 |
|---|---|---|---|
| 按Ⓟ访问参数 | r0000 | 按▲或▼达到所需要的数值 | 1 |
| 按▲直到显示出 P0004 | P0004 | 按Ⓟ确认并存储参数的数值 | P0004 |
| 按Ⓟ进入参数访问级 | 0 | | |

**表 6-25　修改参数 P0719 下标参数的数值**

| 操作步骤 | 显示的结果 | 操作步骤 | 显示的结果 |
|---|---|---|---|
| 按Ⓟ访问参数 | r0000 | 按▲或▼达到所需要的数值 | 12 |
| 按▲直到显示出 P0719 | P0719 | 按Ⓟ确认并存储参数的数值 | P0719 |
| 按Ⓟ进入参数访问级 | in000 | 按▼直到显示出 r0000 | r0000 |
| 按Ⓟ显示当前的设定值 | 0 | 按Ⓟ返回操作显示(由用户定义显示的参数) | |

2）变频器基本参数设定调试。变频器在采用闭环矢量控制和 U/f 控制的情况下，必须进行适当的参数设置，同时执行电动机技术数据的自动检测子程序。

3）在开始进行调试之前，先准备以下技术数据的详细资料：

① 电源电压的频率。

② 电动机的额定铭牌数据。

③ 命令/设定值信号源。

④ 最小/最大频率或斜坡上升/斜坡下降时间。

⑤ 闭环控制方式。

（2）用 BOP 或 AOP 对变频器进行表 6-26 所示参数设定。

**表 6-26　用 BOP 或 AOP 对变频器进行以下参数设定**

| 步骤 | 参数 | 说　明 | 设置值 |
|---|---|---|---|
| 1 | P0003 = 3 | 用户访问线<br>1 标准线(基本的应用)<br>2 扩展线(标准应用)<br>3 专家线(复杂的应用) | |
| 2 | P0004 = 0 | 参数过滤器<br>0 全部参数<br>2 变频器<br>3 电动机<br>4 速度传感器 | |
| 3 | P0010 = 1 | 调试参数过滤器<br>0 准备<br>1 快速调试<br>30 工厂的默认设置值<br>说明:参数 D0010 应设定为 1,以便进行电动机铭牌数据的参数化 | |
| 4 | P0100 = 0 | 0 欧洲[kW]频率默认值 50Hz<br>1 北美[hp]频率默认值 60Hz<br>2 北美[kW]频率默认值 60Hz<br>说明:在参数 P0100 = 0 或 1 的情况下 P0100 的数值哪个有效 OFF = kW,50Hz<br>ON = hp,60Hz | |
| 5 | P0205 = 0 | 变频器的应用(键入需要的转矩)<br>0 恒转矩:(例如压缩机生产过程恒转矩机械)<br>1 变转矩:(例如水泵风机) | |
| 6 | P0300 = 1 | 选择电动机的类型<br>1 异步电动机(感应电动机)<br>2 同步电动机 | |
| 7 | P0304 = ××× | 电动机的额定电压<br>(根据电动机的铭牌数据键入,单位 V)<br>必须按照星形三角形绕组接法核对电动机铭牌上的电动机额定电压,的保电压的数值与电动机端子板上实际配置的电路接线方式相对应。 | |

（续）

| 步骤 | 参数 | 说　明 | 设置值 |
|---|---|---|---|
| 8 | P0305 = ××× | 电动机的额定电流<br>（根据电动机的铭牌数据键入，单位为 A） | |
| 9 | P0307 = ××× | 电动机的额定功率<br>（根据电动机的铭牌数据键入，单位为 kW/hp）<br>如果 P0100 = 0 或 2，那么应键入 KW 数<br>如果 P0100 = 1，应键入 hp 数 | |
| 10 | P0308 = ××× | 电动机的额定功率因数<br>（根据电动机的铭牌数据键入）<br>如果设置为 0，变频器将自动计算功率因数的数值 | |
| 11 | P0309 = ××× | 电动机的额定效率<br>（根据电动机的铭牌数据键入，以 % 值输入）<br>如果设置为 0，变频器将自动计算电动机效率的数值 | |
| 12 | P0310 = ××× | 电动机的额定频率<br>（根据电动机的铭牌数据键入，单位为 Hz）<br>电动机的极对数是变频器自动计算的 | |
| 13 | P0311 = ××× | 电动机的额定速度<br>（根据电动机的铭牌数据键入，单位为 RPM）<br>如果设置为 0，额定速度的数值是在变频器内部进行计算的<br>说明：对于闭环矢量控制带 FCC 功能的 U/f 控制以及滑差补偿方式必须键入这一参数 | |
| 14 | P0335 = 0 | 电动机的冷却（键入电动机的冷却系统）<br>0 利用安装在电动机轴上的风机自冷<br>1 强制冷却采用单独供电的冷却风机进行冷却<br>2 自冷和内置冷却风机<br>3 强制冷却和内置冷却风机 | |
| 15 | P0640 = 150 | 电动机的过载因子（以 % 值输入参看 P0305）<br>这一参数的确定，以电动机额定电流（P0305）的百分或表示的最大输出电流限制值。在恒转矩方式（由 P0205 确定）下这一参数设置为 150%，在变转矩方式下，这一参数设置为 110% | |
| 16 | P0700 = 2 | 选择命令信号源（键入命令信号源）<br>0 将数字 I/O 复位为出厂的默认设置值<br>1BOP（变频器键盘）<br>2 由端子排输入（出厂的默认设置）<br>4 通过 BOP 链路的 USS 设置<br>5 通过 COM 链路的 USS 设置（经由控制端子 20 和 30）<br>6 通过 COM 链路的 CB 设置（CB = 通信模块） | |

（续）

| 步骤 | 参数 | 说　明 | 设置值 |
|---|---|---|---|
| 17 | P1000 = 2 | 选择频率设定值（键入频率设定值信号源）<br>1 电动电位计设定（MOP 设定）<br>2 模拟输入（工厂的默认设置）<br>3 固定频率设定值<br>4 通过 BOD 链路的 USS 设置<br>5 通过 COM 链路的 USS 设置（控制端子 20 和 30）<br>6 通过 COM 链路的 CB 设置（CB = 通信模块）<br>7 模拟输入 2 | |
| 18 | P1080 = 0 | 最小频率（键入电动机的最低频率，单位为 Hz）<br>输入电动机的最低频率，达到这一频率时电动机的运行速度将与频率的设定值无关，这里设置的值对电动机的正转和反转都适用 | |
| 19 | P1082 = 50 | 最大频率（键入电动机的最高频率，单位为 Hz）<br>输入电动机的最高频率，达到这一频率的，电动机的运行速度将与频率的设定值无关，这里设置的值对电动机的正转和反转都适用 | |
| 20 | P1120 = 10 | 斜坡上升时间（键入斜坡上升时间，单位为 s）<br>电动机从静止停车加速到电动机最大频率 P1082 所需的时间。如果参数变化时，使斜坡上升时间太短，那么可能出现报警信号 A0501（电流达到限制值），或变频器因故障 F0001（过电流）而停车 | |
| 21 | P1121 = 10 | 斜坡下降时间（键入降速时的斜坡下降时间，单位为 s）<br>电动机从最大频率 P1082 制动减速到静止停车所需的时间，如果参数变化时使斜坡下降时间太短，那么可能出现报警信号 A0501（电流达到限制值），A0502（达到过电压限制值）或变频器因故障 F0001（过电流）或 F0002（过电压）而断电 | |
| 22 | P1135 = 5 | OFF3 斜坡下降时间（键入快速停车的斜坡下降时间，单位为 s），发出 OFF3（快速停车）命令后，电动机从最大斜率 P1082 制动减速到静止停车所需的时间，如果参数变化时，使斜坡下降时间太短，那么可能出现报警信号，A0501（电流达到限制值），A0502（达到过电压限制值），或变频器因故障 F0001（过电流）或 F0002（过电压）而断电 | |

（续）

| 步骤 | 参数 | 说　　明 | 设置值 |
| --- | --- | --- | --- |
| 23 | P1300 = 0 | 控制方式（键入实际需要的控制方式）<br>0 线性 U/f 控制<br>1 带 FCC（通过电流控制）功能的 U/f 控制<br>2 抛物线 U/f 控制<br>5 用于纺织工业的 U/f 控制<br>6 用于纺织工业的带 FCC 功能的 U/f 控制<br>19 带独立电压设定值的 U/f 控制<br>20 无传感器矢量控制<br>21 带传感器的矢量控制<br>22 无传感器的矢量转矩控制<br>23 带传感器的矢量转矩控制 | |
| 24 | P1500 = 0 | 选择转矩设定值（键入转矩设定值的信号源）<br>0 无主设定值<br>2 模拟设定值<br>4 通过 BOP 链路的 USS 设置<br>5 通过 COM 链路的 USS 设置（控制端子 29 和 30）<br>6 通过 COM 链路的 CB 设置（CB = 通信模块）<br>7 模拟设定值 2 | |
| 25 | P1910 = 1 | 选择电动机技术数据自动检测<br>0 禁止自动检测<br>1 自动检测全部参数并改写参数数值<br>这些参数被控制器接收并用于控制器的控制<br>2 自动检测全部参数但不改写参数数值<br>显示这些参数但不供控制器使用<br>3 饱和曲线自动检测并改写参数数值<br>生成报警信号 A0541（电动机技术数据自动检测功能激活）在得到后续的 ON 命令时进行检测 | |
| 26 | P3900 = 1 | 快速调试结束（启动电动机数据的计算）<br>0 不进行快速调式（不进行电动机数据计算）<br>1 进行电动机数据计算，不包括在快速调试中的其他全部参数（属性 QC = no），都复位为出厂时的默认设置值<br>2 进行电动机技术数据计算，并将 I/O 设置复位为出厂时的默认设置<br>3 只进行电动机技术数据计算，其他参数不复位<br>说明：在 P3900 = 123 时 P0340 内部设定为 1 并计算相应的数据（参看参数表 P0340） | |
| | 显示 busy | 表示正在计算控制数据（闭环控制），然后与参数一起从 RAM 拷贝到 ROM 完成，快速调试后重新显示 D3900<br>说明：此后不允许变频器断电，因为 P1910 没有存储 | |

（续）

| 步骤 | 参数 | 说明 | 设置值 |
| --- | --- | --- | --- |
| 27 | 启动变频器 | 启动电动机技术数据的自动检测，电动机技术数据自动检测程序由 ON 命令启动（工厂设置 DINI），这时电流流过电动机并校准转子，如果电动机技术数据自动检测程序运行完毕，数据将由 RAM 拷贝到 ROM 同时显示完成快速调试，以后报警信号 A0541（电动机技术数据自动检测程序激活）自动撤消，重新显示 P3900 | |

（3）利用参数 P0340，对控制数据/电动机数据进行自动检测（见表 6-27） 内部的电动机数据/控制数据，是利用参数 P0340 进行计算或者间接地利用参数 P3900 或参数 P1910 进行计算的。例如，如果等值电路图的数据，或转动惯量的数值是已知的，就可以利用参数 P0340 的功能计算内部的电动机数据/控制数据。

**表 6-27 电动机数据的自动检测步骤**

| 步骤 | 参数 | 操作说明 |
| --- | --- | --- |
| 1 | P0340 | 0 不进行计算<br>1 全部参数化（计算所有的电动机控制数据）<br>2 计算等值电路图的数据<br>3 计算 U/f 控制和矢量控制的数据<br>4 只计算控制器的设置值 |
| 2 | P0625 = ×× | 电动机运行的环境温度（键入以℃为单位的温度值）<br>键入变频器的电动机运行环境温度，是指进行电动机技术数据检测时实际的大气环境温度（工厂的默认设置值为 20℃），电动机本身的温度与电动机运行环境温度 P0625 的允许温差必须在 50℃以内。如果大于这一允许温度，电动机技术数据自动检测程序只能在电动机的实际温度冷却下来以后才允许执行 |
| | P1910 = 1 | 选择电动机技术数据自动检测功能<br>0 禁止自动检测功能<br>1 自动检测电动机的全部参数并修改参数数值<br>2 这些修改后的参数被控制器接收并用于控制器的控制<br>3 自动检测饱和（磁化）曲线并修改参数数值<br>说明：在 P1910 = 1 的情况下，P0340 在变频器内部设定为 3，并计算相应的数据（参看参数表中的参数 P0340） |
| | 电动机上电 | 接入 ON 命令后变频器开始进行电动机技术数据的检测，与此同时电动机转子进行校准（移动到一个最佳位置）并导入电流通过 r0069（CO 相电流）来诊断检测中是否有问题发生，还输出报警信息 A0541（电动机技术数据自动检测程序激活） |
| | A0541 | 电动机技术数据自动检测程序执行完毕以后 P1910 复位（P1910 = 0）<br>撤消 A0541 的报警信号 |
| 3 | P1910 = 3 | 自动检测饱和（磁化）曲线并修改参数数值 |
| | 电动机上电 | 自动检测饱和（磁化）曲线并修改参数数值 |
| | A0541 | 撤消 A0541 的报警信号 |

说明：

在全部参数化（P0340 = 1）的情况下，除了电动机/控制参数以外，也对属于电动机额定数据的各个参数进行配置（例如转矩限制值和接口信号的基准量）。进行 P3900 > 0的快速调试时，变频器内部设定 P0340 为 1（全部参数化），在进行电动机技术数据自动检测时，检测完成以后，变频器内部自动设定 P0340 为 3。

（4）变频器恢复出厂时的设定值操作步骤见表 6-28。

**表 6-28　恢复出厂时的设定值操作步骤**

| | |
|---|---|
| P0003 = 1 | 用户访问额　1　访问级 = 标准级 |
| P0004 = 0 | 参数过滤器　0　全部参数 |
| P0010 = 30 | 调试参数　30　出厂时的默认设置值 |
| P0970 = 1 | 复位　1　把变频器参数复位为出厂时的默认设置值 |
| busy | 变频器进行参数复位(持续时间大约 10s),然后自动输出复位菜单并设置 |
| 结束后 | P0970 = D　禁止复位<br>P0010 = D　准备 |

**2. MR440 通用变频器面板方式控制机床异步电动机正反转识读**

（1）西门子 MICROMASTER440 变频器的接线原理图如图 6-50 所示。电源可采用单相或三相接线。

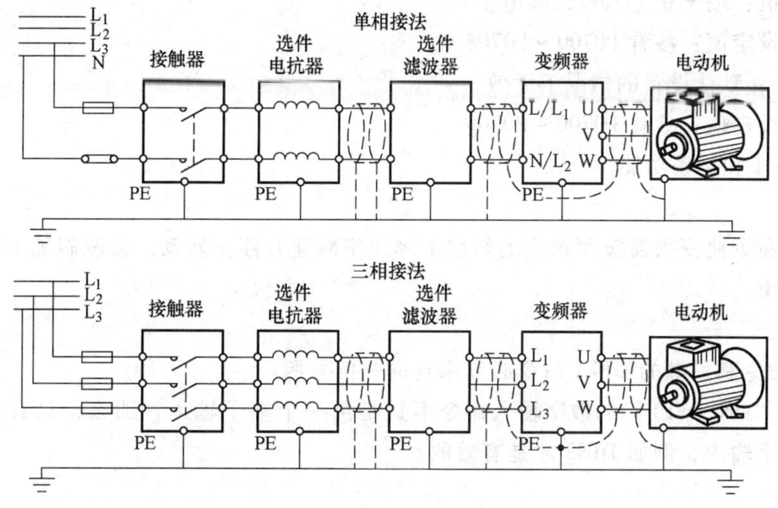


图 6-50　变频器接线原理图

（2）变频器控制线路原理图如图 6-51 所示。

（3）需要准备的知识

1）频率设定值（P1000）

默认值：端子 3/4（AIN + / AIN – ，0…10V 相当于 0…50/60Hz）

2）命令源（P0700）

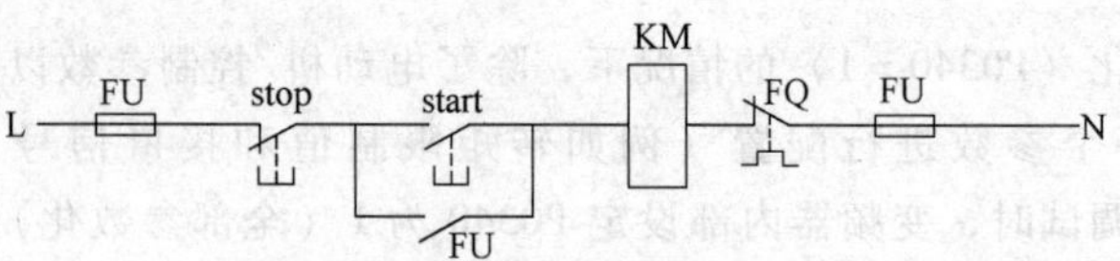


图 6-51  变频器控制线路原理图

① 电动机启动

默认值：端子 5（DIN1，高电平）

其他设定值：参看 P0700 ~ P0708

斜坡时间和斜坡平滑曲线功能也关系到电动机如何启动和停车

参数 P1120、P1121、P1130 和 P1134

② 电动机停车

默认值：

OFF1 端子 5（DIN1，低电平）

OFF2 用 BOP/AOP 上的 OFF（停车）按键控制时，按下 OFF 按键（持续 2s）或按两次 OFF（停车）按钮即可（使用默认设定值时，没有 BOP/AOP，因而不能使用这一方式）。

③ 电动机反向

默认值：端子 6（DIN2，高电平）

其他设定值：参看 P0700 ~ P0708

OFF3 在默认设置的情况下无效

其他设定值：参看 P0700 ~ P0708

④ 停车和制动功能

OFF1

这一命令使变频器按照选定的斜坡下降速率减速并停止转动。修改斜坡下降时间的参数 P1121。

提示：

ON 命令和后继的 OFF1 命令必须来自同一信号源。

如果"ON/OFF1"的数字输入命令不只是由一个端子输入，那么，只有最后一个设定的数字输入，例如 DIN3 才是有效的。

OFF2

这一命令使电动机依惯性滑行，最后停车（脉冲被封锁）。

提示：

OFF2 命令可以有一个或几个信号源。OFF2 命令以默认方式设置到 BOP/AOP。即使参数 P0700 ~ P0708 之一定义了其他信号源，这一信号源依然存在。

OFF3

OFF3 命令使电动机快速地减速停车。

在设置了 OFF3 的情况下，为了启动电动机，二进制输入端必须闭合（高电平）。如果 OFF3 为高电平，电动机才能启动并用 OFF1 或 OFF2 方式停车。

如果 OFF3 为低电平，电动机是不能启动的。

斜坡下降时间：参看 P1135

提示：

OFF3 可以同时具有直流制动、复合制动功能。

⑤ 直流注入制动

直流注入制动可以与 OFF1 和 OFF3 同时使用。向电动机注入直流电流时，电动机将快速停止，并在制动作用结束之前一直保持电动机轴静止不动。

“使能”直流注入制动：参看 P0701 ~ P0708

设定直流制动的持续时间：参看 P1233

设定直流制动电流：参看 P1232

设定直流制动开始时的频率：参看 P1234

提示：

如果没有数字输入端设定为直流注入制动，而且 P1233 = 0，那么，直流制动将在每个 OFF1 命令之后起作用，制动作用的持续时间在 P1233 中设定。

⑥ 复合制动

复合制动可以与 OFF1 和 OFF3 命令同时使用。为了进行复合制动，应在交流电流中加入一个直流分量。

设定制动电流：参看 P1236

3）控制方式（P1300）

MICROMASTER440 变频器有多种运行控制方式，即运行中电动机的速度与变频器的输出电压之间可以有多种不同的控制关系。各种控制方式的简要情况如下所述：

① 线性 U/f 控制，P1300 = 0

可用于可变转矩和恒定转矩的负载，例如带式运输机和正排量泵类。

② 带磁通电流控制（FCC）的线性 U/f 控制，P1300 = 1

这一控制方式可用于提高电动机的效率和改善其动态响应特性。

③ 抛物线 U/f 控制，P1300 = 2

这一方式可用于可变转矩负载，例如风机和水泵。

④ 多点 U/f 控制，P1300 = 3

有关这种运行方式更详细的资料请参看 MM440“参考手册”。

⑤ 纺织机械的 U/f 控制，P1300 = 5

没有滑差补偿或谐振阻尼。电流最大值 $I_{max}$ 控制器从属于电压而不是频率。

⑥ 用于纺织机械的带 FCC 功能的 U/f 控制，P1300 = 6

⑦ 带独立电压设定值的 U/f 控制，P1300 = 19

电压设定值可以由参数 P1330 给定，而与斜坡函数发生器（RFG）的输出频率无关。

⑧ 无传感器矢量控制，P1300 = 20

这一控制方式的特点是用固有的滑差补偿对电动机的速度进行控制。用这一控制方式时，可以得到大的转矩，改善瞬态响应特性，具有优良的速度稳定性，而且在低频时可以提高电动机的转矩。可以从矢量控制变为转矩控制（参看 P1501）。

⑨ 带编码器反馈的速度控制，P1300 = 21

带速度编码器反馈的磁场定向控制可以实现：提高速度控制的精度，改善速度控制的动态响应特性，改善低速时的控制特性。

⑩ 无传感器的矢量转矩控制，P1300 = 22

这一控制方式的特点是变频器可以控制电动机的转矩。当负载要求恒定转矩时，可以给出一个转矩给定值，而变频器将改变向电动机输出的电流，使转矩维持在设定的数值。

⑪ 带编码器反馈的转矩控制，P1300 = 23

带编码器反馈的转矩控制可以提高转矩控制的精度，改善转矩控制的动态响应特性。

4）用于定义变频器通过哪个接口接收设定值或上电/断电的命令参数有 P0700、P1000、P0719。

参数 P0700 和 P1000 具有以下的默认设置值：

P0700 = 2（端子板）

P1000 = 2（模拟设定值）

具体设置见表 6-29 ~ 表 6-31。

**表 6-29　选择命令信号源参数：P0700**

| 参数的数值 | 含义/命令源 |
|---|---|
| 0 | 工厂默认设置 |
| 1 | BOP(操作面板) |
| 2 | 由端子板上的端子接入信号 |
| 4 | 通过 BOP 链路的 USS 设置 |
| 5 | 通过 COM 链路的 USS 设置 |
| 6 | 通过 COM 链路的 CB 设置 |

**表 6-30　选择设定值信号源参数：P1000**

| 参数的数值 | 主设定值信号源 | 辅助设定值信号源 |
|---|---|---|
| 0 | 无主设定值 | |
| 1 | MOP 设定值(电动电位计) | |
| 2 | 模拟设定值 | |
| 3 | 固定频率设定值 | |
| 4 | 通过 BOP 链路的 USS 设置 | |

（续）

| 参数的数值 | 主设定值信号源 | 辅助设定值信号源 |
|---|---|---|
| 5 | 通过 COM 链路的 USS 设置 | |
| 6 | 通过 COM 链路的 CB 设置 | |
| 7 | 模拟设定值 2 | |
| 10 | 无主设定值 | MOP 设定值 |
| 11 | MOP 设定值 | MOP 设定值 |
| 12 | 模拟设定值 | MOP 设定值 |
| …… | | |
| …… | | |
| …… | | |
| 77 | 模拟设定值 2 | 模拟设定值 2 |

**表 6-31　命令/频率设定值的选择（P0719）**

| 参数的数值 | 命令信号源 | 设定值(频率)信号源 |
|---|---|---|
| 0 | Cmd = BICO 参数 | Setpoint = BICO 参数 |
| 1 | Cmd = BICO 参数 | Setpoint = MOP 设定值 |
| 2 | Cmd = BICO 参数 | Setpoint = 模拟设定值 |
| 3 | Cmd = BICO 参数 | Setpoint = 固定频率设定值 |
| 4 | Cmd = BICO 参数 | Setpoint = 通过 BOP 链路的 USS 设置 |
| 5 | Cmd = BICO 参数 | Setpoint = 通过 COM 链路的 USS 设置 |
| 6 | Cmd = BICO 参数 | Setpoint = 通过 COM 链路的 CB 设置 |
| 10 | Cmd = BOP | Setpoint = BICO 参数 |
| 11 | Cmd = BOP | Setpoint = MOP 设定值 |
| 12 | Cmd = BOP | Setpoint = 模拟设定值 |
| …… | | |
| …… | | |
| 64 | Cmd = 通过 COM 链路的 CB | 设置 Setpoint = 通过 BOP 链路的 USS 设置 |
| 66 | Cmd = 通过 COM 链路的 CB | 设置 Setpoint = 通过 COM 链路的 CB 设置 |

注：BICO 功能（英语 Binector Connector Technology 的缩写）：可以在标准的变频器参数化模式下任意地互连各个过程数据。

（4）按控制原理图进行外部连线，变频器的动力引出线和电动机线直接引到相应的端子上（见图 6-52），并确认相应的线号。根据电气原理图反复核对装配好的电路。经审查、同意后，站在电工橡胶绝缘垫上才能通电调试，确保人身安全，防止事故尤其是重大事故发生。

1）通过 BOP 操作面板完成以下控制：

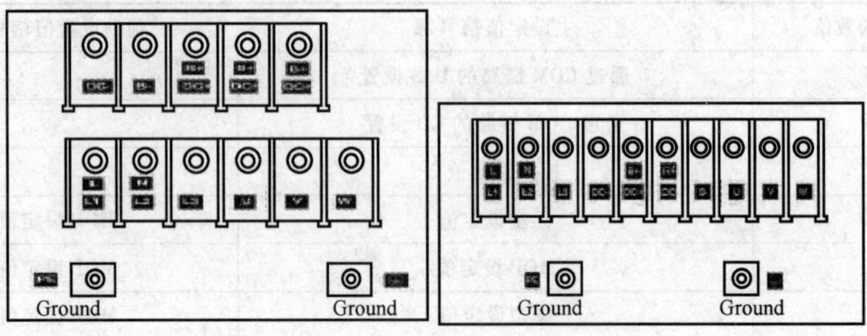


图 6-52　变频器动力引线和电机线的端子

① 合上变频器电源。

② 通过 BOP 操作面板，设定电动机的额定参数（快速设定）。

③ 设定电动机开环下的控制参数。

a）运行转速，1000r/min。

b）斜坡加速时间 15s；斜坡减速时间 15s。

2）面板操作控制

① 通过面板操作按键，让电动机运行、停止、电动、正转、反转。

② 查看电动机运行时的频率、转速、电流、电压、转矩。

完成以上步骤后，将变频器的设定参数恢复到出厂值。

3）BOP 控制提示

① 选择命令信号源 P0700 = 1。

② 选择设定值信号源 P1000 = 0、3。

③ 命令/频率设定值的选择 P0719 = 10、11、12。

**3. MR440 通用变频器外部给定控制**

（1）原理及接线

1）变频器系统结构框图如图 6-53 所示。

2）控制端子列表见表 6-32。

3）MICROMASTER440 变频器的控制端子接线图如图 6-54、图 6-55 所示。

（2）所需知识

1）数字（开关量）输入（DIN1-DIN6）数学模型如图 6-56 所示，对应的 P 参数见表 6-33。

例如，要求由数字输入端 DIN1 接入 ON/OFF1 命令。

P0700 = 2　使能由端子板的端子（数字输入）进行控制

P0701 = 1　由数字输入 1（DIN1）接入 ON/OFF1 命令

P0724 = × ×

2）模拟输入（ADC）数学模型如图 6-57 所示，对应的参数见表 6-34。

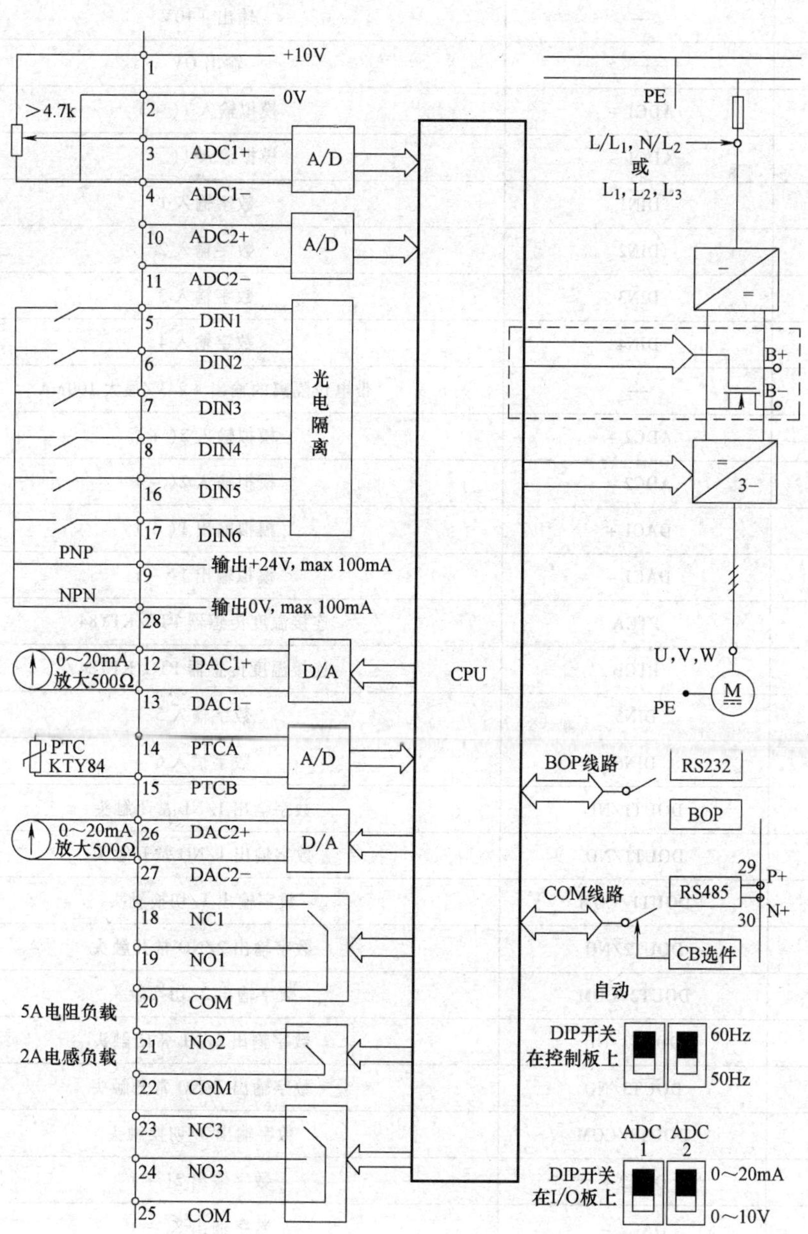


图 6-53　MICROMASTER440 变频器的原理结构框图

表6-32 MICROMASTER440变频器控制端子列表

| 端子号 | 标识符 | 功 能 |
|---|---|---|
| 1 | — | 输出+10V |
| 2 | — | 输出0V |
| 3 | ADC1+ | 模拟输入1(+) |
| 4 | ADC1- | 模拟输入1(-) |
| 5 | DIN1 | 数字输入1 |
| 6 | DIN2 | 数字输入2 |
| 7 | DIN3 | 数字输入3 |
| 8 | DIN4 | 数字输入4 |
| 9 | — | 带电位隔离的输出+24V/最大100mA |
| 10 | ADC2+ | 模拟输入2(+) |
| 11 | ADC2- | 模拟输入2(-) |
| 12 | DAC1+ | 模拟输出1(+) |
| 13 | DAC1- | 模拟输出1(-) |
| 14 | PTCA | 连接温度传感器PTC/KTY84 |
| 15 | PTCB | 连接温度传感器PTC/KTY84 |
| 16 | DIN5 | 数字输入5 |
| 17 | DIN6 | 数字输入6 |
| 18 | DOUT1/NL | 数字输出1/NL常闭触头 |
| 19 | DOUT1/NO | 数字输出1/NO常开触头 |
| 20 | DOUT1/COM | 数字输出1/切换触头 |
| 21 | DOUT2/NO | 数字输出2/NO常开触头 |
| 22 | DOUT2/COM | 数字输出2/切换触头 |
| 23 | DOUT3/NL | 数字输出3/NL常闭触头 |
| 24 | DOUT3/NO | 数字输出3/NO常开触头 |
| 25 | DOUT3/COM | 数字输出3/切换触头 |
| 26 | DAC2+ | 数字输出2(+) |
| 27 | DAC2- | 数字输出2(-) |
| 28 | — | 带电位隔离的输出0V/最大100mA |
| 29 | P+ | RS485串口 |
| 30 | P- | RS485串口 |

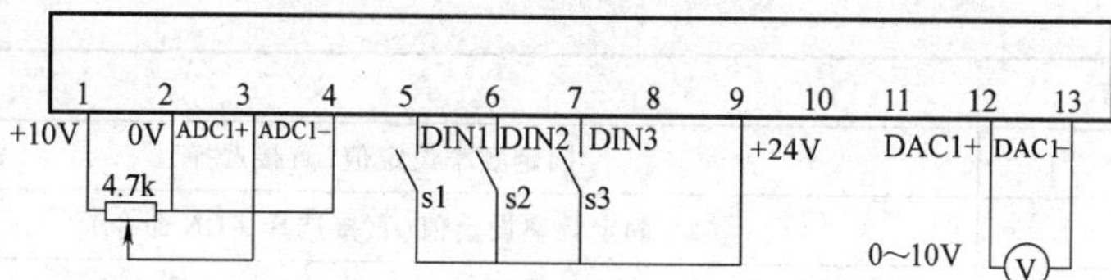


图 6-54　控制端子接线图

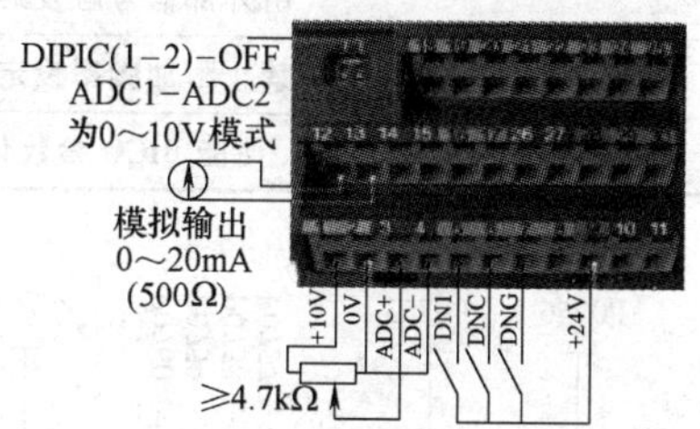


图 6-55　控制端子实际位置接线图

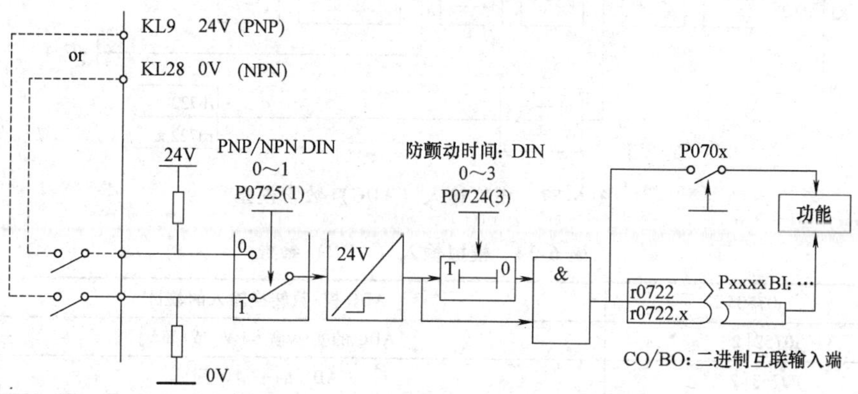


图 6-56　数字（开关量）输入（DIN）模型图

**表 6-33　P0701 ~ P0706 参数**

| 参数的数值 | 含　义 |
|---|---|
| 0 | 禁止数字输入 |
| 1 | ON/OFF1 接通正转/停车命令 |
| 2 | ON + 反转/OFF1（接通反转/停车命令） |
| 3 | OFF2：接惯性自由停车 |
| 4 | OFF3：按快速下降斜坡曲线降速停车 |
| 11 | 反向点动 |
| 12 | 反转 |
| 13 | MOP 升速（增加频率） |
| 14 | MOP 降速（减少频率） |

（续）

| 参数的数值 | 含　义 |
|---|---|
| 15 | 固定频率设定值（直接选择） |
| 16 | 固定频率设定值（直接选择 + ON 命令） |
| 17 | 固定频率设定值（BCD 码选择 + ON 命令） |
| 25 | 直流注入制动 |
| 29 | 由外部信号触发跳闸 |
| 33 | 禁止附加频率设定值 |
| 99 | 使能 BICO 参数化 |

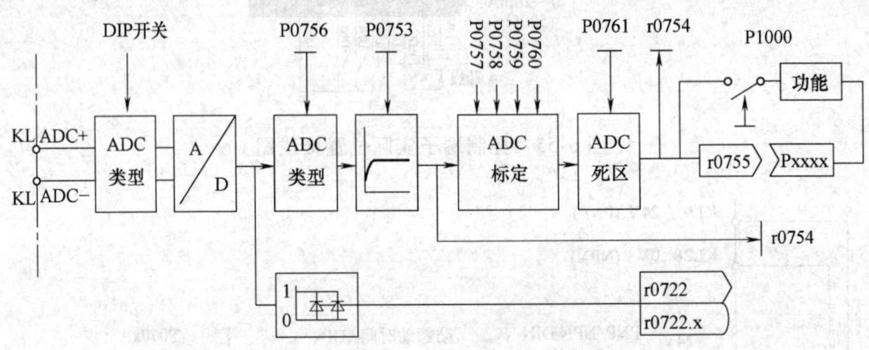


图 6-57　模拟输入（ADC）数学模型

表 6-34　模拟输入（ADC）参数

| | |
|---|---|
| r0750 | ADC 模/数转换输入的数目 |
| r0752[2] | ADC 的实际输入[V]或[mA] |
| P0753[2] | ADC 的平滑时间 |
| r0754[2] | 标定后的 ADC 实际值[%] |
| r0755[2] | CO 标定后的 ADC 实际值[4000h] |
| P0756[2] | ADC 的类型 |
| P0757[2] | ADC 输入特性标定的 x1 值[V/mA] |
| P0758[2] | ADC 输入特性标定的 y1 值 |
| P0759[2] | ADC 输入特性标定的 x2 值[V/mA] |
| P0760[2] | ADC 输入特性标定的 y2 值 |
| P0761[2] | ADC 死区的宽度[V/mA] |
| P0762[2] | 信号消失的延迟时间 |

其中，P0756 的设置（模拟输入的类型）必须与 I/O 板上的开关 DIP1（12）的设置相匹配，双极性电压输入只适用于模拟输入 1（ADC1），见表 6-35，端子接线图如图 6-58 所示。

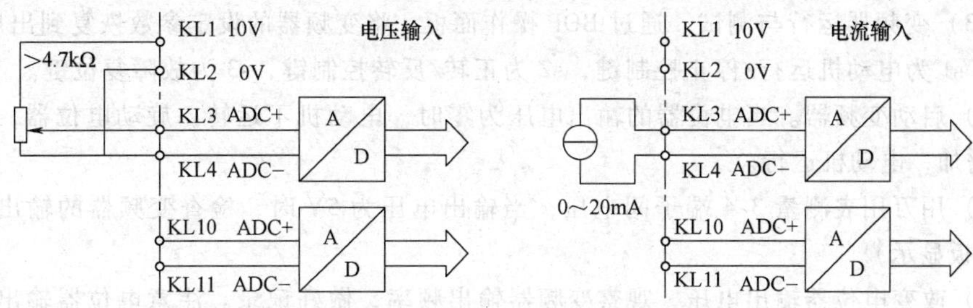


图 6-58　模拟输入（ADC）端子接线图

**4. 控制内容及步骤**

（1）接线　按照控制电路图接线，确认连接可靠，合上电源开关 Q1，并确认变频器显示正常。

旋转电位器，用万用表测量 3-4 端子间电压为 0V，确认开关 S1（5 号端子）位于打开位置。

**表 6-35　P0756 可以使用的设置值**

| 参数 | P0756 可以使用的设置值 |
| --- | --- |
| 0 | 单极性电压输入(0～10V) |
| 1 | 单极性电压输入带监控(0～10V) |
| 2 | 单极性电流输入(0～20mA) |
| 3 | 单极性电流输入带监控(0～20mA) |
| 4 | 双极性电压输入(－10～＋10V)只有 ADC1 |

（2）电动机数据的自动检测　为了实现变频器与电动机的最佳匹配，应该计算等效电路的数据和电动机的磁化特性。

1）设定参数 P1910＝1，自动检测电动机的数据和变频器的特性，并改写以下参数的数值：

① P0350：定子电阻

② P0354：转子电阻

③ P0356：定子漏抗

④ P0358：转子漏抗

⑤ P0360：主电抗

⑥ P1825：IGBT 的通态电压

⑦ P1828：触发控制单元联锁时间补偿（门控死区）

电动机的磁化特性是通过运行电动机数据自动检测程序得到的，如果要求电动机-变频器系统在弱磁区运行，特别是要求采用矢量控制，就必须得到磁化特性，有了磁化特性以后，变频器可以更精确地计算在弱磁区的电流，并由此得到精度更高的转矩计数值。

2）设定参数 P1910＝3，自动检测饱和曲线，并改写以下参数的数值：

① P0362～P0365：磁化曲线的磁通 1～4

② P0366～P0369：磁化曲线的磁化电流 1～4

（3）变频器运行与测试　通过 BOP 操作面板，将变频器的设定参数恢复到出厂值。此时，s1 为电动机运行/停止控制键，s2 为正转/反转控制键，s3 为故障复位键。

1）启动变频器。当电位器的输出电压为零时，电动机不运转。旋动电位器，输出电压增加，电动机运行。

2）用万用表测量 3-4 端子间电压，当输出电压为 5V 时，检查变频器的输出频率（从面板显示）。

3）改变电位器输出电压，观察变频器输出频率，做好记录。注意电位器输出电压不要超过 10V。

完成以上步骤后，读出 P0700、P1000、P0719、P0700 ~ P0756 的值。

4）设定斜坡加速时间 15s；斜坡减速时间 15s；速度由 ADC1 设定。s1 为故障复位键，s2 为电动机运行/停止控制键，s3 为正转/反转控制键。启动变频器，重复上述操作过程。

（4）控制提示　修改 P0700、P1000、P0719、P0700 ~ P0756 的值。

## 6.2.4 MR440 通用变频器用于机床的多段速度控制识读实例

**1. 系统接线图**（见图 6-59）

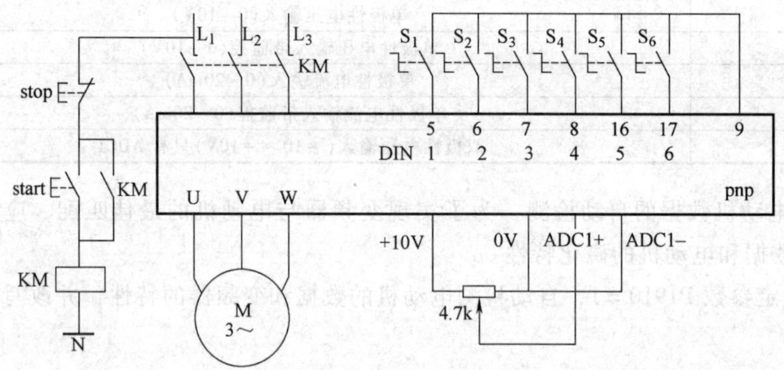


图 6-59　系统接线图

**2. 所需知识**

（1）变频器的出厂值设定参数　出厂值端子参数见表 6-36。

**表 6-36　出厂值端子参数**

| 数字输入 | 端子号 | 参数的设置值 | 默认的操作 |
|---|---|---|---|
| 数字输入 1 | 5 | P0701 = “1” | ON，正向运行 |
| 数字输入 2 | 6 | P0702 = “12” | 反向运行 |
| 数字输入 3 | 7 | P0703 = “9” | 故障确认 |
| 数字输入 4 | 8 | P0704 = “15” | 固定频率 |
| 数字输入 5 | 16 | P0705 = “15” | 固定频率 |
| 数字输入 6 | 17 | P0706 = “15” | 固定频率 |
| 数字输入 7 | 经由 AIN1 | P0707 = “0” | 不激活 |
| 数字输入 8 | 经由 AIN2 | P0708 = “0” | 不激活 |

（2）直接编码确定固定频率　如图 6-60、表 6-37 所示。

（3）二进制编码确定固定频率　如图 6-61、表 6-38、表 6-39 所示。

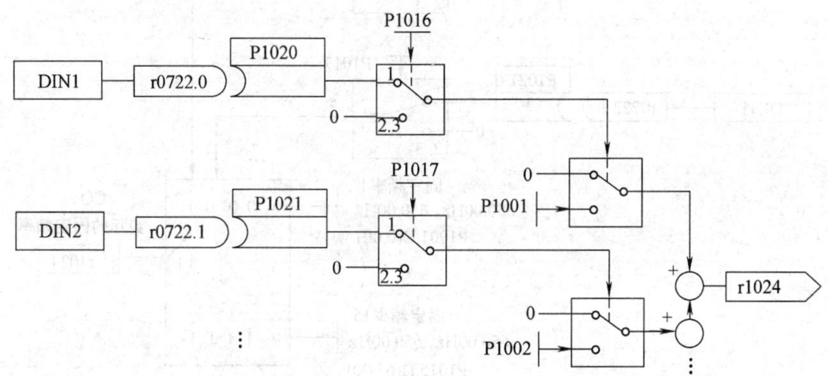


图 6-60　直接编码模型

**表 6-37　数字输入直接编码确定固定频率的例子**

| 固定频率 | 参数号 | DIN6 | DIN5 | DIN4 | DIN3 | DIN2 | DIN1 |
|---|---|---|---|---|---|---|---|
| FF1 | P1001 | 0 | 0 | 0 | 0 | 0 | 1 |
| FF2 | P1002 | 0 | 0 | 0 | 0 | 1 | 0 |
| FF3 | P1003 | 0 | 0 | 0 | 1 | 0 | 0 |
| FF4 | P1004 | 0 | 0 | 1 | 0 | 0 | 0 |
| FF5 | P1005 | 0 | 1 | 0 | 0 | 0 | 0 |
| FF6 | P1006 | 1 | 0 | 0 | 0 | 0 | 0 |
| FF1 + FF2 | …… | 0 | 0 | 0 | 0 | 1 | 1 |
| …… | …… | …… | …… | …… | …… | …… | …… |
| FF = FF1 + FF2 + FF3 + FF4 + FF5 + FF6 | | | | | | | |

**表 6-38　由数字输入二进制编码确定固定频率的例子**

| 参数号 | 固定频率 | DIN4 | DIN3 | DIN2 | DIN1 |
|---|---|---|---|---|---|
| P1001 | FF1 | 0 | 0 | 0 | 1 |
| P1002 | FF2 | 0 | 0 | 1 | 0 |
| …… | | | | | |
| …… | | | | | |
| P1014 | FF14 | 1 | 1 | 1 | 0 |
| P1015 | FF15 | 1 | 1 | 1 | 1 |

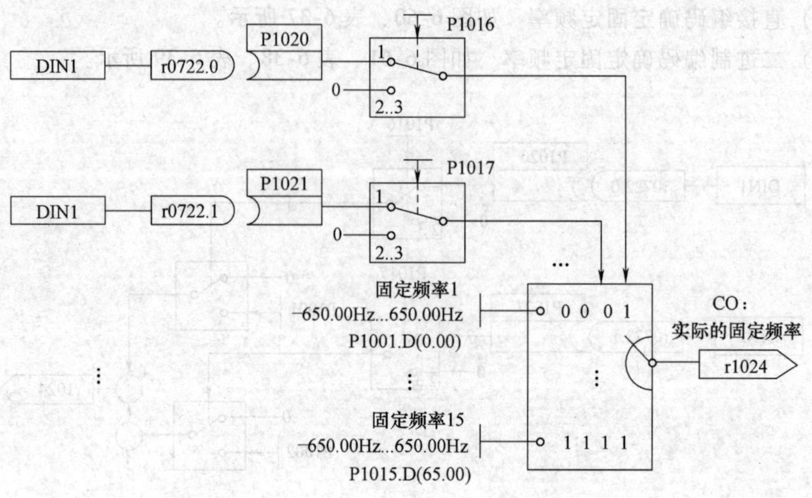


图 6-61　二进制编码选择 + ON 命令模型

**表 6-39　P1000 ~ P1019 及 r1024 参数说明**

| 参 数 号 | 参 数 名 称 | 默 认 值 |
| --- | --- | --- |
| P1000[3] | 选择频率设定值 | 2 |
| P1001[3] | 固定频率 1 | 0.00 |
| P1002[3] | 固定频率 2 | 5.00 |
| P1003[3] | 固定频率 3 | 10.00 |
| P1004[3] | 固定频率 4 | 15.00 |
| P1005[3] | 固定频率 5 | 20.00 |
| P1006[3] | 固定频率 6 | 25.00 |
| P1007[3] | 固定频率 7 | 30.00 |
| P1008[3] | 固定频率 8 | 35.00 |
| P1009[3] | 固定频率 9 | 40.00 |
| P1010[3] | 固定频率 10 | 45.00 |
| P1011[3] | 固定频率 11 | 50.00 |
| P1012[3] | 固定频率 12 | 55.00 |
| P1013[3] | 固定频率 13 | 60.00 |
| P1014[3] | 固定频率 14 | 65.00 |
| P1015[3] | 固定频率 15 | 65.00 |
| P1016 | 固定频率方式 | 位 0 |

（续）

| 参数号 | 参数名称 | 默认值 |
|---|---|---|
| P1017 | 固定频率方式 | 位 1 |
| P1018 | 固定频率方式 | 位 2 |
| P1019 | 固定频率方式 | 位 3 |
| r1024 | CO：固定频率的实际值 | |

**3. 控制内容及运行步骤**

（1）按照实践电路图接线，确认连接可靠，合上电源开关 Start，并确认变频器显示正常。

初始化，将变频器的设定参数恢复到出厂值。

1）启动和停止电动机（数字输入 DIN1 由外接开关控制）。

2）电动机反向（数字输入 DIN2 由外接开关控制）。

3）故障复位（数字输入 DIN3 由外接开关控制）。

4）调整模拟输入信号（模拟量输入 ADC1 外接控制）。

5）输出频率实际值 DAC1 的输出为电流输出）。

6）设定多段速度控制 P1000 = 3（参数范围 P1001 ~ P1028）。

（2）按照表 6-40 设定数据。

**表 6-40　P 参数设定**

| 参数 | P1001 | P1002 | P1003 | P1004 | P1005 | P1006 |
|---|---|---|---|---|---|---|
| 频率/Hz | 5 | 8 | 12 | 16 | 20 | 24 |

1）直接选择方式：在这种方式下，控制信号直接选择固定频率。控制信号通过二进制互联输入端输入，如果有几个固定频率同时被激活，那么选定的频率是它们的总和。参考图 6-57、表 6-37。

① 标准设定法　P0701 = 15

② BICO 设定法　P0701 = 99　P1020 = 722.0　P1016 = 1

2）直接选择 + ON 命令：采用这一方法选择固定频率时也是利用数字输入直接进行选择，同时带有 ON 命令，这时不再需要 ON 命令。

① 标准设定法　P0701 = 16

② BICO 设定法　P0701 = 99　P1020 = 722.0　P1016 = 2

3）二进制编码选择 + ON 命令，参考图 6-58、表 6-38。

① 标准设定法　P0701 = 17

② BICO 设定法　P0701 = 99　　P1020 = 722.0　　P1016 = 3

对上述三种控制方法设置完成后，启动变频器，首先按顺序 s1 ~ s6 独立激活，再按顺序连续激活，观察变频器的输出频率（从面板显示），记录数据。

（3）完成以上实践内容后，将变频器恢复出厂设定。

### 6.2.5 日本安川电机公司 VS-616G 通用型变频器在机床中典型应用识读实例

#### 1. VS-616G 通用型变频器的标准接线图（见图 6-62）

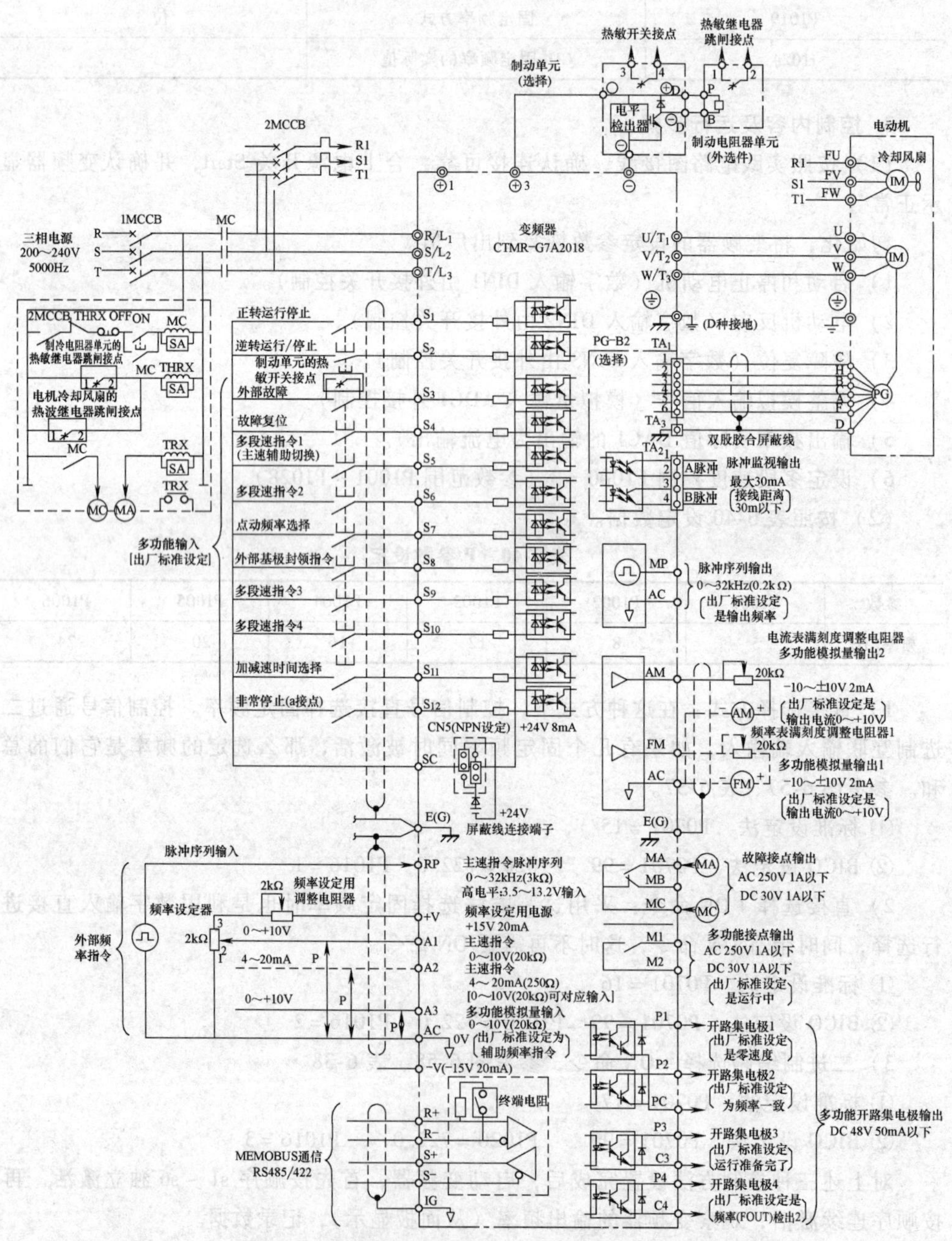

图 6-62 日本安川电机公司的通用型变频器的标准接线图

### 2. VS-616G11 通用型变频器和 PLC 配合的应用

PLC 目前在机床中得到了最广泛的应用，它是改造传统旧机床和创新设计制造新机床最理想、实用的首选控制器。变频器如与 PLC 配合应用，如虎添翼，将会产生事半功倍的效果，如图 6-63 所示。

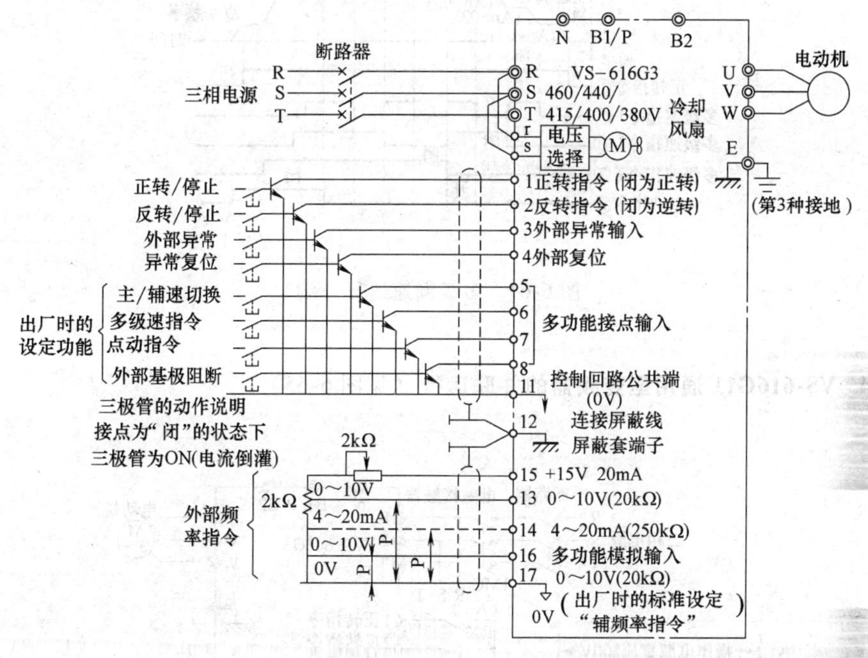


图 6-63　VS-616G11 通用型变频器和 PLC 配合的应用

### 3. VS-616G 通用型变频器的多级调速运行（见图 6-64）

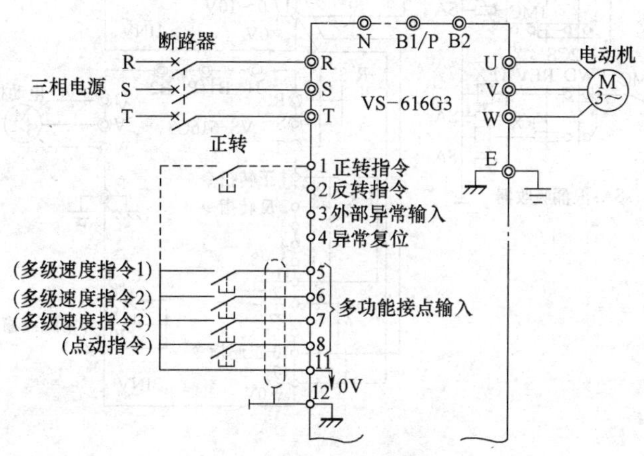


图 6-64　多级调速运行

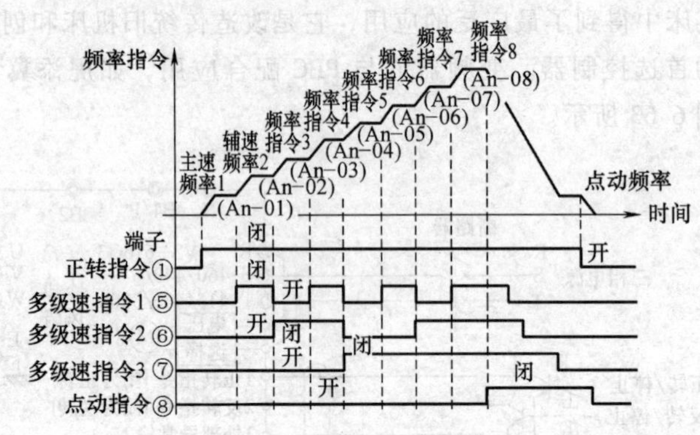


图 6-64　多级调速运行（续）

## 4. VS-616G11 通用型变频器的并联运行（见图 6-65）

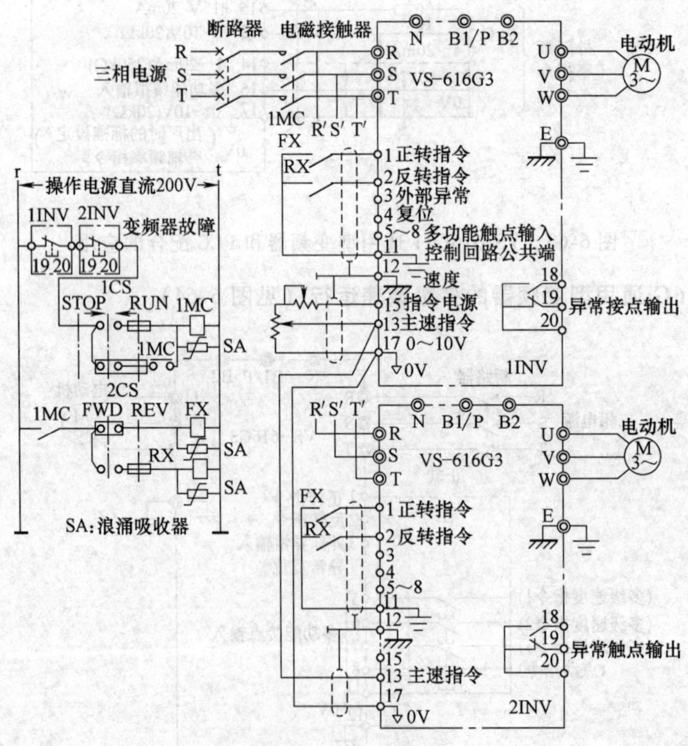


图 6-65　并联运行

5. VS-616G11 通用型变频器的比例控制运行（见图 6-66）

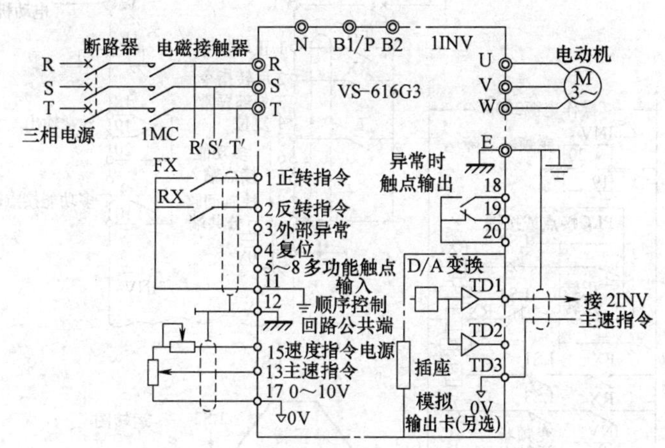


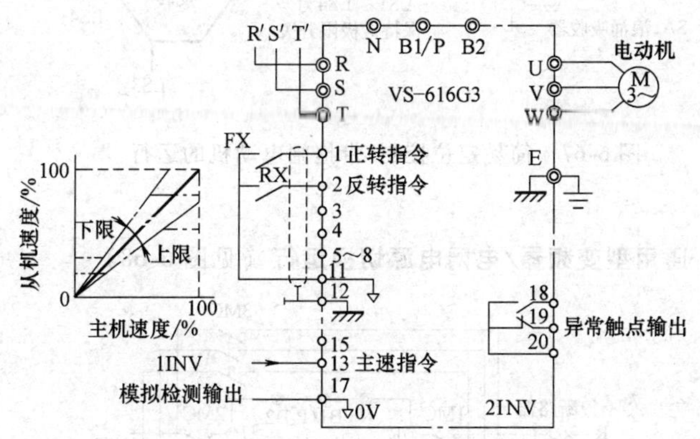


图 6-66　比例控制运行

6. VS-616G11 通用型变频器简易定位控制/带抱闸电动机的运行（见图 6-67）

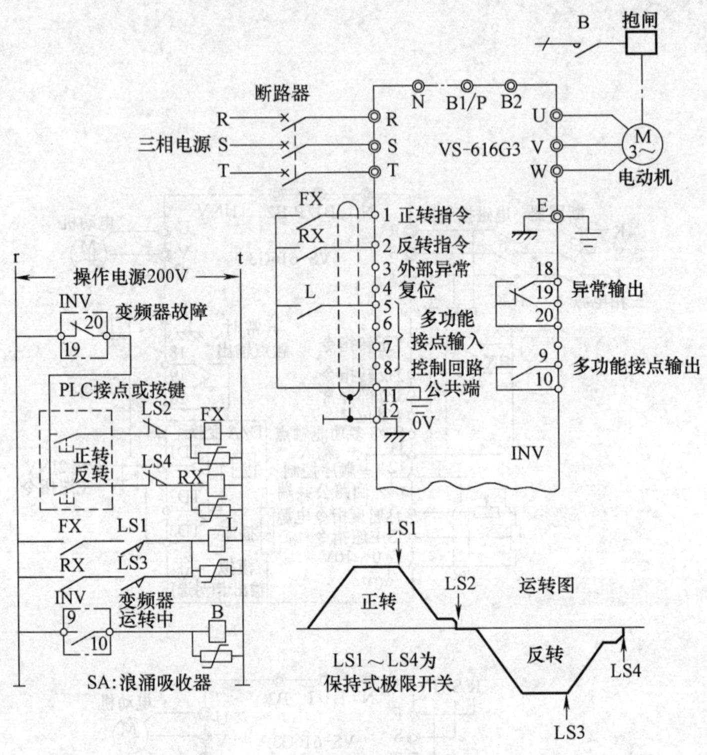


图 6-67 简易定位控制/带抱闸电动机的运行

7. VS-616G11 通用型变频器/电网电源切换运行（见图 6-68）

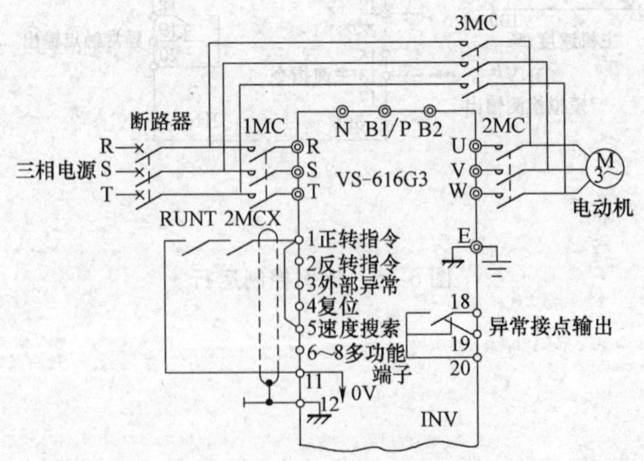


图 6-68 变频器/电网电源切换运行

（正常切换，异常时的切换）

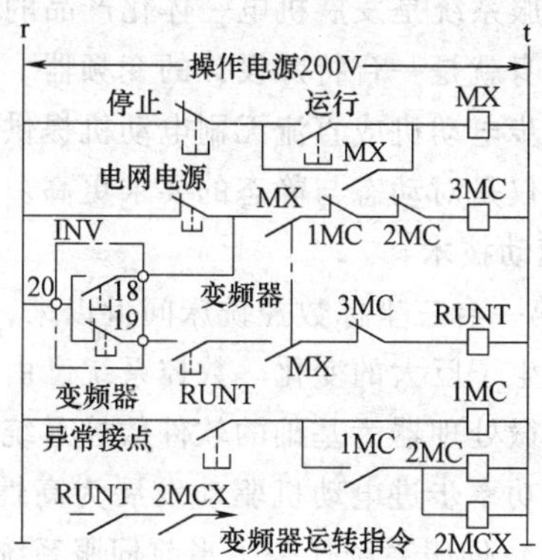


图 6-68　变频器/电网电源切换运行
（正常切换，异常时的切换）（续）

## 6.3　现代数控机床中交流伺服系统用的变频器识图实例

### 6.3.1　现代数控机床中交流伺服系统的概念

**1. 机电一体化产品中的电气伺服驱动装置**

现代科学技术的重要特征之一是多学科互相渗透，产生出一系列的边缘学科和综合技术，机电一体化就是这样的综合技术。机电一体化产品把精密机械、微电子技术、信息技术、计算机技术、电力电子技术、传感技术等相关学科和技术有机地融合在一起。通常把规模大而复杂的机电一体化产品称为机电一体化系统，如柔性制造系统（FMS）、计算机集成制系统（CIMS）等。把规模小并相对独立的如现代数控机床、工业机器人等称为机电一体化产品。典型的机电一体化产品由五个部分组成，即传感器、信息处理器、驱动器、能源及机构，如图 6-69 所示。20 世纪 70 年代以来，原来由机电装置处理信息，改变为全部由计算机来处理，大大地提高了机器的精度和柔性。

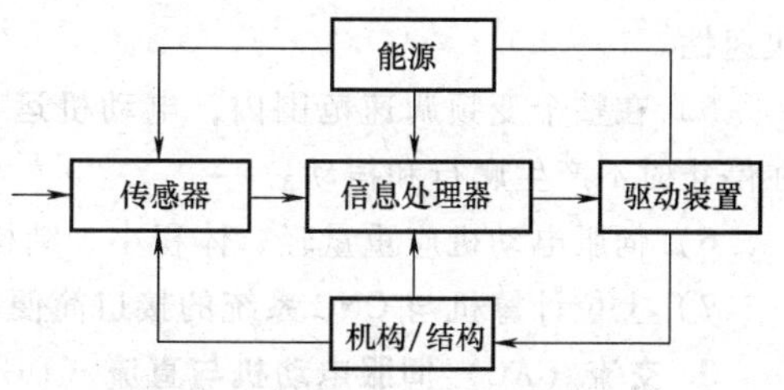


图 6-69　机电一体化产品的组成

机电一体化产品中最常用的驱动器是电气伺服驱动装置，它的性能好坏对机电一体化产品有重大影响。电气伺服驱动装置的主要任务是按控制命令的要求，对功率进行放大、变换与调节等处理。所以，不但需要微电子技术，而且必须采用电力电子器件和伺服电动机。它使驱动装置输出的力矩、速度和位置控制变得非常灵活方便，增加了机械加工的自由度。由此可见，伺服驱动（或伺服系统）是机电一体化产品的共性技术之一。忠实地跟随控制命令而动作是对伺服系统的最基本要求，对数控机床的性能有重要影响。因此，研究伺服系统是发展机电一体化产品的重要课题。

电气伺服驱动装置本身就是一台特殊设计的变频器，根据不同的要求，它可以向三相异步电动机、永磁式同步电动机或直流无刷电动机提供变频电源。这种专用变频器与通用变频器的不同之处仅仅是对动态与静态的要求更高。

**2. 数控机床和伺服驱动技术**

自从1952年世界上第一台三坐标数控铣床问世以来，数控机床的发展已有40多年历史，这期间数控技术发生了巨大的变化。数控系统已由以电子管、晶体管为基础的硬件数控技术发展到目前以微处理器为基础的软件数控系统。其中数控机床的伺服驱动系统也得到相应的发展，从功率步进电动机驱动发展为高性能交、直流伺服电动机驱动，特别是高性能交流（电机）伺服系统代表了当前伺服系统的发展方向。

数控机床控制系统的构成如图6-70所示。数控机床的控制与工业机器人控制很相似，这里仅以数控机床为例阐述伺服系统的组成。由图6-70可见，该系统由计算机数控系统（CNC）、伺服系统（SD）、伺服电动机（SM）和速度（位置）传感器（S）组成。

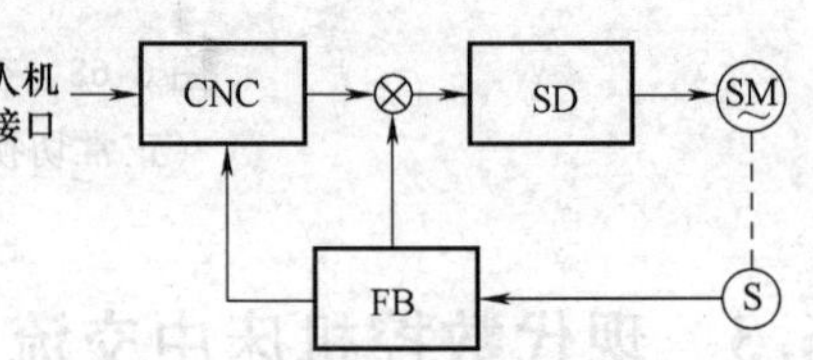


图6-70　数控机床控制系统的构成

CNC的功能是存储加工程序进行插补运算和实时控制，SD和SM接收到CNC的指令后能快速变频改变运动速度和方向并能精确定位。S是传感器用以检测机床进给装置的实际速度和位置。作为数控机床进给用的伺服系统应满足以下要求：

1）有足够宽的调速范围，通常要达到10000:1才能满足极低速加工和高速返回的要求。

2）有足够的加（减）速力矩。

3）伺服系统应具有高速的动态响应，使系统动态跟随性能良好。

4）伺服电动机的外形一般做成细长形是为了减小其转动惯量，以提高伺服系统的快速性。

5）在整个变频调速范围内，电动机运行应平稳，转矩脉动和噪声也应尽可能小，在停止时不产生爬行和振动。

6）伺服电动机应重量轻、体积小、结构坚固无需维护。

7）上位计算机与CNC系统的接口简便、通用。

**3. 交流（AC）伺服电动机与直流（DC）伺服电动机的比较**

从20世纪70年代起DC伺服系统已实用化。70年代末期，随着微处理技术、大功率电力电子技术的成熟，电动机永磁材料的发展和成本降低，AC伺服电动机及其控制装置所组成的AC伺服系统也实用化。由于AC伺服系统具有明显的优越性，目前已成为工厂自动化（FA）的基础技术之一，并将逐步取代DC伺服系统。

在DC伺服系统中，按使用电动机的不同，又分为同步和异步型AC伺服系统两类，直流无刷电动机由于其电动机本体是永磁式同步电动机，故也归类为AC伺服系统。

AC和DC伺服电动机的主要性能比较见表6-41。

**表 6-41　AC 和 DC 伺服电动机的主要性能比较**

| 比较内容＼机种 | 永磁同步型 AC 伺服电动机 | 异步型 AC 伺服电动机 | DC 伺服电动机 |
| --- | --- | --- | --- |
| 电机构造 | 比较简单 | 简单 | 因有电刷和换向器，结构复杂 |
| 交流机构 | GTR 或 P-MOSFET 逆变器 | GTR 或 P-MOSFET 逆变器 | |
| 最大转矩约束 | 永磁体去磁 | 无特殊要求 | 整流火花，永磁体退磁 |
| 发热情况 | 只有定子线圈发热，有利 | 定、转子均发热，需采取措施 | 转子发热，不利 |
| 高速化 | 比较容易 | 容易 | 稍有困难 |
| 大容量化 | 稍微困难 | 容易 | 难 |
| 制动 | 容易 | 困难 | 容易 |
| 控制方法 | 稍复杂 | 复杂（矢量控制） | 简单 |
| 磁通产生 | 永磁体 | 二次感应磁通 | 永磁体 |
| 感应电压 | 电枢感应电压 | 二次阻抗电压 | 电枢感应电压 |
| 环境适应性 | 好 | 好 | 受火花限制 |
| 维护 | 无 | 无 | 较麻烦 |

DC 伺服系统具有优良的控制性能，在 20 世纪 70 年代曾获得广泛的应用。但由于 DC 伺服电动机存在机械换向器，运行中的火花使应用环境受到限制，且转子发热影响与其连接的丝杆精度，故革除机械换向器、保留 DC 电动机的优良控制性能是人们长期以来一直追求的目标。

AC 伺服电动机分为笼型异步伺服电动机和永磁同步伺服电动机两大类，它们与变频器结合构成异步型和同步型 AC 伺服系统。

AC 伺服系统的控制方法是采用矢量控制，由于矢量控制变换的运算复杂，电动机低速（1Hz 左右）运行特性不良，容易发热。因此在数千瓦功率、转速为 1r/min 以下的进给伺服系统中，多采用同步型 AC 伺服系统。

就永磁 AC 伺服电动机的控制来分类又可分为方波电流控制型和正弦波电流控制型 AC 伺服系统。前者实际上是无刷直流电动机 AC 伺服系统（简称 BDCM），后者是永磁同步电动机 AC 伺服系统（简称 PMSM）。

AC 伺服系统的发展趋势可表现为：

1）以硬件模拟电路为主，转向采用数字电路、数字信号处理器的全数字化软件伺服技术，从而增强了 AC 伺服系统的柔性，提供丰富的自诊断、保护、显示功能。

2）由于 AC 伺服系统采用计算机控制，控制策略由原来的 PID 控制规律转向应用人工智能控制。

3）AC 伺服系统的电力电子器件向高频化、智能化方向发展，逆变器小型无噪声化。

4）AC 伺服系统中所用的位置与速度传感器，其电子信号处理部分将以微处理器为核心构成独立的微机系统，成为 AC 伺服系统的关键组成部分，其光电编码器的分辨率大幅度提高，每一转输出的脉冲数由数千增至数十万。

5）AC 伺服系统向两大方向发展：一是简易、低成本系统用于简易数控、办公室自动化设备、计算机外围设备以及家用电器等对性能要求不高的运动控制；另一方面是向更高性能的全数字化、智能化发展的系统，以满足高精度数控机床、机器人精确进给的需要。

## 6.3.2 交流伺服系统的构成及工作原理剖析

### 1. 交流伺服系统的构成

现以永磁同步电动机 AC 伺服系统为例进行识读，该系统由下面几部分组成：

（1）永磁同步伺服电动机　永磁同步伺服电动机由转子和定子两大部分组成，如图 6-71 所示。在转子上装有特殊形状的永久磁铁用以产生恒定磁场。永磁材料可以采用铁氧体或钕铁硼。由于转子上没有励磁绕组，故不会发热。电动机内部的发热只取决于定子绕组流过的电流。电动机定子铁心上绕有三相电枢绕组接于变频电源上。从结构上看，永磁同步伺服电动机的定子铁心直接暴露于外界环境中，创造了良好的散热条件，也容易使电动机实现小型和轻量化。一般 AC 伺服的外壳设计成多个翅片，以退化散热。

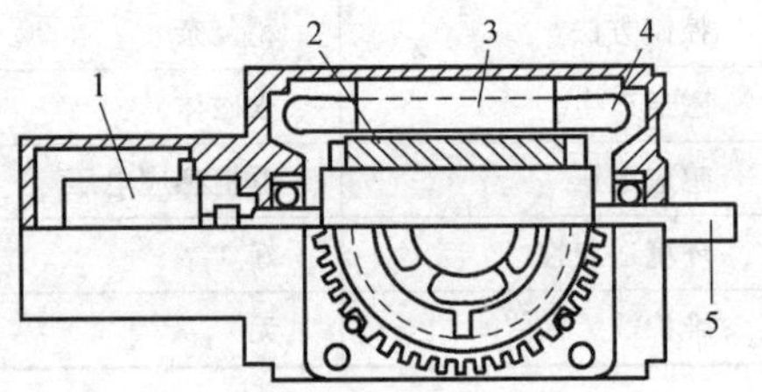


图 6-71　永磁同步伺服电动机的结构
1—检测器（旋转变压器）　2—永久磁铁
3—铁心　4—三相绕组　5—输出轴

（2）速度和位置传感器　为检测电动机的实际运行速度，通常在电动机轴的非负载端安装速度传感器，如测速发电机等。为了进行位置控制，同时也装有位置传感器，如光电编码器。对于永磁同步伺服电动机来说，还必须装有转子永久磁铁磁极位置的检测器，实现定子电流的正弦化控制。实际上，测速、测位置、磁极定位这三种检测功能均可用一个光电编码器或旋转变压器来完成。

（3）逆变器和 PWM 生成　图 6-72 为 AC 伺服系统的结构图。图中 U1 为逆变器实际电路。由二极管整流器和 IGBT 逆变器两部分组成。该逆变器在 PWM 信号的驱动下，输出电压与频率均可调的交流电，送到伺服电动机 SM 的定子绕组中。

（4）速度控制器和电流控制器　图 6-72 所示速度控制器 ASR 按 PI 控制规律动作，它的输出为电流指令。ASR 的作用是为了稳定速度，使之在定位时不产生振荡；同时要求速度环能有高速响应的能力，对扰动有良好的抑制作用。

电流控制器 ACR 是作为速度环的内环，它综合了电流指令信号和反馈信号，也按 PI 控制规律工作。其功能是使电枢绕组中的电流在幅值和相位上都得到有效控制。要

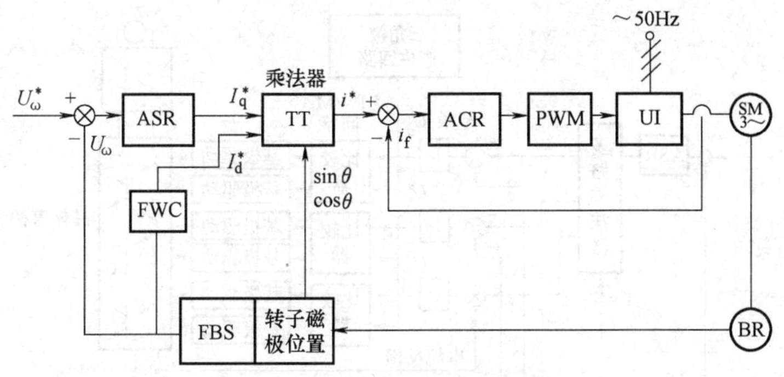


图 6-72　AC 伺服系统的结构图

求 ACR 能有更高的快速性，以适应电流瞬时值跟踪 PWM 控制的要求。

**2. AC 伺服系统工作原理剖析**

如图 6-72 所示，输入端的速度指令 $U_\omega^*$ 和速度反馈信号 $U_\omega$ 比较后，输出电流指令信号 $I_q^*$，这是一个表征电流幅值的直流量。但控制的是交流电动机，故其定子中应流过交流电流。这样就必须在控制信号中反映出电流的大小（幅值）和相位两种因素。因此，应增设电流相位的信号，该信号应由转子磁极位置，经 FWC 解调环节得到 $I_d^*$，而电流指令的频率则由转子速度来决定，并要求电流矢量的方向与磁极磁通的方向正交。这样就可达到像直流电动机电枢电流方向与磁通方向正交那样进行力矩控制。为此，将位置检测器输出的信号和电流指令值相乘，在乘法器的输出端即可获得交流电流指令 $i^*$。把电流指令信号 $i^*$ 与电流反馈信号 $i_f$ 相比较后，将差值送入电流控制器 ACR。这样，经过电流瞬时跟踪环节就可使电动机定子绕组中产生的电流波形与电流指令 $i^*$ 很相似，但幅值要高得多的正弦电流，该电流在永久磁铁转子的作用下产生电磁转矩。即定子电枢线圈的导体虽受力，但导体是固定在定子上的，故只能以反作用力的方式推动永久磁铁转子使电动机运行起来。

### 6.3.3　方波电流型 BDCM（无刷直流电动机）交流伺服系统识读实例

这里将以硬件控制为基础，进行 AC 交流伺服系统的识读分析，使读者对 AC 伺服系统有一个整体的认识。

**1. 系统结构和工作原理剖析**

方波电流型 BDCM 交流伺服系统的结构框图如图 6-73 所示。图中 PE 为光电编码器，用以检测速度和磁极位置。编码器检测部分输出与磁极位置相对应的脉冲信号 $U_u$、$\overline{U}_u$、$U_v$、$\overline{U}_v$、$U_w$、$\overline{U}$，它们之间的相位关系如图 6-74 所示。由图可见，信号 $U_u$、$U_v$、$U_w$ 之间相位差为 120°。

驱动无刷直流伺服电动机的逆变器和一般通用变频器相似，是由功率晶体管组成全波桥式电路，逆变器供电给Y接法的电动机定子绕组，如图 6-75 所示。逆变器中的晶体管由基极驱动电路控制导通，如果导通的顺序为 $V_1$、$V_2$、$V_3$、$V_4$、$V_5$、$V_6$，每只晶体

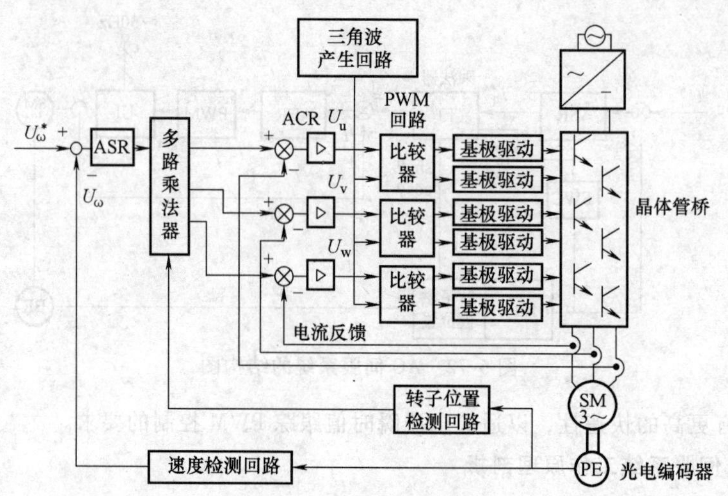


图 6-73　方波电流型 BDCM 交流伺服系统的结构框图

管导通持续 120°，则电动机定子电流 $i_u$、$i_v$、$i_w$ 亦为相隔 120°的矩形波，如图 6-76 所示。由图可见，任何时候电动机只有两相绕组通电。转子转动一周，定子电流有 6 种不同状态，即：

① $-i_u+i_v$

② $-i_u+i_w$

③ $-i_v+i_w$

④ $i_u-i_v$

⑤ $i_u-i_w$

⑥ $i_v-i_w$

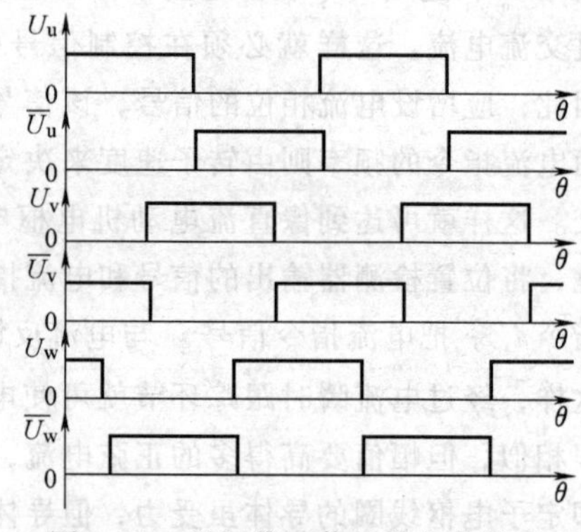

图 6-74　磁极位置信号的相位关系

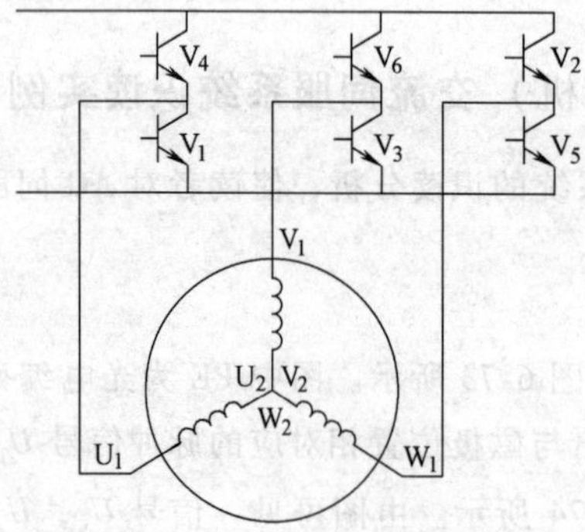


图 6-75　逆变器与电动机定子连接

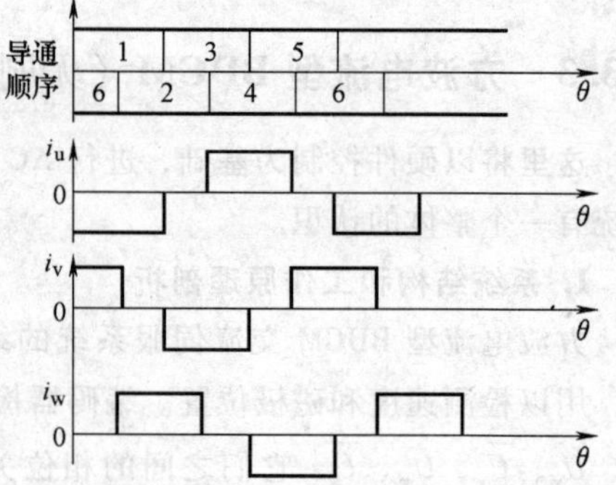


图 6-76　电动机定子电流波形和元件导通顺序

与定子电流的 6 种不同组合状态相对应，定子磁场也对应为 6 种不同的空间位置，如图 6-77 所示。定子在空间的合成磁通是由三相电流在该时的组合而形成的，但定子电流处于何种状态（6 种状态之一）是受转子磁极位置检测来控制的。因而对于转子在空间的某位置，必定有两个定子绕组通电。在图6-77中，假设定子磁通处于状态②，即 $-i_u+i_w$，由于要求定子磁通矢量和转子磁通应实现正交，则转子磁通应处于图中OC方向，二者夹角为90°。转子磁极受力推动转至Od位置，这时根据磁极位置检测信号并做出逻辑判断后，按图6-76所示的导通顺序，切断 $-i_u$，接通 $-i_v$，使定子磁通处于③状态。依此类推，电动机转子按①②③④⑤⑥状态顺时针方向转动。

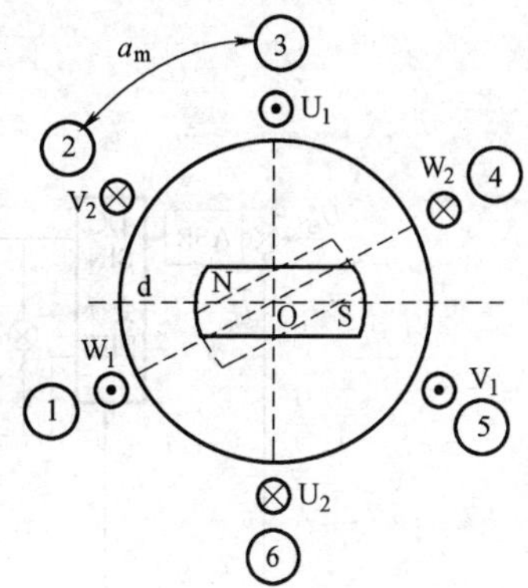


图6-77　定子和转子磁通在空间位置

**2. 多路乘法器**

图6-73中的多路乘法器是将转子磁极位置信号转换成电流指令相位的一种调制电路，可以认为它是一种电动机旋转坐标变换器。它是直流无刷电动机伺服系统实现自控式变频的关键部件。

装在电动机转子轴上的光电编码器输出两组脉冲。一组是互差120°的三相脉冲，即 $U_u$、$\overline{U}_u$、$U_v$、$\overline{U}_v$、$U_w$、$\overline{U}$，如图6-74所示，它代表转子磁极的实际位置；另一组是相互正交（相位差90°）的 $U$、$\overline{U}$、$V$、$\overline{V}$ 和 $W$、$\overline{W}$ 脉冲信号，即如图6-76所示的电流脉冲。通过逻辑运算得出基准定子电流的相位信号，使定子合成磁通与转子磁极磁通始终保持在60°~120°范围，从平均意义看二者实现正交。

**3. 速度检测回路**

为了检测伺服电动机转子的转速，通常采用测速发电机，也可以用位置检测器测出的信号脉冲数量，通过F/U变换器变换成模拟反馈信号。

在BDCM系统中，一般用交流测速发电机测速，用霍尔元件检测转子位置。也可用一个混合式光电编码器（带磁极定位功能）同时测量速度和定位。

## 6.3.4　三相PMSM交流伺服系统的识读分析

**1. PMSM系统的结构和工作原理**

PMSM交流伺服系统的组成框图如图6-78所示。三相PMSM交流伺服系统比方波型BDCM交流伺服系统具有更优的低速伺服性能，因而广泛应用于数控机床等高性能伺服驱动中。一般将其与计算机数控系统（CNC）相连接，位置控制器设置于CNC中。由电动机在轴上的位置传感器取得位置反馈信号，送入CNC与指令信号比较，其输出控制伺服电动机运动。PMSM系统和BDCM系统的控制思路是一致的，但前者的电动机定子绕组是流过三相正弦电流，故抗干扰性更好。

**2. 系统中的重要控制环节**

（1）磁极的位量检测　为使电枢电流方向与磁极产生磁通方向运行中始终处于正交关系（空间上），必须正确地检测磁极的位置。

首先由编码器BR送出转子位置的信息，经过转子位置检测回路将其变换成易为后级正弦波产生回路所能接受的读取形式。设编码器为8位，则它旋转一周可送出256个

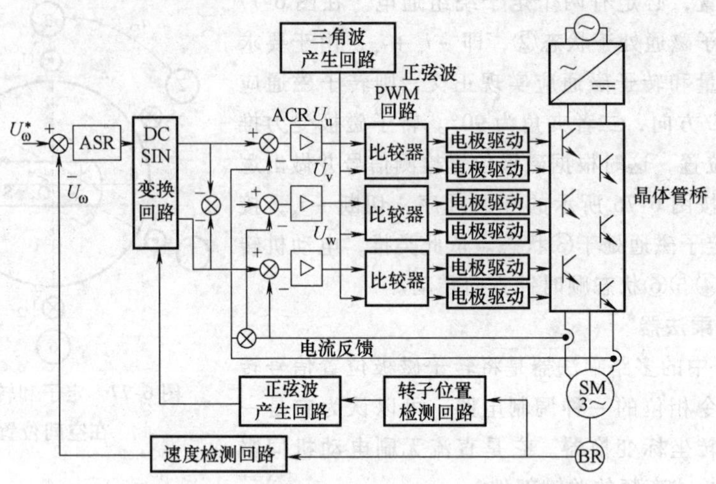


图 6-78 PMSM 交流伺服系统的组成框图

码信号，把该码信号变换为表 6-42 所示的二进制信息送至正弦波产生回路。

表 6-42 对应转子（磁极）位置的二进制信息

| 转子旋转<br>位信号 | 1/256 | 2/256 | 3/256 | … | 254/256 | 255/256 | 1 |
|---|---|---|---|---|---|---|---|
| $2^7$ | 0 | 0 |  | … | 1 | 1 | 0 |
| $2^6$ | 0 | 0 | 0 | … | 1 | 1 | 0 |
| $2^5$ | 0 | 0 | 0 | … | 1 | 1 | 0 |
| $2^4$ | 0 | 0 | 0 | … | 1 | 1 | 0 |
| $2^3$ | 0 | 0 | 0 | … | 1 | 1 | 0 |
| $2^2$ | 0 | 0 | 0 | … | 1 | 1 | 0 |
| $2^1$ | 0 | 1 | 1 | … | 1 | 1 | 0 |
| $2^0$ | 1 | 0 | 1 | … | 0 | 1 | 0 |

（2）正弦波产生回路 正弦波产生回路的任务是产生以转子位置为相位的正弦波信号，由只读存储器（ROM）构成，ROM 连接如图 6-79 所示。ROM 的内容见表 6-43，对应不同的地址写入相应的数据。

表 6-43 ROM 的内容

| 地址号 | 内容 |
|---|---|
| 0 | 数据 0 |
| 1 | 数据 1 |
| 2 | 数据 2 |
| 3 | 数据 3 |
| ⋮ | ⋮ |
| 254 | 数据 254 |
| 255 | 数据 255 |

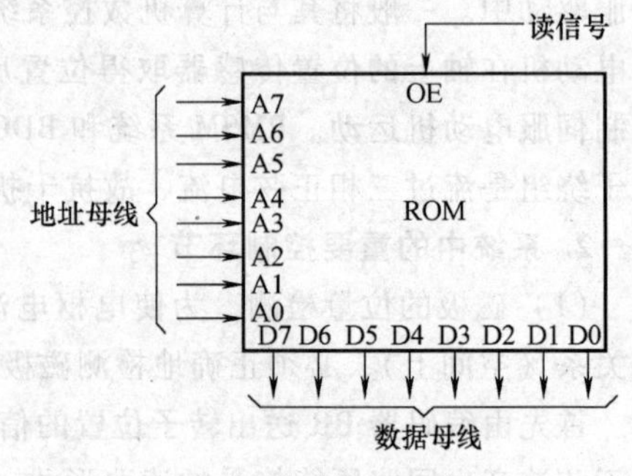


图 6-79 ROM 连接

表 6-44 为 U 相正弦波数据表，表 6-45 为 W 相正弦波数据表。由于 $U_v = -(U_u + U_w)$，故可用运算方法求出 $U_v$。把一正弦波一个周期的地址用 00H ~ FFH（16 位数）表示，则由计算机算出的数据将对应不同的地址写入 ROM 中。

表 6-44　U 相正弦波数据表

| | | 0 | 1 | 2 | 3 | 4 | 5 | 6 | 7 | 8 | 9 | A | B | C | D | E | F |
|---|---|---|---|---|---|---|---|---|---|---|---|---|---|---|---|---|---|
| 0000 | : | 80 | 83 | 86 | 89 | 8C | 8F | 92 | 95 | 98 | 9B | 9E | A1 | A4 | A7 | AA | AD |
| 0010 | : | B0 | B3 | B6 | B9 | BB | BE | C1 | C3 | C6 | C9 | CB | CE | D0 | D2 | D5 | D7 |
| 0020 | : | D9 | D8 | DE | E0 | E2 | E4 | E6 | E7 | E9 | EB | EC | EE | F0 | F1 | F2 | F4 |
| 0030 | : | F5 | F6 | F7 | F8 | F9 | FA | FB | FB | FC | FD | FD | FE | FE | FE | FE | FE |
| 0040 | : | FF | FE | FE | FE | FE | FE | FD | FD | FC | FB | FB | FA | F9 | F8 | F7 | F6 |
| 0050 | : | F5 | F4 | F2 | F1 | F0 | EE | EC | EB | E9 | E7 | E6 | E4 | E2 | E0 | DE | DB |
| 0060 | : | D9 | D7 | D5 | D2 | D0 | CE | CB | C9 | C6 | C3 | C1 | BE | BB | B9 | B6 | B3 |
| 0070 | : | B0 | AD | AA | A7 | A4 | A1 | 9E | 9B | 98 | 95 | 92 | 8F | 8C | 89 | 86 | 83 |
| 0080 | : | 7F | 7C | 79 | 76 | 73 | 70 | 6D | 6A | 67 | 64 | 61 | 5E | 5B | 58 | 55 | 52 |
| 0090 | : | 4F | 4C | 49 | 46 | 44 | 41 | 3E | 3C | 39 | 36 | 34 | 31 | 2F | 2D | 2A | 28 |
| 00A0 | : | 26 | 24 | 21 | 1F | 1D | 1B | 19 | 18 | 16 | 14 | 13 | 11 | 0F | 0E | 0D | 0B |
| 00B0 | : | 0A | 09 | 08 | 07 | 06 | 05 | 04 | 04 | 03 | 02 | 02 | 01 | 01 | 01 | 01 | 01 |
| 00C0 | : | 00 | 01 | 01 | 01 | 01 | 01 | 02 | 02 | 03 | 04 | 04 | 05 | 06 | 07 | 08 | 09 |
| 00D0 | : | 0A | 0B | 0D | 0E | 0F | 11 | 13 | 14 | 16 | 18 | 19 | 1B | 1D | 1F | 21 | 24 |
| 00E0 | : | 26 | 28 | 2A | 2D | 2F | 31 | 34 | 36 | 39 | 3C | 3E | 41 | 44 | 46 | 49 | 4C |
| 00F0 | : | 4F | 52 | 55 | 58 | 5B | 5E | 61 | 64 | 67 | 6A | 6D | 70 | 73 | 76 | 79 | 7C |

表 6-45　W 相正弦波数据表

| | | 0 | 1 | 2 | 3 | 4 | 5 | 6 | 7 | 8 | 9 | A | B | C | D | E | F |
|---|---|---|---|---|---|---|---|---|---|---|---|---|---|---|---|---|---|
| 0100 | : | EE | EC | EB | E9 | E7 | E6 | E4 | E2 | E0 | DE | DB | D9 | D7 | D5 | D2 | D0 |
| 0110 | : | CE | CB | C9 | C6 | C3 | C1 | BE | BB | B9 | B6 | B3 | B0 | AD | AA | A7 | A4 |
| 0120 | : | A1 | 9E | 9B | 98 | 95 | 92 | 8F | 8C | 89 | 86 | 83 | 7F | 7C | 79 | 76 | 73 |
| 0130 | : | 70 | 6D | 6A | 67 | 64 | 61 | 5E | 5B | 58 | 55 | 52 | 4F | 4C | 49 | 46 | 44 |
| 0140 | : | 41 | 3E | 3C | 39 | 36 | 34 | 31 | 2F | 2D | 2A | 28 | 26 | 24 | 21 | 1F | 1D |
| 0150 | : | 1B | 19 | 18 | 16 | 14 | 13 | 11 | 0F | 0E | 0D | 0B | 0A | 09 | 08 | 07 | 06 |
| 0160 | : | 05 | 04 | 04 | 03 | 02 | 02 | 01 | 01 | 01 | 01 | 01 | 0D | 01 | 01 | 01 | 01 |
| 0170 | : | 01 | 02 | 02 | 03 | 04 | 04 | 05 | 06 | 07 | 08 | 09 | 0A | 0B | 0D | 0E | 0F |
| 0180 | : | 11 | 13 | 14 | 16 | 18 | 19 | 1B | 1D | 1F | 21 | 24 | 26 | 28 | 2A | 2D | 2F |
| 0190 | : | 31 | 34 | 36 | 39 | 3C | 3E | 41 | 44 | 46 | 49 | 4C | 4F | 52 | 55 | 58 | 5B |
| 01A0 | : | 5E | 61 | 64 | 67 | 6A | 6D | 70 | 73 | 76 | 79 | 7C | 80 | 83 | 86 | 89 | 8C |
| 01B0 | : | 8F | 92 | 95 | 98 | 9B | 9E | A1 | A4 | A7 | AA | AD | B0 | B3 | B6 | B9 | BB |
| 01C0 | : | BE | C1 | C3 | C6 | C9 | CB | CE | D0 | D2 | D5 | D7 | D9 | DB | DE | E0 | E2 |
| 01D0 | : | E4 | E6 | E7 | E9 | EB | EC | EE | F0 | F1 | F2 | F4 | F5 | F6 | F7 | F8 | F9 |
| 01E0 | : | FA | FB | FB | FC | FD | FD | FE | FE | FE | FE | FE | FE | FE | FE | FE | FE |
| 01F0 | : | FE | FD | FD | FC | FB | FB | FA | F9 | F8 | F7 | F6 | F5 | F4 | F2 | F1 | F0 |

图 6-80 和图 6-81 分别表示用图形来表示 U 相和 W 相的输出数据，它与用电路输出的模拟波形是一致的。

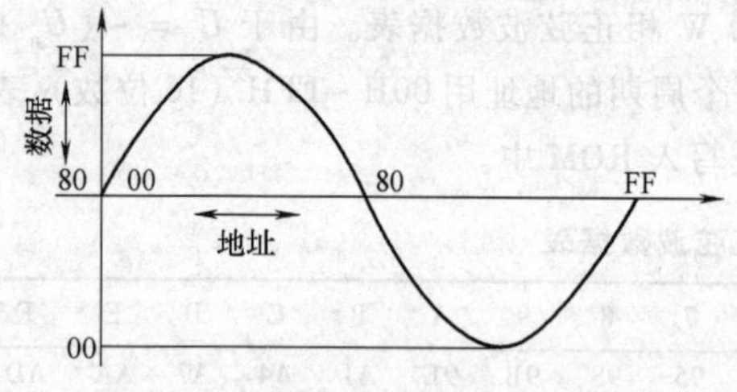


图 6-80 U 相经模拟变换后的波形

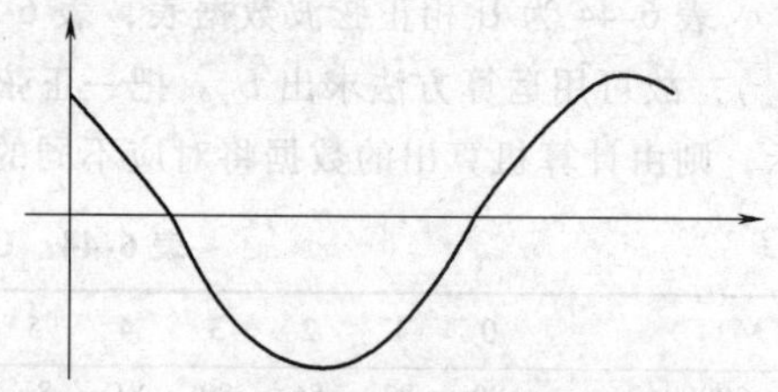

图 6-81 W 相经模拟变换后的波形

（3）直流→正弦（DC→SIN）变换 由于在 AC 伺服系统中需向定子绕组通入三相交流正弦电流，故速度调节器 ASR 输出的直流指令信号必须正弦化，如图 6-82 所示。DC→SIN 变换电路的结构如图 6-83 所示。由图可见，把正弦波产生电路输出的正弦化数字信号与 ASR 输出的直流信号通过乘法器相乘，乘法器的输出即为交流正弦电流指令。

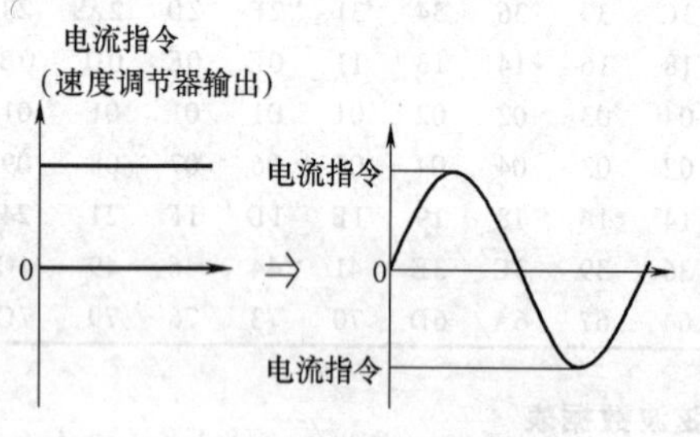


图 6-82 电流指令的正弦化

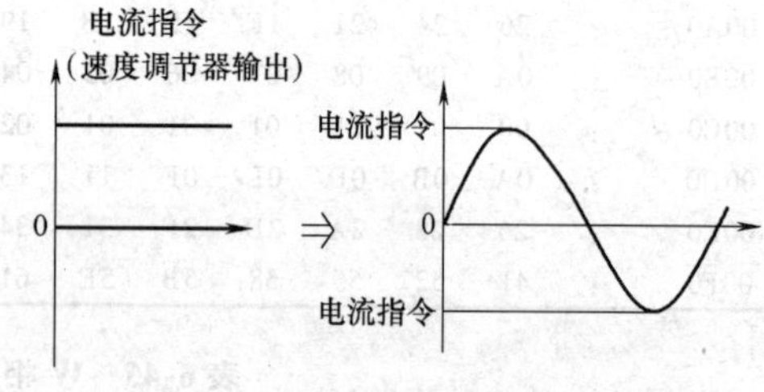


图 6-83 DC→SIN 变换电路的结构

（4）SPWM 电路 由图 6-84 可见，将 SPWM 控制信号送入晶体管基极可减少晶体管功耗，并使电动机输出电流更接近正弦并降低电动机的噪声。图 6-78 中是由电流调节器 ACR 发出正弦波信号，由三角波产生回路提供高频载波，再由比较器输出 SPWM 信号供基极驱动。

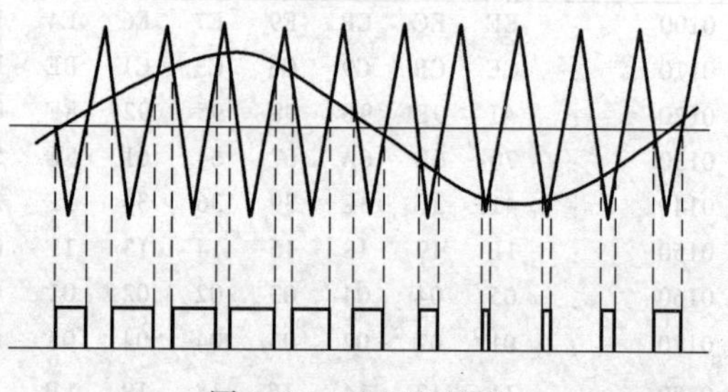

图 6-84 SPWM 原理

（5）速度检测回路 在 AC 伺服系统中，速度检测和位置检测常用一个传感器来完成。如上述用光电编码器作传感器时，发出与转子同步的二相正交脉冲信号，如图6-85所示。一般再用 F/U（频率/电压）变压器即得到速度信号。为提高速度信号的质量，设计了如图 6-86 所示的速度检测电路，使系统具有快速跟踪能力，并能自动鉴别电动机的正反方向。在速度检测电路中的译码器电路如图 6-87 所示，译码器的时钟频率比译码器高，则输出脉冲频率提高，起了倍频作

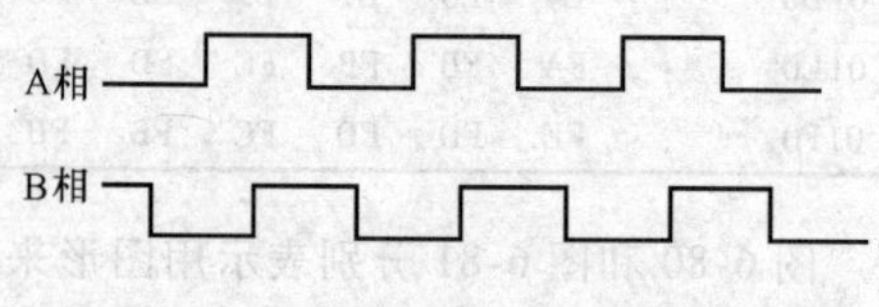


图 6-85 编码器输出的二相正交脉冲

用，因而提高了快速性。当电动机速度不同时，只是输出频率变化，最后得到图 6-87 所示与速度成正比的直流输出信号（经滤波器输出）。

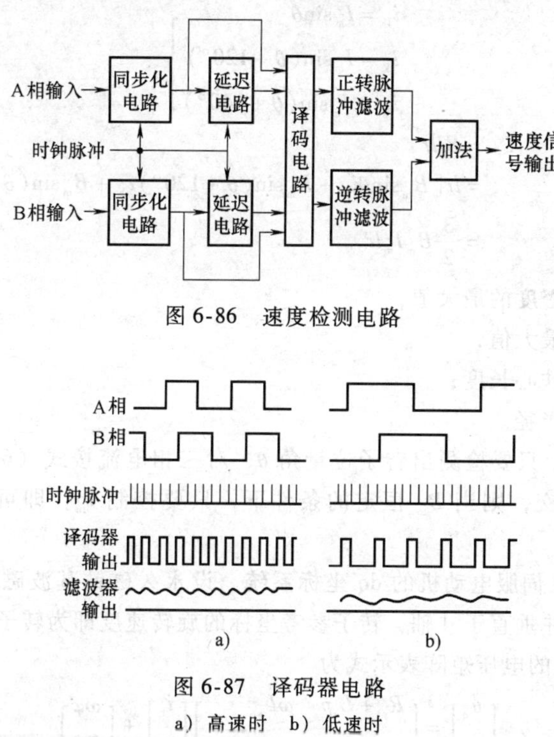


图 6-86　速度检测电路

a)　　b)

图 6-87　译码器电路

a）高速时　b）低速时

## 6.3.5　AC 伺服驱动系统的动态结构

现以永磁同步电动机 AC 伺服系统为例，描述其数学模型和结构框图。如图 6-88 所示，AC 伺服驱动系统由永磁同步电动机 SM、位置和速度检测器、电流传感器、晶体管 SPWM 逆变器及控制电路 ASR、ACR 等组成。

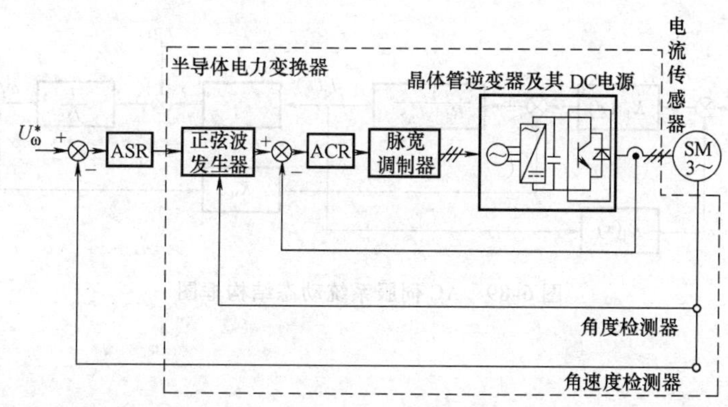


图 6-88　AC 伺服驱动系统的电路结构

设转子永久磁铁的磁场在空间为正弦分布，电动机定子为三相绕组，电动机转角为 $\theta$，则电动机的三相电流可表示为

$$\left.\begin{aligned} i_U &= I_m \sin\theta \\ i_V &= I_m \sin(\theta+120°) \\ i_W &= I_m \sin(\theta+240°) \end{aligned}\right\} \tag{6-2}$$

$$\begin{aligned} T_e &= BIlr \\ &= lr[B_m \sin\theta i_U + B_m \sin(\theta+120°) i_V + B_m \sin(\theta+240°) i_W] \\ &= \frac{3}{2} B_m I_m lr \end{aligned} \tag{6-3}$$

式中 $B_m$——磁通密度的最大值；

$I_m$——电流最大值；

$l$——转子铁心长度；

$r$——转子半径。

由以上可看出，只要检测出转子位量角 $\theta$，对三相电流按式（6-2）进行控制，并实现电流与磁通正交，则当 $B_m$ 恒定的条件下，只要控制 $I_m$，即可使 $T_e$ 的大小得到控制。

先定义 AC 永磁伺服电动机的 dq 坐标系统。设永久磁铁基波磁势方向为 d 轴，则转矩方向为 q 轴，并垂直于 d 轴，转子参考坐标的旋转速度即为转子速度 $\omega$，则可写出电动机在 dq 坐标系的电压矩阵表示式为

$$\begin{bmatrix} u_q \\ u_d \end{bmatrix} = \begin{bmatrix} R_s + L_a p & \omega L_a \\ -\omega L_a & -R_s + L_a p \end{bmatrix} \begin{bmatrix} i_q \\ i_d \end{bmatrix} + \begin{bmatrix} \omega\varphi \\ 0 \end{bmatrix} \tag{6-4}$$

式中 $R_s$——定子电阻；

$L_a$——定子电感，$L_a = L_d = L_q$。

可画出以 $I_m(s)$ 为输入、$\omega(s)$ 为输出的 AC 伺服系统控制框图，如图 6-89 所示。图中，$K_u$、$K_j$ 分别为电动机电势与转矩系数，$K_{pi}(s)$ 和 $K_j(s)$ 分别为电流调节器和电流反馈回路的传递函数。

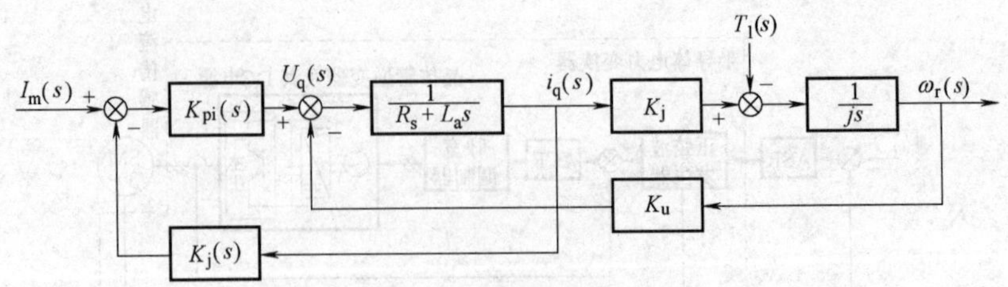


图 6-89 AC 伺服系统动态结构框图

# 第 7 章　新型机床 PLC 控制电路的识读分析

## 7.1　识读和分析机床 PLC 控制梯形图和语句表程序的方法和步骤

新型机床的 PLC 控制电路，除包含驱动机床各部件工作的强电主电路外，还都给出 PLC 控制的 I/O 接口电路（I/O 实际接线图）与梯形图程序。这是识读和分析 PLC 梯形图和语句表程序的原始资料。识读和分析机床 PLC 控制梯形图和语句表程序的方法和主要步骤如下。

### 7.1.1　总体分析

**1. 系统分析**

依据控制系统所需完成的控制任务，对被控对象——机床的工艺过程、工作特点以及控制系统的控制过程、控制规律、功能和特征进行详细分析。明确输入、输出的物理量是开关量还是模拟量，明确划分控制的各个阶段及其特点，阶段之间的转换条件，画出完整的工作流程图和各执行元件的动作节拍表。

**2. 看 PLC 控制的主电路**

通过看 PLC 控制的主电路进一步了解工艺流程和对应的执行装置和元器件。

**3. 看 PLC 控制系统的 I/O 配置表和 PLC 的 I/O 接线图**

通过看 PLC 控制系统的 I/O 配置表和 PLC 的 I/O 接线图，了解输入信号和对应输入继电器编号、输出继电器的分配及其所连接对应的负载。

在没有给出输入/输出设备定义和 I/O 配置的情况下，应根据 PLC 的 I/O 接线图或梯形图和语句表，定义输入/输出设备和配置 I/O。

**4. 通过 PLC 的 I/O 接线图了解梯形图和语句表**

PLC 的 I/O 接线是连接 PLC 控制电路主电路和 PLC 梯形图的纽带。

“继电器-接触器”电路图中的交流接触器和电磁阀等执行机构用 PLC 的输出继电器来控制，它们的线圈接在 PLC 的 I/O 接线的输出端。按钮、控制开关、限位开关、接近开关、传感测量元器件等用来给 PLC 提供控制命令和反馈信号，它们的触点接在 PLC 的 I/O 接线的输入端。

1）根据所用电器（如电动机、电磁阀、电加热器等）主电路的控制电器（接触器、继电器）主触点的文字符号，在 PLC 的 I/O 接线图中找出相应控制电器的线圈，并可得知控制该控制电器的输出继电器，再在梯形图或语句表中找到该输出继电器的梯级或程序段，并将相应输出设备的文字代号标注在梯形图中输出继电器的线圈及其触点旁。

2）根据 PLC I/O 接线的输入设备及其相应的输入继电器，在梯形图（或语句表）中找出输入继电器的常开触点、常闭触点，并将相应输入设备的文字代号标注在梯形图中输入继电器的触点旁。值得注意的是，在梯形图和语句表中，没有输入继电器的线圈。

### 7.1.2 梯形图和语句表的结构分析

看其结构是采用一般编程方法还是采用顺序功能图编程方法？采用顺序功能图编程时是单序列结构还是选择序列结构、并行序列结构？是使用了“启-保-停”电路、步进顺控指令进行编程还是用置位复位指令进行编程？

另外，还要注意在程序中使用了哪些功能指令，对程序中不太熟悉的指令，要查阅相关资料。

### 7.1.3 梯形图和语句表的分解

由操作主令电路（如按钮）开始，查线追踪到主电路控制电器（如接触器）动作，中间要经过许多编程元件及其电路，查找起来比较困难。

无论多么复杂的梯形图和语句表，都是由一些基本单元构成的。按照主电路的构成情况，可首先利用逆读溯源法，把梯形图和语句表分解成与主电路的所用电器（如电动机）相对应的若干个基本单元（基本环节）；然后再利用顺读跟踪法，逐个环节加以分析；最后再利用顺读跟踪法把各环节串接起来。

将梯形图分解成若干个基本单元，每一个基本单元可以是梯形图的一个梯级（包含一个输出元件）或几个梯级（包含几个输出元件），而每个基本单元相当于“继电器-接触器”控制电路的一个分支电路。

**1. 按钮、行程开关、转换开关的配置情况及其作用**

在 PLC 的 I/O 接线图中有许多行程开关和转换开关，以及压力继电器、温度继电器等。这些电气元件没有吸引线圈，它们的触点的动作是依靠外力或其他因素实现的，因此必须先找到引起这些触点动作的外力或因素。其中行程开关由机械联动机构来触压或松开，而转换开关一般由手工操作。这样，使这些行程开关、转换开关的触点，在设备运行过程中处于不同的工作状态，即触点的闭合、断开情况不同，以满足不同的控制要求，这是看图过程中的一个关键。

这些行程开关、转换开关触点的不同工作状态，单凭看电路图有时难以搞清楚，必须结合设备说明书、电气元件明细表，明确该行程开关、转换开关的用途；操纵行程开关的机械联动机构；触点在不同的闭合或断开状态下，电路的工作状态等。

**2. 采用逆读溯源法将多负载**（如多电动机电路）**分解为单负载**（如单电动机）**电路**

根据主电路中控制负载的控制电器的主触点文字符号，在 PLC 的 I/O 接线图中找出控制该负载的接触器线圈的输出继电器，再在梯形图和语句表中找出控制该输出继电器的线圈及其相关电路，这就是控制该负载的局部电路。

在梯形图和语句表中，很容易找到该输出继电器的线圈电路及其得电、失电条件，但引起该线圈的得电、失电及其相关电路有时就不太容易找到，可采用逆读溯源法去寻找。

1）在输出继电器线圈电路中串、并联的其他编程元件触点，这些触点的闭合、断开就是该输出继电器得电、失电的条件。

2）由这些触点再找出它们的线圈电路及其相关电路，在这些线圈电路中还会有其他接触器、继电器的触点。

3）如此找下去，直到找到输入继电器（主令电器）为止。

值得注意的是，当某编程元件得电吸合或失电释放后，应该把该编程元件的所有触点所带动的前后级编程元件的作用状态全部找出，不得遗漏。

4）找出某编程元件在其他电路中的常开触点、常闭触点，这些触点为其他编程元件的得电、失电提供条件或者为互锁、联锁提供条件，引起其他电气元件动作，驱动执行电器。

**3. 将单负载电路进一步分解**

控制单负载的局部电路可能仍然很复杂，还需要进一步分解，直至分解为基本单元电路。

**4. 分解电路的注意事项**

1）由电动机主轴连接有速度继电器，则该电动机按速度控制原则组成反接制动电路。

2）若电动机主电路中接有整流器，表明该电动机采用能耗制动停车电路。

## 7.1.4　集零为整，综合分析

把基本单元电路串起来，采用顺读跟踪法分析整个电路。综合分析应注意以下几个方面：

1）分析PLC梯形图和语句表的过程同PLC扫描用户程序的过程一样，从左到右、自上而下，按梯级或程序段的顺序逐级分析。

2）值得指出的是，在程序的执行过程中，在同一周期内，前面的逻辑运算结果影响后面的触点，即执行的程序用到前面的最新中间运算结果；但在同一周期内，后面的逻辑运算结果不影响前面的逻辑关系。该扫描周期内除输入继电器以外的所有内部继电器的最终状态（线圈导通与否、触点通断与否），将影响下一个扫描周期各触点的通与断。

3）某编程元件得电，其所有常开触点均闭合、常闭触点均断开。某编程元件失电，其所有已闭合的常开触点均断开（复位），所有已断开的常闭触点均闭合（复位）；因此编程元件得电、失电后，要找出其所有的常开触点、常闭触点，分析其对相应编程元件的影响。

4）按钮、行程开关、转换开关闭合后，其相对应的输入继电器得电，该输入继电器的所有常开触点均闭合，常闭触点均断开。

再找出受该输入继电器常开触点闭合、常闭触点断开影响的编程元件，并分析使这些编程元件产生什么动作，进而确定这些编程元件的功能。值得注意的是，这些编程元件有的可能立即得电动作，有的并不立即动作而只是为其得电动作做好准备。

在“继电器-接触器”控制电路中，停止按钮和热继电器均用常闭触点，为了与“继电器-接触器”控制的控制关系相一致，在PLC梯形图中，同样也用常闭触点，这样一来，与输入端相接的停止按钮和热继电器触点就必须用常开触点。在识读程序时必须注意这一点。

5）“继电器-接触器”电路图中的中间继电器和时间继电器的功能用PLC内部的辅助继电器和定时器来完成，它们与PLC的输入继电器和输出继电器无关。

6）设置中间单元。在梯形图中，若多个线圈都受某一触点串并联电路的控制，为了简化电路，在梯形图中可设置用该电路控制的辅助继电器，辅助继电器类似于“继电器-接触器”电路中的中间继电器。

7）时间继电器瞬动触点的处理。除了延时动作的触点外，时间继电器还有在线圈得电或失电时马上动作的瞬动触点。对于有瞬动触点的时间继电器，可以在梯形图中对应的定时器的线圈两端并联辅助继电器，后者的触点相当于时间继电器的瞬动触点。

8）外部联锁电路的设立。为了防止控制电动机正反转的两个接触器同时动作，造成三相电源短路，除了在梯形图中设置与它们对应的输出继电器的线圈串联的常闭触点组成的软互锁电路外，还应在PLC外部设置硬互锁电路。

# 7.2 机床PLC控制的各种常用环节识读

机床的控制实际上就是对拖动机床各部件运转电动机的控制。和机床的电气控制一样，机床的PLC控制系统也是由各种基本控制环节组成的。因此掌握机床PLC控制系统的各种常用控制环节，对于熟练识读更复杂的PLC控制系统至关重要。

## 7.2.1 机床电动机的自锁/互锁/联锁控制

### 1. 自锁控制

自锁控制是PLC控制程序中常用的控制程序形式，也是人们常说的电动机“启-保-停”控制，如图7-1所示。

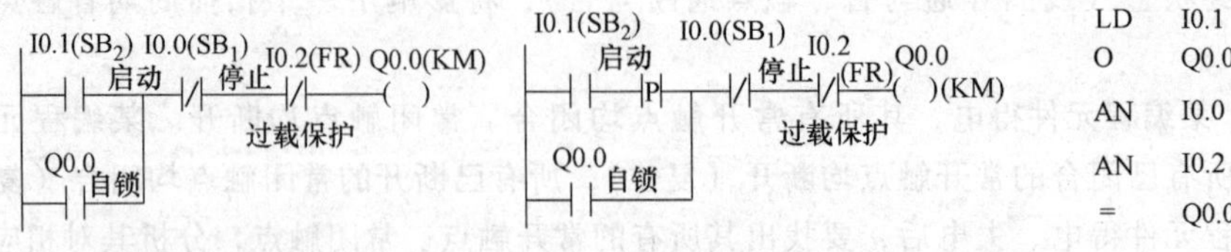


图7-1 自锁控制

### 2. 互锁控制

互锁控制就是在两个或两个以上输出映像寄存器网络中，只能保证其中一个输出映像寄存器接通输出，而不能让两个或两个以上输出映像寄存器同时输出，避免了两个或两个以上输出映像寄存器不能同时动作的控制对象同时动作。如图 7-2 所示，Q0. 1 和 Q0. 0 不能同时动作。机床电动机的正转和反转，机床工作台的前进和后退，摇臂钻床中摇臂的松开和夹紧、上升和下降等都需要这样的控制。

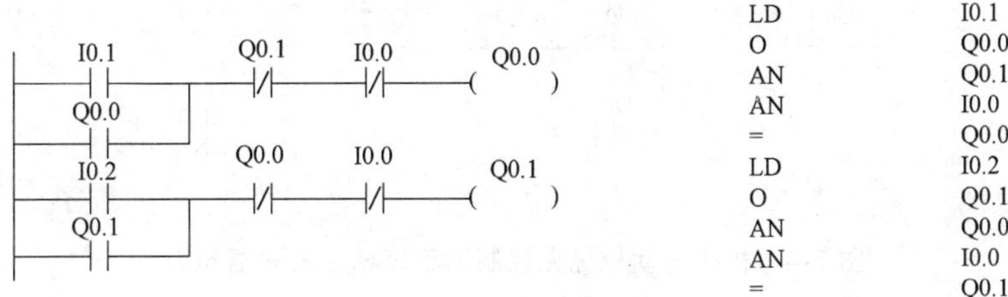


图 7-2　互锁控制

**3. 联锁控制**

在工程应用中，有些控制对象动作是在另一个控制对象动作的前提下才能动作，称为联锁控制。比如机床主轴电动机先启动，待切削工件需要冷却液冷却时才能启动冷却泵电动机。如图 7-3 所示，Q0. 1 必须在 Q0. 0 动作的前提下才有可能动作。

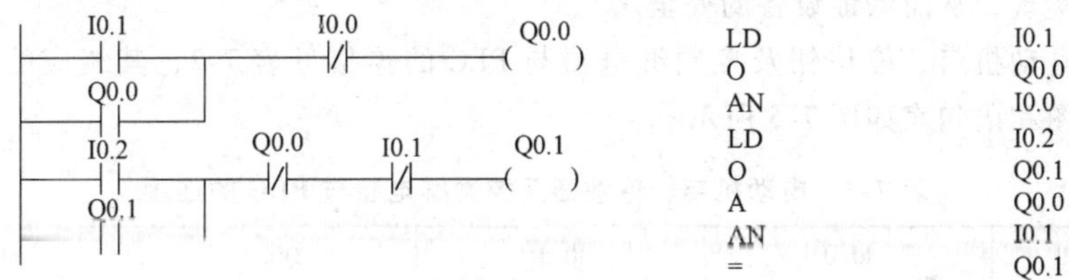


图 7-3　联锁控制

## 7. 2. 2　机床电动机的优先控制

在机床控制中，经常需要多台电动机按照一定的顺序分别启动和停止，如机床加工中的带传输机等。要实现这样的功能就需要 PLC 通过并联、串联实现其逻辑控制。

如 3 台电动机 M1 ~ M3，电动机的启、停按钮及相应的控制寄存器与 PLC 的连接见表 7-1，其优先控制的程序梯形图和语句表如图 7-4 所示。

**表 7-1　机床电动机优先控制电路中 PLC 接线**

| PLC 端口 | I0. 0 | I0. 1 | Q0. 0 |
| --- | --- | --- | --- |
| 电动机 M1 的控制口 | 启动按钮 | 停止按钮 | 电动机控制继电器 |
| PLC 端口 | I0. 2 | I0. 3 | Q0. 1 |
| 电动机 M2 的控制口 | 启动按钮 | 停止按钮 | 电动机控制继电器 |
| PLC 端口 | I0. 4 | I0. 5 | Q0. 2 |
| 电动机 M3 的控制口 | 启动按钮 | 停止按钮 | 电动机控制继电器 |

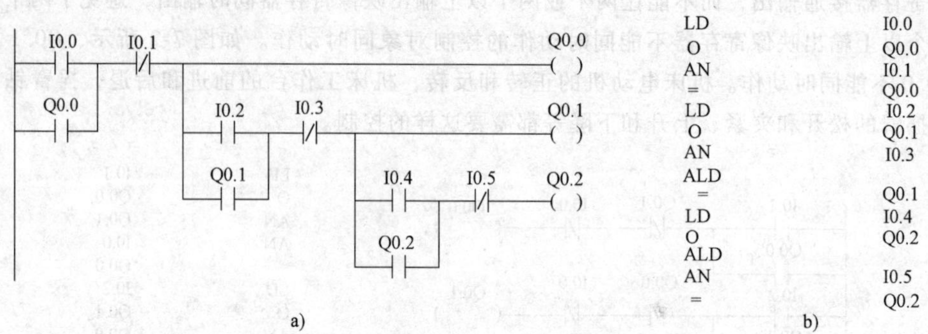


图 7-4　机床电动机优先控制的程序梯形图和语句表

a）梯形图　b）语句表

## 7.2.3　机床电动机的延迟启/停控制

在实际的机床控制中经常会碰到这样的情况，需要在按钮操作后一定时间，或者在上电后一定的时间实现某个动作，这类问题通过合理的使用定时器都可以实现这样的延迟控制。如利用定时器的延迟控制来实现机床电动机的启动和停止都在按钮操作一段时间后才能实现，从而保证设备的安全。

机床电动机启、停按钮及控制继电器与 PLC 的连接见表 7-2，其相应的程序梯形图、时序图和语句表如图 7-5 所示。

**表 7-2　电动机启、停按钮及控制继电器与 PLC 的连接**

| PLC 端口 | I0. 0 | I0. 1 | Q0. 0 | Q0. 1 |
|---|---|---|---|---|
| 外接控制口 | 总启动按钮 | M1 启停按钮 | M1 控制继电器 | M2 控制继电器 |

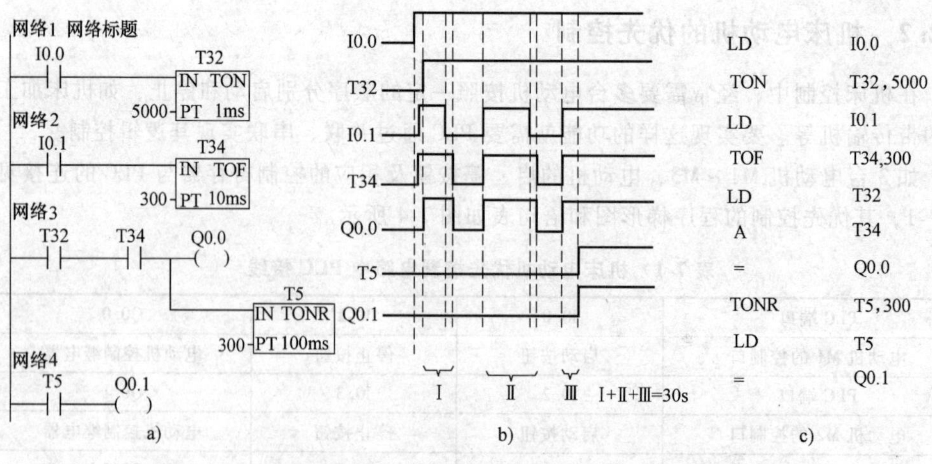


图 7-5　电动机延迟启/停控制的程序梯形图、时序图和语句表

a）梯形图　b）时序图　c）语句表

按照表 8-2 的连接以及图 7-5 的梯形图，可以实现的功能如下：

1）总启动按钮接通 5s 后启动电动机 M1。

2）电动机 M1 在运行过程中受电动机启停按钮的控制，在电动机 M1 的启停按钮断开后，需要过 3s 后电动机才能停止，以保证电动机控制的要求。

3）当电动机 M1 累计工作时间达到 30s 时，控制系统自动启动电动机 M2。

## 7.2.4　用置位/复位指令实现机床电动机的启/停控制

在机床控制系统中需要使用按钮来控制电动机的启停。按下启动按钮，电路会瞬时接通，若没有自保持电路，松手后按钮电路会断开。但若要求电动机在按钮松开后电动机仍然运转，同时要求在按下停止按钮后电动机停止，就要使用置位、复位指令来实现这一功能了。

将电动机的启停控制口按下面分配：I0.0—电动机启动按钮；I0.1—电动机停止按钮；Q0.0—电动机控制继电器，其对应的梯形图、时序图和语句表如图 7-6 所示。

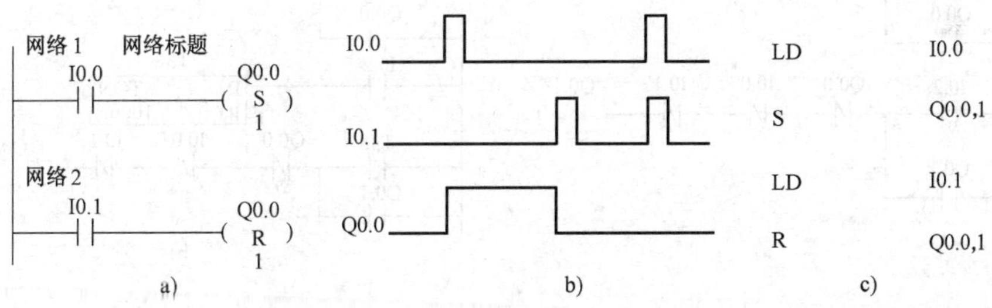


图 7-6　用置位/复位指令实现电动机的启/停控制

a）梯形图　b）时序图　c）语句表

## 7.2.5　机床电动机的正、反转控制

电动机正、反转控制是电动机控制的重要内容，是工程控制中的典型环节，也是一个 PLC 控制系统开发人员必须熟练掌握和应用的重要环节。其电气控制原理图和 PLC 控制接线图如图 7-7 所示；PLC 控制的梯形图如图 7-8 所示。

该环节运用了自锁、互锁等基本控制程序，实现常用的电动机正、反转控制。因此，可以说基本控制程序是基本、大型和复杂程序的基础。实际设计程序时，还要考虑控制动作是否会导致电源瞬时短路等情况，如图 7-8b 所示在正反转的转换过程中加上适当的延时。

## 7.2.6　机床电动机的Y/△减压启动控制

电动机Y/△减压启动控制是机床异步电动机启动控制中的典型控制环节，属常用控制小系统。其电气控制原理图和 PLC 控制接线图如图 7-9 所示；PLC 控制的梯形图如

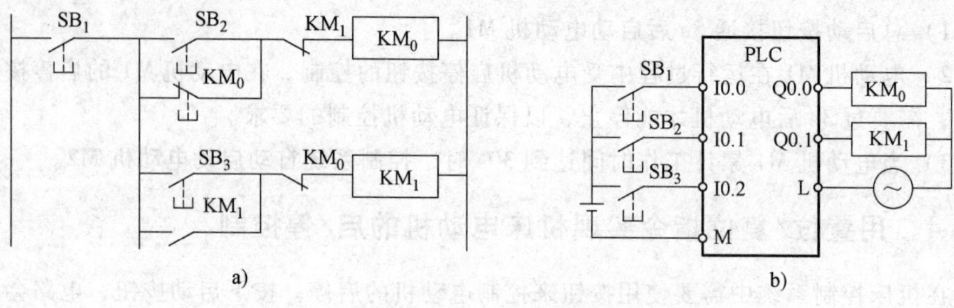


图 7-7　电气控制原理图和 PLC 控制接线图

a）电气控制原理图　b）PLC 控制接线图

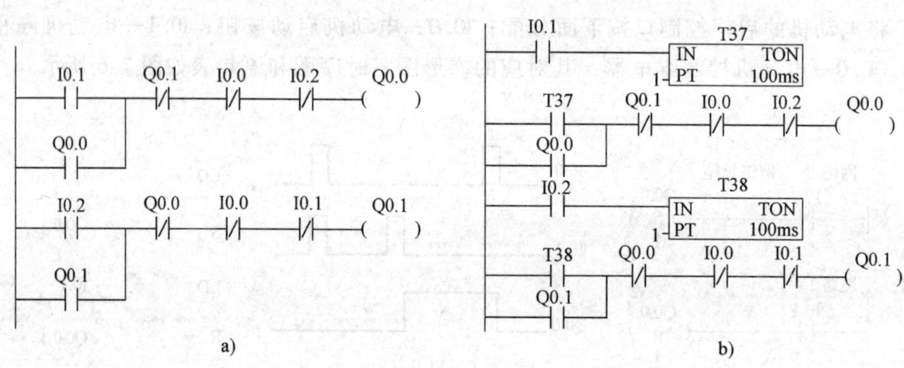


图 7-8　PLC 控制梯形图

a）不加延时的控制　b）加上延时的控制

图 7-10 所示。

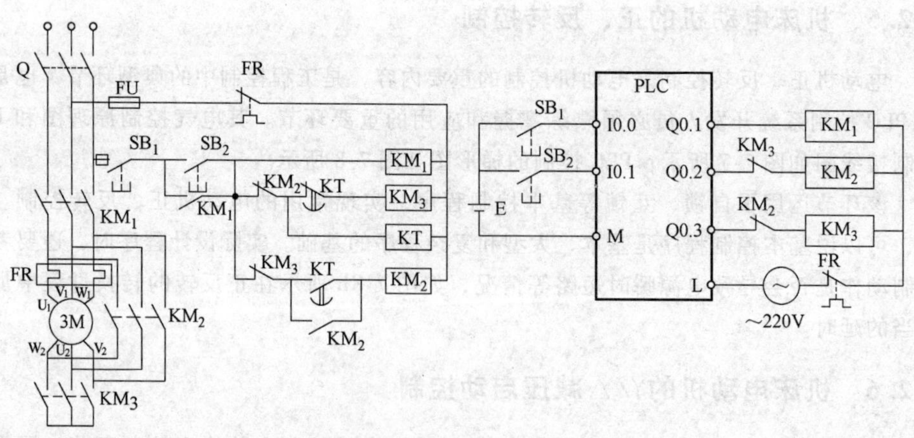


图 7-9　电气控制原理图和 PLC 控制接线图

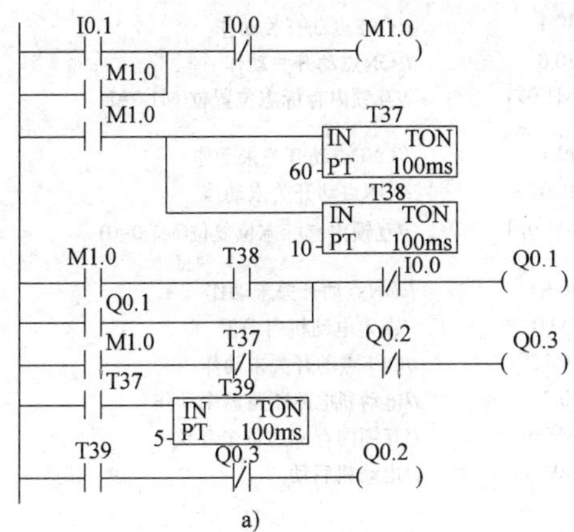


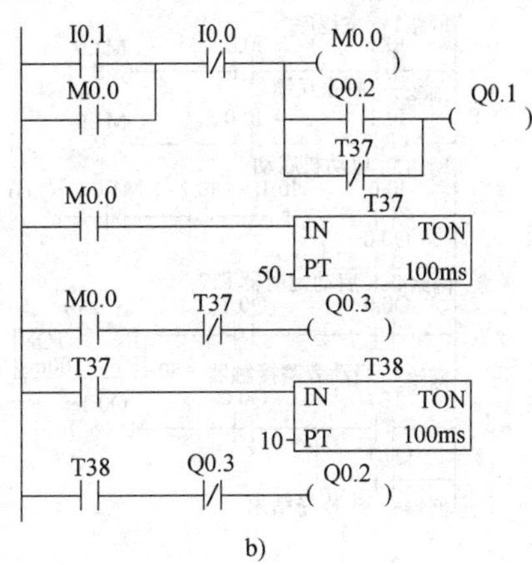


图 7-10　PLC 控制梯形图

a）方案 1　b）方案 2

电动机Y/△减压启动属常用控制小系统，在图 7-10a 所示程序中，使用 T37、T38、T39 定时器将电动机的星形（Y）减压启动到三角形（△）全压运行过程进行控制，在 Q0.2 和 Q0.3 两梯级中，分别加入互锁触点 Q0.3 与 Q0.2，保证 KM2 和 KM3 不能同时通电，此外，定时器 T39 定时 0.5s，目的是 KM3 接触器断电灭弧，避免了电源瞬时短路。在图 7-10b 所示程序中，使用 T37 定时器，将 KM1 和 KM3 同时通电，电动机星形（Y）减压启动 5s，而后将 KM1 断电，使用 T38 定时器，将 KM2 通电后，再让 KM1 通电，同样避免了电源瞬时短路。两控制程序均实现了电动机启动到平稳运行，说明实现相同的控制任务，可以设计出的控制程序不是唯一的，读者可根据控制的实际情况，开发出更好更优的控制程序。

## 7.2.7　机床电动机的软启动控制

电动机的软启动控制又称为电动机定子串电阻启动控制，属电动机控制中的常见控制环节。电动机的软启动控制程序说明了带短路软启动开关的笼型三相异步电动机的自动启动过程。通过这种短路软启动控制，首先保证电动机减速启动，一定时间段后达到额定转速。图 7-11 所示是电动机软启动控制的 PLC 外部接线图。其启动按钮接在输入端 I0.0，启动按钮关闭时实现电动机软启动。停止按钮接在输入端 I0.1，停止按钮断开时，电动机停止。电动机电路断路器接在输入端 I0.2，当电动机过载时电动机电路断路器断开，电动机停止。其梯形图和语句表如图 7-12 所示。

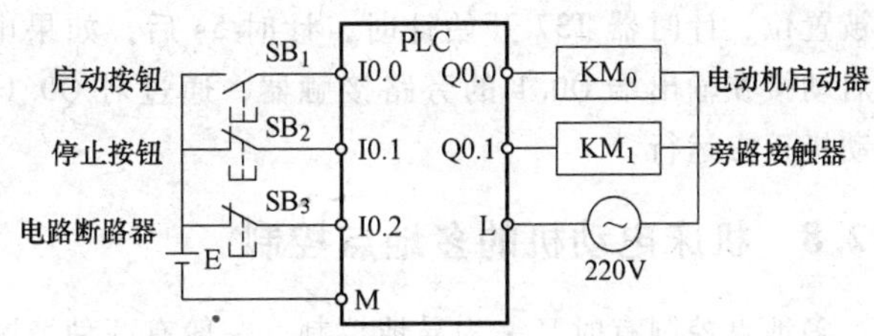


图 7-11　电动机软启动控制的 PLC 外部接线图

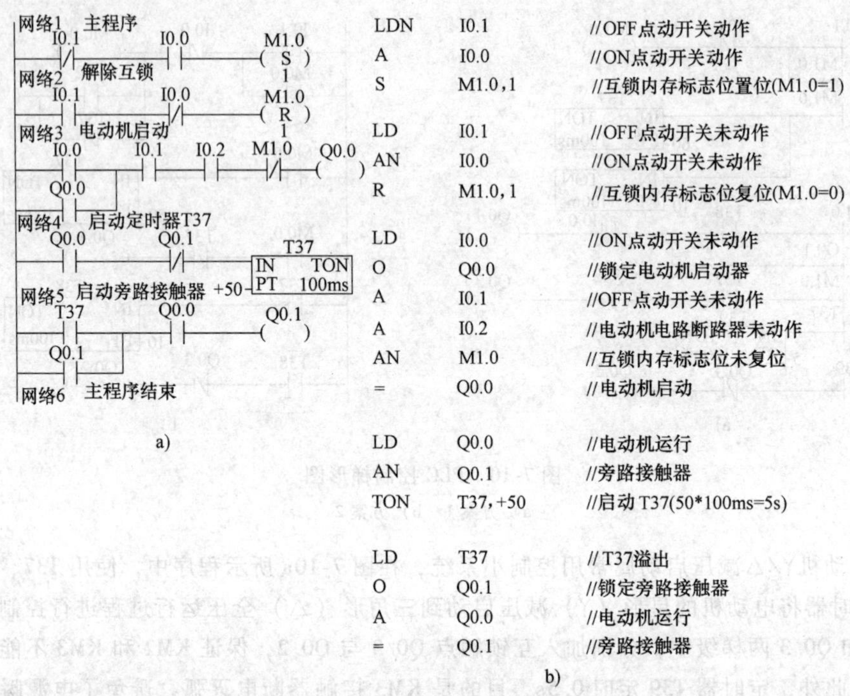


图 7-12　电动机软启动控制的梯形图和语句表程序
a）梯形图　b）语句表

电动机启动运行的条件是：内存标志位 M1.0 互锁取消。如果接在输入端 I0.0 的常开触点和接在输入端 I0.1 的常闭触点同时动作（即：I0.0 为 ON，I0.1 为 OFF），则设置内存标志位 M1.0 互锁，直至两个点动开关又回到初始状态，才取消互锁。

内存标志位 M1.0 互锁取消后，按下 I0.0 的常开触点，即 ON 时，无互锁（M1.0），电动机电路断路器（I0.2）常闭触点未动作，I0.1 的常闭触点未动作。另外，再通过对 Q0.0 动作或逻辑运算完成启动锁定。此时，启动电阻还未被短接，电动机定子串电阻减速启动。如果电动机已启动（Q0.0），并且用于旁路接触器的输出 Q0.1 还未被置位，计时器 T37 开始计时，计时 5s 后，如果电动机仍处于启动状态（Q0.0），则启动接在输出端 Q0.1 的旁路接触器，通过对 Q0.1 动作或逻辑运算完成旁路锁定，电动机正常运行。

## 7.2.8　机床电动机的多地点控制

多地点控制有时又称为异地控制，一般有两种情况：一种情况是多个开关、按钮或脉冲点共用一个 PLC 的接线端子，这类编程控制与一个开关、按钮或脉冲点接到 PLC 的一个接线端子一样，在此不过多介绍；另一种情况是多地点独立占用不同接线端子，控制同一输出端子的情况。这类多地点控制系统一般需要运用基本运算“与”、“或”、“非”等指令，同时还须列表分析建立控制的逻辑函数关系，根据逻辑函数关系设计梯形图程序。比如要求在三个不同地点（A 地、B 地和 C 地）的开关独立地控制一台电动机，任何一地的开关动作都可以使电动机的状态发生改变。按此要求可分配 PLC 的 I/O 地址为：A 地开关 S1 接 I0.0 端子，B 地开关 S1 接 I0.1 端子，C 地开关 S1 接 I0.2 端子；电动机接在 Q0.0 端子上。

假如做如下规定：输入量为逻辑变量 I0.0、I0.1、I0.2，分别代表输入开关，输出量为逻辑函数 Q0.0，代表输出位寄存器；常开触点为原变量，常闭触点为反变量，常开触点闭合为“1”，断开为“0”，Q0.0 通电为“1”，不通电为“0”。这样就可以按控制要求列出其逻辑函数的真值表，见表 7-3。

**表 7-3　三地点控制一台电动机逻辑函数的真值表**

| I0.0 | I0.1 | I0.2 | Q0.0 |
|---|---|---|---|
| 0 | 0 | 0 | 0 |
| 0 | 0 | 1 | 1 |
| 0 | 1 | 1 | 0 |
| 0 | 1 | 0 | 1 |
| 1 | 1 | 0 | 0 |
| 1 | 1 | 1 | 1 |
| 1 | 0 | 1 | 0 |
| 1 | 0 | 0 | 1 |

真值表按照每相邻两行只允许一个输入变量变化的规则排列，便可满足控制要求。根据此真值表可以写出输出与输入之间的逻辑函数关系式为

$$Q0.0 = \overline{I0.0} \cdot \overline{I0.1} \cdot I0.2 + \overline{I0.0} \cdot I0.1 \cdot \overline{I0.2} + I0.0 \cdot I0.1 \cdot I0.2 + I0.0 \cdot \overline{I0.1} \cdot \overline{I0.2}$$

根据逻辑表达式，可设计出梯形图及其对应的语句表，如图 7-13 所示。

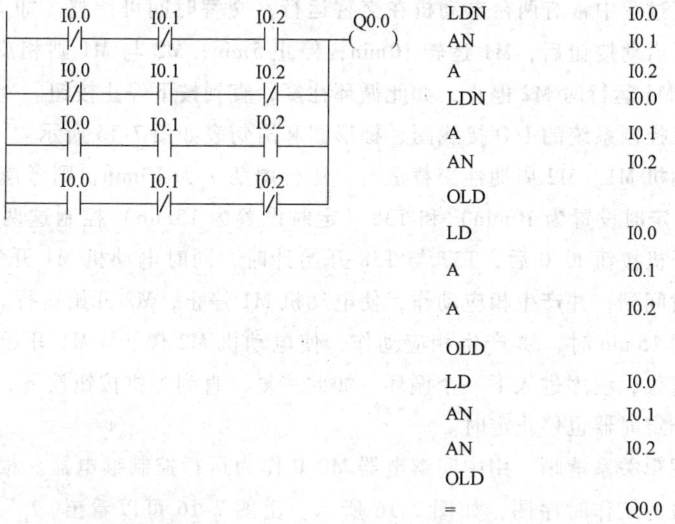


图 7-13　三地点控制一台电动机的梯形图及对应的语句表

根据逻辑函数关系式设计程序，可设计如图 7-14 所示的梯形图及语句表程序。

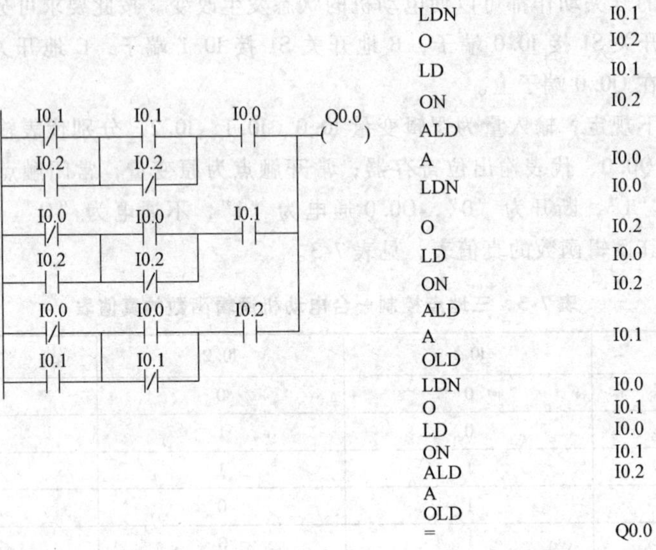
I0.1
I0.1
I0.0
Q0.0
I0.2
I0.2
I0.0
I0.0
I0.1
I0.2
I0.2
I0.0
I0.0
I0.2
I0.1
I0.1
LDN I0.1
O I0.2
LD I0.1
ON I0.2
ALD
A I0.0
LDN I0.0
O I0.2
LD I0.0
ON I0.2
ALD
A I0.1
OLD
LDN I0.0
O I0.1
LD I0.0
ON I0.1
ALD I0.2
A
OLD
= Q0.0

图 7-14  另一种三地点控制一台电动机的梯形图及其对应的语句表

三地点控制一台电动机，属多地点控制的范畴。图 7-13 和图 7-14 所示梯形图程序均能实现，只是逻辑层次关系清晰程度不一样，读者掌握难易也将会不同。从这个里读者可以发现和探讨其编程规律，并可很容易地把它扩展到四地、五地甚至更多地点的控制。

## 7.2.9  机床电动机的交替运行控制

机床加工过程中常有两台电动机在交替运行，交替时间可调整。如 M1 和 M2 两台电动机，按下启动按钮后，M1 运转 10min，停止 5min；M2 与 M1 则相反，即 M1 停止时 M2 运行，M1 运行时 M2 停止，如此循环往复，直到按下停止按钮。

该电动机控制系统的 I/O 接线图、梯形图和语句表如图 7-15 所示。

由于电动机 M1、M2 周期性交替运行，运行周期 $T$ 为 15min，则考虑采用延时接通定时器 T37（定时设置为 10min）和 T38（定时设置为 15min）控制这两台电动机的运行。当按下开机按钮 I0.0 后，T37 与 T38 开始计时，同时电动机 M1 开始运行。10min 后 T37 定时时间到，并产生相应动作，使电动机 M1 停止，M2 开始运行。当定时器 T38 到达定时时间 15min 时，38 产生相应动作，使电动机 M2 停止，M1 开始运行，同时将自身和 T37 复位，程序进入下一个循环。如此往复，直到关机按钮按下，两个电动机停止运行，两个定时器也停止定时。

为了使逻辑关系清晰，用中间继电器 M0.0 作为运行控制继电器。根据控制要求画出两台电动机的工作时序图，如图 7-16 所示。由图 7-16 可以看出，$t_1$、$t_2$ 时刻电动机 M1、M2 的运行状态发生改变，由上面的分析列出电动机运行的逻辑表达式

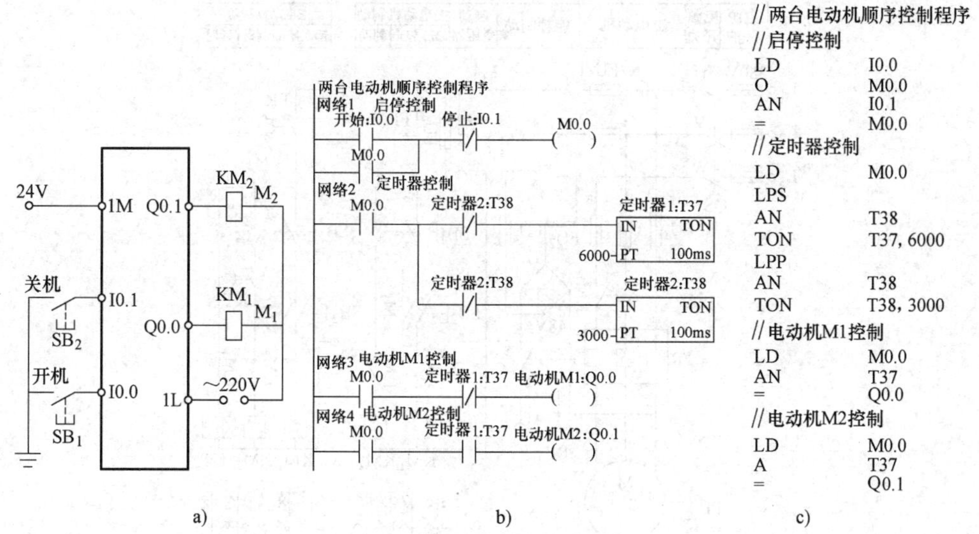


图 7-15　机床电动机交替运行控制的 I/O 接线图、梯形图和语句表
a）I/O 接线图　b）梯形图　c）语句表

$$Q0.0 = M0.0 \cdot \overline{T37} \qquad Q0.1 = M0.0 \cdot T37$$

由此，可以根据上述分析结合编程经验，得到图 7-16 所示的梯形图。

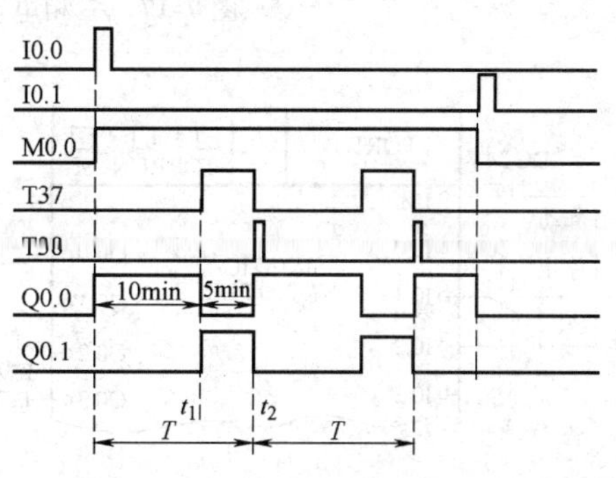


图 7-16　两台电动机顺序控制时序图

## 7.2.10　机床电动机的能耗制动控制

在电动机脱离三相交流电源后，旋转磁场消失，这时在定子绕组上外加一个直流电源，形成一个固定磁场。高速旋转的转子切割固定磁场，使电动机变为了发电机，转子高速旋转所存储的机械能变成电能快速消耗掉，达到能耗制动的目的。

三相电动机能耗制动的电路图如图 7-17 所示。在图 7-17a 所示控制电路中，当按下停止复合按钮 $SB_1$ 时，其常闭触点切断接触器 $KM_1$ 的线圈电路，同时其常开触点将 $KM_2$ 的线圈电路接通，接触器 $KM_1$ 和 $KM_2$ 的主触点在主电路中断开三相电源，接入直流电源进行制动，松开 $SB_1$，$KM_2$ 线圈断电，制动停止。由于用复合按钮控制，制动过程中按钮必须始终处于压下状态，操作不便。图 7-17b 所示为采用时间继电器实现自动控制，当复合按钮 $SB_1$ 压下以后，$KM_1$ 线圈失电，$KM_2$ 和 KT 的线圈得电并自锁，电动机制动，$SB_1$ 松开复位，制动结束后，时间继电器 KT 的延时常闭触点断开 $KM_2$ 线圈电路。

利用 PLC 实现三相电动机能耗制动自动控制的 I/O 接线图和梯形图如图 7-18 所示。

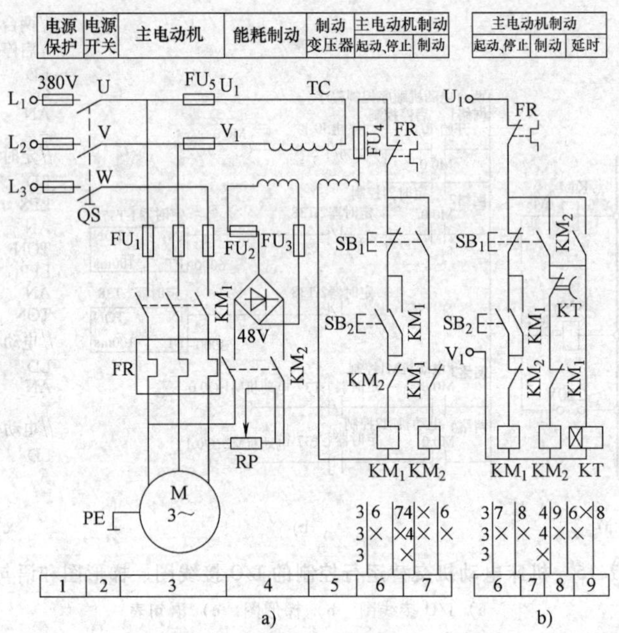

图 7-17　三相电动机能耗制动的电路图

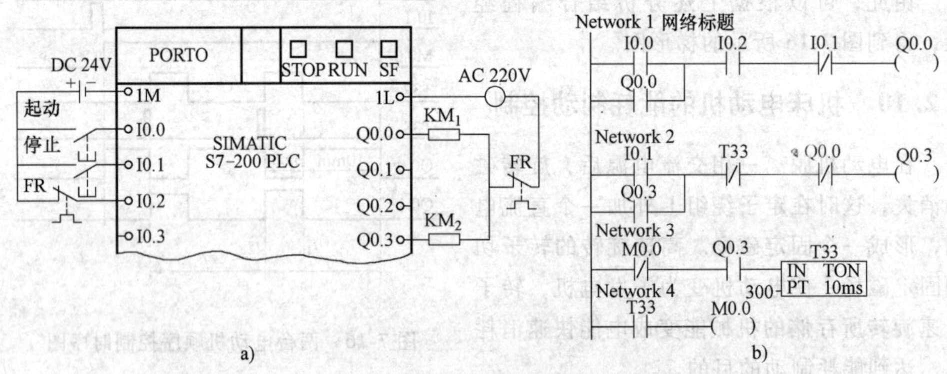

图 7-18　三相电动机能耗制动自动控制的 I/O 接线图和梯形图
a）I/O 接线图　b）梯形图

## 7.2.11　使用脉冲输出触发数控机床步进电动机驱动器

每个 S7-200 CPU 都有两个 PTO/PWM（脉冲列/脉冲宽度调制）发生器，分别通过两个数字量输出 Q0.0 和 Q0.1，输出特定数目的脉冲或周期的方波，即产生高速脉冲列/脉冲宽度可调制的波形。可用 Q0.0 输出的高速脉冲列触发数控机床步进电动机驱动器。当输入端 I1.0 发出“START”信号后，控制器将输出固定数目的方波脉冲，使步进电动机按对应的步数转动。当输入端 I1.1 发出“STOP”信号后，步进电动机停止转动。输入端 I1.5 的方向开关用来控制步进电动机的转动方向——正转或反转。其控制流程图如图 7-19 所示。

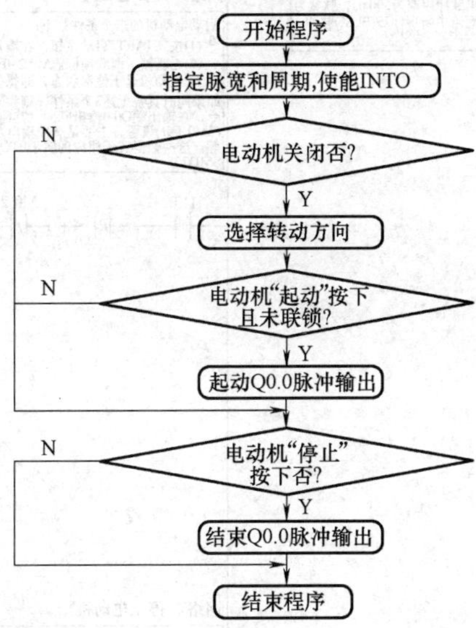


图 7-19　使用脉冲输出触发步进电动机驱动器的流程图

根据工艺要求和流程图编写的梯形图及注释说明如图 7-20 所示。

## 7.2.12　机床电动机的单按钮“按启按停”控制

在大多数机床的控制中，电动机的启动和停止操作通常是由两只按钮分别控制的。当一台 PLC 控制多个这种具有启动/停止操作的设备时，势必占用很多输入点。有时为了节省输入点，可通过软件编程，实现用单按钮实现电动机的启动/停止控制。即按一下该按钮，输入的是启动信号；再按一下该按钮，输入的则是停止信号；单数次为启动信号，双数次为停止信号。若 PLC 控制的接线图如图 7-21 所示，可实现的编程方法如下：

**1. 利用上升沿指令编程**

PLC 控制电路的梯形图如图 7-22a 所示。I0.0 作为启动/停止按钮相对应的输入继电器，第一次按下时 Q0.0 有输出（启动）；第二次按下时 Q0.0 无输出（停止）；第三次按下时 Q0.0 又有输出；第四次按下时 Q0.0 无输出（停止）；……。图 7-22c 所示为其工作时序图。

**2. 采用上升沿指令和置位/复位指令编程**

采用上升沿指令和置位/复位指令编程的“按启按停”PLC 控制电路的梯形图和语句表如图 7-23a 所示，其工作时序图同图 7-22c。

**3. 采用计数器指令编程**

采用计数器指令编程的“按启按停”PLC 控制电路的梯形图和语句表如图 7-23b 所示，其工作时序图同图 7-22c。

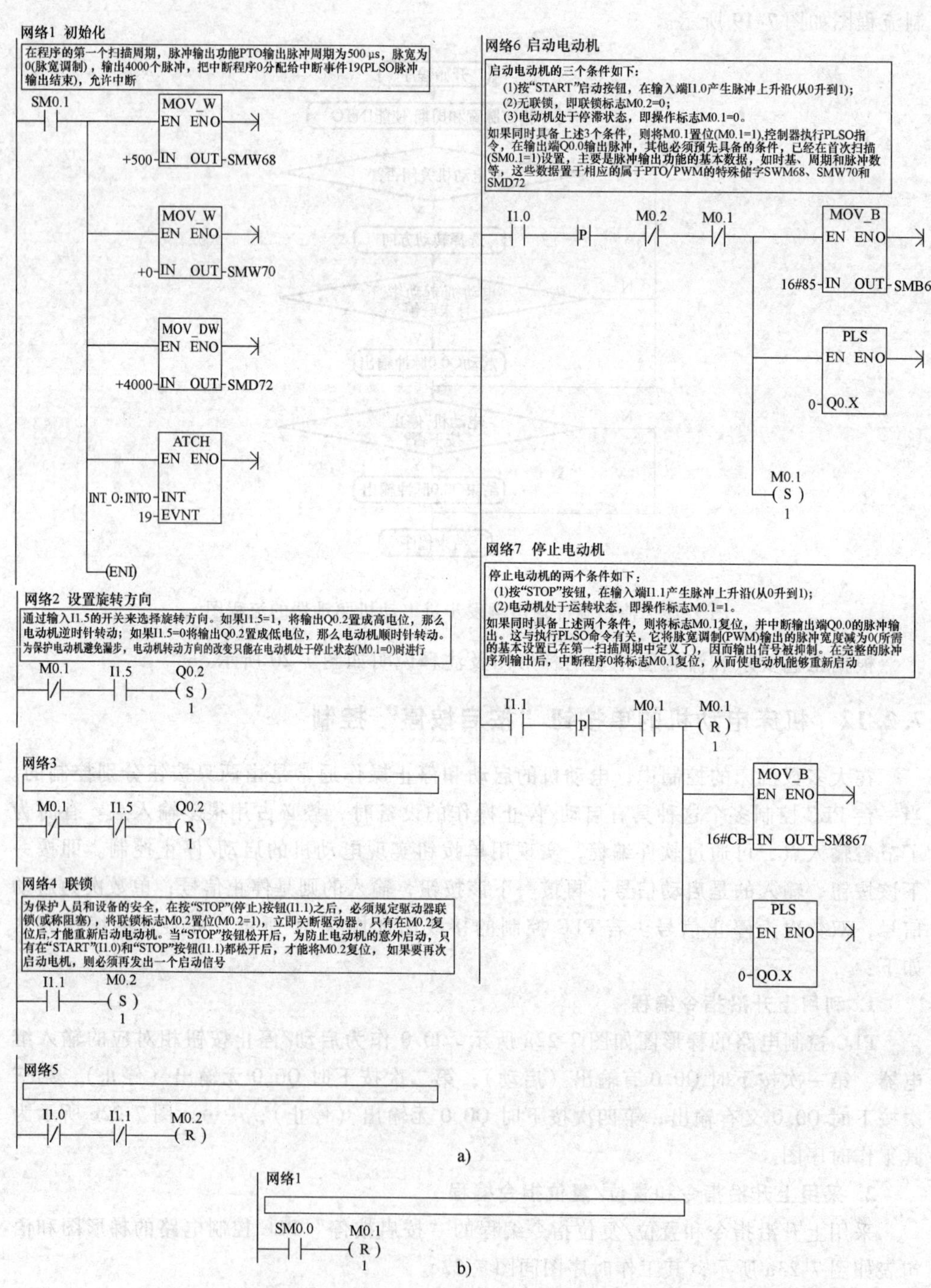
网络1 初始化
在程序的第一个扫描周期，脉冲输出功能PTO输出脉冲周期为500 μs，脉宽为0(脉宽调制)，输出4000个脉冲，把中断程序0分配给中断事件19(PLSO脉冲输出结束)，允许中断
SM0.1
MOV_W
EN ENO
+500-IN OUT-SMW68
MOV_W
EN ENO
+0-IN OUT-SMW70
MOV_DW
EN ENO
+4000-IN OUT-SMD72
ATCH
EN ENO
INT_0:INT0-INT
19-EVNT
(ENI)
网络2 设置旋转方向
通过输入I1.5的开关来选择旋转方向。如果I1.5=1，将输出Q0.2置成高电位，那么电动机逆时针转动；如果I1.5=0将输出Q0.2置成低电位，那么电动机顺时针转动。为保护电动机避免漏步，电动机转动方向的改变只能在电动机处于停止状态(M0.1=0)时进行
M0.1
I1.5
Q0.2
( S )
1
网络3
M0.1
I1.5
Q0.2
( R )
1
网络4 联锁
为保护人员和设备的安全，在按"STOP"(停止)按钮(I1.1)之后，必须规定驱动器联锁(或称阻塞)，将联锁标志M0.2置位(M0.2=1)，立即关断驱动器。只有在M0.2复位后,才能重新启动电动机。当"STOP"按钮松开后，为防止电动机的意外启动，只有在"START"(I1.0)和"STOP"按钮(I1.1)都松开后，才能将M0.2复位，如果要再次启动电机，则必须再发出一个启动信号
I1.1
M0.2
( S )
1
网络5
I1.0
I1.1
M0.2
( R )
网络6 启动电动机
启动电动机的三个条件如下：
(1)按"START"启动按钮，在输入端I1.0产生脉冲上升沿(从0升到1)；
(2)无联锁，即联锁标志M0.2=0；
(3)电动机处于停滞状态，即操作标志M0.1=0。
如果同时具备上述3个条件，则将M0.1置位(M0.1=1),控制器执行PLSO指令，在输出端Q0.0输出脉冲，其他必须预先具备的条件，已经在首次扫描(SM0.1=1)设置，主要是脉冲输出功能的基本数据，如时基、周期和脉冲数等，这些数据置于相应的属于PTO/PWM的特殊储字SWM68、SMW70和SMD72
I1.0
P
M0.2
M0.1
MOV_B
EN ENO
16#85-IN OUT-SMB67
PLS
EN ENO
0-Q0.X
M0.1
( S )
1
网络7 停止电动机
停止电动机的两个条件如下：
(1)按"STOP"按钮，在输入端I1.1产生脉冲上升沿(从0升到1)；
(2)电动机处于运转状态，即操作标志M0.1=1。
如果同时具备上述两个条件，则将标志M0.1复位，并中断输出端Q0.0的脉冲输出。这与执行PLSO命令有关，它将脉宽调制(PWM)输出的脉冲宽度减为0(所需的基本设置已在第一扫描周期中定义了)，因而输出信号被抑制。在完整的脉冲序列输出后，中断程序0将标志M0.1复位，从而使电动机能够重新启动
I1.1
P
M0.1
( R )
1
MOV_B
EN ENO
16#CB-IN OUT-SM867
PLS
EN ENO
0-Q0.X
a)
网络1
SM0.0
M0.1
( R )
1
b)

图 7-20 使用脉冲输出触发步进电动机驱动器的梯形图及注释说明

a）主程序 b）中断子程序 INT_0

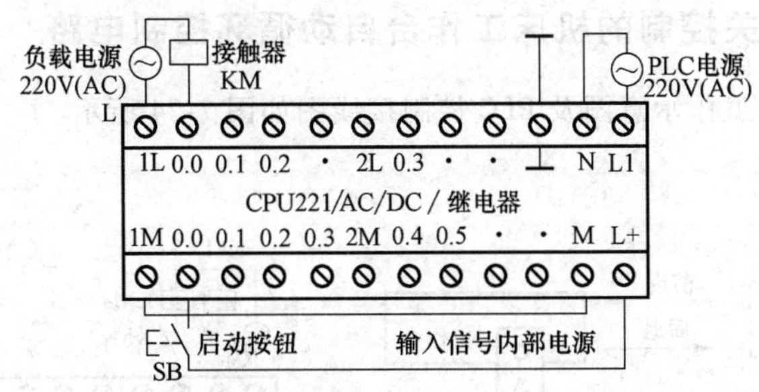


图 7-21　PLC 控制的接线图

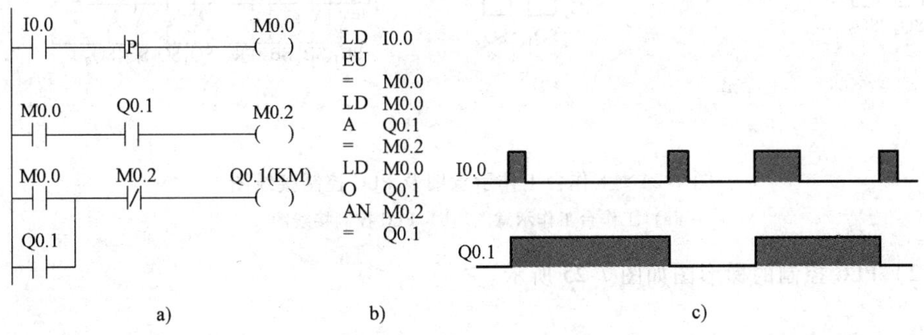


图 7-22　利用上升沿指令编程的“按启按停”控制

a）梯形图　b）语句表　c）时序图

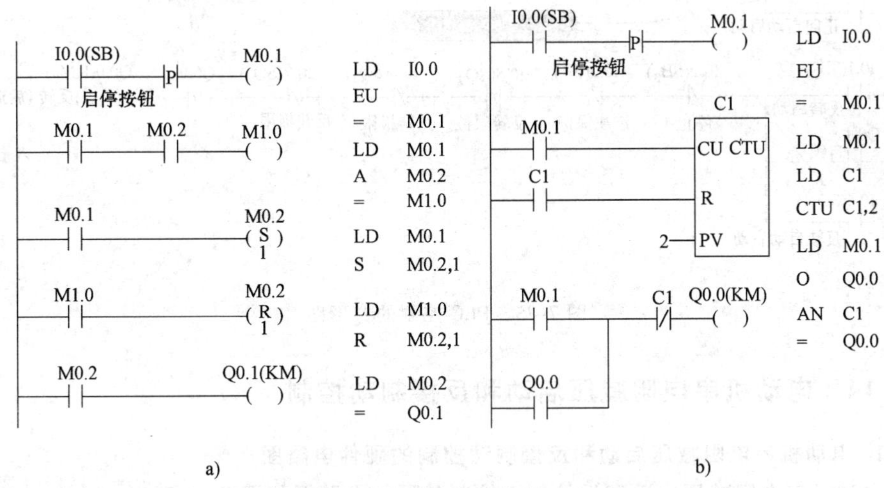


图 7-23　利用另外两种方法编程的“按启按停”控制

a）采用上升沿指令和置位/复位指令编程　b）采用计数器指令编程

## 7.2.13 行程开关控制的机床工作台自动循环控制电路

1）机床工作台工作示意图及 PLC 控制接线图如图 7-24 所示。

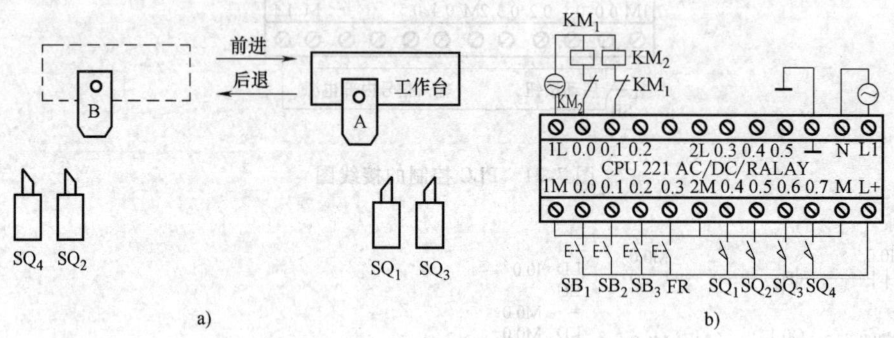


图 7-24 工作台工作示意图及 PLC 控制接线图

a）工作台工作示意图 b）PLC 控制接线图

2）PLC 控制的梯形图如图 7-25 所示。

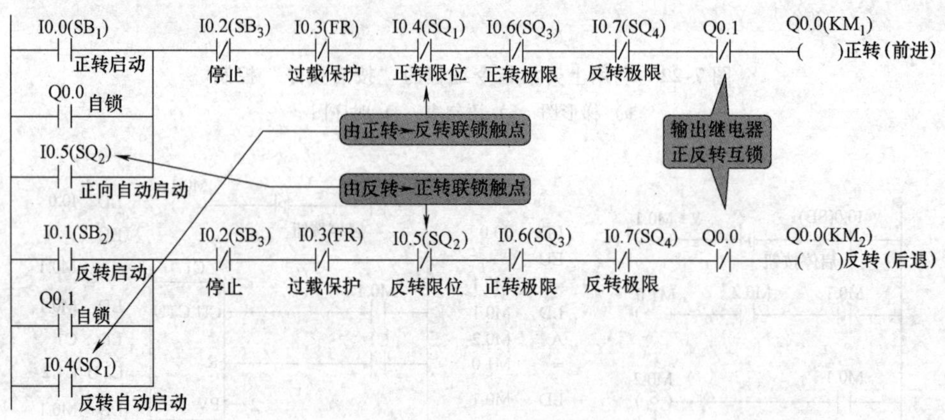


图 7-25 PLC 控制的梯形图

## 7.2.14 电动机串电阻减压启动和反接制动控制

### 1. 电动机串电阻减压启动和反接制动控制的硬件电路图

电动机串电阻减压启动和反接制动控制的硬件电路图如图 7-26 所示。

### 2. 串电阻减压启动和反接制动控制的梯形图程序

电动机串电阻减压启动和反接制动控制的梯形图程序如图 7-27 所示。

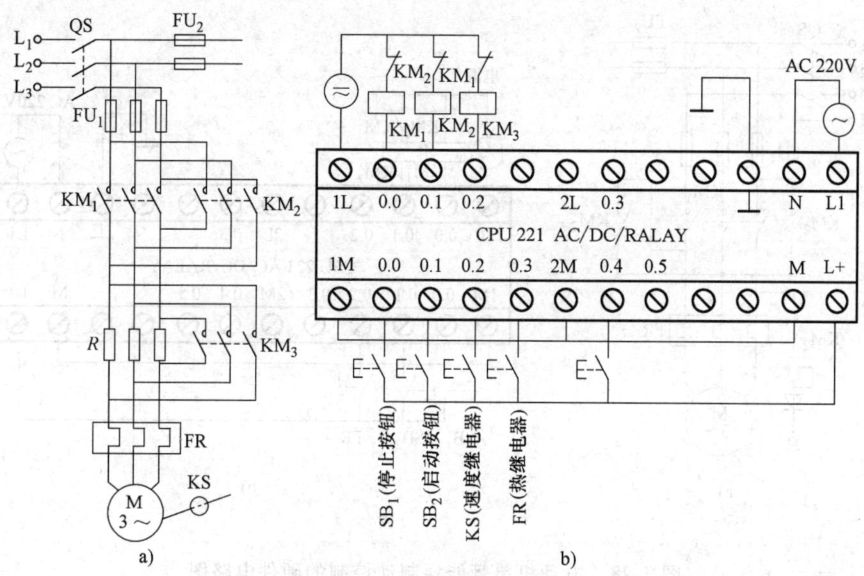


图 7-26　电动机串电阻减压启动和反接制动控制的硬件电路图

a）主电路　b）PLC 的 I/O 接线

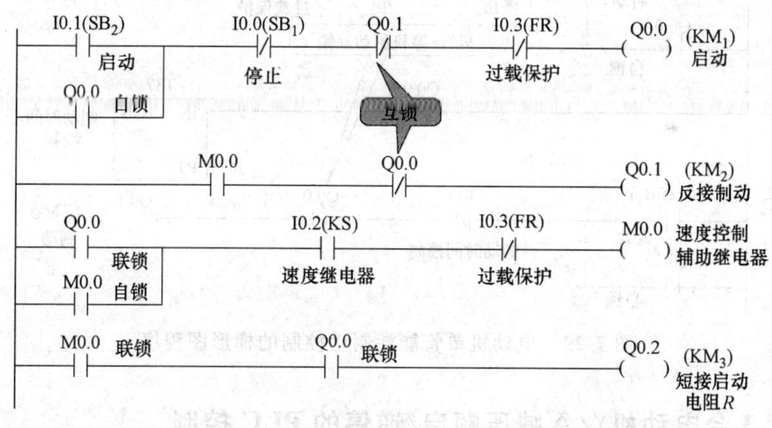


图 7-27　电动机串电阻减压启动和反接制动控制的梯形图

## 7.2.15　机床电动机的单管能耗制动控制

**1. 机床电动机单管能耗制动控制的硬件电路图**

机床电动机单管能耗制动控制的硬件电路图如图 7-28 所示。

**2. 机床电动机单管能耗制动控制的梯形图程序**

机床电动机单管能耗制动控制的梯形图程序如图 7-29 所示。

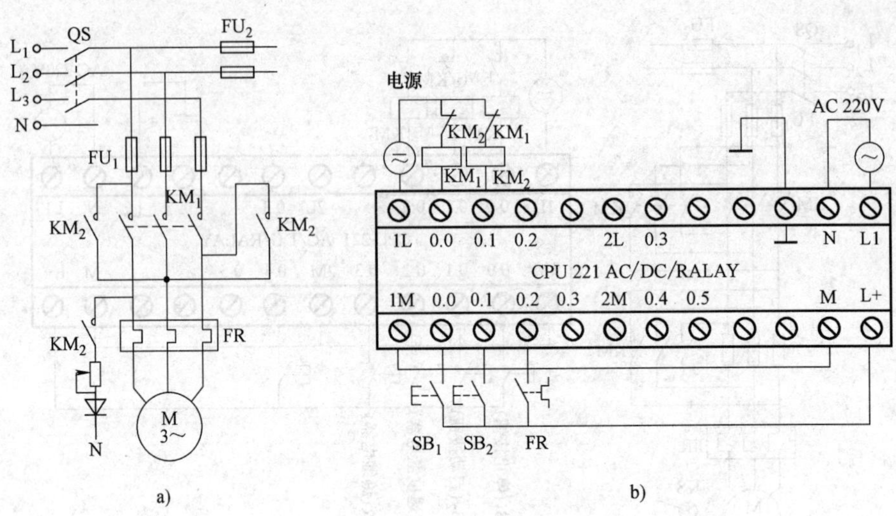


图 7-28 电动机单管能耗制动控制的硬件电路图

a）主电路 b）PLC 的 I/O 接线

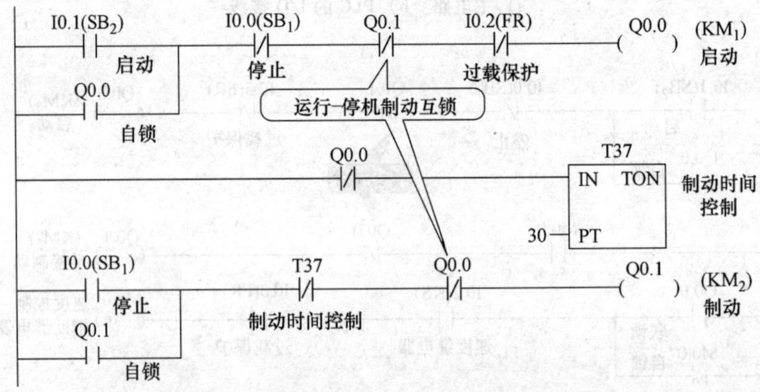


图 7-29 电动机单管能耗制动控制的梯形图程序

## 7.2.16 3 台电动机Y/△减压顺启/逆停的 PLC 控制

### 1. 控制要求

要求 3 台电动机进行Y/△减压启动控制，并且实现顺启/逆停。

### 2. PLC 的 I/O 配置和 PLC 的 I/O 接线图

PLC 的 I/O 配置见表 7-4，其实际接线图如图 7-30 所示。

## 7.2.17 PLC 控制 3 台电动机Y/△减压顺启/逆停的梯形图程序

在编程过程中，1# ~3#电动机控制程序中所需的定时器与状态元件见表 7-5。

表 7-4　PLC 的 I/O 配置表

| 输入设备 | | PLC 输入继电器 | 输出设备 | | PLC 输出继电器 |
|---|---|---|---|---|---|
| 代号 | 功能 | | 代号 | 功能 | |
| $SB_1$ | 启动按钮 | I0.0 | $KM_1$ | 1#电动机Y接触器 | Q0.0 |
| $SB_2$ | 停止按钮 | I0.1 | $KM_2$ | 1#电动机△接触器 | Q0.1 |
| | | | $KM_3$ | 1#电动机主接触器 | Q0.2 |
| | | | $KM_4$ | 2#电动机Y接触器 | Q0.3 |
| | | | $KM_5$ | 2#电动机△接触器 | Q0.4 |
| | | | $KM_6$ | 2#电动机主接触器 | Q0.5 |
| | | | $KM_7$ | 3#电动机Y接触器 | Q0.6 |
| | | | $KM_8$ | 3#电动机△接触器 | Q0.7 |
| | | | $KM_9$ | 3#电动机主接触器 | Q1.0 |

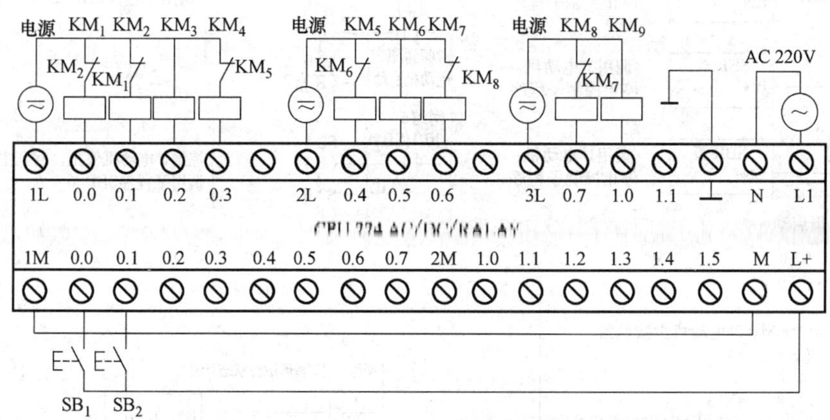


图 7-30　PLC 的实际接线图

表 7-5　1#～3#电动机控制程序中所需的定时器与状态元件

| 电动机 | 1#电动机 | 2#电动机 | 3#电动机 |
|---|---|---|---|
| Y-△延时定时器 | T37 | T38 | T39 |
| 延时启动定时器 | T40 | T41 | — |
| 延时停止定时器 | — | T42 | T43 |
| 启动状态 | S2.0 | S2.1 | S2.2 |
| 停止状态 | S2.5 | S2.4 | S2.3 |

PLC 控制 3 台电动机Y/△减压顺启/逆停的梯形图程序如图 7-31 所示。

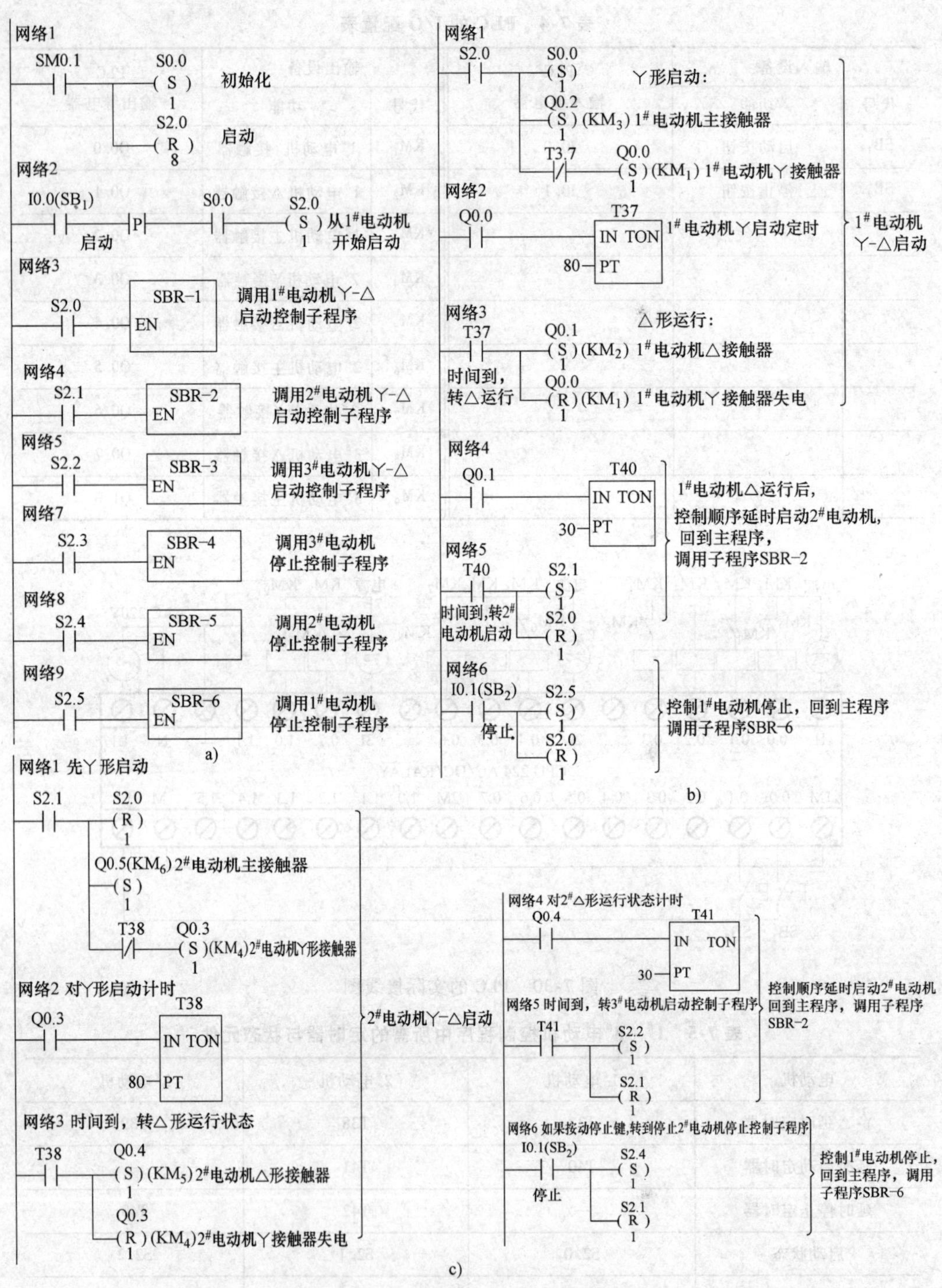


图 7-31 PLC 控制 3 台电动机Y/△减压顺启/逆停的梯形图程序

a）主程序 b）1#电动机Y-△启动控制子程序 c）2#电动机Y-△启动控制子程序

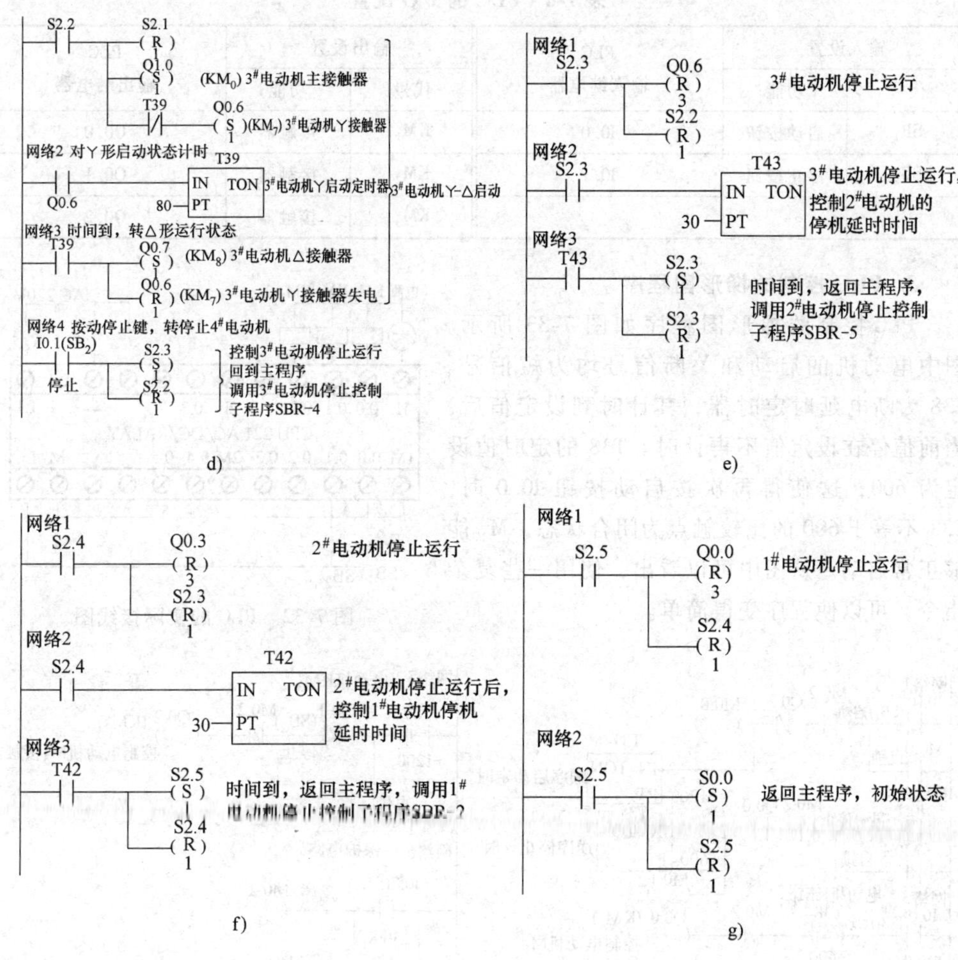


图 7-31　PLC 控制 3 台电动机Y/△减压顺启/逆停的梯形图程序（续）

d）3#电动机Y-△启动控制子程序　e）3#电动机停止运行控制子程序

f）2#电动机停止运行控制子程序　g）1#电动机停止运行控制子程序

## 7.2.18　用比较指令编程的电动机顺启/逆停的 PLC 控制

### 1. 控制要求

有三台电动机 $M_1$、$M_2$ 和 $M_3$，按下启动按钮，电动机按 $M_1$、$M_2$ 和 $M_3$ 顺序启动；按下停止按钮，电动机按 $M_3$、$M_2$ 和 $M_1$ 逆序停止。电动机的启动时间间隔为 1min，停止时间间隔为 30s。

### 2. PLC 的 I/O 配置和实际接线图

PLC 的 I/O 配置见表 7-6，其实际接线图如图 7-32 所示。

表 7-6 PLC 的 I/O 配置

| 输入设置 | | PLC 输入继电器 | 输出设置 | | PLC 输出继电器 |
|---|---|---|---|---|---|
| 代号 | 功能 | | 代号 | 功能 | |
| $SB_1$ | 启动按钮 | I0.0 | $KM_1$ | 接触器 | Q0.0 |
| $SB_2$ | 停止按钮 | I0.1 | $KM_2$ | 接触器 | Q0.1 |
| | | | $KM_3$ | 接触器 | Q0.2 |

**3. PLC 控制的梯形图程序**

PLC 控制的梯形图程序如图 7-33 所示。图中电动机的启动和关断信号均为短信号。T38 为断电延时定时器，其计时到设定值后，当前值停在设定值不再计时。T38 的定时值设定为 600，这使得再次按启动按钮 I0.0 时，T38 不等于 600 的比较触点为闭合状态，$M_1$ 能够正常启动。从图中可以看出，使用一些复杂指令，可以使程序变得简单。

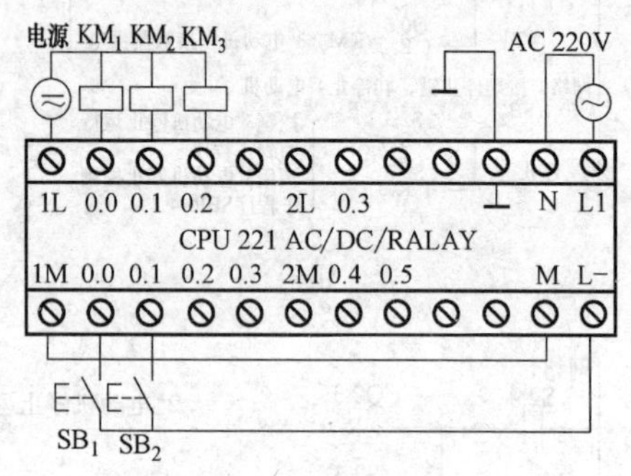


图 7-32 PLC 的实际接线图

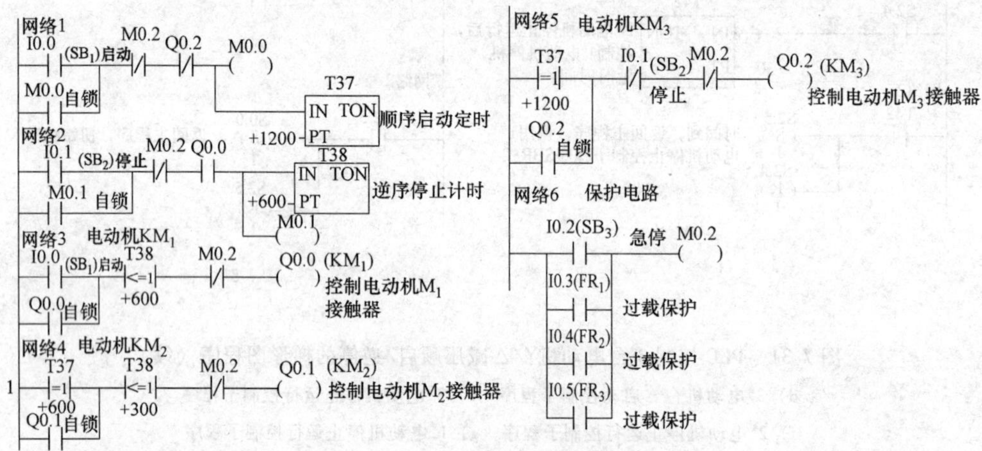


图 7-33 PLC 控制的梯形图程序

## 7.2.19 用移位寄存器指令编程的四台电动机 $M_1 \sim M_4$ 的 PLC 控制

**1. 控制要求**

启动的顺序为 $M_1 \rightarrow M_2 \rightarrow M_3 \rightarrow M_4$，顺序启动的时间间隔为 2min。启动完毕，进入正常运行，直到停机。

**2. PLC 的 I/O 配置及实际接线图**

PLC 的 I/O 配置见表 7-7；其实际接线图如图 7-34 所示。

**3. 顺序功能图和梯形图**

四台电动机 $M_1$、$M_2$、$M_3$、$M_4$ PLC 控制的顺序功能图如图 7-35 所示，其梯形图如图 7-36 所示。

表 7-7　PLC 的 I/O 配置

| 输入设置 | | PLC 输入继电器 | 输出设置 | | PLC 输出继电器 |
|---|---|---|---|---|---|
| 代号 | 功能 | | 代号 | 功能 | |
| $SB_1$ | 启动按钮 | I0.0 | $KM_1$ | 接触器 | Q0.0 |
| $SB_2$ | 停止按钮 | I0.1 | $KM_2$ | 接触器 | Q0.1 |
| | | | $KM_3$ | 接触器 | Q0.2 |
| | | | $KM_4$ | 接触器 | Q0.3 |

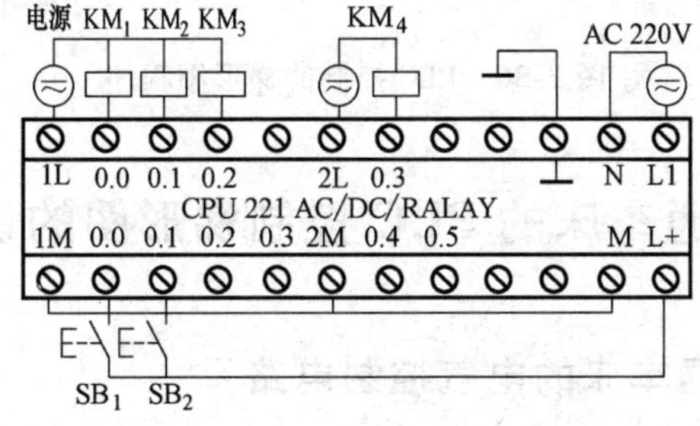


图 7-34　PLC 的实际接线图

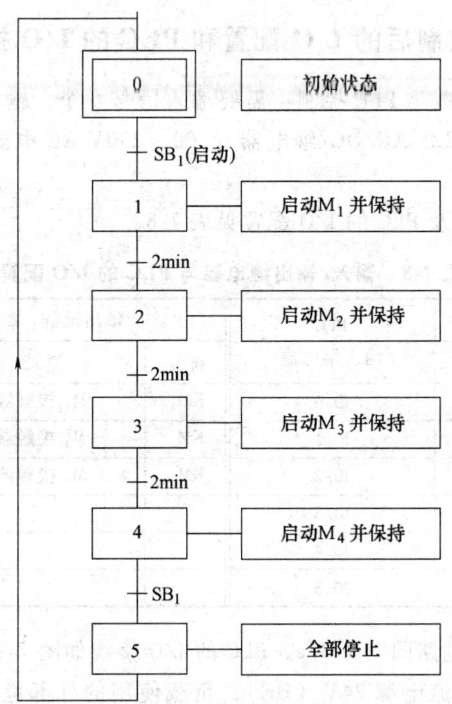


图 7-35　PLC 控制的顺序功能图

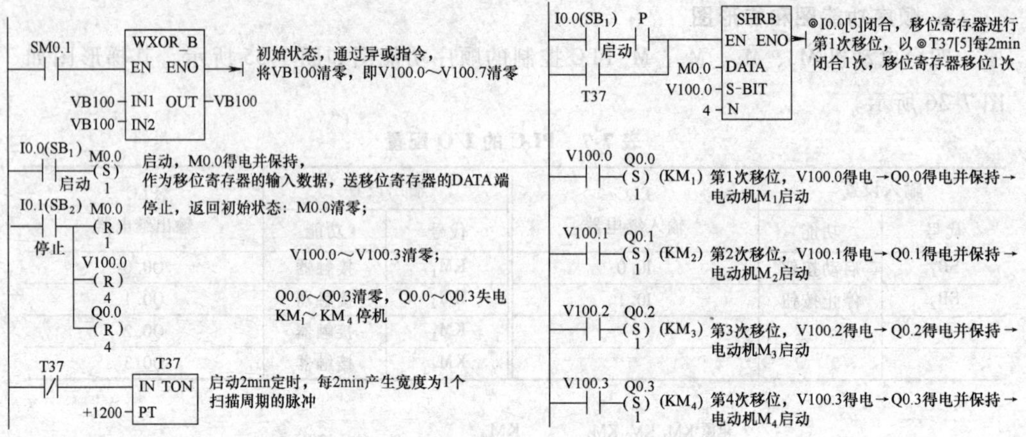


图 7-36　PLC 控制的梯形图程序

# 7.3　CA6140 普通车床的 PLC 控制梯形图的识读实例

## 7.3.1　CA6140 普通车床的电气控制电路

CA6140 普通车床的电气控制电路如图 7-37 所示。

## 7.3.2　改为 PLC 控制后的 I/O 配置和 PLC 的 I/O 接线

由图 7-37 可知，要改为 PLC 控制：需要输入信号 6 个，输出信号 3 个，全部为开关量。PLC 可选用 CPU 221 AC/DC/继电器（100 ~ 230V AC 电源/24V DC 输入/继电器输出）。

其输入/输出继电器及 PLC 的 I/O 配置见表 7-8。

**表 7-8　输入/输出继电器与 PLC 的 I/O 配置**

| 输入设置 | | PLC 输入继电器 | 输出设备 | | PLC 输出继电器 |
|---|---|---|---|---|---|
| 符号 | 功能 | | 符号 | 功能 | |
| $SB_2$ | $M_1$ 启动按钮 | I0. 0 | $KM_1$ | $M_1$ 接触器 | Q0. 0 |
| $SB_1$ | $M_1$ 停止按钮 | I0. 1 | $KM_2$ | $M_2$ 接触器 | Q0. 1 |
| $FR_1$ | $M_1$ 热继电器 | I0. 2 | $KM_3$ | $M_3$ 接触器 | Q0. 2 |
| $FR_2$ | $M_2$ 热继电器 | I0. 3 | | | |
| $SA_1$ | $M_2$ 转换开关 | I0. 4 | | | |
| $SB_3$ | $M_3$ 点动按钮 | I0. 5 | | | |

PLC 控制电路的主电路同图 7-37a，PLC 的 I/O 接线如图 7-38 所示，图中输入信号使用 PLC 提供的内部直流电源 24V（DC）；负载使用的外部电源为交流 220V（AC）；PLC 电源为交流 220V（AC）。

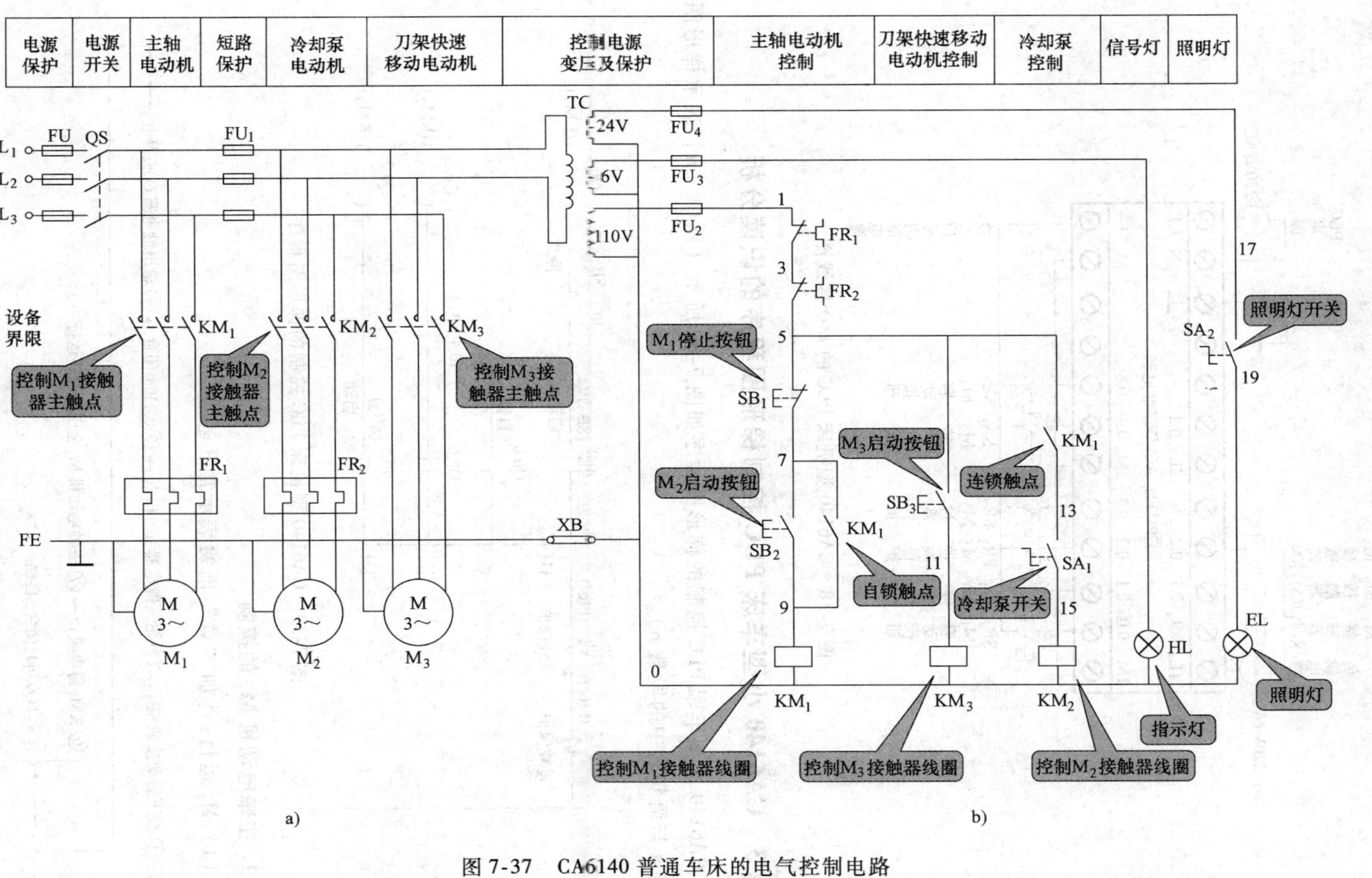


图 7-37　CA6140 普通车床的电气控制电路

a）主电路　b）控制电路

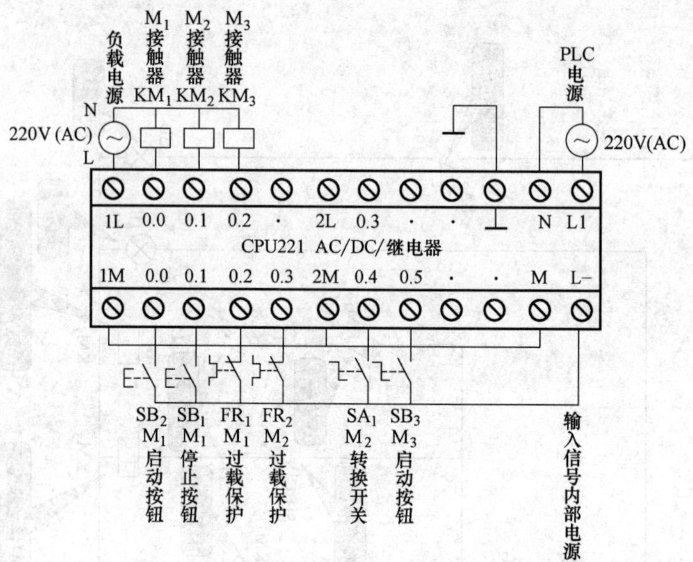


图 7-38　CA6140 型机床 PLC 的 I/O 接线图

## 7.3.3　CA6140 小型车床 PLC 控制梯形图程序的识读分析

CA6140 小型车床 PLC 控制的梯形图程序如图 7-39 所示（图中［$n$］表示梯形图的梯级 $n$ 与语句表中的段数 $n$）。

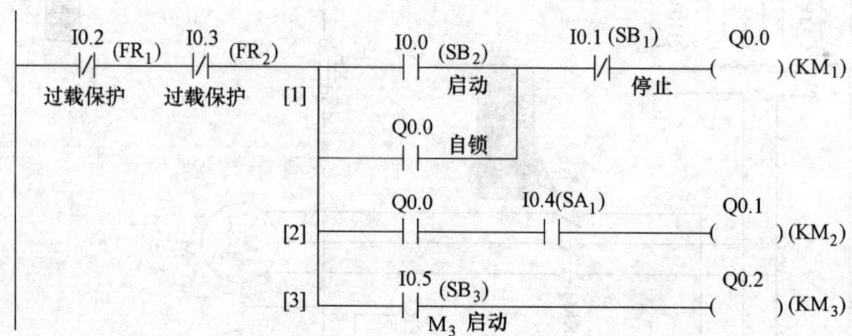


图 7-39　CA6140 型机床 PLC 控制的梯形图程序

### 1. 主轴电动机 $M_1$ 的控制

（1）$M_1$ 运行：［加“◎”前缀表示常开触点］

①按下启动按钮 SB$_2$ → ②输入继电器 I0.0 得电 → ③◎I0.0 闭合 → ④输出继电器 Q0.0 得电 →

- ⑥KM$_1$ 得电吸合 → ⑦主轴电动机 M$_1$ 全压启动并运行
- ⑧◎Q0.0[1] 闭合，自锁
- ⑤◎Q0.0[2] 闭合 → ⑨冷却泵电机 M$_2$ 允许工作

（2）$M_1$ 停止：［加“#”前缀表示常闭触点］

按下停止按钮 $SB_1$ → 输入继电器 I0.1 得电 → #I0.1 断开 → 输出继电器 Q0.0 失电 →

- $KM_1$ 失电释放 → 电动机 $M_1$ 断开电源，停止运行
- ◎Q0.0[1] 断开，解除自锁
- ◎Q0.0[2] 断开 → 冷却泵电动机 $M_2$ 禁止工作

**2. 冷却泵电动机 $M_2$ 的控制**

◎Q0.0［2］闭合，冷却泵电动机 $M_2$ 允许工作，接下来按下面的顺序执行。

1）$M_2$ 运行：

合上转换开关 $SA_1$→输入继电器 I0.4 得电→◎I0.4 闭合→输出继电器 Q0.1 得电→$KM_2$ 得电吸合→冷却泵电动机 $M_2$ 全压启动后运行。

2）$M_2$ 停止：

断开转换开关 $SA_1$→输入继电器 I0.4 失电→◎I0.4 断开→输出继电器 Q0.1 失电→$KM_2$ 失电释放→冷却泵电动机 $M_2$ 停止运行。

**3. 刀架快速移动电动机 $M_3$ 控制**

按下启动按钮 $SB_3$→输入继电器 I0.5 得电→◎I0.5［3］闭合→输出继电器 Q0.2 得电→$KM_3$ 得电吸合→快速移动电动机 $M_3$ 点动运行。

**4. 过载及断相保护**

热继电器 $FR_1$、$FR_2$ 分别对电动机 $M_1$ 和 $M_2$ 进行过载保护；由于快速移动电动机 $M_3$ 为短时工作制，不需要过载保护。

当发生过载或断相时：热继电器 $FR_1$ 或 $FR_2$ 动作 → $FR_1$ 或 $FR_2$ 的动合触点闭合 → 输入继电器 I0.2 或 I0.3 得电 → #I0.2 或 #I0.3 断开 → 输出继电器 Q0.0 失电 →

- $KM_1$ 失电释放 → 电动机 $M_1$ 停止运转
- ◎Q0.0[2] 断开 → 输出继电器 Q0.1 失电 → $KM_2$ 失电释放 → 电动机 $M_2$ 停止运转

## 7.4　C650中型车床PLC控制梯形图程序的识读分析

### 7.4.1　C650中型车床的电气控制电路图

C650中型车床的电气控制电路图见图4-5，其识读分析见4.2节。

### 7.4.2　改为PLC控制后的I/O配置和PLC的I/O接线

在将继电器控制电路改造为PLC控制时，原控制系统的各个按钮、热继电器、速度继电器及接触器全都还要使用，并需要分别与PLC的I/O接口连接。PLC的I/O配置见表7-9，PLC控制电路的主电路同图4-5a，PLC的I/O接线图如图7-40所示。机床原配的热继电器采用PLC机外与接触器线圈连接的方式，这样的安排可使过载保护更加

可靠。快速移动电动机的控制十分简单，为节省接口也不通过 PLC，将 $KM_5$ 与行程开关 SQ 串接后直接接入电源。另安排定时器 T37 代替原来电路中的时间继电器 KT。

表 7-9 PLC 的 I/O 配置

| 输入设置 | | PLC 输入继电器 | 输出设备 | | PLC 输出继电器 |
|---|---|---|---|---|---|
| 代号 | 功能 | | 代号 | 功能 | |
| $SB_1$ | 停止按钮 | I0.0 | $KM_1$ | 主轴正转接触器 | Q0.0 |
| $SB_2$ | 点动按钮 | I0.1 | $KM_2$ | 主轴反转接触器 | Q0.1 |
| $SB_3$ | 正转启动按钮 | I0.2 | $KM_3$ | 切断电阻接触器 | Q0.2 |
| $SB_4$ | 反转启动按钮 | I0.3 | $KM_4$ | 冷却泵接触器 | Q0.3 |
| $SB_5$ | 冷却泵停止 | I0.4 | $KM_5$ | 快速电动机接触器 | Q0.4 |
| $SB_6$ | 冷却泵启动 | I0.5 | | | |
| $KS_1$ | 速度继电器正转触点 | I0.6 | | | |
| $KS_2$ | 速度继电器反转触点 | I0.7 | | | |

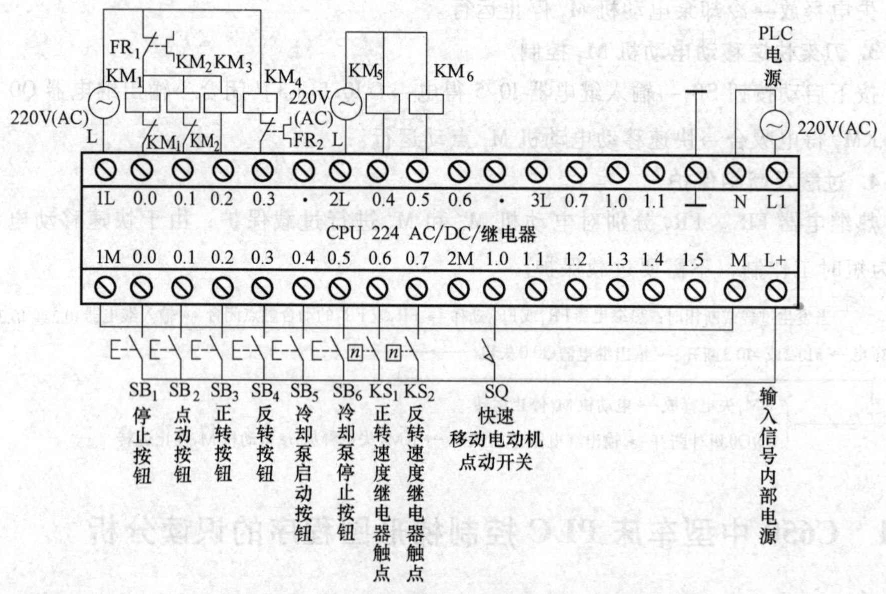


图 7-40 C650 卧式机床 PLC 的 I/O 接线图

## 7.4.3 C650 中型车床 PLC 控制梯形图程序的识读分析

由于继电接触器电路中无论主轴电动机正转还是反转，切除限流电阻接触器 $KM_3$ 都是首先动作，在梯形图中，安排第一个支路为切除电阻控制支路。在正转及反转接触器控制支路中，综合了自保持、制动两种控制逻辑关系。正转控制中还加有手动控制。

在如图 7-41 所示的梯形图中，用定时器 T37 代替图 4-5 中的时间继电器 KT，并且通过 T37 控制 Q0.5→$KM_6$ 的常闭触点 $KM_6$（P-Q），在启动的短时间内将电流表暂时短接。

图 7-41　C650 卧式机床 PLC 控制的梯形图程序

## 1. 主轴电动机 $M_1$ 正转点动控制

按下正转点动按钮 $SB_2$ → 输入继电器 I0.1 得电 → ◎ I0.1[2-4] 闭合 → Q0.0[2] 得电 → $KM_1$ 得电吸合 → 电动机 $M_1$ 正转启动

松开正转点动按钮 $SB_2$ → 输入继电器 I0.1 失电 → ◎ I0.0[2-4] 断开 → Q0.0[2] 失电 → $KM_1$ 失电释放 → 电动机 $M_1$ 正转停止

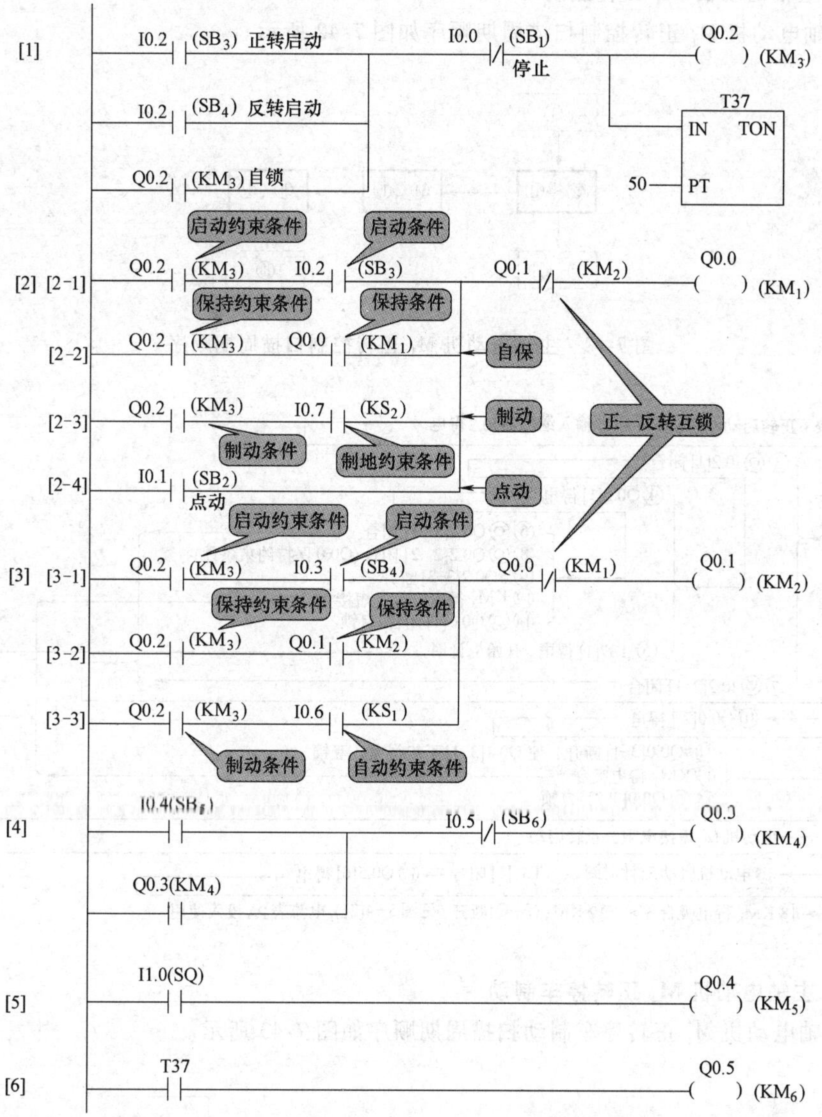

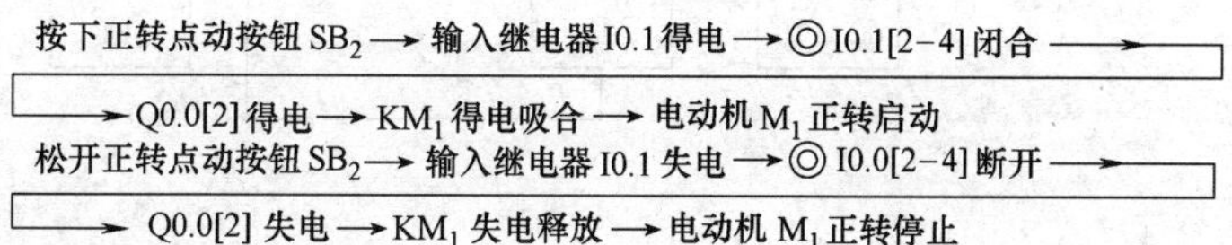

**2. 主轴电动机 $M_1$ 正转控制**

主轴电动机 $M_1$ 正转控制扫描周期顺序如图 7-42 所示。

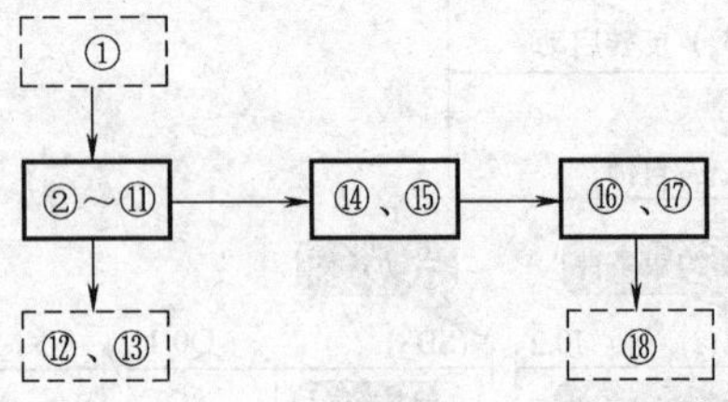
①
②～⑪
⑭、⑮
⑯、⑰
⑫、⑬
⑱

图 7-42 主轴电动机 $M_1$ 正转控制扫描周期顺序

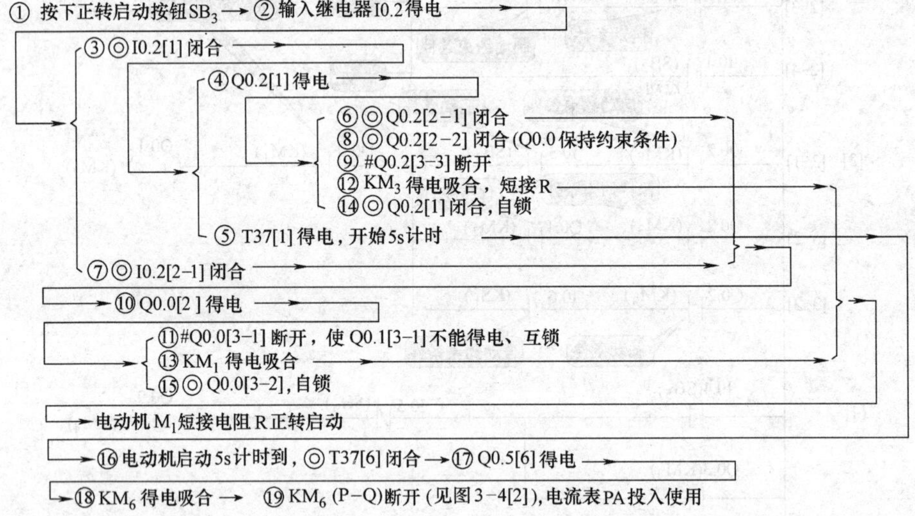
① 按下正转启动按钮SB3 → ② 输入继电器I0.2得电
③◎I0.2[1]闭合
④Q0.2[1]得电
⑥◎Q0.2[2-1]闭合
⑧◎Q0.2[2-2]闭合(Q0.0保持约束条件)
⑨ #Q0.2[3-3]断开
⑫ KM3得电吸合，短接R
⑭◎Q0.2[1]闭合，自锁
⑤ T37[1]得电，开始5s计时
⑦◎I0.2[2-1]闭合
⑩ Q0.0[2]得电
⑪#Q0.0[3-1]断开，使Q0.1[3-1]不能得电、互锁
⑬KM1得电吸合
⑮◎Q0.0[3-2]，自锁
电动机M1短接电阻R正转启动
⑯电动机启动5s计时到，◎T37[6]闭合 → ⑰ Q0.5[6]得电
⑱KM6得电吸合 → ⑲KM6 (P-Q)断开(见图3-4[2])，电流表PA投入使用

**3. 主轴电动机 $M_1$ 正转停车制动**

主轴电动机 $M_1$ 正转停车制动扫描周期顺序如图 7-43 所示。

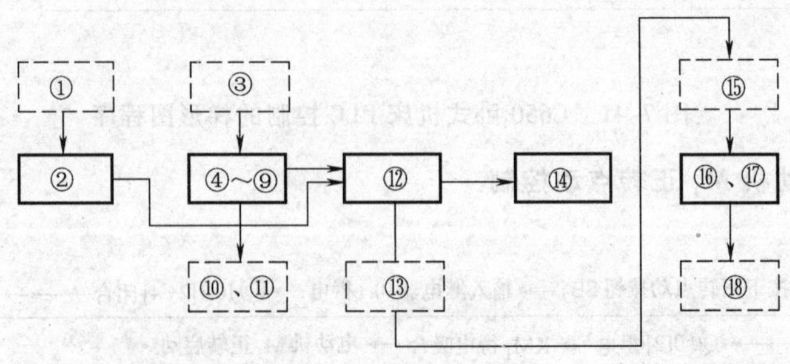
①
③
⑮
②
④～⑨
⑫
⑭
⑯、⑰
⑩、⑪
⑬
⑱

图 7-43 主轴电动机 $M_1$ 正转停车制动扫描周期顺序

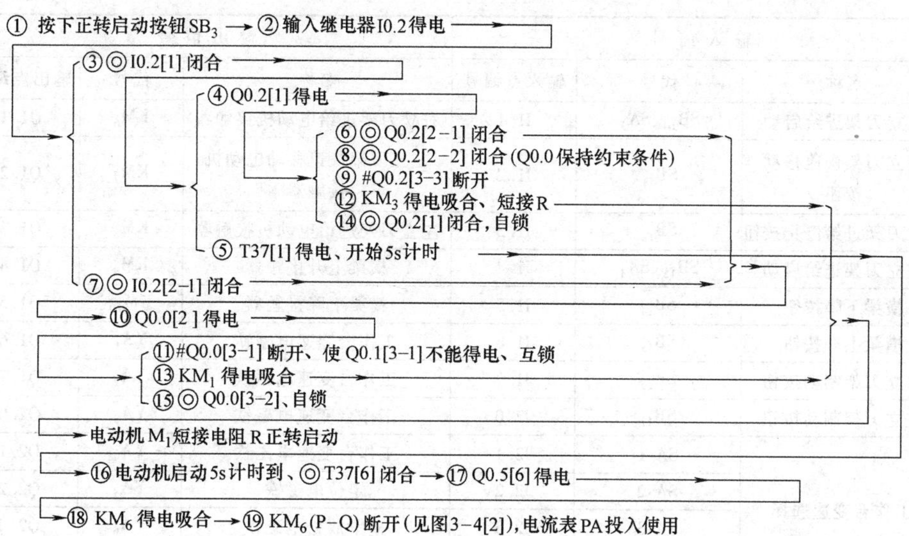
① 按下正转启动按钮$SB_3$ → ② 输入继电器I0.2得电
③ ◎ I0.2[1] 闭合
④ Q0.2[1] 得电
⑥ ◎ Q0.2[2-1] 闭合
⑧ ◎ Q0.2[2-2] 闭合(Q0.0保持约束条件)
⑨ #Q0.2[3-3] 断开
⑫ $KM_3$ 得电吸合、短接R
⑭ ◎ Q0.2[1] 闭合，自锁
⑤ T37[1] 得电、开始5s计时
⑦ ◎ I0.2[2-1] 闭合
⑩ Q0.0[2] 得电
⑪ #Q0.0[3-1] 断开、使 Q0.1[3-1] 不能得电、互锁
⑬ $KM_1$ 得电吸合
⑮ ◎ Q0.0[3-2]、自锁
电动机$M_1$短接电阻R正转启动
⑯ 电动机启动5s计时到、◎ T37[6] 闭合 → ⑰ Q0.5[6] 得电
⑱ $KM_6$ 得电吸合 → ⑲ $KM_6$(P-Q) 断开(见图3-4[2])，电流表PA投入使用

# 7.5　C5225 型立式车床 PLC 控制梯形图程序的识读分析

## 7.5.1　C5225 型立式车床的电气控制电路图

C5225 型立式车床的电气控制电路图见图 4-6，其识读分析见 4.2 节。

## 7.5.2　改为 PLC 控制后的 I/O 配置和 PLC 的 I/O 接线

1）C5225 型立式车床 PLC 控制输入输出点分配见表 7-10。

表 7-10　C5225 型立式车床 PLC 控制输入输出点分配

| 输入信号 | | | 输出信号 | | |
|---|---|---|---|---|---|
| 名称 | 代号 | 输入点编号 | 名称 | 代号 | 输出点编号 |
| 总停止按钮 | $SB_1$ | I0.0 | 润滑指示灯 | $HL_1$ | Q0.0 |
| 总启动开关、按钮 | $SB_2$、$QF_1$、$QF_2$ | I0.1 | 变速指示灯 | $HL_2$ | Q0.1 |
| 电动机 $M_1$ 停止按钮 | $SB_3$ | I0.2 | 主轴电动机 $M_1$ 正转接触器 | $KM_1$ | Q0.2 |
| 电动机 $M_1$ 启动按钮 | $SB_4$ | I0.3 | 主轴电动机 $M_1$ 反转接触器 | $KM_2$ | Q0.3 |
| 电动机 $M_1$ 正转点动 | $SB_5$ | I0.4 | 主轴电动机 $M_1$ 制动接触器 | $KM_3$ | Q0.4 |
| 电动机 $M_1$ 反转点动 | $SB_6$ | I0.5 | 主轴电动机Y形启动接触器 | $KM_Y$ | Q0.5 |
| 工作台变速按钮 | $SB_7$ | I0.6 | 主轴电动机△形启动接触器 | $KM_\triangle$ | Q0.6 |
| 右立刀架快速移动按钮 | $SB_8$ | I0.7 | 液压泵电动机 $M_2$ 接触器 | $KM_4$ | Q0.7 |
| 右立架进给停止按钮 | $SB_9$ | I1.0 | 右立刀架快速移动电动机接触器 | $KM_5$ | Q1.0 |

（续）

| 输入信号 | | | 输出信号 | | |
|---|---|---|---|---|---|
| 名称 | 代号 | 输入点编号 | 名称 | 代号 | 输出点编号 |
| 右立刀架进给启动 | $SB_{10}$、$SA_3$ | I1.1 | 右立刀架进给电动机接触器 | $KM_6$ | Q1.1 |
| 左立刀架快速移动按钮 | $SB_{11}$ | I1.2 | 左立刀架快速移动电动机接触器 | $KM_7$ | Q1.2 |
| 左立刀架进给停止按钮 | $SB_{12}$ | I1.3 | 左立刀架进给电动机接触器 | $KM_8$ | Q1.3 |
| 左立刀架进给启动 | $SB_{13}$、$SA_4$ | I1.4 | 横梁上升接触器 | $KM_9$ | Q1.4 |
| 横梁下降按钮 | $SB_{14}$ | I1.5 | 横梁下降接触器 | $KM_{10}$ | Q1.5 |
| 横梁上升按钮 | $SB_{15}$ | I1.6 | 工作台变速电磁铁 | $YA_1$ | Q1.6 |
| 右立刀架制动按钮 | $SB_{16}$ | I1.7 | 工作台变速电磁铁 | $YA_2$ | Q1.7 |
| 左立刀架制动按钮 | $SB_{17}$ | I2.0 | 工作台变速电磁铁 | $YA_3$ | Q2.0 |
| 工作台变速选择 | SA-1 | I2.1 | 工作台变速电磁铁 | $YA_4$ | Q2.1 |
| | SA-2 | I2.2 | 定位电磁铁 | $YA_5$ | Q2.2 |
| | SA-3 | I2.3 | 横梁放松电磁铁 | $YA_6$ | Q2.3 |
| | SA-4 | I2.4 | 右立刀架向左离合器电磁铁 | $YC_1$ | Q2.4 |
| 右立刀架向左 | $SA_{1\text{-}1}$ | I2.5 | 右立刀架向右离合器电磁铁 | $YC_2$ | Q2.5 |
| 右立刀架向右 | $SA_{1\text{-}2}$ | I2.6 | 右立刀架向上离合器电磁铁 | $YC_3$ | Q2.6 |
| 右立刀架向上 | $SA_{1\text{-}3}$ | I2.7 | 右立刀架向下离合器电磁铁 | $YC_4$ | Q2.7 |
| 右立刀架向下 | $SA_{1\text{-}4}$ | I3.0 | 右立刀架水平制动离合器电磁铁 | $YC_5$ | Q3.0 |
| 左立刀架向左 | $SA_{2\text{-}1}$ | I3.1 | 右立刀架垂直制动离合器电磁铁 | $YC_6$ | Q3.1 |
| 左立刀架向右 | $SA_{2\text{-}2}$ | I3.2 | 左立刀架水平制动离合器电磁铁 | $YC_7$ | Q3.2 |
| 左立刀架向上 | $SA_{2\text{-}3}$ | I3.3 | 左立刀架垂直制动离合器电磁铁 | $YC_8$ | Q3.3 |
| 左立刀架向下 | $SA_{2\text{-}4}$ | I3.4 | 左立刀架向左离合器电磁铁 | $YC_9$ | Q3.4 |
| 速度继电器 | KS | I3.5 | 左立刀架向右离合器电磁铁 | $YC_{10}$ | Q3.5 |
| 压力继电器 | KP | I3.6 | 左立刀架向上离合器电磁铁 | $YC_{11}$ | Q3.6 |
| 自动伺服行程开关 | $ST_1$ | I3.7 | 左立刀架向下离合器电磁铁 | $YC_{12}$ | Q3.7 |
| 右立刀架向左限位开关 | $ST_3$ | I4.0 | | | |
| 右立刀架向右限位开关 | $ST_4$ | I4.1 | | | |
| 左立刀架向左限位开关 | $ST_5$ | I4.2 | | | |
| 左立刀架向右限位开关 | $ST_6$ | I4.3 | | | |
| 横梁上升下降行程开关 | $ST_7$、$ST_8$、$ST_9$、$ST_{10}$ | I4.4 | | | |

（续）

| 输入信号 | | | 输出信号 | | |
|---|---|---|---|---|---|
| 名称 | 代号 | 输入点编号 | 名称 | 代号 | 输出点编号 |
| 横梁上升限位行程开关 | ST11 | I4.5 | | | |
| 横梁下降限位行程开关 | ST12 | I4.6 | | | |

2）C5225 型立式车床 PLC 控制接线如图 7-44 所示。

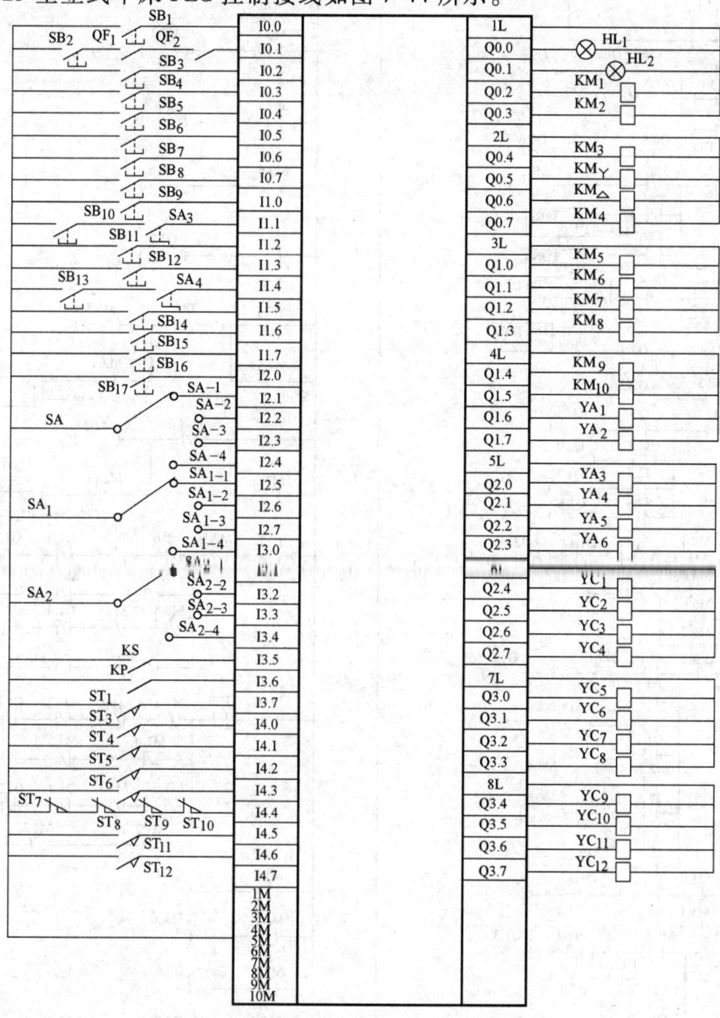

图 7-44　C5225 型立式车床 PLC 控制接线

## 7.5.3　C5225 型立式车床的 PLC 控制的梯形图和语句表程序

1）根据 C5225 型立式车床的控制要求，编写出的 C5225 型立式车床 PLC 控制的梯形图，如图 7-45 所示。

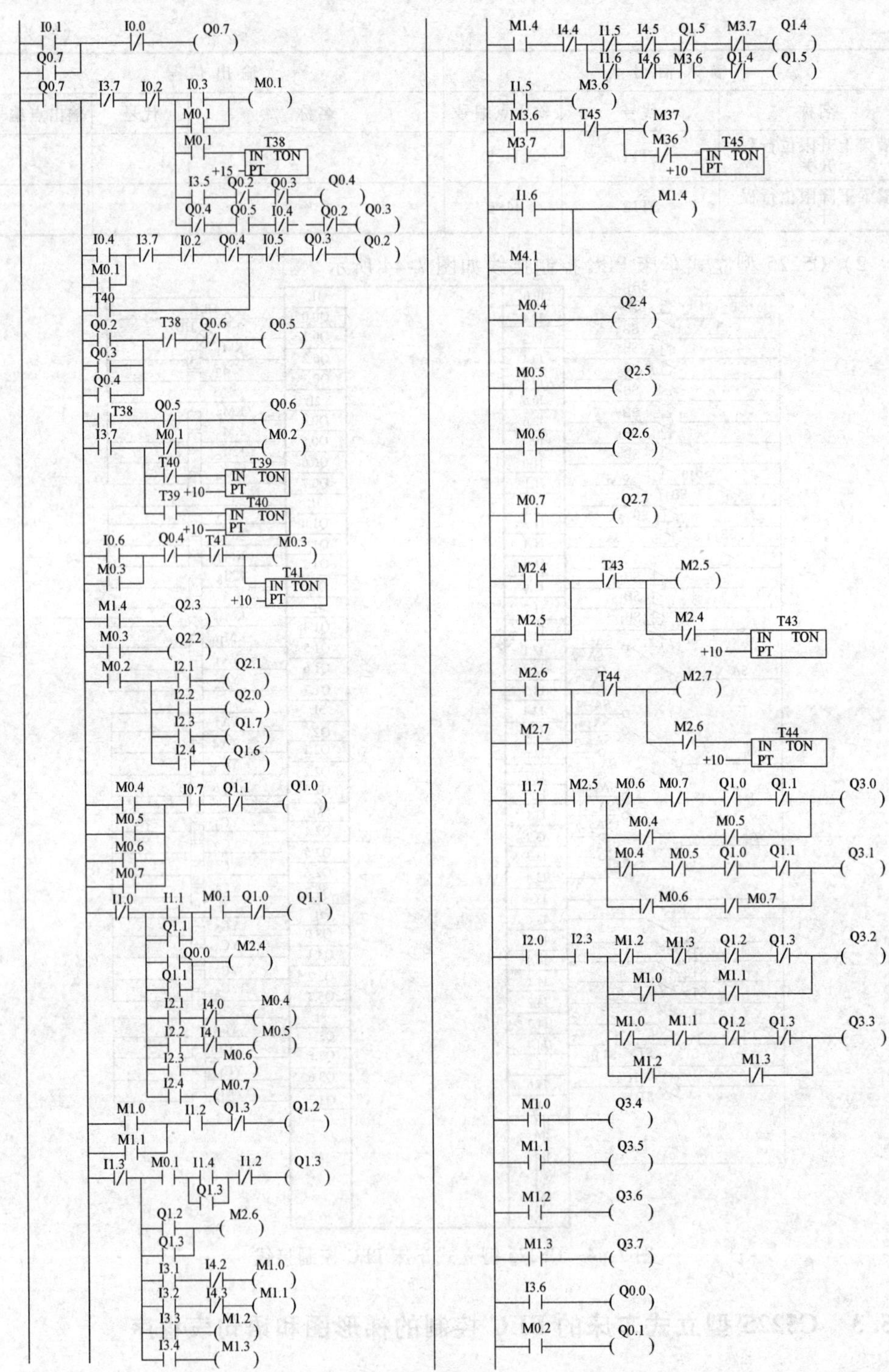

图 7-45  C5225 型立式车床 PLC 控制梯形图

2）根据接线图，参照梯形图，编写出 C5225 型立式车床 PLC 控制的语句表程序如下：

```
LD   I0.1
O    Q0.7
AN   I0.0
=    Q0.7
LD   Q0.7
LPS
AN   I3.7
AN   I0.2
LPS
LD   I0.3
O    M0.1
ALD
=    M0.1
LPP
LPS
A    M0.1
TON  T38, +15
LRD
A    I3.5
AN   Q0.2
AN   Q0.3
=    Q0.4
LPP
AN   Q0.4
A    I0.5
AN   I0.4
AN   Q0.2
=    Q0.3
LRD
LD   I0.4
O    M0.1
AN   I3.7
AN   I0.2
AN   Q0.4
O    T40
ALD
AN   I0.5
AN   Q0.3
=    Q0.2
LPP
LPS
LD   Q0.2
O    Q0.3
O    Q0.4
ALD
AN   T38
AN   Q0.6
=    Q0.5
LRD
A    T38
AN   Q0.5
=    Q0.6
LRD
A    I3.7
LPS
AN   M0.1
=    M0.2
LPP
AN   T40
TON  T39, +10
LRD
A    T39
TON  T40, +10
LRD
LD   I0.6
O    M0.3
AN   Q0.4
AN   T41
ALD
=    M0.3
TON  T41, +10
LRD
LPS
A    M1.4
=    Q2.3
LPP
A    M0.3
=    Q2.2
LRD
A    M0.2
LPS
A    I2.1
=    Q2.1
LRD
A    I2.2
=    Q2.0
LRD
A    12.3
=    Q1.7
LPP
A    I2.4
=    Q1.6
LPP
LD   M0.4
O    M0.5
O    M0.6
O    M0.7
ALD
A    I0.7
AN   Q1.1
=    Q1.0
LPS
AN   I1.0
LPS
LD   I1.1
O    Q1.1
ALD
A    M0.1
AN   Q1.0
=    Q1.1
LRD
LD   Q1.0
O    Q1.1
ALD
=    M2.4
LPP
LPS
A    I2.1
AN   I4.0
=    M0.4
LRD
A    I2.2
AN   I4.1
=    M0.5
LRD
A    I2.3
=    M0.6
LPP
A    I2.4
=    M0.7
LRD
LD   M1.0
O    M1.1
ALD
A    I1.2
AN   Q1.3
=    Q1.2
LRD
AN   I1.3
LPS
A    M0.1
LD   I1.4
O    Q1.3
ALD
AN   I1.2
=    Q1.3
LRD
LD   Q1.2
O    Q1.3
ALD
=    M2.6
LPP
LPS
A    I3.1
AN   I4.2
=    M1.0
LRD
A    I3.2
AN   I4.3
=    M1.1
LRD
A    I3.3
=    M1.2
LPP
A    I3.4
=    M1.3
LPP
LPS
A    M1.4
AN   I4.4
LPS
AN   I1.5
AN   I4.5
AN   Q1.5
AN   M3.7
=    Q1.4
LPP
AN   I1.6
AN   I4.6
A    M3.6
AN   Q1.4
=    Q1.5
LRD
A    I1.5
=    M3.6
LRD
LD   M3.6
O    M3.7
AN   T45
ALD
=    M3.7
AN   M3.6
TON  T45, +10
LRD
LD   I1.6
O    M4.1
ALD
=    M1.4
LPP
LPS
A    M0.4
=    Q2.4
LRD
A    M0.5
=    Q2.6
LRD
A    M0.6
=    Q2.6
LPP
A    M0.7
=    Q2.7
LPS
LD   M2.4
O    M2.5
AN   T43
ALD
=    M2.5
AN   M2.4
TON  T43, +10
LRD
LD   M2.6
O    M2.7
AN   T44
ALD
=    M2.7
AN   M2.6
TON  T44, +10
LRD
A    I1.7
A    M2.5
LPS
LDN  M0.6
AN   M0.7
AN   Q1.0
AN   Q1.1
LDN  M0.4
AN   M0.5
OLD
ALD
=    Q3.0
LPP
LDN  M0.4
AN   M0.5
AN   Q1.0
AN   Q1.1
LDN  M0.6
AN   M0.7
OLD
ALD
=    Q3.1
LRD
A    I2.0
A    I2.3
LPS
LDN  M1.2
AN   M1.3
AN   Q1.2
AN   Q1.3
LDN  M1.0
AN   M1.1
OLD
ALD
=    Q3.2
LPP
LDN  M1.0
AN   M1.1
AN   Q1.2
AN   Q1.3
LDN  M1.2
AN   M1.3
OLD
ALD
=    Q3.3
LPP
LPS
A    M1.0
=    Q3.4
LRD
A    M1.1
=    Q3.5
LRD
A    M1.2
=    Q3.6
LRD
A    M1.3
=    Q3.7
LRD
A    I3.6
=    Q0.0
LPP
A    M0.2
=    Q0.1
```

# 7.6 Z3040 摇臂钻床 PLC 控制梯形图程序的识读分析

## 7.6.1 Z3040 摇臂钻床的电气控制电路图

Z3040 摇臂钻床的电气控制电路图见图 4-10，其识读分析见 4.3 节。

## 7.6.2 改为 PLC 控制后的 I/O 配置和 PLC 的 I/O 接线

PLC 的 I/O 配置表见表 7-11。

表 7-11 PLC 的 I/O 配置

| 输入设备 | | PLC | 输出设备 | | PLC |
|---|---|---|---|---|---|
| 代号 | 功能 | 输入继电器 | 代号 | 功能 | 输出继电器 |
| $SB_1$ | 主轴停止按钮 | I0.0 | $KM_1$ | 主轴电动机接触器 | Q0.0 |
| $SB_2$ | 主轴点动按钮 | I0.1 | $KM_2$ | 摇臂上升接触器 | Q0.1 |
| $SB_3$ | 摇臂上升按钮 | I0.2 | $KM_3$ | 摇臂下降接阻器 | Q0.2 |
| $SB_4$ | 摇臂下降按钮 | I0.3 | $KM_4$ | 液压电动机正转接触器 | Q0.3 |
| $SB_5$ | 主轴箱、立柱松开按钮 | I0.4 | $KM_5$ | 液压电动机反转接触器 | Q0.4 |
| $SB_6$ | 主轴箱、立柱夹紧按钮 | I0.5 | YA | | Q0.5 |
| $SQ_{1D}$ | 摇臂上升限位开关 | I0.6 | | | |
| $SQ_{1D}$ | 摇臂下降限位开关 | I0.7 | | | |
| $SQ_2$ | 摇臂松开限位开关 | I1.0 | | | |
| $SQ_3$ | | I1.1 | | | |
| FR | 热继电器 | I1.2 | | | |

PLC 控制电路的主电路同图 4-10a，PLC 的 I/O 接线图如图 7-46 所示。

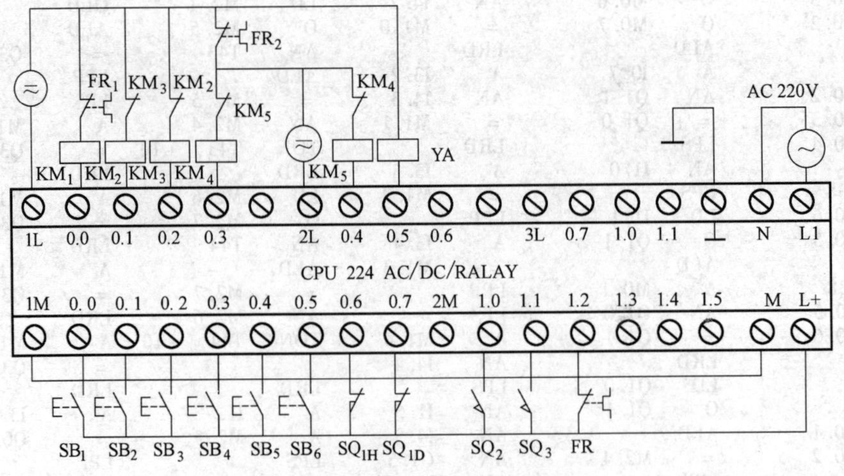


图 7-46 PLC 的 I/O 接线图

## 7.6.3　Z3040 摇臂钻床 PLC 控制程序的识读分析

Z3040 摇臂钻床 PLC 控制的梯形图程序如图 7-47 所示。

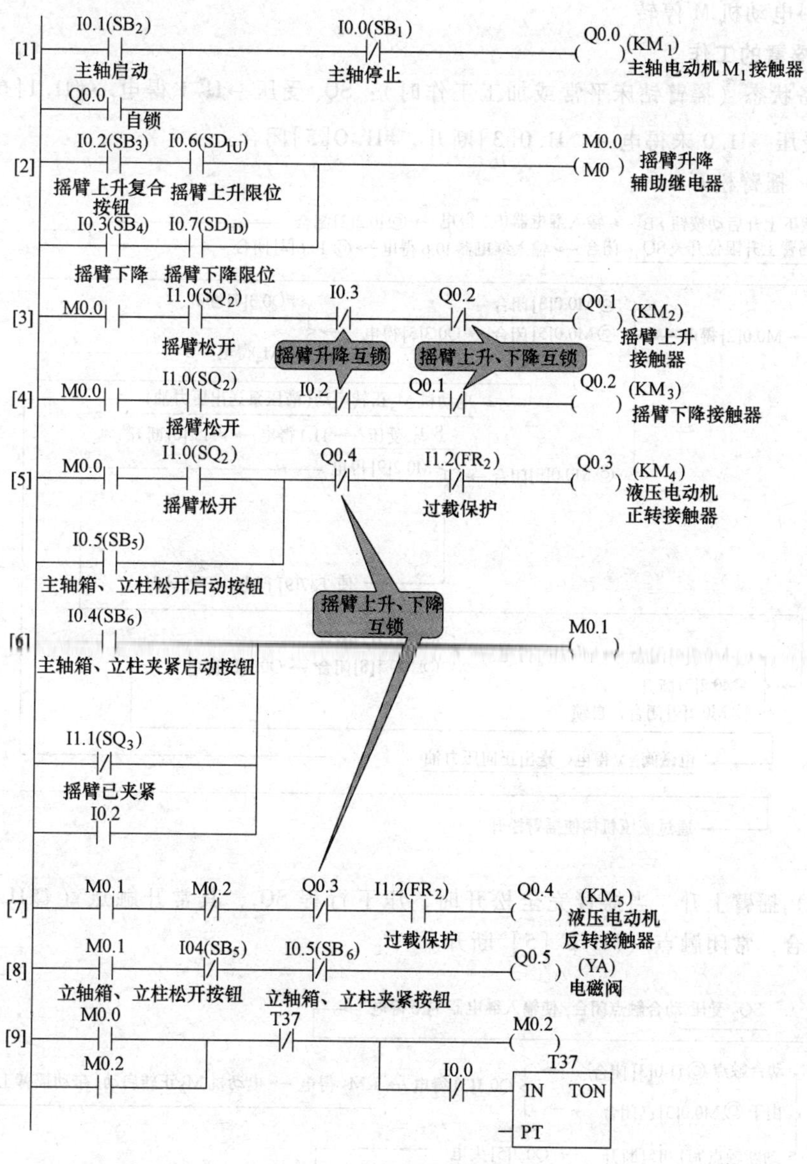


图 7-47　Z3040 摇臂钻床 PLC 控制的梯形图程序

**1. 主电动机 $M_1$ 的控制**

按下启动按钮 $SB_2$→输入继电器 I0.1 得电→◎I0.1[1]闭合→输出继电器 Q0.0[1]得电闭合并自锁→$KM_1$ 得电吸合→主轴电动机 $M_1$ 启动运转。

按下停止按钮 $SB_1$→输入继电器 I0.0 得电→#I0.0[1]断开→Q0.0[1]失电→$KM_1$ 失电释放→电动机 M 停转。

**2. 摇臂的工作**

预备状态（摇臂钻床平常或加工工作时）：$SQ_3$ 受压→I1.1 得电→#I1.1[6]断开，$SQ_2$ 未受压→I1.0 未得电→◎I1.0[3]断开、#I1.O[5]闭合。

（1）摇臂松开

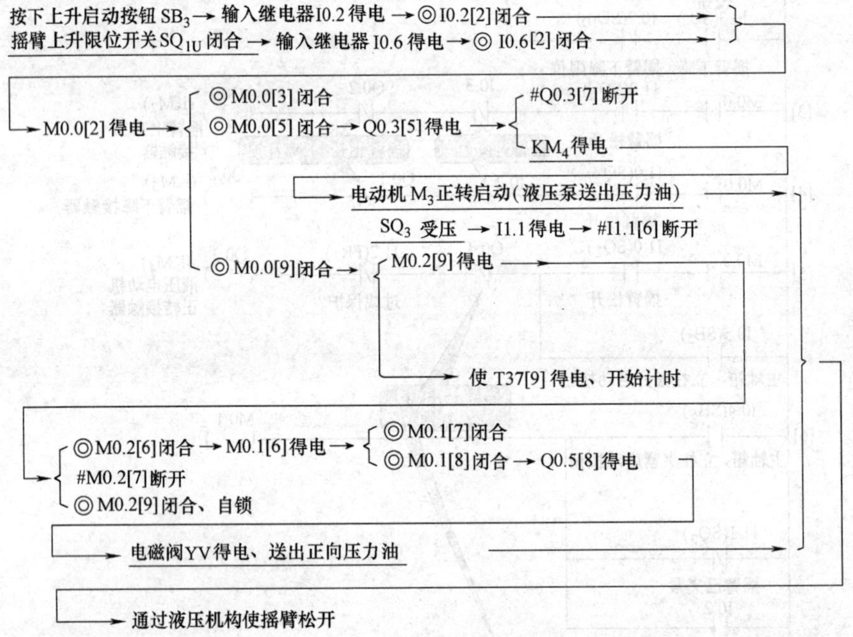


（2）摇臂上升　当摇臂完全松开时，压下行程 $SQ_2$，其常开触点（◎I1.0）[3]、[4] 闭合，常闭触点（#I1.0 [5] 断开。

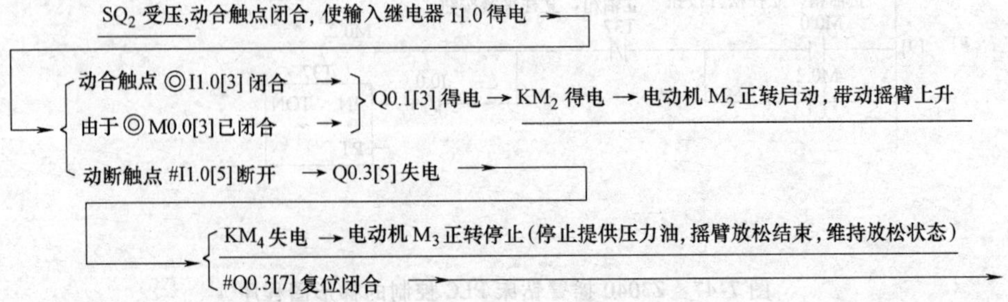


（3）摇臂停止上升、夹紧

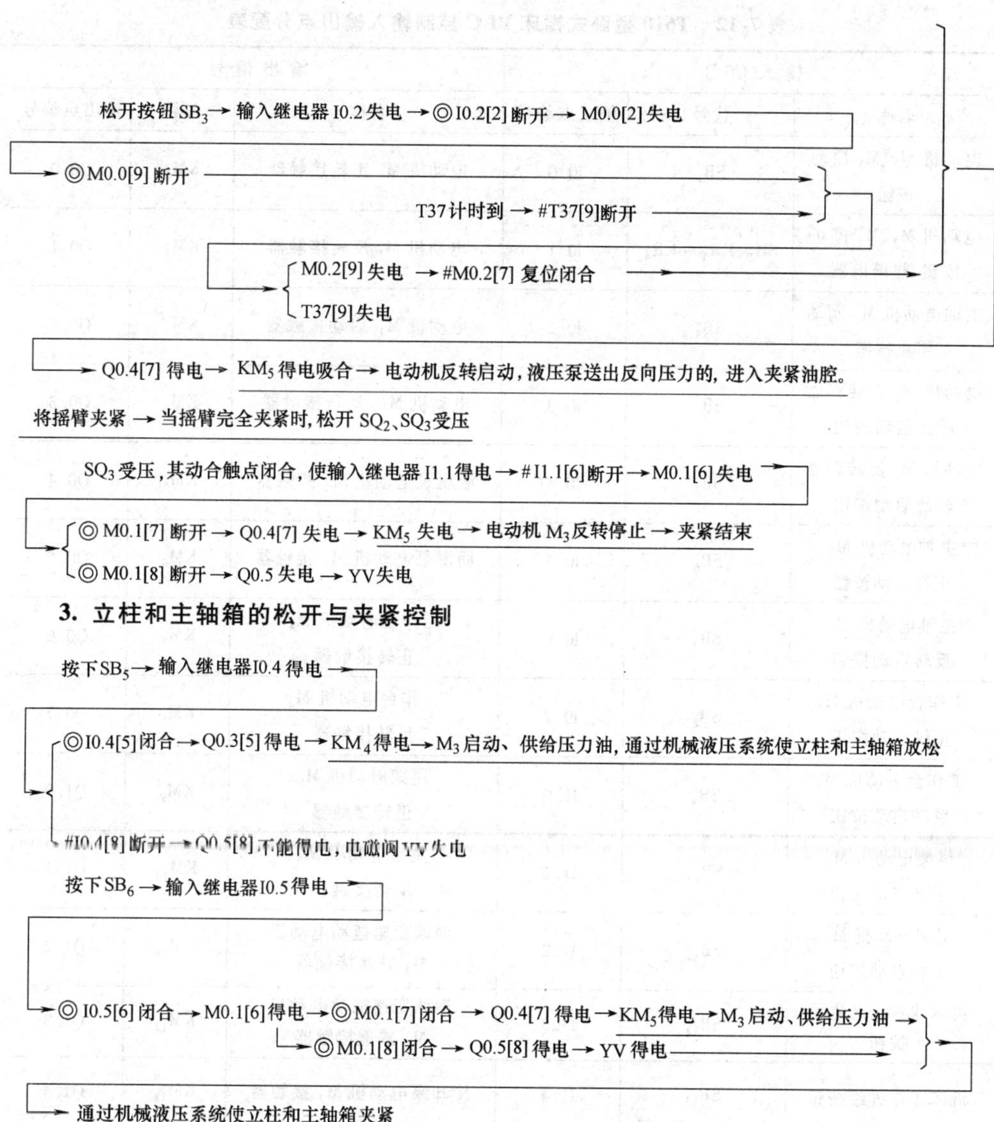

松开按钮 $SB_3$ → 输入继电器 I0.2 失电 → ◎I0.2[2] 断开 → M0.0[2] 失电
→ ◎M0.0[9] 断开
T37计时到 → #T37[9]断开
M0.2[9] 失电 → #M0.2[7] 复位闭合
T37[9]失电
→ Q0.4[7] 得电 → $KM_5$ 得电吸合 → 电动机反转启动，液压泵送出反向压力的，进入夹紧油腔。
将摇臂夹紧 → 当摇臂完全夹紧时，松开 $SQ_2$、$SQ_3$受压
$SQ_3$受压，其动合触点闭合，使输入继电器 I1.1得电 → #I1.1[6] 断开 → M0.1[6] 失电
◎ M0.1[7] 断开 → Q0.4[7] 失电 → $KM_5$ 失电 → 电动机 $M_3$反转停止 → 夹紧结束
◎ M0.1[8] 断开 → Q0.5 失电 → YV失电
**3. 立柱和主轴箱的松开与夹紧控制**
按下$SB_5$ → 输入继电器I0.4 得电
◎I0.4[5] 闭合 → Q0.3[5] 得电 → $KM_4$得电 → $M_3$ 启动、供给压力油，通过机械液压系统使立柱和主轴箱放松
#I0.4[8] 断开 → Q0.5[8] 不能得电，电磁阀 YV 失电
按下 $SB_6$ → 输入继电器I0.5 得电
◎ I0.5[6] 闭合 → M0.1[6] 得电 → ◎M0.1[7] 闭合 → Q0.4[7] 得电 → $KM_5$得电 → $M_3$ 启动、供给压力油
◎M0.1[8] 闭合 → Q0.5[8] 得电 → YV 得电
→ 通过机械液压系统使立柱和主轴箱夹紧


# 7.7　T610 型卧式镗床 PLC 控制梯形图程序的识读分析

## 7.7.1　T610 型卧式镗床的电气控制电路图

T610 型卧式膛床的电气控制电路图见图 4-13，其识读分析见 4.4 节。

## 7.7.2　改为 PLC 控制后的 I/O 配置和 PLC 的 I/O 接线

1）T610 型卧式镗床 PLC 控制输入输出点分配表见 7-12。

**表 7-12　T610 型卧式镗床 PLC 控制输入输出点分配表**

| 输入信号 | | | 输出信号 | | |
|---|---|---|---|---|---|
| 名称 | 代号 | 输入点编号 | 名称 | 代号 | 输出点编号 |
| 电动机 $M_2$、$M_3$ 启动按钮 | $SB_1$ | I0.0 | 电动机 $M_1$ 正转接触器 | $KM_1$ | Q0.0 |
| 电动机 $M_2$、$M_3$ 停止按钮、热继电器 | $SB_2$、$KR_1$ ~ $KR_4$ | I0.1 | 电动机 $M_1$ 反转接触器 | $KM_2$ | Q0.1 |
| 主轴电动机 $M_1$ 制动停止按钮 | $SB_3$ | I0.2 | 电动机 $M_{1Y}$ 启动接触器 | $KM_3$ | Q0.2 |
| 电动机 $M_1$ 正转Y-△减压启动按钮 | $SB_4$ | I0.3 | 电动机 $M_{1\triangle}$ 运行接触器 | $KM_4$ | Q0.3 |
| 电动机 $M_1$ 反转Y-△减压启动按钮 | $SB_5$ | I0.4 | 液压泵电动机 $M_2$ 接触器 | $KM_5$ | Q0.4 |
| 主轴电动机 $M_1$ 正转点动按钮 | $SB_6$ | I0.5 | 润滑泵电动机 $M_3$ 接触器 | $KM_6$ | Q0.5 |
| 主轴电动机 $M_1$ 反转点动按钮 | $SB_7$ | I0.6 | 工作台电动机 $M_4$ 正转接触器 | $KM_7$ | Q0.6 |
| 工作台电动机 $M_4$ 正转启动按钮 | $SB_8$ | I0.7 | 工作台电动机 $M_4$ 反转接触器 | $KM_8$ | Q0.7 |
| 工作台电动机 $M_4$ 反转启动按钮 | $SB_9$ | I1.0 | 尾架电动机 $M_5$ 正转接触器 | $KM_9$ | Q1.0 |
| 尾架电动机 $M_5$ 正转点动按钮 | $SB_{10}$ | I1.1 | 尾架电动机 $M_5$ 反转接触器 | $KM_{10}$ | Q1.1 |
| 尾架电动机 $M_5$ 反转点动按钮 | $SB_{11}$ | I1.2 | 钢球变速拖动电动机 $M_6$ 升速接触器 | $KM_{11}$ | Q1.2 |
| 机床快速点动进给按钮 | $SB_{12}$ | I1.3 | 钢球变速拖动电动机 $M_6$ 减速接触器 | $KM_{12}$ | Q1.3 |
| 机床工作进给按钮 | $SB_{13}$ | I1.4 | 冷却泵电动机 $M_7$ 接触器 | $KM_{13}$ | Q1.4 |
| 机床工作点动进给按钮 | $SB_{14}$ | I1.5 | 平旋盘接通继电器 | $K_8$ | Q1.5 |
| 机床微动进给点动按钮 | $SB_{15}$ | I1.6 | 电磁阀 | $YV_0$ | Q1.6 |
| 钢球变速拖动电动机 M6 升速按钮 | $SB_{16}$ | I1.7 | 电磁阀 | $YV_1$ | Q1.7 |
| 钢球变速拖动电动机 M6 减速按钮 | $SB_{17}$ | I2.0 | 电磁阀 | $YV_{2a}$ | Q2.0 |
| 压力继电器 | $KP_1$ | I2.1 | 电磁阀 | $YV_{2b}$ | Q2.1 |
| 压力继电器 | $KP_2$ | I2.2 | 电磁阀 | $YV_{3a}$ | Q2.2 |

（续）

| 输入信号 | | | 输出信号 | | |
|---|---|---|---|---|---|
| 名称 | 代号 | 输入点编号 | 名称 | 代号 | 输出点编号 |
| 压力继电器 | $KP_3$ | I2.3 | 电磁阀 | $YV_{3b}$ | Q2.3 |
| 冷却泵电动机 $M_7$ 手动控制开关 | $SA_1$ | I2.4 | 电磁阀 | $YV_{4a}$ | Q2.4 |
| 工作台回转自动控制开关 | $SA_{4-1}$ | I2.5 | 电磁阀 | $YV_{4b}$ | Q2.5 |
| 工作台回转手动控制开关 | $SA_{4-2}$ | I2.6 | 电磁阀 | $YV_{5a}$ | Q2.6 |
| 主轴、平旋盘“前进”方向进给 | $SA_{5-1}$ | I2.7 | 电磁阀 | $YV_{5b}$ | Q2.7 |
| 主轴、平旋盘“后退”方向进给 | $SA_{5-2}$ | I3.0 | 电磁阀 | $YV_{6a}$ | Q3.0 |
| 主轴箱“上升” | $SA_{5-3}$ | I3.1 | 电磁阀 | $YV_{6b}$ | Q3.1 |
| 主轴箱“下降” | $SA_{5-4}$ | I3.2 | 电磁阀 | $YV_7$ | Q3.2 |
| 工作台“纵向后退” | $SA_{6-1}$ | I3.3 | 电磁阀 | $YV_8$ | Q3.3 |
| 工作台“纵向前进” | $SA_{6-2}$ | I3.4 | 电磁阀 | $YV_9$ | Q3.4 |
| 工作台“横向后退” | $SA_{6-3}$ | I3.5 | 电磁阀 | $YV_{10}$ | Q3.5 |
| 工作台“横向前进” | $SA_{6-4}$ | I3.6 | 电磁阀 | $YV_{11}$ | Q3.6 |
| 行程开关 | $ST_1$ | I3.7 | 电磁阀 | $YV_{12}$ | Q3.7 |
| 行程开关 | $ST_2$ | I4.0 | 电磁阀 | $YV_{13}$ | Q4.0 |
| 行程开关 | $ST_3$ | I4.1 | 电磁阀 | $YV_{14a}$ | Q4.1 |
| 行程开关 | $ST_4$ | I4.2 | 电磁阀 | $YV_{14b}$ | Q4.2 |
| 行程开关 | $ST_5$ | I4.3 | 电磁阀 | $YV_{15a}$ | Q4.3 |
| 行程开关 | $ST_6$ | I4.4 | 电磁阀 | $YV_{15b}$ | Q4.4 |
| 行程开关 | $ST_7$ | I4.5 | 电磁阀 | $YV_{16}$ | Q4.5 |
| 行程开关 | $ST_8$ | I4.6 | 电磁阀 | $YV_{17}$ | Q4.6 |
| 行程开关 | $ST_9$ | I4.7 | 电磁阀 | $YV_{18}$ | Q4.7 |
| 继电器 | $K_{32}$ | I5.0 | 电磁阀 | $YV_{19}$ | Q5.0 |
| 继电器 | $K_{33}$ | I5.1 | 电磁阀 | $YV_{20}$ | Q5.1 |
| | | | 停车动电磁铁 | YC | Q5.2 |
| | | | 停车指示灯 | $HL_9$ | Q5.3 |
| | | | Ⅲ挡变速控制继电器 | $K_{27}$ | Q5.4 |
| | | | 主轴（平旋盘）一挡 | $K_{34}$ | Q5.5 |
| | | | 主轴（平旋盘）二挡 | $K_{35}$ | Q5.6 |

2）T610 型卧式镗床 PLC 控制的接线图如图 7-48 所示。

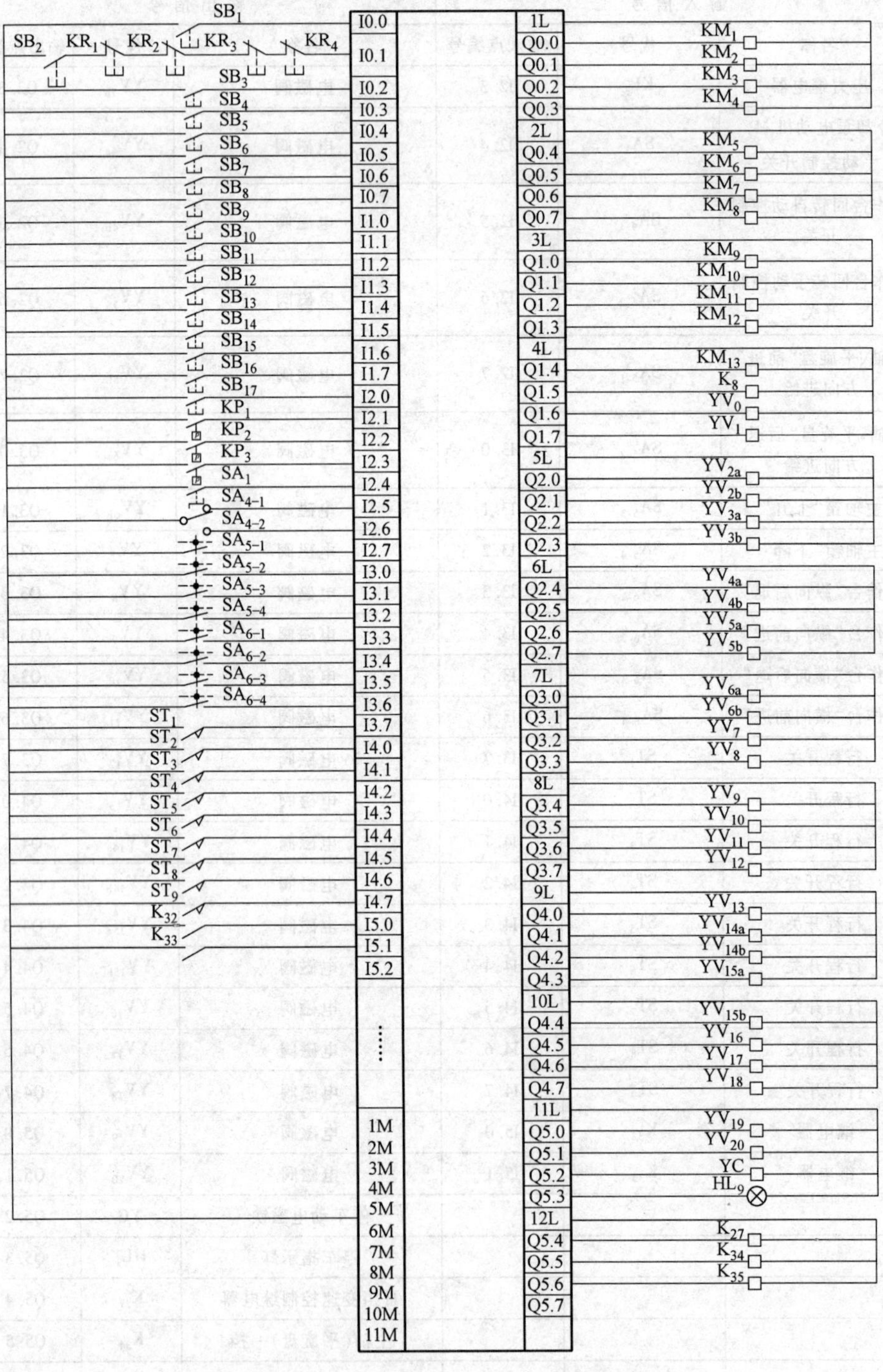

图 7-48　T610 型卧式镗床 PLC 控制接线图

### 7.7.3　T610 型卧式镗床 PLC 控制的梯形图和语句表程序

1）根据实际接线图和 T610 型卧式镗床的控制要求，编写出的 T610 型卧式镗床 PLC 控制梯形图如图 7-49 所示。

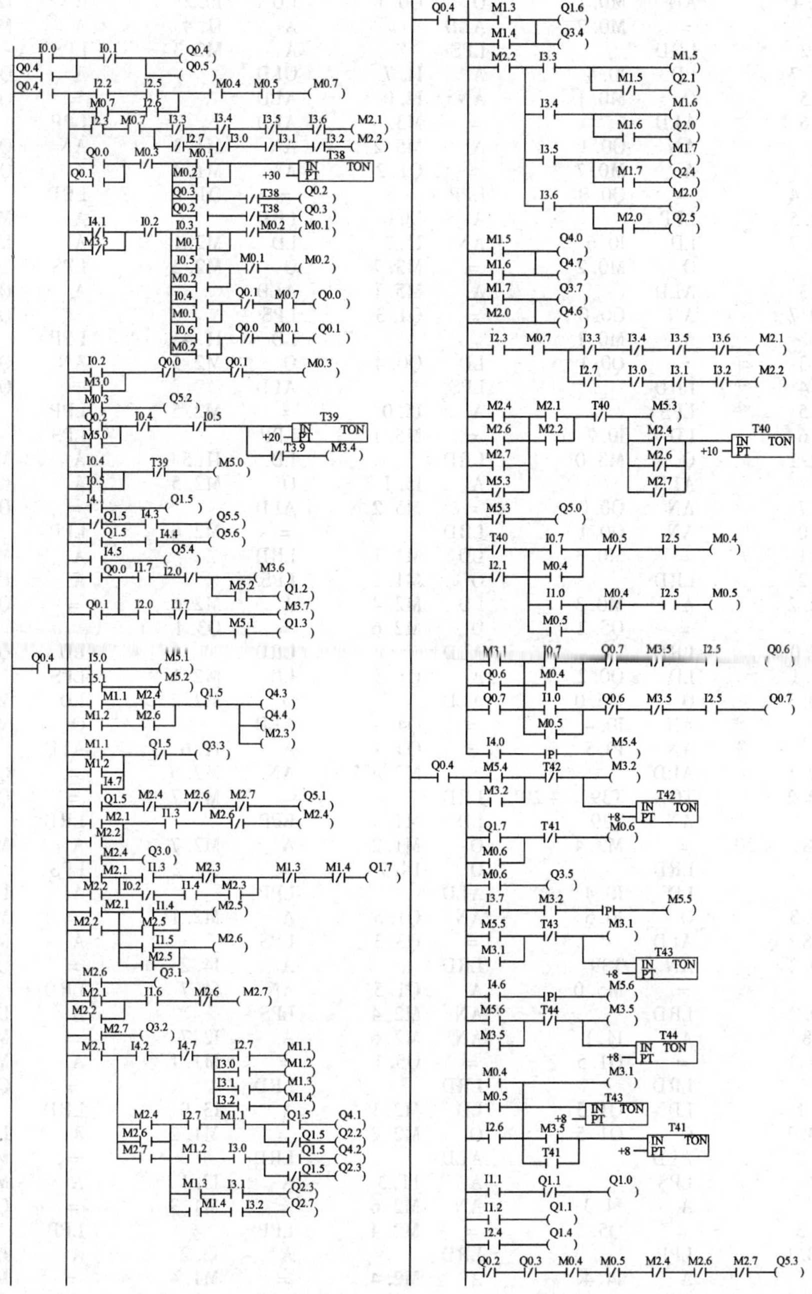

图 7-49　T610 型卧式镗床 PLC 控制梯形图程序

2）对照梯形图，编写出的 T610 型卧式镗床 PLC 控制的语句表程序如下：

```
LD   I0.0
O    Q0.4
AN   I0.1
=    Q0.4
=    Q0.5
LD   Q0.4
LPS
LD   I2.2
O    M0.7
LD   I2.5
O    I2.6
ALD
ALD
AN   M0.4
AN   M0.5
=    M0.7
LRD
A    I2.3
A    M0.7
LPS
AN   I3.3
AN   I3.4
AN   I3.5
AN   I3.6
=    M2.1
LPP
AN   I2.7
AN   I3.0
AN   I3.1
AN   I3.2
=    M2.2
LRD
LD   Q0.0
O    Q0.1
AN   M0.3
ALD
LPS
LD   M0.1
O    M0.2
ALD
TON  T38, +30
LPP
LPS
A    Q0.3
AN   T38
=    Q0.2
LPP
A    Q0.2
AN   T38
=    Q0.3
LRD
LDN  I4.1
ON   M3.3
AN   I0.2
ALD
LPS
LD   I0.3
O    M0.1
ALD
AN   M0.2
=    M0.1
LRD
LD   I0.5
O    M0.2
ALD
AN   M0.1
=    M0.2
LRD
LD   I0.4
O    M0.1
ALD
AN   Q0.1
A    M0.7
=    Q0.0
LPP
LD   I0.6
O    M0.2
ALD
AN   Q0.0
A    M0.1
=    Q0.1
LRD
LPS
LD   I0.2
O    M3.0
ALD
AN   Q0.0
AN   Q0.1
=    M0.3
LRD
A    M0.3
=    Q5.2
LRD
LD   Q0.2
O    M5.0
AN   I0.4
AN   I0.5
ALD
TON  T39, +20
AN   T39
=    M3.4
LRD
LD   I0.4
O    I0.5
ALD
AN   T39
=    M5.0
LRD
A    I4.1
=    Q1.5
LRD
LDN  Q1.5
O    Q1.5
ALD
LPS
A    I4.3
=    Q5.5
LPP
A    I4.4
=    Q5.6
LPP
A    I4.5
=    Q5.4
LPP
LD   Q0.0
O    Q0.1
ALD
LPS
A    I1.7
AN   I2.0
=    M3.6
A    M5.2
=    Q1.2
LPP
A    I2.0
AN   I1.7
=    M3.7
A    M5.1
=    Q1.3
LD   Q0.4
LPS
A    I5.0
=    M5.1
LRD
A    I5.1
=    M5.2
LRD
LD   M1.1
O    M1.2
LD   M2.4
O    M2.6
ALD
A    Q1.5
ALD
=    Q4.3
=    Q4.4
=    M2.3
LRD
LD   M1.1
O    M1.2
O    14.7
ALD
AN   Q1.5
=    Q3.3
LRD
A    Q1.5
AN   M2.4
AN   M2.6
=    Q5.1
LRD
LD   M2.1
O    M2.2
ALD
A    11.3
AN   M2.6
=    M2.4
LRD
A    M2.4
=    Q3.0
LRD
LD   M2.1
O    M2.2
LD   I1.3
AN   M2.3
LDN  I0.2
A    I1.4
A    M2.3
OLD
ALD
ALD
AN   M1.3
AN   M1.4
=    Q1.7
LRD
LD   M2.1
O    M2.2
ALD
LPS
LD   I1.4
O    M2.5
ALD
=    M2.5
LPP
LD   I1.5
O    M2.5
ALD
=    M2.6
LRD
LPS
A    M2.6
=    Q3.1
LRD
LD   M2.1
O    M2.2
ALD
A    I1.6
AN   M2.6
=    M2.7
LPP
A    M2.7
=    Q3.2
LPP
A    M2.1
LPS
A    I4.2
AN   I4.7
LPS
A    I2.7
=    M1.1
LRD
A    I3.0
=    M1.2
LRD
A    I3.1
=    M1.3
LPP
A    I3.2
=    M1.4
LPP
LD   M2.4
O    M2.6
O    M2.7
ALD
LPS
A    I2.7
A    M1.1
LPS
A    Q1.5
=    Q4.1
LPP
AN   Q1.5
=    Q2.2
LRD
A    M1.2
A    I3.0
LPS
A    Q1.5
=    Q4.2
LPP
AN   Q1.5
=    Q2.3
LPP
LPS
A    M1.3
A    I3.1
=    Q2.3
LPP
A    M1.4
A    I3.2
=    Q2.7
LD   Q0.4
LPS
LD   M1.3
O    M1.4
ALD
=    Q1.6
=    Q3.4
LRD
A    M2.2
LPS
A    13.3
=    M1.5
A    M1.5
=    Q2.1
LRD
A    I3.4
=    M1.6
A    M1.6
=    Q2.0
LRD
A    I3.5
=    M1.7
A    M1.7
=    Q2.4
LPP
A    I3.6
=    M2.0
A    M2.0
```

```
=    Q2.5
LRD
LPS
LD   M1.5
O    M1.6
ALD
=    Q4.0
=    Q4.7
LRD
LD   M1.7
O    M2.0
ALD
=    Q3.7
=    Q4.6
LPP
A    I2.3
A    M0.7
LPS
AN   I3.3
AN   I3.4
AN   I3.5
AN   I3.6
=    M2.1
LPP
AN   I2.7
AN   I3.0
AN   I3.1
AN   I3.2
=    M2.2
LRD
LD   M2.4
O    M2.6
O    M2.7
O    M5.3
LD   M2.1
O    M2.2
ALD
AN   T40
ALD
=    M5.3
LDN  M2.4
ON   M2.6
ON   M2.7
ALD
TON  T40, +10
LRD
AN   M5.3
=    Q5.0
LRD
LDN  T40
ON   I2.1
ALD
LPS
LD   I0.7
O    M0.4
ALD
AN   M0.5
A    I2.5
=    M0.4
LPP
LD   I1.0
O    M0.5
ALD
AN   M0.4
A    I2.5
=    M0.5
LRD
LD   M3.1
O    Q0.6
O    Q0.7
ALD
LPS
LD   I0.7
O    M0.4
ALD
AN   Q0.7
AN   M3.5
A    I2.5
=    Q0.6
LPP
LD   I1.0
O    M0.5
ALD
AN   Q0.6
AN   M3.5
A    I2.5
=    Q0.7
LPP
A    I4.0
EU
=    M5.4
LD   Q0.4
LPS
LD   M5.4
O    M3.2
AN   T42
ALD
=    M3.2
TON  T42, +8
LRD
LD   Q1.7
O    M0.6
ALD
AN   T41
=    M0.6
LRD
LPS
A    M0.6
=    Q3.5
LPP
A    I3.7
A    M3.2
EU
=    M5.5
LRD
LD   M5.5
O    M3.1
AN   T43
ALD
=    M3.1
TON  T43, +8
LRD
A    I4.6
EU
=    M3.6
LRD
LD   M5.6
O    M3.5
AN   T44
ALD
=    M3.5
TON  T44, +8
LRD
LD   M0.4
O    M0.5
O    I2.6
ALD
=    M3.1
TON  T43, +8
LD   M3.5
O    T41
ALD
TON  T41, +8
LPP
LPS
A    I1.1
AN   Q1.1
=    Q1.0
LRD
A    I1.2
=    Q1.1
LPP
A    I2.4
=    Q1.4
LDN  Q0.2
AN   Q0.3
AN   M0.4
AN   M0.5
AN   M2.4
AN   M2.6
AN   M2.7
=    Q5.3
```

## 7.8 M7475 型立轴圆台平面磨床 PLC 控制梯形图程序的识读分析

### 7.8.1 M7475 型立轴圆台平面磨床的电气控制电路图

M7475 型立轴圆台平面磨床的电气控制电路图见图 4-16，其识读分析见 4.5 节。

### 7.8.2 改为 PLC 控制后的 I/O 配置和 PLC 的 I/O 接线

1）M7475 型立轴圆台平面磨床 PLC 控制输入输出点分配表见表 7-13。

表 7-13  M7475 型立轴圆台平面磨床 PLC 控制输入输出点分配表

| 输入信号 | | | 输出信号 | | |
|---|---|---|---|---|---|
| 名称 | 代号 | 输入点编号 | 名称 | 代号 | 输出点编号 |
| 热继电器 | $KR_1 \sim KR_6$ | I0.0 | 电动指示灯 | $HL_1$ | Q0.0 |
| 总启动按钮 | $SB_1$ | I0.1 | 砂轮指示灯 | $HL_2$ | Q0.1 |
| 砂轮电动机 $M_1$ 启动按钮 | $SB_2$ | I0.2 | 电压继电器 | KV | Q0.2 |
| 砂轮电动机 $M_1$ 停止按钮 | $SB_3$ | I0.3 | 砂轮电动机 $M_1$ 接触器 | $KM_1$ | Q0.3 |
| 电动机 $M_3$ 退出点动按钮 | $SB_4$ | I0.4 | 砂轮电动机 $M_1$ 接触器 | $KM_2$ | Q0.4 |
| 电动机 $M_3$ 进入点动按钮 | $SB_5$ | I0.5 | 砂轮电动机 $M_1$ 接触器 | $KM_3$ | Q0.5 |
| 电动机 $M_4$（正转）上升点动按钮 | $SB_6$ | I0.6 | 工作台转动电动机低速接触器 | $KM_4$ | Q0.6 |
| 电动机 $M_4$（反转）下降点动按钮 | $SB_7$ | I0.7 | 工作台转动电动机高速接触器 | $KM_5$ | Q0.7 |
| 自动进给停止按钮 | $SB_8$ | I1.0 | 工作台移动电动机正转接触器 | $KM_6$ | Q1.0 |
| 总停止按钮 | $SB_9$ | I1.1 | 工作台移动电动机反转接触器 | $KM_7$ | Q1.1 |
| 电动机 $M_2$ 高速转换开关 | $SA_{1\text{-}1}$ | I1.2 | 砂轮升降电动机上升接触器 | $KM_8$ | Q1.2 |
| 电动机 $M_2$ 低速转换开关 | $SA_{1\text{-}2}$ | I1.3 | 砂轮升降电动机下降接触器 | $KM_9$ | Q1.3 |
| 自动进给启动按钮 | $SB_{10}$ | I1.4 | 冷却泵电动机接触器 | $KM_{10}$ | Q1.4 |
| 电磁吸盘充磁可调控制 | $SA_{2\text{-}1}$ | I1.5 | 自动进给电动机接触器 | $KM_{11}$ | Q1.5 |
| 电磁吸盘充磁不可调控制 | $SA_{2\text{-}2}$ | I1.6 | 电磁吸盘控制接触器 | $KM_{12}$ | Q1.6 |
| 冷却泵电动机控制 | $SA_3$ | I1.7 | 自动进给控制电磁铁 | YA | Q1.7 |
| 砂轮升降电动机手动控制开关 | $SA_{5\text{-}1}$ | I2.0 | 中间继电器 | $K_1$ | Q2.0 |
| 自动进给控制 | $SA_{5\text{-}2}$ | I2.1 | 中间继电器 | $K_2$ | Q2.1 |
| 工作台退出限位行程开关 | $ST_1$ | I2.2 | 中间继电器 | $K_3$ | Q2.2 |
| 工作台进入限位行程开关 | $ST_2$ | I2.3 | | | |
| 砂轮升降上限位行程开关 | $ST_3$ | I2.4 | | | |
| 自动进给限位行程开关 | $ST_4$ | I2.5 | | | |
| 电磁吸盘欠电流控制 | KA | I2.6 | | | |

2）根据 PLC 的 I/O 口的地址分配表，画出的 M7475 型立轴圆台平面磨床 PLC 控制的实际接线图如图 7-50 所示。

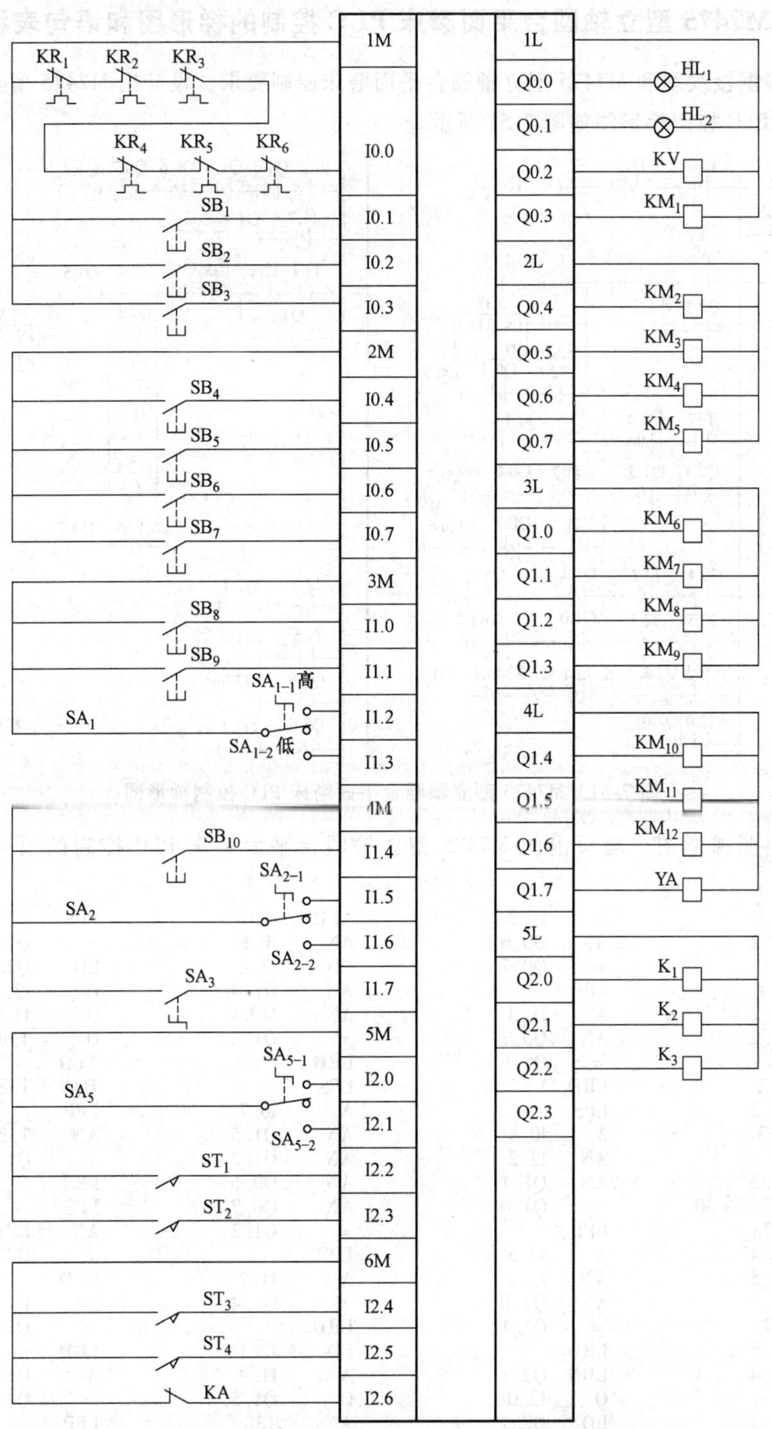


图 7-50 M7475 型立轴圆台平面磨床 PLC 控制的实际接线图

## 7.8.3 M7475 型立轴圆台平面磨床 PLC 控制的梯形图和语句表程序

1）根据接线图和 M7475 型立轴圆台平面磨床控制要求，设计出 M7475 型立轴圆台平面磨床 PLC 控制梯形图如图 7-51 所示。

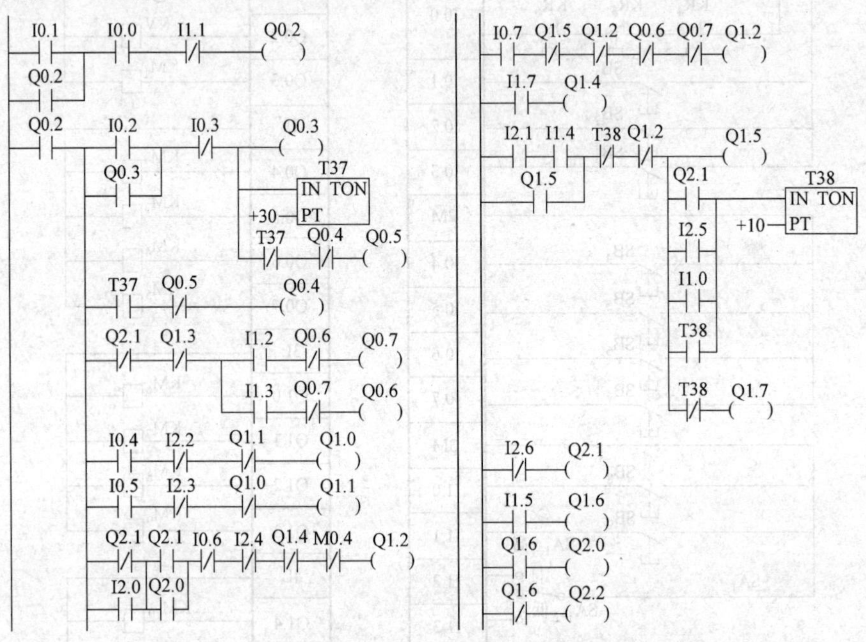


图 7-51 M7475 型立轴圆台平面磨床 PLC 控制梯形图

2）对照梯形图，编写出的 M7475 型立轴圆台平面磨床 PLC 控制的语句表程序如下：

```
LD    I0.1
O     Q0.2
A     I0.0
AN    I1.1
=     Q0.2
LD    Q0.2
LPS
LD    I0.2
O     Q0.3
AN    I0.3
ALD
=     Q0.3
TON   T37, +30
AN    T37
AN    Q0.4
=     Q0.5
LRD
A     T37
AN    Q0.5
=     Q0.4
LRD
AN    Q2.1
AN    Q1.3
LPS
A     I1.2
AN    Q0.6
=     Q0.7
LPP
A     I1.3
AN    Q0.7
=     Q0.6
LRD
LPS
A     I0.4
AN    I2.2
AN    Q1.1
=     Q1.0
LPP
A     I0.5
AN    I2.3
AN    Q1.0
=     Q1.1
LRD
LDN   Q2.1
O     I2.0
LD    Q2.1
O     Q2.0
ALD
ALD
AN    I0.6
AN    I2.4
AN    Q1.4
AN    M0.4
=     Q1.2
LRD
LPS
A     I0.7
AN    Q1.5
AN    Q1.2
AN    Q0.6
AN    Q0.7
=     Q1.2
LPP
A     I1.7
=     Q1.4
LRD
LD    I2.1
A     I1.4
O     Q1.5
AN    T38
AN    Q1.2
ALD
LPS
=     Q1.5
LD    Q2.1
O     I2.5
O     I1.0
O     T38
ALD
TON   T38, +10
LPP
AN    T38
=     Q1.7
LPP
LPS
AN    I2.6
=     Q2.1
LRD
A     I1.5
=     Q1.6
LRD
A     Q1.6
=     Q2.0
LPP
AN    Q1.6
=     Q2.2
```

## 7.9　B2012A 型龙门刨床 PLC 控制梯形图程序的识读分析

### 7.9.1　B2012A 型龙门刨床的电气控制电路图

B2012A 型龙门刨床的电气控制电路图见图 4-21 ~ 图 4-24，其识读分析见 4.6 节。

### 7.9.2　改为 PLC 控制后的 I/O 配置和 PLC 的 I/O 接线

1）B2012A 型龙门刨床 PLC 控制输入输出点分配表见表 7-14。

**表 7-14　B2012A 型龙门刨床 PLC 控制输入输出点分配表**

| 输入信号 | | | 输出信号 | | |
|---|---|---|---|---|---|
| 名称 | 代号 | 输入点编号 | 名称 | 代号 | 输出点编号 |
| 热继电器 | $KR_1 \sim KR_4$ | I0.0 | 交流电动机 $M_1$ 启动接触器 | $KM_1$ | Q0.0 |
| 电动机 $M_1$ 停止按钮 | $SB_1$ | I0.1 | 交流电动机 $M_2$、$M_3$ 接触器 | $KM_2$ | Q0.1 |
| 电动机 $M_1$ 启动按钮 | $SB_2$ | I0.2 | 交流电动机 $M_{1Y}$ 启动接触器 | $KM_Y$ | Q0.2 |
| 垂直刀架控制按钮 | $SB_3$ | I0.3 | 交流电动机 $M_{1\triangle}$ 运行接触器 | $KM_\triangle$ | Q0.3 |
| 右侧刀架控制按钮 | $SB_4$ | I0.4 | 交流电动机 $M_4$ 接触器 | $KM_3$ | Q0.4 |
| 左侧刀架控制按钮 | $SB_5$ | I0.5 | 交流电动机 $M_5$ 正转接触器 | $KM_4$ | Q0.5 |
| 横梁上升启动按钮 | $SB_6$ | I0.6 | 交流电动机 $M_5$ 反转接触器 | $KM_5$ | Q0.6 |
| 横梁下降启动按钮 | $SB_7$ | I0.7 | 交流电动机 $M_6$ 正转接触器 | $KM_6$ | Q0.7 |
| 工作台步进启动按钮 | $SB_8$ | I1.0 | 交流电动机 $M_6$ 反转接触器 | $KM_7$ | Q1.0 |
| 工作台自动循环启动按钮 | $SB_9$ | I1.1 | 交流电动机 $M_7$ 正转接触器 | $KM_8$ | Q1.1 |
| 工作台自动循环停止按钮 | $SB_{10}$ | I1.2 | 交流电动机 $M_7$ 反转接触器 | $KM_9$ | Q1.2 |
| 工作台自动循环后退按钮 | $SB_{11}$ | I1.3 | 交流电动机 $M_8$ 正转接触器 | $KM_{10}$ | Q1.3 |
| 工作台步进启动按钮 | $SB_{12}$ | I1.4 | 交流电动机 $M_8$ 反转接触器 | $KM_{11}$ | Q1.4 |
| 工作台循环前进减速行程开关 | $ST_{1\text{-}1}$ | I1.5 | 交流电动机 $M_9$ 正转接触器 | $KM_{12}$ | Q1.5 |
| 工作台循环前进换向行程开关 | $ST_2$ | I1.6 | 交流电动机 $M_9$ 反转接触器 | $KM_{13}$ | Q1.6 |
| 工作台循环后退减速行程开关 | $ST_3$ | I1.7 | 工作台步进控制继电器 | $K_3$ | Q1.7 |
| 工作台循环后退换向行程开关 | $ST_4$ | I2.0 | 工作台自动循环控制继电器 | $K_4$ | Q2.0 |
| 工作台前进终端限位行程开关 | $ST_5$ | I2.1 | 工作台步退控制继电器 | $K_5$ | Q2.1 |
| 工作台后退终端限位行程开关 | $ST_6$ | I2.2 | 工作台后退换向继电器 | $K_6$ | Q2.2 |
| 横梁上升限位行程开关 | $ST_7$ | I2.3 | 工作台前进换向继电器 | $K_7$ | Q2.3 |
| 横梁下降限位行程开关 | $ST_8$ | I2.4 | 工作台前进减速继电器 | $K_8$ | Q2.4 |
| 横梁下降限位行程开关 | $ST_9$ | I2.5 | 工作台低速运行继电器 | $K_9$ | Q2.5 |
| 横梁放松动作行程开关 | $ST_{10}$ | I2.6 | 磨削控制继电器 | $K_{10}$ | Q2.6 |
| 工作台低速运行行程开关 | $ST_{11}$ | I2.7 | | | |
| 工作台低速运行行程开关 | $ST_{12}$ | I3.0 | | | |
| 自动进刀控制行程开关 | $ST_{13}$ | I3.1 | | | |
| 自动进刀控制行程开关 | $ST_{14}$ | I3.2 | | | |

（续）

| 输入信号 | | | 输出信号 | | |
|---|---|---|---|---|---|
| 名称 | 代号 | 输入点编号 | 名称 | 代号 | 输出点编号 |
| 自动进刀控制行程开关 | $ST_{15}$ | I3.3 | | | |
| 润滑泵电动机 $M_4$ 手动控制 | $SA_{7-1}$ | I3.4 | | | |
| 润滑泵电动机 $M_4$ 自动控制 | $SA_{7-2}$ | I3.5 | | | |
| 磨削控制开关 | $SA_8$ | I3.6 | | | |
| 压力继电器 | KP | I3.7 | | | |
| 过电流继电器 | $KA_1$ | I4.0 | | | |
| 过电流继电器 | $KA_2$ | I4.1 | | | |
| 时间继电器 | $KT_1$ | I4.2 | | | |
| 手动控制开关 | $SA_6$ | I4.3 | | | |

2）B2012A 型龙门刨床 PLC 控制接线图如图 7-52 所示。

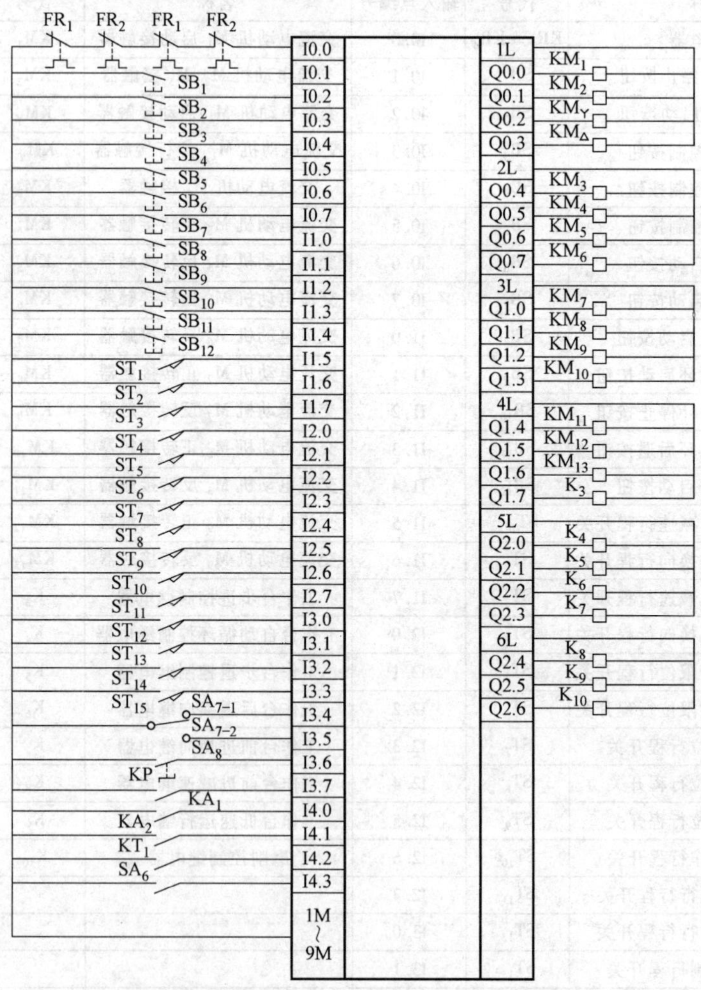

图 7-52　B2012A 型龙门刨床 PLC 控制接线图

### 7.9.3　B2012 型龙门刨床 PLC 控制梯形图和语句表程序

1）根据 B2012 型龙门刨床的控制要求，编写出的 B2012A 型龙门刨床 PLC 控制梯形图如图 7-53 所示。

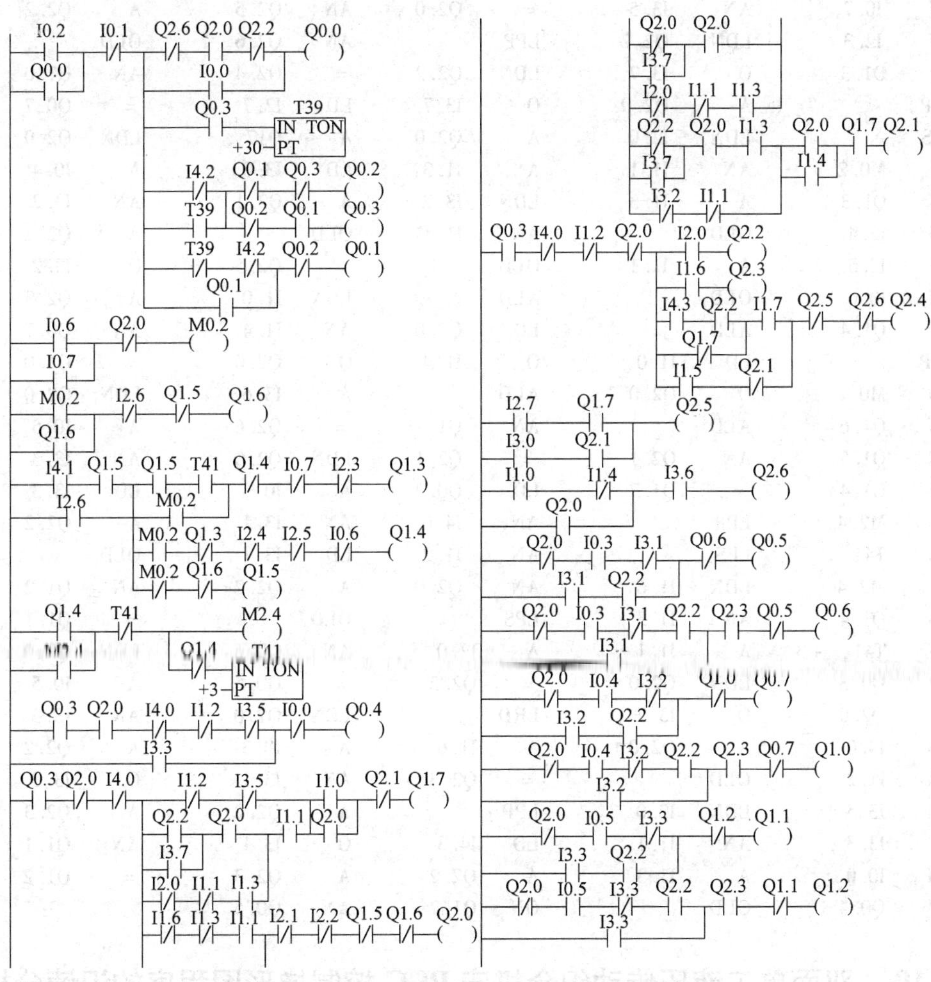


图 7-53　B2012A 型龙门刨床 PLC 控制的梯形图

2）对照梯形图，编写出的 B2012A 型龙门刨床 PLC 控制的语句表程序如下：

```
LD    I0.2
O     Q0.0
AN    I0.1
LPS
LDN   Q2.6
A     Q2.0
AN    Q2.2
O     I0.0
ALD
=     Q0.0
LRD
A     Q0.3
TON   T39, +30
LRD
LDN   I4.2
O     T39
ALD
LPS
AN    Q0.1
AN    Q0.3
=     Q0.2
LPP
AN    Q0.2
A     Q0.1
=     Q0.3
LPP
LDN   T39
AN    I4.2
O     Q0.1
ALD
AN    Q0.2
=     Q0.1
LD    I0.6
O     I0.7
AN    Q2.0
=     M0.2
LD    M0.2
O     Q1.6
AN    I2.6
AN    Q1.5
=     Q1.6
LDN   I4.1
A     Q1.5
O     I2.6
LPS
```

```
LD   Q1.5
A    T41
O    M0.2
ALD
AN   Q1.4
AN   I0.7
AN   I2.3
=    Q1.3
LPP
LPS
A    M0.2
AN   Q1.3
AN   I2.4
AN   I2.5
AN   I0.6
=    Q1.4
LPP
AN   M0.2
AN   Q1.6
=    Q1.5
LD   Q1.4
O    M2.4
AN   T41
=    M2.4
AN   Q1.4
TON  T41, +3
LD   Q0.3
A    Q2.0
AN   I4.0
AN   I1.2
AN   I3.5
O    I3.3
AN   I0.0
=    Q0.4
LD   Q0.3
AN   I4.0
AN   Q2.0
LPS
LDN  I1.2
AN   I3.5
LDN  Q2.2
O    I3.7
A    Q2.0
LDN  I2.0
AN   I1.1
A    I1.3
OLD
A    I1.1
OLD
ALD
LD   I1.0
O    Q2.0
ALD
AN   Q2.1
=    Q1.7
LPP
LPS
LDN  I1.6
AN   I1.3
A    I1.1
LDN  Q2.0
O    I3.7
A    Q2.0
OLD
LDN  I2.0
AN   I1.1
A    I1.3
OLD
ALD
AN   I2.1
AN   I2.2
AN   Q1.5
AN   Q1.6
=    Q2.0
LPP
LDN  Q2.2
O    I3.7
A    Q2.0
A    I1.3
LDN  I3.2
AN   I1.1
OLD
ALD
LD   Q2.0
O    I1.4
ALD
AN   Q1.7
=    Q2.1
LD   Q0.3
AN   I4.0
AN   I1.2
AN   Q2.0
LPS
A    I2.0
=    Q2.2
LRD
A    I1.6
=    Q2.3
LPP
LD   I4.3
A    Q2.2
ON   Q1.7
A    I1.7
LD   I1.5
AN   Q2.1
OLD
ALD
AN   Q2.5
AN   Q2.6
=    Q2.4
LD   I2.7
A    Q17
LD   I3.0
A    Q2.1
OLD
=    Q2.5
LDN  I1.0
AN   I1.4
O    Q2.0
A    I3.6
=    Q2.6
LDN  Q2.0
A    I0.3
AN   I3.1
LD   I3.1
A    Q2.2
OLD
AN   Q0.6
=    Q0.5
LDN  Q2.0
A    I0.3
AN   I3.1
A    Q2.2
O    I3.1
A    Q2.3
AN   Q0.5
=    Q0.6
LDN  Q2.0
A    I0.4
AN   I3.2
LD   I3.2
A    Q2.2
OLD
AN   Q1.0
=    Q0.7
LDN  Q2.0
A    I0.4
AN   I3.2
A    Q2.2
O    I3.2
A    Q2.3
AN   Q0.7
=    Q1.0
LDN  Q2.0
A    I0.5
AN   I3.3
LD   I3.3
A    Q2.2
OLD
AN   Q1.2
=    Q1.1
LDN  Q2.0
A    I0.5
AN   I3.3
A    Q2.2
O    I3.3
A    Q2.3
AN   Q1.1
=    Q1.2
```

## 7.10 双面单工液压传动组合机床 PLC 控制梯形图程序的识读分析

### 7.10.1 双面单工液压传动组合机床的电气控制电路图

双面单工液压传动组合机床的电气控制电路图见图 4-26、图 4-27，其识读分析见 4.7 节。

### 7.10.2 改为 PLC 控制后的 I/O 配置和 PLC 的 I/O 接线

1）双面单工液压传动组合机床 PLC 控制输入输出点分配表见表 7-15。

表 7-15　双面单工液压传动组合机床 PLC 控制输入输出点分配表

| 输入信号 | | | 输出信号 | | |
|---|---|---|---|---|---|
| 名称 | 代号 | 输入点编号 | 名称 | 代号 | 输出点编号 |
| 总停止按钮 | $SB_1$ | I0.0 | 左动力头电动机 $M_1$ 接触器 | $KM_1$ | Q0.0 |
| 总启动按钮 | $SB_2$ | I0.1 | 右动力头电动机 $M_2$ 接触器 | $KM_2$ | Q0.1 |
| 动力头前进按钮 | $SB_3$ | I0.2 | 冷却泵电动机 $M_3$ 接触器 | $KM_3$ | Q0.2 |
| 动力头退回原位按钮 | $SB_4$ | I0.3 | 电磁阀 | $YV_1$ | Q0.4 |
| 自动循环行程开关 | $ST_1$、$ST_2$ | I0.4 | 电磁阀 | $YV_2$ | Q0.5 |
| 动力头自动停止行程开关 | $ST_3$、$ST_4$ | I0.5 | 电磁阀 | $YV_3$ | Q0.6 |
| 自动循环行程开关 | $ST_5$ | I0.6 | 电磁阀 | $YV_4$ | Q0.7 |
| 自动循环行程开关 | $ST_6$ | I0.7 | | | |
| 左动力头后退行程开关、压力继电器 | $ST_7$、$KP_1$ | I1.0 | | | |
| 左动力头后退行程开关、压力继电器 | $ST_8$、$KP_2$ | I1.1 | | | |
| 冷却液泵电动机启停行程开关及控制元件 | ST、$SA_3$、$KR_3$ | I1.2 | | | |
| 热继电器 | $KR_1$ | I1.3 | | | |
| 热继电器 | $KR_2$ | I1.4 | | | |
| 手动开关 | $SA_1$ | I1.5 | | | |
| 手动开关 | $SA_2$ | I1.6 | | | |

2）双面单工液压传动组合机床 PLC 控制接线图如图 7-54 所示。

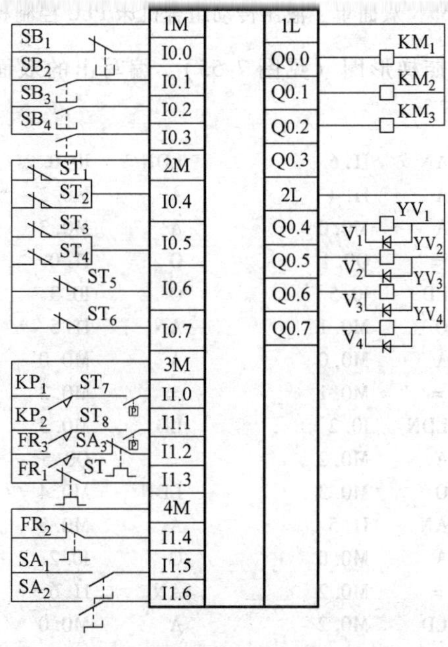


图 7-54　双面单工液压传动组合机床 PLC 控制接线图

## 7.10.3 双面单工液压传动组合机床 PLC 控制的梯形图和语句表程序

1）根据双面单工液压传动组合机床的控制要求，编写出的双面单工液压传动组合机床 PLC 控制的梯形图如图 7-55 所示。

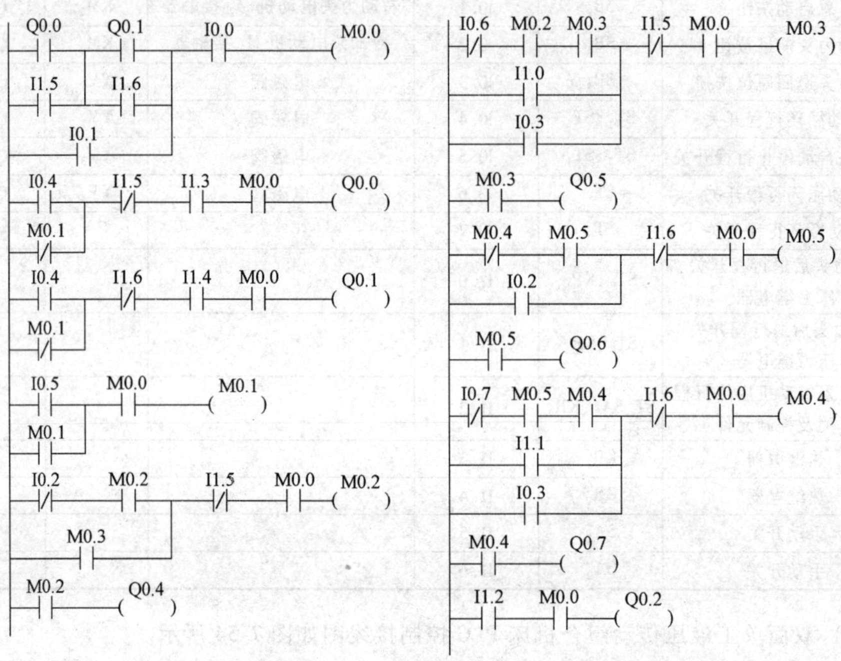


图 7-55 双面单工液压传动组合机床 PLC 控制梯形图

2）根据接线图，对照梯形图（见图 7-55），编写出的双面单工液压传动组合机床 PLC 控制语句表程序如下：

```
LD    Q0.0
O     I1.5
LD    Q0.1
O     I1.6
ALD
O     I0.1
A     I0.0
=     M0.0
LD    I0.4
ON    M0.1
AN    I1.5
A     I1.3
A     M0.0
=     Q0.0
LD    I0.4
ON    M0.1
AN    I1.6
A     I1.4
A     M0.0
=     Q0.1
LD    I0.5
O     M0.1
A     M0.0
=     M0.1
LDN   I0.2
A     M0.2
O     M0.3
AN    I1.5
A     M0.0
=     M0.2
LD    M0.2
=     Q0.4
LDN   I0.6
A     M0.2
A     M0.3
O     I1.0
O     I0.3
AN    I1.5
A     M0.0
=     M0.3
LD    M0.3
=     Q0.5
LDN   M0.4
A     M0.5
O     I0.2
AN    I1.6
A     M0.0
=     M0.5
LD    M0.5
=     Q0.6
LDN   I0.7
A     M0.5
A     M0.4
O     I1.1
O     I0.3
AN    I1.6
A     M0.0
=     M0.4
LD    M0.4
=     Q0.7
LD    I1.2
A     M0.0
=     Q0.2
```

# 7.11　双面钻孔组合机床 PLC 控制梯形图程序的识读分析

双面钻孔组合机床主要用于在工件的两相对表面上钻孔。

## 7.11.1　双面钻孔组合机床的工作流程

双面钻孔组合机床的工作流程图如图 7-56 所示。

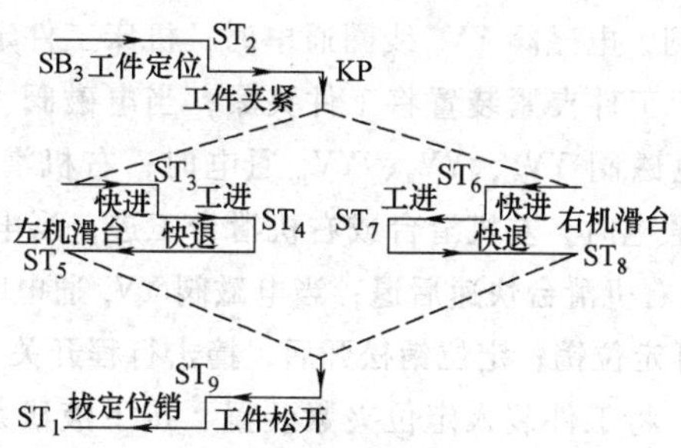


图 7-56　双面钻孔组合机床工作流程图

## 7.11.2　双面钻孔组合机床各电动机控制要求

双面钻孔组合机床各电动机只有在液压泵电动机 $M_1$ 正常启动运转、机床供油系统正常供油后才能启动。刀具电动机 $M_2$、$M_3$ 应在滑台进给循环开始时启动运转，滑台退回原位后停止运转。切削液压泵电动机 $M_4$ 可以在滑台工进时自动启动，在工进结束后自动停止，也可以用手动方式控制其启动和停止。

## 7.11.3　机床动力滑台、工件定位装置、夹紧装置控制要求

机床动力滑台、工件定位装置、夹紧装置由液压系统驱动。电磁阀 $YV_1$ 和 $YV_2$ 控制定位销液压缸活塞运动方向：$YV_3$、$YV_4$ 控制夹紧液压缸活塞运动方向：$YV_5$、$YV_6$、$YV_7$ 为左机滑台油路中的换向电磁阀；$YV_8$、$YV_9$、$YV_{10}$ 为右机滑台油路中的换向电磁阀。各电磁阀动作状态见表 7-16。

**表 7-16　各电磁阀动作状态表**

| | 定位 | | 夹紧 | | 左机滑台 | | | 右机滑台 | | | 转换指令 |
|---|---|---|---|---|---|---|---|---|---|---|---|
| | $YV_1$ | $YV_2$ | $YV_3$ | $YV_4$ | $YV_5$ | $YV_6$ | $YV_7$ | $YV_8$ | $YV_9$ | $YV_{10}$ | |
| 工件定位 | + | | | | | | | | | | $SB_4$ |
| 工件夹紧 | | | + | | | | | | | | $ST_2$ |
| 滑台快进 | | | + | | + | | + | + | | + | KP |
| 滑台工进 | | | + | | + | | | + | | | $ST_3$、$ST_6$ |
| 滑台快退 | | | + | | | + | | | + | | $ST_4$、$ST_7$ |

（续）

| | 定位 | | 夹紧 | | 左机滑台 | | | 右机滑台 | | | 转换指令 |
|---|---|---|---|---|---|---|---|---|---|---|---|
| | $YV_1$ | $YV_2$ | $YV_3$ | $YV_4$ | $YV_5$ | $YV_6$ | $YV_7$ | $YV_8$ | $YV_9$ | $YV_{10}$ | |
| 松开工件 | | | | + | | | | | | | $ST_5$、$ST_8$ |
| 拔定位销 | | + | | | | | | | | | $ST_9$ |
| 停止 | | | | | | | | | | | $ST_1$ |

注：表中“+”表示电磁阀线圈接通。

从表 7-16 中可以看到，电磁阀 $YV_1$ 线圈通电时，机床工件定位装置将工件定位；当电磁阀 $YV_3$ 通电时，机床工件夹紧装置将工件夹紧；当电磁阀 $YV_3$、$YV_5$、$YV_7$ 通电时，左机滑台快速移动；当电磁阀 $YV_3$、$YV_8$、$YV_{10}$ 通电时，右机滑台快速移动；当电磁阀 $YV_3$、$YV_5$ 或 $YV_3$、$YV_8$ 通电时，左机滑台或右机滑台工进；当电磁阀 $YV_3$、$YV_6$ 或 $YV_3$、$YV_9$ 通电时，左机滑台或右机滑台快速后退；当电磁阀 $YV_4$ 通电时，松开定位销；当电磁阀 $YV_2$ 通电时，机床拔开定位销；定位销松开后，撞击行程开关 $ST_1$，机床停止运行。

当需要机床工作时，将工件装入定位夹紧装置，按下液压系统启动按钮 $SB_4$，机床按以下步骤工作：（按下液压系统启动按钮 $SB_4$→）工件定位和夹紧→左、右两面动力滑台同时快速进给→左、右两面动力滑台同时工进→左、右两面动力滑台快退至原位→夹紧装置松开→拔出定位销。在左、右动力滑台快速进给的同时，左刀具电动机 $M_2$、右刀具电动机 $M_3$ 启动运转，提供切削动力。当左、右两面动力滑台工进时，切削液泵电动机 $M_4$ 自动启动。在工进结束后，切削液泵电动机 $M_4$ 自动停止。在滑台退回原位后，左、右刀具电动机 $M_2$、$M_3$ 停止运转。

### 7.11.4 双面钻孔组合机床的电气主电路

双面钻孔组合机床电气主电路由液压泵电动机 $M_1$、左刀具电动机 $M_2$、右刀具电动机 $M_3$ 和切削液泵电动机 $M_4$ 拖动，如图 7-57 所示。

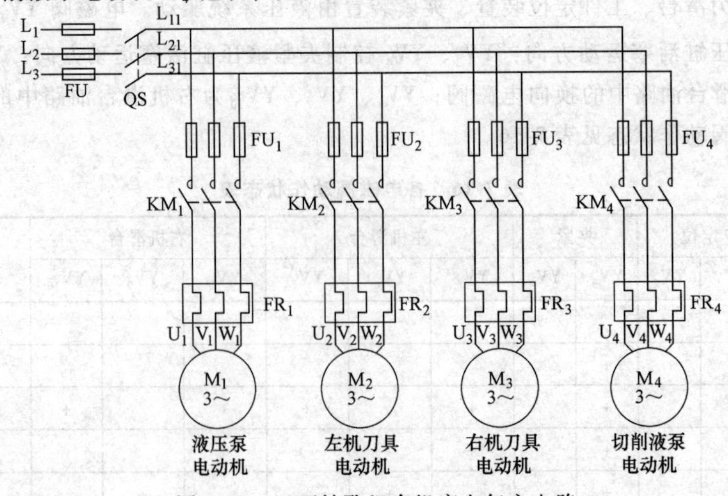


图 7-57　双面钻孔组合机床电气主电路

### 7.11.5　双面钻孔组合机床的 PLC 控制

1）双面钻孔组合机床 PLC 控制输入输出点分配表见表 7-17。

表 7-17　双面钻孔组合机床 PLC 控制输入输出点分配表

| 输入信号 | | | 输出信号 | | |
|---|---|---|---|---|---|
| 名称 | 代号 | 输入点编号 | 名称 | 代号 | 输出点编号 |
| 工件手动夹紧按钮 | $SB_0$ | I0.0 | 工件夹紧指示灯 | HL | Q0.0 |
| 总停止按钮 | $SB_1$ | I0.1 | 电磁阀 | $YV_1$ | Q0.1 |
| 液压泵 $M_1$ 启动按钮 | $SB_2$ | I0.2 | 电磁阀 | $YV_2$ | Q0.2 |
| 液压系统停止按钮 | $SB_3$ | I0.3 | 电磁阀 | $YV_3$ | Q0.3 |
| 液压系统启动按钮 | $SB_4$ | I0.4 | 电磁阀 | $YV_4$ | Q0.4 |
| 左刀具电动机 $M_2$ 点动按钮 | $SB_5$ | I0.5 | 电磁阀 | $YV_5$ | Q0.5 |
| 右刀具电动机 $M_3$ 点动按钮 | $SB_6$ | I0.6 | 电磁阀 | $YV_6$ | Q0.6 |
| 夹紧松开手动按钮 | $SB_7$ | I0.7 | 电磁阀 | $YV_7$ | Q0.7 |
| 左机快进点动按钮 | $SB_8$ | I1.0 | 电磁阀 | $YV_8$ | Q1.0 |
| 左机快退点动按钮 | $SB_9$ | I1.1 | 电磁阀 | $YV_9$ | Q1.1 |
| 右机快进点动按钮 | $SB_{10}$ | I1.2 | 电磁阀 | $YV_{10}$ | Q1.2 |
| 右机快退点动按钮 | $SB_{11}$ | I1.3 | 液压泵电动机 $M_1$ 接触器 | $KM_1$ | Q1.3 |
| 松开工件定位行程开关 | $ST_1$ | I1.4 | 液压泵电动机 $M_2$ 接触器 | $KM_2$ | Q1.4 |
| 工件定位行程开关 | $ST_2$ | I1.5 | 液压泵电动机 $M_3$ 接触器 | $KM_3$ | Q1.5 |
| 左机滑台快进结束行程开关 | $ST_3$ | I1.6 | 液压泵电动机 $M_4$ 接触器 | $KM_4$ | Q1.6 |
| 左机滑台工进结束行程开关 | $ST_4$ | I1.7 | | | |
| 左机滑台快退结束行程开关 | $ST_5$ | I2.0 | | | |
| 右机滑台快进结束行程开关 | $ST_6$ | I2.1 | | | |
| 右机滑台工进结束行程开关 | $ST_7$ | I2.2 | | | |
| 右机滑台快退结束行程开关 | $ST_8$ | I2.3 | | | |
| 工件压紧原位行程开关 | $ST_9$ | I2.4 | | | |
| 工件夹紧压力继电器 | KP | I2.5 | | | |
| 手动和自动选择开关 | SA | I2.6 | | | |

2）双面钻孔组合机床 PLC 控制的接线图如图 7-58 所示。

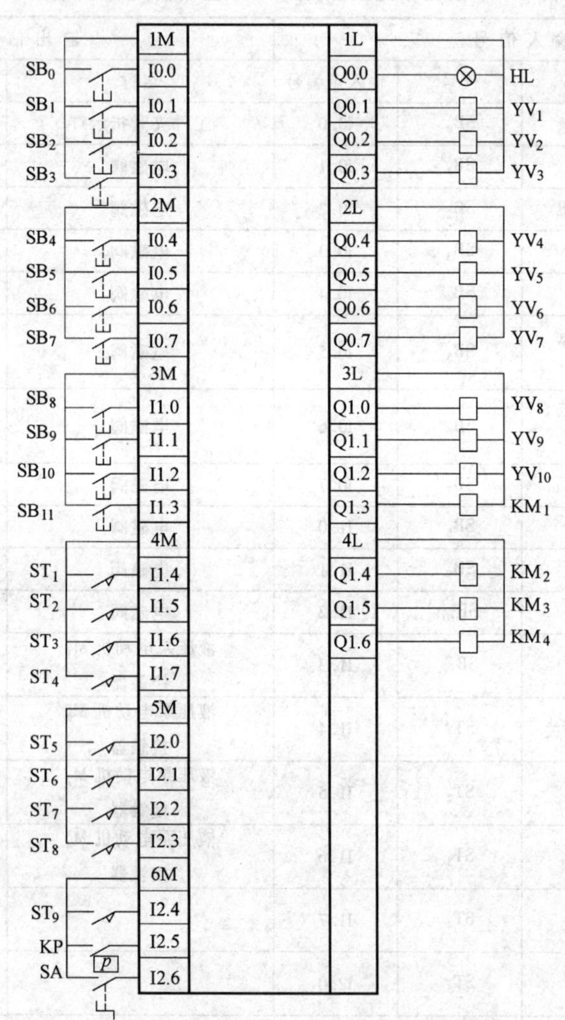


图 7-58　双面钻孔组合机床 PLC 控制接线图

3）根据双面钻孔组合机床的控制要求，编写出的双面钻孔组合机床 PLC 控制梯形图如图 7-59 所示。其中图 7-59a 为双面钻孔组合机床 PLC 控制程序总框图；图 7-59b 为双面钻孔组合机床 PLC 手动控制程序梯形图；图 7-59c 为双面钻孔组合机床 PLC 自动控制状态流程图。

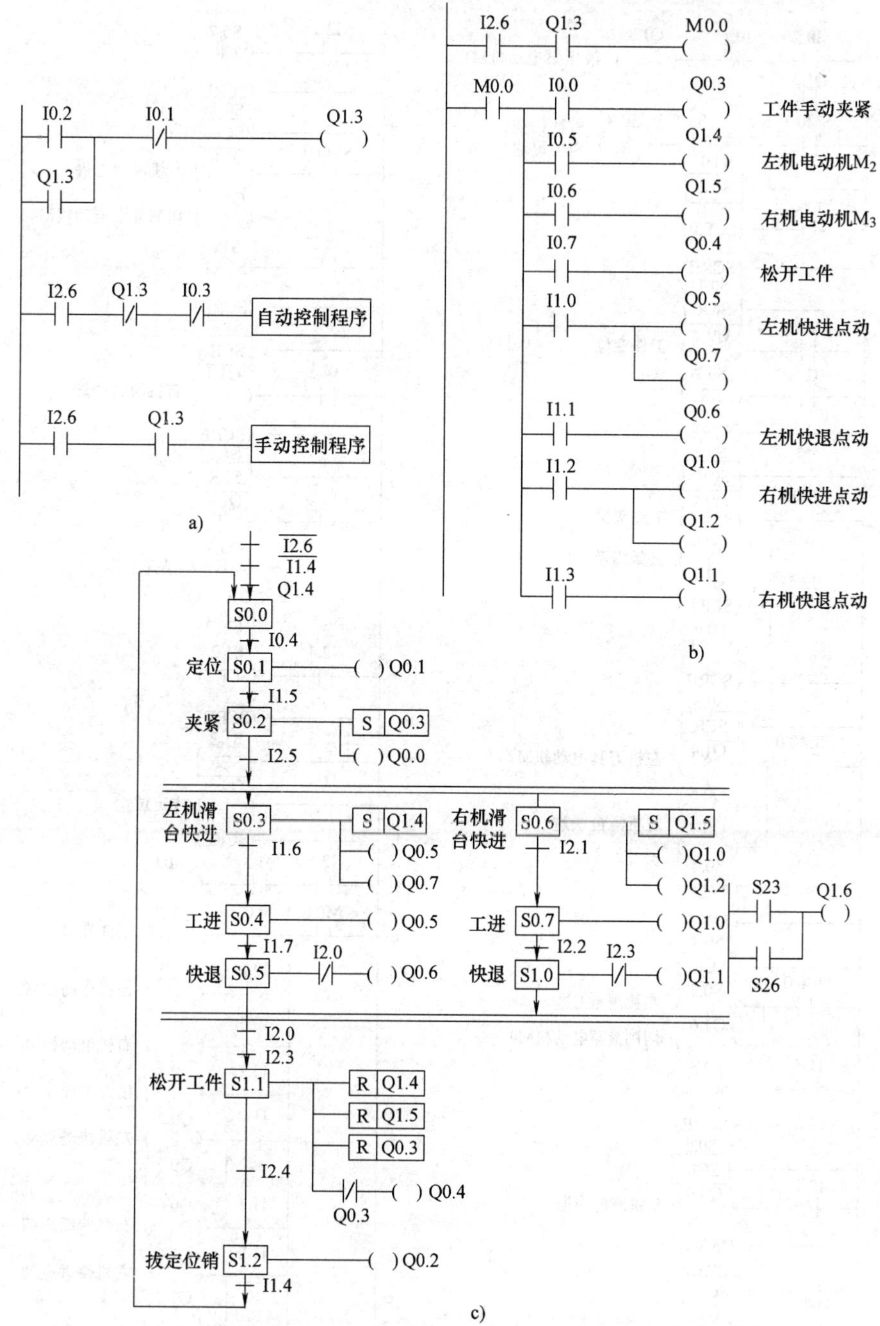


图 7-59　双面钻孔组合机床 PLC 控制梯形图

a）控制程序总框图　b）手动控制程序梯形图　c）自动控制状态流程图

4）双面钻孔组合机床 PLC 总控制梯形图如图 7-60 所示，图中标出了各逻辑行所控制机床的各状态。

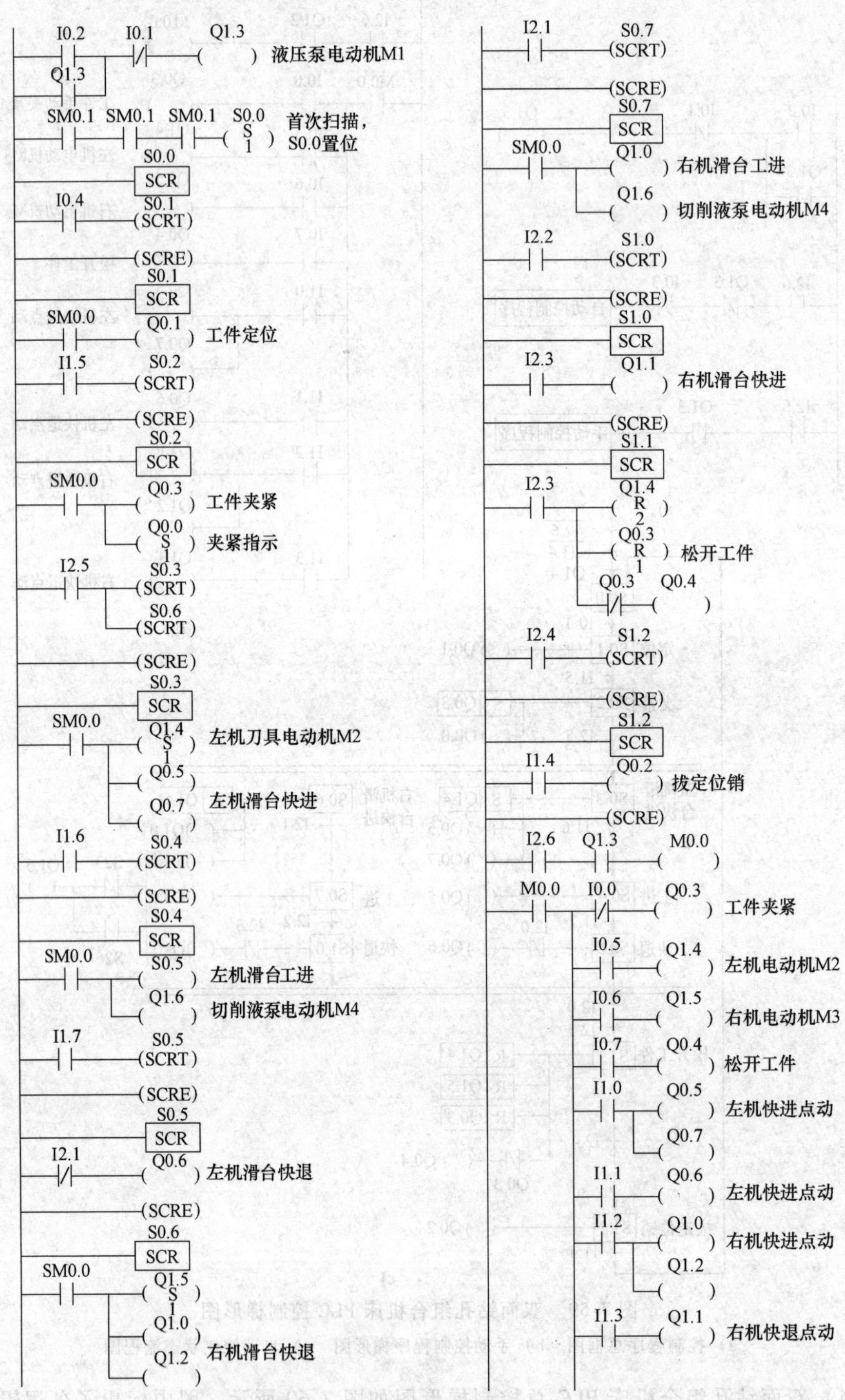


图 7-60　双面钻孔组合机床 PLC 总控制梯形图

5）根据接线图，参照梯形图，编写出的双面钻孔组合机床 PLC 控制语句表程序如下：

```
LD    I0. 2     SCRT  S0. 3     SCRE            LD    I2. 3       =     Q1. 4
O     Q1. 3     SCRT  S0. 6     LSCR  S0. 6     R     Q1. 4. 2    LRD
AN    I0. 1     SCRE            LD    SM0. 0    R     Q0. 3. 1    A     I0. 6
=     Q1. 3     LSCR  S0. 3     S     Q1. 5. 1  AN    Q0. 3       =     Q1. 5
LD    SM0. 1    LD    SM0. 0    =     Q1. 0     =     Q0. 4       LRD
=     S0. 0     S     QI4. 1    =     Q1. 2     LD    I2. 4       A     I0. 7
LSCR  S0. 0     =     Q0. 5     LD    I2. 1     SCRT  S1. 2       =     Q0. 4
LD    I0. 4     =     Q0. 7     SCRT  S0. 7     SCRE              LRD
SCRT  S0. 1     LD    I1. 6     SCRE            LSCR  S1. 2       A     I1. 0
SCRE            SCRT  S0. 4     LSCR  S0. 7     LD    I1. 4       =     Q0. 5
LSCR  S0. 1     SCRE            LD    SM0. 0    =     Q0. 2       =     Q0. 7
LD    SM0. 0    LSCR  S0. 4     =     Q1. 0     SCRE              LRD
=     Q0. 1     LD    SM0. 0    =     Q1. 6     LD    I2. 6       A     I1. 1
LD    I1. 5     =     Q0. 5     LD    I2. 2     A     Q1. 3       =     Q0. 6
SCRT  S0. 2     =     Q1. 6     SCRT  S1. 0     =     M0. 0       LRD
SCRE            LD    I1. 7     SCRE            LD    M0. 0       A     I1. 2
LSCR  S0. 2     SCRT  S0. 5     LSCR  S1. 0     LPS               =     Q1. 0
LD    SM0. 0    SCRE            LD    I2. 3     AN    I0. 0       =     Q1. 2
=     Q0. 3     LSCR  S0. 5     =     Q1. 1     =     Q0. 3       LPP
S     Q0. 01    LDN   I2. 1     SCRE            LDR               A     I1. 3
LD    I2. 5     =     Q0. 6     LSCR  S1. 1     A     I0. 5       =     Q1. 1
```

## 7.12　深孔钻组合机床的 PLC 控制系统识读

### 7.12.1　深孔钻组合机床的控制要求

深孔钻组合机床进行深孔钻削时，为利于钻头排屑和冷却，需要周期性地从工作中退出钻头，刀具进退与行程开关的示意图如图 7-61 所示，

在起始位置 O 点时，行程开关 $SQ_1$ 被压合，按下点动按钮 $SB_2$，电动机正转启动，刀具前进。退刀由行程开关控制，当动力头依次压在 $SQ_3$、$SQ_4$、$SQ_5$ 上时电动机反转，刀具会自动退刀，退刀到起始位置时，$SQ_1$ 被压合，退刀结束；接着刀具又自动进刀，直到三个工作过程全部完成时结束。

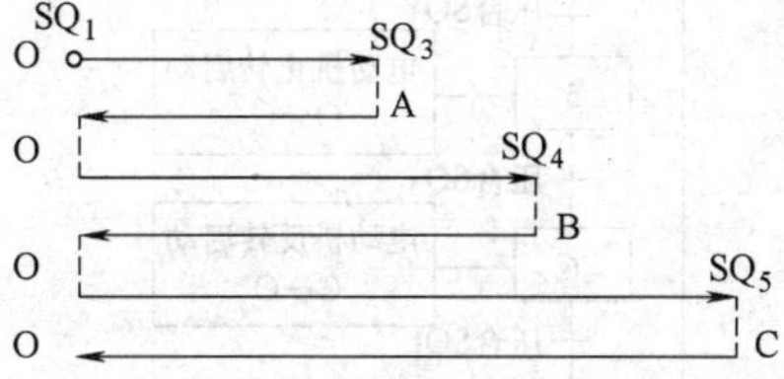


图 7-61　深孔钻削时刀具进退与行程开关的示意图

## 7.12.2 PLC 的 I/O 配置和 PLC 的 I/O 接线

PLC 的 I/O 配置表见表 7-18；PLC 的 I/O 接线图如图 7-62 所示。

表 7-18 PLC 的 I/O 配置表

| 输入设置 | | PLC |
|---|---|---|
| 代号 | 功能 | 输入继电器 |
| $SB_1$ | 停止按钮 | I0.1 |
| $SB_2$ | 启动按钮 | I0.2 |
| $SQ_1$ | 原始位置行程开关 | I0.3 |
| $SQ_3$ | 退刀行程开关 | I0.4 |
| $SQ_4$ | 退刀行程开关 | I0.5 |
| $SQ_5$ | 退刀行程开关 | I0.6 |
| $SB_3$ | 正向调整点动按钮 | I0.7 |
| $SB_4$ | 反向调整点动按钮 | I0.0 |
| 输出设置 | | PLC |
| 代号 | 功能 | 输出继电器 |
| $KM_1$ | 钻头前进接触器线圈 | Q0.1 |
| $KM_2$ | 钻头后退接触器线圈 | Q0.2 |

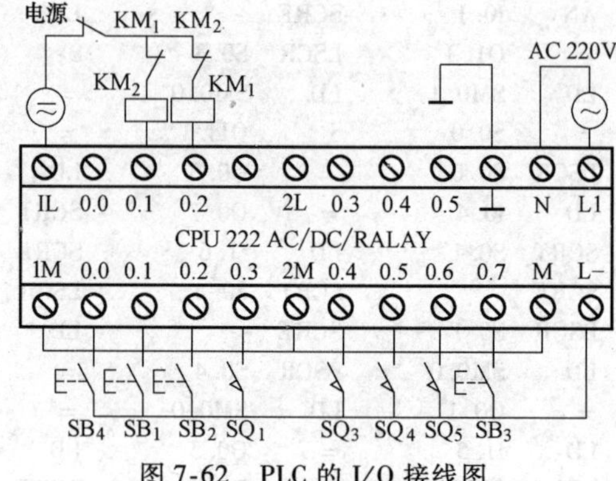


图 7-62 PLC 的 I/O 接线图

## 7.12.3 深孔钻削 PLC 控制的顺序功能图和控制梯形图程序

深孔钻削 PLC 控制的顺序功能图如图 7-63 所示，其控制梯形图程序如图 7-64 所示。

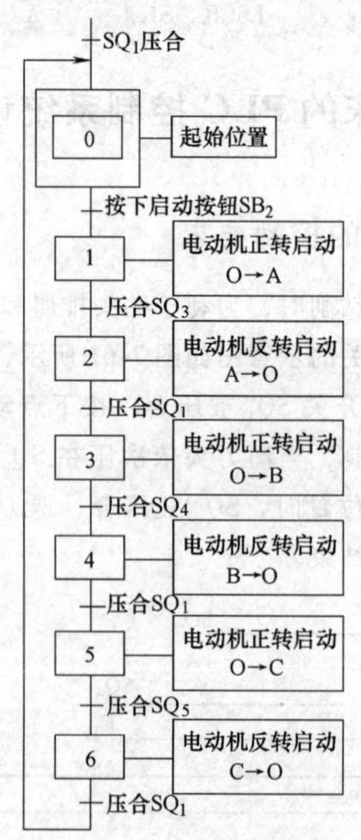


图 7-63 顺序功能图

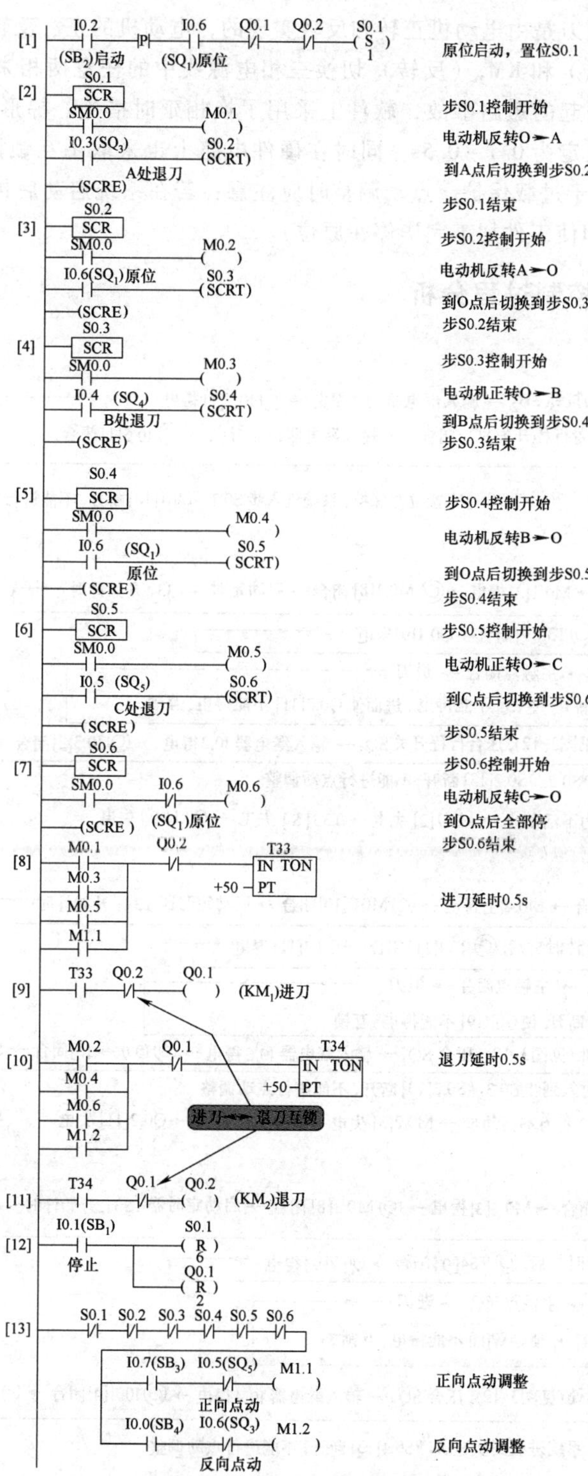


图 7-64　控制梯形图程序

钻头进刀和退刀是由电动机正转和反转实现的，电动机的正、反转切换是通过两个接触器 $KM_1$（正转）和 $KM_2$（反转）切换三相电源线中的任意两相来实现的。为防止由于电源换相所引起的短路事故，软件上采用了换相延时措施。梯形图中的 T33、T44 的延时时间通常设定为 0.1～0.5s。同时在硬件电路上也采取了互锁措施。PLC 的 I/O 接线图中的 FR 用于过载保护。点动调整时应注意：若在系统启动后再进行调整，需先按下停止按钮（即使工件加工完毕停在原位）。

## 7.12.4 PLC 控制过程分析

（1）运行

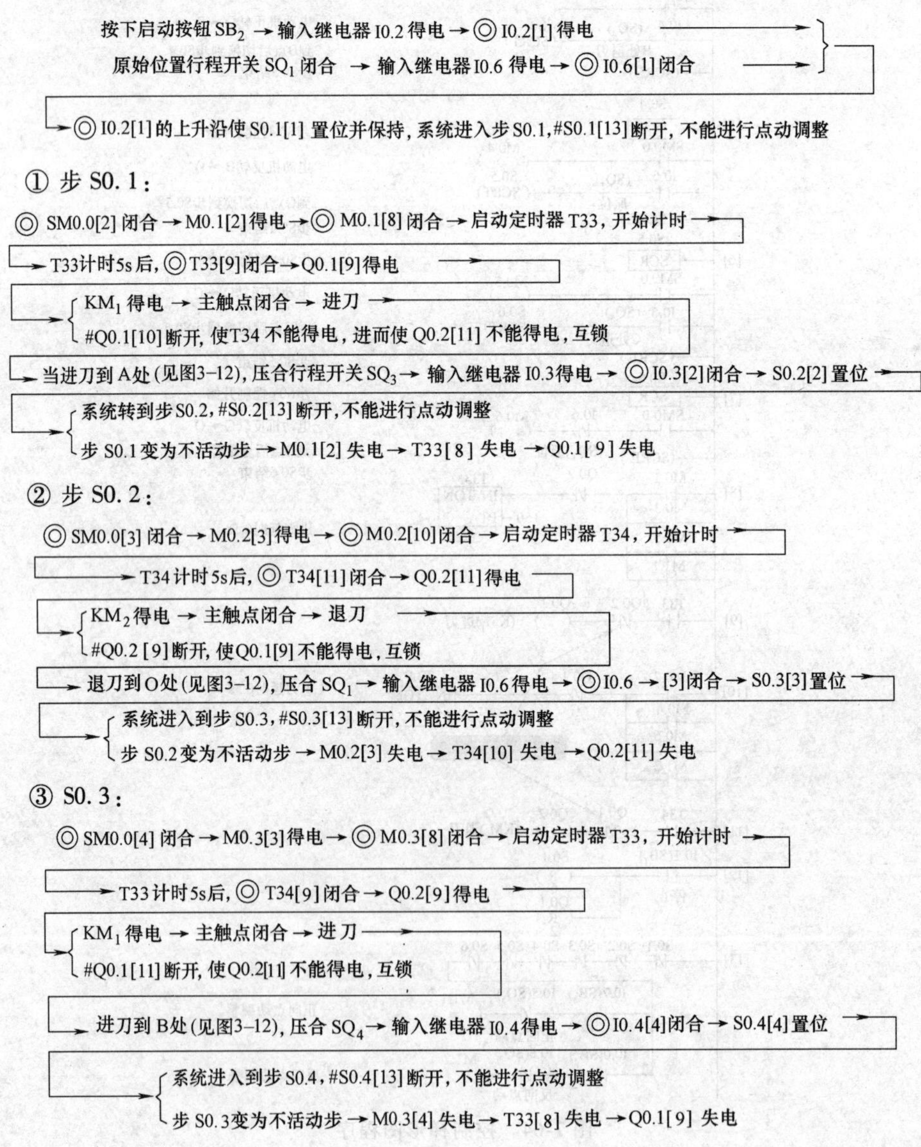
按下启动按钮 $SB_2$ → 输入继电器 I0.2 得电 → ◎ I0.2[1] 得电
原始位置行程开关 $SQ_1$ 闭合 → 输入继电器 I0.6 得电 → ◎ I0.6[1] 闭合
→ ◎ I0.2[1] 的上升沿使 S0.1[1] 置位并保持，系统进入步 S0.1，#S0.1[13] 断开，不能进行点动调整
① 步 S0.1：
◎ SM0.0[2] 闭合 → M0.1[2] 得电 → ◎ M0.1[8] 闭合 → 启动定时器 T33，开始计时
→ T33计时5s后，◎ T33[9] 闭合 → Q0.1[9] 得电
$KM_1$ 得电 → 主触点闭合 → 进刀
#Q0.1[10] 断开，使T34 不能得电，进而使 Q0.2[11] 不能得电，互锁
→ 当进刀到 A处（见图3–12），压合行程开关 $SQ_3$ → 输入继电器 I0.3得电 → ◎ I0.3[2] 闭合 → S0.2[2] 置位
系统转到步S0.2，#S0.2[13] 断开，不能进行点动调整
步 S0.1 变为不活动步 → M0.1[2] 失电 → T33[ 8 ] 失电 → Q0.1[ 9 ] 失电
② 步 S0.2：
◎ SM0.0[3] 闭合 → M0.2[3] 得电 → ◎ M0.2[10] 闭合 → 启动定时器 T34，开始计时
→ T34 计时 5s后，◎ T34[11] 闭合 → Q0.2[11] 得电
$KM_2$ 得电 → 主触点闭合 → 退刀
#Q0.2 [9] 断开，使Q0.1[9] 不能得电，互锁
→ 退刀到 O处（见图3–12），压合 $SQ_1$ → 输入继电器 I0.6 得电 → ◎ I0.6 → [3] 闭合 → S0.3[3] 置位
系统进入到步 S0.3，#S0.3[13] 断开，不能进行点动调整
步 S0.2 变为不活动步 → M0.2[3] 失电 → T34[10] 失电 → Q0.2[11] 失电
③ S0.3：
◎ SM0.0[4] 闭合 → M0.3[3] 得电 → ◎ M0.3[8] 闭合 → 启动定时器 T33，开始计时
→ T33 计时 5s后，◎ T34[9] 闭合 → Q0.2[9] 得电
$KM_1$ 得电 → 主触点闭合 → 进刀
#Q0.1[11] 断开，使Q0.2[11] 不能得电，互锁
→ 进刀到 B处（见图3–12），压合 $SQ_4$ → 输入继电器 I0.4 得电 → ◎ I0.4[4]闭合 → S0.4[4] 置位
系统进入到步 S0.4，#S0.4[13] 断开，不能进行点动调整
步 S0.3变为不活动步 → M0.3[4] 失电 → T33[ 8 ] 失电 → Q0.1[ 9 ] 失电

④ 步 S0.4：退刀，与步 S0.2 的工作过程相同。
⑤ 步 S0.5：进刀，与步 S0.3 的工作过程相同。
⑥ 步 S0.6：

◎ SM0.6[7] 闭合 → M0.6[7] 得电 → ◎ M0.6[10] 闭合 → T34[10] 得电，开始计时 → T34 计时时间到，◎ T34[11] 闭合 → $KM_2$ 得电 → 主触点闭合 → 退刀 → 退刀到复位 O 处 (见图3-12)，$SQ_1$ 闭合 → 输入继电器 I0.6 得电 → #I0.6[7] 断开 → M0.6[7] 失电 → ◎ M0.6[10] 断开 → T34[10] 失电 → ◎ T34[11] 断开 → Q0.2[11] 失电，停止退刀

（2）点动调整

① 正向点动调整

按下正向点动调整按钮 $SB_3$ → 输入继电器 I0.7 得电 → ◎ I0.7[13] 闭合 → M1.1[13] 得电 → ◎ M1.1[8] 闭合 → 启动 T33[8]，开始计时 → T33 计时时间到，◎ T33[9] 闭合 → Q0.1[9] 得电 → 开始进刀调整，进刀调整到 C 处，$SQ_5$ 闭合 → 输入继电器 I0.5 得电 → #I0.5[13] 断开 → M1.1[13] 失电 → ◎ M1.1[8] 断开 → T33[8] 失电 → ◎ T33[9] 断开 → Q0.1[9] 失电，进刀停止

② 反向点动调整

按下正向点动调整按钮 $SB_4$ → 输入继电器 I0.0 得电 → ◎ I0.0[13] 闭合 → M1.2[13] 得电 → ◎ M1.2[10] 闭合 → 启动 T34[10]，开始计时 → T34 计时时间到，◎ T34[11] 闭合 → Q0.2[11] 得电 → 开始退刀调整，退刀调整到 O 处，$SQ_1$ 闭合 → 输入继电器 I0.6 得电 → #I0.6[13] 断开 → M1.2[13] 失电 → ◎ M1.2[10] 断开 → T34[10] 失电 → Q0.2[11] 失电，退刀停止

# 7.13　双头钻床的 PLC 控制系统设计

## 7.13.1　双头钻床的控制要求

待加工工件放在加工位置后，操作人员按下启动按钮 SB，两个钻头同时开始工作。首先将工件夹紧，然后两个钻头同时向下运动，对工件进行钻孔加工，达到各自的加工深度后，分别返回原始位置，待两个钻头全部回到原始位置后，释放工件，完成一个加工过程。

钻头的上限位置固定，下限位置可调整，由 4 个限位开关 $SQ_1$ ~ $SQ_4$ 给出这些位置的信号。工件的夹紧与释放由电磁阀 YV 控制，夹紧信号来自压力继电器 KP。

两个钻头同时开始动作，但由于各自的加工深度不同，所以停止和返回的时间不同。对于初始的启动条件可以视为一致，即夹紧压力信号到达、两个钻头在原始位置和启动信号到来，则具备加工的基本条件。由于加工深度不同，需要设置对应的下限位开关，分别控制两个钻头的返回。

### 7.13.2 双头钻床控制 PLC 的 I/O 配置和 PLC 的 I/O 接线

PLC 的 I/O 配置表见表 7-19，其 I/O 接线图如图 7-65 所示。

表 7-19 双头钻床控制 PLC 的 I/O 配置

| 输入设备 | | PLC | 输出设备 | | PLC |
|---|---|---|---|---|---|
| 代号 | 功能 | 输入继电器 | 代号 | 功能 | 输出继电器 |
| $SQ_1$ | 1#钻头上限位开关 | I0.0 | $KM_1$ | 1#钻头上升控制 | Q0.0 |
| $SQ_2$ | 1#钻头下限位开关 | I0.1 | $KM_2$ | 1#钻头下降控制 | Q0.1 |
| $SQ_3$ | 2#钻头上限位开关 | I0.2 | $KM_3$ | 2#钻头上升控制 | Q0.2 |
| $SQ_4$ | 2#钻头下限位开关 | I0.3 | $KM_4$ | 2#钻头下降控制 | Q0.3 |
| KP | 压力继电器信号 | I0.4 | | 夹紧控制(YV) | Q0.4 |
| SB | 启动按钮 | I0.5 | | | |

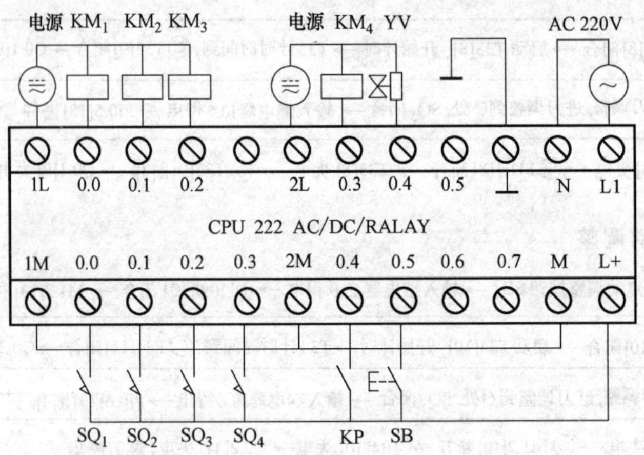


图 7-65 双头钻床控制 PLC 的 I/O 接线图

### 7.13.3 深孔钻削控制的梯形图程序

深孔钻削控制的梯形图程序如图 7-66 所示。

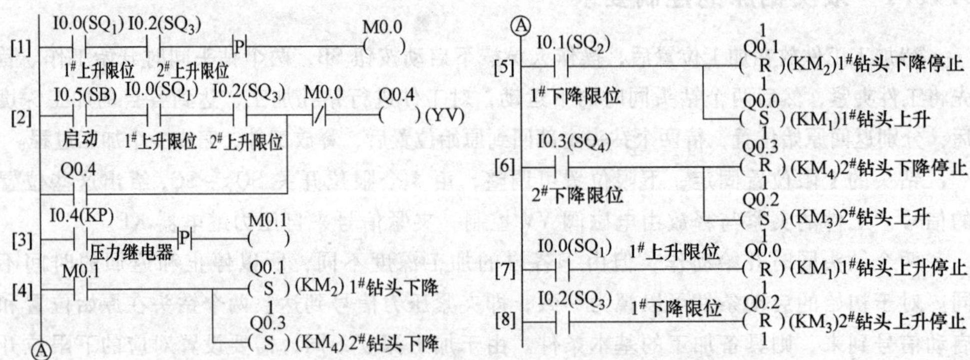


图 7-66 深孔钻削控制的梯形图程序

### 7.13.4　PLC 控制过程分析

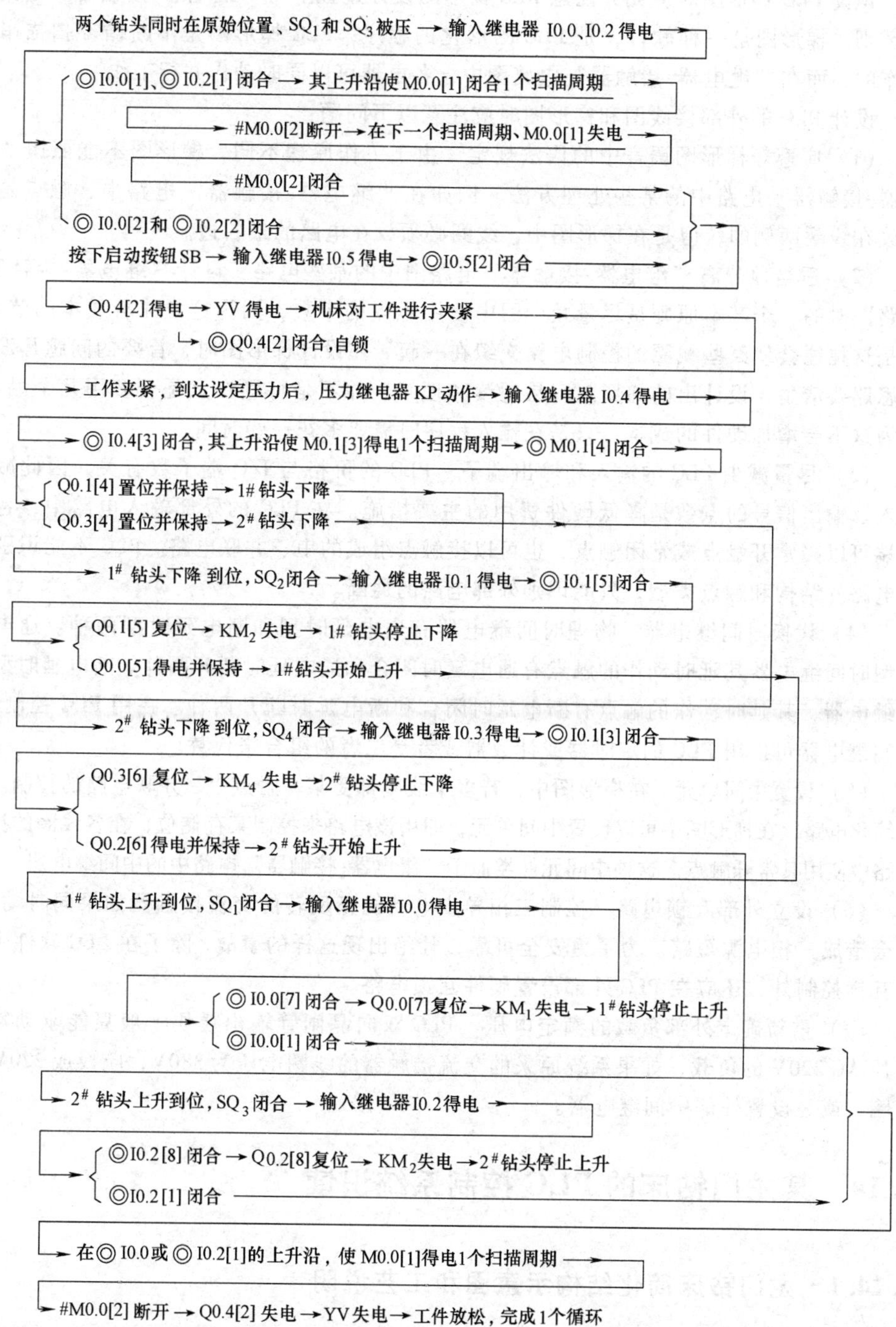

两个钻头同时在原始位置、$SQ_1$和$SQ_3$被压 → 输入继电器 I0.0、I0.2 得电
◎I0.0[1]、◎I0.2[1] 闭合 → 其上升沿使 M0.0[1] 闭合1个扫描周期
#M0.0[2] 断开 → 在下一个扫描周期、M0.0[1] 失电
#M0.0[2] 闭合
◎ I0.0[2]和 ◎ I0.2[2] 闭合
按下启动按钮SB → 输入继电器I0.5 得电 → ◎I0.5[2] 闭合
Q0.4[2] 得电 → YV 得电 → 机床对工件进行夹紧
◎Q0.4[2] 闭合，自锁
工作夹紧，到达设定压力后，压力继电器 KP 动作 → 输入继电器 I0.4 得电
◎ I0.4[3] 闭合，其上升沿使 M0.1[3]得电1个扫描周期 → ◎ M0.1[4]闭合
Q0.1[4] 置位并保持 → 1# 钻头下降
Q0.3[4] 置位并保持 → 2# 钻头下降
1# 钻头下降到位，$SQ_2$闭合 → 输入继电器 I0.1 得电 → ◎ I0.1[5]闭合
Q0.1[5] 复位 → $KM_2$ 失电 → 1# 钻头停止下降
Q0.0[5] 得电并保持 → 1#钻头开始上升
2# 钻头下降到位，$SQ_4$ 闭合 → 输入继电器 I0.3 得电 → ◎ I0.1[3] 闭合
Q0.3[6] 复位 → $KM_4$ 失电 → 2# 钻头停止下降
Q0.2[6] 得电并保持 → 2# 钻头开始上升
1# 钻头上升到位，$SQ_1$闭合 → 输入继电器I0.0得电
◎ I0.0[7] 闭合 → Q0.0[7]复位 → $KM_1$ 失电 → 1# 钻头停止上升
◎ I0.0[1] 闭合
2# 钻头上升到位，$SQ_3$ 闭合 → 输入继电器I0.2得电
◎I0.2[8] 闭合 → Q0.2[8]复位 → $KM_2$失电 → 2# 钻头停止上升
◎I0.2[1] 闭合
在◎ I0.0或 ◎ I0.2[1]的上升沿，使 M0.0[1]得电1个扫描周期
#M0.0[2] 断开 → Q0.4[2] 失电 → YV失电 → 工件放松，完成1个循环

### 7.13.5 识读PLC梯形图时应充分注意PLC梯形图设计上的一些问题

识读PLC梯形图时应充分注意PLC梯形图设计过程中与“继电器-接触器”电路图的区别。梯形图是一种软件，是PLC图形化的程序，PLC梯形图是不断循环扫描串行工作的，而在“继电器-接触器”电路图中，各电器可以同时动作并行工作。

设计PLC的外部接线图和梯形图时应注意以下问题：

(1) 应遵守梯形图语言中的语法规定　由于工作原理不同，梯形图不能照搬“继电器-接触器”电路中的某些处理方法。例如在“继电器-接触器”电路中，触点是可以放在线圈两侧的，但是在梯形图中，线圈必须放在电路的最右边。

(2) 适当地分离“继电器-接触器”电路图中的某些电路　设计“继电器-接触器”电路图时的一个基本原则是尽量减少图中使用触点的个数，因为这意味着成本的节约，但是这往往会使某些线圈的控制电路交织在一起。在设计梯形图时，首要的问题是设计的思路要清楚，设计出的梯形图容易阅读和理解，并不是特别在意是否多用几个触点，因为这不会增加硬件的成本，只是在输入程序时需要多花一些时间。

(3) 尽量减少PLC的输入和输出端子　PLC的价格与I/O端子数有关，因此减少输入、输出信号的点数是降低硬件费用的主要措施。在PLC的外部输入电路中，各输入端可以接常开触点或常闭触点，也可以接触点组成的串、并联电路。PLC不能识别外部电路的结构和触点类型，只能识别外部电路的通断。

(4) 代换时间继电器　物理时间继电器有通电延时型和断电延时型两种。通电延时型时间继电器其延时动作的触点有通电延时闭合和通电延时断开两种。断电延时型时间继电器，其延时动作的触点有断电延时闭合和断电延时断开两种。在用PLC控制时，时间继电器可以用PLC的定时器或计数器或者是二者的组合来代替。

(5) 设置中间单元　在梯形图中，若多个线圈都受某一触点串、并联电路的控制。为了简化电路，在梯形图中可以设置中间单元，即用该电路来控制某存储位，在各线圈的控制电路中使用其常开触点。这种中间元件类似于“继电器-接触器”电路中的中间继电器。

(6) 设立外部互锁电路　控制三相异步电动机正反转的交流接触器如果同时动作，将会造成三相电源短路。为了更安全可靠，杜绝出现这样的事故，除了在PLC软件中设计互锁控制外，还应在PLC外部设置硬件互锁电路。

(7) 重新确定外部负载的额定电压　PLC双向晶闸管输出模块一般只能驱动额定电压AC 220V的负载，如果系统原来的交流接触器的线圈电压为380V，应换成220V的线圈，或是设置外部中间继电器。

## 7.14 某龙门钻床的PLC控制系统识读

### 7.14.1 龙门钻床简化结构示意图和工艺说明

某龙门钻床的简化结构示意图如图7-67所示。图中，在取工件位，工件是由图中对面的取工件推进液压缸，将图中对面传送装置上的工件取到图中所示取工件位。另外在取工件的同时，由卸工件位的卸工件液压缸将工件卸走，送到另一传送装置上。上述两部分在图中均未画出。取工件和卸工件液压缸公用一个换向阀控制，同时动作。

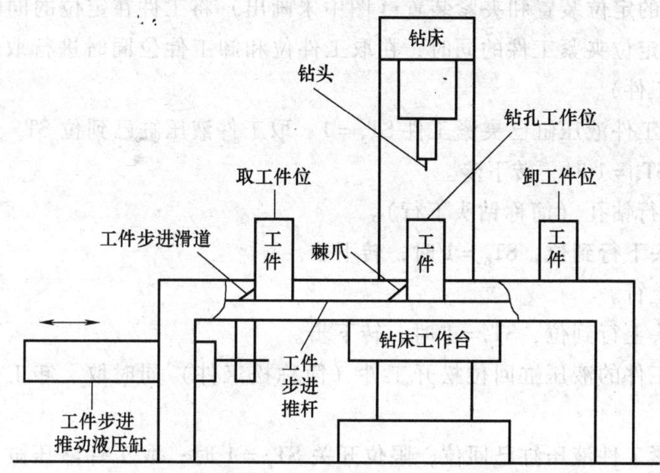


图 7-67　龙门钻床简化结构示意图

工件步进推进液压缸活塞杆和工件步进推杆连在一起。当液压缸活塞推进时，带动推杆，再由推杆上的棘爪将在工件滑道上取工件位的工件和钻孔工作位的工件同时向右推动一个工作位置。

所有液压缸都采用双电磁铁换向阀控制。液压缸的推进和回位、工件的夹紧和松开、钻头的上升和下降都采用限位开关限位控制。

各限位开关的作用是：$ST_1$ 为工件步进推进液压缸推进到位限位开关；$ST_2$ 为步进液压缸回位限位开关；$ST_3$ 为夹紧工件液压缸推进夹紧工件到位限位开关；$ST_4$ 为取工件液压缸取工件推进到位限位开关；$ST_5$ 为卸工件液压缸卸工件推进到位限位开关；$ST_6$ 为钻头下行钻孔到位限位开关；$ST_7$ 为钻头上行回位限位开关；$ST_8$ 为夹持工件液压缸回位限位开关（也称松件限位开关）；$ST_9$ 为取工件液压缸回位限位开关；$ST_{10}$为卸工件液压缸回位限位开关；$ST_{11}$为取工件位有无工件检测开关（当取工件位有工件时，$ST_{11}$限位开关常开触点被工件压下而闭合）。另外，$SB_1$ 为系统工作的启动开关。

上述各开关配线全接在常开触点上，并且定义各常开触点闭合的情况为“1”状态，断开时为“0”状态。下面说明钻床的工作过程：

1）当钻床处于原位状态，所有液压缸在回位状态（限位开关 $ST_2=1$、$ST_7=1$、$ST_8=1$、$ST_9=1$、$ST_{10}=1$），取工件位有工件（$ST_{11}=1$）时为原位状态，即初始状态。

2）当按动启动开关 $SB_1$ 时（钻床启动），系统开始工作。

3）由工件步进推动液压缸推动工件向右移动一个工作位置，此时在取工件位的工件被推到钻孔工作位的工作台上（简称上工件）。

4）当工件步进到位（简称步进到位）$ST_1=1$ 时，转下步。

5）步进液压缸回位（简称步进回位）。

6）当步进液压缸已回到位（简称步进回位）$ST_2=1$ 时，转下步。

7）由专用的定位装置和夹紧装置（图中未画出）将工件在定位的同时夹紧（简称夹持工件）。在定位夹紧工件的同时，在取工件位和卸工件位同时进行取、卸工件的工作（简称取卸工件）。

8）当夹紧工件液压缸已夹紧工件 $ST_3=1$、取工件液压缸已到位 $ST_4=1$、卸工件已到位限位开关 $ST_5=1$ 时，转下步。

9）钻头下行钻孔（简称钻头下行）。

10）当钻头下行到位，$ST_6=1$ 时，转下步。

11）钻头上行。

12）当钻头上行到位，$ST_7=1$ 时，转下步。

13）夹紧工件的液压缸回位松开工件（简称松工件）同时取、卸工件的液压缸也回位。

14）当夹紧工件液压缸已回位，限位开关 $ST_8=1$ 时；取工件液压缸已回位，限位开关 $ST_9=1$ 和卸工件液压缸已回位，限位开关 $ST_{10}=1$ 时，转至重复执行上述过程。

## 7.14.2 龙门钻床工艺过程功能表图

将龙门钻床一个循环的控制过程分解成若干个清晰的连续的阶段，每个阶段称之为“步”，类似于人们平时所说的工作步骤。一个步可以是动作的开始、持续或结束。一个过程分解的步越多，描述就越精确。如在上述龙门钻床的工作过程中，其工作过程就可以分为：初始阶段；上工件；步进回位；夹持工件和与之同时动作的取卸工件；钻头下行钻孔；钻头上行回位；松开工件同时取卸工件液压缸回位共七个阶段，即七步，步与步之间为连续的。

每一步所要完成的工作称之为动作（或命令），如上述钻床的工作过程中的“上工件”、“钻头下行钻孔”等即称为动作（或命令）。

步与动作（或命令）的主要区别是：步是指某一过程循环所分解的若干连续的工作阶段；动作（或命令）是指某一阶段所要进行的工作。

一个步中可以有一个或多个动作（或命令）。如一步中有多个动作（或命令）时，这多个动作（或命令）之间便不隐含着有顺序关系，否则还可分解成多个步。在上述钻床工作过程的第三步中定位夹紧工件和取卸工件是同一步的工作，两者是同时进行的。

当控制系统正在运行时，每一步又可根据该步当前是否处于工作状态，分为动步（又称为活动步）或静步。动步是指当前正在进行的步，当一个步处于动步时，该步相应的动作（或命令）被执行。静步是指当前没有进行的步。动步和静步的概念常用于分析系统动态的工作状态。

一般控制系统的控制过程开始的步与初始状态相对应，称为“初始步”。每个功能表图中至少含有一个初始步。

在功能表图中，会发生一个步向另一个步的活动进展。即一个步工作完成后，转为下一步工作。这种进展是按有向连线的路线进行的。即有向连线的作用是：规定了步与步之间的活动进展方向。这种进展是由后面所要介绍的转换来实现的，有向连线将前步连到转换，再从转换连到后步。

在功能表图中，转换是指某一步的操作完成后，在向下一步进展时要通过转换来实现。转换条件是与转换相关的逻辑命题。当前一步的操作完成后，如果转换的条件满足，则转换得以实现，从而进展到后续步，使后续步变为动步，执行后续步的工作，此时前步被封锁变为静步。

可以将转换看作是硬件，而转换条件可以看作是软件。例如在上述钻床的控制过程中，第一步（上工件）工作完成后向第二步（步进液压缸回位）进展时，是通过 $ST_1$ 限位开关控制的。当限位开关 $ST_1$ 常开触点闭合后，则向第二步进展。此处的 $ST_1$ 限位开关为转换（属于硬件），而转换条件是 $ST_1$ 限位开关常开触点的闭合。

通过以上解析，就可以画出龙门钻床工作过程的功能表图，如图 7-68 所示。

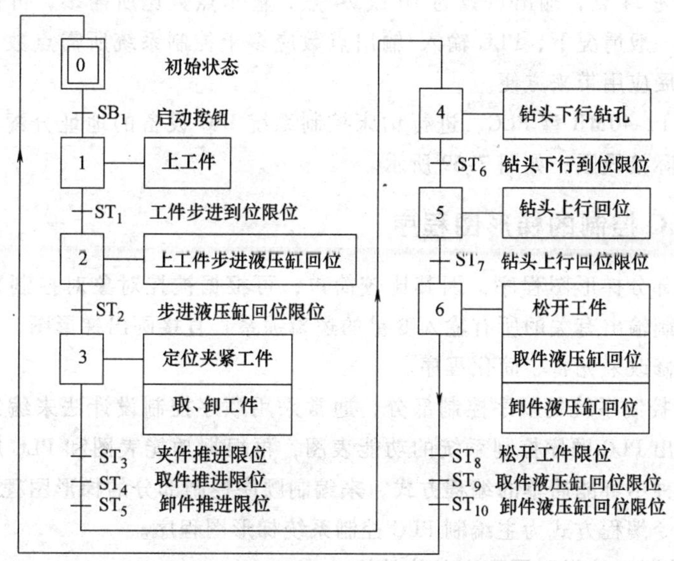


图 7-68　龙门钻床工作过程的功能表图

从图 7-68 中可以看出，用功能表图来描述上述龙门钻床的工作过程要比前面用文字说明来得更简单、更明确、更清晰、更容易看懂。这里应该特别注意：

1）步与步之间不能直接相连，必须用转换分开。

2）一个功能表图中至少应有一个初始步。

3）每一个转换必须与一个转换条件相对应。

4）每一步可与一个或一个以上的动作（或命令）相对应，但不隐含有顺序关系。

### 7.14.3 确定 PLC 输入输出点数，选择 PLC，画出龙门钻床 PLC 工程应用设计的 I/O 端子实际接线图

根据哪些输入信号是由被控系统发送到 PLC 的，哪些负载是由 PLC 驱动控制的，由此确定所需的 PLC 输入/输出点数。同时还要确定输入/输出量的性质，如输入/输出是否是开关量？是直流量还是交流量？以及电压大小等级等。

在这一步中还要确定输入/输出硬件配置等，如输入采用哪类元件（如触点类开关，还是无触点类开关或既有触点类还有无触点类的混合形式）。输出控制采用哪类负载（如感性负载还是阻性负载，是直接控制还是间接控制等）。

根据上述所确定的项目就可以选择 PLC 了。在本钻床控制中，向 PLC 输入的信号有 23 点，全部采用触点类开关元件作输入。由 PLC 输出驱动控制的负载有 9 点。其中 8 点负载为液压缸的换向阀电磁铁线圈，电磁铁线圈全部采用交流 220V 电源；1 点为交流 220V 的电铃，这 9 点均为感性负载。

根据上述分析情况，可选用 F1-40MR 或 FX2N-48MR 型 PLC 作为钻床控制主机。其输入点数均为 24 点，输出点数为 16 或 24 点，输出点数比所需多，可作备用或将来的功能扩展。一般情况下，PLC 输入/输出点数应多于控制系统所需点数，这样可为设计、检修和扩展应用带来方便。

如若选定 F1-40MR 型 PLC，进行钻床控制系统 I/O 设备的地址分配，并画出 PLC 的 I/O 端子实际接线图，如图 7-69 所示。

### 7.14.4 PLC 控制的梯形图程序

对于手动部分梯形图程序，因其比较简单，可根据被控对象对控制系统的具体要求，通过与控制输出有关的所有输入变量的逻辑关系，直接画出梯形图，再通过不断的分析、调试、修改来完善、简化程序。

对于 PLC 控制系统的顺序控制部分，通常采用顺序控制设计法来编制其梯形图程序。首先应画出 PLC 顺序控制系统的功能表图，再根据功能表图和 PLC 所具有的编程功能，选择一种尽可能简单的编程方式，来编制顺序控制部分的梯形图程序。本例主要以步进梯形指令编程方式为主编制 PLC 控制系统梯形图程序。

**1. PLC 控制系统梯形图程序总体结构**

一般 PLC 控制系统梯形图程序总体结构由通用程序、返回原位程序、手动操作程序和自动控制程序组成。由于返回原位程序可以用手动操作方式来完成，所以，一般情况下可不设置返回原位操作方式（控制系统也可以只有自动部分的程序）。对于这样具有手动操作方式和自动操作方式的 PLC 控制系统梯形图总体结构可设计为如图 7-70 所示的工作方式区分选择电路。设计这种总体结构的关键是利用跳转指令和转换开关来控制 PLC 是执行手动程序还是执行自动程序。

当选择工作方式转换开关 $QC_1$（见图 7-69）处于自动工作方式位置时（指步进或单周期或连续工作方式），此时，选择开关在手动工作位的常开触点 QC1.0 必然是断开

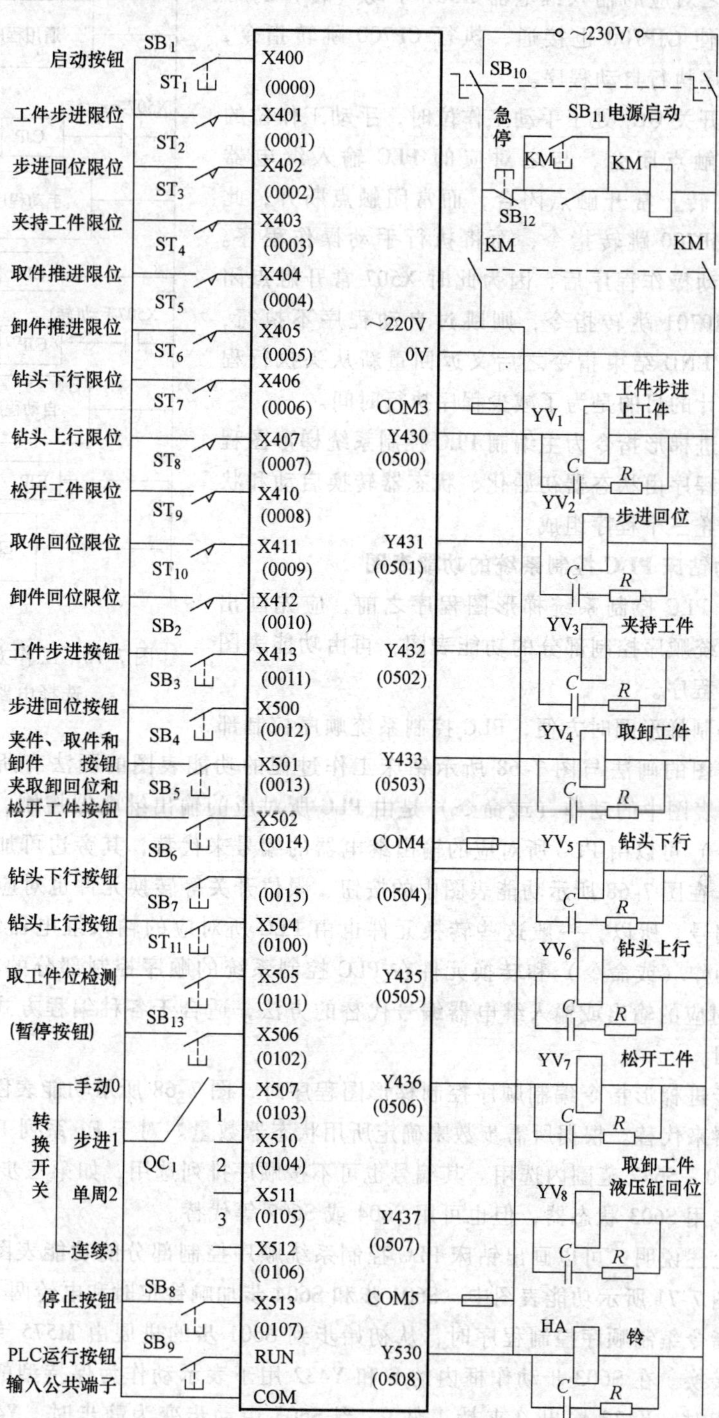


图 7-69　选定 F1-40MR 进行龙门钻床控制的 PLC 实际接线图

的，可使与之对应的输入继电器 X507 手动（转）的常闭触点接通使 CJP700 也接通，执行 CP700 跳转指令，跳过手动程序执行自动程序。

当转换开关 $QC_1$ 处于手动工作位时，手动工作位的 QC1.0 常开触点闭合，与之对应的 PLC 输入继电器 X507 手动（转）常开触点闭合，而常闭触点断开，此时不执行 CJP700 跳转指令，而将执行手动操作程序。在执行完手动操作程序后，因为此时 X507 常开触点闭合，执行 CJP701 跳转指令，则跳过自动程序不执行，一直到执行 END 结束指令之后又返回重新从头执行程序。这样设计的目的是为了减少程序执行时间。

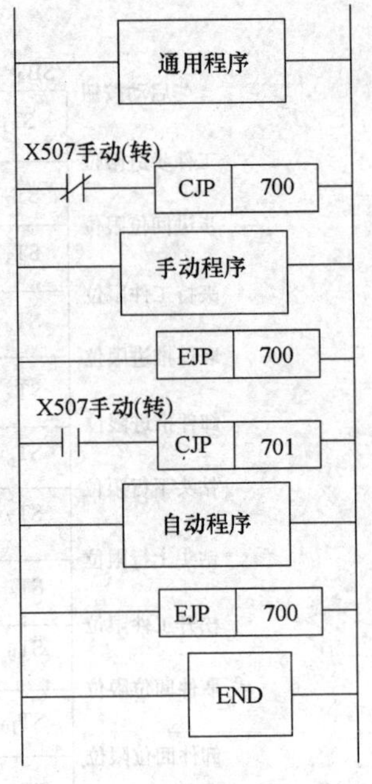


图 7-70 工作方式区分选择电路

当以步进梯形指令为主编制 PLC 控制系统梯形图程序时，通用程序由状态器初始化、状态器转换启动和状态器转换禁止三个程序组成。

**2. 自动钻床 PLC 控制系统的功能表图**

在编制 PLC 控制系统梯形图程序之前，应先画出 PLC 控制系统顺序控制部分的功能表图，再由功能表图画出梯形图程序。

为了编制梯形图时方便，PLC 控制系统顺序控制部分的功能表图的画法与图 7-68 所示钻床工作过程的功能表图的画法有所不同。因图 7-68的功能表图中的动作（或命令）是由 PLC 所对应的输出继电器控制，所以，其动作（或命令）可以由 PLC 所对应的输出继电器的编号来代替，其旁边可加动作（或命令）注解。在图 7-68 所示功能表图中的按钮、限位开关等转换元件也对应着 PLC 的输入继电器编号，所以，一般这些转换元件也由 PLC 所对应的输入继电器编号来代替。这种关于动作（或命令）和转换元件在 PLC 控制系统的顺序控制部分的功能表图中，由 PLC 相对应的输出或输入继电器编号代替的方法，适合于各种编程方式所需要绘制的功能表图。

当以步进梯形指令编制顺序控制梯形图程序时，图 7-68 所示功能表图中的步序号需用状态器来代替。根据所需步数来确定所用状态器数量。对于 F1 系列 PLC 状态器编号可在 S600 ~ S647 范围内选用。其编号也可不按顺序排列选用，如第三步用 S602 状态器，第四步用 S603 状态器，但也可用 S604 或 S607 等代替。

根据上述说明，可以画出钻床 PLC 控制系统顺序控制部分的功能表图，如图 7-71 所示。在图 7-71 所示功能表图中，S601 步和 S604 步加响铃定时和电铃两个动作。当用步进梯形指令编制顺序控制程序时，从初始步到 S601 步的进展由 M575 专用辅助继电器控制其转换。在 S603 步动作框内的 S 和 Y432 用于表示动作为保持型的，即当 S603 步变为动步时，Y432 输出（夹持工件），当 S603 由动步变为静步时，Y432 还保持输出，一直到 S606 步变为动步时，才将 Y432 复位断开。

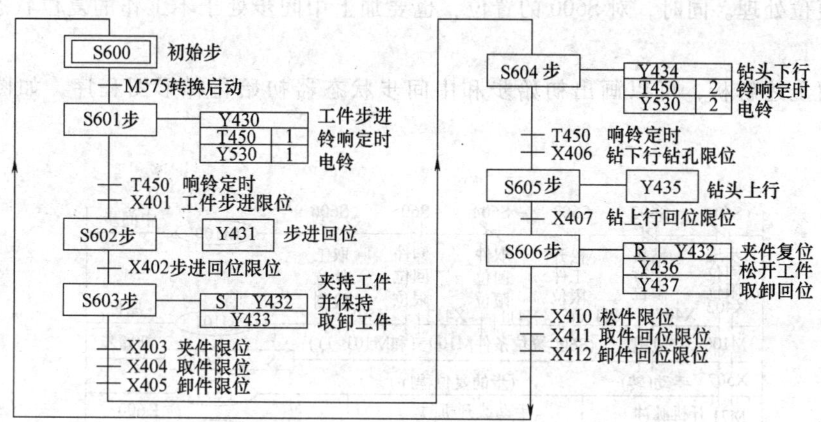


图 7-71　龙门钻床 PLC 控制系统顺序控制部分的功能表图

另外特别注意，在这里所说的顺序控制程序就是自控程序部分。

**3. 初始步和中间步状态器的初始化梯形图程序**（通用程序部分）

以步进梯形指令编程方式为主编制梯形图程序时，在通用程序部分要对 PLC 控制系统的功能表图中所用的初始步和中间工作步的状态器进行初始化处理（将状态器处理成工作开始所需要的初始状态）。

初始化程序一般包括两部分：一是对初始步状态器的置位或复位处理。在 F1 系列 PLC 中，一般将 S600 状态器作为初始步的状态器，当然也可以用其他状态器作为初始步的状态器。二是将表示中间步的状态器复位。本案例中中间工作步为 S601 ~ S606（见图 7-71）。

本案例中初始步状态器 S600 是在原位条件被满足和中间步状态器复位的情况下才被置位。当 S600 置位后，如果系统工作在自动方式时，按功能表图所示，可以通过转换条件的建立，使 S600 进展到下一步（本例中为 S601），使下一步（S601）变为动步，同时 S600 被自动复位。此后随着工作过程的不断进展（按功能表图进展）依次进入下一步的转换，一直到一个循环过程结束，之后初始步状态又被置位，可进行下一个循环的工作。

但在手动工作方式时，必须对初始步的状态器 S600 复位，防止由于初始步状态器 S600 被置位后一直保持。此时，如果手动操作使系统不在原位状态，而又将手动工作方式转换为自动工作方式，则 S600 初始步会向下一步 S601 步进展而进入自动控制状态。但因此时系统不是在原位状态下开始工作，则会使工作过程错乱，这种情况下可能出现事故。所以，在手动工作方式时必须将初始步状态器复位。

对于中间工作步的状态器（本案例中为 S601 ~ S606），在手动操作方式时，也必须将其复位。因为中间步的某一状态器被置位后又转到手动操作方式时，其置位状态仍被保持，此时如手动操作使机器处于原位状态，而又使初始步 S600 置位后，当工作方式又转到自动位时，可能会形成 S600 步向下一步和中间某一被置位保持的步也向下一步转换的情况。这样会使程序运行错乱。所以，对于中间步的状态器在手动工作方式下也必须做复位处理。同时，对 S600 的置位，也要加上中间步处于不工作的复位状态这一条件。

通过上述解析，可以画出初始步和中间步状态器初始化梯形图程序，如图 7-72 所示。

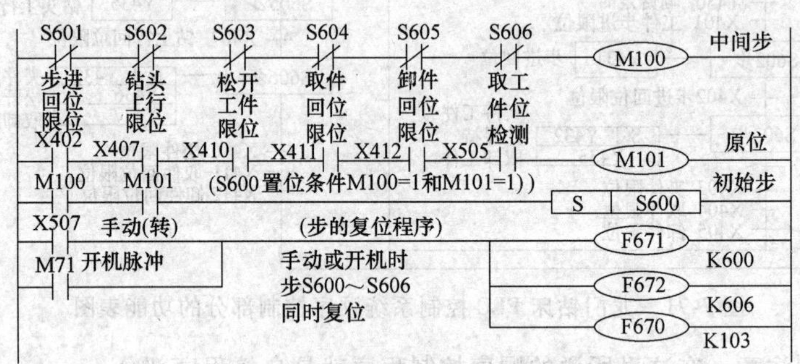


图 7-72　初始步和中间步状态器初始化梯形图程序

在图 7-72 中，利用所有中间状态器处于复位状态（其线圈未接通，常闭触点闭合）作为初始步 S600 置位条件之一。这样做的目的是；当执行自动程序时，此时中间步状态器必然有一个以上处于动步工作状态，其常闭触点此时必然是断开的，不能使 M100 接通，也就不能使初始步 S600 置位，这时即使误按启动按钮，也不可能做另外一次不正常的启动。

原位条件也是初始步置位条件之一。在钻床控制中，原位条件是所有液压缸回位、液压缸回位限位开关常开触点闭合、取工件位准备好工件。

在图 7-72 中，当系统工作在手动工作方式时，要利用工作方式选择开关 $QC_1$ 在手动位时（X507 常开触点闭合），使初始步状态器 S600 复位（复位优先执行）。

中间步状态器的复位也是利用工作方式选择开关 $QC_1$（转换开关）在手动位（X507 常开触点闭合）使之复位。因状态器有断电保持功能，所以，表示步的状态器的复位应利用专用辅助继电器 M71 在 PLC 上电时所产生一个扫描周期的脉冲功能来给表示步的状态器复位。当中间步状态器要再恢复供电时，从掉电前条件开始继续工作则不需要 M71。

在图 7-72 中，F670　K103 是对指定范围内的 Y、S、M 编程元件同时复位的功能指令。由设定线圈 F671 和在其后面的 K 后常数设定复位起始的编程元件编号，由设定线圈 F672 和在其后面的 K 后常数设定复位结束的编程元件编号。K 后常数为编程元件编号的号码，表示继电器类型的字母一律用 K 符号代替。本例中同时复位的范围是状态器 S600 ~ S606。

**4. 表示步的状态器转换启动和转换禁止梯形图程序**（通用程序部分）

F1 系列 PLC 有两个专供用步进梯形指令和状态器编制顺序控制程序的专用辅助继电器 M575 和 M574。利用这两个专用辅助继电器可编制顺序控制功能表图中表示步的状态器的转换启动和转换禁止。还可通过对 M575、M574 编程实现手动和自动工作方式中步进、单周期、连续工作方式的选择。

M575 用于对表示步的状态器的转换启动。M575 线圈接通一次，则对 PLC 状态器的自动转换系统启动一次。M575 相当于是 PLC 状态器自动转换系统的启动按钮。初始步 S600 向下步（如 S601）的转换要通过 M575 的常开触点的闭合来实现。

M574 用于对表示步的状态器的自动转换禁止。当用步进梯形指令控制表示步的状态器向下一步状态器转换时，如果 M574 线圈被接通，则这种表示步的所有状态器的自动转换就被禁止。只要 M574 接通，即使转换启动 M575 接通，转换也被禁止。

表示步的状态器的转换启动和转换禁止的梯形图程序如图 7-73 所示，该图也属于通用部分程序。在图 7-73 中，手动（转）或步进（转）或单周期（转）或连续（转）是指 PLC 选择工作方式的转换开关在其对应位的输入继电器常开、常闭触点。其程序功能解析如下：

① 在手动工作方式下，从转换启动的梯级图中可以看出，当转换开关在手动位时，X507 手动（转）常闭触点此时是断开的，转换启动专用辅助继电器 M575 不可能接通。同时，在转换禁止梯形图中，此时 X507 手动（转）常开触点应是闭合的，从而接通了转换禁止内部辅助继电器 M574。所以在手动方式下，禁止状态器转换。

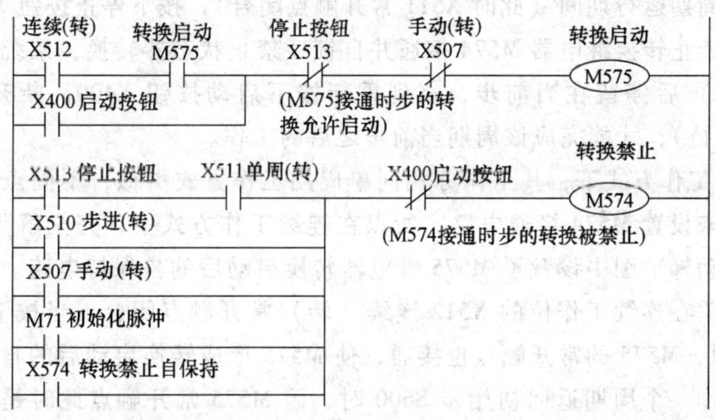


图 7-73　表示步的状态器的转换启动和转换禁止的梯形图程序

② 在步进工作方式下，从转换禁止梯形图中可以看出，当转换开关在步进位时，此时 X510 步进（转）的常开触点应处于闭合状态，通过 X510 常开触点和 X400（启动按钮）的常闭触点接通转换禁止继电器 M574，并使 M574 自保持。此时状态器向下一步转换一般是禁止的。但当按下启动按钮 X400 时，X400 常开触点闭合，可接通转换启动继电器 M575（无自保持功能，见转换启动梯形图），与此同时，在按下启动按钮 X400 的同时，X400 常闭触点断开，同时断开了转换禁止辅助继电器 M574，所以，可以启动状态器转换系统，表示步的状态器可从当前步转换到下步（见转换禁止梯形图）。但在下步动作（或命令）完成后，此时虽然转换条件可能已经满足，但由于此时启动按钮已松开，X400 启动按钮常闭触点又闭合，则通过 X510 步进（转）和 X400 常

闭触点接通转换禁止继电器 M574 并且自保持，使表示步的状态器不能向下一步转换。此时，只有再按一次启动按钮重新接通 M575 断开 M574 一次，才可进展一步。重复上述过程，就形成了按一次启动按钮进展一步的步进工作方式。

③ 在单周期工作方式下，此时在转换禁止梯形图中，当转换开关在单周期位时，X511 单周期（转）的常开触点虽然闭合，但因为 X513 停止按钮的常开触点此时是断开的，所以，不能接通禁止转换继电器 M574，解除了对表示步的状态器的转换禁止。此时，若按下启动按钮使 X400 常开触点闭合，则接通转换启动继电器 M575（无自保持，启动按钮松开后 M575 线圈即断开），即可启动 PLC 状态器转换系统，实现表示步的状态器从当前步向下一步的转换。只要 PLC 状态器转换系统已被启动，除非 M574 禁止转换继电器被接通一次，否则，只要转换条件满足，从当前步向下一步的转换能一直进行下去（注意，因 F1 系列 PLC 状态器只有 40 个且在同一用 STL 编程方式所编的顺序控制程序中不能重复使用，所以，最多能转换 40 步），直到返回到初始步。由于初始步状态器向下一步如 S601 的转换是通过转换启动继电器 M575 常开触点闭合来实现的（见图 7-73），在单周期工作方式中，按下启动按钮后，M575 只是暂时接通，无自保持功能，当系统按功能表图工作一个周期返回初始步时，因 M575 是断开的，所以，系统停留在初始步；就形成了按一次启动按钮进展一周期的单周期工作方式。

如果在单周期运行期间（此时 X511 常开触点闭合），按下停止按钮 X513 常开触点也闭合，则使禁止转换继电器 M574 接通并自锁，禁止状态器转换，系统完成当前步的动作（或命令）后停留在当前步，直到重新按下启动按钮 X400，断开 M574，接通 M575（无自保持），才能完成该周期当前步之后的工作。

④ 在连续工作方式下，其工作方式同单周期工作方式类似，不同点：一是在转换禁止梯形图中未设置 M574 接通电路，所以在连续工作方式下，完全解除了转换禁止；二是在转换启动梯形图中设置了 M575 继电器转换启动后的自保持电路。在连续工作方式下，转换开关在连续工作位的 X512 连续（转）常开触点闭合，当按下启动按钮时，M575 线圈接通，M575 的常开触点也接通，使 M575 形成转换启动后的自保持状态。此时，当系统工作一个周期返回初始步 S600 时，因 M575 常开触点此时是闭合的，转换条件满足，则可从初始步 S600 向下一步（S601 步）继续转换，开始下一周期工作。系统将这样一直工作下去直到按下停止按钮（X513 常闭触点断开），断开 M575 线圈及其自保持电路，使之在完成当前周期工作后，不能进入下一个周期工作，而停留在初始步。

**5. 自动控制部分梯形图程序的编制**

图 7-74 是根据图 7-71，用步进梯形指令编程方式编制的龙门钻床 PLC 控制系统自动控制部分的梯形图程序，这也是单序列顺序控制的例子。

当用 F1 系列 PLC 并用步进梯形指令编制自动控制梯形图程序时，要注意下面几点：

① 初始步状态器 S600 向下一步（本例中为 S601）转换时，一般以 M575 的触点为转换条件。

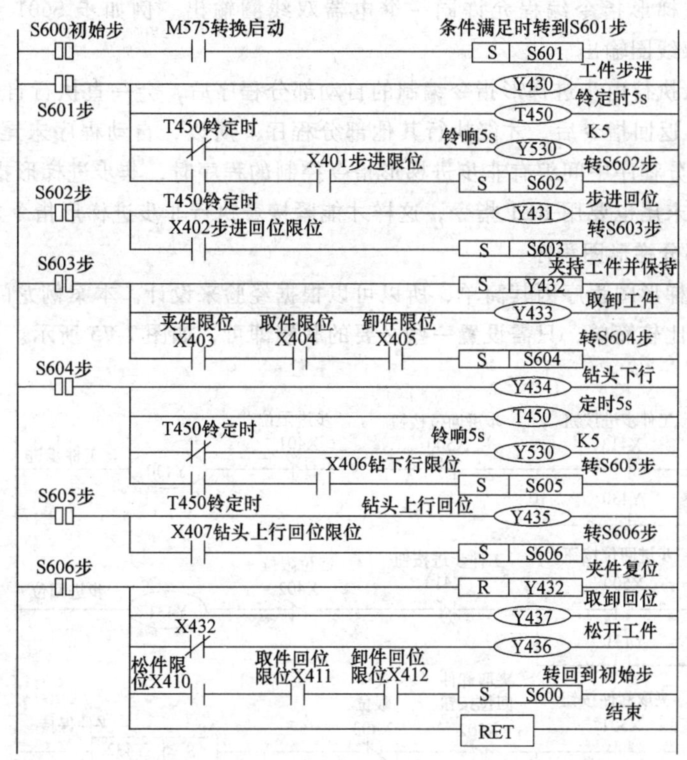


图 7-74　钻床 PLC 控制系统自动控制部分的梯形图程序

② 步进梯形指令有使转换的原状态器自动复位断开的功能。例如，当步 S602 状态器接通为动步时，接通 Y431。此时，当转换条件 X402 常开触点闭合时，可将 S603 状态器置位，即转换到下一步（S603 步），使 S603 变为动步。而原状态器 S602 的复位是由 PLC 内部转换系统自动地将其变为静步，即断开 S602，同时也就断开了 Y431。

③ 在系列 STL 电路结束时，要写入 RET 指令，使 LD（或 LDI）点回到原母线上。

④ 在表示步的状态器禁止转换期间，当前步的状态器是处于保持接通状态。例如，当在步 S604 状态器处于动步而转换禁止继电器 M574 接通，使系统不能向下一步转换时，会使步 S604 处于始终保持接通状态；此时，即使转换条件满足，也不能向下步转换，该步的动作 Y434 也仍然保持接通输出。如果系统有特殊要求，不允许在禁止转换期间且转换条件又成立时动作仍被保持接通输出，则可在该步状态器和动作（或命令）输出继电器之间加入相反的转换条件来切断输出。本例中可在步 S604 和 Y434 间加入转换条件 X406 的常闭触点。这样既可以在步 S604 接通时，不影响 Y434 输出，又可在转换条件 X406 接通时，用其常闭触点来切断 Y434 的输出（见图 7-74）。

⑤ 对于某步当中命令（或动作）的输出需要保持的，可用置位指令使其保持输出。此时即使该步变为静步，用置位指令的输出也可使其保持，直至后面程序中用复位指令

将其复位为止。例如，步 S603 中 SY432（夹件并保持）的输出就是这样编程的。

⑥ 用步进梯形指令编程允许同一继电器双线圈输出。例如步 S601 和步 S604 中 Y530 就属于双线圈输出。

⑦ 当进入执行由步进梯形指令编制的自动部分程序后，会一直执行自动部分程序，直到遇到 RET 返回指令后，才能执行其他部分程序。所以，自动程序末尾要用 RET 指令。当自动部分程序中间编有非步进梯形指令控制的程序时，非步进梯形指令控制程序前的自动程序末尾也要用 RET 指令，这样才能紧接着执行非步进梯形指令控制的程序。

**6. 手动部分梯形图程序**

手动部分梯形图程序因其简单，所以可以根据经验来设计。本案例龙门钻床手动操作部分的程序比较简单，只需设置一些必要的联锁即可，如图 7-75 所示。

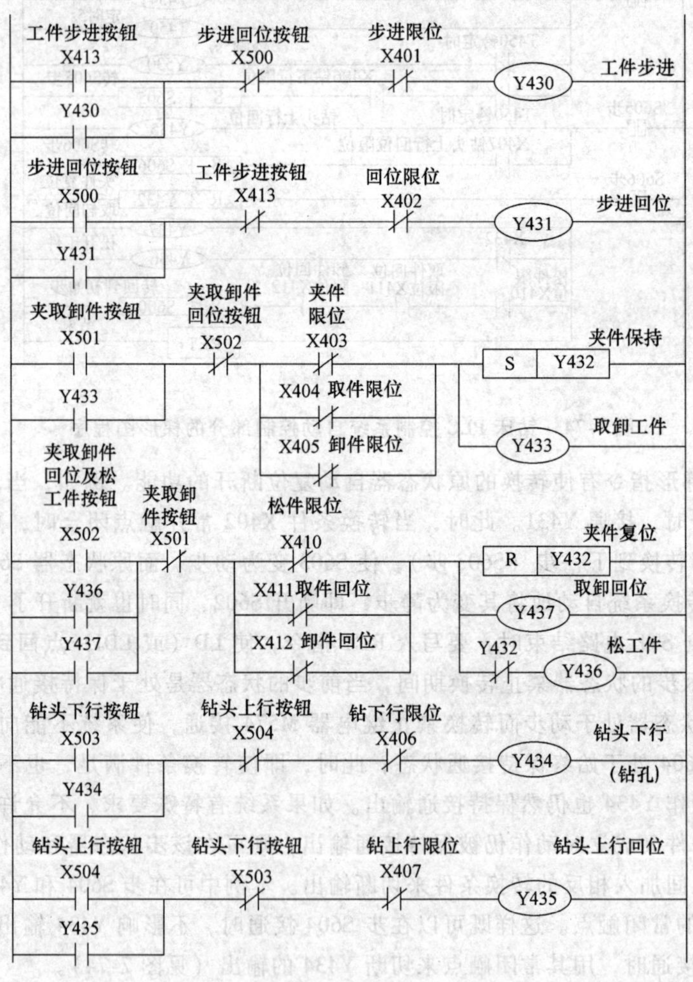


图 7-75　钻床手动操作部分的程序

**7. 以步进梯形指令编程方式为主编制的钻床 PLC 控制系统总梯形图程序**

对于用步进梯形指令编程方式为主编制 PLC 控制系统梯形图总的程序，可将前面所介绍的通用程序（包括初始化、转换启动、转换禁止程序）、手动程序、自动程序按图 7-70 总体框图组合，即可得到图 7-76 所示的总程序。

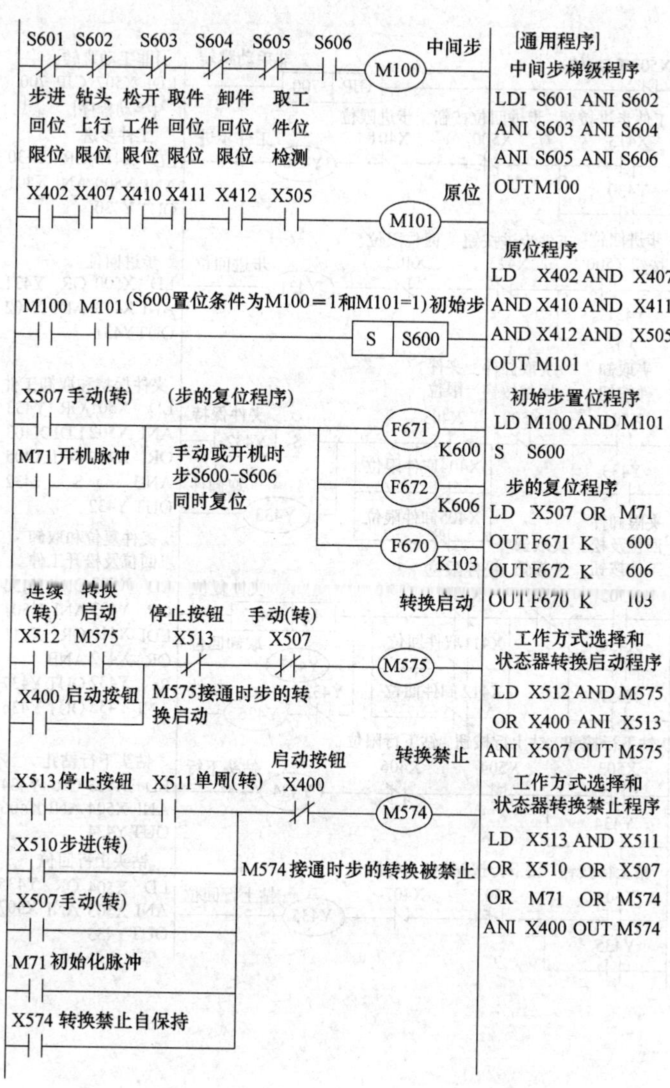


图 7-76　钻床 PLC 控制系统总梯形图程序

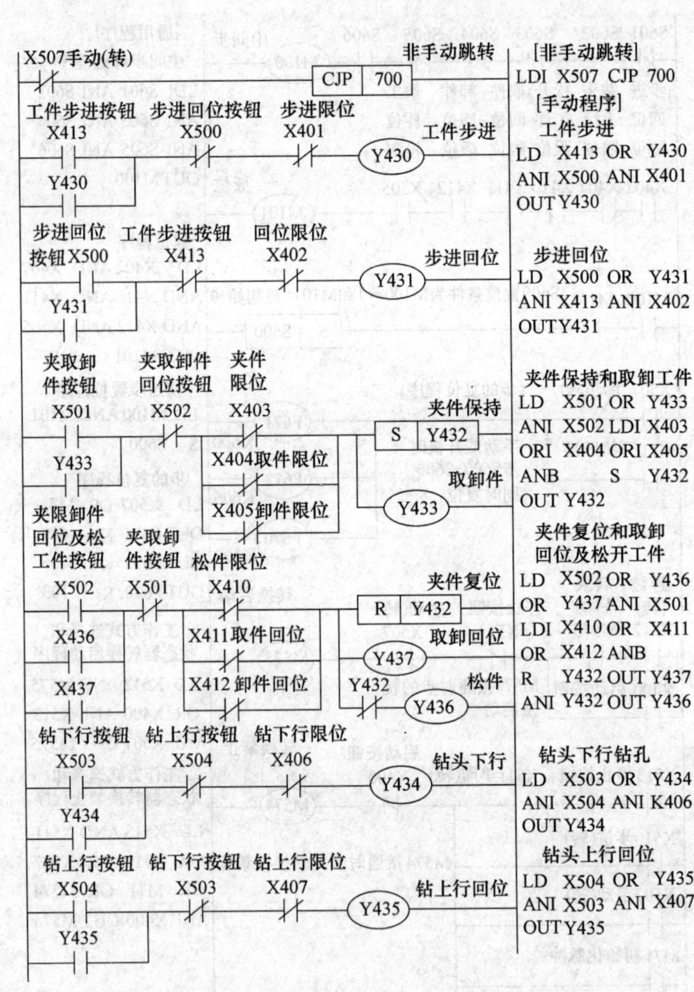


图 7-76 钻床 PLC 控制

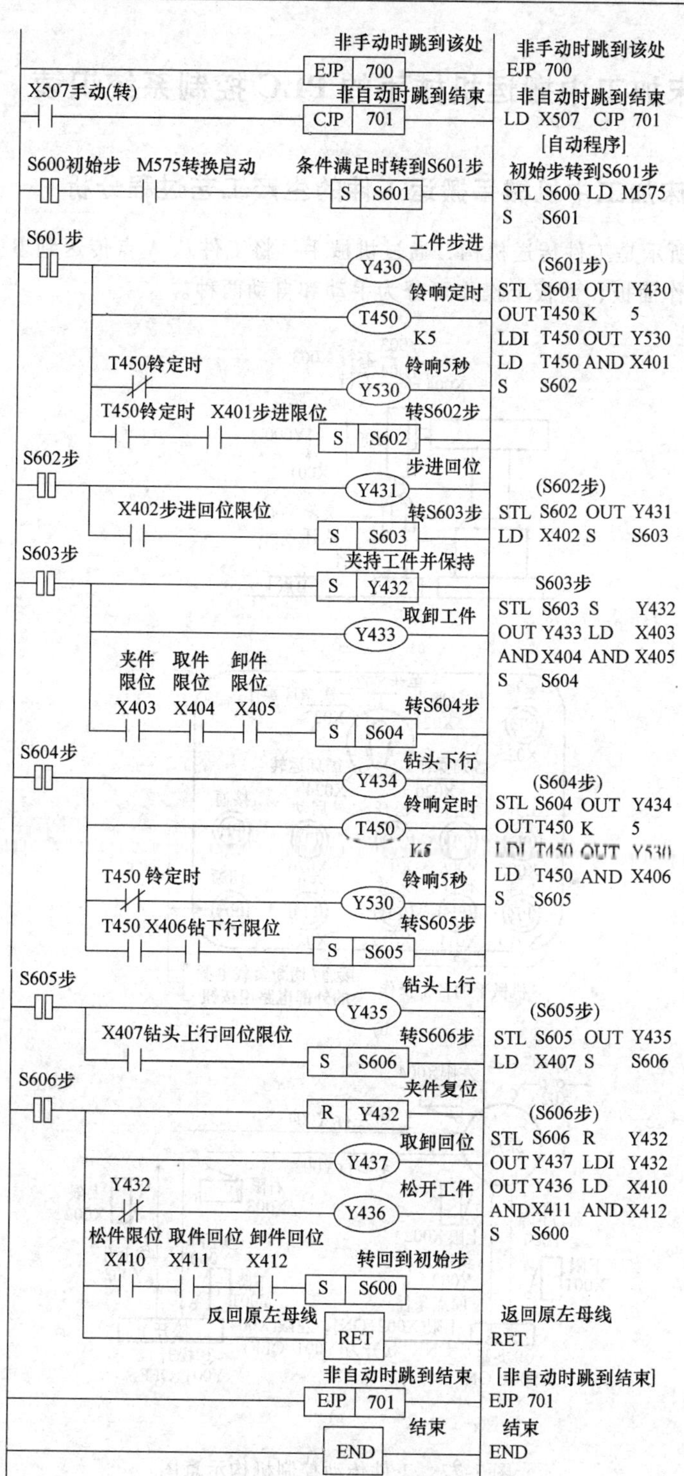
非手动时跳到该处
EJP 700
X507手动(转)
非自动时跳到结束
CJP 701
S600初始步 M575转换启动
条件满足时转到S601步
S S601
S601步
工件步进
Y430
铃响定时
T450
K5
T450铃定时
铃响5秒
Y530
T450铃定时 X401步进限位
转S602步
S S602
S602步
步进回位
Y431
X402步进回位限位
转S603步
S S603
S603步
夹持工件并保持
S Y432
取卸工件
Y433
夹件 取件 卸件
限位 限位 限位
X403 X404 X405
转S604步
S S604
S604步
钻头下行
Y434
铃响定时
T450
K5
T450 铃定时
铃响5秒
Y530
T450 X406钻下行限位
转S605步
S S605
S605步
钻头上行
Y435
X407钻头上行回位限位
转S606步
S S606
S606步
夹件复位
R Y432
取卸回位
Y437
Y432
松开工件
Y436
松件限位 取件回位 卸件回位
X410 X411 X412
转回到初始步
S S600
反回原左母线
RET
非自动时跳到结束
EJP 701
结束
END
非手动时跳到该处
EJP 700
非自动时跳到结束
LD X507 CJP 701
[自动程序]
初始步转到S601步
STL S600 LD M575
S S601
(S601步)
STL S601 OUT Y430
OUT T450 K 5
LDI T450 OUT Y530
LD T450 AND X401
S S602
(S602步)
STL S602 OUT Y431
LD X402 S S603
S603步
STL S603 S Y432
OUT Y433 LD X403
AND X404 AND X405
S S604
(S604步)
STL S604 OUT Y434
OUT T450 K 5
LDI T450 OUT Y530
LD T450 AND X406
S S605
(S605步)
STL S605 OUT Y435
LD X407 S S606
(S606步)
STL S606 R Y432
OUT Y437 LDI Y432
OUT Y436 LD X410
AND X411 AND X412
S S600
返回原左母线
RET
[非自动时跳到结束]
EJP 701
结束
END

系统总梯形图程序（续）

# 7.15 机床加工中搬运机械手的PLC控制系统识读

## 7.15.1 机床加工中机械手搬运工件的生产工艺过程分析

图7-77a所示是工件传送机构，通过机械手可将工件从A点传送到B点。图7-77b是机械手的操作面板，面板上操作可分为手动和自动两种。

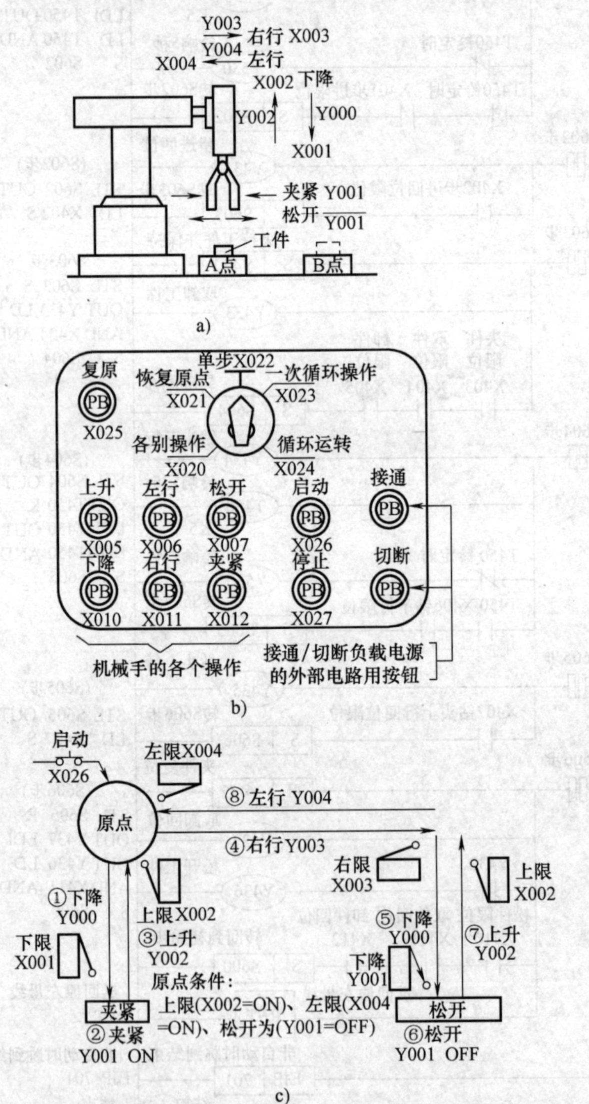


图7-77 工件传动控制机构示意图

a）工件传送机构输入、输出控制 b）工件传送机构操作面板 c）传送机构控制原理图

（1）手动

1）单个操作：用单个按钮接通或切断各负载的模式。

2）原点复位：按下原点复位按钮时，使机械自动复位原点的模式。

（2）自动

1）单步：每次按下启动按钮，前进一个工序。

2）循环运行一次：在原点位置上按启动按钮时，进行一次循环的自动运行到原点停止。途中按停止按钮，工作停止；若再按启动按钮则在停止位置继续运行至原点停止。

3）连续运转：在原点位置上按启动按钮，开始连续反复运转。若按停止按钮，运转至原点位置后停止。

图 7-77c 是工件传送机构的原理图。左上为原点，按①下降、②夹紧、③上升、④右行、⑤下降、⑥松开、⑦上升、⑧左行的顺序从左向右传送。下降/上升、左行/右行使用的是双电磁阀（驱动/非驱动 2 个输入），夹紧使用的是单电磁阀（只在通电中动作）。

## 7.15.2　PLC 的 I/O 触点地址

根据操作面板模式和控制原理图，分配 I/O 触点地址见表 7-20、表 7-21。

表 7-20　I 分配表

| 输入 | | 输入 | | 输入 | | 输入 | |
|---|---|---|---|---|---|---|---|
| 各个操作 | X021 | 连续运行 | Y001 | 上升 | X005 | 松开 | Y007 |
| 原点复归 | X022 | 循环一次 | Y002 | 下降 | X010 | 夹紧 | Y012 |
| 单步操作 | X023 | 自动启动 | Y003 | 左行 | 006 | | |
| 循环一次 | X024 | 停止 | | 右行 | 011 | | |

表 7-21　I/O 分配表

| 输入 | | 输出 | | 输入 | | 输出 | |
|---|---|---|---|---|---|---|---|
| 下限位 $SQ_1$ | X001 | 下降 | Y000 | 左限位 $SQ_4$ | X002 | 右行 | Y003 |
| 上限位 $SQ_2$ | X002 | 夹紧/松开 | Y001 | | | 左行 | Y004 |
| 右限位 $SQ_3$ | X003 | 上升 | Y002 | | | | |

## 7.15.3　PLC 控制的用户程序

根据工件传送机构的原理图，可以编写出机械手状态转移图，如图 7-78 所示；步进状态初始化、单个操作、原点复位、自动运行（包括单步、循环一次、连续运行）四部分梯形图程序如图 7-79 所示，指令表程序如图 7-80 所示。

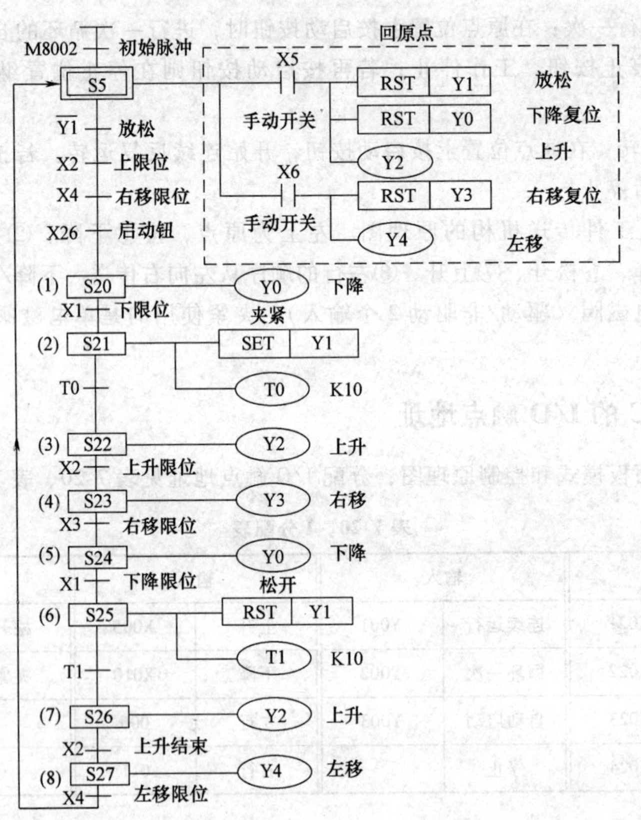


图 7-78 机械手状态转移图

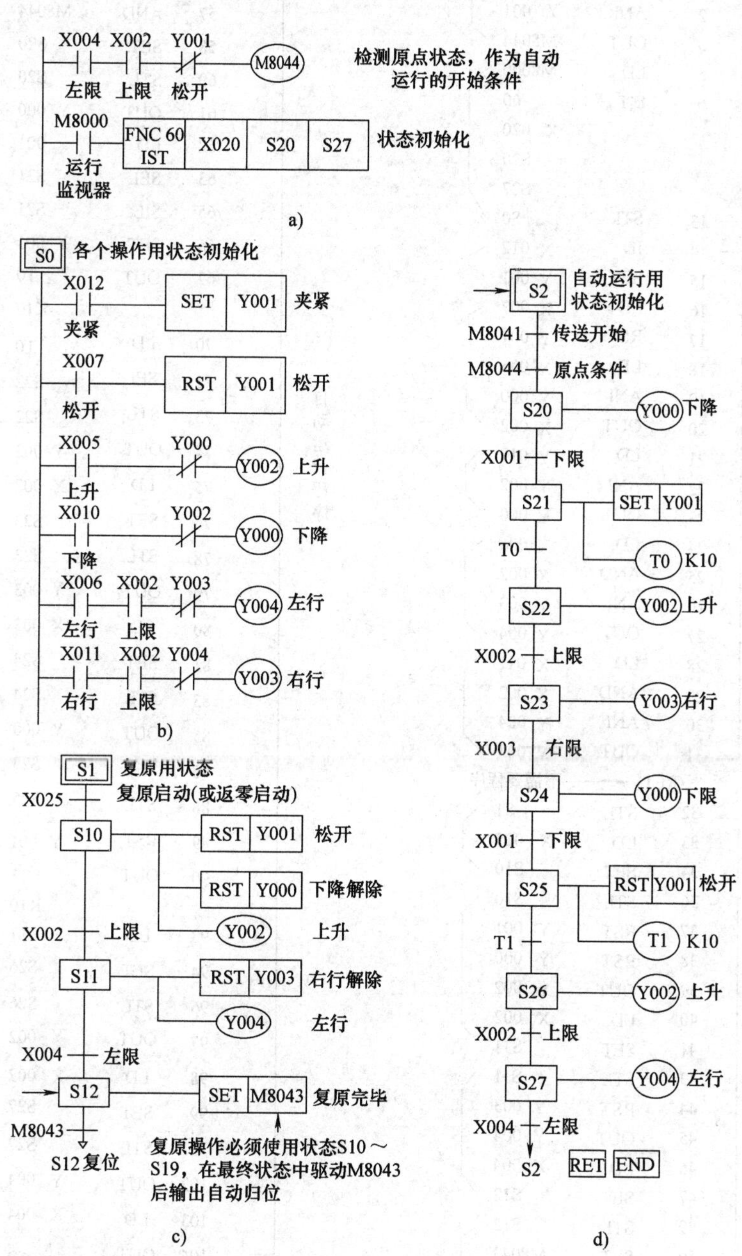


图 7-79　机械手搬运工件的步进状态初始化、单个操作、原点复位、自动运行四部分梯形图程序

a）初始化程序　b）各个操作程序　c）原点复归程序　d）自动运行（单步/循环一次/连续）

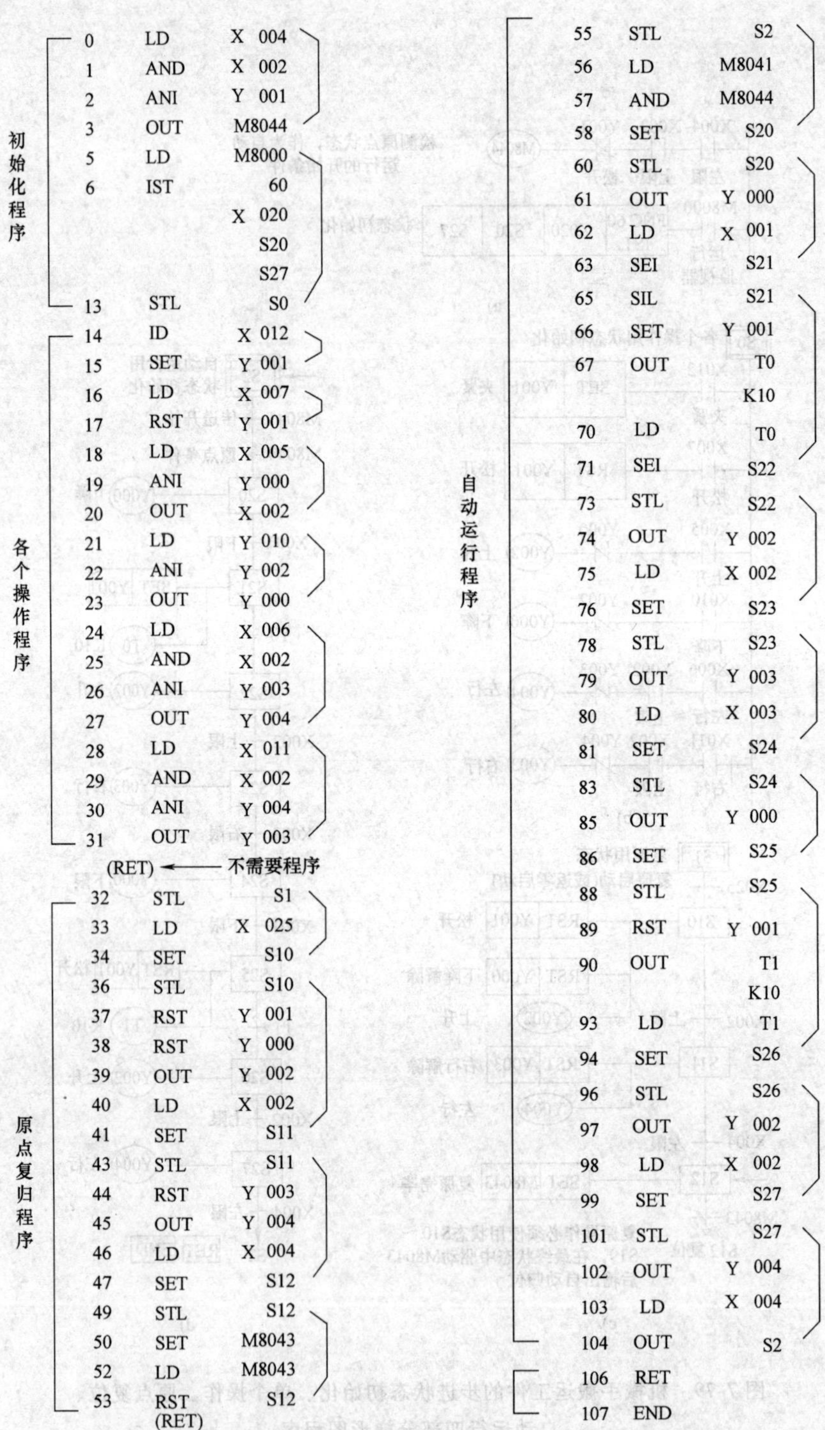

初始化程序
0 LD X 004
1 AND X 002
2 ANI Y 001
3 OUT M8044
5 LD M8000
6 IST 60
X 020
S20
S27
13 STL S0
各个操作程序
14 ID X 012
15 SET Y 001
16 LD X 007
17 RST Y 001
18 LD X 005
19 ANI Y 000
20 OUT X 002
21 LD Y 010
22 ANI Y 002
23 OUT Y 000
24 LD X 006
25 AND X 002
26 ANI Y 003
27 OUT Y 004
28 LD X 011
29 AND X 002
30 ANI Y 004
31 OUT Y 003
(RET) ← 不需要程序
原点复归程序
32 STL S1
33 LD X 025
34 SET S10
36 STL S10
37 RST Y 001
38 RST Y 000
39 OUT Y 002
40 LD X 002
41 SET S11
43 STL S11
44 RST Y 003
45 OUT Y 004
46 LD X 004
47 SET S12
49 STL S12
50 SET M8043
52 LD M8043
53 RST S12
(RET)
自动运行程序
55 STL S2
56 LD M8041
57 AND M8044
58 SET S20
60 STL S20
61 OUT Y 000
62 LD X 001
63 SEI S21
65 SIL S21
66 SET Y 001
67 OUT T0
K10
70 LD T0
71 SEI S22
73 STL S22
74 OUT Y 002
75 LD X 002
76 SET S23
78 STL S23
79 OUT Y 003
80 LD X 003
81 SET S24
83 STL S24
85 OUT Y 000
86 SET S25
88 STL S25
89 RST Y 001
90 OUT T1
K10
93 LD T1
94 SET S26
96 STL S26
97 OUT Y 002
98 LD X 002
99 SET S27
101 STL S27
102 OUT Y 004
103 LD X 004
104 OUT S2
106 RET
107 END


图 7-80 机械手搬运工件的步进状态初始化、单个操作、原点复位、自动运行四部分指令表程序

# 附　录

## 附录A　电气图常用图形符号和文字符号新/旧标准对照表

| 名称 | | 新标准 图形符号 | 新标准 文字符号 | 旧标准 图形符号 | 旧标准 文字符号 |
|---|---|---|---|---|---|
| 一般三极开关 | | | QS | | K |
| 低压断路器 | | | QF | | UZ |
| 位置开关 | 常开触点 | | SQ(T) | | XK |
| 位置开关 | 常闭触点 | | SQ(T) | | XK |
| 位置开关 | 复合触点 | | SQ(T) | | XK |
| 熔断器 | | | FU | | RD |
| 按钮 | 启动 | | SB | | AN |

| 名称 | | 新标准 图形符号 | 新标准 文字符号 | 旧标准 图形符号 | 旧标准 文字符号 |
|---|---|---|---|---|---|
| 按钮 | 停止 | | SB | | AN |
| 按钮 | 复合 | | SB | | AN |
| 接触器 | 线圈 | | KM | | C |
| 接触器 | 主触点 | | KM | | C |
| 接触器 | 常开辅助触点 | | KM | | C |
| 接触器 | 常闭辅助触点 | | KM | | C |
| 速度继电器 | 常开触点 | | KS | | SDJ |
| 速度继电器 | 常闭触点 | | KS | | SDJ |
| 时间继电器 | 线圈 | | KT | | SJ |

（续）

| 名称 | | 新标准 图形符号 | 新标准 文字符号 | 旧标准 图形符号 | 旧标准 文字符号 |
|---|---|---|---|---|---|
| 时间继电器 | 延时闭合常开触点 | | KT | 或 | SJ |
| | 延时断开常闭触点 | | | 或 | |
| | 延时闭合常闭触点 | | | 或 | |
| | 延时断开常开触点 | | | 或 | |
| 热继电器 | 线圈 | | FR（KR） | | RJ |
| | 常闭触点 | | | | |
| 继电器 | 中间继电器线圈 | | KA | | ZJ |
| | 欠电压继电器线圈 | U< | KU | | QYJ |
| | 过电压继电器线圈 | U> | KU | | GYJ |
| | 常开触点 | | 相应继电器符号 | | 相应继电器符号 |
| | 常闭触点 | | | | |
| 继电器 | 欠电流继电器线圈 | I< | KI | | QLJ |
| | 过电流继电器线圈 | U> | KI | | GLJ |
| 转换开关 | | | SA | | HK |
| 制动电磁铁 | | | YB | | DT |
| 电磁离合器 | | | YC | | CH |
| 电位器 | | | RP | | W |
| 桥式整流装置 | | | UC | | ZL |
| 照明灯 | | | EL | | ZD |
| 信号灯 | | | HL | | XD |
| 电阻器 | | | R | | R |
| 插头和插座 | | | X | | CZ |
| 电磁铁 | | | YA | | DT |
| 电磁吸盘 | | | YH | | DX |

（续）

| 名称 | 新标准 |  | 旧标准 |  |
|---|---|---|---|---|
|  | 图形符号 | 文字符号 | 图形符号 | 文字符号 |
| 串励直流电动机 |  | M |  | ZD |
| 并励直流电动机 |  | M |  | ZD |
| 他励直流电动机 |  | M |  | ZD |
| 复励直流电动机 |  | M |  | ZD |
| 直流发电机 |  | G |  | ZF |
| 三相笼型异步电动机 |  | M |  | D |
| 三相绕线转子异步电动机 |  | M |  | D |

| 名称 | 新标准 |  | 旧标准 |  |
|---|---|---|---|---|
|  | 图形符号 | 文字符号 | 图形符号 | 文字符号 |
| 单相变压器 |  | T |  | B |
| 整流变压器 |  | T |  | ZLB |
| 照明变压器 |  | T |  | ZB |
| 隔离变压器 |  | TC |  | B |
| 三相自耦变压器 |  | T |  | ZOB |
| 半导体二极管 |  | V |  | D |
| PNP 型三极管 |  | V |  | T |
| NPN 型三极管 |  | V |  | T |
| 晶闸管 |  | V |  | SCR |

# 附录 B  FX $_{2N}$系列 PLC 内部软元件分配一览表

<table>
<tr><td rowspan="2">器件</td><td colspan="8">型　　号</td></tr>
<tr><td>FX$_{2N}$ ~16M</td><td>FX$_{2N}$ ~32M</td><td>FX$_{2N}$ ~48M</td><td>FX$_{2N}$ ~64M</td><td>FX$_{2N}$ ~80M</td><td>FX$_{2N}$ ~128M</td><td>扩展时</td><td></td></tr>
<tr><td>输入继电器 X</td><td>X000 ~ X007<br>8 点</td><td>X000 ~ X017<br>16 点</td><td>X000 ~ X027<br>24 点</td><td>X000 ~ X037<br>32 点</td><td>X000 ~ X047<br>40 点</td><td>X000 ~ X077<br>64 点</td><td>X000 ~ X267<br>184 点</td><td rowspan="2">输入输出合计256点</td></tr>
<tr><td>输出继电器 Y</td><td>Y000 ~ Y007<br>8 点</td><td>Y000 ~ Y017<br>16 点</td><td>Y000 ~ Y027<br>24 点</td><td>Y000 ~ Y037<br>32 点</td><td>Y000 ~ Y047<br>40 点</td><td>Y000 ~ Y077<br>64 点</td><td>Y000 ~ Y267<br>184 点</td></tr>
<tr><td>辅助继电器 M</td><td colspan="2">M0 ~ M499<br>500 点一般用①</td><td colspan="2">【M500 ~ M1023】<br>524 点保持用②</td><td colspan="2">【M1024 ~ M3071】<br>2048 点保持用③</td><td colspan="2">M8000 ~ M8255<br>256 点④特殊用</td></tr>
<tr><td>状态继电器 S</td><td colspan="3">S0 ~ S499<br>500 点一般用①<br>初始化用 S0 ~ S9<br>原点回归用 S10 ~ S19</td><td colspan="3">【S500 ~ S899】<br>400 点保持用②</td><td colspan="2">【S900 ~ S999】<br>100 点信号报警用②</td></tr>
<tr><td>定时器 T</td><td colspan="2">T0 ~ T199<br>200 点 100ms<br>子程序用……<br>T192 ~ T199</td><td colspan="2">T200 ~ T245<br>46 点 10ms</td><td colspan="2">【T246 ~ T249】<br>4 点<br>1ms 累积③</td><td colspan="2">【T250 ~ T255】<br>6 点<br>100ms 累积③</td></tr>
<tr><td rowspan="2">计数器 C</td><td colspan="2">16 位增量计数</td><td colspan="2">32 位可逆</td><td colspan="4">32 位高速可逆计数器最大 6 点</td></tr>
<tr><td>C0 ~ C99<br>100 点<br>一般用①</td><td>【C100 ~ C199】<br>100 点<br>保持用②</td><td>C200 ~ C219<br>20 点<br>一般用②</td><td>【C220 ~ C234】<br>15 点<br>保持用②</td><td>【C235 ~ C245】<br>1 相 1 输入②</td><td>【C246 ~ C250】<br>1 相 2 输入②</td><td colspan="2">【C251 ~ C255】<br>2 相输入②</td></tr>
<tr><td>数据寄存器 D. V. Z</td><td colspan="2">D0 ~ D199<br>200 点<br>一般用①</td><td>【D200 ~ D511】<br>312 点保持用②</td><td colspan="2">【D512 ~ D7999】<br>7488 点<br>保持用③<br>文件用……<br>D1000 以后可设定作为文件寄存器使用</td><td>D8000 ~ D8195<br>256 点③<br>特殊用</td><td colspan="2">V7 ~ V0<br>Z7 ~ Z0<br>16 点<br>变址用①</td></tr>
<tr><td>嵌套指针</td><td colspan="2">N0 ~ N7<br>8 点<br>主控用</td><td>P0 ~ P127<br>128 点<br>跳跃、子程序用，分支式指针</td><td colspan="2">100 ~ 150<br>6 点<br>输入中断用指针</td><td>16 ~ 18<br>3 点<br>定时器中断用指针</td><td colspan="2">1010 ~ 1060<br>6 点<br>计数器中断用指针</td></tr>
<tr><td>常数 K</td><td colspan="4">16 位：-32 768 ~ 32 767</td><td colspan="4">32 位：2 147 483648 ~ 2 147 483 647</td></tr>
<tr><td>常数 H</td><td colspan="4">16 位：0 ~ FFFFH</td><td colspan="4">32 位：0 ~ FFFFFFFH</td></tr>
</table>

注：【　】内的软元件为停电保持领域。

① 非停电保持范围，根据设定的参数，可改变停电保持范围。

② 停电保持范围，根据设定的参数，可改变非停电保持范围。

③ 固定的停电保持范围，不可变更的特性。

④ 不同系列 PLC 特殊软元件略有不同。

# 附录C 三菱FX系列PLC指令一览表

## C.1 基本指令简表

| 指令助记符、名称 | 功能 | 电路表示和可用软元件 | 指令助记符、名称 | 功能 | 电路表示和可用软元件 |
|---|---|---|---|---|---|
| [LD]取 | 触点运算开始a触点 | XYMSTC | [ORB]电路块或 | 串联电路块的并联连接 | |
| [LDI]取反 | 触点运算开始b触点 | XYMSTC | [OUT]输出 | 线圈驱动指令 | YMSTC |
| [LDP]取脉冲 | 上升沿检测运算开始 | XYMSTC | [SET]置位 | 线圈接通保持指令 | SET YMS |
| [LDF]取脉冲 | 下降沿检测运算开始 | XYMSTC | [RST]复位 | 线圈接通清除指令 | RST YMSTCD |
| [AND]与 | 串联连接a触点 | XYMSTC | [PLS]上沿脉冲 | 上升沿检测指令 | PLS YMSTCD |
| [ANI]与非 | 串联连接b触点 | XYMSTC | [PLF]下沿脉冲 | 下降沿检测指令 | PLF YM |
| [ANDP]与脉冲 | 上升沿检测串联连接 | XYMSTC | [MC]主控 | 公共串联点的连接线圈指令 | MC N YM |
| [ANDF]与脉冲 | 下降沿检测串联连接 | XYMSTC | [MCR]主控复位 | 公共串联点的清除指令 | MCR N |
| [OR]或 | 并联连接a触点 | XYMSTC | [MPS]进栈 | 运算存储 | MPS<br>MRD<br>MPP |
| [ORI]或非 | 并联连接b触点 | XYMSTC | [MRD]读栈 | 存储读出 | |
| [ORP]或脉冲 | 脉冲上升沿检测并联连接 | XYMSTC | [MPP]出栈 | 存储读出与复位 | |
| [ORF]或脉冲 | 脉冲下降沿检测并联连接 | XYMSTC | [INV]反转 | 运算结果的反转 | INV |
| [ANB]电路块与 | 并联电路块的串联连接 | | [NOP]空操作 | 无动作 | |
| | | | [END]结束 | 顺控程序结束 | 顺控程序结束，回到“0”步 |

## C.2 功能指令一览表

| 指令分数 | 功能号 FNC NO. | 指令助记符 | 功 能 | 对应 PLC 型号 | | | |
|---|---|---|---|---|---|---|---|
| | | | | $FX_{1S}$ | $FX_{1N}$ | $FX_{2N}$ | $FX_{3N}$ |
| 程序流程 | 00 | CJ | 条件跳转 | ○ | ○ | ○ | ○ |
| | 01 | CALL | 子程序调用 | ○ | ○ | ○ | ○ |
| | 02 | SRET | 子程序返回 | ○ | ○ | ○ | ○ |
| | 03 | IRET | 中断返回 | ○ | ○ | ○ | ○ |
| | 04 | EI | 中断许可 | ○ | ○ | ○ | ○ |
| | 05 | DI | 中断禁止 | ○ | ○ | ○ | ○ |
| | 06 | FEND | 主程序结束 | ○ | ○ | ○ | ○ |
| | 07 | WDT | 监控定时器 | ○ | ○ | ○ | ○ |
| | 08 | FOR | 循环范围开始 | ○ | ○ | ○ | ○ |
| | 09 | NEXT | 循环范围终了 | ○ | ○ | ○ | ○ |
| 传送与比较 | 10 | CMP | 比较 | ○ | ○ | ○ | ○ |
| | 11 | ZCP | 区域比较 | ○ | ○ | ○ | ○ |
| | 12 | MOV | 传送 | ○ | ○ | ○ | ○ |
| | 13 | SMOV | 移位传送 | — | — | ○ | ○ |
| | 14 | CML | 倒转传送 | — | — | ○ | ○ |
| | 15 | BMOV | 一并传送 | ○ | ○ | ○ | ○ |
| | 16 | FMOV | 多点传送 | — | — | ○ | ○ |
| | 17 | XCH | 交换 | — | — | ○ | ○ |
| | 18 | BCD | BCD 转换 | ○ | ○ | ○ | ○ |
| | 19 | BIN | BIN 转换 | ○ | ○ | ○ | ○ |
| 四则逻辑运算 | 20 | ADD | BIN 加法 | ○ | ○ | ○ | ○ |
| | 21 | SUB | BIN 减法 | ○ | ○ | ○ | ○ |
| | 22 | MUL | BIN 乘法 | ○ | ○ | ○ | ○ |
| | 23 | DIV | BIN 除法 | ○ | ○ | ○ | ○ |
| | 24 | INC | BIN 加 1 | ○ | ○ | ○ | ○ |
| | 25 | DEC | BIN 减 1 | ○ | ○ | ○ | ○ |
| | 26 | WAND | 逻辑字与 | ○ | ○ | ○ | ○ |
| | 27 | WOR | 逻辑字或 | ○ | ○ | ○ | ○ |
| | 28 | WXOR | 逻辑字异或 | ○ | ○ | ○ | ○ |
| | 29 | NEG | 求补码 | — | — | ○ | ○ |
| 循环移位 | 30 | ROR | 循环右移 | — | — | ○ | ○ |
| | 31 | ROL | 循环左移 | — | — | ○ | ○ |
| | 32 | RCR | 带进位循环右移 | — | — | ○ | ○ |
| | 33 | RCL | 带进位循环左移 | — | — | ○ | ○ |
| | 34 | SFTR | 位右移 | ○ | ○ | ○ | ○ |
| | 35 | SFTL | 位左移 | ○ | ○ | ○ | ○ |
| | 36 | WSFR | 字右移 | — | — | ○ | ○ |

（续）

| 指令分数 | 功能号 FNC NO. | 指令助记符 | 功　能 | 对应 PLC 型号 | | | |
|---|---|---|---|---|---|---|---|
| | | | | $FX_{1S}$ | $FX_{1N}$ | $FX_{2N}$ | $FX_{3N}$ |
| 循环移位 | 37 | WSFL | 字左移 | — | — | ○ | ○ |
| | 38 | SFWR | 移位写入 | ○ | ○ | ○ | ○ |
| | 39 | SFRD | 移位读出 | ○ | ○ | ○ | ○ |
| 数据处理 | 40 | ZRST | 批次复位 | ○ | ○ | ○ | ○ |
| | 41 | DECO | 译码 | ○ | ○ | ○ | ○ |
| | 42 | ENCO | 编码 | ○ | ○ | ○ | ○ |
| | 43 | SUM | ON 位数 | — | — | ○ | ○ |
| | 44 | BON | ON 位数判定 | — | — | ○ | ○ |
| | 45 | MEAN | 平均值 | — | — | ○ | ○ |
| | 46 | ANS | 信号报警置位 | — | — | ○ | ○ |
| | 47 | ANR | 信号报警器复位 | — | — | ○ | ○ |
| | 48 | SOR | BIN 开方 | — | — | ○ | ○ |
| | 49 | FLT | BLN 整数→2 进制浮点数转换 | — | — | ○ | ○ |
| 高速处理 | 50 | REF | 输入输出刷新 | ○ | ○ | ○ | ○ |
| | 51 | REFF | 滤波器调整 | — | — | ○ | ○ |
| | 52 | MTR | 矩阵输入 | ○ | ○ | ○ | ○ |
| | 53 | HSCS | 比较置位（高速计数器） | ○ | ○ | ○ | ○ |
| | 54 | HSCR | 比较复位（高速计数器） | ○ | ○ | ○ | ○ |
| | 55 | HSZ | 区间比较（高速计数器） | — | — | ○ | ○ |
| | 56 | SPD | 脉冲密度 | ○ | ○ | ○ | ○ |
| | 57 | PLSY | 脉冲输出 | ○ | ○ | ○ | ○ |
| | 58 | PWM | 脉冲调制 | ○ | ○ | ○ | ○ |
| | 59 | PLSR | 带加减速的脉冲输出 | ○ | ○ | ○ | ○ |
| 方便指令 | 60 | IST | 初始化状态 | ○ | ○ | ○ | ○ |
| | 61 | SER | 数据查找 | — | — | ○ | ○ |
| | 62 | ABSD | 凸轮控制（绝对方式） | ○ | ○ | ○ | ○ |
| | 63 | INCD | 凸轮控制（增量方式） | ○ | ○ | ○ | ○ |
| | 64 | TTMR | 示教定时器 | — | — | ○ | ○ |
| | 65 | STMR | 特殊定时器 | — | — | ○ | ○ |
| | 66 | ALT | 交替输出 | ○ | ○ | ○ | ○ |
| | 67 | RAMP | 斜坡信号 | ○ | ○ | ○ | ○ |
| | 68 | ROTC | 旋转工作台控制 | — | — | ○ | ○ |
| | 69 | SORT | 数据排列 | — | — | ○ | ○ |
| 外围设备 I/O | 70 | TKY | 数字键输入 | — | — | ○ | ○ |
| | 71 | HKY | 16 键输入 | — | — | ○ | ○ |
| | 72 | DSW | 数字式开关 | ○ | ○ | ○ | ○ |
| | 73 | SEGD | 7 段详码 | — | — | ○ | ○ |

（续）

| 指令分数 | 功能号 FNC NO. | 指令助记符 | 功能 | 对应 PLC 型号 | | | |
|---|---|---|---|---|---|---|---|
| | | | | $FX_{1S}$ | $FX_{1N}$ | $FX_{2N}$ | $FX_{3N}$ |
| 外围设备 I/O | 74 | SEGL | 7 段码按时间分割显示 | ○ | ○ | ○ | ○ |
| | 75 | ARWS | 箭头开关 | — | — | ○ | ○ |
| | 76 | ASC | ASCⅡ码变换 | — | — | ○ | ○ |
| | 77 | PR | ASCⅡ码打印输出 | — | — | ○ | ○ |
| | 78 | FROM | BFM 读出 | — | ○ | ○ | ○ |
| | 79 | TO | BFM 写入 | — | ○ | ○ | ○ |
| 外围设备 SER | 80 | RS | 串行数据传送 | ○ | ○ | ○ | ○ |
| | 81 | PRUN | 8 进制位传送 | ○ | ○ | ○ | ○ |
| | 82 | ASCI | HEX-ASCⅡ转换 | ○ | ○ | ○ | ○ |
| | 83 | HEX | ASCⅡ-HEX 转换 | ○ | ○ | ○ | ○ |
| | 84 | CCD | 校验码 | ○ | ○ | ○ | ○ |
| | 85 | VRRD | 电位器读出 | ○ | ○ | ○ | ○ |
| | 86 | VRSC | 电位器刻度 | ○ | ○ | ○ | ○ |
| | 87 | | | | | | |
| | 88 | PID | PID 运算 | ○ | ○ | ○ | ○ |
| | 89 | | | | | | |
| 浮点数 | 110 | ECMP | 二进制浮点数比较 | — | — | ○ | ○ |
| | 111 | EZCP | 二进制浮点数区间比较 | — | — | ○ | ○ |
| | 118 | EBCD | 二进制浮点数-十进制浮点数转换 | — | — | ○ | ○ |
| | 119 | EBJN | 十进制浮点数-二进制浮点数转换 | — | — | ○ | ○ |
| | 120 | EADD | 二进制浮点数加法 | — | — | ○ | ○ |
| | 121 | ESUR | 二进制浮点数减法 | — | — | ○ | ○ |
| | 122 | EMUL | 二进制浮点数乘法 | — | — | ○ | ○ |
| | 123 | EDIV | 二进制浮点数除法 | — | — | ○ | ○ |
| | 127 | ESOR | 二进制浮点数开方 | — | — | ○ | ○ |
| | 129 | INT | 二进制浮点数-BIN 整数转换 | — | — | ○ | ○ |
| | 130 | SIN | 浮点数 SN 运算 | — | — | ○ | ○ |
| | 131 | COS | 浮点数 COS 运算 | — | — | ○ | ○ |
| | 132 | TAN | 浮点数 TAN 运算 | — | — | ○ | ○ |
| | 147 | SWAP | 上下字节变换 | — | — | ○ | ○ |
| 定位 | 155 | ABS | ABS 现在值读出 | ○ | ○ | — | — |
| | 156 | ZRN | 原点回归 | ○ | ○ | — | — |
| | 157 | PLSY | 可变度的脉冲输出 | ○ | ○ | — | — |
| | 158 | DRVI | 相对定位 | ○ | ○ | — | — |
| | 159 | DRVA | 绝对定位 | ○ | ○ | — | — |
| 时钟运算 | 160 | TCMP | 时钟数据比较 | ○ | ○ | ○ | ○ |
| | 161 | TZCP | 时钟数据区间比较 | ○ | ○ | ○ | ○ |

（续）

| 指令分数 | 功能号 FNC NO. | 指令助记符 | 功能 | 对应 PLC 型号 | | | |
|---|---|---|---|---|---|---|---|
| | | | | $FX_{1S}$ | $FX_{1N}$ | $FX_{2N}$ | $FX_{3N}$ |
| 时钟运算 | 162 | TADD | 时钟数据加法 | ○ | ○ | ○ | ○ |
| | 163 | TSUB | 时钟数据减法 | ○ | ○ | ○ | ○ |
| | 166 | TRD | 时钟数据读出 | ○ | ○ | ○ | ○ |
| | 167 | TWR | 时钟数据写入 | ○ | ○ | ○ | ○ |
| | 169 | HOUR | 计时指令 | ○ | ○ | — | — |
| 外围设备 | 170 | GRY | 格雷码变换 | — | — | ○ | ○ |
| | 171 | GBIN | 格雷码逆变换 | — | — | ○ | ○ |
| | 176 | RD3A | 模拟块读出 | — | ○ | — | — |
| | 177 | WR3A | 模拟块写入 | — | ○ | — | — |
| 触点比较 | 224 | LD = | （S1）~（S2） | ○ | ○ | ○ | ○ |
| | 225 | LD > | （S1）>（S2） | ○ | ○ | ○ | ○ |
| | 226 | LD < | （S1）<（S2） | ○ | ○ | ○ | ○ |
| | 228 | LD < > | （S1）≠（S2） | ○ | ○ | ○ | ○ |
| | 229 | LD≦ | （S1）⩽（S2） | ○ | ○ | ○ | ○ |
| | 230 | LD≧ | （S1）⩾（S2） | ○ | ○ | ○ | ○ |
| | 232 | AND = | （S1）=（S2） | ○ | ○ | ○ | ○ |
| | 233 | AND > | （S1）>（S2） | ○ | ○ | ○ | ○ |
| | 234 | AND< | （S1）<（S2） | ○ | ○ | ○ | ○ |
| | 236 | AND < > | （S1）≠（S2） | ○ | ○ | ○ | ○ |
| | 237 | AND≦ | （S1）⩽（S2） | ○ | ○ | ○ | ○ |
| | 238 | AND≧ | （S1）⩾（S2） | ○ | ○ | ○ | ○ |
| | 240 | OR = | （S1）=（S2） | ○ | ○ | ○ | ○ |
| | 241 | OR > | （S1）>（S2） | ○ | ○ | ○ | ○ |
| | 242 | OR < | （S1）<（S2） | ○ | ○ | ○ | ○ |
| | 244 | OR < > | （S1）≠（S2） | ○ | ○ | ○ | ○ |
| | 245 | OR≦ | （S1）⩽（S2） | ○ | ○ | ○ | ○ |
| | 246 | OR≧ | （S1）⩾（S2） | ○ | ○ | ○ | ○ |

注：○为该机型适用。

# 参考文献


[1] 高安邦，石磊．西门子 S7-200/300/400 系列 PLC 自学手册［M］．2 版．北京：中国电力出版社，2015.

[2] 高安邦，冉旭．例说 PLC［西门子 S7-200 系列］［M］．北京：中国电力出版社，2015.

[3] 高安邦，冉旭，高洪升．电气识图一看就会［M］．北京：化学工业出版社，2015.

[4] 高安邦，石磊，张晓辉．典型工控电气设备应用与维护自学手册［M］．北京：中国电力出版社，2015.

[5] 高安邦，黄志欣，高洪升．西门子 PLC 完全攻略［M］．北京：化学工业出版社，2015.

[6] 高安邦，高家宏，孙定霞．机床电气与 PLC 编程方法与实例［M］．北京：中国电力出版社，2014.

[7] 高安邦，陈武，黄宏耀．电力拖动控制线路理实一体化教程［M］．北京：中国电力出版社，2014.

[8] 高安邦，石磊，胡乃文．日本三菱 FX/A/Q 系列 PLC 自学手册［M］．北京：中国电力出版社，2013.

[9] 高安邦，石磊，张晓辉．典型工控电气设备应用与维护［M］．北京：中国电力出版社，2013.

[10] 高安邦，褚雪莲，韩维民．PLC 技术与应用理实一体化教程［M］．北京：机械工业出版社，2013.

[11] 高安邦，佟星．楼宇自动化技术与应用理实一体化教程［M］．北京：机械工业出版社，2013.

[12] 高安邦，刘曼华，高家宏．德国西门子 S7-200 版 PLC 技术与应用理实一体化教程［M］北京：机械工业出版社，2013.

[13] 高安邦，高家宏，孙定霞．机床电气 PLC 编程方法与实例［M］．北京：机械工业出版社，2013.

[14] 高安邦，智淑亚，董泽斯．新编机床电气控制与 PLC 应用技术［M］．北京：机械工业出版社，2013.

[15] 高安邦，石磊，张晓辉．西门子 S7-200/300/400 系列 PLC 自学手册［M］．北京：中国电力出版社，2012.

[16] 高安邦，董泽斯，吴洪兵．德国西门子 S7-200PLC 版新编机床电气与 PLC 控制技术［M］．北京：机械工业出版社，2012.

[17] 高安邦，石磊，张晓辉．德国西门子 S7-200PLC 版机床电气与 PLC 控制技术理实一体化教程［M］．北京：机械工业出版社，2012.

[18] 高安邦，田敏，俞宁，等．德国西门子 S7-200PLC 工程应用设计［M］．北京：机械工业出版社，2011.

[19] 高安邦，薛岚，刘晓艳，等．三菱 PLC 工程应用设计［M］．北京：机械工业出版

社，2011.

[20] 高安邦，田敏，成建生，等．机电一体化系统设计实用案例精选［M］．北京：中国电力出版社，2010.

[21] 隋秀凛，高安邦．实用机床设计手册［M］．北京：机械工业出版社，2010.

[22] 高安邦，成建生，陈银燕．机床电气与PLC控制技术项目教程［M］．北京：机械工业出版社，2010.

[23] 高安邦，杨帅，陈俊生．LonWorks技术原理与应用［M］．北京：机械工业出版社，2009.

[24] 高安邦，孙社文，单洪，等．LonWorks技术开发和应用［M］．北京：机械工业出版社，2009.

[25] 高安邦，等．机电一体化系统设计实例精解［M］．北京：机械工业出版社，2008.

[26] 高安邦，智淑亚，徐建俊．新编机床电气与PLC控制技术［M］．北京：机械工业出版社，2008.

[27] 高安邦，等．机电一体化系统设计禁忌［M］．北京：机械工业出版社，2008.

[28] 高安邦．典型电线电缆设备电气控制［M］．北京：机械工业出版社，1996.

[29] 张海根，高安邦．机电传动控制［M］．北京：高等教育出版社，2001.

[30] 朱伯欣．德国电气技术［M］．上海科学技术文献出版社，1992.

[31] 朱立义．冷冲压工艺与模具设计［M］．重庆：重庆大学出版社，2006.

[32] 张立勋．电气传动与调速系统［M］．北京：中央广博电视大学科学出版社，2005.

[33] 翟红程，俞宁．西门子S7-200应用教程［M］．北京：机械工业出版社，2007.

[34] 徐建俊．电机与电气控制项目教程［M］．北京：机械工业出版社，2008.

[35] 徐建俊．电机与电气控制［M］．北京：清华大学出版社，2004.

[36] 史宜巧，等．PLC技术与应用［M］．北京：机械工业出版社，2009.

[37] 宋家成，王艳，朱昱．直流调速系统应用与维修［M］．北京：中国电力出版社，2007.

[38] 陈红康，王兆晶．设备电气控制与PLC技术［M］．济南：山东大学出版社，2005.

[39] 潘孟春，张玘，陈长明．电力电子与电气传动［M］．长沙：国防科技大学出版社，2006.

[40] 郑风冀，金沙．图解西门子S7-200系列PLC应用88例［M］．北京：电子工业出版社，2010.

[41] 温照方．SIMATIC S7-200可编程控制器教程［M］．北京：北京理工大学出版社，2010.

[42] 朱文杰．S7-200 PLC编程设计与案例［M］．北京：机械工业出版社，2010.

[43] 汤晓华，郭小进，冯邦军．可编程控制器应用技术［M］．武汉：湖北科学技术出版社，2008.

[44] 王炳实，王兰军．机床电气控制［M］．北京：机械工业出版社，2008.

[45] 殷洪义，吴建华．PLC原理与实践［M］．北京：清华大学出版社，2008.

[46] 高南．PLC控制系统编程与实现任务解析［M］．北京：北京邮电大学出版社，2008.

[47] 杨后川．SIMATIC S7-200可编程控制器原理与应用［M］．北京：北京航空航天大学出版社，2008.

[48] 韦瑞录，麦艳红．可编程控制器原理与应用［M］．广州：华南理工大学出版社，2007.

[49] 严盈富．PLC职业技能培训及视频精讲_西门子S7-200系列［M］．北京：人民邮电大出版社，2007.

[50] 宋君烈. 可编程控制器实验教程 [M]. 沈阳：东北大学出版社，2003.
[51] 胡成龙，何琼. PLC应用技术 [M]. 武汉：武汉科技大学出版社，2006.
[52] 廖常初. 可编程序控制器应用技术 [M]. 5版. 重庆：重庆大学出版社，2010.
[53] 郁汉琪. 电气控制与可编程序控制器应用技术 [M]. 南京：东南大学出版社，2003.
[54] 邹金慧，黄宋魏，杨晓洪. 可编程序控制器（PLC）原理及应用 [M]. 昆明：云南科学技术出版社，2001.
[55] 龚仲华，等. 三菱FX/Q系列PLC应用技术 [M]. 北京：人民邮电出版社，2006.
[56] 郑风冀，郑丹丹，赵春江. 图解（FX2N）PLC控制系统梯形图和语句表 [M]. 北京：人民邮电出版社，2006.
[57] 高钦和. PLC应用开发案例精选 [M]. 2版. 北京：人民邮电出版社，2009.
[58] 刘光起，周亚夫. PLC技术及应用 [M]. 北京：化学工业出版社，2008.
[59] 周建清. 机床电气控制（项目式教学）[M]. 北京：机械工业出版社，2008.
[60] 王芹，藤今朝. 可编程控制器技术与应用 [M]. 天津：天津大学出版社，2008.
[61] 廖常初. PLC编程及应用 [M]. 3版. 北京：机械工业出版社，2009.
[62] 严盈富，罗海平，吴海勤. 监控组态软件与PLC入门 [M]. 北京：人民邮电出版社，2006.
[63] 求是科技. PLC应用开发技术与工程实践 [M]. 北京：人民邮电出版社，2005.
[64] 尹昭辉，姜福详，高安邦. 数控机床的机电一体化改造设计 [J]. 哈尔滨：电脑学习，2006（4），8.
[65] 高安邦，杜新芳，高云. 全自动钢管表面除锈机PLC控制系统 [J]. 哈尔滨：电脑学习，1998（5）.
[66] 邵俊鹏，高安邦，司俊山. 钢坯高压水除鳞设备自动检测及PLC控制系统 [J]. 哈尔滨：电脑学习，1998（3）.
[67] 赵莉，高安邦. 全自动集成式燃油锅炉燃烧器的研制 [J]. 哈尔滨：电脑学习，1998（2）.
[68] 马春山，智淑亚，高安邦. 现代化高速话缆绝缘线芯生产线的电控（PLC）系统设计 [J]. 沈阳：基础自动化，1996（4）.
[69] 高安邦，崔永焕，崔勇. 同位素分装机PLC控制系统 [J]. 哈尔滨：电脑学习，1995（4）.
[70] MITSUBISHI. $FX_{2N}$系列PLC编程手册. 1998.
[71] MITSUBISHI. $FX_{2N}$系列PLC使用手册. 1997.
[72] MITSUBISHI. MELSEC-F系列微型可编程序控制器使用手册. 1997.